Renault Clio II
Mit 1.4- ,1.6- und 2.0-Liter-16V-Benzinmotor
1.9-Liter-Dieselmotor
1998 bis 2002

Die folgenden Motoren sind in der Ausgabe behandelt:
1.4-Liter-Motor, 75 PS, Motortyp K4J
1.4-Liter-Motor, 98/100 PS, Motortyp K4J
1.4-Liter-Motor, 105 PS, Motortyp K4J
1.6-Liter-Motor, 90 PS, Motortyp K4M
1.6-Liter-Motor, 107 PS, Motortyp K4M
1.6-Liter-Motor, 110 PS, Motortyp K4M
2.0-Liter-Motor, 169 PS, Motortyp F4RS
1.9-Liter/Dieselmotor, 64 PS, Motortyp F8Q ab 2000
1.9-Liter-dti-Turbodieselmotor, 75/80 PS, Motortyp F9Q

1 Allgemeines und Wartung

1.1 Einleitung

Diese Reparaturanleitung befasst sich mit der Neuauflage des bereits unter dem gleichen Namen laufenden Kompaktautos Clio, welches auf dem Genfer Automobilsalon 1998 unter dem neuen Namen „Clio II“ vorgestellt und mit einer Reihe verschiedener Motoren ausgeliefert wurde. In dieser Reparaturanleitung werden Motoren mit 16 Ventilen und die Dieselmotoren mit und ohne Direkteinspritzung behandelt. Die Nachfolger des ursprünglichen Clios werden in viertüriger oder fünftüriger Version mit Schaltgetriebe und je nach eingebautem Motor mit Getriebeautomatik gebaut.
Bei den angegebenen Motorentypen handelt es sich nicht einfach um Buchstaben und Zahlen, sie haben eine bestimmte Bedeutung. Die Angaben weisen auf den Motortyp (erster Buchstabe), die Anordnung der Ventile und die Kraftstoffaufbereitung (Zahl) und den Hubraum (letzter Buchstabe) hin. Aus der untenstehenden Aufstellung lassen sich die Kennzeichnungen für die eingebauten Benzinmotoren erkennen. Den eingebauten Motoren folgenden drei weitere Zahlen, welche auf den im Clio eingebauten Motor hinweisen. Es würde zu weit führen, alle Varianten anzugeben.

K4J-712-Motor (1.4-Liter) – eingebaut ab 1999
K = Gusseisenzylinderblock, obenliegende Nockenwellen
4 = Mit Kraftstoffeinspritzung
J = Hubraum zwischen 1351 und 1425 cm^3
Ein Fünfganggetriebe vom Typ „JB1“ ist in Fahrzeuge mit diesem Motor eingebaut.

K4M-748-Motor (1.6-Liter) – eingebaut ab 1998
K = Gusseisenzylinderblock, obenliegende Nockenwellen
7 = Mit Kraftstoffeinspritzung
M = Hubraum zwischen 1576 und 1650 cm^3

F8Q-632-Motor (Diesel) – mit Lucas EPIC-Einspritzung – eingebaut ab 1999
F = Gusseisenzylinderblock, trockene Laufbüchsen
8 = Dieselmotor mit Vorkammern (Ricardo-System)
Q = Hubraum zwischen 1851 und 1950 cm^3

F9Q-780-Motor (Diesel) – eingebaut ab 1999
F = Gusseisenzylinderblock, trockene Laufbüchsen
9 = Dieselmotor mit Direkteinspritzung, dti
Q = Hubraum zwischen 1851 und 1950 cm^3

F4R-730-Motor (2.0-Liter)
F = Gusseisenzylinderblock, obenliegende Nockenwellen
4 = Mit Kraftstoffeinspritzung
R = Hubraum zwischen 1951 und 2050 cm^3

Die Motoren sind jedoch als Motorgruppen angegeben. Die in dieser Ausgabe behandelten Motoren fallen unter die Motorgruppe „K“ (1.4- und 1.6-Liter-Motor) und die Motorgruppe „F“ (2.0-Liter-Motor und alle Dieselmotoren). Aus diesem Grund wird man beim Aufbau des Motors auch gewisse Ähnlichkeiten feststellen, d. h. ein Motor der Gruppe „F“ – ganz gleich, ob Benzin oder Diesel – ist an der Unterseite fast baugleich, nur die Teile an der Oberseite sind aufgrund der unterschiedlichen Kraftstoffaufbereitung natürlich unterschiedlich. Gemeinsam ist allen Benzinmotoren, dass sie 16 Ventile haben.

Mit seinem Vorderradantrieb und dem quer eingebauten Vierzylinder-Reihenmotor folgt die Baukonzeption vielen der existierenden Merkmale anderer Renault-Modelle.

1 Allgemeines

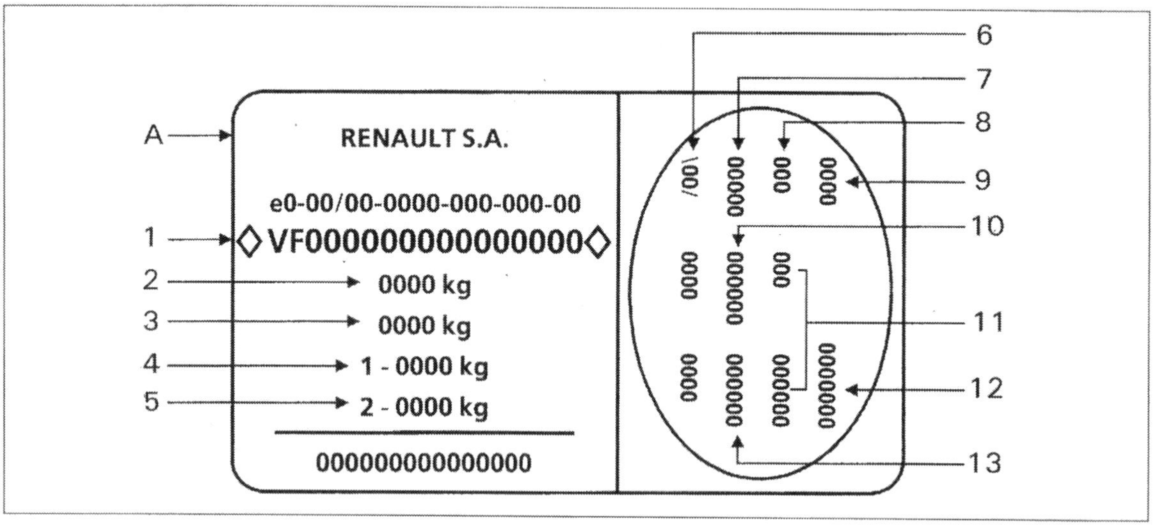

Bild 1
Das rechtwinklige Typenschild enthält die folgenden Angaben:
- A Typenschild
- 1 Franz. Baukennzeichnung
- 2 Max. zulässiges Gesamtgewicht
- 3 Max. zulässiges Gesamtgewicht mit Anhänger
- 4 Max. zulässiges Gewicht auf Vorderachse
- 5 Max. zulässiges Gewicht auf Hinterachse
- 7 Code für technische Ausrüstung
- 8 Ausrüstungsstand
- 9 Fahrzeugtyp
- 10 Innenverkleidungs-Code
- 11 Sonderwunschausrüstung
- 12 Herstellungswerk/ Produktionsnummer
- 13 Innenausstattungs-Code

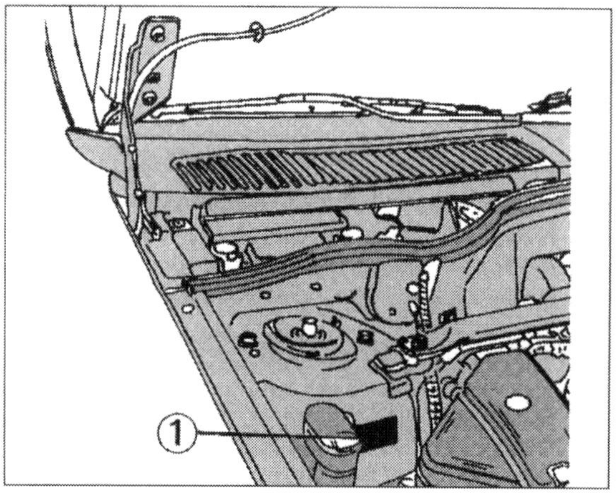

Bild 2
Die Lage des Typenschilds im Motorraum befindet sich auf der rechten Seite im Motorraum unterhalb des Federbeinturms.

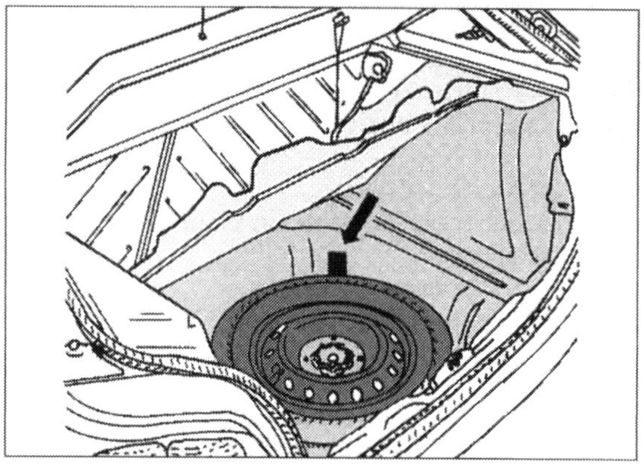

Bild 3
Nach Freilegung des Ersatzrades wird man ein Typenschild an der gezeigten Stelle (Pfeil) finden.

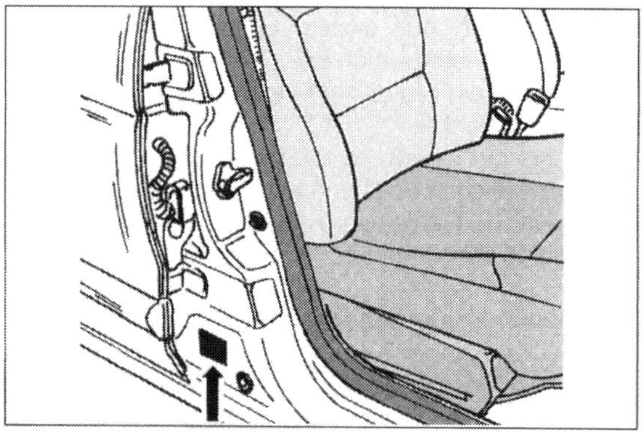

Bild 4
Das Typenschild ist nochmals an der gezeigten Stelle der Türöffnung auf der Beifahrerseite angebracht.

Das Fahrgestell setzt sich aus einer selbsttragenden Karosserie mit vorderem Hilfsrahmen und Einzelradabfederung der Vorder- und Hinterräder zusammen. Die Vorderradaufhängung, mit negativem Rollradius, besteht aus Federbeinen mit Schraubenfedern und ko-axialen Stoßdämpfern, unteren Dreiecks-Querlenkern und einem Kurvenstabilisator. Bei der Hinterachse handelt es sich um eine so genannte Torsionskurbelachse mit Schraubenfedern und einem Kurvenstabilisator und Teleskopstoßdämpfern.
Die Bremsanlage ist als Zweikreisanlage mit einem serienmäßig eingebauten Bremskraftverstärker gebaut. Scheibenbremsen werden bei allen Modellen an den Vorderrädern verwendet, jedoch sind die Scheiben bei den Modellen mit den stärkeren Motoren belüftet. Je nach Modellausführung und Motorenstärke können Trommelbremsen oder Scheibenbremsen an den Hinterrädern verwendet werden. Die Handbremse wirkt auf die Hinterräder. Eine Zahnstangenlenkung ist eingebaut, welche bei allen Fahrzeugausführungen, auch bei Fahrzeugen mit dem kleinen Motor, mit Servounterstützung arbeitet.
Unterschiede zwischen den einzelnen Modellvarianten werden erwähnt, wenn sie wichtig sind. Abgesehen von den Unterschieden in den einzelnen Motoren, sind auch die Getriebe nicht aller Modelle gleich, sodass es wichtig ist, dass man immer die Fahrgestellnummer und die Motornummer angibt, wenn man Ersatzteile bezieht. Im Text werden Sie auf die verschiedenen Renault-Bezeichnungen für die einzelnen Modelle stoßen, welche aus diesem Grund der oben angeführten Aufstellung zu entnehmen sind.
Wie bereits erwähnt, werden die Motoren durch ihre Renault-Typennummer angegeben. Auch diese sind der Aufstellung zu entnehmen, wenn man nicht genau Bescheid weiß. Um nochmals zusammenzufassen: Die Benzinmotoren in dieser Ausgabe haben die Bezeichnungen „K4J“ (1.4-Liter), „K4M“ (1.6-Liter) und „F4R“ (2.0-Liter). Dieselmotoren tragen die Bezeichnung „F8Q“ (Dieselmotor mit Lucas EPIC-Einspritzpumpe) oder „F9Q“ (dti, mit „Common Rail“-Einspritzung).

1.2 Fahrzeugkennzeichnung und Erkennung

Die Fahrzeugkennzeichnung wird anhand von zwei Schildern im Motorraum und einem Schild am Motor durchgeführt. Ein rechtwinkliges Schild (Bild 1) kann an zwei verschiedenen Stellen angebracht sein. Einmal wird man das Schild im Motorraum an Stelle (1) in Bild 2 sehen, jedoch ist das Schild nochmals in der Nähe des Ersatzrades im Kofferraum an der Pfeilstelle in Bild 3 sowie am Unterteil der Beifahrertür in Bild 4 angebracht. Alle Typenschilder enthalten verschiedene Linien mit Zahlen- und Buchstabenangaben, von welchen einige von besonderer Wichtigkeit sind. Die vierte Linie von oben in Bild 1 weist auf die Fahrgestellnummer hin (die ebenfalls auf der rechten Seite in den Federbeinturm eingeschlagen ist); unterhalb dieser Linie ist das zulässige Fahrzeuggewicht eingestanzt und unter dieser Zeile ist das zulässige Gesamtgewicht zusammen mit einem beladenen Anhänger angegeben. Die andere wichtige Angabe ist diejenige über das höchstzulässige Gewicht auf die Vorder- und Hinterachse, um zu verhindern, dass man ein Fahrzeug überlastet. Wir möchten darauf hinweisen, dass die in den Typenschildern angegebenen Einzelheiten nicht in allen Ländern vorgeschrieben sind, d. h. einige könnten fehlen.
Das Typenschild des Motors ist nicht bei allen in dieser Ausgabe behandelten Motoren an der gleichen Stelle angebracht. Da es wichtig ist, dass man die behandelten Motoren genau bestimmen kann, z. B. bei der Bestellung von Ersatzteilen, sollte man sich an die Abbildungen in Bildern 5 bis 8 halten. Die ersten drei Zahlen/Buchstaben weisen jeweils auf die Motorausführung hin, jedoch weisen weitere Zahlen im Anschluss an diese Kennzeichnung auf eine bestimmte Bezeichnung des Motors hin (siehe oben angegebene Beispiele). Weiterhin wichtig sind die letzten Zahlen in der unteren Reihe, da diese die Produktionsnummer des Motors angeben. Andere in diesem Schild angeführten Angaben sind nicht so wichtig, da sie auf interne Renault-Identifizierungen und/oder auf französische Zulassungsgesetze hinweisen.

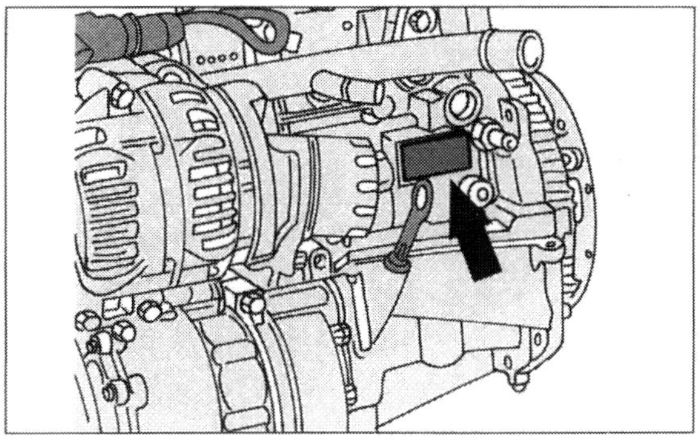

Bild 5
Die Lage der Motornummer bei einem Motor der Gruppe „K“ (1.4- und 1.6-Liter).

Diese Codebuchstaben und -zahlen müssen beim Bestellen von Teilen immer angegeben werden. Die wichtigen Nummern immer aufschreiben und zu Ihrem Ersatzteilhändler mitnehmen. Dies wird Ihnen Zeit ersparen und verhindert außerdem den Einbau von falschen Teilen.

***Hinweis:** Beim Abklemmen der Batterie wird der Sicherheitscode des Autoradios gelöscht. Nach Anschließen der Batterie muss der Code wieder eingegeben werden.*

1.3 Allgemeine Anweisungen bei Reparaturen

Die Beschreibungen in dieser Reparaturanleitung sind in einfacher Weise und allgemein verständlich gehalten. Wenn dem Text und den Abbildungen bei der Arbeit Schritt für Schritt gefolgt wird, dürften keine Schwierigkeiten auftreten.
Die Maß- und Einstelltabelle am Ende des Buches ist hierbei ein wichtiger Teil und muss bei allen Reparaturarbeiten am Fahrzeug hinzugezogen werden. Innerhalb der einzelnen Anleitungen werden die notwendigen Maßangaben oder Einstellwerte nicht immer angeführt, weshalb in der genannten Tabelle nachzuschlagen ist. Es sei besonders darauf hingewiesen, dass man unter dem in Frage kommenden Modell nachlesen muss, um jegliche Fehler zu vermeiden. Dies bezieht sich besonders auf den Motor und die Bremsanlage an den Hinterrädern, da man hier die meisten Unterschiede innerhalb der in der Ausgabe behandelten Baureihe finden wird.

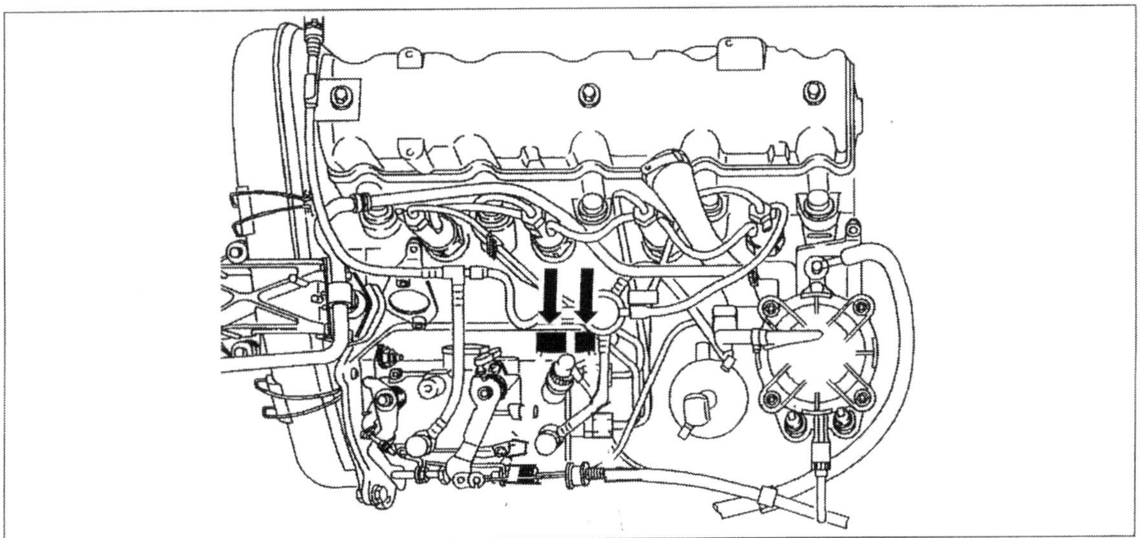

Bild 6
Die Lage der Motornummer bei einem Dieselmotor.

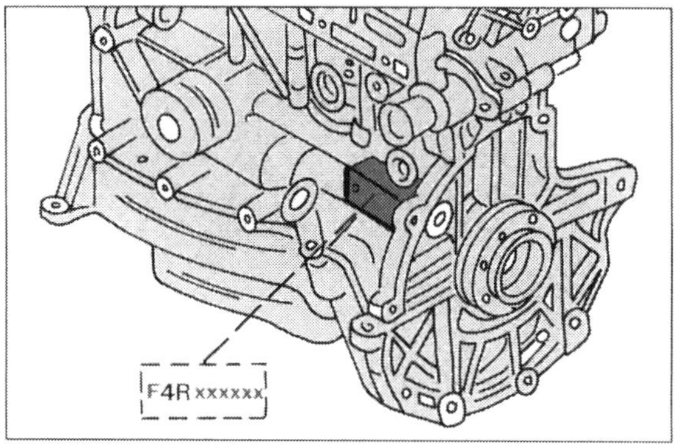

Bild 7
Die Lage der Motornummer beim 2.0-Liter-Motor (F4R).

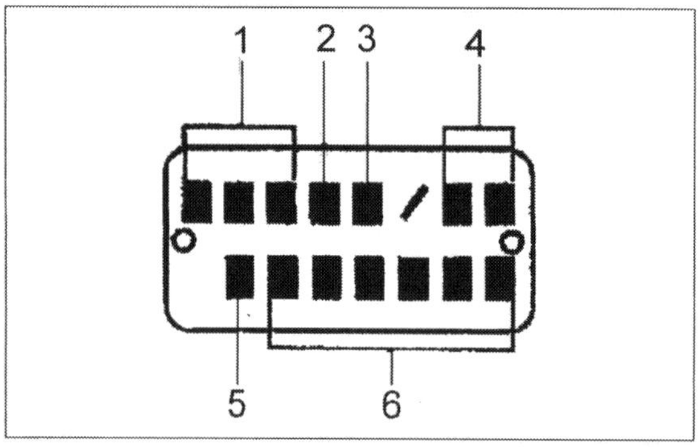

Bild 8
Erklärung der Angaben im Typenschild der Motornummer bei den Benzinmotoren.
1 Motortyp
2 Homoligations-Buchstabe des Motors
3 Renault-Identifizierung
4 Motornachbuchstaben
5 Hinweis auf Motorenwerk
6 Motorseriennummer

Hinweis: Clio II-Modelle sind mit Werkskennzeichnungen versehen, welche aus verschiedenen Buchstaben bestehen. Im Falle eines eingebauten Dieselmotors mit Direkteinspritzung kann diese z. B. „BBOU" (drei Türen) oder „CBOU" (fünf Türen) lauten. In allen Fällen beziehen sich die beiden letzten Buchstaben auf den eingebauten Motor. Einige weitere Beispiele sind untenstehend genannt, jedoch muss man erwägen, dass beim späteren Bau der Fahrzeuge die Kennzeichnung manchmal geändert wird.

Einfache Handgriffe, wie z. B. „Motorhaube öffnen" vor Arbeiten im Motorraum, oder „Radmuttern lösen" vor Arbeiten an den Radbremsen werden nicht immer erwähnt, da diese als selbstverständlich vorausgesetzt werden. Falls es also „Räder abschrauben" heißt, bedeutet dies, dass das Fahrzeug bereits auf Unterstellböcken steht.
Dagegen befasst sich der Text ausführlich mit schwierigen Arbeiten, die in allen Einzelheiten so gut wie möglich beschrieben sind. Auch wenn Spezialwerkzeuge erforderlich sind, versuchen wir eine Ausweichmethode zu geben oder Sie können anhand von gezeigten Abbildungen ein entsprechendes Werkzeug herstellen. Eine Reihe wichtiger Hinweise, die bei jeder Reparaturarbeit beachtet werden sollten, werden im folgenden Text angegeben:

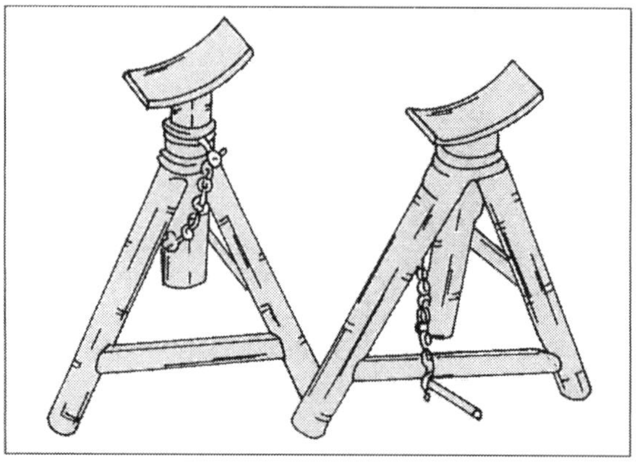

Bild 9
Ansicht der dreibeinigen Unterstellböcke. Der Feststellbolzen, normalerweise an einer Kette befestigt, darf nicht durch eine beliebige Schraube ähnlichen Durchmessers ersetzt werden (Ketten reißen gern ab), da es sein könnte, dass diese das Gewicht des Fahrzeuges nicht hält.

- Schrauben und Muttern sind in sauberem Zustand und leicht eingeölt zu verwenden. Mutternflächen und Gewindegänge immer auf Beschädigung untersuchen und vorhandene Grate entfernen. Im Zweifelsfall neue Schrauben oder Muttern verwenden. Einmal gelöste, selbstsichernde Muttern sollten immer erneuert werden. Auf keinen Fall dürfen Muttern und Schrauben entfettet werden.
- Stets die in der Anzugsdrehmoment-Tabelle oder im Verlauf der Arbeitsbeschreibungen angeführten Anzugsdrehmomente beachten. Diese Werte sind nahezu in den gleichen Gruppen zusammengefasst, die auch die Kapitel dieser Reparaturanleitung bilden und lassen sich somit leicht auffinden. Besonders sind dabei angeführte Winkelanzüge zu beachten, die man genau einhalten muss.
- Alle Dichtscheiben, Dichtungen, Sicherungsbleche, Sicherungsscheiben, Splinte und „O"-Dichtringe (Rundschnurringe) sind beim Zusammenbau zu erneuern. Öldichtringe (Radialdichtringe, Simmerringe) sollten ebenfalls erneuert werden, sofern die Welle aus dem Dichtring genommen wurde. Die Lippe eines Dichtringes ist vor dem Zusammenbau mit Fett einzuschmieren. Man muss darauf achten, dass sie beim Einbau in die Richtung weist, aus welcher Öl oder Fett austreten kann.
- Bei Hinweisen auf die linke oder rechte Seite des Fahrzeuges wird angenommen, dass man aus der Fahrtrichtung bei Vorwärtsfahrt die Seitenbezeichnung ableiten kann, analog der Begriffe „vorn" und „hinten". Im Zweifelsfall wird im Text nochmals eine Erläuterung gegeben.
- Ganz besonders ist darauf zu achten, dass zu Arbeiten an den Bremsen, an der Radaufhängung oder allgemein an der Unterseite des Fahrzeuges für eine sichere Abstützung des hochgebockten Wagens gesorgt ist.
- Der dem Fahrzeug beiliegende Wagenheber ist nur für den Radwechsel unterwegs vorgesehen. Falls er dennoch bei Reparaturen zur Hilfe genommen wird, ist lediglich der Wagen damit anzuheben und dann auf geeignete Montageböcke abzulassen. Derartige, dreibeinige Unterstellböcke, wie sie in Bild 9 gezeigt sind, sollen zur Sicherheit auch unter dem Fahrzeug platziert werden, wenn ein Garagenwagenheber zur Verfügung steht. Ziegelsteine sollten zum Unterbauen nicht verwendet werden, allenfalls Hohlblocksteine wegen ihren größeren Auflageflächen, doch sind dann zwischen Fahrzeug und Steine noch genügend starke Holzbretter zu legen. Das Anheben des Fahrzeuges wird getrennt weiter hinten in diesem Abschnitt beschrieben.
- Fette, Öle, Unterbodenschutz und alle mineralischen Substanzen wirken auf die Gummiteile des Fahrwerks und der Bremsanlage aggressiv. Besonders von Teilen der hydraulischen Anlage sind solche Mittel, zu denen auch Kraftstoff gehört, fern zu halten. Für Reinigungsarbeiten an der Bremsanlage soll nur Bremsflüssigkeit oder Spiritus verwendet werden.

Hierbei sei aber darauf verwiesen, dass Bremsflüssigkeit giftig ist und z. B. auf lackierte Flächen ätzend wirkt, d. h. Lackschäden könnten die Folge sein.

- Zur Erzielung der besten Reparaturergebnisse ist die Verwendung von Originalersatzteilen Voraussetzung. Um späteren Schwierigkeiten aus dem Wege zu gehen, muss der Einbau irgendwelcher Fremdprodukte unterbleiben. Ausnahmen sind nur bei Teilen der elektrischen Anlage gegeben oder falls das Herstellerwerk dementsprechende Freigaben macht.
- Bei Bestellungen von Ersatz- und Austauschteilen müssen die genaue Modellbezeichnung mit Fahrgestellnummer, gegebenenfalls die Motornummer und das Baujahr angegeben werden. Hier sei besonders wieder der Motor erwähnt. Damit beschleunigt man die Bestellung und das Beziehen von falschen Teilen wird verhindert.
- Alle Arbeiten am Fahrzeug, besonders solche an der Bremsanlage und an der Lenkung sowie Radaufhängung, sind mit Sorgfalt und Umsicht durchzuführen. Die Verkehrssicherheit des Fahrzeuges muss nach jeder Reparatur gewährleistet sein. Keine Arbeiten durchführen, wenn man mit der Baugruppe nicht vollkommen vertraut ist.

1.4 Arbeitsbedingungen und Werkzeuge

Um Reparaturarbeiten durchzuführen, benötigt man einen sauberen, gut beleuchteten Arbeitsplatz, der mit einer Werkbank und Schraubstock versehen ist. Es soll auch genügend Raum vorhanden sein, um die verschiedenen Teile auszulegen und zu ordnen, ohne dass man sie immer wieder wegräumen muss. In einer gut ausgerüsteten Werkstatt lässt sich gemütlich und ohne Hast arbeiten, die Maschine kann in einer sauberen Umgebung zerlegt und wieder zusammengebaut werden. Leider verfügt aber nicht jeder über einen solchen idealen Arbeitsplatz und dementsprechend muss auch da und dort improvisiert werden. Um diesen Nachteil auszugleichen, muss besonders viel Zeit und Sorgfalt aufgewendet werden.

Als Weiteres benötigt man unbedingt einen möglichst vollständigen Satz Qualitätswerkzeuge. Qualität ist hier oberstes Gebot, da billiges Werkzeug auf lange Sicht eher teuer werden kann, falls man damit abrutscht oder es zerbricht und dabei teuren Schrott baut. Ein gutes Qualitätswerkzeug wird sich lange verwenden lassen und rechtfertigt in jedem Falle die Anschaffungskosten. Die Grundlage des Werkzeugsatzes ist ein Satz Gabelschlüssel, die sich an jedem gut zugänglichen Teil des Fahrzeuges ansetzen lassen. Ein Satz Ringgabelschlüssel stellt einen wünschenswerten Zusatz dar, die sich besonders bei festsitzenden Schrauben und Muttern verwenden lassen, oder wo die Platzverhältnisse ungünstig sind. Um die Kosten tief zu halten, kann man sich auch mit einem Satz kombinierter Ringgabelschlüssel behelfen, diese tragen an einem Ende eine Gabelöffnung und am anderen einen Ring von der gleichen Weite. Bild 10 zeigt derartige Schlüssel zusammen mit den

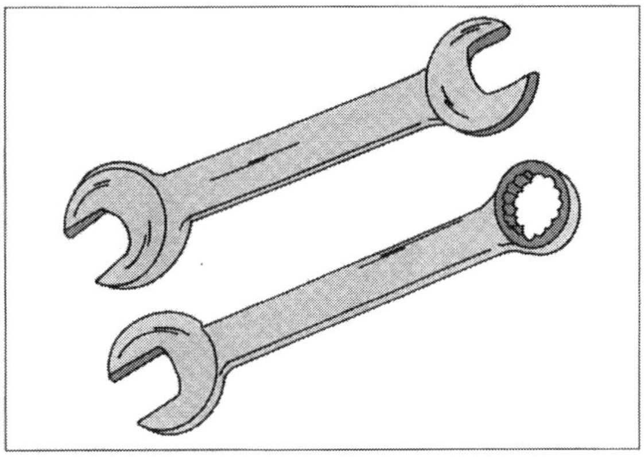

Bild 10
Ansicht eines doppelseitigen Gabelschlüssels (oben) und eines Ringgabelschlüssels (unten). Immer darauf achten, dass die Schlüsselweite der Größe der Mutter oder des Schraubenkopfes entspricht.

Bild 11
Eine Gradscheibe (oben) wird zum Winkelanzug von Schrauben und Muttern benutzt. Schrauben mit „Torx"-Köpfen haben das unten gezeigte Aussehen.

bereits genannten Gabelschlüsseln, auch Maulschlüssel genannt. Stecknüsse (-einsätze) stellen ebenfalls eine lobenswerte Investition dar. Vorausgesetzt, dass der Außendurchmesser der Nüsse nicht allzu groß ist, können auch sehr versteckt oder in Vertiefungen sitzende Muttern und Schrauben gelöst werden.

Weitere benötigte Werkzeuge sind ein Satz Kreuzschlitzschraubendreher, Zangen und ein Hammer. Im Automobilbau werden mehr und mehr Schrauben mit so genannten „Torx"-Köpfen verwenden. Falls Ihnen der Name „Torx" kein Begriff ist, können Sie anhand von Bild 11 erkennen, wie die Köpfe dieser Schrauben aussehen. Zum Lösen derartiger Schrauben wird ein spezieller Stecknusssatz benutzt, der wie normale Sechskant-Stecknusssätze Einsätze verschiedener Größe hat, die vor der Größenangabe den Buchstaben „T" haben.

Zusätzlich zur Grundausrüstung kann man sich noch ein paar speziellere Werkzeuge beschaffen, die sich meistens als unschätzbare Hilfe erweisen, besonders wenn man gewisse Reparaturen immer wieder durchführen muss. Damit lässt sich also recht viel Zeit ersparen. Als Beispiel sei hier einmal der Schlagschraubendreher erwähnt, ohne den sich die maschinell angezogenen Kreuzschlitzschrauben kaum lösen lassen, ohne dass man sie dabei beschädigt. Selbstverständlich kann er auch zum Anziehen verwendet werden, um einen gasdichten Sitz zu gewährleisten. Ebenfalls oft benötigt werden Seegerringzangen, da Getrieberäder, Wellen und ähnliche Teile meist durch Sicherungsringe gehalten werden, die sich mit einem

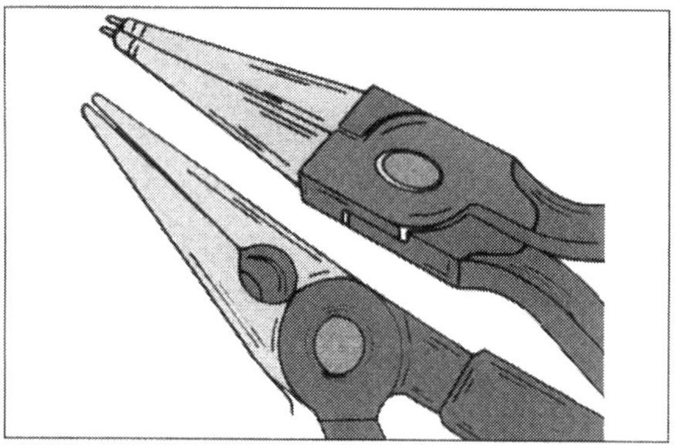

Bild 12
Seegerringzangen sehen wie im oberen Bild gezeigt aus. Die gezeigte Ausführung öffnet Außensprengringe. Das untere Bild zeigt eine manchmal erwähnte Spitzzange.

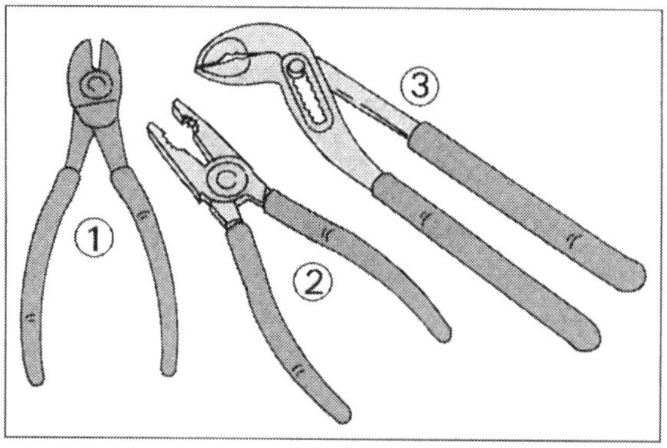

Bild 13
Ohne die gezeigten Zangen werden Sie kaum in der Lage sein, irgendwelche Arbeiten am Fahrzeug durchzuführen.
1 Seitenschneider
2 Kombizange
3 Wasserpumpenzange

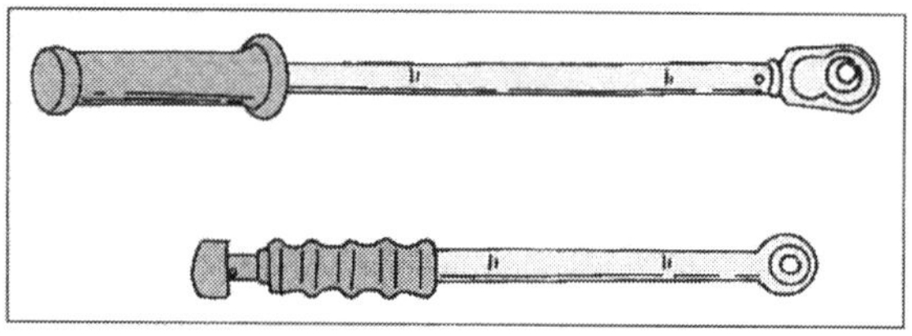

Bild 14
Drehmomentschlüssel können das gezeigte Aussehen haben.

Schraubenzieher nur schwer entfernen lassen. Es sind zwei Typen von Seegerringzangen erhältlich, einer für die Außensicherungsringe, welche mit der in Bild 12 gezeigten Zange geöffnet werden, und eine für Innensicherungsringe. Sie sind mit geraden oder abgewinkelten Klauen erhältlich. Abgesehen von diesen Zangen, schaffen Sie sich Zangen der in Bild 13 gezeigten Ausführungen an.

Eines der nützlichsten Werkzeuge ist der Drehmomentschlüssel, eigentlich eine Art Schraubenschlüssel, der so eingestellt werden kann, dass er durchrutscht, wenn ein gewisses Anzugsdrehmoment einer Schraube oder Mutter erreicht ist. Derartige Schlüssel sind ebenfalls mit einen Zeiger erhältlich, welcher das erreichte Drehmoment anzeigt. Anzugsdrehmomente werden in jedem modernen Werkstatthandbuch oder jeder Reparaturanleitung aufgeführt, sodass auch besonders komplexe Baugruppen oder Komponenten, wie z. B. ein Zylinderkopf, angezogen werden können, ohne dass man Beschädigungen oder Lecks infolge Verzugs befürchten muss. Es gibt verschiedene Ausführungen. Zwei davon sind in Bild 14 gezeigt.

In diesem Zusammenhang soll auch eine Gradscheibe erwähnt werden. Eine solche hat das im oberen Teil von Bild 11 gezeigte Aussehen. Viele Schrauben und Muttern müssen um einen bestimmten Winkel nachgezogen werden (man spricht von einem Winkelanzug). Um den genauen Winkel zu erhalten, eignet sich eine Gradscheibe am besten, jedoch können Nachzugswinkel von 90° (Viertelumdrehung) oder 180° (halbe Umdrehung) ohne eine solche hergestellt werden.

Je höher entwickelt ein Automodell ist, desto mehr Werkzeuge benötigt man, um es im Do-it-yourself-

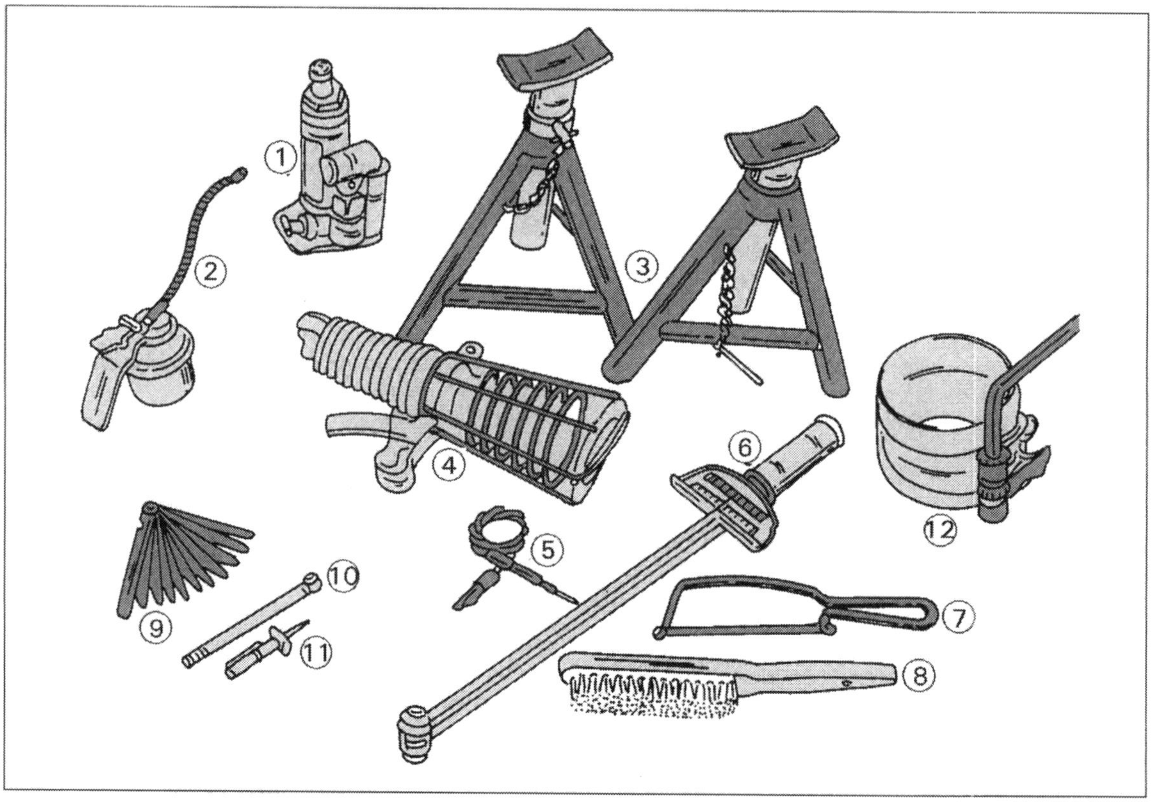

Bild 15
Vorgeschlagene Werkzeuge und Hilfswerkzeuge zur Pflege und Reparatur Ihres Fahrzeuges.
1 Hydraulischer Heber
2 Ölkanne
3 Unterstellböcke
4 Elektrische Handlampe
5 Prüflampe (12 Volt)
6 Drehmomentschlüssel
7 Minisäge
8 Drahtbürste
9 Blattfühlerlehren
10 Reifendruckprüfer
11 Reifenprofilmesser
12 Kolbenringspannband

Verfahren immer im bestmöglichen Zustand zu halten. Leider lassen sich aber einige ganz spezielle Arbeiten nicht ohne die richtige Ausrüstung durchführen, für die man meist tief in die Tasche greifen muss. Hier ist auch eine gewisse Vorsicht am Platz: Es gibt nun einfach verschiedene Arbeiten, die man am besten einem Fachmann überlässt. Obwohl ein Vielfachmessgerät zum Aufspüren von elektrischen Schäden eine große Hilfe darstellt, kann es in ungeübten Händen enormen Schaden anrichten.

Obschon in dieser Reparaturanleitung gezeigt wird, wie sich verschiedene Komponenten auch ohne Spezialwerkzeug aus- und wieder einbauen lassen (falls nicht unbedingt nötig), empfiehlt es sich, die Anschaffung der gebräuchlichsten Spezialwerkzeuge in Betracht zu ziehen. Dies wird sich besonders dann lohnen, wenn man das Auto über längere Zeit behalten will. In Bild 15 sind einige der gebräuchlichsten Werkzeuge und Hilfswerkzeuge gezeigt, die man immer wieder brauchen wird. Man sollte sich diese im Laufe der Zeit anschaffen, wenn man die Absicht hat sein Auto selbst zu pflegen.

Auch mit den vorgeschlagenen, improvisierten Methoden und Werkzeugen lassen sich verschiedene Teile ohne Gefahr von Beschädigung aus- und einbauen. In jedem Fall lässt sich mit den Spezialwerkzeugen, die vom Hersteller produziert und verkauft werden, eine Menge Zeit (und Ärger) sparen.

Ehe man irgendwelche Arbeiten an einem Fahrzeug durchführt, raten wir Ihnen, die folgenden Hinweise gründlichst durchzulesen und einzuprägen, damit Sie vor allen Verletzungen, gleich welcher Art, bewahrt werden:

- Auf einen einzelnen Wagenheber kann man sich nie hundertprozentig verlassen. Immer zusätzliche Böcke unterstellen. Zwei übereinandergelegte, abgeschraubte Räder kann man z. B. auf der Seite der Reparatur entweder vorn oder hinten unterlegen, falls keine Böcke zur Verfügung stehen. Ein abrutschender Wagen wird dann wenigstens auf den Rädern landen.
- Niemals die Räder oder Achsmuttern anziehen, wenn das Fahrzeug aufgebockt ist.
- Niemals den Verschluss der Kühlanlage bei heißem Motor öffnen. Falls es unumgänglich ist, einen dicken Lappen um den Deckel legen und diesen bis zur ersten Raste lösen, damit der Dampf entweichen kann.
- Niemals das Motoröl ablassen, wenn das Fahrzeug bis zum letzten Moment gefahren wurde. Motoröl nur entsprechend den geltenden Vorschriften entsorgen, auf keinen Fall einfach wegschütten.
- Keine Bremsflüssigkeit oder Frostschutzmittel auf Lackstellen tropfen lassen. Die hinterlassenen Flecke lassen sich nur schwer oder nicht entfernen.
- Keinen Bremsstaub einatmen. Obwohl Beläge und Bremsklotzmaterial jetzt asbestfrei hergestellt sind, schadet dies trotzdem Ihrer Gesundheit. Falls Sie Pressluft zum Ausblasen von Bremsen benutzen, den Kopf von der Staubstelle wegdrehen. Erkundigen Sie sich über die Erhältlichkeit von Sprays, mit denen man die Bremsteile absprüht, um die Staubentwicklung zu vermeiden (Autozubehörgeschäft oder Werkstatt).
- Öl- oder Fettreste sofort vom Boden abwischen, ehe Sie selbst oder andere Leute darauf ausrutschen.
- Keine Schlüssel falscher Schlüsselweite oder ausgeweitete Schlüssel zum Lösen von festsitzenden Muttern oder Schrauben benutzen. Ein Abrutschen bedeutet in den meisten Fällen eine Verletzung. Offene Wunden auf jeden Fall „verpflastern" lassen, ehe Schmutz oder Öl usw. eindringen kann.
- Krawatten haben bei Arbeiten am Auto keinen Platz. Ebenfalls lange Hemdsärmel oder andere lose Kleidungsstücke fern von sich bewegenden Teilen halten. Lange Haare während der Arbeit festbinden. Fingerringe und Armbanduhren am besten abziehen. Abgesehen davon, dass man daran hängen bleiben kann, bieten sie auch einen Leiter für die elektrische Anlage.
- Den Arbeitsplatz von unnötigen Teilen befreien. Ein Stolpern wird dadurch offensichtlich weitgehend verringert.
- Falls es möglich ist, arbeiten Sie niemals allein an einem Fahrzeug. Familie, Freunde oder Bekannte können öfters mal kurz nachschauen, ob alles in Ordnung ist.
- Niemals versuchen eine Arbeit überhastet zu Ende zu führen. Viele Radmuttern wurden lose gelassen, um das Fahrzeug wieder schnell zum Fahren zu bringen.
- Niemals in der Nähe des Fahrzeuges rauchen oder andere rauchende Personen in die Nähe lassen. Ebenfalls aus diesem Grund sollte man die Batterie abklemmen, wenn Kraftstoffleitungen abgeschlossen werden (besonders bei Benzinmotoren). Mit Metallgegenständen hergestellte Kurzschlüsse könnten zu Funkenbildung führen. Sicherheitshalber sollten Sie einen Handfeuerlöscher bereit haben.
- Eine Handlampe niemals auf den Motor auflegen, um besser zu sehen. Bestimmte Handlampen entwickeln große Wärme und könnten Teile am Motor verbrennen, obwohl man annimmt, dass sie durch den Drahtkäfig geschützt werden. Am besten ist es, wenn man eine Handlampe bei Arbeiten im Motorraum an der geöffneten Motorhaube „anhängt".

Falls Sie die angeführten Hinweise sorgfältig beachten, sollten bei den im Buch beschriebenen Arbeiten keine Verletzung Ihrer Person oder Beschädigung des Fahrzeuges auftreten.

Achtung: Schlechte Werkzeuge führen in den meisten Fällen zu Verletzungen oder Beschädigung von Muttern, Schrauben usw. – unbedingt vermeiden. Die Anschaffung einer hochwertigen Werkzeugausrüstung ist ein guter Anfang zur Selbstpflege des Autos.

Falls Sie sich die unten genannten Werkzeuge und/oder Hilfswerkzeuge besorgen, werden Sie bald zum Profi:

- Ein Sortiment Schraubendreher mit rutschfestem Griff für Schlitz-, Kreuzschlitz- und Torxschrauben.
- Innensechskantschlüssel (Inbusschlüssel) am Ring in den Größen 2-8 Millimeter. Wir möchten darauf hinweisen, dass sich diese Schlüssel gern an den Kanten abnutzen. Wenn der Schlüssel mehr als einmal abrutschen sollte, ohne dass er seinen Zweck verrichtet, wird es Zeit, dass man sich einen neuen Satz anschafft.
- Mit einem Radkreuzschlüssel für Pkw lösen Sie auch fest sitzende Radschrauben. Andernfalls muss

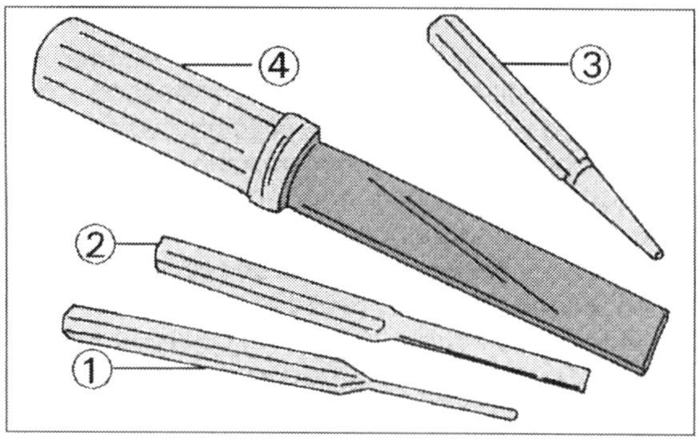

Bild 16
Zum Schlagen, Ausschlagen und Abschlagen gehören diese Werkzeuge in den Kasten.
1 Durchschlag (vorgeschlagen ca. 3-mm-Schaft)
2 Durchschlag (vorgeschlagen ca. 6-mm-Schaft)
3 Körner für Bohrungsarbeiten (auch zum Zeichnen von Teilen)
4 Flachmeißel mit gehärteter Schneide

der im Bordwerkzeugsatz beigefügte Radschraubenschlüssel reichen.

- Kombizange, Wasserpumpenzange (Länge mindestens 240 mm) und Seitenschneider biegen, halten, drehen und trennen so ziemlich alle Materialien an Ihrem Fahrzeug. Die entsprechenden Zangen wurden bereits in Bild 13 gezeigt.
- Der Schlosserhammer (empfohlenes Gewicht ca. 300 g) wird als Schlagwerkzeug benutzt, um beispielsweise mit einem Durchschlag festsitzende Bolzen aus Verbindungen zu lösen. Empfindliche Bauteile wie Lager, gegossene oder gehärtete Teile sollten dagegen nur mit einem Kunststoff- oder Gummihammer bearbeitet werden. Bei Richtarbeiten an der Blechstruktur hilft ein Ausbeulhammer.
- Ein Körner hilft bei Bohrarbeiten an Metallen. Bringen Sie die gehärtete Spitze exakt an die gewünschte Bohrstelle. Mit einem leichten Hammerschlag auf den Schaft des Körners erzeugen Sie an der Oberfläche eine kleine Vertiefung, an der Sie den Metallbohrer ansetzen.
- Ein Durchschlag (Durchmesser 3 und 6 mm) ist bei Montage- und Demontagearbeiten an Fahrwerk, Motor und Bremsen universell einsetzbar. Wenn Sie damit Haltebolzen entfernen: Achten Sie darauf, dass die Auflagefläche des Durchschlags etwa der Größe der Bolzen entspricht, da diese sich sonst verformen. In Bild 16 geben wir Ihnen weitere Beispiele von Teilen, die im Werkzeugsatz unerläßlich sind. **Hier ein Wort der Warnung:** Nach mehrmaliger Benutzung eines Durchschlags bilden sich durch das Aufschlagen mit dem Hammer Grate, welche wie Ausfransungen aussehen. Ohne Vorwarnung kann es also passieren, dass sich ein Stück des breit geschlagenen Materials löst und in die Augen springt. Arbeiten Sie also nur mit Durchschlägen, welche auf der Aufschlagseite noch einwandfrei aussehen. Als Abhilfe kann man einen solchen Dorn kurz nachschleifen lassen, damit er wieder „unfallsicher" aussieht. Abgesehen davon leistet eine Schutzbrille gute Dienste.
- Mit einem Flachmeißel (gehärtete Schneide, siehe Bild 16) werden Sie zur Not auch mit deformierten oder festgerosteten Schraubverbindungen fertig, indem Sie die Mutter mitsamt dem Gewindebolzen abmeißeln. An „weichen" Stellen sollten Sie jedoch von einem Helfer einen Hammer an der Schlagstelle unterhalten lassen, damit es keine Verbiegungen gibt. Lassen Sie keine Grate an der Aufschlagstelle „wachsen", da Splitter in die Augen springen können.
- Für Arbeiten im Motorraum und unter dem Fahrzeug empfiehlt sich die Anschaffung eines Steckschlüsselsatzes mit den Einsätzen 10-32 Millimetern und einer Umschaltknarre mit fi-Zoll-Antrieb. Ein komplettes Set ist billiger als der Kauf der jeweils benötigten Einzeleinsätze. Hier gehören auch die bereits genannten Sets der „Torx"-Einsätze dazu.
- Für Arbeiten im Innenraum ist ebenfalls ein Steckschlüsselsatz sinnvoll, allerdings mit kleinerem /-Zoll-Antrieb. Neben Kreuz-, Torx-, Schlitzschrauben und Kunststoffclips verbauen die Hersteller hier oft Schrauben mit SW 6 bis 13 Millimeter.
- Für Arbeiten an der Elektrik sind zu empfehlen: eine isolierte Kombizange, eine Quetschzange für Steckeranschlüsse und Kabelverbindungen, ein isolierter Schraubendreher und eine Phasenprüflampe mit Nadelspitze und separatem Massekabel.

Hinweis: Überprüfen Sie Ihr Bordwerkzeug. Die beste Grundausstattung in der Garage nützt nichts, wenn Ihnen bei einer Panne unterwegs die Hilfsmittel fehlen. Sind Wagenheber, Radkreuz und Schraubendreher an Bord? Bei einem Wackelkontakt oder einer gelösten Kabelverbindung helfen Elektrokombizange, ein paar Drähte und Isolierband. Ebenfalls sinnvoll: ein Lampenset und Ersatzsicherungen, Abschleppseil, Starthilfekabel und Taschenlampe. Und vergessen Sie nicht, dass man bei Reparaturen schmutzige Hände bekommt. Papiertaschentücher oder Papierhandtücher sollten immer einen Platz im Kofferraum haben, falls Sie eine Reise antreten (sie eignen sich auch immer wieder bei der Kontrolle des Ölstands im Motor, Flüssigkeitsbehälter der Servolenkung, usw.).

Hinweis: Nachdem die Motorhaube geöffnet ist, könnten einige der im Motorraum befindlichen Teile sehr heiß sein. Wenn der Motor läuft oder der Zündschlüssel in Stellung „2" steht, besteht Gefahr von den drehenden Teilen des Motors oder hohen elektrischen Spannungen von Teilen der elektrischen Anlage.

Abklemmen der Batterie

Bei allen mit der elektrischen Anlage verbundenen Arbeiten muss man die Batterie abklemmen. Im modernen Automobilbau ist dies jedoch mit einigen Vorsichtsmaßnahmen verbunden, um elektronische Bauteile nicht zu stören. Bei jeglichen Arbeiten ist deshalb zu beachten:

- Die Plus- und Minusleitung der Batterie kann man leicht verwechseln. Im Zweifelsfall die Polarität bis zur Batterie verfolgen und die Leitung kennzeichnen.
- Als Erstes das Minuskabel der Batterie abschrauben.
- Falls ein Autoradio mit Diebstahlcode eingebaut ist, sollten Sie den Code zur Hand haben, ehe die Batterie abgeklemmt wird. Der zum Betrieb des Radios wichtige Code wird durch das Abklemmen der Batterie gelöscht und muss neu eingegeben werden. Denken Sie ebenfalls daran, dass gespeicherte Sender nach Wiederanschließen der Batterie neu abgespeichert werden müssen.
- Bestimmte Alarmeinrichtungen ertönen beim Abklemmen der Batterie. Aus diesem Grund sollten Sie wissen, wie man den Alarm neutralisieren kann, ehe

man bei irgendwelchen Arbeiten die Batterie aus dem Stromkreis nimmt.

- Das elektronische Steuergerät der Einspritzmotoren muss nach Wiederanschließen der Batterie neu „lernen". Dies geschieht nachdem der Motor eine Weile läuft.
- Eine eingebaute elektrische Zeituhr verliert ihre Daten.

1.5 Aufbocken des Fahrzeuges

Der zum Anheben benutzte Wagenheber muss dem Gewicht des Fahrzeuges genügen. Überzeugen Sie sich deshalb vorher von der Tauglichkeit eines solchen Wagenhebers. Vor dem Aufbocken des Fahrzeuges kontrollieren, dass keine zusätzlichen Lasten im Kofferraum oder im Heckraum des Fahrzeuges liegen. Dies wird oftmals übersehen.

Um keine Schäden an der Unterseite des Fahrzeuges anzurichten, dürfen ein Wagenheber sowie die zum Aufbocken verwendeten Dreieckböcke nur an den dafür bestimmten Stellen angesetzt werden.

An der Vorderseite des Wagens darf ein Wagenheber nur mit Hilfe eines Holzklotzes angehoben werden, welchen man unter den vorderen Nebenrahmen ansetzt, wie man es in Bild 17 sehen kann. Dabei darauf achten, dass der Holzbalken nicht das Auspuffrohr oder das Getriebe berührten kann. Auf keinen Fall das Fahrzeug unter den Querlenkern oder unter dem Querträger zwischen den Seitenträgern oder an der Rückseite unter der Hinterachse anheben.

Zum Anheben der Vorderseite oder der Rückseite des Fahrzeuges den Wagenheber unter den Ihnen bekannten Ansatzstellen für den Bordwagenheber untersetzen. Dabei ist es besonders wichtig, dass das Fahrzeug hinten nicht zu schwer ist. Zum Anheben eignet sich am besten ein so genannte Rollwagenheber, wie er in Bild 18 gezeigt ist. Andernfalls eignet sich ein Scherenwagenheber, wie er in Bild 19 gezeigt ist.

Falls nur eine Seite des Fahrzeuges aufgebockt werden soll, setzt man einen Wagenheber unter die am Wagenboden befindlichen Ansatzstellen an. Ebenfalls ist es möglich, dass man einen Wagenheber wie in Bild 20 gezeigt benutzt. Dazu einen Holzblock benutzen und unter der Einstiegkante ansetzen. In den Holzblock sollte man eine Nut einschneiden, die sich um den Falz des Einstiegs anlegen kann. Das Bild zeigt den in einer Werkstatt benutzten Balken, welcher durch einen Holzbalken ersetzt werden kann.

Vor Aufbocken der Rückseite des Fahrzeuges bei eingebautem Schaltgetriebe den Rückwärtsgang oder bei eingebauter Getriebeautomatik den Wählhebel in die Parkstellung schalten, damit der Wagen nicht von den Böcken rollen kann. Beim Anheben der Vorderseite des Fahrzeuges die Handbremse anziehen.

Unbedingt darauf achten, dass die Bodenfläche, auf welcher das Fahrzeug aufgebockt werden soll, nicht zu weich ist, damit der Wagenheber oder die Böcke nicht in den Boden einsinken können.

Unterstellböcke können unter die Seite der Karosserie untergestellt werden, ohne dabei die Lackierung zu beschädigen, aber nur an den in Bild 21 gezeigten Stellen.

Nur sichere Unterstellböcke zum Aufbocken des Fahrzeuges benutzen. Bei diesen handelt es sich um dreibeinige Böcke, deren Höhe verstellbar ist. Zur zusätzlichen Sicherheit kann man das abgeschraubte Rad unter die aufgebockte Seite unterlegen.

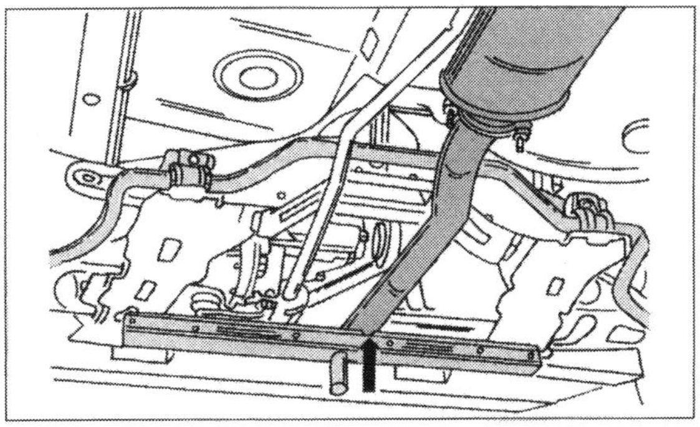

Bild 17
Anheben des Fahrzeuges an der Vorderseite. Der gezeigte Querbalken muss durch einen geeigneten Holzbalken ersetzt werden. Dabei nicht das Auspuffrohr zusammendrücken.

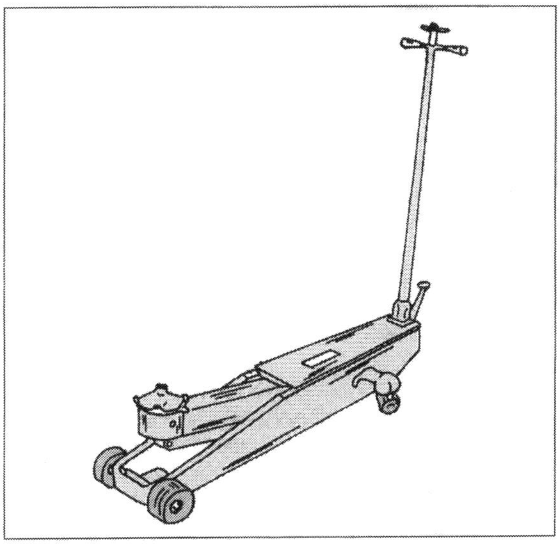

Bild 18
Ein Rollwagenheber gehört zur Heimwerkerausrüstung, falls Wartungs- und Reparaturarbeiten selbst durchgeführt werden sollen.

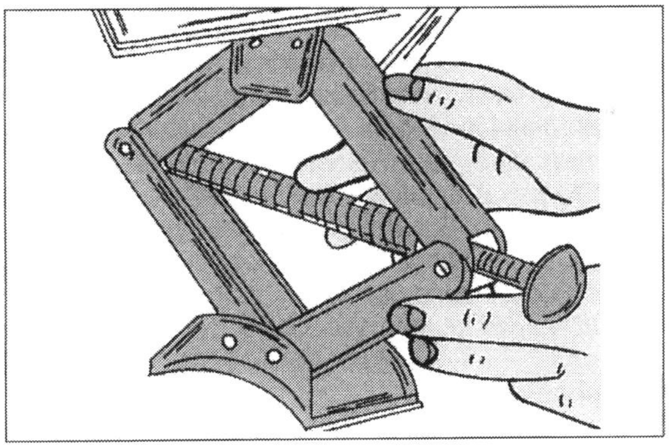

Bild 19
Ein Scherenwagenheber eignet sich vortrefflich zum Anheben einer Seite.

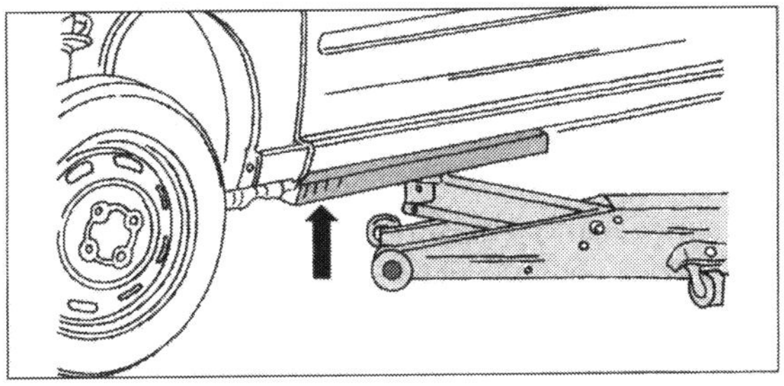

Bild 20
Anheben des Fahrzeuges auf einer Seite. Einen Holzklotz zwischen Wagenheberkopf und Einstieg unterlegen, um das Gewicht zu verteilen.

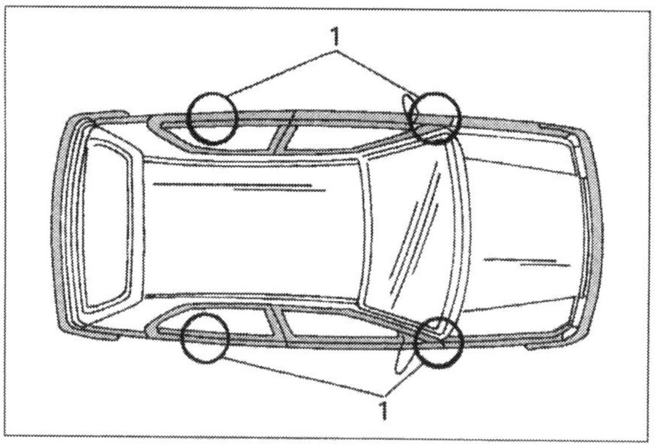

Bild 21
Unterstellböcke nur an den im Bild gezeigten Stellen (1) untersetzen.

1.6 Schmiermittel, Dichtungsmasse, Loctite, etc.

Jeder Autohersteller empfiehlt die Verwendung von bestimmten Schmiermitteln, die während der Produktion auf das Fahrzeug abgestimmt wurden. Dies trifft ebenfalls auf Renault zu und aus diesem Grund halten wir uns bei Reparaturen an die von Renault angegebenen Schmieröle, Fette und dergleichen. Am Ende entscheiden Sie jedoch selbst, welche Mittel Sie verwenden.
Oft wird „Loctite“ erwähnt. Bei diesem handelt es sich um eine Sicherungsflüssigkeit für Muttern- und Schraubengewinde, die ein Lösen von angezogenen Verbindungen verhindert. Obwohl im Text nur auf „Loctite“ eingegangen wird, sollten Sie wissen, dass verschiedene Ausführungen zur Verfügung stehen. Ihr Renault-Ersatzteillager wird Sie über die Erhältlichkeit dieser Sicherungsmittel unterrichten.
Oftmals kommt es jedoch vor, dass andere, ebenfalls geeignete Mittel zum Sichern von Gewindeverbindungen benutzt werden. Auch hier sollten Sie in der Lage sein, dies in der Werkstatt zu erfahren.
Das Gleiche trifft auch auf Graphit-Fett und Dichtungsmasse zu. Erkundigen Sie sich, welche Fettart und Dichtungsmasse örtlich verwendet wird, um zu gewährleisten, dass die Arbeiten einwandfrei durchgeführt werden können. Wiederum gibt der betreffende Text die von Renault empfohlenen Dichtmittel und dergleichen an.

1.7 Umgang mit Gewinden, Schrauben, Muttern, usw.

Bei einem ziemlich neuen Fahrzeug, bzw. Motor wird man keine Schwierigkeiten mit dem Lösen von Schrauben, Muttern, Stiftschrauben, usw. haben. Ist das Fahrzeug jedoch älter, kommen schon mal Probleme beim Lösen von Gewindeverbindungen vor, vor allem wenn die Teile längere Zeit dem Straßenschmutz ausgesetzt waren. Die folgenden Hinweise sollten Ihnen helfen, diese Probleme aus dem Weg zu räumen.

- Beim Lösen von Muttern auf Stiftschrauben immer das herausstehende Gewinde mit einer Drahtbürste reinigen, um Schmutz oder auch Rost zu entfernen. Man erspart sich dadurch, dass die Mutter über die Schmutzstellen geschraubt werden muss. Die Verbindungsstelle jetzt mit einem Rostlösesprühmittel behandeln. Hier gibt es verschiedene Produkte, d. h. man muss den Gebrauchsanweisungen folgen.
- Falls eine in eine Schweißmutter eingedrehte Schraube gelöst werden soll (meistens in der Karosserie), möglichst die Gewindestelle von der Rückseite mit dem Rostlösemittel einsprühen. Schraubenköpfe derartiger Verbindungen reißen gern ab oder man löst die Schweißmutter.
- Schrauben mit Schlitz- oder Kreuzschlitzköpfen lassen sich manchmal nur sehr schwer lösen. Kreuzschlitzschraubenzieher rutschen gern aus dem Kreuzschlitz heraus und beschädigen diesen dabei. Um diesem vorzubeugen, kann man einen Schraubendreher oder Kreuzschlitzschraubendreher mit einem durchgehenden Schaft an der Schraube ansetzen und durch einen kurzen Schlag mit einem Hammer „behandeln“. In den meisten Fällen löst sich der Schraubenkopf von der Verbindung und die Schraube kann leicht herausgedreht werden.
- m modernen Automobilbau werden mehr und mehr Schrauben mit Spezialköpfen verwendet, die ähnlich wie Kreuzschlitzköpfe aussehen aber keine sind. Diese als „Torx“-Kopf bezeichneten Schraubenköpfe werden mit speziellen Einsätzen gelöst, die man in einem Satz erstehen kann. In Bild 11 kann man sehen, wie eine solche Schraube aussieht. Auf diese „Torx“-Stecknüsse kann man dann in normaler Weise eine Ratsche, Verlängerung, usw. ansetzen.
- Innensechskantschrauben (der bekannte „Inbuskopf“) oder Schrauben mit „Polygon“-Kopf (Vielverzahnung, meistens 12 Ecken) können ebenfalls Schwierigkeiten beim Lösen bringen. Als Erstes reinigt man die Öffnung des Innensechskants einwandfrei (mit einem kleinen Schraubenzieher zum Beispiel), um den Innensechskantschlüssel oder Vielzahnschlüssel anzusetzen. Falls möglich sollte man hier auch einen Steckeinsatz benutzen. Vor Lösen der Schrauben kann man einen Hammerschlag auf den Steckeinsatz geben, um das Beharrungsvermögen der Schraube zu lösen. Manchmal ist jedoch ein abgewinkelter Inbusschlüssel erforderlich. Durch dessen Winkelstellung wird das Lösen oftmals zum Problem. Wir schlagen vor: Den Schlüssel in die Schraube einsetzen und einen kleinen Ringschlüssel über das lange Ende des Inbusschlüssels schieben. Den Inbusschlüssel jetzt gut gerade halten und die Schraube durch Druck auf den Ringschlüssel lösen. Dadurch vermeidet man, dass sich der Winkelschlüssel bei festsitzenden Schrauben innerlich verdreht.
- Kleine jedoch zugängliche Inbusschraubenköpfe kann man auch mit einer Gripzange erfassen, deren Aussehen in Bild 22 gezeigt ist, und auf diese Weise die Schraube herausdrehen, vor allem, wenn das Innensechskant abgerundete Kanten erhalten hat. Beim Zusammendrücken der Gripzange nicht die Finger einquetschen.
- Schwierigkeiten können auch manchmal beim Lösen von Muttern oder Schrauben auftreten, deren Kanten bereits durch unvorschriftsmäßige Verwendung der falschen Schlüsselgröße abgerundet sind (aus Erfahrung gesprochen bei Zweithandwagen

manchmal anzutreffen). Mit der bereits erwähnten Gripzange kann man versuchen die Mutter oder Schraube zu lösen. Je nach Lage der Mutter kann man diese auch aufmeißeln oder am Gewinde entlang aufsägen. In diesem Zusammenhang möchten wir auch den Mutternspalter erwähnen, falls man zu dessen Benutzung genügend Arbeitsraum hat. Das Werkzeug arbeitet in der in Bild 23 gezeigten Weise, d. h. man zieht die Schraube an, bis die Mutter platzt. Ein Vorteil ist dabei, dass man das Gewinde der Schraube nicht beschädigt.

- m Text werden oftmals selbstsichernde Muttern erwähnt. Wie der Name besagt, werden diese durch ihre eigene Sicherungsfähigkeit gesichert, welche nach dem Lösen meistens zerstört wird. Wenn selbstsichernde Muttern erwähnt werden, sollte man diese immer erneuern.
- Manchmal passiert es und eine Schraube reißt am Kopf ab. Um das verbleibende Gewindestück aus der Bohrung zu bekommen, bohrt man ein Loch in der Mitte der „Schraube" und benutzt einen so genannten „Linksgewindezieher". Diese sind in Autozubehörgeschäften erhältlich und werden wie eine Schraube in das gebohrte Loch eingesetzt. Durch Anziehen schneidet sich das Werkzeug in das Schraubenstück ein und hoffnungsvoll zieht man es heraus. Bild 24 zeigt wie diese Gewindeauszieher aussehen. Die einzige andere Lösung ist ein Aufbohren auf den ungefähren Gewindedurchmesser der Schraube (etwas weniger) und das Nachschneiden mit einem Gewindeschneider.
- Stehbolzen werden mit zwei gegeneinander gekonterten Muttern herausgedreht. Beim Herausdrehen den Schlüssel an der inneren Mutter ansetzen, zum Hineinschrauben den Schlüssel an der äußeren Mutter ansetzen. Bild 25 zeigt, wie man Bolzen aus- und einschrauben kann.
- n Aluminiumteile eingearbeitete Gewinde werden manchmal beim Anziehen von Schrauben beschädigt. In Ihrer Werkstatt werden Sie Gewindeeinsätze unter der Markenbezeichnung „Heli-Coil" erhalten. Diese können entsprechend den Anweisungen in der Schachtel in das alte Gewindeloch eingezogen werden oder man bringt das beschädigte Teil zur Erneuerung des Gewindes in eine Werkstatt.

Anzugsdrehmomente

Die Anzugsdrehmomente werden für die Schrauben und Muttern der wichtigsten Teile angegeben. Um die Anzugsdrehmomente einzuhalten, muss man eine Stecknuss der passenden Schlüsselweite sowie einen Drehmomentschlüssel, manchmal mit einer Verlängerung, benutzen. In vielen Fällen ist es aber einfach nicht möglich an eine Schraube oder Mutter heranzukommen, um einen Drehmomentschlüssel anzusetzen oder das Drehmoment ist zu klein, um es am Drehmomentschlüssel abzulesen. Hier heißt es, dass man das Drehmoment schätzen muss. Unter Berücksichtigung des Gewindedurchmessers der Schraubenverbindung heißt dies in der Mechanikersprache „gut anziehen", wobei Gefühl eine wichtige Rolle spielt, besonders bei Gewindedurchmessern von 6 oder 7 mm.

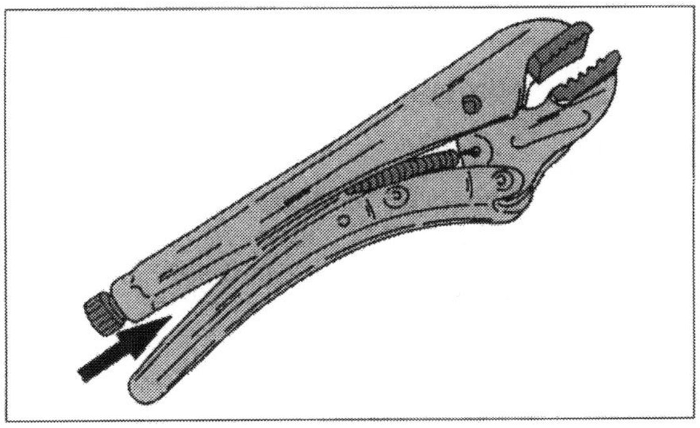

Bild 22
Die Gripzange. Nicht die Finger an der Pfeilstelle einquetschen, wenn die Zange geschlossen wird.

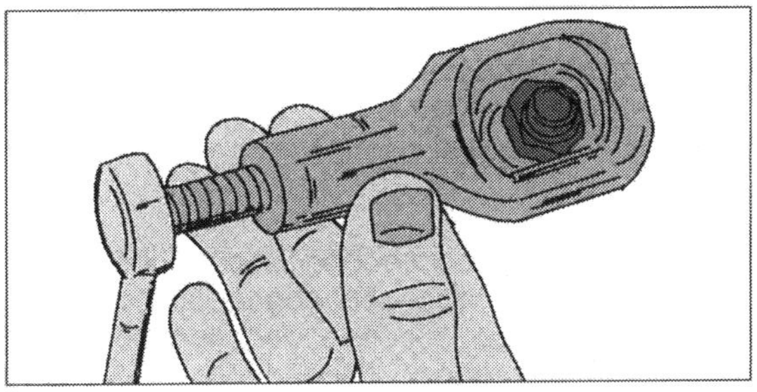

Bild 23
Benutzung eines Mutternspalters. Durch Anziehen der Schraube wird die Mutter in zwei Teile gespalten und kann abgenommen werden.

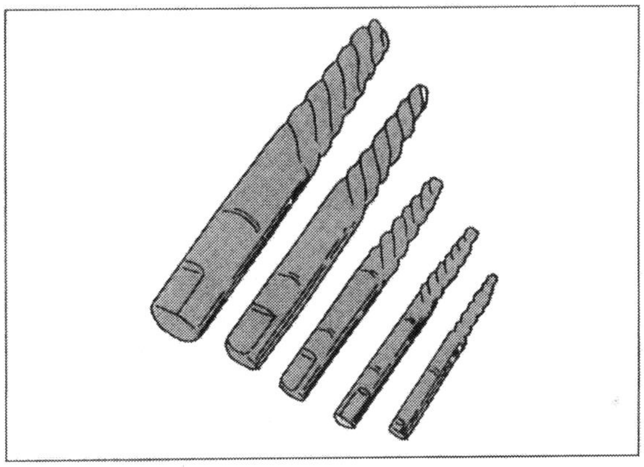

Bild 24
Ansicht von Linksgewindeausziehern zum Entfernen von abgescherten Schrauben oder Stehbolzen aus der Gewindebohrung.

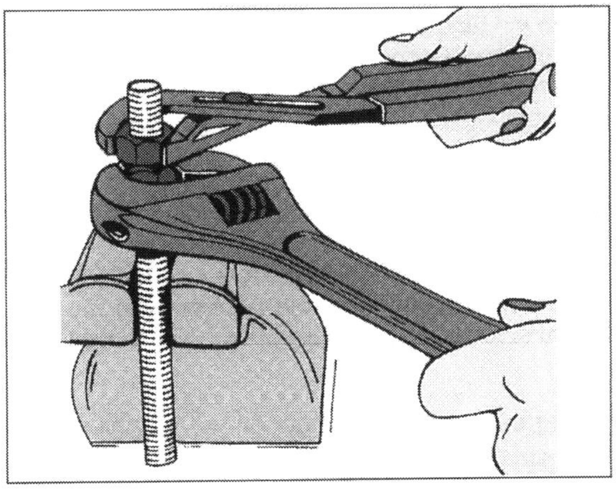

Bild 25
Ausschrauben und Einschrauben von Stiftschrauben (Stehbolzen).

2 Der Motor (1.4, 1.6, 2.0-Liter- und Dieselmotoren)

Die Bauteile des Motors

Um Ihnen einen kurzen Überblick über das Innenleben des Motors zu geben, führen wir die Hauptteile des Motors kurz an. Die Angaben beziehen sich auf alle in der Anleitung behandelten Motoren:

Motorblock oder Zylinderblock. Hier sind die beweglichen Teile gelagert. Der Motorblock trägt auch Aggregate wie Lichtmaschine, Anlasser und Zündanlage oder die Teile der Dieseleinspritzanlage, im Falle einer eingebauten Einspritzpumpe. Auch als Kurbelgehäuse bekannt. Alle Motoren haben Trockenlaufbüchsen, d. h. sie sind in den Zylinderblock eingearbeitet.

Zylinderkopf. Schließt den Zylinder nach oben ab. Er enthält Kanäle für Frisch- und Abgas, Ventilsitze, Lager und Führungen für Teile der Ventilsteuerung, Zündkerzengewinde bzw. Gewinde für die Glühkerzen, Einspritzdüsen und die Vorkammern beim Dieselmotor, falls dieser damit versehen ist, Wasserkanäle und Brennraum. Die Zylinderkopfdichtung zwischen den Metallflächen von Zylinderkopf und Zylinderblock verhindert, dass an dieser Stelle Luft und Kühlwasser in den Zylinder gelangen. Die Nockenwelle oder die Nockenwellen ist/sind ebenfalls in den Zylinderkopf eingebaut.

Zylinder. Bilden zusammen mit dem Zylinderkopf den Verbrennungsraum. Sie sind glatt ausgeschliffen (gehont) und exakt auf den Kolbendurchmesser abgestimmt. Für die Kühlung sorgt Wasser, das durch Kanäle in der Zylinderwand fließt.

Kolben. Nehmen den Verbrennungsdruck auf und geben ihn über die Pleuel an die Kurbelwelle weiter. Die Hauptbestandteile sind Kolbenboden, Ringzone mit Kolbenringen, Schaft und Bolzenaugen. Die beiden oberen Kolbenringe (Verdichtungsringe) verhindern, dass Gas aus dem Verbrennungsraum ins Kurbelgehäuse entweicht. Der untere Ring (Ölabstreifring) führt überschüssiges Schmieröl von der Zylinderwand in die Ölwanne zurück. Offensichtlich haben die Kolben eines Dieselmotors eine unterschiedliche Form, da sie durch die Arbeitsweise der Vorkammern oder die Direkteinspritzung bestimmt werden.

Pleuel. Verbinden den Kolben mit der Kurbelwelle. Ihre Bestandteile: Pleuelkopf (umschließt den Kolbenbolzen), Pleuelschaft, Pleuelfuß und Pleueldeckel (umschließen den Kurbelzapfen).

Kurbelwelle. Wandelt das Auf und Ab der Kolben in eine Drehbewegung um. Ihre Teile: Wellenzapfen (für Lagerung im Kurbelgehäuse), Kurbelzapfen, Kurbelwangen (verbinden Kurbelzapfen und Wellenzapfen). Bei allen Motoren ist die Kurbelwelle an mehreren Stellen im Motorblock in auswechselbaren Gleitlagerschalen gelagert.

Ventile. Lassen Frischgas ein- und Abgas ausströmen. Sämtliche Teile, die am Öffnen und Schließen der Ventile beteiligt sind, nennt man zusammenfassend „Ventiltrieb". Alle in dieser Ausgabe behandelten Benzinmotoren haben 16 Ventile, Dieselmotoren haben 8 Ventile.

Nockenwelle. Öffnet und schließt die Ventile im richtigen Zeitpunkt. Jedes Ventil wird über Tassenstößel von einer Nocke betätigt. Die Nockenwelle wird bei allen behandelten Motoren über einen Zahnriemen von der Kurbelwelle angetrieben. 1.4-, 1.6- und 2.0-Liter-Motoren haben zwei obenliegende Nockenwellen.

F8Q- und F9Q-Motor. Hinweise auf den F8Q-Motor bedeuten, dass es sich um einen Motor mit indirekter Einspritzung handelt; Hinweise auf den F9Q-Motor beziehen sich auf den Motor mit Direkteinspritzung (dti).

„K"-Motoren und „F"-Motor. Hinweise auf „K"-Motoren beziehen sich auf den 1.4- und 1.6-Liter-Motor. Als „F"-Motor wird der 2.0-Liter-Motor bezeichnet, wenn Unterschiede gegenüber dem „K"-Motor vorhanden sind.

Der Aus- und Einbau des Motors wird im Allgemeinen für alle Motorgruppen beschrieben. Die Angaben sind jedoch allgemein gehalten, da es unmöglich ist, auf jeden einzelnen Motor einzugehen. Die Beschreibung ist auf dem 1.6-Liter-Motor (K4M) aufgebaut.

2.1 Ausbau und Einbau des Motors

Bei allen Motoren muss der Nebenrahmen ausgebaut werden. Da diese ziemlich umfangreiche Arbeit außerdem das Anheben der Karosserie erfordert, da man das gesamte Triebwerk, auf einem Spezialträger sitzend, unter dem Fahrzeug hervorziehen muss, raten wir Ihnen vom Ausbau des Triebwerks ab. Da jedoch viele Heimwerker gut eingerichtet sind, werden die Arbeiten trotzdem beschrieben.
Ein Dorn ist zum Trennen der rechten Antriebswelle von der Abtriebswelle des Differentials erforderlich. Am besten ist es natürlich, das Fahrzeug mit einem Grubenlift anzuheben, andernfalls das Fahrzeug vorn auf Böcke setzen.

Hinweis: Bei Fahrzeugen mit eingebauter Klimaanlage sollte man den Motor nicht selbst ausbauen. Falls es jedoch durchgeführt werden soll, muss man die Anlage in einer bevollmächtigten Servicezentrale entleeren und nach dem Einbau des Motors wieder füllen lassen. Auf keinen Fall irgendwelche Leitungen der Anlage öffnen.

- Batterie abklemmen. Vorher jedoch die Anweisungen über das Abklemmen der Batterie in Abschnitt 1 durchlesen. Die Batterie anschließend ausbauen.

● Das Schutzblech unter dem Motorraum ausbauen.
● Die Motorhaube abschrauben. Die Umrisse der Scharniere am Motorhaubenblech mit einem Bleistift anzeichnen, um die Ausfluchtung der Haube bei der Montage zu erleichtern. Ein Helfer sollte beim Abheben der Haube hinzugezogen werden, um Lackschäden unter allen Umständen zu vermeiden. Die Arbeit ist nicht unbedingt erforderlich, jedoch erhält man mehr Arbeitsraum.
● Kühlanlage ablassen. Dazu am besten den unteren Wasserschlauch abschließen. Das Kühlwasser so gut wie möglich auffangen, um den Arbeitsplatz nicht zu verschmutzen. Da das Kühlmittel chemische Mittel enthält, muss man es umweltfreundlich entsorgen.
● Öl aus dem Getriebe ablassen und die beiden Vorderräder abschrauben, während das Öl abläuft. Ebenfalls kann man das Öl aus der Ölwanne ablassen.
● Das Kühlergitter ausbauen.
● Die in Bild 26 gezeigte Verkleidung ausbauen. Dazu je eine Schraube an der Seite und die Mutter in der Mitte lösen.
● Die beiden Streben zwischen dem Nebenrahmen und der Karosserie ausbauen.
● Die Verbindung zwischen der Spurstange und dem Lenkhebel mit einem geeigneten Kugelbolzenausdrücker trennen. Eine geeigneter Auszieher ist im Abschnitt „Lenkung" gezeigt.
● Beide Bremssättel abschrauben ohne den Bremsschlauch abzuschließen. Bremssattel mit einem Stück Draht an der Vorderradaufhängung festbinden. Ebenfalls die beiden Drehzahlgeber für die ABS-Anlage ausbauen.

Auf der linken Seite des Fahrzeuges

● Die linke Antriebswelle ausbauen. Dazu die in Bild 27 gezeigten Muttern von der Seite des Getriebes lösen und die Schraubenverbindung der unteren Stoßdämpferbefestigung trennen. Nach Trennen der unteren Kugelgelenkverbindung (siehe Abschnitt „Vorderradaufhängung") am Achsschenkel kann der gesamte Achsschenkel in der in Bild 28 gezeigten Weise mit der daran angeschlossenen Antriebswelle herausgezogen werden. Der Achsschenkel muss dabei in die beste Lage verdreht werden. Die Gummimanschette dabei nicht beschädigen.

Auf der rechten Seite des Fahrzeuges

● Zum Ausbau der rechten Antriebswelle die Vorderradnabe verdrehen, bis der Verbindungsstift der Achswellenbefestigung in der in Bild 29 gezeigten Stellung steht und den Stift mit einem passenden Dorn ausschlagen. Den kompletten Achsschenkel braucht man hier nicht unbedingt auszubauen. Es reicht, wenn man die obere Schraube der Verbindung Achsschenkel-Federbein ausbaut und die untere Mutter und Schraube löst. Man sollte sich notieren, von welcher Seite aus die Schraube eingeschlagen ist. Den Achsschenkel danach nach außen ziehen, bis die Antriebswelle aus dem Eingriff mit dem Getriebe kommt. Falls vorgezogen, kann man natürlich auch den kompletten Achsschenkel ausbauen, wie es bei der linken Welle beschrieben wurde.

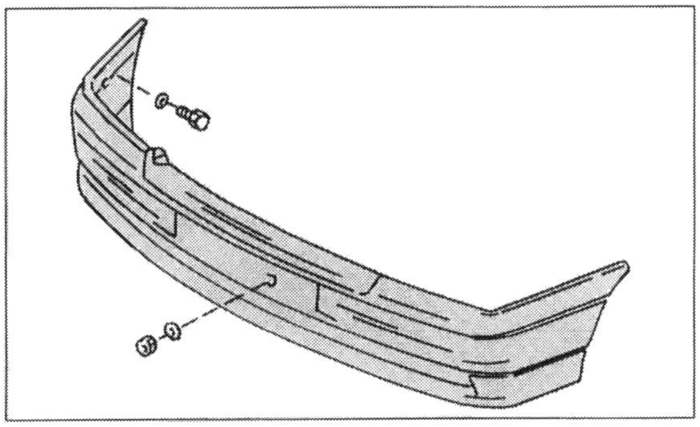

Bild 26
Die Verkleidung an der Vorderseite abschrauben, um an alle Befestigungsstellen heranzukommen.

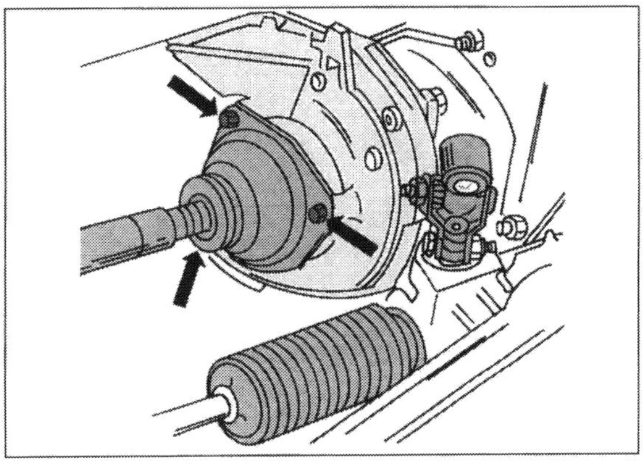

Bild 27
Die Pfeile weisen auf die Befestigungsmuttern der Achswelle auf der linken Seite des Getriebes.

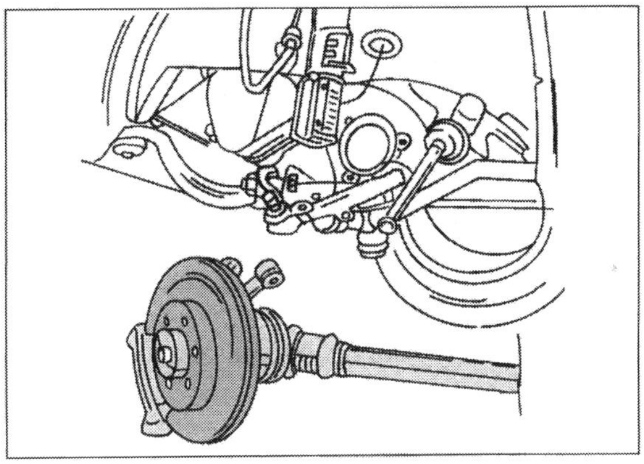

Bild 28
Ausbau des linken Achsschenkels. Der Achsschenkel muss auf dieser Seite ausgebaut werden. Der Ausbau auf der anderen Seite ist wahlweise.

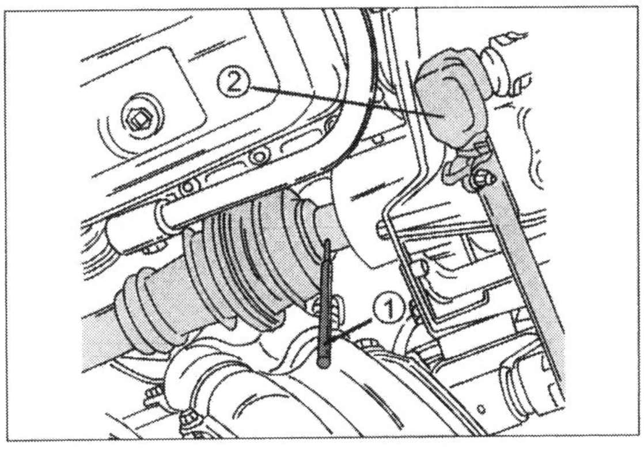

Bild 29
Ausschlagen des Verbindungsstiftes der rechten Antriebswelle. Die Welle muss dabei in der gezeigten Stellung stehen.
1 Ausschlagdorn
2 Befestigung des Schaltgestänges

● Das Wärmeschutzschild (1) in Bild 30 ausbauen. Ebenfalls das Schaltgestänge von der Seite des Getriebes abschließen.
● Klemmschelle des Katalysators (2) am Schalldämpfer lösen und die Auspuffanlage an der Unterseite des Fahrzeuges festbinden. Der Kabelstecker für die Lambda-Sonde muss abgezogen werden.

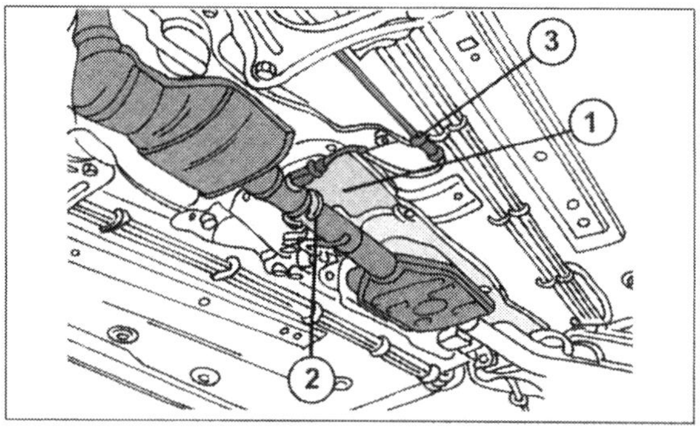

Bild 30
An der Unterseite des Fahrzeuges zu lösende Teile.
1 Wärmeschutzblech
2 Klemmschelle des Abgasrohres (Auspuffrohres)
3 Kabelstecker der Lambda-Sonde

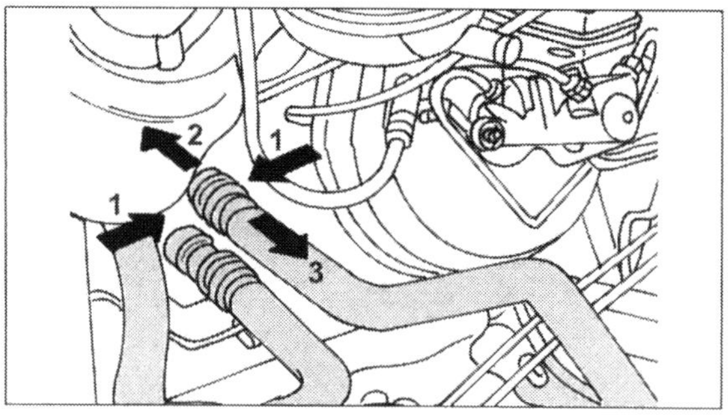

Bild 31
Lösen der Heizungsschläuche an der Stirnwand. An Stelle (1) wird die Anschlussverbindung zusammengedrückt, Danach entsprechend den Pfeilrichtungen vorgehen.

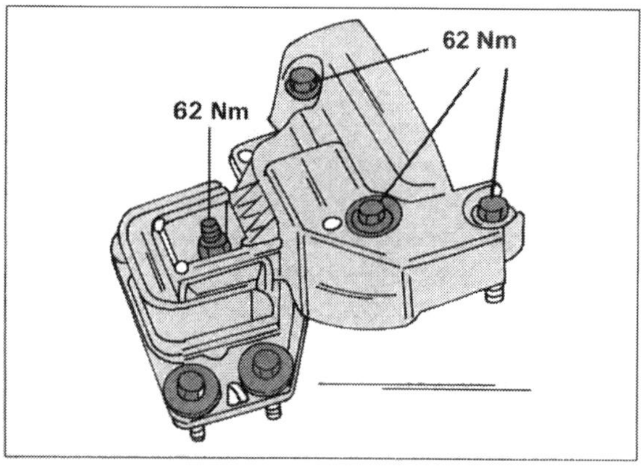

Bild 32
Die Befestigungsstellen des Triebwerklagers. Anzugsdrehmoment beachten.

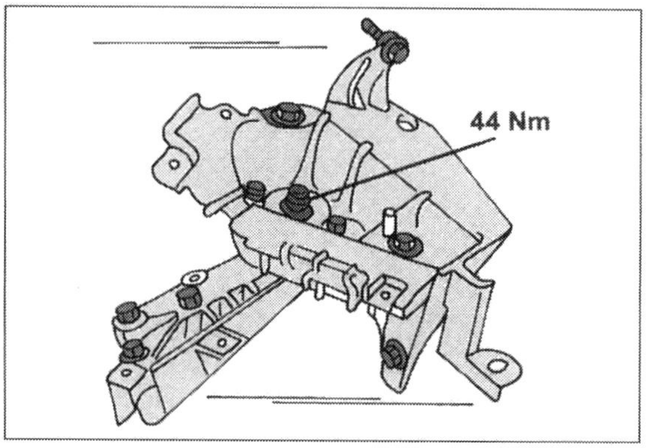

Bild 33
Nach Lösen der Mutter (1) die Stiftschraube mit einem Kupferhammer durch die Aufhängung schlagen.

- Das Masseband vom Getriebe abschrauben.
- Die beiden Befestigungen der Lenkflüssigkeitsleitung auf der rechten Seite des Nebenrahmens abschrauben.
- Das Luftansaugrohr vom Luftfilter abschließen und herausnehmen.
- Den großen Kabelhauptstecker vom elektronischen Steuergerät und vom Sicherheitsschalter abziehen und den Träger des Steuergeräts abschrauben.
- Die folgenden Teile der Reihe nach abschließen: die Kabelanschlüsse und die Schläuche vom Thermostatgehäuse, die Schläuche vom Ausgleichsbehälter der Kühlanlage, den Schlauch für den Bremskraftverstärker.
- Die beiden Heizungsschläuche von der Stirnwand des Motorraums abschließen. Zu beachten ist die unterschiedliche Anschlussweise, die man Bild 31 entnehmen kann. Zum Abschließen Schnellverschluss entsprechend Pfeilen (1) zusammendrücken, den Anschluss nach innen drücken (Pfeil 2) und danach abziehen.
- Beim Dieselmotor die Kraftstoffleitungen vom Luftfilter und vom Steuerriemenschutzdeckel ausclipsen, den Kraftstofffilter vom Träger befreien und auf der linken Seite (von vorn gesehen rechts) ablegen.
- Den Relaisträger, einen Kabelstecker und die Sicherungsdose ausbauen.
- Die Leitung vom Aktivkohlebehälter abziehen (Benziner).
- Die beiden Kraftstoffanschlüsse abschließen, wie es im Abschnitt über die Kraftstoffanlage des betreffenden Motors beschrieben ist.
- Gasseilzug und Kupplungsseil abschließen.
- Den Vorratsbehälter der Servolenkung ausbauen und auf dem Motor ablegen.
- Die Schutzabdeckung an der Kreuzgelenkverbindung der Lenkwelle zurückschieben und die Klemmschraube lösen, um die Lenkwelle zu lösen. Jedoch:

Achtung: Da ein Airbag eingebaut ist, müssen die folgenden Anweisungen unbedingt beachtet werden:

- Vor Trennen der Lenksäulenverbindung muss das Lenkrad in der Geradeausstellung blockiert werden und darf auch nicht bei weiteren Arbeiten oder nach Ausbau von Motor und Getriebe verdreht werden. Andernfalls kann der Drehschalter unter dem Lenkrad beschädigt werden.
- Den vorderen Stoßfänger ausbauen.
- Seilschlingen oder Ketten an den beiden Hebeösen an Motor und Getriebe befestigen und das Triebwerk an einen Handkran oder sonstiges Hebezeug anhängen.
- Die Abdeckung der „hängenden" Motoraufhängung ausbauen (Bild 32), einen Holzklotz zwischen Getriebe und Nebenrahmen einschieben und die Mutter in Bild 33 abschrauben. Mit einem Kupferhammer auf die Stiftschraube schlagen, bis die Stiftschraube aus dem Aufhängungslager austritt.
- Unter dem Fahrzeug die in Bild 34 gezeigten Schrauben der Versteifung herausdrehen.
- In der Werkstatt wird jetzt ein Tragschemel unter den Nebenrahmen gesetzt, um diesen beim Lösen zu halten. Da man diesen bestimmt nicht zur Verfügung hat, muss man einen Wagenheber entsprechend untersetzen. Nach Lösen der Befestigungsschrauben des Nebenrahmens wird die Karosserie angehoben. Leichter gesagt als getan. Dies bedeutet, dass man das Triebwerk mit dem Nebenrahmen auf dem Wagenheber lassen muss, während man die Karosserie mit dem Hebezeug anhebt, bis man Motor/Getriebe herausziehen kann. Bei dieser Arbeit muss ebenfalls der Katalysator an der gelösten Verbindung getrennt

werden und der Kühler ist aus der oberen Aufhängung zu befreien und auf dem Nebenrahmen abzulegen. ***Hier müssen wir unbedingt vor Unfällen warnen.***

Der Einbau des Motors und Getriebes findet in umgekehrter Reihenfolge statt. Zur genauen Führung kann man Stiftschrauben in die beiden Gewindebohrungen an der Vorderseite des Nebenrahmens einschrauben, damit dieser beim Einbau geführt wird. Die vorderen Schrauben des Rahmens mit 62 Nm, die hinteren mit 105 Nm anziehen. Die Motoraufhängungen mit den in den Abbildungen angegebenen Anzugsdrehmomenten anziehen. Der Katalysator muss in Verbindung mit dem Rohr gebracht werden, während man Motor und Getriebe in die richtige Lage bringt. Über den Einbau der Antriebswellen, Zusammenbau der Vorderradaufhängung, Anschrauben der Bremssättel und anderen Arbeiten muss man in den betreffenden Abschnitten nachlesen.

2.2 Reparatur des Motors

2.2.1 Zerlegung

Vor Beginn der Arbeiten sind alle Außenflächen des Motors gründlich zu reinigen. Alle Öffnungen des Motors vorher mit einem sauberen Putzlappen abdecken, damit keine Fremdkörper in die Innenseite des Motors gelangen können.
Das Zerlegen des Motors wird in Einzelheiten im nachfolgenden Text beschrieben. Außerdem werden Arbeiten beschrieben, die entweder bei eingebautem oder ausgebautem Motor durchgeführt werden können. Falls eine komplette Zerlegung durchgeführt werden soll, braucht man nur die einzelnen Arbeitsgänge miteinander zu kombinieren, und zwar in der angeführten Reihenfolge.
Im Allgemeinen sollte man beim Zerlegen daran denken, dass alle sich bewegenden oder gleitenden Teile vor dem Ausbau zu zeichnen sind, um sie wieder in der ursprünglichen Lage einzubauen, falls sie wieder verwendet werden. Dies ist besonders bei Kolben, Ventilen, Lagerdeckeln und Lagerschalen wichtig. Die Teile so ablegen, dass man sie nicht durcheinander bringen kann. Lager- und Dichtflächen auf keinen Fall mit einer Reißnadel oder gar Schlagzahlen zeichnen. Viele Teile sind aus Aluminium hergestellt und sind dementsprechend zu behandeln. Falls Hammerschläge zum Trennen bestimmter Teile erforderlich sind, nur einen Gummi-, Plastik- oder Hauthammer verwenden.
Die Zerlegung kann wesentlich erleichtert werden, wenn man einen geeigneten Montagestand hat, welcher an der Oberseite einen Schwenkkopf besitzt. Andernfalls den Motor auf eine Werkbank aufsetzen und ihn seitlich abstützen, damit er nicht umfallen kann.
Das Getriebe zuerst vom Motor abflanschen. Zuerst das Abdeckblech des Schwungradgehäuses abschrauben. Die folgenden Punkte müssen beim Trennen des Getriebes vom Motor beachtet werden:

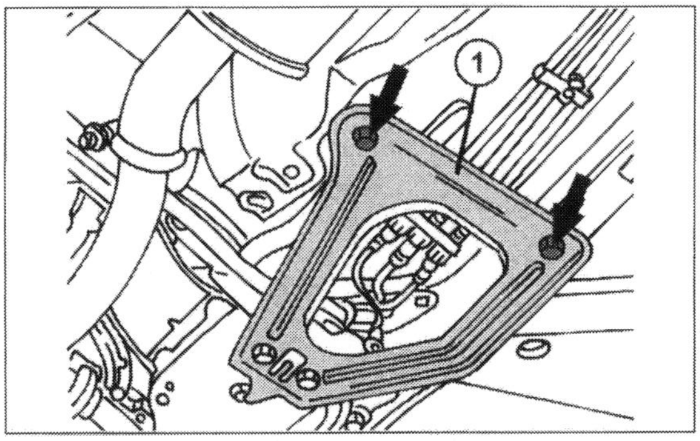

Bild 34
Versteifungen (1) auf beiden Seiten an der Unterseite abschrauben (Pfeilstellen).

- Anlasser abschrauben und herausziehen.
- Das Getriebe nach Lösen der Schrauben abziehen, ohne dass man das Gewicht des Getriebes auf der Kupplungswelle ruhen lässt, da andernfalls die Kupplungsmitnehmerscheibe oder die Kupplungswelle beschädigt werden kann.

Aufgrund der Unterschiede zwischen den einzelnen Motoren werden die einzelnen Motorengruppen getrennt beschrieben.
Beim Zerlegen des Motors in der folgend vorgeschlagenen Reihenfolge vorgehen, welche man jedoch beliebig ändern kann:

Zerlegung des 1.4- und 1.6-Liter-Motors (Typ „K“)
Hinweis: Bei diesen Motoren wird in der Werkstatt ein Messgerät zur Einstellung der Zahnriemenspannung benutzt. Wir raten Ihnen, sich deshalb die Beschreibungen in Kapitel 2.8 durchzulesen, ehe mit der Zerlegung des Motors begonnen wird. Andernfalls, wie erwähnt, die Spannung des Zahnriemens einprägen und beim Zusammenbau wieder herstellen.

Viele der Arbeiten, z. B. der Aus- und Einbau des Zahnriemens und des Zylinderkopfes, sind unter getrennten Überschriften beschrieben. Bei der folgenden Beschreibung wird davon ausgegangen, dass der Zylinderkopf (Kap. 2.4) und der Zahnriemenantrieb (Kap. 2.8) bereits ausgebaut wurden.
- Motoröl ablassen, falls es noch im Motor ist. Alles im Zylinderblock befindliche Kühlmittel ablassen und als Erstes den Arbeitsplatz gut reinigen. Die Ablassstopfen für das Öl und das Kühlmittel wieder eindrehen und festziehen.
- Den Motor in einen Montagestand einspannen und die beiden Einsteller aus den Enden der Nockenwellen ausbauen. An der Unterseite des Zylinderblocks

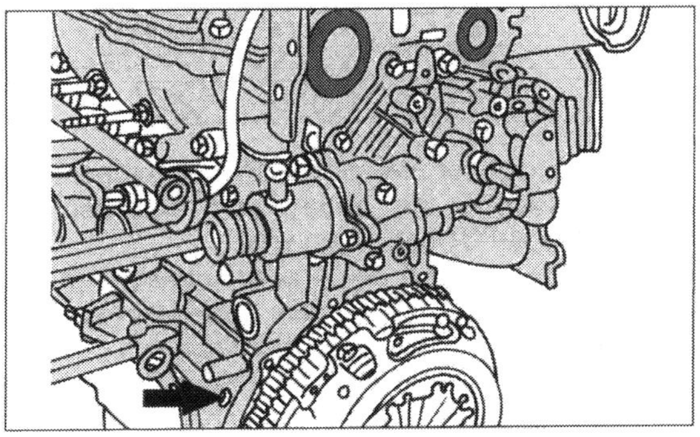

Bild 35
Die beiden Versteller (Stopfen) aus der Rückseite der Nockenwellenlagerung ausbauen. Den Stopfen (Pfeil, unten) ausschrauben, um dem Arretierbolzen einzusetzen.

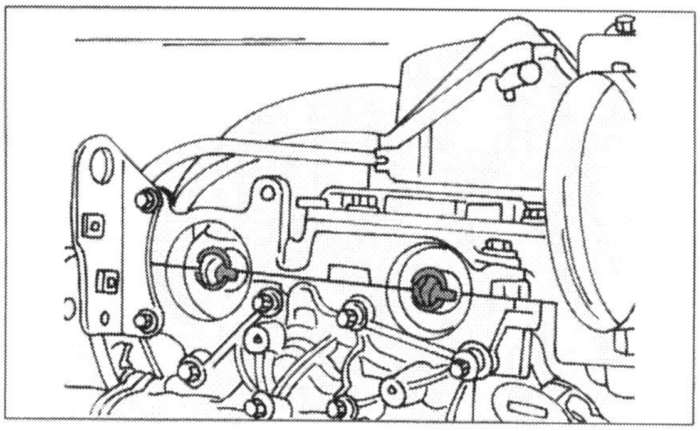

Bild 36
Die Schlitze in den Enden der Nockenwellen müssen in waagerechter Stellung stehen, mit der größeren Seite der Mitnehmer an der Unterseite.

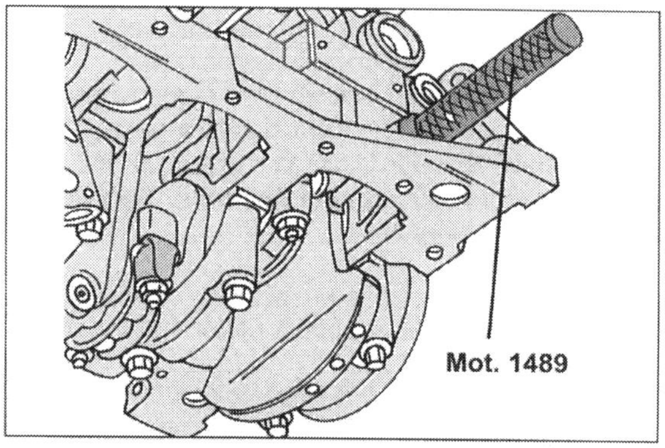

Bild 37
Der Arretierbolzen greift an der gezeigten Stelle durch den Zylinderblock in eine entsprechende Bohrung in der Kurbelwelle ein.

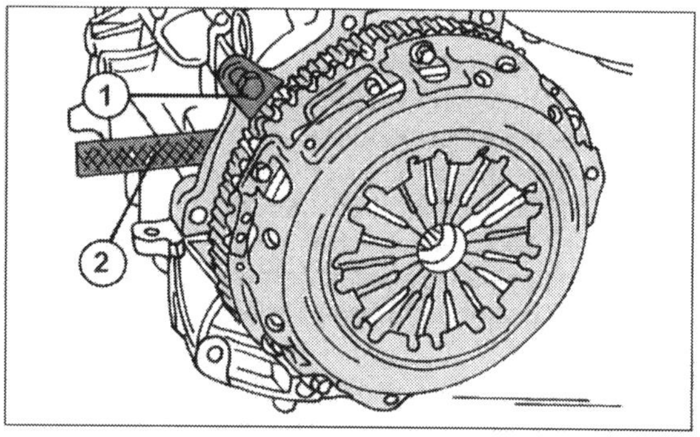

Bild 38
Sperren des Schwungrades mit einer Schwungradbremse (1, Nr. Mot. 581-02) beim Lösen der Kupplung, des Schwungrades und der Kurbelwellenriemenscheibe. Nicht den Arretierbolzen (2) zum Gegenhalten benutzen.

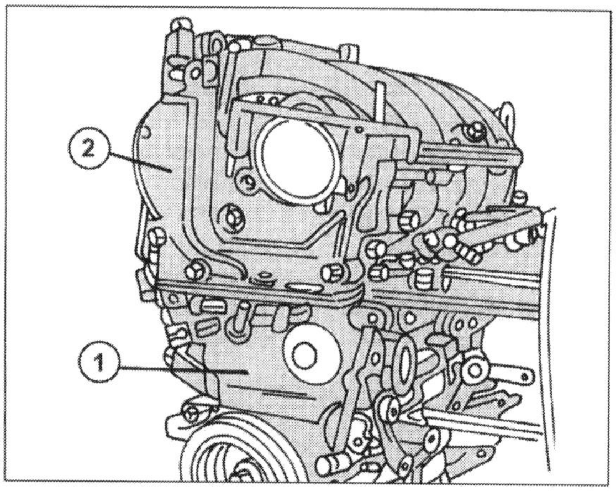

Bild 39
Zahnriemenschutzdeckel an der Vorderseite des Motors. Den unteren Deckel (1) sowie den oberen Deckel (2) abschrauben.

den Stopfen an der Pfeilstelle in Bild 35 (unten links) ausschrauben, da die Öffnung zum Arretieren der Kurbelwelle auf OT gebraucht wird.

- Die Kurbelwelle auf den oberen Totpunkt für den ersten Zylinder stellen. Dazu die beiden Nockenwellen durchdrehen, bis die Mitnehmernuten in den Enden der beiden Nockenwellen in der in Bild 36 gezeigten Lage stehen. Die Mitnehmernuten sind außer Mitte gesetzt und die größere Hälfte muss an der Unterseite stehen. In dieser Stellung einen Arretierdorn an der Pfeilstelle in Bild 35 in den Zylinderblock und die Kurbelwelle einsetzen. Da der Spezialdorn nicht zur Verfügung stehen wird, benutzt man einen Bolzen von 8 mm Durchmesser und schiebt ihn an der gezeigten Stelle ein. In Bild 37 kann man sehen, wie der Bolzen eingreift, wenn man ihn richtig eingesetzt hat.
- Den Antriebsriemen an der Stirnseite des Motors ausbauen (siehe entsprechendes Kapitel).
- Ölmessstab herausziehen und das Führungsrohr abschrauben.
- Den Öldruckschalter ausschrauben.
- Schwungrad gegen Mitdrehen gegenhalten und die Schraube der Kurbelwellenriemenscheibe lösen. Falls man eine Schwungradsperre hat, wird diese entsprechend Bild 38 eingesetzt. Die Riemenscheibe mit zwei an gegenüberliegenden Stellen untergesetzten Reifenhebeln abdrücken.
- Kupplungsdeckel und Schwungrad an gegenüberliegenden Stellen mit einem Körner kennzeichnen und die Kupplungsschrauben gleichmäßig über Kreuz lockern, bis der Deckel abgenommen werden kann.
- Bei weiterhin blockiertem Schwungrad die Schwungradschrauben lösen und das Schwungrad abnehmen. Ein festsitzendes Schwungrad mit einem Gummi- oder Kunststoffhammer abschlagen, aber darauf achten, dass es nicht herunterfallen kann.
- Riemenscheibe der Kurbelwelle abmontieren.
- Den Motor in die in Bild 39 gezeigte Stellung bringen und den mittleren Zahnriemenschutzdeckel (1), gefolgt vom oberen Deckel (2) abschrauben.
- Den Zahnriemen und die beiden Riemenräder der Nockenwellen jetzt ausbauen, wie es unter getrennter Überschrift beschrieben ist (Kap. 2.8.1 und 2.8.2).
- Alle Teile an der Oberseite des Motors abmontieren, bis der Motor das in Bild 40 gezeigte Aussehen hat. Die Schrauben der Zylinderkopfhaube gleichmäßig von der Außenseite nach innen zu lockern und herausdrehen (entgegengesetzt der Reihenfolge von Bild 40). Die Zylinderkopfhaube nach oben abheben. Die Haube wird festsitzen. Aus diesem Grund sind an den Pfeilstellen kleine Nasen angebracht, gegen welche man mit einem Gummihammer schlagen kann, bis die Haube frei ist.
- Die beiden Nockenwellen liegen jetzt frei und können herausgehoben werden. Darunterliegende Kipphebel und die hydraulischen Ausgleichselemente, deren Anordnung in Bild 41 gezeigt ist, aus dem Zylinderkopf herausziehen.
- Lambda-Sonde aus dem Auspuffkrümmer ausschrauben, das Wärmeschutzblech abschrauben und den Auspuffkrümmer nach Abschrauben der 8 Befestigungsschrauben abnehmen.
- Das Kühlmittelgehäuse vom Ende des Zylinderkopfs abschrauben und den unteren Ansaugverteiler abmontieren.
- Zylinderkopf ausbauen (siehe getrennte Überschrift).

Die folgenden Arbeiten unter Bezug auf die entsprechenden Abbildungen durchführen:

- Den Motor auf die Zylinderkopffläche aufsetzen und die Ölwanne abschrauben (Bild 42, links).

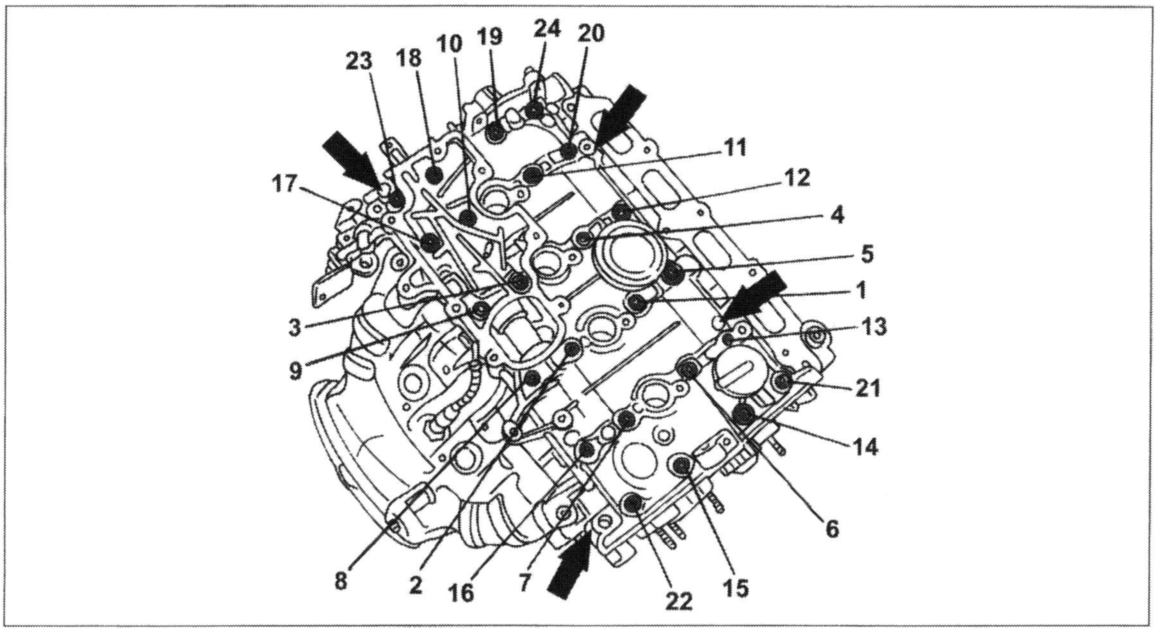

Bild 40
Zum Aus- und Einbau der Zylinderkopfhaube. Die Zahlen geben die Anzugsreihenfolge an. Beim Lösen in umgekehrter Reihenfolge vorgehen. An den Pfeilstellen muss man mit einem Gummihammer dagegenschlagen, um die Haube zu lösen.

- Den in Bild 42 im mittleren Bild gezeigten Riemenspanner ausbauen (Schraube lösen, Spannrolle herunterziehen) und die daneben liegende Wasserpumpe entsprechend der rechten Ansicht abschrauben.
- Das Steuerrad der Kurbelwelle herunterziehen. Normalerweise wird dazu ein Abzieher benutzt, d. h. der Abzieher muss zwei Ausziehschrauben haben, die man in entsprechende Gewindebohrungen im Steuerrad einschrauben kann. Nach Herunterziehen des Steuerrades die Scheibenfeder aus der Kurbelwelle herausziehen (Seitenschneider).
- Die nächsten Arbeiten an der Vorderseite des Motors durchführen. An der Unterseite wird der vordere Deckel abgeschraubt (Bild 43, links). Den Deckel vorsichtig mit einem Schraubendreher abdrücken. Die Flächen von Deckel und Zylinderblock sofort von alter Dichtungsmasse reinigen (beim Einbau werden die Flächen mit dieser eingeschmiert).

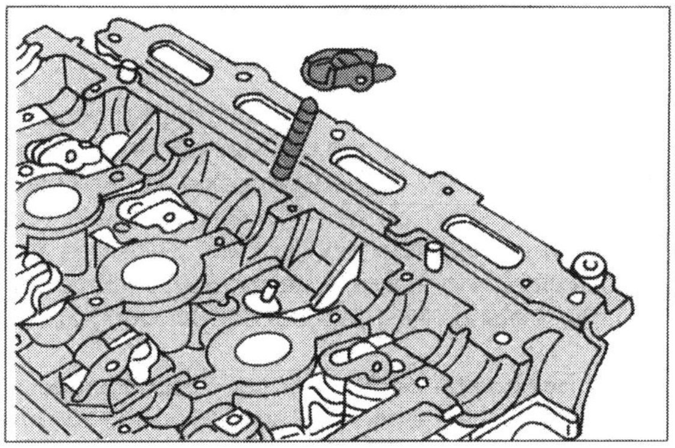

Bild 41
Nach Ausbau der Nockenwellen werden die Stößel und Schwinghebel in der gezeigten Weise ausgebaut.

- Ölleitblech vom Kurbelgehäuse abschrauben (Bild 43, Mitte) und die Ölpumpe unter Bezug auf die rechte Ansicht von Bild 43 ausbauen.
- Das Antriebsrad der Ölpumpe zusammen mit der Kette vom Zylinderblock abnehmen.

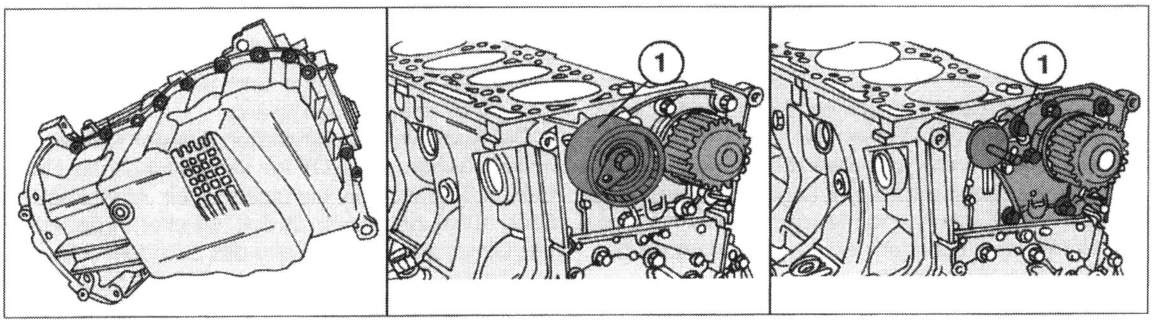

Bild 42

Bild 43

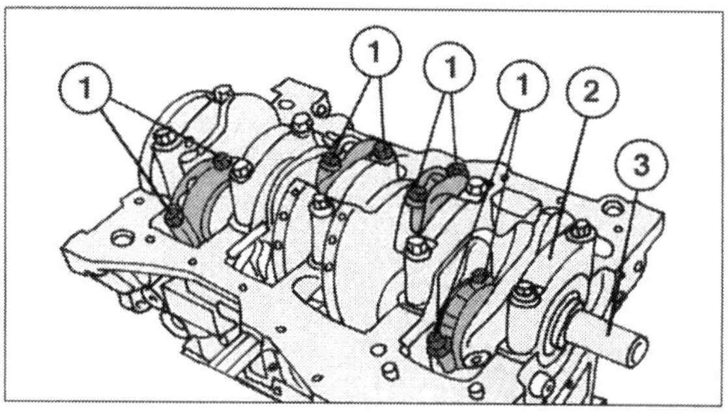

Bild 44
Wenn die Kurbelwelle in der gezeigten Stellung steht, können alle Pleuellagerdeckel gelöst werden.

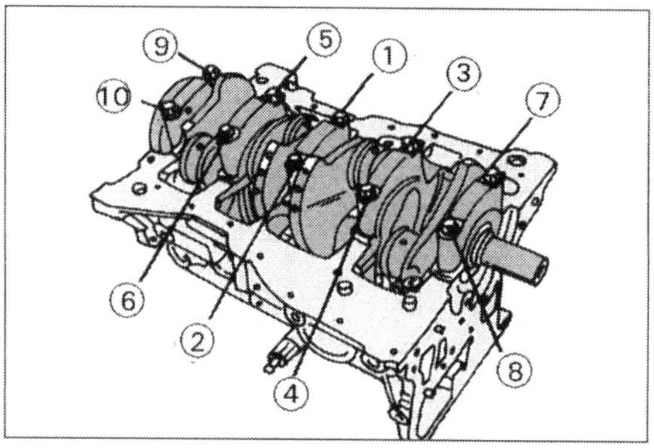

Bild 45
Ansicht des Kurbelgehäuses von der Unterseite nach Ausbau der Ölwanne. Die Schrauben der Kurbelwellenlagerdeckel in der gezeigten Reihenfolge anziehen. Beim Lösen von außen nach innen vorgehen.

- Zylinderblock umkehren, so dass die Kurbelwelle an der Oberseite liegt, und die Kennzeichnungen an Pleuelstangen und Pleuellagerdeckel kontrollieren. Falls keine Zahlen an den Pleuellagerdeckeln und Pleuelstangen sichtbar sind (auf der Seite des Ansaugsammelrohres), die Deckel mit Farbe kennzeichnen. Pleuelstange Nr. 1 liegt auf der Schwungradseite.
- Der Reihe nach die Muttern der Pleuellagerdeckel abschrauben. Die Lagerdeckel abnehmen und zusammen mit den Lagerschalen in Einbaureihenfolge ablegen. Wenn man die Kurbelwelle in die in Bild 44 gezeigte Stellung dreht, kommt man an alle Lagerdeckel heran. Die Lagerschalen aller Pleuel sind gleich, ursprüngliche Schalen müssen jedoch gezeichnet werden (Filzstift auf dem Rücken der Schalen).

Hinweis: Bis zu einem bestimmten Baudatum haben die Pleuellagerschalen kleine Führungsnasen an der Unterseite, welche in entsprechende Aussparungen der Pleuellagerdeckel eingreifen. Diese wurden später weggelassen. Zum Einbau der neuen Pleuellagerschalen sind jedoch Spezialwerkzeuge erforderlich. Da diese bestimmt nicht zur Verfügung stehen, kann man im Notfall Pleuel und Pleuellagerdeckel in eine Motorenwerkstatt bringen und die neuen Lagerschalen da „einpressen" lassen.

- Der Reihe nach die Schrauben der Hauptlagerdeckel lösen. Dabei von der Mitte nach außen in der in Bild 45 gezeigten Reihenfolge vorgehen. Die Schrauben in gleichmäßigen Stufen lockern, bis sie alle frei sind. Ein Kunststoff- oder Gummihammer wird zum Abschlagen der Lagerdeckel erforderlich. Die Deckel der Reihe nach abnehmen und sofort die darunterliegende Lagerschale in den Deckel einlegen. Ebenfalls die Halbscheiben für das Axialspiel der Kurbelwelle herausnehmen.

Hinweis 1: Nicht alle Lagerschalen haben Ölschmiernuten. Darauf wird später bei der Beschreibung des Motorzusammenbaus noch eingegangen. Am besten ist es, wenn man sich vermerkt, wo die Schalen mit den Ölschmiernuten sitzen. Außerdem kann jedes Lager eine Lagerschale unterschiedlicher Größeneinteilung haben.

Hinweis 2: Bis zu einem bestimmten Baudatum haben die Hauptlagerschalen kleine Führungsnasen an der Unterseite, welche in entsprechende Aussparungen der Lagerbohrungen des Kurbelgehäuses eingreifen. Diese wurden später weggelassen. Neue Lagerschalen werden mit einem Spezialwerkzeug eingebaut. Falls der Zylinderblock mit diesen Lagerschalen versehen ist, sollte man die Kurbelwelle nicht ausbauen, um die Lagerschalen zu erneuern.

- Kurbelwelle vorsichtig herausheben und die Lagerschalen aus dem Kurbelgehäuse herausnehmen. Die Hauptlagerdeckel und die beiden Lagerschalen mit einem Stück Schnur zusammenbinden, um sie nicht zu verwechseln. Die Anlaufscheiben herausnehmen.

Zerlegung des Dieselmotors
Hinweis: Ehe man einen Dieselmotor zerlegt, sollte man die Anweisungen in Kapitel 2.8.1 durchlesen, da es bei bestimmten Motoren sehr schwierig ist, die Spannung des Zahnriemens einwandfrei einzustellen. Dies gilt besonders bei eingebautem Motor mit der Bezeichnung F8Q 632 (mit Lucas-Einspritzanlage).

- Drehstromlichtmaschine, Einspritzpumpe, Ölfilter und Öldruckschalter und alle anderen Motornebenteile, einschließlich des Ansaug- und Auspuffkrümmers abschrauben.
- Kupplung und Schwungrad an gegenüberliegenden Stellen mit einem Körner kennzeichnen und die Kupplung gleichmäßig und über Kreuz vom Schwungrad abschrauben. Das Schwungrad muss dabei gegen Mitdrehen gehalten werden, indem man einen Schraubendreher in den Zahnkranz einsetzt. Andernfalls kann es entsprechend Bild 38 gegengehalten werden.
- Die Ablassschraube für das Kühlmittel aus dem Zylinderblock herausdrehen und alle Flüssigkeit aus dem Block herauslaufen lassen.
- Die Kurbelwelle durchdrehen, bis der Kolben des ersten Zylinders auf OT im Verdichtungshub steht. Renault-Werkstätten benutzen einen Arretierbolzen (Mot. 1054) zu diesem Zweck, welcher in der Nähe des Ölmessstabs in die Seite des Zylinderblocks eingeschoben wird (ähnlich wie in Bild 37) und in eine entsprechende Öffnung im Gegengewicht der Kurbelwelle eingreift. Dadurch wird die Kurbelwelle in der OT-Stellung arretiert. Falls dieser Bolzen nicht zur Verfügung steht, darf man die Kurbelwelle nicht durchdrehen, bis der Zylinderkopf ausgebaut wurde, oder man benutzt einen Metallstab von 8 mm Durchmesser und schiebt diesen ein. Weitere Einzelheiten werden später beim Zusammenbau dieses Motors gegeben.
- Kontrollieren, dass das Steuerzeichen im Steuerrad der Nockenwelle im kleinen Sichtfenster an der

Oberseite des Zahnriemenschutzdeckels zu sehen ist (siehe Bild 46) und die Schrauben des Schutzdeckels für den Zahnriemen lösen. Die Befestigungsstellen sind im Bild gezeigt. Den Deckel abnehmen.

- Die Steuerzeichen im Zahnriemen anhand von Bild 47 auf den dahinter sitzenden Deckel mit einem Filzstift übertragen. Kleine Linien sind in den Zahnriemen und „Punkte" in die Steuerräder eingezeichnet. Außerdem sind zwei kleine Pfeile in den Zahnriemen eingezeichnet. Diese Stelle kommt zwischen die Räder der Nockenwelle und der Einspritzpumpe. Nach dem Zusammenbau müssen die Pfeile in Drehrichtung des Motors weisen.

Hinweis: Ab Baujahr 2000 hergestellte Motoren haben meistens einen automatischen Spanner für den Zahnriemen. Auf diesen wird in Kapitel 2.8 eingegangen. Bei diesem Motor muss auch das Steuerrad der Nockenwelle bei Erneuerung des Zahnriemens erneuert werden. Die folgende Beschreibung gilt nur für Motoren vor dem genannten Baujahr.

- Die Mutter des Zahnriemenspanners lockern, indem man die Mutter in der Mitte in Pfeilrichtung von Bild 48 verdreht. Dabei wird der Riemen locker und kann abgenommen werden. Den Riemen von Öl und Fett fern halten und nicht zu kleinen Krümmungen zusammendrücken. Am besten wird der Riemen an einen Nagel gehängt. *Als Erinnerungsstütze:* Soll der Riemen wieder verwendet werden, kennzeichnet man die Laufrichtung in der Außenseite mit einem Pfeil, jedoch nur einen Filzstift dazu verwenden.
- Die Befestigungsmuttern des Steuerrades der Nockenwelle und Antriebsrades der Einspritzpumpe lockern. Beide Räder müssen dabei gegengehalten werden. Man kann zum Beispiel einen Dorn durch eine Bohrung im Steuerrad einschieben und gegen den Zylinderkopf/block anlegen.
- Das Steuerrad der Nockenwelle herunterziehen. Ebenfalls das Antriebsrad der Einspritzpumpe. Im letzteren Fall ist ein Abzieher erforderlich.
- Den Riemenspanner abschrauben.
- Das Schild von der Stirnseite des Motors abschrauben (am Kopf und Block verschraubt).
- Die Zylinderkopfhaube abmontieren. Diese ist mit drei Hutmuttern und Scheiben befestigt.
- Das Metallschutzblech über der Drehstromlichtmaschine abschrauben.
- Die Einspritzleitungen zwischen den Einspritzdüsen und der Einspritzpumpe abschließen und herausnehmen. Die Leitungen dabei nicht verbiegen.
- Die Zylinderkopfschrauben in umgekehrter Reihenfolge von Bild 49 in mehreren Durchgängen lockern. Ein besonderer Schlüsseleinsatz (Mot. 852) mit Ansatz für einen Stecknussknebel ist zum Lösen der Schrauben erforderlich. Der Zylinderkopf wird durch zwei Passstifte geführt und wird nach oben heruntergehoben. Ein festhängender Zylinderkopf kann gelöst werden, indem man einen Holzklotz an der in Bild 50 gezeigten Stelle ansetzt und mit einem Hammer dagegenschlägt.
- Glühkerzen, Einspritzdüsen und Wirbelkammern, falls erforderlich, aus dem Zylinderkopf ausbauen.

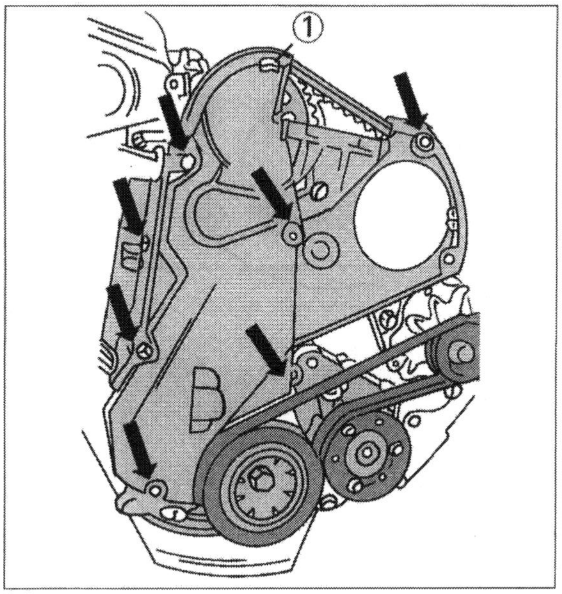

Bild 46
Motor auf den oberen Totpunkt bringen und die Steuermarke in der Öffnung (1) kontrollieren. Die Pfeile weisen auf die Deckelschrauben.

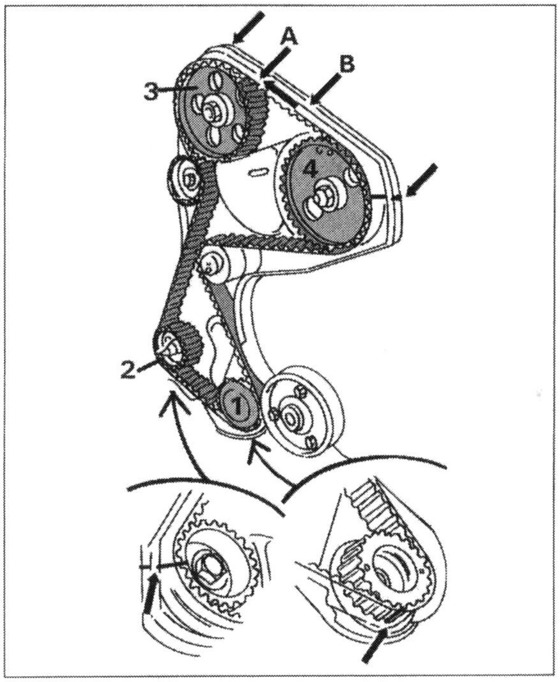

Bild 47
Einzelheiten zum Ausbau des Zahnriemens beim ursprünglich eingebauten F8Q-Motor. Den Riemen in der Reihenfolge 1-2-3-4 über die Zahnräder abheben. Gilt nicht bei den in Abschnitt 2.7 angegeben Motoren.

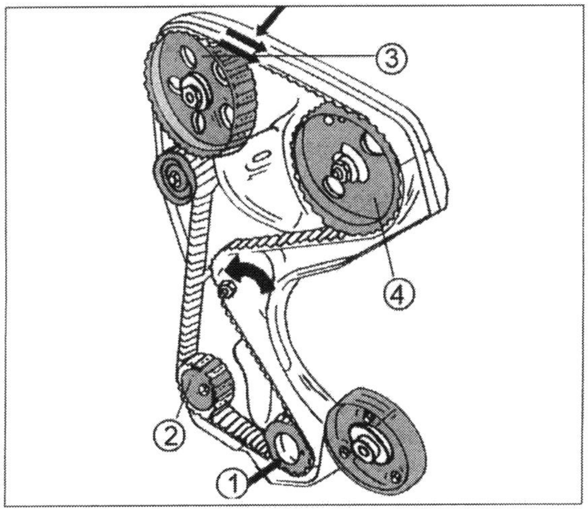

Bild 48
Ansicht des eingebauten Zahnriemenantriebs bei einem F8Q-Motor. Die Zahlen geben an, in welcher Reihenfolge der Riemen aufgelegt wird. Auf die Pfeile im Zahnriemen achten. Gilt nicht bei allen Motoren (siehe Abschnitt 2.8).

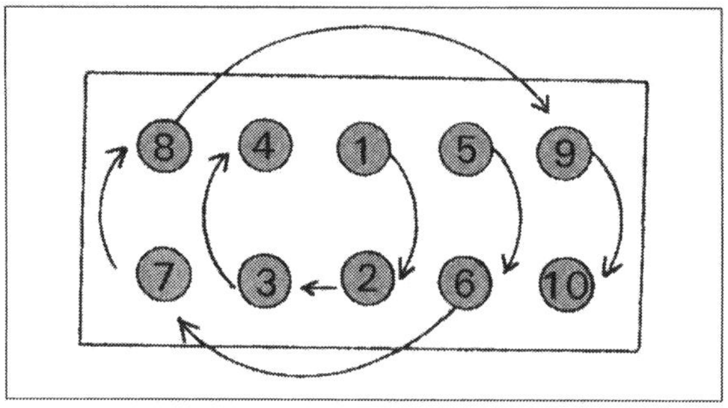

Bild 49
Reihenfolge zum Anziehen der Zylinderkopfschrauben. Die Schrauben in umgekehrter Reihenfolge lösen.

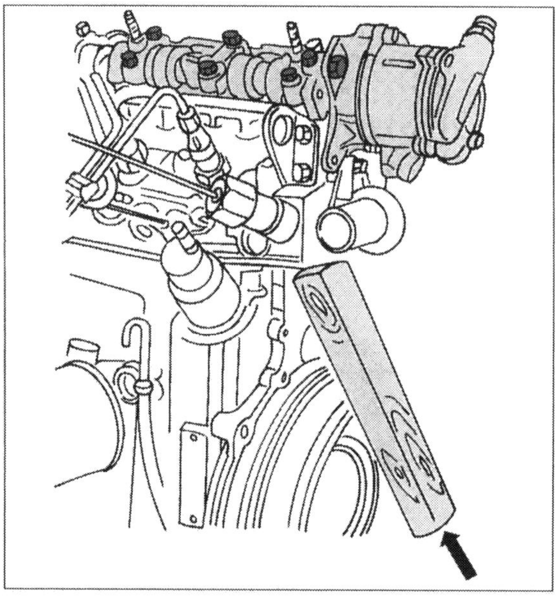

Bild 50
Lösen des Zylinderkopfes. Einen Holzklotz an der gezeigten Stelle ansetzen und mit einem Hammer dagegenschlagen. Dadurch löst sich der Kopf von den Passhülsen.

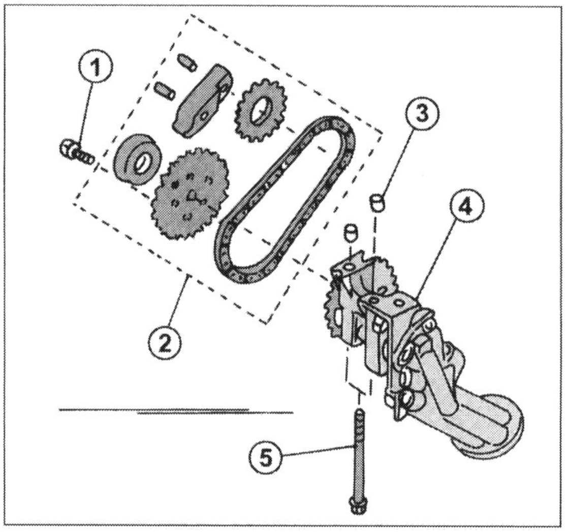

Bild 51
Die Teile der Ölpumpe des Dieselmotors.
1 Kettenradschraube
2 Teile des Kettenantriebs
3 Passhülse
4 Ölpumpe
5 Befestigungsschraube

- Schwungrad gegenhalten, wie es weiter oben bereits erwähnt wurde, und die Schraube der Kurbelwellenriemenscheibe entfernen. Die Riemenscheibe abdrücken, indem man zwei Reifenhebel an gegenüberliegenden Stellen untersetzt.
- Das Steuerrad der Kurbelwelle abmontieren. Das Steuerrad sitzt ziemlich fest und ein Abzieher sollte zum Herunterziehen verwendet werden. Andernfalls zwei Reifenhebel benutzen, wie es oben erwähnt wurde, aber darauf achten, dass das Steuerrad nicht beschädigt wird.
- Schwungrad weiterhin gegenhalten und die 7 Schrauben des Schwungrades lösen. Falls das Schwungrad nicht sofort herunterkommt, kann man es mit einem Kunststoff- oder Gummihammer abschlagen.
- Ölpumpe ausbauen, wie es in Kapitel 3 beschrieben wird. Bild 51 zeigt die auszubauenden Teile.
- Von der Vorderseite des Zylinderkopfes die Wasserpumpe abschrauben und die Dichtung abnehmen. Die Riemenscheibe kann vom Pumpenflansch abgeschraubt werden, falls dies erwünscht ist. Ebenfalls von der Vorderseite des Motors den Öldichtringträger abschrauben. Den Dichtring von der Innenseite aus dem Träger ausschlagen.
- Den Motor auf die Zylinderblockfläche aufsetzen und die Ölwanne abschrauben. Sofort beachten, wie diese abgedichtet ist. Bild 52 gibt nähere Einzelheiten.
- Den Motor so verdrehen, dass die Kurbelwelle an die Oberseite kommt und die Zusammengehörigkeit der Pleuel und Pleuellagerdeckel auf der Seite der Zwischenwelle kennzeichnen. Dazu mit einem Körner ein, zwei, drei und vier Schläge in beide Teile einschlagen.
- Die Schrauben der Pleuel der Reihe nach lösen Die Lagerdeckel abnehmen und die Lagerschale vom Kurbelzapfen abnehmen, falls sie noch da an klebt. Die Schale mit der jeweiligen Lagerschale zusammen lassen. Die Kurbelwelle kann dabei in die in Bild 44 gezeigte Stellung gebracht werden.
- Mit einem Hammerstiel der Reihe nach die Kolben und Pleuelstangen von der Innenseite aus nach oben aus dem Zylinderblock drücken Falls sich an der Oberkante der Zylinderbohrungen ein Ölkohlering gebildet hat, kann man diesen vorsichtig mit einem Schaber entfernen. Die Kolben und die Pleuelstangen entsprechend ihrer Zylindernummer auf einer sauberen Werkbank auslegen.
- Die Markierungen der Hauptlagerdeckel entsprechend der Lage am Zylinderblock kontrollieren und falls erforderlich mit einem Körner oder mit Farbe kennzeichnen. Lagerdeckel Nr. 1 befindet sich auf der Schwungradseite.
- Die Hauptlagerdeckel der Reihe nach ab schrauben. Ein Innensechskantschlüssel (Inbusschlüssel, siehe Bild 53) mit einer Stecknuss muss zum Lösen der Schrauben des Deckels auf der Schwungradseite benutzt werden, jedoch treten weiter Probleme auf. Der Lagerdeckel sitzt sehr fest und man muss sich eine Metallbrücke aus ca. 2,5 mm starkem Stahl zurechtbiegen und wie in Bild 54 gezeigt in den Bohrungen des Lagerdeckels befestigen. Danach einen Hebel oder eine Stange unter die Brücke untersetzen und den Deckel heraushebeln.
- Die oberen Lagerschalen herausnehmen und mit dem Deckel zusammenlegen.
- Die Kurbelwelle vorsichtig herausheben und die verbleibenden Lagerschalen aus dem Kurbelgehäuse herausnehmen. Die einzelnen Schalen mit den anderen Schalen und den dazugehörigen Lagerdeckeln zusammenbinden, damit sie nicht verwechselt werden (falls man sie wieder einbauen will).
- Die Anlaufhalbscheiben (1) in Bild 55 für den Axialdruck der Kurbelwelle herausnehmen.

Bild 56 zeigt ein Montagebild des Kurbeltriebs und sollte beim Zerlegen und beim späteren Zusammenbau und sonstigen Arbeiten hinzugezogen werden.

2.0-Liter-Motor (F4R)

Die bei den beiden anderen Motoren angegebenen Vorsichtsmaßnahmen sind ebenfalls bei diesem Motor zu beachten. Vor jeglicher Reparatur die bereits gegebenen Anweisungen durchlesen.

Die Zerlegung des Motors folgt dem für die anderen Motoren beschriebenen Schema. Die Unterschiede liegen im Ausbau des Zahnriemens, des Zylinderkopfes und der Nockenwellen vor und die entsprechenden Anweisungen sind den nachfolgenden Kapiteln zu entnehmen.

Hinweis: Wie bei den anderen Motoren wird in der Werkstatt ein Messgerät zur Einstellung der Zahnriemenspannung benutzt. Wir raten Ihnen, sich deshalb die Beschreibungen in Kapitel 2.8 genau durchzulesen, ehe mit der Zerlegung des Motors begonnen wird. Andernfalls die Spannung des Zahnriemens einprägen und beim Zusammenbau wieder herstellen. Im folgenden Text wird nochmals eine kurze Zusammenfassung der Zerlegungsarbeiten gegeben.

- Motoröl ablassen, falls es noch im Motor ist. Alles im Zylinderblock befindliche Kühlmittel ablassen und als Erstes den Arbeitsplatz gut reinigen. Die Ablassstopfen für das Öl und das Kühlmittel wieder eindrehen und festziehen.
- Den Motor in einen Montagestand einspannen und die beiden Einsätze aus der Endfläche des Zylinderkopfes über den Enden der Nockenwellen ausbauen. Diese sitzen an der in Bild 57 gezeigten Stelle. An der Unterseite des Zylinderblocks den Stopfen neben dem Ölmessstab aus dem Kurbelgehäuse ausschrauben, da die Öffnung zum Arretieren der Kurbelwelle auf OT gebraucht wird.
- Die Kurbelwelle auf den oberen Totpunkt für den ersten Zylinder stellen. Dazu die beiden Nockenwellen durchdrehen, bis die Mitnehmernuten in den Enden der beiden Nockenwellen in der in Bild 58 gezeigten Lage stehen. Sie müssen fast waagerecht liegen, aber auf der gezeigten Seite etwas nach unten geneigt sein.
- In dieser Stellung einen Arretierdorn in die Öffnung des ausgeschraubten Stopfens in den Zylinderblock und die Kurbelwelle einsetzen. Hier muss man jedoch darauf achten, dass der Dorn nicht in eine Bohrung des Gegengewichts der Kurbelwelle eingesetzt wird. Bild 59 zeigt eine Darstellung, wie der Bolzen (Pfeil) einzusetzen und nicht einzusetzen ist. Dreht man die Welle zu weit, kommt eine dieser Bohrungen. Da der Spezialdorn nicht zur Verfügung stehen wird, benutzt man einen Bolzen von 8 mm Durchmesser und schiebt ihn an der gezeigten Stelle ein.
- Den Antriebsriemen an der Stirnseite des Motors ausbauen (siehe entsprechendes Kapitel).
- Ölmessstab herausziehen und das Führungsrohr abschrauben.
- Den Öldruckschalter ausschrauben.

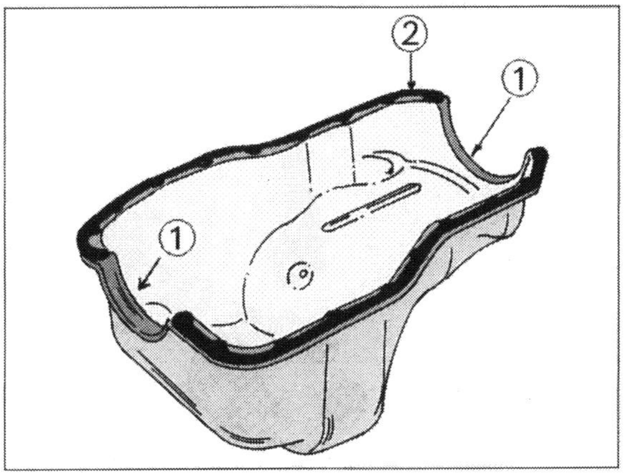

Bild 52
Die Pfeile weisen auf die Befestigungsschrauben der Ölpumpe (Motor mit Zwischenwelle).

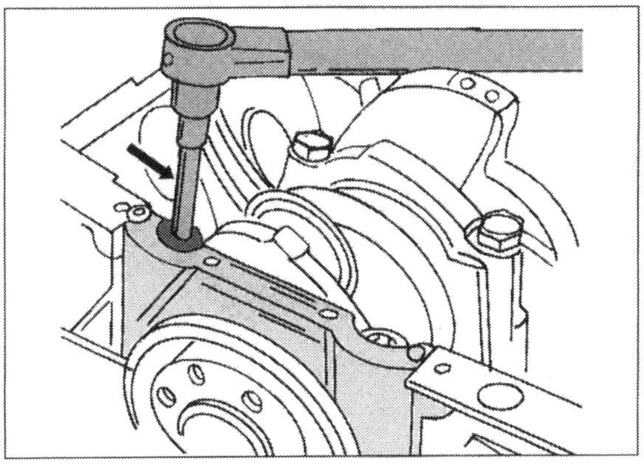

Bild 53
Der Hauptlagerdeckel Nr. 1 wird mit Inbusschrauben (Innensechskantschrauben) gehalten.

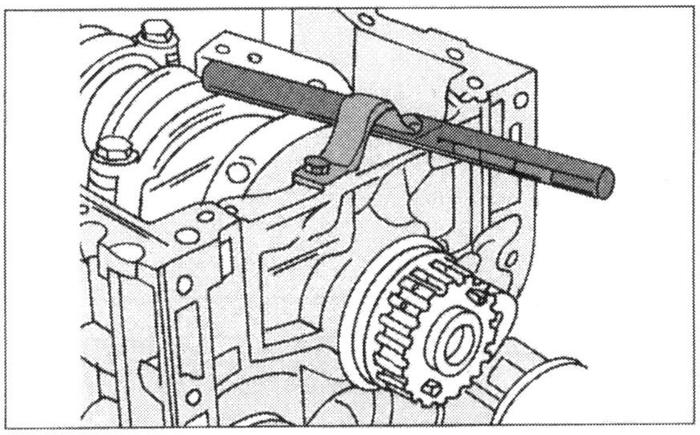

Bild 54
Der Hauptlagerdeckel Nr. 1 sitzt ziemlich fest und wird mit der gezeigten Vorrichtung aus dem Zylinderblock gezwungen.

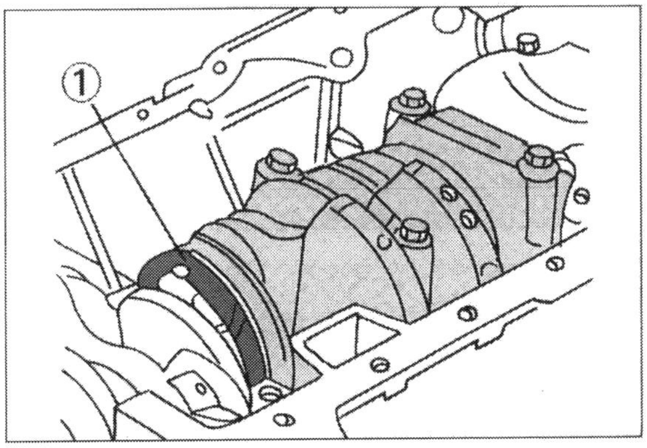

Bild 55
Die Lage der Anlaufscheiben (1) zur Regulierung des Axialspiels der Kurbelwelle beim Dieselmotor.

- Schwungrad gegen Mitdrehen gegenhalten und die Schraube der Kurbelwellenriemenscheibe lösen. Falls man eine Schwungradsperre hat, wird diese entsprechend Bild 38 eingesetzt. Die Riemenscheibe mit zwei an gegenüberliegenden Stellen untergesetzten Reifenhebeln abdrücken.

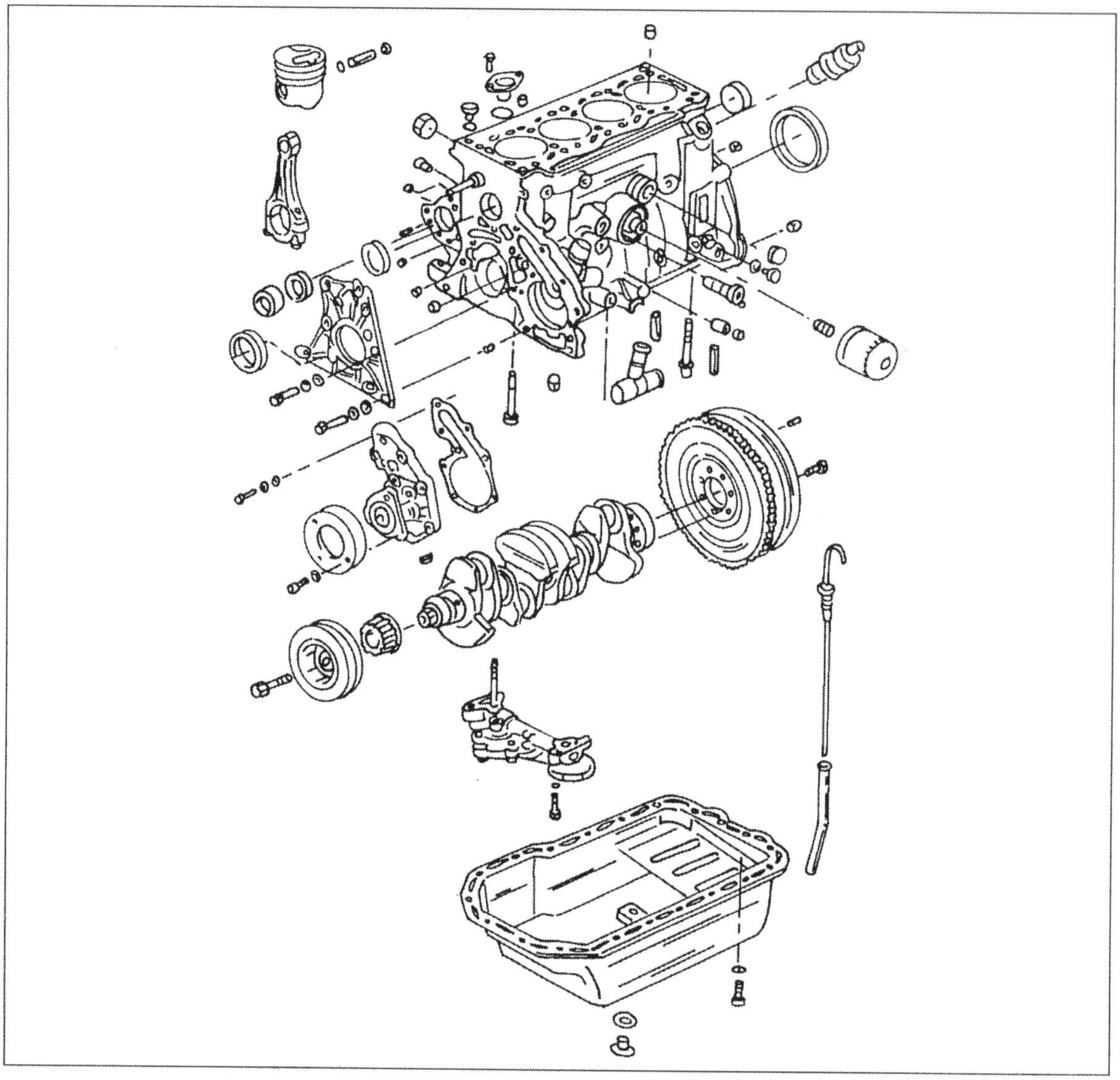

Bild 56
Der zerlegte Dieselmotor. Das Bild zeigt einen Motor mit Zwischenwelle, welche in der Zwischenzeit weggelassen wurde.

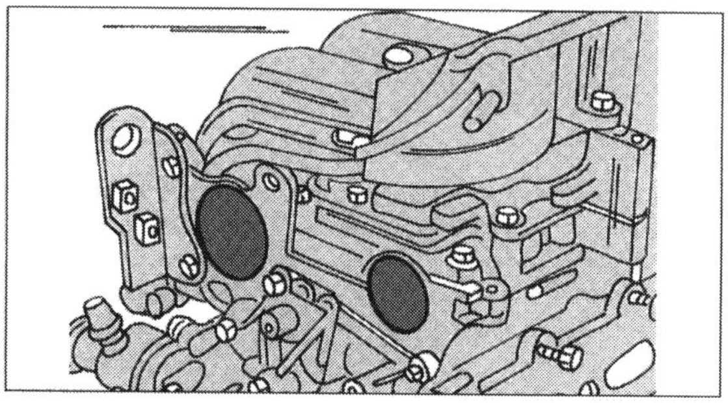

Bild 57
Verschlussstopfen sind in die beiden Enden der Nockenwellen in den Zylinderkopf eingesetzt.

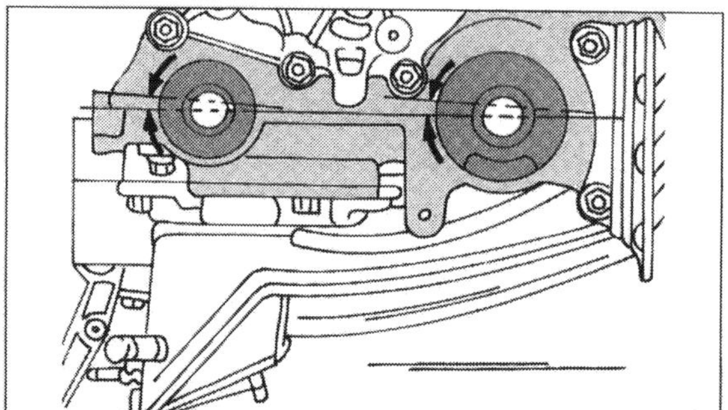

Bild 58
Die Schlitze in den Enden der Nockenwellen müssen leicht versetzt in waagerechter Lage stehen.

- Kupplungsdeckel und Schwungrad abschrauben.
- Riemenscheibe der Kurbelwelle abmontieren.
- Den Motor in die in Bild 60 gezeigte Stellung bringen und den unteren Zahnriemenschutzdeckel (1), gefolgt vom oberen Deckel (2) abschrauben.
- Den Zahnriemen und die beiden Riemenräder der Nockenwellen jetzt ausbauen, wie es unter getrennter Überschrift beschrieben ist (Kap. 2.8.1 und 2.8.2).
- Alle Teile an der Oberseite des Motors abmontieren und die Zylinderkopfhaube ausbauen, wie es beim Ausbau des Zylinderkopfes beschrieben wird. Die Schrauben in der angegebenen Reihenfolge lockern. Die Zylinderkopfhaube nach oben abheben. Die Haube wird festsitzen. Aus diesem Grund sind an bestimmten Stellen kleine Nasen angebracht, gegen welche man mit einem Gummihammer schlagen kann, bis die Haube frei ist.
- Die beiden Nockenwellen liegen jetzt frei und können herausgehoben werden. Darunterliegende Kipphebel und die hydraulischen Ausgleichselemente herausziehen, deren Anordnung der in Bild 41 entspricht.
- Lambda-Sonde aus dem Auspuffkrümmer ausschrauben, das Wärmeschutzblech abschrauben

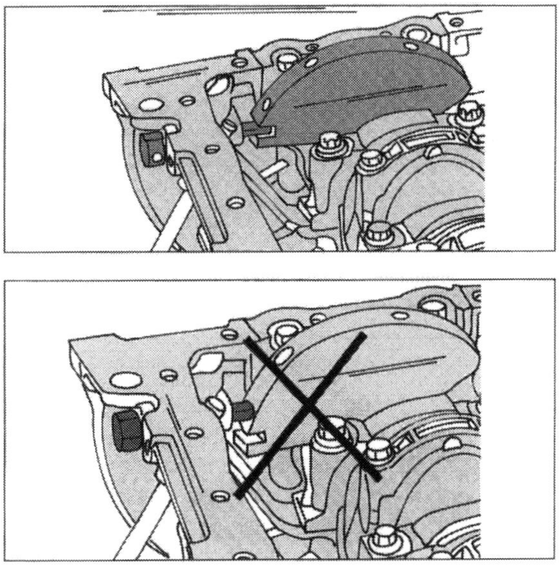

Bild 59
Der Arretierbolzen (Pfeil) wird wie in der oberen Ansicht gezeigt in Kurbelgehäuse und Schwunggewicht der Kurbelwelle eingeschoben. Darauf achten, dass er nicht in die Auswuchtbohrung eingreift, wie es in der unteren Ansicht dargestellt ist.

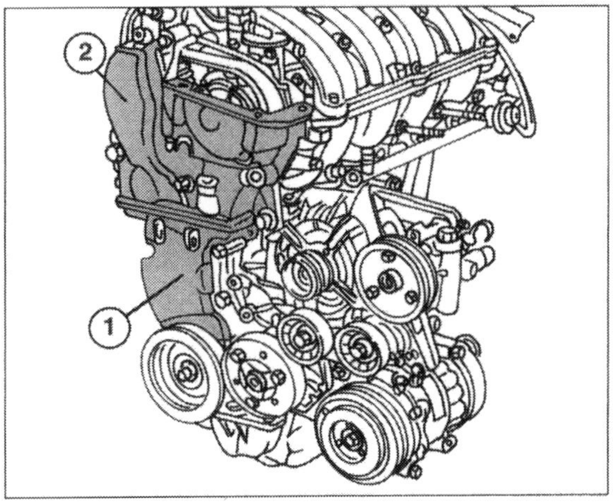

Bild 60
Abschrauben der Zahnriemenschutzdeckel an der Ober- und Unterseite.

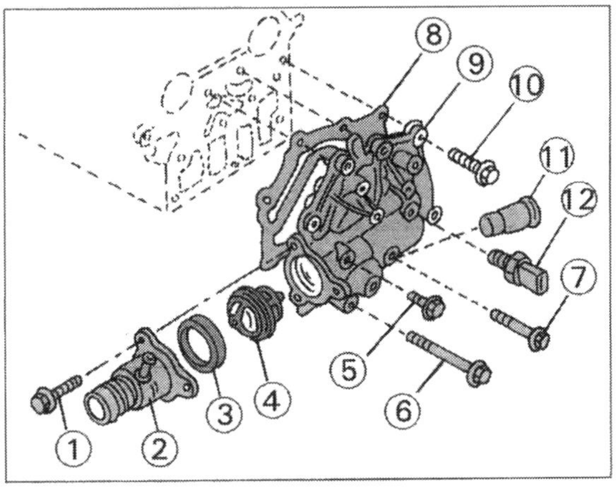

Bild 61
Die Teile des Kühlmittelgehäuses am Zylinderblock.

1 Schraube, Thermostatgehäusedeckel
2 Thermostatgehäusedeckel
3 Dichtring
4 Thermostat
5 Schraube, kurz
6 Schraube, lang
7 Schraube
8 Dichtung
9 Kühlmittelgehäuse
10 Schraube
11 Temperaturschalter
12 Temperaturschalter

und den Auspuffkrümmer nach Abschrauben der 8 Befestigungsschrauben abnehmen.

- Das Kühlmittelgehäuse vom Ende des Zylinderkopfs abschrauben (siehe auch Bild 61) und den unteren Ansaugverteiler abmontieren.
- Zylinderkopf ausbauen (siehe getrennte Überschrift).
- Den Motor auf die Zylinderkopffläche aufsetzen und die Ölwanne abschrauben.
- Den in Bild 62 gezeigten Riemenspanner ausbauen (Schraube lösen, Spannrolle herunterziehen) und die daneben liegende Wasserpumpe entsprechend dem Bild abschrauben. Das Bild zeigt die Anzugsreihenfolge der Schrauben, welche beim Einbau zu berücksichtigen ist.
- Das Steuerrad der Kurbelwelle herunterziehen. Normalerweise wird dazu ein Abzieher benutzt, d. h. der Abzieher muss zwei Ausziehschrauben haben, die man in entsprechende Gewindebohrungen im Steuerrad einschrauben kann. Nach Herunterziehen des Steuerrades die Scheibenfeder aus der Kurbelwelle herausziehen (Seitenschneider).
- Die nächsten Arbeiten an der Vorderseite des Motors durchführen. An der Unterseite wird der vordere Deckel abgeschraubt. Den Deckel vorsichtig mit einem Schraubendreher abdrücken. Die Flächen von Deckel und Zylinderblock sofort von alter Dichtungsmasse reinigen (beim Einbau werden die Flächen mit dieser eingeschmiert).
- Ölleitblech vom Kurbelgehäuse abschrauben und die Ölpumpe ausbauen (siehe auch Bild 42, ähnlich bei diesem Motor).
- Die Spannrolle für den Zahnriemen und die Wasserpumpe ausbauen (siehe auch Bild 63).
- Das Antriebsrad der Ölpumpe zusammen mit der Kette vom Zylinderblock abnehmen.
- Zylinderblock umkehren, so dass die Kurbelwelle an der Oberseite liegt, und die Kennzeichnungen an Pleuelstangen und Pleuellagerdeckel kontrollieren. Falls keine Zahlen an den Pleuellagerdeckeln und Pleuelstangen sichtbar sind (auf der Seite des Ansaugsammelrohres), die Deckel mit Farbe kennzeichnen. Pleuelstange Nr. 1 liegt auf der Schwungradseite.
- Der Reihe nach die Muttern der Pleuellagerdeckel abschrauben. Die Lagerdeckel abnehmen und zusammen mit den Lagerschalen in Einbaureihenfolge ablegen. Die Lagerschalen aller Pleuel sind gleich, ursprüngliche Schalen müssen jedoch gezeichnet werden (Filzstift auf dem Rücken der Schalen).
- Der Reihe nach die Schrauben der Hauptlagerdeckel lösen. Dabei von der Mitte nach außen vorgehen, in der in Bild 45 gezeigten Reihenfolge. Die Schrauben in gleichmäßigen Stufen lockern, bis sie alle frei sind. Ein Kunststoff- oder Gummihammer wird zum Abschlagen der Lagerdeckel erforderlich. Die Deckel der Reihe nach abnehmen und sofort die darunterliegende Lagerschale in den Deckel einlegen. Ebenfalls die Halbscheiben für das Axialspiel der Kurbelwelle herausnehmen.

Hinweis: Nicht alle Lagerschalen haben Ölschmiernuten. Darauf wird später bei der Beschreibung des Motorzusammenbaus noch eingegangen. Am besten ist es, wenn man sich vermerkt, wo die Schalen mit den Ölschmiernuten sitzen. Außerdem kann jedes Lager eine Lagerschale unterschiedlicher Größeneinteilung haben.

- Kurbelwelle vorsichtig herausheben und die Lagerschalen aus dem Kurbelgehäuse herausnehmen. Die Hauptlagerdeckel und die beiden Lagerschalen mit einem Stück Schnur zusammenbinden, um sie nicht zu verwechseln. Die Anlaufscheiben herausnehmen.

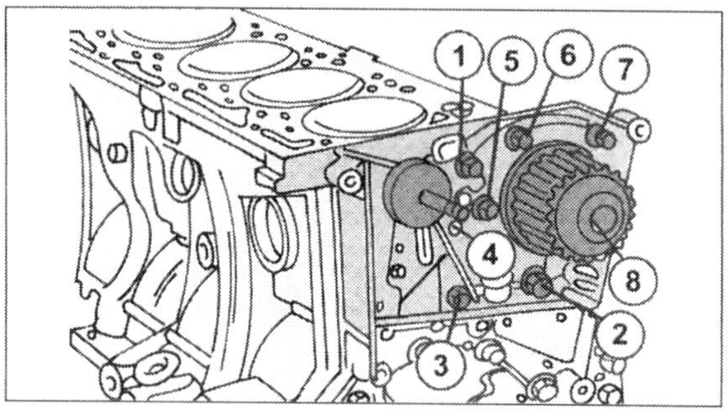

Bild 62
Befestigung der Wasserpumpe. Die Zahlen weisen auf die Anzugsreihenfolge der Schrauben. Links auf dem Zapfen ist die Riemenspannrolle montiert.

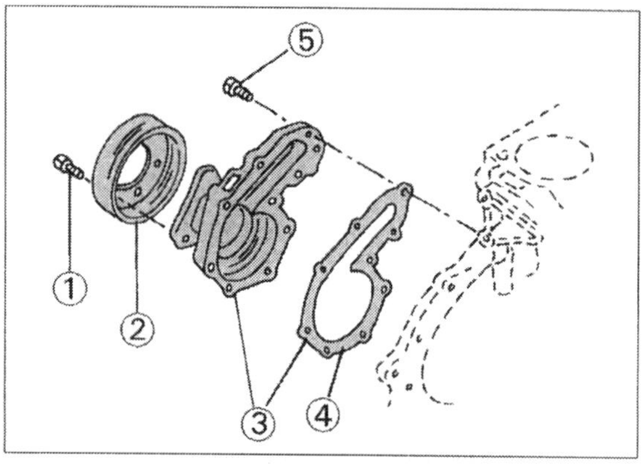

Bild 63
Die Teile der Wasserpumpe.
1 Schraube für Antriebsrad (Riemenscheibe)
2 Distanzring
3 Wasserpumpe mit Dichtung (Reparatursatz)
4 Wasserpumpendichtung
5 Wasserpumpenschraube

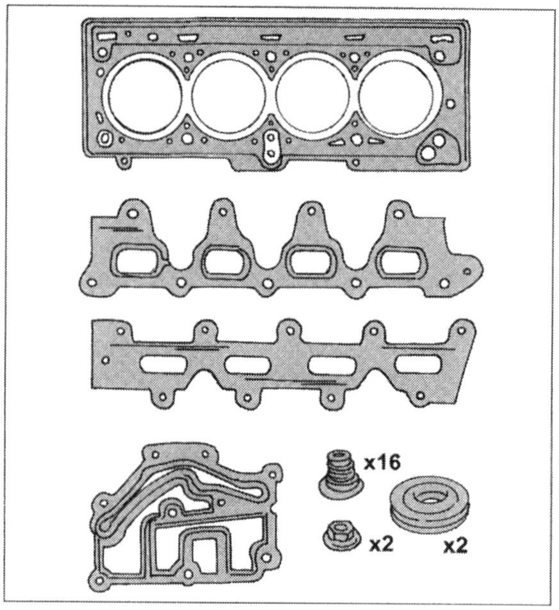

Bild 64
Den gezeigten Dichtungssatz vor Zusammenbau des Motors besorgen.

2.3 Zusammenbau des Motors

Dieses Kapitel beschreibt den allgemeinen Zusammenbau des Motors. Einzelheiten über Reparatur und Überholung der einzelnen Baugruppen werden in Kapiteln 2.4 und danach beschrieben. Die untenstehenden, allgemeinen Anweisungen sollten beim Zusammenbau eines Motors immer beachtet werden. Der Zusammenbau der einzelnen Motorengruppen wird aufgrund der Konstruktionsunterschiede getrennt beschrieben.

- Kontrollieren, ob alle Teile sauber und frei von Fremdkörpern sind, ehe sie zusammengebaut werden.
- Einen Ölschmierfilm an alle Teile, die sich drehen oder die gleiten, auftragen. Dies ist vor dem Zusammenbau durchzuführen und nicht nachdem die Teile bereits zusammengebaut sind, da sonst das Öl nicht an die eigentlichen Lagerstellen heran kann. Es ist besonders wichtig, dass Kolben, Kolbenringe und Zylinderwandungen vor dem Zusammenbau reichlich mit Motoröl geschmiert werden.
- Alle Teile des Zylinderblocks gründlich reinigen, wenn der Motor vollkommen zerlegt wurde. Bei teilweiser Zerlegung darauf achten, dass keine Fremdkörper in die nicht zerlegten Teile des Motors, oder in Hohlräume, fallen können. Alle Öffnungen entweder abkleben oder mit Lappen abdecken, um dies zu verhindern.
- Ölkanäle und -bohrungen am besten mit Pressluft ausblasen. Falls diese nicht zur Verfügung steht, die Kanäle oder Bohrungen mit einem Stück Holz durchstoßen, aber niemals mit Metallgegenständen.
- Dichtringe, Dichtungen, usw. sollten immer erneuert werden. Auf keinen Fall an diesen Teilen sparen und ursprünglich beschädigte Teile wieder verwenden.
- In der Maß- und Einstelltabelle sind die Verschleißgrenzen der meisten beweglichen Teile angegeben. Falls Zweifel über ein Teil bestehen, oder die Verschleißgrenze ist bald erreicht, ist es vielleicht besser, wenn man das Teil erneuert, um sich eine baldige Wiederzerlegung zu ersparen.

Zusammenbau des 1.4- und 1.6-Liter-Motors

Die folgenden Hinweise gelten für diese Motoren, falls größere Reparaturen durchgeführt wurden:

- Alle Dichtringe, die Schwungradschrauben, die Zylinderkopfschrauben und die Schrauben der Hauptlagerdeckel müssen immer erneuert werden.
- Die Durchmesser der Kurbelwellenhauptlager sind in der Außenseite des Zylinderblocks angegeben. Die Erkennung der Durchmesser ist jedoch eine Arbeit für eine Werkstatt, auf welche nicht weiter eingegangen werden soll.
- Falls der ursprüngliche Zylinderblock wieder zusammengebaut wird, müssen die Vorbereitungs- und Reparaturarbeiten entsprechend den bereits gegebenen Anweisungen durchgeführt werden.
- Ehe man mit dem Zusammenbau des Motors beginnt, muss man sich die in Bild 64 gezeigten Dichtungen besorgen. Meistens kann man diese im Ersatzteillager im Satz erhalten.
- Die im folgenden Text genannten Dichtungsmassen muss man sich vor Zusammenbau des Motors besorgen. Besonders ist es wichtig, dass man die richtige Dichtungsmasse beim Einbau der Nockenwellen benutzt.
- Die folgende Beschreibung setzt voraus, dass der Motor vollkommen zerlegt ist. Falls neue Kolben eingebaut werden sollen, muss man unter der entsprechenden Überschrift nachlesen.

Der Zusammenbau erfolgt nach dem folgenden Schema, zuerst wird die Kurbelwelle eingebaut, deren Lagerung in Bild 65 zu sehen ist. In Bild 66 sind die Teile des Zylinderblocks gezeigt. Mit Hilfe der beiden Abbildungen werden Sie durchaus in der Lage sein, den Motor wieder zusammenzubauen. *Zu be-*

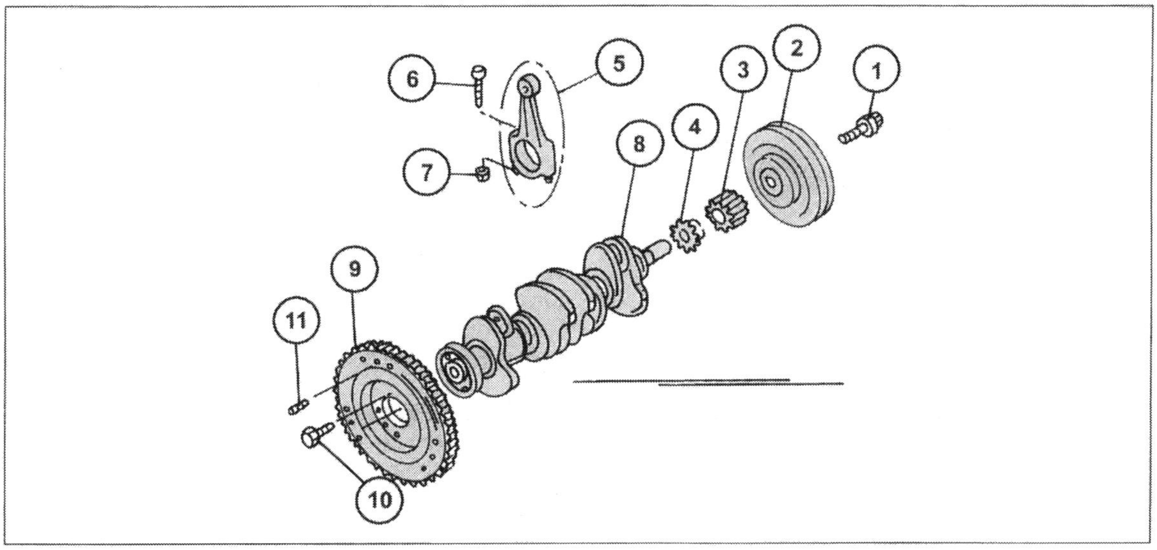

Bild 65
Der Kurbeltrieb eines „K"-Motors.
1 Schraube, Riemenscheibe und Steuerrad der Kurbelwelle
2 Kurbelwellenriemenscheibe
3 Kurbelwellensteuerrad
4 Antriebsrad der Ölpumpe
5 Pleuelstange
6 Pleuelschraube
7 Mutter, Pleuellager
8 Kurbelwelle
9 Schwungrad
10 Schwungradschraube
11 Passstift

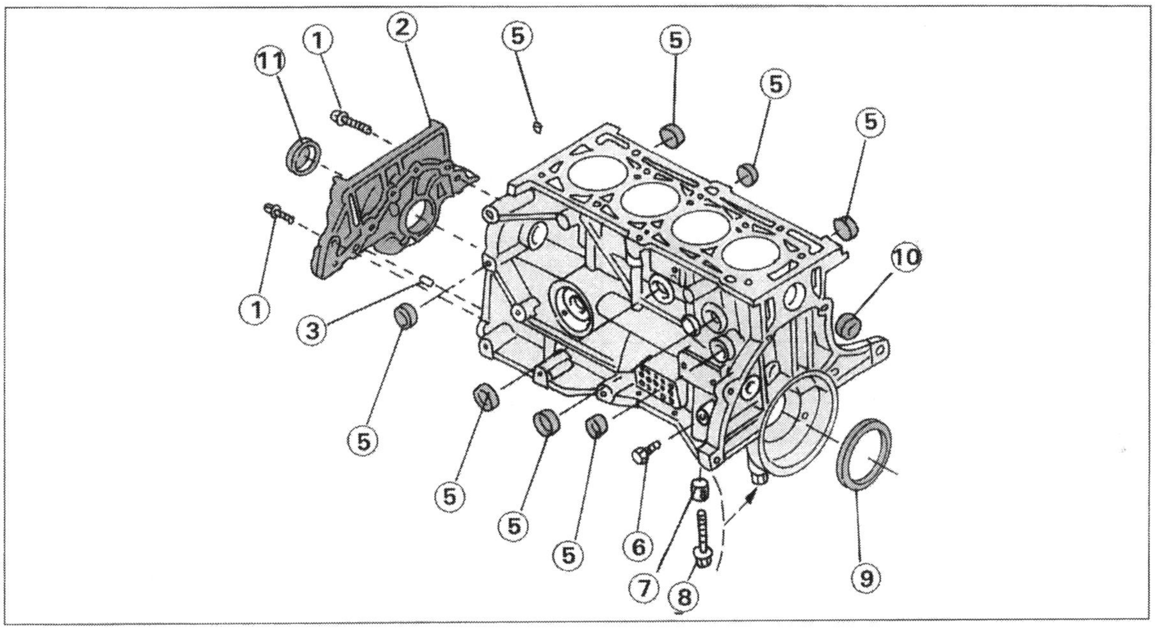

Bild 66
Die Teile an der Außenseite des Zylinderblocks.
1 Schraube, vorderer Deckel
2 Vorderer Deckel
3 Passstift, vorderer Deckel
4 Passstift, Zylinderkopfführung
5 Kernlochstopfen
6 Schraube
7 Abstandsstück
8 Schraube
9 Hinterer Kurbelwellendichtring
10 Zylinderblock
11 Vorderer Kurbelwellendichtring

achten sind die Unterschiede beim Einbau der Pleuelstangen und der Kurbelwelle, welche untenstehend getrennt beschrieben sind.
Zylinderblock in einen Montagestand einspannen oder auf eine Werkbank aufsetzen. Als Erstes die Hauptlagerschalen auf der Rückseite kontrollieren. Die Lagerschalen bestimmen den Einbau:

Falls die Lagerschalen mit Führungsnasen versehen sind (vor allem ein 1.4-Liter-Motor)

- Den Zylinderblock so ausrichten, dass die offene Seite nach oben steht und die Hauptlagerschalen **ohne Ölschmiernuten** in die Lagerbohrungen 1, 3 und 5 und die Lager **mit Ölschmiernuten** in die Lagerbohrungen 2 und 4 einlegen. Die Lagerschalen gut einölen.
- Die Anlaufhalbscheiben links und rechts am Lager Nr. 3 anlegen. Die Schmiernuten der Scheiben kommen zur Seite der Kurbelwellenwange.
- Die Hauptlagerzapfen und Kurbelzapfen der Welle einölen und die Kurbelwelle vorsichtig in die Lager heben. Die Welle einige Male durchdrehen, damit sich die Zapfen gut in den Schalen einspielen können.
- Die Lagerschalen **ohne Schmierölnuten** in die Hauptlagerdeckel der Deckel 1, 3 und 5 einlegen, die Schalen **mit Ölschmiernuten** in die Lager 2 und 4. Die Schalen gut einölen.
- Die Hauptlagerdeckel entsprechend ihrer Kennzeichnung aufsetzen. Die Deckel sind von 1 bis 5 gezeichnet. Die Deckel gut mit einem Gummihammer anschlagen. Beim Einbau ist jedoch zu beachten, dass der Lagerdeckel Nr. 1 an der Auflagefläche mit Dichtungsmasse eingeschmiert werden muss, wie es in Bild 67 gezeigt ist. In der Werkstatt wird eine spezielle Dichtungsmasse benutzt (Rhodorseal 5661). Die Schrauben gleichmäßig und über Kreuz auf 25 Nm anziehen und aus der Endstellung um weitere 47° ± 5° nachziehen. Aufgrund der Toleranz reicht es aus, wenn man die Schrauben um eine Hälfte einer Viertelumdrehung anzieht. Zum Anziehen wird ein Torx-Kopf-Schlüsseleinsatz mit einem Durchmesser von 14 mm benutzt.

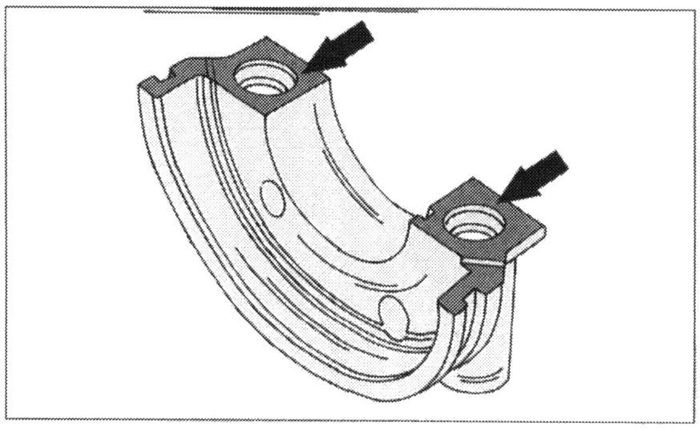

Bild 67
Die gezeigten Flächen mit der im Text erwähnten Dichtungsmasse einschmieren.

Bild 68
Kontrolle des Axialspiels der Nockenwellen mit einer Messuhr.

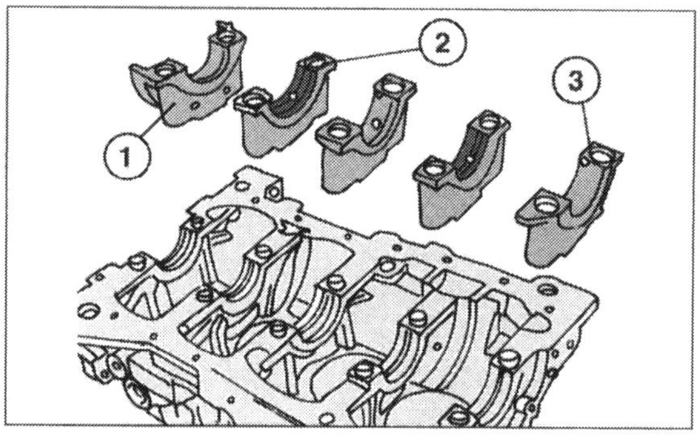

Bild 69
Ansicht der Lagerschalen mit und ohne Führungsnasen.

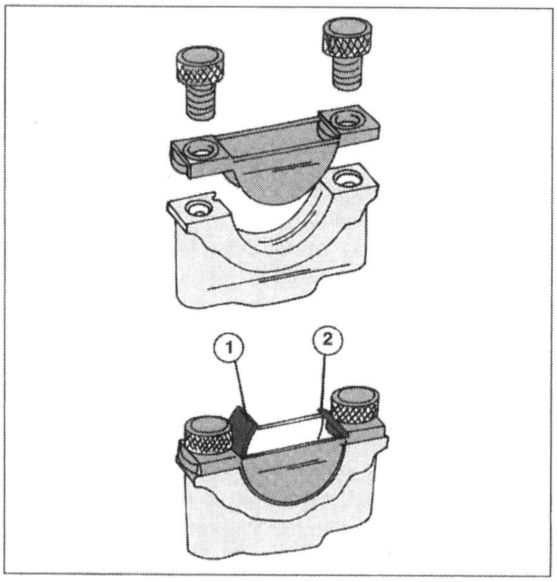

Bild 70
Werkzeug zum Einbau von Hauptlagerschalen, die keine Führungsnasen zur genauen Zentrierung in den Lagerbohrungen haben. In der unteren Ansicht wird der Einbau dargestellt.

- Die Kurbelwelle einige Male durchdrehen, um Klemmstellen festzustellen. Die Welle kann frei gemacht werden, indem man mit einem Gummihammer einige Male auf die Lagerdeckel schlägt.
- Axialspiel der Kurbelwelle mit einer Messuhr ausmessen, welche in ähnlicher Weise wie in Bild 68 gezeigt am Zylinderblock montiert wird. Den Taststift gegen den Flansch der Kurbelwelle anlegen und die Welle mit einem Hammerstiel, zwischen der ersten Kurbelkröpfung und dem Kurbelgehäuse eingesetzt, hin- und herbewegen. Der an der Messuhr angezeigte Wert muss zwischen 0,045 - 0,85 mm liegen, falls die alte Welle wieder eingebaut wird. Werden Neuteile verwendet, darf die Höchstgrenze 0,25 mm nicht überschreiten. Falls nötig die beiden Anlaufhalbscheiben am zweiten Hauptlager in ihrer Stärke verändern, um das Axialspiel herzustellen. Scheiben stehen in mehreren Stärken zur Verfügung, und die entsprechende Stärke ist zu bestimmen.

Falls keine Führungsnasen auf der Rückseite der Lagerschalen zu sehen sind (siehe auch Bild 133)
Falls Lagerschalen erneuert werden müssen, empfehlen wir, dass man den Zylinderblock zusammen mit der Kurbelwelle in eine Werkstatt bringt, um die Welle einbauen zu lassen. Der folgende Text beschreibt jedoch den Einbau der Kurbelwelle mit dem entsprechenden Werkzeug, eine Art Spannwerkzeug, mit welchem die Schalen in die Bohrungen gedrückt werden. Zu beachten ist jedoch zuerst die Einbauweise der Lagerschalen:

- Lagerschalen **mit Ölschmiernuten** kommen in alle Lagerbohrungen des Zylinderblocks.
- Lagerschalen **mit Ölschmiernuten** kommen in die Hauptlagerdeckel Nr. 2 und Nr. 4, Lagerschalen ohne Schmierölnuten kommen in die Hauptlagerdeckel Nr. 1, 3 und 5. Nr. 1 befindet sich am Schwungradende (siehe Bild 69).

Die folgende Beschreibung befasst sich mit dem Einbau der Lagerschalen, falls das in Bild 70 gezeigte Spezialwerkzeug Mot. 1493-01 besorgt werden kann. Lagerschalen werden sowohl in das Kurbelgehäuse als auch in die Lagerschalen eingepresst.

Im Kurbelgehäuse

- Das in Bild 70 gezeigte Werkzeug wird in der in Bild 71 gezeigten Weise am Zylinderblock angesetzt. Zuerst die Lagerschale am Werkzeug ansetzen, Werkzeug mit Lagerschale in die Lagerbohrung einlegen und danach gegen die linke Seite drücken, bis die andere Seite in Kontakt mit dem Werkzeug kommt. Dies ist in der unteren Ansicht von Bild 70 beim Hauptlagerdeckel gezeigt.
- Werkzeug wieder abmontieren. Die Lagerschale (mit Ölschmiernut) ist jetzt in der richtigen Einbaulage. Alle anderen Schalen in gleicher Weise einbauen.

In den Hauptlagerdeckeln

- Die Lagerschale in das Werkzeug einlegen (hier aufpassen, mit oder ohne Ölschmiernut), das Werkzeug am Hauptlagerdeckel ansetzen (untere Ansicht, Bild 70) und an Stelle (1) gegen die Lagerschale drücken, bis die andere Seite an Stelle (2) in Kontakt mit dem Werkzeug kommt.

Der weitere Zusammenbau erfolgt jetzt in folgender Weise:

- Die Kolben montieren und die Pleuellagerdeckel an den Pleuelstangen anschrauben, wie es im betreffenden Kapitel beschrieben ist. Darauf achten, dass die

„V"-Zeichen in den Kolbenböden zur Schwungradseite des Motors weisen. Falls man die Pfeile nicht sehen kann, muss die Ölkohle vorsichtig abgekratzt werden (beim Einbau der ursprünglichen Kolben). Die Schrauben werden zuerst mit 10 Nm und beim zweiten Durchgang mit 43 Nm angezogen. Gewinde der Schrauben und Unterseite der Schraubenköpfe einölen.

- Die Ölpumpe montieren (siehe betreffendes Kapitel). Die Schrauben mit 2,2 bis 2,7 Nm anziehen.
- Den Deckel an der Stirnseite des Motors montieren. Die Deckelfläche muss mit „Loctite 518" abgedichtet werden, jedoch darf die Wulst der Dichtungsmasse nicht breiter als 1,0 mm sein. Bild 72 veranschaulicht, wie man die Dichtungsmasse um die Schraubenlöcher herum aufträgt. Die Außenseiten beider Seiten des Deckels werden an Stellen (2) mit der bereits genannten Dichtungsmasse Rhodorseal 5661 eingeschmiert.
- Nach Aufsetzen des Deckels die Schrauben eindrehen und in der in Bild 73 gezeigten Reihenfolge mit 11 Nm anziehen.
- Den vorderen Dichtring montieren. Die Dichtlippe und die Außenseite des Dichtringes mit Motoröl einschmieren und den Ring gerade einschlagen. Normalerweise wird ein Spezialschlagdorn dazu verwendet. Dieser hat die Form eines Rohrstücks, welches auf die Außenseite des Dichtringes aufgesetzt wird, wie es in Bild 74 gezeigt ist, nur dass der Durchmesser kleiner ist. Den Dichtring beim Einschlagen nicht beschädigen.
- Den hinteren Dichtring der Kurbelwelle einziehen. Wiederum wird als Werkzeug ein Spezialdorn verwendet, kann jedoch durch einen entsprechenden Schlagdorn ersetzt werden. Die Bauweise des Dorns ist jedoch so geschaffen, dass der Dichtring auf eine Tiefe eingeschlagen wird, sodass die Dichtlippe auf einer unterschiedlichen Fläche des Kurbelwellenzapfens laufen kann. Man sollte also die Lauffläche vorher kontrollieren. Sind Verschleißerscheinungen erkennbar, treibt man den Dichtring etwas weiter in den Lagerdeckel. Dichtlippe und Außenseite des Dichtringes vor der Montage einölen. Alles überschüssige Öl abwischen.
- Ölwanne montieren, wie es im betreffenden Kapitel beschrieben wird.
- Das Schwungrad montieren. Neue Schrauben gleichmäßig ringsherum mit 50 - 55 Nm anziehen. Der Schlag des Schwungrades kann ausgemessen werden, wie es in Bild 75 gezeigt ist.
- Mitnehmerscheibe und Kupplungskörper montieren (siehe betreffendes Kapitel).
- Wasserpumpe montieren. Wiederum wird „Loctite 518" gebraucht. Die Wulst der Dichtungsmasse wird in diesem Fall wie in Bild 76 aufgetragen (nicht breiter als 0,6 bis 1,0 mm). Die M6- und M8-Schrauben zuerst auf 8 Nm anziehen. Danach die kleinen Schrauben mit 11 Nm und die großen Schrauben mit 22 Nm anziehen. Dabei ist die beim 2.0-Liter-Motor in Bild 62 gezeigte Reihenfolge zu beachten. Außerdem müssen die Gewinde der Schrauben 1 und 4 der Wasserpumpe mit „Loctite"-Gewindesicherungsmittel eingeschmiert werden. Nach Einbau der Pumpe die Spannrolle für den Zahnriemen auf den neben der

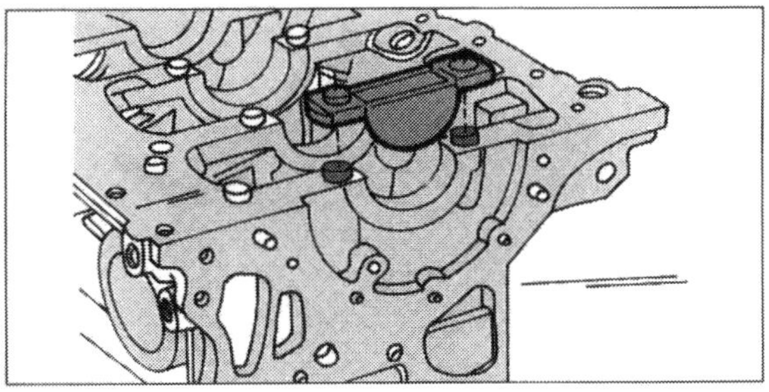

Bild 71
Zum Einbau der Lagerschalen mit dem in Bild 70 gezeigten Spezialwerkzeug (Mot. 1493-01).

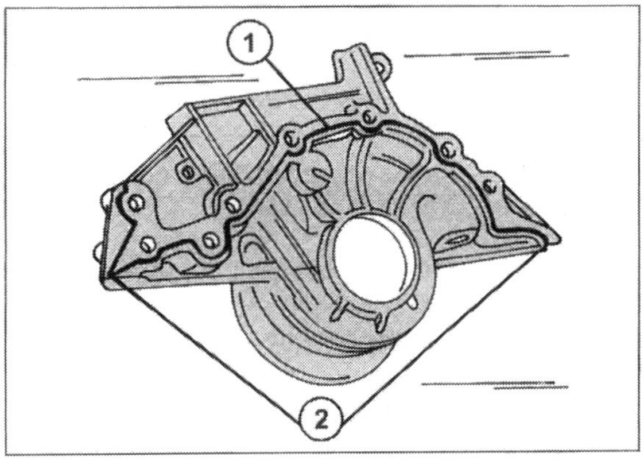

Bild 72
Eine Wulst Dichtungsmasse (1) in der gezeigten Weise auf den Dichtringträger an der Vorderseite des Zylinderblocks auftragen (Loctite 518). An Stellen (2) wird eine unterschiedliche Dichtmasse aufgetragen (siehe Text).

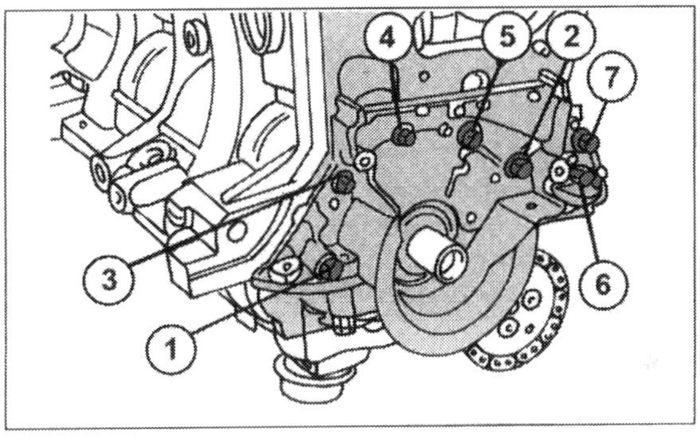

Bild 73
Anzugsreihenfolge des Dichtringträgers an der Vorderseite der Kurbelwelle.

Bild 74
Einschlagen des Öldichtringes an der Vorderseite des Motors mit dem Spezialwerkzeug. Aus dem Bild kann man ersehen, wie ein guter Schlagdorn angesetzt werden kann.

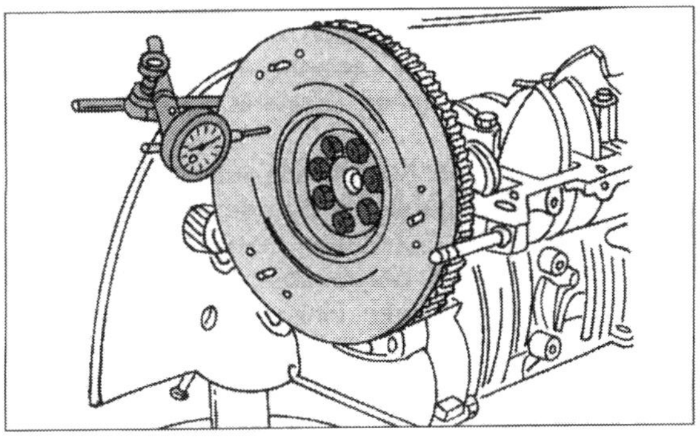

Bild 75
Kontrolle des Schwungrades auf Schlag.

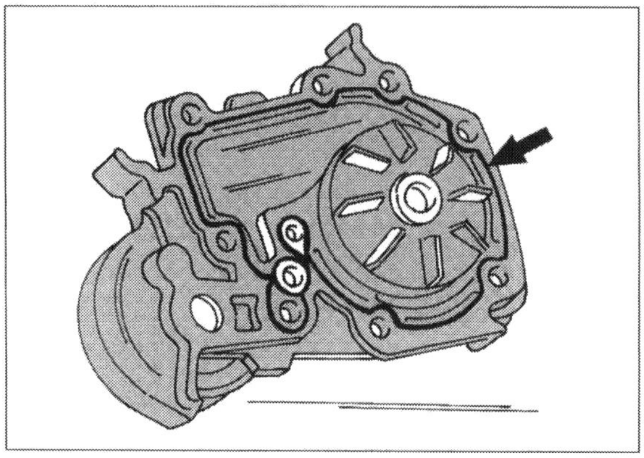

Bild 76
Dichtungsmasse in der gezeigten Weise auf die Dichtfläche der Wasserpumpe auftragen.

Bild 77
Das gezeigte Teile ist der untere Ansaugluftverteiler.

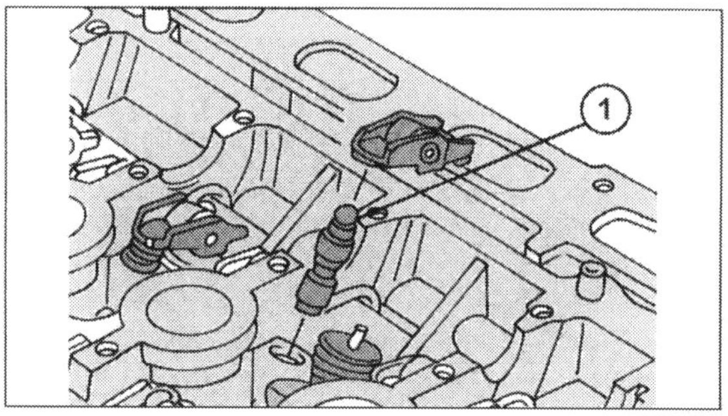

Bild 78
Zum Einbau der hydraulischen Stößel (1) und Kipphebel.

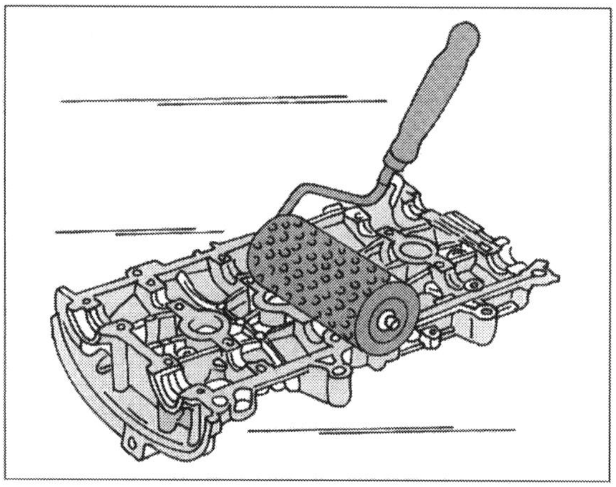

Bild 79
Die im Text genannte Dichtungsmasse wird in der gezeigten Weise aufgetragen.

Pumpe sitzenden Lagerzapfen montieren. Den Geber für den Ölstand in der Ölwanne einschrauben. Ansichten der Teile können Bildreihe 42 entnommen werden.

- Das Steuerrad der Kurbelwelle aufschlagen.
- Den zusammengebauten Zylinderkopf jetzt unter Verwendung neuer Schrauben montieren, wie es im betreffenden Kapitel beschrieben ist. Nach Einbau des Kopfes den unteren Einlassverteiler aufsetzen und mit 20 Nm anziehen. Dies ist das in Bild 77 gezeigte Teil. Dabei ist auf einwandfreie Flucht zwischen dem Verteilergehäuse und dem Zylinderkopf auf der Steuerseite und der Oberfläche des Verteilergehäuses und dem Zylinderkopf zu achten. Erst dann die Schrauben anziehen.
- Das Kühlmittelgehäuse mit einer neuen Dichtung auf der Schwungradseite des Zylinderkopfes anschrauben.
- Auspuffkrümmer montieren. Die Schrauben von innen nach außen in mehreren Stufen auf 18 Nm anziehen. Neue Dichtung verwenden. Das Wärmeschutzblech anschrauben (10 Nm) und die Lambda-Sonde in den Krümmer einschrauben (45 Nm). Die Stütze zwischen dem Auspuffkrümmer und dem Zylinderblock und das Abstandsstück auf der gleichen Seite montieren.
- Die hydraulischen Stößel der Reihe nach in die Bohrungen einsetzen und die Kipphebel montieren, wie es in Bild 78 zu sehen ist. Zu beachten ist, dass die Stößel nach einer bestimmten Zeit ihr Öl verlieren. Um die Stößel zu kontrollieren, kann man mit dem Daumen auf das Kugelende an der Oberseite drücken. Falls sich der Kolben sofort nach unten bewegt, kann man die Stößel in **Dieselöl** einlegen, um sie für den späteren Betrieb wieder fertig zu machen.
- Die beiden Nockenwellen an den Lagerstellen gut einölen und in den Zylinderkopf einlegen. **Hierbei beachten:** Kein Öl darf dabei auf die Dichtfläche für die Zylinderkopfhaube kommen, Die Nockenwellen, welche beide gleich aussehen, kann man verwechseln. In der Nähe des Endes mit dem Mitnehmerschlitz ist eine Kennzeichnung zu sehen. Wichtig dabei sind die beiden letzten Buchstaben. Die Kennzeichnung „AM“ bedeutet Einlassnockenwelle, die Kennzeichnung „EM“ Auslassnockenwelle. Die beiden Nockenwellen durchdrehen, bis die beiden Mitnehmerschlitze waagerecht in der in Bild 36 gezeigten Stellung stehen. Die Dichtfläche auf der Oberseite des Zylinderkopfes muss vollkommen frei von Fett oder Öl sein. Nach Reinigung auch keine Fingerflecken hinterlassen.
- Die Dichtungsmasse Loctite 518 muss jetzt die Dichtfläche der Zylinderkopfhaube aufgetragen werden. Das Auftragen erfolgt in der in Bild 79 gezeigten Weise. Laut Renault ändert sich die Farbe der Dichtungsmasse ins Rötliche. Die Zylinderkopfhaube aufsetzen und mit einem Gummihammer anschlagen. Die Schrauben der Haube werden jetzt unter Bezug auf Bild 80 angezogen:
  - Die Schrauben 22, 23, 20 und 13 mit 8 Nm anziehen.
  - Die Schrauben 1 bis 12, 14 bis 19 und 21 und 24 mit 12 Nm anziehen.
  - Die Schrauben 22, 23, 20 und 13 lockern.
  - Die Schrauben 22, 23, 20 und 13 mit 12 Nm anziehen.
- Den Ölabscheider unter Bezug auf Bild 81 montieren. Die Dichtflächen müssen wieder frei von Öl oder Fett sein. Dichtungsmasse Loctite 518 ähnlich wie in Bild 69 gezeigt auftragen, bis sie wieder rötlich wird. Den Ölabscheider schnell aufsetzen, die Schrauben eindrehen und alle Schrauben in der gezeigten Zahlenreihenfolge mit 13 Nm anziehen. Nach Einbau die Hebeöse (Pfeil) anschrauben.
- Zündspulen montieren (13 Nm) und das Ansaugsammelrohr anschrauben (9 Nm). Das Sammelrohr von innen nach außen in mehreren Durchgängen an-

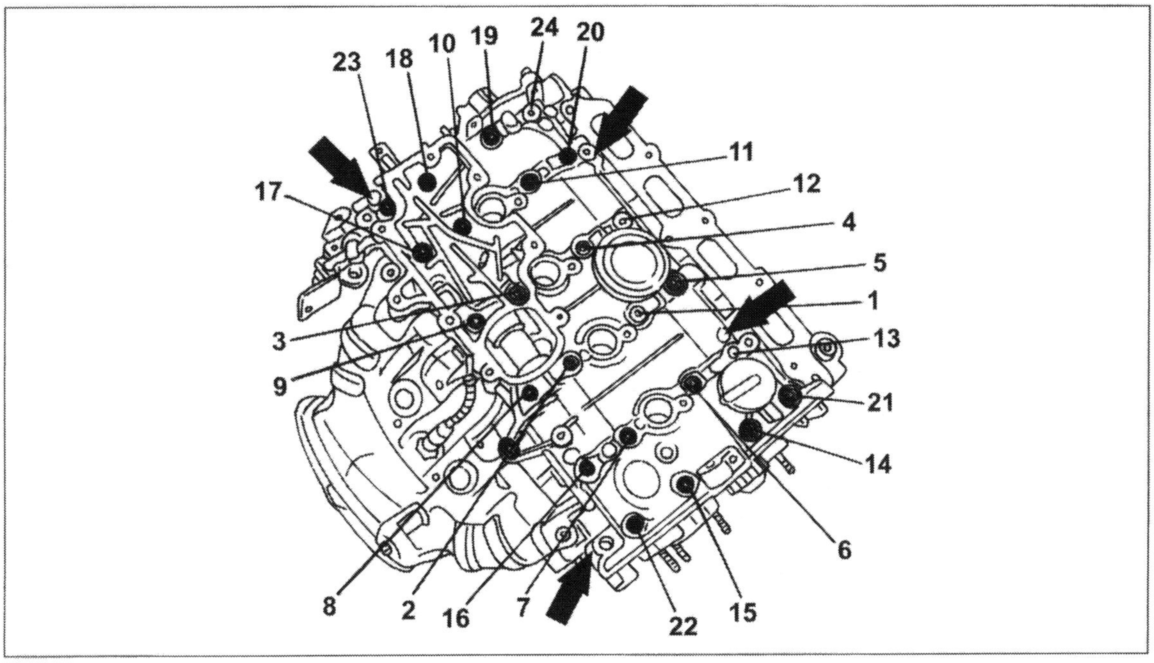

Bild 80
Zum Aus- und Einbau der Zylinderkopfhaube. Die Zahlen geben die Anzugsreihenfolge an. Beim Lösen in umgekehrter Reihenfolge vorgehen. An den Pfeilstellen muss man mit einem Gummihammer dagegenschlagen, um die Haube zu lösen.

ziehen. Drosselklappengehäuse (13 Nm), Luftfiltereinheit (9 Nm) anschrauben.

● Neue Dichtringe für die Nockenwellen einziehen. Dazu kann man ein Stück Rohr verwenden, dieses über die Gewindezapfen auflegen, eine große Scheibe auf das Rohr legen und die **alten** Muttern auf die Gewindezapfen schrauben und festziehen, bis der Dichtring in der richtigen Lage sitzt. Beide Radialdichtringe in dieser Weise montieren.

● Als Nächstes wird der Steuerriemen eingebaut und gespannt. Die Anweisungen werden unter getrennter Überschrift beschrieben.

● Kühlmittelleitung mit einer neuen Abdichtung anbringen und den Aggregateträger an der Vorderseite montieren. Da die Schrauben ein unterschiedliches Anzugsdrehmoment verlangen, muss man sich an Bild 82 halten. Vor Anziehen der Schrauben kontrollieren, dass der Träger die Ölwanne an der Pfeilstelle berührt. Die Anzugsdrehmomente sind in der Bildlegende angegeben.

● Kompressor montieren (21 Nm), Lichtmaschine anschrauben (21 Nm), Lenkhilfspumpe anschrauben (21 Nm) und den Antriebsriemen anbringen, wie es unter der betreffenden Überschrift beschrieben wird.

Zusammenbau des Dieselmotors

Alle den allgemeinen Zusammenbau betreffenden Anweisungen für die oben beschriebenen Motoren gelten auch für den Dieselmotor. Folgende Hinweise sind zu beachten:

● Zylinderblöcke werden zusammen mit passenden Kolben, Kolbenringen, Kolbenbolzen, Hauptlagerschalen, Büchsen für die Zwischenwelle, dem Ölmessstabrohr und der Öltrennleitung geliefert. Falls der ursprüngliche Zylinderblock wieder zusammengebaut wird, muss in den betreffenden Kapiteln nachgelesen werden, um die Teile zu reparieren oder zu überholen. Bei der folgenden Beschreibung nehmen wir an, dass der Motor vollkommen zerlegt ist. Alle

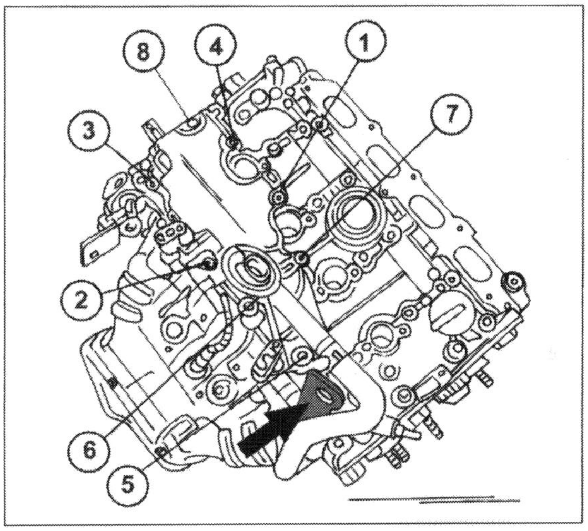

Bild 81
Montage des Ölabscheiders. Die Schrauben in der Zahlenreihenfolge festziehen und die Hebeöse (Pfeil) anschrauben.

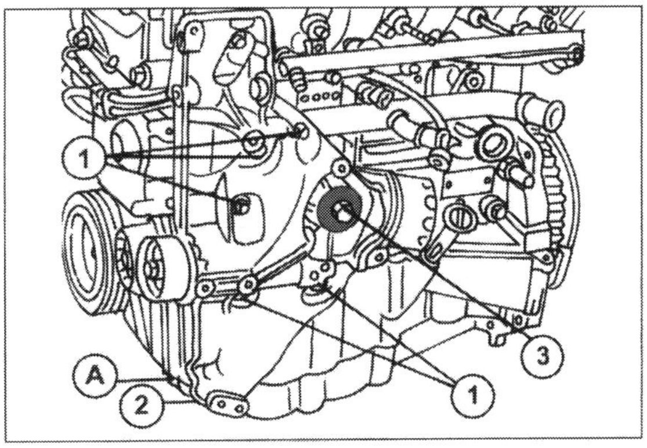

Bild 82
Montage des Aggregateträgers. Der Träger muss an der Pfeilstelle gegen die Ölwanne anliegen.
1 53 Nm
2 21 Nm
3 11 Nm

nicht zutreffenden Arbeiten können einfach übergangen werden:

● Zylinderblock in einen Montagestand einspannen oder auf eine Werkbank aufsetzen.

● Das Führungsrohr für den Ölmessstab montieren. Falls sich dieses nicht leicht einsetzen lässt, kann man das einzusetzende Ende etwas mit Schmirgellein-

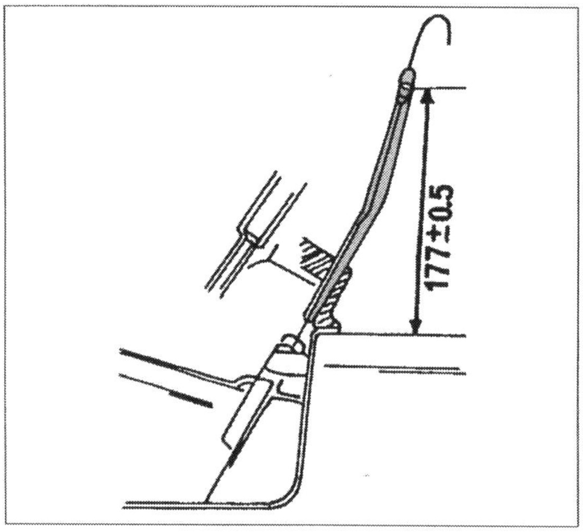

Bild 83
Vorschriftsmäßiger Einbau des Führungsrohres für den Ölmessstab beim Dieselmotor.

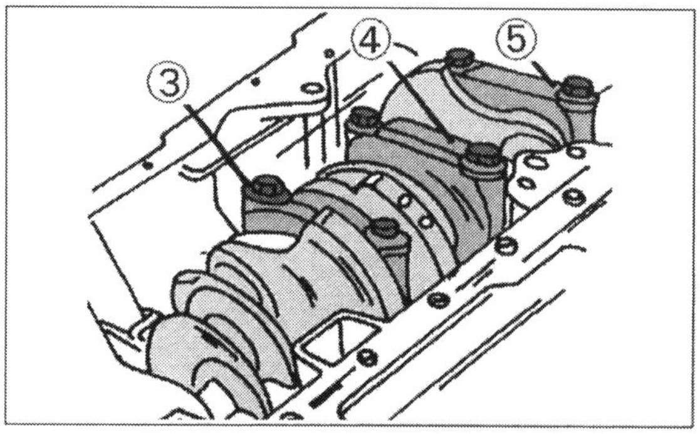

Bild 84
Die Lagerdeckel 3, 4 und 5 auf das vorgeschriebene Anzugsdrehmoment anziehen, ehe die verbleibenden Deckel montiert werden.

Bild 85
Einzelheiten zur Montage der Seitendichtungen für den hinteren Lagerdeckel. Der zwischen den Pfeilen liegende Spalt muss ausgemessen werden, um die richtige Dichtstabstärke zu bestimmen.

wand abreiben. Das Ende mit „Loctite“ einschmieren und in den Zylinderblock eindrücken, bis das in Bild 83 gezeigte Maß erhalten wird. Dieses Maß ist wichtig, um später den richtigen Ölstand anzuzeigen.

- Den Ölabscheider in der Oberseite des Zylinderblocks montieren. Wieder die Ansatzfläche etwas mit Schmirgelleinwand abreiben, falls er sich nicht leicht einsetzen lässt. Ein Stück Rohr des passenden Außendurchmessers wird zum Einschlagen gebraucht.
- Zylinderblock so ausrichten, dass die offene Seite nach oben steht und die Hauptlagerschalen in die Bohrungen einlegen. Dies sind die Schalen mit den Ölschmiernuten. Falls die ursprünglichen Schalen wieder eingebaut werden, müssen sie entsprechend ihrer Kennzeichnung eingelegt werden.
- Die Lagerschalen gut einölen. Ebenfalls die Hauptlagerzapfen und Kurbelzapfen der Welle einölen und die Kurbelwelle vorsichtig in die Lager heben. Die Welle einige Male durchdrehen, damit sich die Zapfen gut in den Schalen einspielen können.
- Die beiden Anlaufhalbscheiben am zweiten Hauptlager anbringen, so dass die Schmierölnut (1) in Bild 55 in die gezeigte Richtung weist.
- Die Lagerschalen ohne Schmierölbohrung in die Hauptlagerdeckel einlegen. Die Schalen gut einölen.
- Die Hauptlagerdeckel entsprechend ihrer Kennzeichnung aufsetzen. Die Kennzeichnungen müssen auf der gleichen Seite wie die Zwischenwelle liegen. Die Deckel gut mit einem Gummihammer anschlagen.
- Die drei in Bild 84 gezeigten Deckel in mehreren Durchgängen auf ein Drehmoment von 65 Nm anziehen. Die Kurbelwelle einige Male durchdrehen, um Klemmstellen festzustellen. Die Welle kann frei gemacht werden, indem man mit einem Gummihammer einige Male auf die Lagerdeckel schlägt.
- Das Axialspiel der Kurbelwelle mit einer Messuhr ausmessen, welche in ähnlicher Weise wie in Bild 68 gezeigt am Zylinderblock montiert wird. Den Taststift gegen den Flansch der Kurbelwelle anlegen und die Welle mit einem Hammerstiel, zwischen der ersten Kurbelkröpfung und dem Kurbelgehäuse eingesetzt, hin- und herbewegen. Der an der Messuhr angezeigte Wert muss zwischen 0,07 und 0,23 mm liegen. Falls nötig die beiden Anlaufhalbscheiben in ihrer Stärke verändern, um das Axialspiel herzustellen. Scheiben stehen in mehreren Stärken zur Verfügung und die entsprechende Stärke ist zu bestimmen.
- Den Lagerdeckel des zweiten Lagers in der oben beschriebenen Weise montieren und die beiden Schrauben abwechselnd und in mehreren Stufen auf ein Anzugsdrehmoment von 65 Nm anziehen.
- Den hinteren Deckel (Nr. 1) montieren. Dabei müssen die Seiten des Deckels abgedichtet werden. In der Werkstatt wird dies auf zwei verschiedene Weisen durchgeführt, einmal wird Silikon-Paste eingespritzt, zum anderen Mal werden seitliche Dichtungen verwendet. Wir halten uns an die zweite Methode:
- Hinteren Lagerdeckel am Kurbelgehäuse anbringen (mit der eingelegten Lagerschale) und mit einem Spiralbohrerschaft von 5,0 mm Durchmesser das in Bild 85 zwischen den Pfeilen liegende Maß ausmessen.
- Falls das Maß 5,0 mm oder weniger beträgt, muss ein Dichtstab von 5,10 mm Stärke verwendet werden, beträgt das Maß mehr als 5,0 mm, d. h. der Bohrer lässt sich nicht einsetzen, muss ein 6,0 mm starker Dichtstab eingebaut werden.
- Die Dichtstäbe sind mit Farbkennzeichnungen markiert und Ihr Ersatzteilhändler wird Ihnen sagen, welcher Dichtstab eingebaut werden muss. Die 5,1-mm-Dichtstäbe haben keine Kennzeichnung.
- Den hinteren Lagerdeckel wieder abnehmen und die beiden Dichtstäbe in die Seiten des Lagerdeckels einsetzen. Die Dichtlippe muss zur Außenseite weisen und an der Oberseite 2,0 mm überstehen.
- Zwei M10 x 1,5-Schrauben vorbereiten, indem man die Schraubenköpfe absägt und einen Schlitz in die Oberseite einsägt. Diese beiden hergestellten Stiftschrauben mit einem Schraubendreher in das Kurbelgehäuse eindrehen. Die Stiftschrauben dienen als Führung für den Hauptlagerdeckel.

- Beide Seitendichtstäbe mit Motorenöl einschmieren und die beiden Dichtflächen des Lagerdeckels (untere Pfeile in Bild 86) mit Dichtungsmasse einschmieren. Von Renault wird die Dichtungsmasse „CAF TH IXO 4/60" empfohlen.
- Den Hauptlagerdeckel über die beiden Stiftschrauben setzen, ohne dabei die Seitendichtstäbe zu verschieben. Wenn der Lagerdeckel fast sitzt, kontrollieren, dass die Dichtstäbe an der Oberseite immer noch herausstehen. Danach den Deckel vollkommen anschlagen.
- Die beiden Stiftschrauben mit einem Schraubendreher herausdrehen und die beiden Innensechskantschrauben eindrehen. Einen Inbusschlüssel mit einer aufgesetzten Stecknuss benutzen und die beiden Schrauben abwechselnd auf 65 Nm anziehen. Nach dem Einbau des Lagerdeckels die vorstehenden Enden der Seitendichtstäbe mit einem scharfen Messer bündig mit der Lagerdeckelfläche abschneiden.
- Den hinteren Öldichtring in den Zylinderblock einschlagen. Dazu einen Dorn verwenden, welcher auf der Außenseite des Dichtringes aufsitzt, wie es bereits weiter vorn bei den anderen Motoren gezeigt wurde. Den Dichtring einschlagen, bis die Außenfläche abschneidet.
- Wenn die ursprüngliche Kurbelwelle wieder eingebaut wurde, was meistens der Fall sein wird, und die Lauffläche auf der Kurbelwelle zeigt Einlaufverschleiß des alten Dichtringes, kann man den neuen Dichtring bis zu 3 mm weiter nach innen einschlagen.
- Kontrollieren, dass die beiden Passstifte in den Zylinderblock eingeschlagen sind. Diese befinden sich auf der Steuerseite des Motors links und rechts des Lagerdeckels.
- Den Träger des vorderen Öldichtringes mit der oben genannten Dichtungsmasse einschmieren. Dabei darauf achten, dass die Dichtungsmasse nicht in die Innenseite des Deckels tropfen kann. Den Deckel an der Vorderseite des Zylinderblocks anschrauben. Die Oberseite dabei über die Passstifte schlagen. Die in Bild 87 gezeigten Schrauben gleichmäßig anziehen.
- Den vorderen Öldichtring in den Dichtringträger und über die Kurbelwelle schlagen, bis die Außenseite bündig abschneidet. Bei eingebauter, ursprünglicher Kurbelwelle den Dichtring noch etwas weiter einschlagen (nicht mehr als 3 mm), um diesem eine neue Laufstelle auf der Welle zu geben.
- Das Schwungrad montieren. Die Montagefläche des Schwungrades an der Kurbelwelle mit Dichtungsmasse einschmieren. Neue Schwungradschrauben mit „Loctite"-Gewindesicherungsmittel einschmieren und die Schwungradschrauben der Reihe nach auf ein Anzugsdrehmoment von 50 - 55 Nm anziehen.
- Den Schlag des Schwungrades kontrollieren, wie es in Bild 75 gezeigt und bei den anderen Motoren beschrieben ist. Der Schlag darf 0,06 mm nicht überschreiten. Andernfalls das Schwungrad wieder abmontieren und die beiden Anlageflächen auf eingedrungene Fremdkörper kontrollieren.
- Die Ölpumpe entsprechend den Anweisungen in Kapitel 3 montieren. Bild 88 zeigt die zu montierenden Teile.

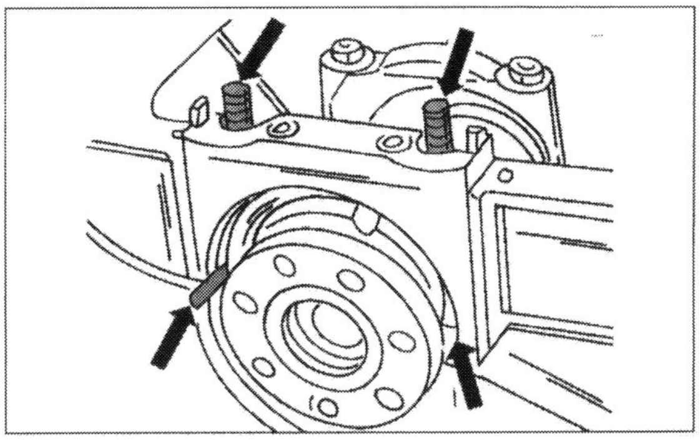

Bild 86
Montage des hinteren Lagerdeckels. Die Stiftschrauben (obere Pfeile) wie gezeigt einsetzen. Die Flächen (untere Pfeile) müssen mit Dichtungsmasse eingeschmiert werden.

- Den vorderen Dichtring der Kurbelwelle mit einem geeigneten Schlagdorn über die Kurbelwelle in den Deckel einschlagen.
- Das Steuerrad der Kurbelwelle mit einem Rohrstück auf die Welle schlagen.
- Kolben und Pleuelstangen einbauen, wie es in Kapitel 2.5.5 beschrieben ist.

Hinweis: Falls die Wirbelkammern ausgebaut wurden (falls eingebaut), müssen sie in einer Werkstatt erneuert werden lassen.

Den Zylinderkopf wird jetzt entsprechend den im betreffenden Kapitel gegebenen Anweisungen eingebaut, jedoch sind die folgenden Punkte zu beachten:

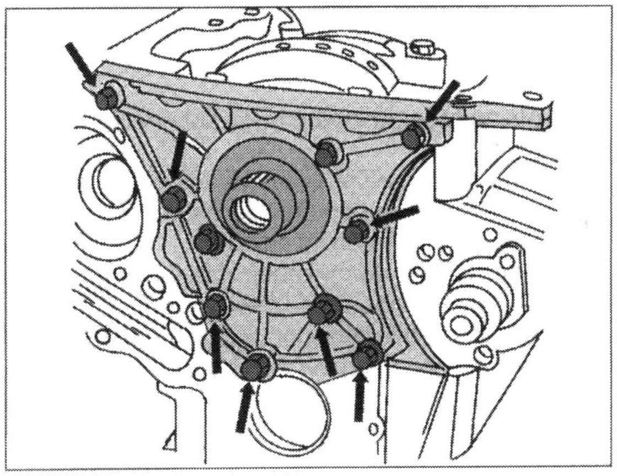

Bild 87
Befestigung des Deckels auf der Steuerseite des Motors.

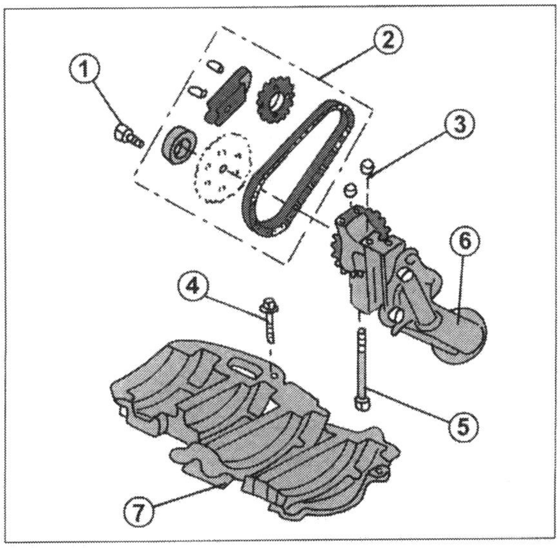

Bild 88
Ölpumpenantrieb und Ölpumpe des Dieselmotors.
1 Schraube, Kettenrad an Ölpumpe
2 Reparatursatz, Pumpenantrieb
3 Passhülse
4 Schraube, Ölleitblech
5 Pumpenschraube
6 Ölpumpe
7 Ölleitblech

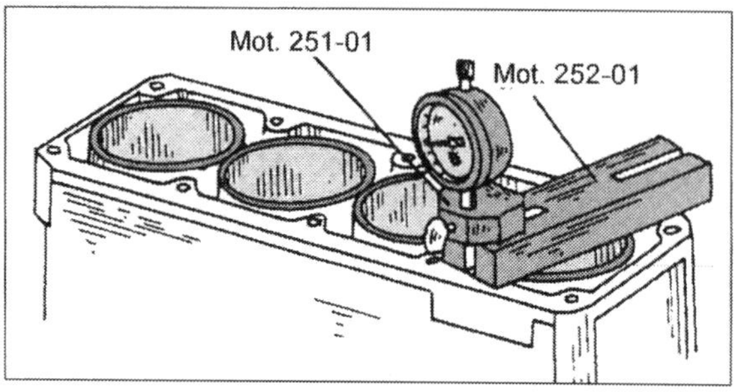

Bild 89
Kontrolle des Vorstehmaßes der Wirbelkammern (Motor mit indirekter Einspritzung). In ähnlicher Weise werden die Ventile ausgemessen.

Der Einbau des Zylinderkopfes ist kritisch, da man die Stärke der Zylinderkopfdichtung berechnen muss. Zylinderkopfdichtungen kommen in verschiedenen Stärken, d. h. die richtige Dichtung muss ausgewählt werden. Falls nur die Dichtung erneuert wird, muss man eine der Originalstärke entsprechende Dichtung einbauen. Es müssen jedoch Spezialwerkzeuge zum Ausmessen des Vorstehmaßes der Kolben zur Verfügung stehen, um die Messung durchzuführen. Andernfalls kann man ein Stahllineal und Blattfühlerlehren benutzen. Die folgenden drei Kriterien sind zum richtigen Zusammenbau des Motors von Wichtigkeit:

- Die Kolben müssen um den vorgeschriebenen Wert über die Zylinderblockfläche herausstehen. Dieses Maß wird durch den Einbau der richtigen Zylinderkopfdichtung ausgeglichen.
- Nur eine Dichtungsausführung, jedoch in drei verschiedenen Stärken, wird benutzt. Ein Buchstabe ist in die Dichtung eingestanzt. Die darüberliegenden Löcher geben die Stärke der Dichtung an.

Beim Ausmessen der Kolben folgendermaßen vorgehen:

- Falls die Kolben nicht ausgebaut wurden, alle Kolbenböden sorgfältig von Ölkohleresten reinigen, um keine falschen Anzeigen zu erhalten.
- Die Kurbelwelle durchdrehen, bis der Kolben des ersten Zylinders sich dem oberen Totpunkt nähert. Falls die in Bild 89 gezeigten Spezialwerkzeuge zur Verfügung stehen, sind sie entsprechend der Abbildung auf der Blockfläche anzuordnen. Andernfalls wird eine Fühlerlehre zwischen Messlineal und Blockfläche eingeschoben.
- Den Messfinger auf die Blockfläche aufsetzen, die Messuhr auf „Null" justieren und danach den Fuß der Messuhr verschieben, bis der Messfinger auf dem Kolbenboden aufsitzt. Der Unterschied der beiden Messungen ist das Vorstehmaß. Die Messung der Kolben muss entlang der Mittellinie durchgeführt werden, um falsche Anzeigen aufgrund eines „kippenden" Kolbens zu vermeiden. Ebenfalls darauf achten, dass man auf die Messuhr oder den Kolben keinen übermäßigen Druck ausübt.
- Die verbleibenden Kolben in gleicher Weise ausmessen. Die Kurbelwelle dabei weiter drehen, bis der nächste Kolben oben erscheint. Das höchste Vorstehmaß bestimmt die Stärke der Dichtung. Falls man diese Arbeit selbst durchführt, raten wir Ihnen, mit diesem Maß zum Ersatzteillager zu gehen, um die richtige Dichtung zu erhalten.
- Der Zylinderkopf kann jetzt eingebaut werden (Arbeiten am Zylinderkopf, siehe Kapitel 2.4). Zu beachten sind die Unterschiede zwischen dem F8Q- und dem F9Q-Motor.
- Den oberen Deckel montieren. Die Verbindungsfläche zum unteren Deckel mit Dichtungsmasse einschmieren.
- Die Zylinderkopfhaube mit einer neuen Dichtung montieren. Drei Hutmuttern mit Scheiben werden zur Befestigung verwendet.
- Die Wasserpumpe komplett mit der Riemenscheibe montieren. Die Drehstromlichtmaschine wird während dem Einbau des Motors montiert.
- Den Zahnriemen einbauen, wie es später für den betreffenden Motor beschrieben wird.
- Die Kurbelwellenriemenscheibe und ebenfalls den Antriebsriemen montieren (siehe betreffendes Kapitel).
- Der weitere Zusammenbau geschieht in umgekehrter Reihenfolge.

Zusammenbau des 2.0-Liter-Motors

Alles was beim Zusammenbau der anderen Motoren gesagt wurde, gilt ebenfalls für diesen Motor.

- Ehe man mit dem Zusammenbau des Motors beginnt, muss man sich die für den Motor passenden Dichtungssätze besorgen. Diese sehen ähnlich wie in Bild 64 gezeigt aus.

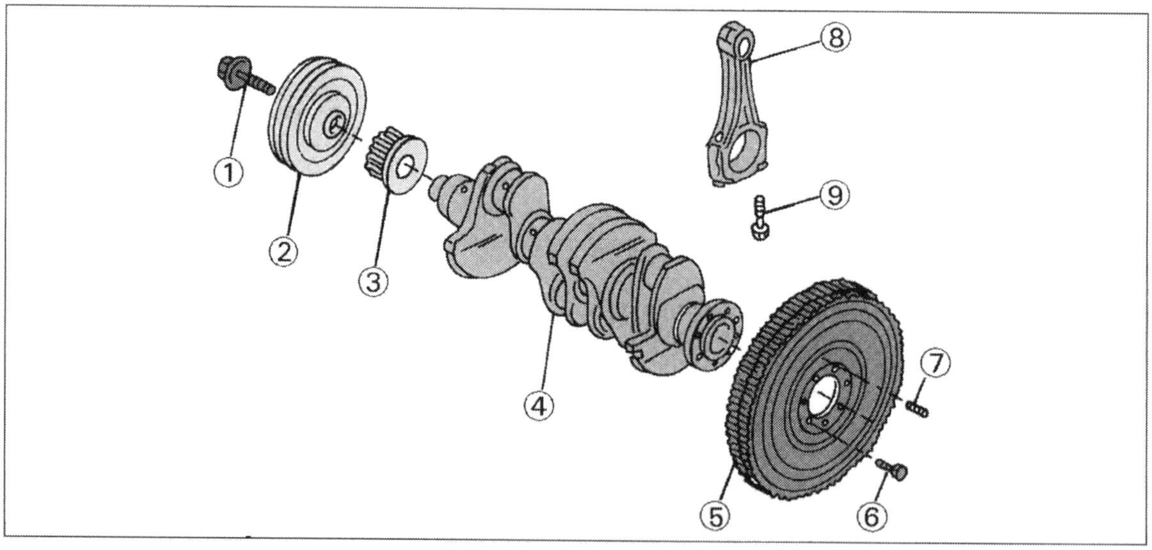

Bild 90
Die Teile der Kurbelwelle.
1 Schraube für Steuerrad
2 Kurbelwellenriemenscheibe
3 Steuerrad der Kurbelwelle
4 Kurbelwelle
5 Schwungrad
6 Schwungradschrauben
7 Passstift
8 Pleuelstange
9 Pleuellagerschraube

- Die im folgenden Text genannten Dichtungsmassen muss man sich vor Zusammenbau des Motors besorgen. Besonders ist es wichtig, dass man die richtige Dichtungsmasse beim Einbau der Nockenwellen benutzt.
- Die folgende Beschreibung setzt voraus, dass der Motor vollkommen zerlegt ist. Falls neue Kolben eingebaut werden sollen, muss man unter der entsprechenden Überschrift nachlesen.

Der Zusammenbau erfolgt nach dem folgenden Schema, zuerst wird die Kurbelwelle eingebaut, deren Teile in Bild 90 zu sehen sind. Soweit der Zylinderblock betroffen ist, können Sie sich an Bild 66 halten. Mit Hilfe der beiden Abbildungen werden Sie durchaus in der Lage sein, den Motor wieder zusammenzubauen.

- Zylinderblock in einen Montagestand einspannen oder auf eine Werkbank aufsetzen.
- Den Zylinderblock so ausrichten, dass die offene Seite nach oben steht und die Hauptlagerschalen **ohne Ölschmiernuten** in die Lagerbohrungen 1, 3 und 5 und die Lager **mit Ölschmiernuten** in die Lagerbohrungen 2 und 4 einlegen. Die Lagerschalen gut einölen.
- Die Anlaufhalbscheiben links und rechts am Lager Nr. 3 anlegen. Die Schmiernuten der Scheiben kommen zur Seite der Kurbelwellenwange.
- Die Hauptlagerzapfen und Kurbelzapfen der Welle einölen und die Kurbelwelle vorsichtig in die Lager heben. Die Welle einige Male durchdrehen, damit sich die Zapfen gut in den Schalen einspielen können.
- Die Lagerschalen **ohne Schmierölnuten** in die Hauptlagerdeckel der Deckel 1, 3 und 5 einlegen, die Schalen **mit Ölschmiernuten** in die Lager 2 und 4. Die Schalen gut einölen.
- Die Hauptlagerdeckel entsprechend ihrer Kennzeichnung aufsetzen. Die Deckel sind von 1 bis 5 gezeichnet. Die Deckel gut mit einem Gummihammer anschlagen. Beim Einbau ist jedoch zu beachten, dass der Lagerdeckel Nr. 1 an der Auflagefläche mit Dichtungsmasse eingeschmiert werden muss, wie es in Bild 67 zu sehen ist. In der Werkstatt wird eine spezielle Dichtungsmasse benutzt (Rhodorseal 5661). Die Schrauben gleichmäßig und über Kreuz auf 25 Nm anziehen und aus der Endstellung um weitere 47° ± 5° nachziehen. Aufgrund der Toleranz reicht es aus, wenn man die Schrauben um eine Hälfte einer Viertelumdrehung anzieht. Zum Anziehen wird ein Torx-Kopf-Schlüsseleinsatz mit einem Durchmesser von 14 mm benutzt.
- Die Kurbelwelle einige Male durchdrehen, um Klemmstellen festzustellen. Die Welle kann frei gemacht werden, indem man mit einem Gummihammer einige Male auf die Lagerdeckel schlägt.
- Axialspiel der Kurbelwelle mit einer Messuhr ausmessen (siehe Bild 68 und entsprechende Beschreibung). Bei diesem Motor beträgt das Axialspiel 0,07 bis 0,23 mm. Werden Neuteile verwendet, darf die Höchstgrenze 0,25 mm nicht überschritten werden. Falls nötig die beiden Anlaufhalbscheiben am zweiten Hauptlager in ihrer Stärke verändern, um das Axialspiel herzustellen. Scheiben stehen in mehreren Stärken zur Verfügung, und die entsprechende Stärke ist zu bestimmen.
- Die Kolben montieren und die Pleuellagerdeckel an den Pleuelstangen anschrauben, wie es im betreffenden Kapitel beschrieben ist. Darauf achten, dass die „V"-Zeichen in den Kolbenböden zur Schwungradseite des Motors weisen. Falls man die Pfeile nicht sehen kann, muss die Ölkohle vorsichtig abgekratzt werden (beim Einbau der ursprünglichen Kolben). Die Schrauben werden zuerst mit 10 Nm und beim zweiten Durchgang mit 43 Nm angezogen. Gewinde der Schrauben und Unterseite der Schraubenköpfe einölen.
- Die Ölpumpe montieren (siehe betreffendes Kapitel). Die Schrauben mit 2,2 - 2,7 Nm anziehen.
- Den Deckel an der Stirnseite des Motors montieren. Die Deckelfläche muss mit „Loctite 518" abgedichtet werden, jedoch darf die Wulst der Dichtungsmasse nicht breiter als 1,0 mm sein. Wie in Bild 72 gezeigt, muss man die Dichtungsmassen um die Schraubenlöcher herum auftragen. Die Außenseiten beider Seiten des Deckels werden an Stellen (2) mit der bereits genannten Dichtungsmasse Rhodorseal 5661 eingeschmiert.
- Nach Aufsetzen des Deckels die Schrauben eindrehen. Die Schrauben werden in einer bestimmten Reihenfolge angezogen, für welche Bild 73 gilt. In Bild 91 sind der untere Deckel sowie der Deckel an der Vorderseite des Zylinderkopfes gezeigt.

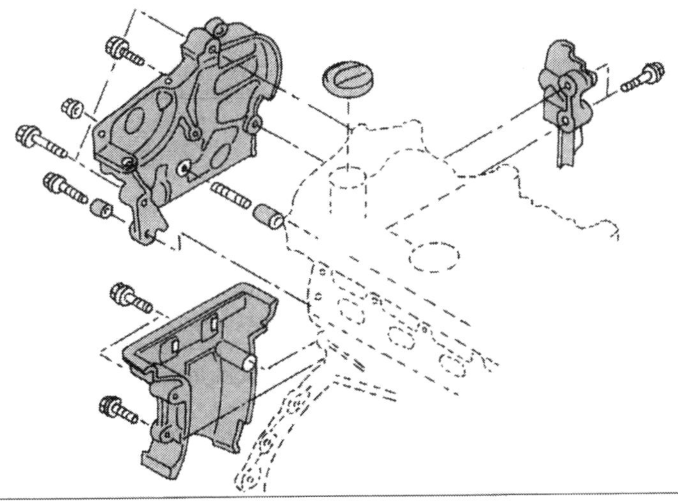

Bild 91
Die Teile an der Vorderseite der Kurbelwelle.

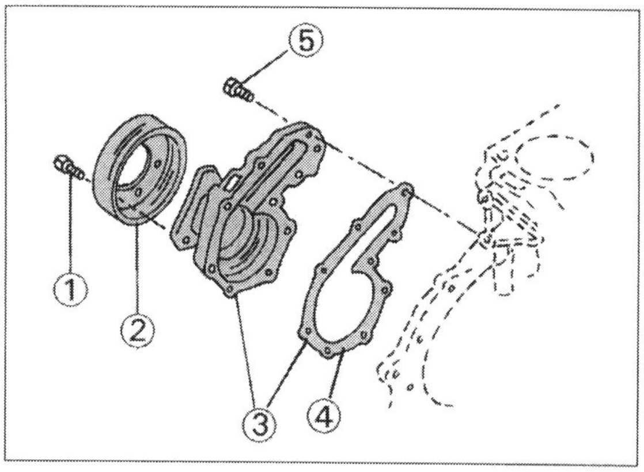

Bild 92
Die Teile der Wasserpumpe beim 2.0-Liter-Motor.
1 Schraube für Antriebsrad /Riemenscheibe)
2 Distanzring
3 Wasserpumpe mit Dichtung (Reparatursatz)
4 Wasserpumpendichtung
5 Wasserpumpenschraube

- Den vorderen Dichtring montieren (siehe Bild 74 und entsprechende Beschreibung bei den beiden anderen Motoren).
- Den hinteren Dichtring der Kurbelwelle einziehen (siehe entsprechende Beschreibung bei den beiden anderen Benzinmotoren).
- Ölwanne montieren, wie es im betreffenden Kapitel beschrieben wird.
- Das Schwungrad montieren. Neue Schrauben gleichmäßig ringsherum mit 50 - 55 Nm anziehen. Der Schlag des Schwungrades kann ausgemessen werden (siehe Bild 75).
- Mitnehmerscheibe und Kupplungskörper montieren (siehe betreffendes Kapitel).
- Wasserpumpe montieren. Wiederum wird „Loctite 518" gebraucht. Die Wulst der Dichtungsmasse wird in diesem Fall wie in Bild 76 gezeigt aufgetragen (nicht breiter als 0,6 bis 1,0 mm). Die M6- und M8-Schrauben zuerst auf 8 Nm anziehen. Danach die kleinen Schrauben mit 11 Nm und die großen Schrauben mit 22 Nm anziehen. Dabei ist die in Bild 62 gezeigte Reihenfolge zu beachten. Außerdem müssen die Gewinde der Schrauben 1 und 4 der Wasserpumpe mit „Loctite"-Gewindesicherungsmittel eingeschmiert werden. Bild 92 zeigt wie die Wasserpumpe am Motor montiert ist. Nach Einbau der Pumpe die Spannrolle für den Zahnriemen auf den neben der Pumpe sitzenden Lagerzapfen montieren. Den Geber für den Ölstand in der Ölwanne einschrauben.
- Das Steuerrad der Kurbelwelle aufschlagen.
- Den zusammengebauten Zylinderkopf jetzt unter Verwendung neuer Schrauben montieren, wie es im betreffenden Kapitel beschrieben ist. Nach Einbau des Kopfes den unteren Einlassverteiler aufsetzen und mit 20 Nm anziehen. Beim Einbau des Verteilergehäuses die später angegebenen Anweisungen beachten.
- Das bereits in Bild 61 gezeigte Kühlmittelgehäuse mit einer neuen Dichtung auf der Schwungradseite des Zylinderkopfes anschrauben. Im eingebauten Zustand ist das Gehäuse in Bild 67 gezeigt.
- Auspuffkrümmer montieren. Die Schrauben von innen nach außen in mehreren Stufen auf 18 Nm anziehen. Neue Dichtung verwenden. Das Wärmeschutzblech anschrauben (10 Nm) und die Lambda-Sonde in den Krümmer einschrauben (45 Nm). Die Stütze zwischen dem Auspuffkrümmer und dem Zylinderblock und das Abstandsstück auf der gleichen Seite montieren.
- Die hydraulischen Stößel der Reihe nach in die Bohrungen einsetzen und die Kipphebel montieren (siehe Einbau des Zylinderkopfes).
- Die beiden Nockenwellen an den Lagerstellen gut einölen und in den Zylinderkopf einlegen (siehe beim Einbau des Zylinderblocks).
- Zylinderkopfhaube montieren (siehe Einbau des Zylinderkopfes).
- Den Ölabscheider montieren (siehe Einbau des Zylinderkopfes).
- Zündspulen montieren (13 Nm) und das Ansaugsammelrohr anschrauben (9 Nm). Das Sammelrohr von innen nach außen in mehreren Durchgängen anziehen. Drosselklappengehäuse (13 Nm), Luftfiltereinheit (9 Nm) anschrauben.
- Neue Dichtringe für die Nockenwellen einziehen. Dazu kann man ein Stück Rohr verwenden, dieses über die Gewindezapfen auflegen, eine große Scheibe auf das Rohr legen und die **alten** Muttern auf die Gewindezapfen schrauben und festziehen, bis der Dichtring in der richtigen Lage sitzt. Beide Radialdichtringe in dieser Weise montieren.
- Als Nächstes wird der Steuerriemen eingebaut und gespannt. Die Anweisungen werden unter getrennter Überschrift beschrieben.
- Kühlmittelleitung mit einer neuen Abdichtung anbringen und den Aggregateträger an der Vorderseite montieren. Da die Schrauben ein unterschiedliches Anzugsdrehmoment verlangen, muss man sich an Bild 72 halten. Vor Anziehen der Schrauben kontrollieren, dass der Träger die Ölwanne an der Pfeilstelle berührt. Die Anzugsdrehmomente sind in der Bildlegende angegeben.
- Kompressor montieren (21 Nm), Lichtmaschine anschrauben (21 Nm), Lenkhilfspumpe anschrauben (21 Nm) und den Antriebsriemen anbringen, wie es unter der betreffenden Überschrift beschrieben wird.

2.4 Zylinderkopf und Ventile

2.4.1 Aus- und Einbau

Der Ausbau des Zylinderkopfes wurde bereits beim Zerlegen des Motors beschrieben, nachdem der Motor ausgebaut wurde. Im folgenden Text wird eine kurze Beschreibung gegeben, wenn nur der Zylinderkopf ausgebaut werden muss, wie dies zum Beispiel beim Erneuern der Zylinderkopfdichtung oder beim Überholen des Zylinderkopfes der Fall ist.

1.4- und 1.6-Liter-Motor

Der Ausbau des Zylinderkopfes ist bei diesen Motoren ziemlich kompliziert und außerdem sind verschiedene Werkzeuge zur Einstellung des Zahnriemens und zum Ausbau der Nockenwellensteuerräder erforderlich. Wir schlagen vor, dass man sich die Arbeitsanweisungen durchliest, ehe man mit dem Ausbau beginnt.

- Fahrzeug vorn auf Böcke setzen und das Vorderrad auf der Seite der Steuerung abschrauben. Das Schutzblech unter dem Motorraum ausbauen.

- Batterie abklemmen.
- Kühlanlage durch Abschließen des unteren Kühlerschlauchs entleeren. Frostschutzmittel umweltfreundlich entsorgen.
- Zahnriemen ausbauen, wie es unter der betreffenden Überschrift beschrieben wird.
- Die beiden Halterungen der Lenkflüssigkeitsleitung auf der rechten Seite des Nebenrahmens abschrauben. Den Behälter für die Lenkungsflüssigkeit ausbauen und auf einer Seite ablegen.
- Das in Bild 93 gezeigte Werkzeug zwischen den Nebenrahmen und den Zylinderblock einsetzen, wie man es in Bild 94 sehen kann, oder den Motor in geeigneter Weise von unten abstützen und die Motoraufhängung ausbauen.
- Die folgenden Teile abschließen: Gaszugseil, Schutzabdeckung des Einspritzverteilers und die beiden Nockenwellenräder ausbauen. Die Steuerräder müssen dabei in geeigneter Weise gegengehalten werden. Beim Ausbau der Steuerteile wird diese Arbeit in weiteren Einzelheiten beschrieben.
- Kraftstoffleitungen abschließen (Schnellverschlüsse, siehe unter „Kraftstoffeinspritzanlage") und auf eine Seite schieben. Darauf achten, dass kein Kraftstoff über die Lichtmaschine tropfen kann. Die Leitungen befinden sich an der Vorderseite des Motors an der in Bild 95 gezeigten Stelle.
- Alle Kabelstecker am Kopf ausfindig machen und abziehen.
- Hinter dem Ansaugsammelrohr die Schrauben der Luftverteilerkammer lösen. Dazu das Ausgleichsgefäß der Kühlanlage ausbauen und auf einer Seite ablegen.
- Bei allen Ausführungen den Luftfilter ausbauen, wie es beim Ausbau dieses Motors beschrieben wurde.
- Aufhängungen des Katalysators ausbauen, den Kat vom Auspuffkrümmer abschließen und an der Unterseite des Fahrzeuges festbinden. Ebenfalls die Stütze vom Auspuffkrümmer abschrauben.
- Drosselklappengehäuse abschrauben, den Stecker von der Lambda-Sonde abziehen (auf der linken Seite des Auspuffkrümmers) und die Hebeöse abschrauben (auf der rechten Seite des Auspuffkrümmers).
- Ansaugsammelrohr, Zündspulen und Ölabscheider ausbauen (siehe Bild 81).
- Alle Teile an der Oberseite des Motors abmontieren, bis der Motor das in Bild 80 gezeigte Aussehen hat. Die Schrauben der Zylinderkopfhaube gleichmäßig von der Außenseite nach innen zu lockern (entgegengesetzt der Zahlenreihenfolge) und herausdrehen. Die Zylinderkopfhaube nach oben abheben. Die Haube wird festsitzen. Aus diesem Grund sind an den Pfeilstellen auf der linken Seite kleine Ansätze angebracht, gegen welche man mit einem Gummihammer schlagen kann, bis die Haube frei ist. An den Pfeilstellen auf der rechten Seite eine mit einem Lappen umwickelte Schraubendreherklinge einschieben und die Haube vorsichtig trennen.
- Die beiden Nockenwellen liegen jetzt frei und können herausgehoben werden. Darunterliegende Kipphebel und die hydraulischen Ausgleichselemente aus dem Zylinderkopf herausziehen.

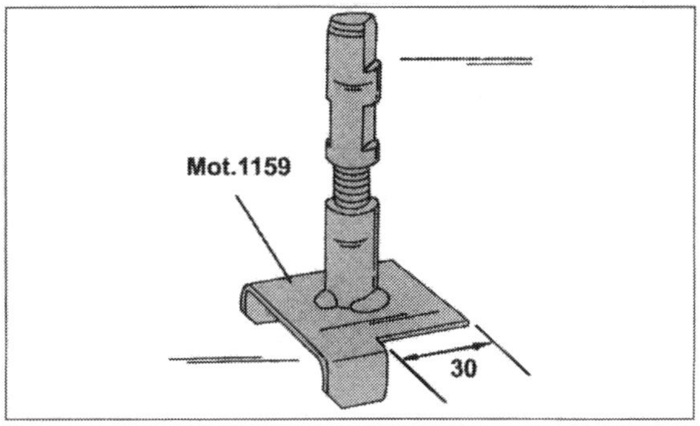

Bild 93
Werkzeug zum Anheben des Motors beim Ausbau des Zylinderkopfes und anderen Arbeiten, bei denen das Motorlager ausgebaut werden muss.

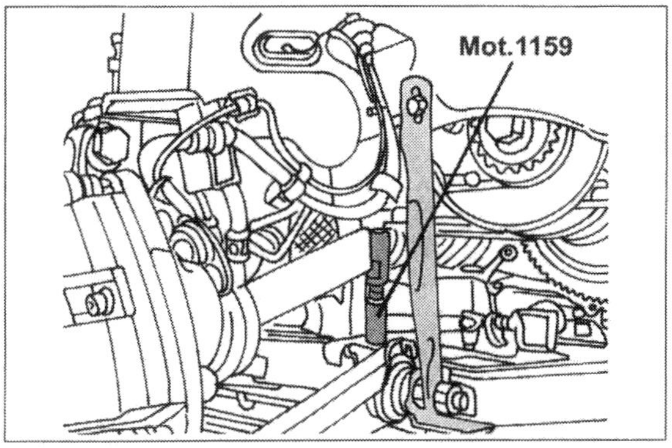

Bild 94
Das in Bild 93 gezeigte Werkzeug wird an der im Bild sichtbaren Stelle angesetzt, um den Motor aus den Aufhängungen zu heben.

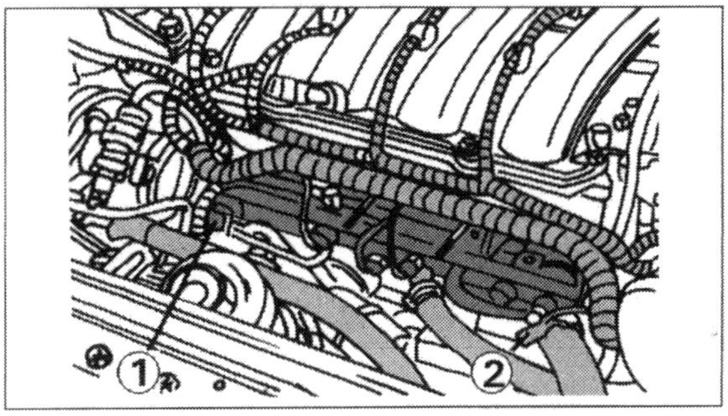

Bild 95
Die Anschlussstellen der Kraftstoffzufuhrleitung (1) und Kraftstoffrücklaufleitung (2). Die Leitungen sind mit Schnellverschlüssen angeschlossen.

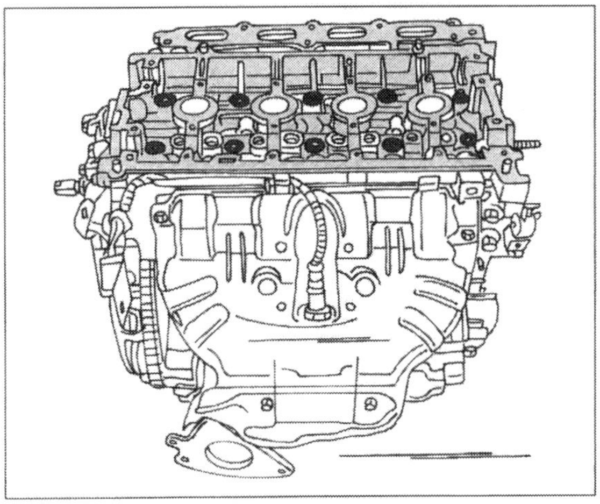

Bild 96
Die Lage der Zylinderkopfschrauben. Die Schrauben werden von außen nach innen zu gleichmäßig und über Kreuz gelockert.

- Den Zylinderkopf abschrauben und herunterheben. Die Schrauben von der Außenseite zur Innenseite zu in mehreren Durchgängen lockern. Die Lage der einzelnen Schrauben ist Bild 96 zu entnehmen.

Dieselmotor

In ähnlicher Weise wie bei den anderen Motoren vorgehen und danach den Anweisungen für die Zerle-

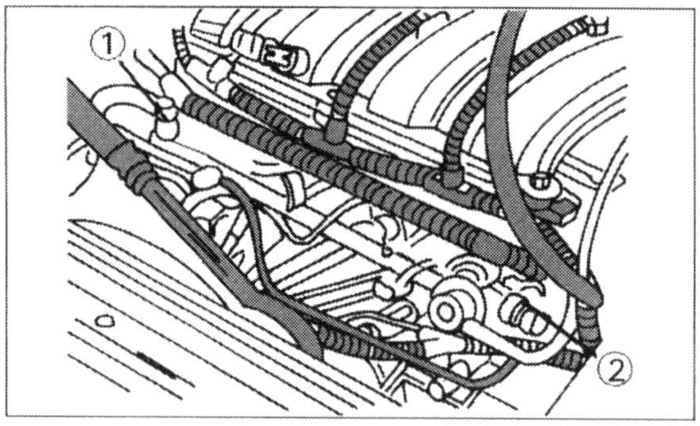

Bild 97
Die Kraftstoffleitung (1) und die Rücklaufleitung (2) sind an der Vorderseite des Motors zu finden. Beim Abschließen darauf achten, dass der unter Druck stehende Kraftstoff nicht herausspritzen kann.

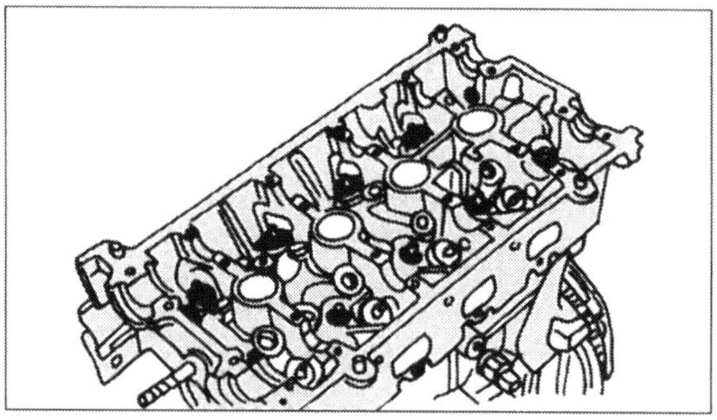

Bild 98
Die Lage der Zylinderkopfschrauben. Die Schrauben von außen zur Mitte zugehend über Kreuz lockern.

gung dieses Motors folgen. Hier noch einmal eine Zusammenfassung der durchzuführenden Arbeiten:

- Gasseilzug, Kabel und Leitungen der Einspritzpumpe abschließen, Auspuffrohr vom Auspuffkrümmer trennen, Heizungsschläuche vom Kopf abschließen, Unterdruckschlauch vom Bremskraftverstärker abschließen, die Schläuche der Motorbelüftung abschließen, den Luftschlauch des Luftfilters abschließen, den Antriebsriemen der Aggregate ausbauen, den Zahnriemen ausbauen und die Schrauben des inneren Steuergehäusedeckels vom Zylinderblock abschrauben.
- Die Kraftstoffleitungen entsprechend den Angaben im Abschnitt „Dieseleinspritzanlage" trennen.
- Den Kabelstecker vom Kraftstofffilter abziehen, den Filter von der Halterung lösen und den Filter auf einer Seite ablegen.
- Den Zylinderkopf jetzt in der bereits beschriebenen Weise ausbauen.

2.0-Liter-Motor

Der Ausbau des Zylinderkopfes geschieht in fast gleicher Weise wie bei den anderen Benzinmotoren. Auch bei diesem Motor sind verschiedene Werkzeuge zur Einstellung des Zahnriemens und zum Ausbau der Nockenwellensteuerräder erforderlich. Hier noch einige Hinweise:

- Die Kraftstoffleitungen befinden sich an der Vorderseite des Motors an der in Bild 97 gezeigten Stelle.
- Alle Kabelstecker am Kopf ausfindig machen und abziehen.
- Die Schrauben für den Zylinderkopf befinden sich an den in Bild 98 gezeigten Stellen.

2.4.2 Zylinderkopf zerlegen

Benzinmotoren

Um den Zylinderkopf vollkommen zu zerlegen, ist der betreffenden Abbildung zu folgen. Die Teile der Nockenwellen und der Ventile sind im Zusammenhang mit dem Steuerantrieb des Motors gezeigt. Wir raten von einer Überholung des Zylinderkopfes in Eigenregie ab. Falls man nach dem unten beschriebenen Ausbau der Ventile feststellen kann, dass die Ventilsitze nachgefräst werden müssen, schlagen wir vor, dass Sie den ausgebauten Zylinderkopf in eine Motorenwerkstatt zur Überholung bringen. Viele Werkstätten spezialisieren sich auf diese Arbeiten und Sie sind in besseren Händen, wenn die Arbeiten von Fachleuten durchgeführt werden.
Ehe die Ventile ausgebaut werden, sind die folgenden Vorarbeiten zu treffen.

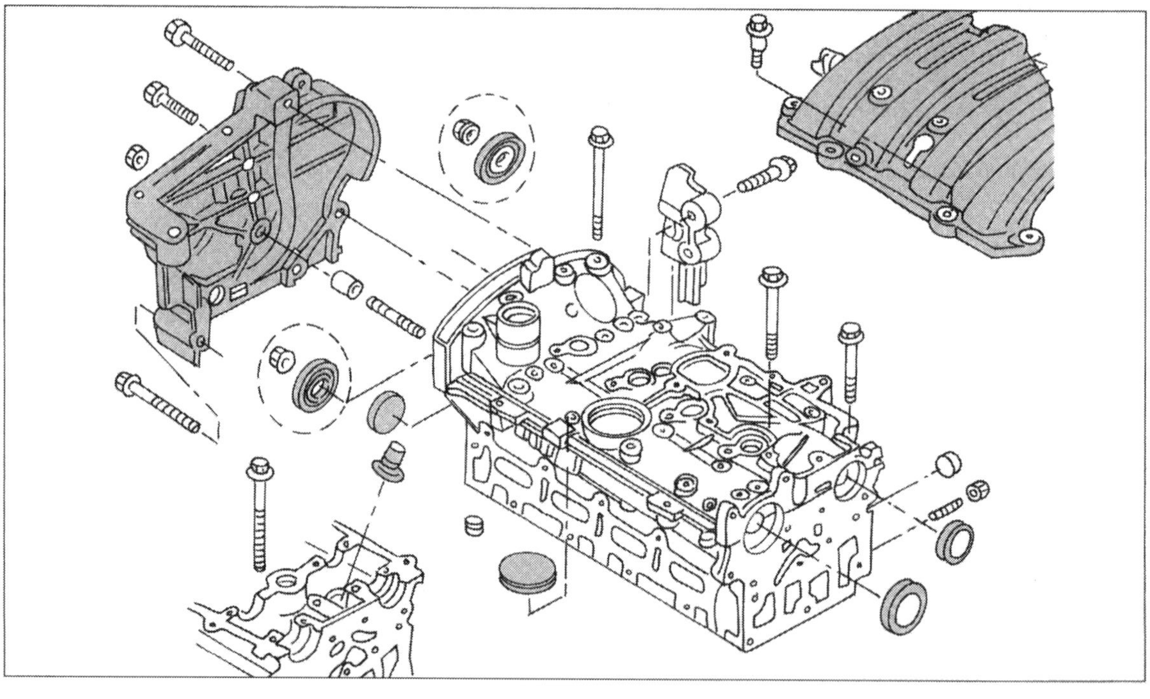

Bild 99
Montagebild des Zylinderkopfes eines „K"-Motors ohne Nockenwellen und Ventile.

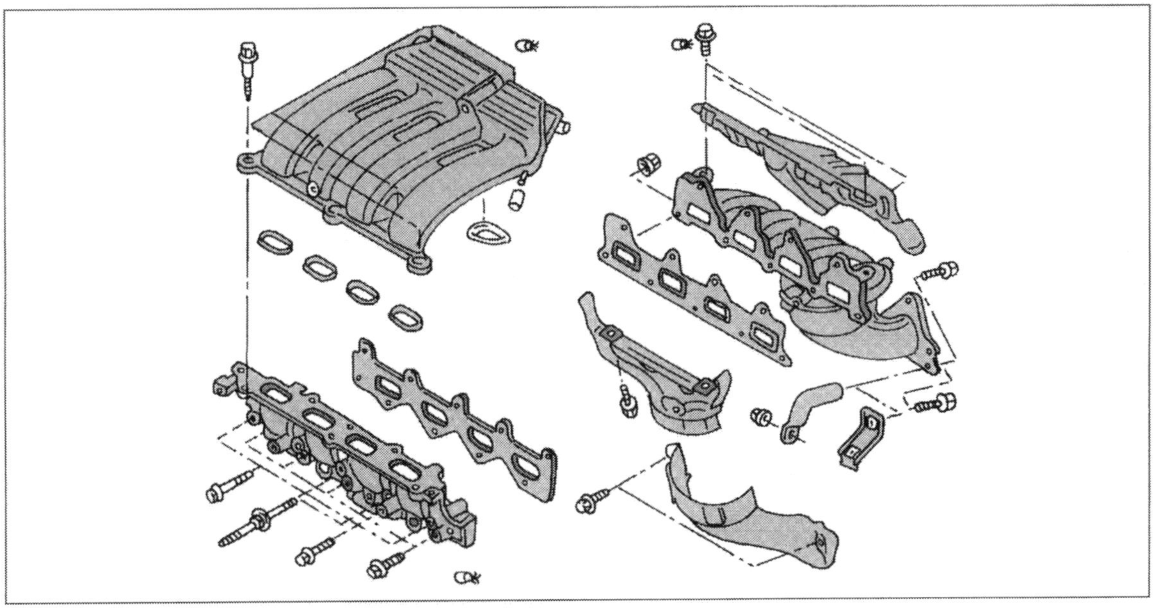

Bild 100
Am Zylinderkopf montierte Teile.

Die Nockenwellen, Kipphebel und hydraulischen Stößel wurden bereits beim Ausbau des Zylinderkopfes ausgebaut. Die weitere Zerlegung kann unter Bezug auf Bild 99 durchgeführt werden (1.4- und 1.6-Liter-Motoren) oder im Falle des 2.0-Liter-Motors unter Bezug auf Bild 100. Die Ventile ausbauen, wie es untenstehend beschrieben ist.

Ausbau der Ventile

- Die Ventile der Reihe nach mit einem passenden Ventilheber ausbauen. Diesen wie in Bild 101 gezeigt ansetzen und die Federn zusammendrücken, bis die Ventilkegelhälften herauskommen und mit einer Spitzzange abgenommen werden können. Den Ventilheber zurücklassen und den Ventilfederteller, die Ventilfedern und den Ventilfedersitz der Reihe nach herunterheben. Alle Teile nummernmäßig zusammenhalten (in kleinen Schachteln oder Plastiktüten).
- Die Ventile der Reihe nach aus den Ventilführungen herausziehen und in Einbaureihenfolge ablegen, falls es sein könnte, dass man sie wieder einbauen kann. Am besten kann man die Ventile durch den Boden einer umgekehrten Pappschachtel stoßen und die Nummer dagegenschreiben. Ebenfalls einen Vermerk machen, wo vorn und hinten liegt. Besonders bei einem 16V-Motor ist es aufgrund der vielen Ventile wichtig, links und rechts liegende Ventile auseinander zu halten. Auf den Ventilführungen sind Ventilschaftdichtringe aufgesetzt. Diese kann man mit einem unter die Anlaufscheiben untergesetzten Schraubendreher abdrücken. Die Anlaufscheiben kommen dabei mit herunter.

Falls kein Ventilheber zur Verfügung steht, ist es möglich, dass man ein Stück Rohr zum Ausbau der Ventile verwendet. Das Rohr auf den Ventilteller setzen und mit einem kurzen Schlag auf das Rohr die Feder zusammendrücken. Die Ventilkegelhälften werden in der Innenseite des Rohres aufgefangen. Die Teile können danach abgenommen werden.

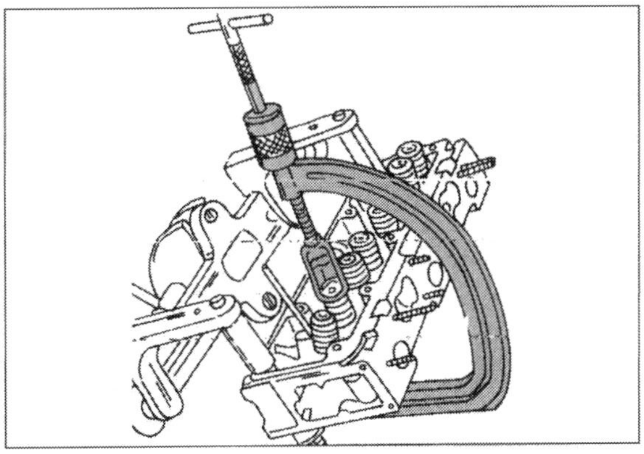

Bild 101
Ausbau der Ventile. Der Universalventilheber eignet sich für alle Motoren.

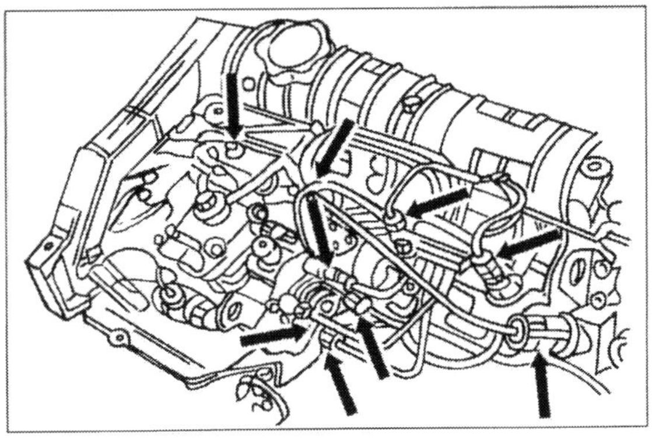

Bild 102
Beim Dieselmotor die mit den Pfeilen bezeichneten Teile abmontieren.

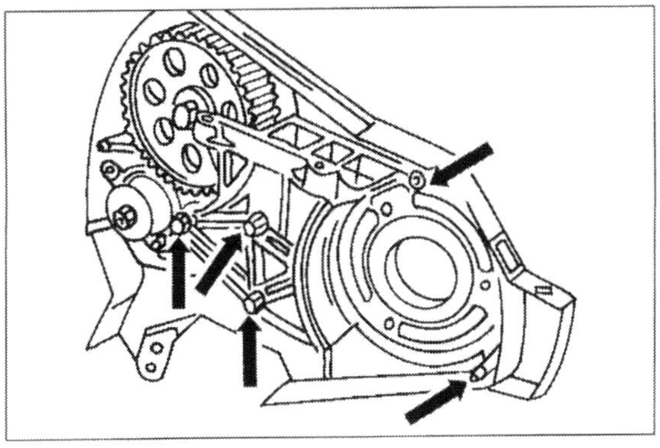

Bild 103
Die mit den Pfeilen bezeichneten Schrauben und Muttern an der Stirnseite des Zylinderkopfes lösen.

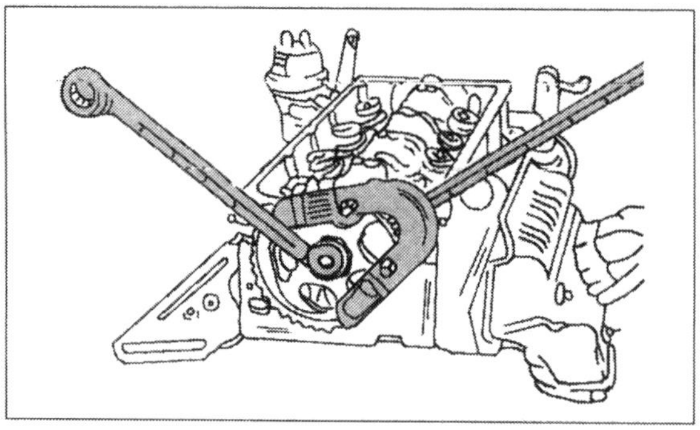

Bild 104
Gegenhalten des Steuerrades der Nockenwelle beim Lösen der Schraube in der Mitte.

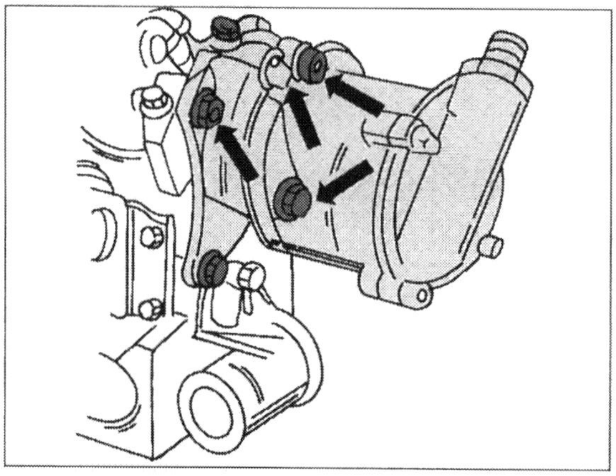

Bild 105
Die Befestigung der Unterdruckpumpe. Die Pumpe dient zum Betrieb des Bremskraftverstärkers.

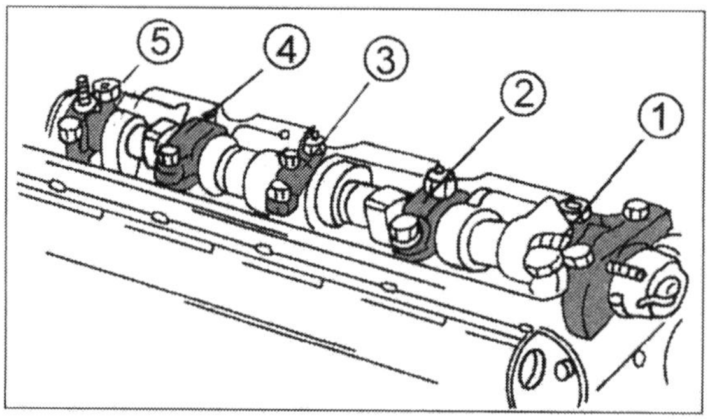

Bild 106
Kennzeichnung der Nockenwellenlagerdeckel.

Dieselmotor

- Das Antriebsrad der Einspritzpumpe gegenhalten, die Mutter lösen und das Rad mit einem geeigneten Abzieher herunterziehen. Die in Bild 102 mit den Pfeilen gezeigten Teile abmontieren.
- Die vordere Tragkonsole der Einspritzpumpe abschrauben, die Konsole abnehmen und die Pumpe abheben. Den im Antriebskonus befindlichen Keil herausziehen. Dazu einen Seitenschneider benutzen.
- Die in Bild 103 mit den Pfeilen gezeigten Muttern und Schrauben lösen. Dadurch werden die Halterung der Einspritzpumpe und die Spannrolle des Zahnriemens frei.
- Die Schraube des Steuerrades der Nockenwelle lösen. Die Nockenwelle muss dabei gegengehalten werden. Dies geschieht entweder wie in Bild 104 gezeigt, oder man schiebt einen Dorn von 10 mm Durchmesser durch eines der Löcher im Steuerrad. Die Schraube mit einem Ringschlüssel lösen und danach ausschrauben.
- Unter dem Steuerrad der Nockenwelle die beiden Schrauben des inneren, oberen Deckels herausdrehen und den Deckel abnehmen.
- Die Unterdruckpumpe von einem Ende des Zylinderkopfes abschrauben (Bild 105) und den Mitnehmer herausziehen.
- Die Einbaureihenfolge und Einbaurichtung der Lagerdeckel für die Nockenwelle in geeigneter Weise kennzeichnen (Bild 106) und die Schrauben auf einer Seite sowie die Muttern auf der anderen Seite gleichmäßig lockern. Die Deckel der Reihe nach abnehmen und die Nockenwelle herausheben.
- Die Einbaureihenfolge der Stößel kennzeichnen und die Stößel aus den Bohrungen herausziehen. Die Stößel in gezeichneter Reihenfolge ablegen.
- Einspritzdüsen und Glühkerzen aus dem Kopf ausschrauben. Die Stromleitschienen zwischen den Glühkerzen vorher entfernen.
- Falls der Zylinderkopf erneuert werden soll, muss man die Wirbelkammern ausbauen (falls eingebaut). Da die Erneuerung der Wirbelkammern jedoch eine Arbeit für die Werkstatt ist, sollte man in diesem Fall den Kopf in eine Werkstatt bringen.
- Die Ventile in der bereits beschriebenen Weise ausbauen.

2.4.3 Zylinderkopf überholen

Ventile

Ventile lassen sich am besten mit einer maschinenbetriebenen Drahtbürste reinigen.
Die Ventilflächen auf Abbrand, Verschleiß oder eingearbeitete Rillen kontrollieren. Falls der Verschleiß nur leicht erscheint, kann man die Ventile in einer Ventilschleifmaschine nachschleifen lassen, jedoch muss noch genügend Material verbleiben, um eine ausgeprägte Ventiltellerkante zu bilden.
Den Durchmesser der Ventilschäfte und in diesem Zusammenhang den Innendurchmesser der Führungen ausmessen. Falls diese Maße von den Sollwerten abweichen, könnte es erforderlich sein, dass man die Ventilführungen erneuern muss (siehe unten). Ebenfalls die Enden der Ventilschäfte kontrollieren. Kein bedeutsamer Verschleiß sollte an diesen Stellen feststellbar sein.

Ventilsitze

Ventilsitze können mit den entsprechenden Fräsern wieder auf die ursprünglichen Winkel geschnitten werden. Mit Korrekturfräsern muss man die Sitzfläche für die Ventile in die Mitte bringen. Dies erzielt man durch Verwendung von Fräsern mit unterschiedlichen Winkeln. Wir schlagen vor, dass man den Zylinderkopf in eine Motorenwerkstatt bringt, um ihn renovieren zu lassen. Da die Ventilteller um einen bestimmten Wert unterhalb der Zylinderkopffläche liegen müssen, wird auch hier die Motorenwerkstatt die zuständigen Werte ermitteln.

Ventilfedern

Zur einwandfreien Kontrolle der Ventilfedern sollte ein vorschriftsmäßiges Federprüfgerät verwendet werden. Falls dieses nicht zur Verfügung steht, kann eine gebrauchte Feder mit einer neuen Feder verglichen werden. Dazu beide Federn in einen Schraubstock einspannen und diesen langsam schließen.

Falls beide Federn um den gleichen Wert zusammengedrückt werden, ist dies eine sichere Anzeige, dass sie ungefähr die gleiche Spannung haben. Lässt sich die alte Feder jedoch weitaus kürzer als die neue Feder zusammendrücken, so ist dies ein Zeichen von Ermüdung und die Federn sollten im Satz erneuert werden.
Federn der Reihe nach so auf eine glatte Fläche aufstellen (Glasplatte), dass sich die geschlossene Wicklung an der Unterseite befindet. Einen Stahlwinkel neben der Feder aufsetzen. Den Spalt zwischen der Feder und dem Winkel an der Oberseite ausmessen, welcher nicht mehr als ca. 2,0 mm betragen darf. Andernfalls ist die Feder verzogen.

Ventilführungen

Die Ventilführungen reinigen, indem man einen in Benzin getränkten Lappen durch die Führungen hin- und herzieht. Ventilschäfte lassen sich am besten reinigen, indem man eine rotierende Drahtbürste in eine elektrische Bohrmaschine einspannt und den Schaft gegen die Drahtbürste hält.
Die Ventilführungen werden normalerweise mit einem Innenmikrometer auf Verschleiß kontrolliert. Falls kein Mikrometer zur Verfügung steht, kann man das Ventil in die Führung einsetzen und herausziehen, bis es ca. bündig mit der Zylinderkopffläche abschneidet. Das Ventil hin- und herbewegen und das Spiel ermitteln. Obwohl keine festen Werte vorhanden sind, kann man annehmen, dass das Spiel nicht mehr als 1,0 - 2,0 mm betragen darf.
Reparatur-Ventilführungen stehen mit Übergröße-Außendurchmessern zur Verfügung und die Bohrungen im Zylinderkopf müssen entsprechend ausgebohrt oder ausgerieben werden, um die neuen Führungen einzuschlagen. Da bei der Erneuerung der Führungen unvorhergesehene Schwierigkeiten auftreten können, sollte man, aus Erfahrung gesprochen, die Führungen immer in einer Werkstatt erneuern lassen.

Zylinderkopffläche überprüfen

Mit einem Stahllineal und Fühlerlehren die Zylinderkopffläche auf Verzug kontrollieren. Gemessen wird diagonal, in Längsrichtung und quer zum Kopf (siehe Bild 107). Der Lichtspalt darf nicht mehr als 0,05 mm betragen. Der Kopf kann vielleicht nachgeschliffen werden, jedoch sollte man sich in einer Werkstatt darüber erkundigen. Im Allgemeinen ist ein Nachschleifen nicht möglich.
Auch die Zylinderkopfhöhe hat einen bestimmten Wert. Falls Sie Zweifel haben, wird Ihnen die Werkstatt bestimmt mitteilen, ob der Kopf noch zu retten ist oder ein neuer Kopf fällig ist. Andernfalls kann man den Kopf in der in Bild 108 gezeigten Weise ausmessen (siehe Maß- und Einstelltabelle).

Wirbelkammern (Dieselmotor)

Falls angenommen wird, dass die Wirbelkammern erneuert werden müssen (nur Motoren mit indirekter Einspritzung), schlagen wir vor, dass man die Arbeiten einer Motorenwerkstatt überlässt, welche auf Dieselmotoren spezialisiert sind.

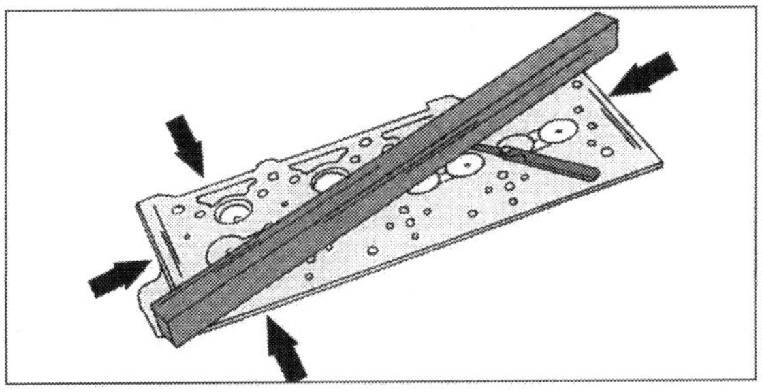

Bild 107
Zylinderkopffläche auf Verzug kontrollieren. Die Pfeile geben die Messrichtungen an.

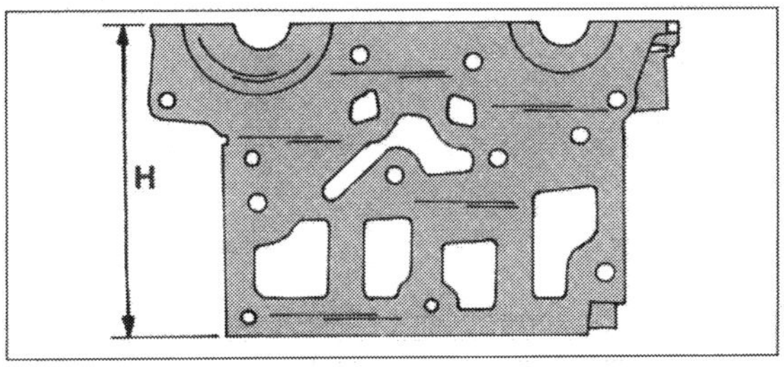

Bild 108
Ausmessen der Höhe eines Zylinderkopfes. Die Messung findet bei allen Motoren in ähnlicher Weise statt.

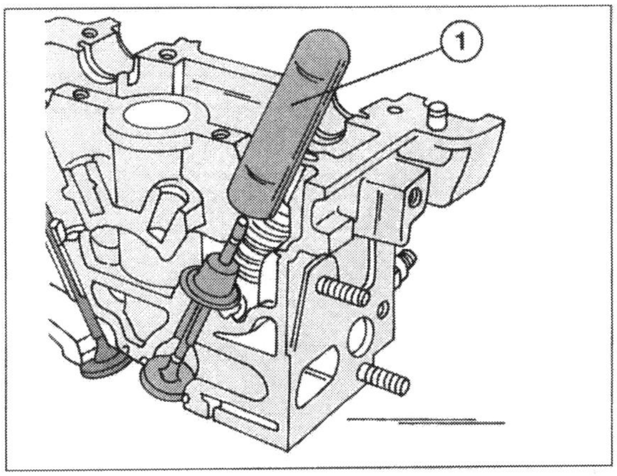

Bild 109
Einbau der Ventilschaftdichtringe. Unbedingt ein dem Bild entsprechendes Werkzeug verwenden.

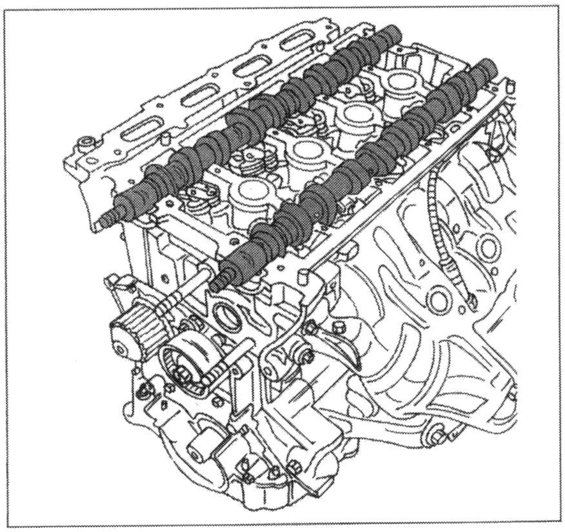

Bild 110
Die Nockenwellen sind in der gezeigten Weise in den Zylinderkopf einzulegen.

2.4.4 Zylinderkopf zusammenbauen

Beim Einbau der Ventile sind die folgenden Punkte zu beachten:

Bei einem Benzinmotor

- Die Ventilfedern so aufsetzen, dass die flache Seite der Wicklungen auf dem Zylinderkopf aufsitzt.

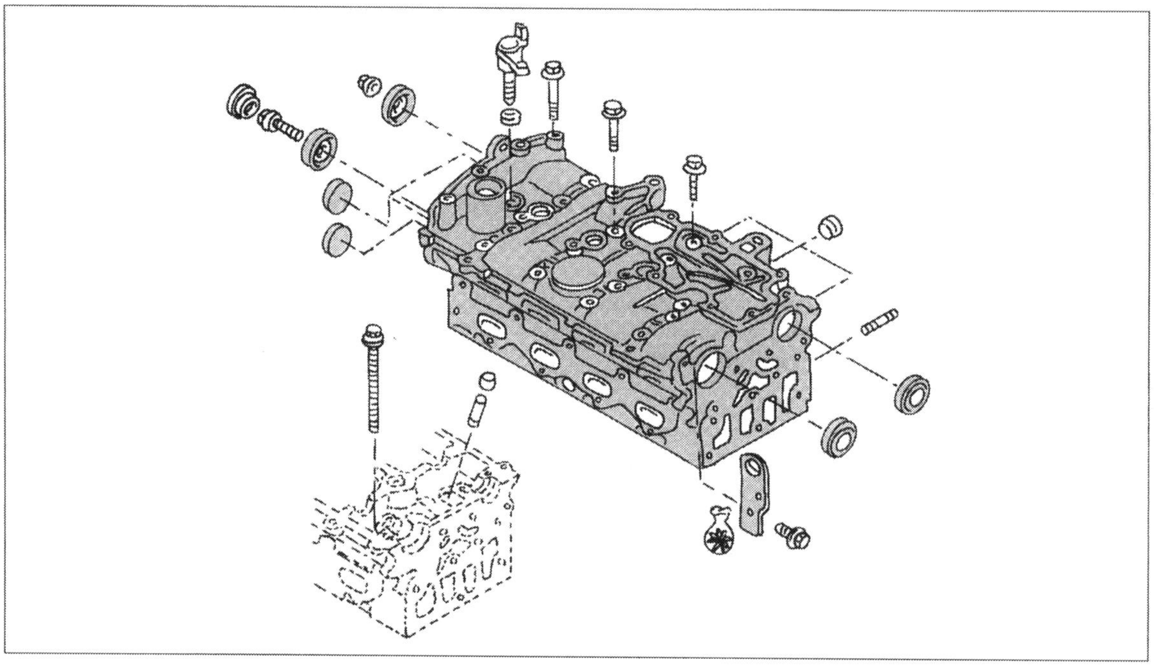

Bild 111
Die Zylinderkopfhaube mit den daran angebrachten Teilen beim 2.0-Liter-Motor. Oben links ist die Befestigung der beiden Nockenwellensteuerräder zu sehen, rechts die beiden Verschlussstopfen auf der gegenüberliegenden Seite.

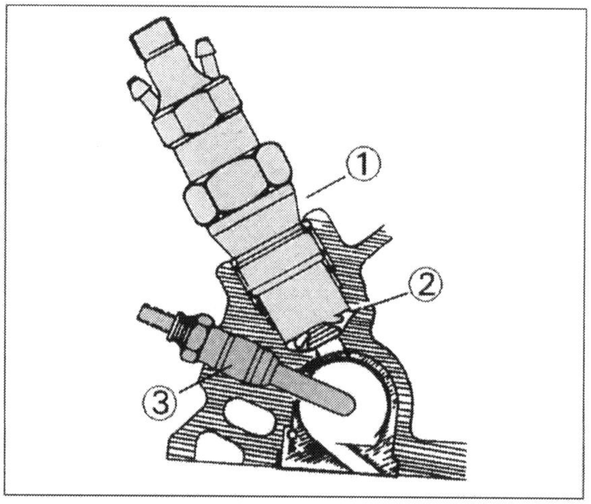

Bild 112
Schnitt durch den Zylinderkopf (F8Q-Motor).
1 Einspritzdüse
2 Flammenschutzscheibe
3 Glühkerze

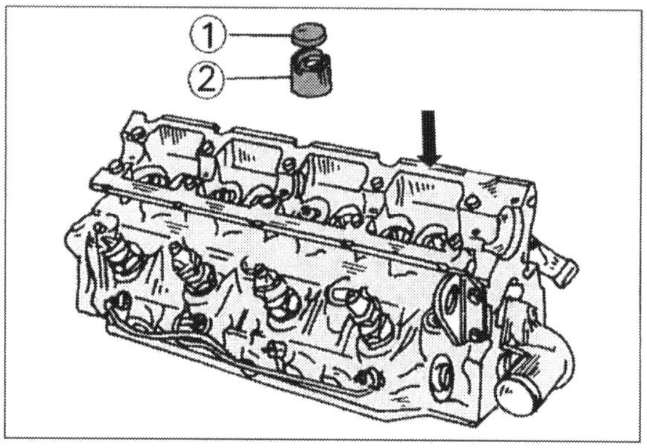

Bild 113
Der Pfeil weist auf die Passhülsen für die Nockenwellenlagerdeckel. Ventilstößel (2) und Einstellscheibe (1) wie gezeigt einsetzen.

- Die Ventilschaftabdichtungen dürfen nicht vergessen werden. Ventilschaftdichtringe werden in der in Bild 109 gezeigten Weise über das eingesetzte Ventil und die Führung geschoben.
- Die Ventilkegelstücke des Motors sind bei Einlass- und Auslassventilen gleich, sollten aber wieder an den ursprünglichen Ventilen montiert werden, falls diese wieder einzubauen sind.

Beim Zusammenbau des Motors müssen Nockenwellen und die verbleibenden Teile montiert werden, wie es bereits beim Zusammenbau dieser Motoren beschrieben wurde. Bild 110 zeigt, wie die beiden Wellen in die Lagerbohrungen eingelegt werden. Siehe ebenfalls Bilder 78 bis 81. In Bild 80 ist die Anzugsreihenfolge der Schrauben für die Zylinderkopfhaube (Nockenwellengehäuse) bei den „K"-Motoren gezeigt, welche bei allen Motoren gültig ist. Bild 111 zeigt die Einzelteile des Gehäuses.

Bei einem Dieselmotor

Beim Zusammenbau des Zylinderkopfes der Dieselmotoren folgendermaßen vorgehen:

- Die Ventile und Ventilschaftdichtringe in der bereits beschriebenen Weise montieren. Die flache Seite der Ventilfedern kommt auf den Zylinderkopf.

Wurde der Zylinderkopf vollkommen zerlegt, die Einzelteile folgendermaßen wieder montieren (siehe auch Bild 112 bei einem F8Q-Motor):

- Glühkerzen einschrauben und mit 15 - 30 Nm anziehen.
- Einspritzdüsen montieren (siehe betreffendes Kapitel) und mit 65 - 75 Nm (F8Q-Motor) anziehen oder mit den Klemmstücken befestigen (F9Q-Motor).
- Thermostat mit neuer Dichtung einsetzen und den Gehäusedeckel aufschrauben.
- Die Ventilstößel gut einölen und in die entsprechenden Bohrungen des Zylinderkopfes einsetzen. Die Einstellscheiben für das Stößelspiel auf die Stößel auflegen, wiederum entsprechend ihrer Kennzeichnung beim Ausbau. Kontrollieren, dass die Passhülsen für die Nockenwellenlagerdeckel an der in Bild 113 gezeigten Stelle in den Zylinderkopf eingeschlagen wurden.
- Die Lagerzapfen der Nockenwelle gut einölen und die Nockenwelle in den Zylinderkopf einlegen.
- Die Lagerdeckel der Nockenwelle entsprechend der Zahlenkennzeichnung aufsetzen (Nr. 1 auf der Steuerradseite) und mit einem Gummihammer auf die

Passhülsen schlagen. Die Anlageflächen der beiden Endlagerdeckel müssen mit Dichtungsmasse eingestrichen werden.

- Die Gewinde der Schrauben für die Nockenwellenlagerdeckel mit Dichtungsmasse einschmieren, um Leckstellen aus dem Zylinderkopf zu vermeiden.
- Die Lagerdeckelmuttern und -schrauben von der Mitte nach außen vorgehend gleichmäßig auf ein Anzugsdrehmoment von 10 Nm (6-mm-Gewinde) bzw. 20 Nm (8-mm-Gewinde) anziehen.
- Das Anbaugehäuse für die Unterdruckpumpe mit einer neuen Dichtung anbringen, den Antriebsmitnehmer einsetzen und die Unterdruckpumpe mit einem neuen „O"-Dichtring anbringen. Falls die Unterdruckpumpe erneuert wurde, muss man ebenfalls einen neuen Mitnehmer einbauen. Die Einbauweise der Pumpe ist in Bild 114 gezeigt.
- Den Öldichtring auf der Steuerseite der Nockenwelle einbauen. Spezialwerkzeuge werden normalerweise zu dieser Arbeit verwendet und größte Vorsicht ist am Platz, falls man den Dichtring mit einem Dorn und einem Hammer einschlägt.
- Die Blechplatte (oberer Deckel) am Zylinderkopf anschrauben, ohne die Schrauben fest anzuziehen. Die Scheibenfeder für das Nockenwellensteuerrad in die Nockenwelle einschlagen. Die Fläche der Scheibenfeder muss parallel mit der Welle liegen.
- Das Steuerrad der Nockenwelle aufschlagen, ohne dabei die Scheibenfeder zu verschieben. Das Steuerrad der Nockenwelle gegenhalten und die Schraube mit einem Drehmoment von 50 Nm anziehen. Eine Scheibe kommt auf die Schraube. Das Gegenhalten kann entsprechend Bild 115 durchgeführt werden.
- Konsole der Einspritzpumpe montieren. Diese wird durch die in Bild 103 mit den Pfeilen gezeigten Schrauben gehalten. Die Schrauben des oberen Deckels können jetzt angezogen werden. Die Einspritzpumpe und die hintere Stütze montieren. Alle Schrauben zuerst fingerfest und danach mit 20 Nm anziehen.
- Das Thermostatelement mit einem neuen Dichtring einschrauben.
- Spannrolle des Zahnriemens montieren. Die Schraube einstweilen lose anziehen.
- Die Ventile einstellen, wie es im nächsten Kapitel beschrieben ist.
- Das Antriebsrad über die Welle der Einspritzpumpe stecken (Keil beachten) und die Mutter mit 50 Nm anziehen. Das Rad ähnlich wie in Bild 114 gezeigt gegenhalten.
- Alle anderen Teile in umgekehrter Reihenfolge wieder am Zylinderkopf montieren. Der Kopf ist jetzt wieder einbaufertig.

2.4.5 Zylinderkopf einbauen

„K"-Motoren

Beim Einbau ist Folgendes zu beachten:

- Den Motor durchdrehen, so dass alle Kolben ungefähr in der Mitte der Bohrungen stehen.
- Die Zylinderkopfschrauben können wieder benutzt werden, falls sie nicht länger als 117,7 mm sind. Falls auch nur eine Schraube länger ist, alle Schrauben erneuern.

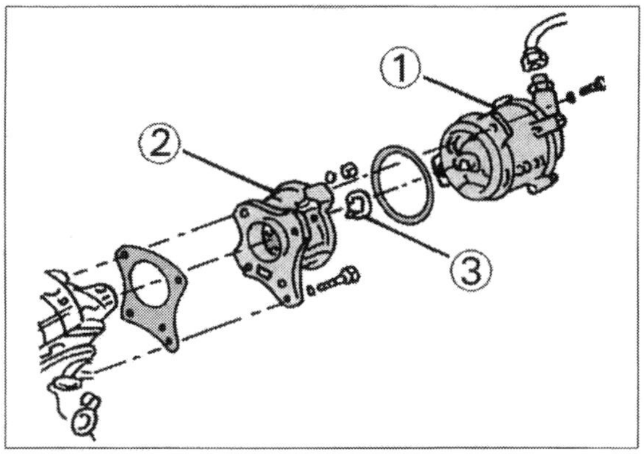

Bild 114
Die Unterdruckpumpe ist am Ende des Zylinderkopfes befestigt. Den Mitnehmer (3) immer bei einer neuen Unterdruckpumpe erneuern.
1 Unterdruckpumpe
2 Anbaugehäuse
3 Antriebsmitnehmer

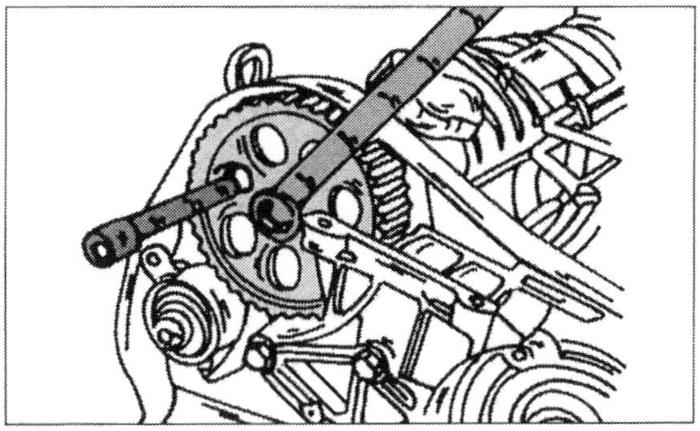

Bild 115
Gegenhalten des Steuerrades der Nockenwelle bei einem Dieselmotor.

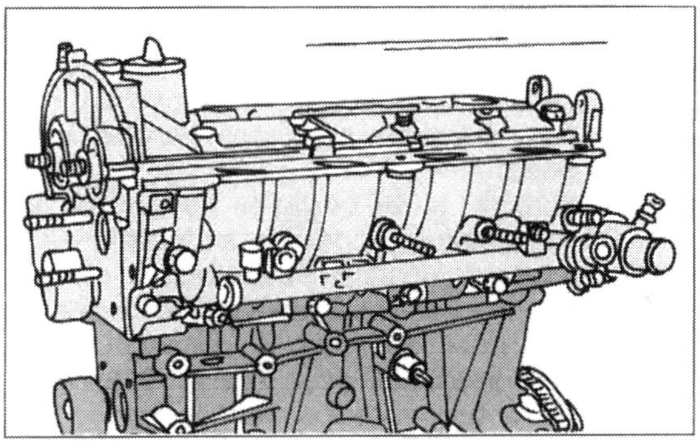

Bild 116
Zylinderkopf in der gezeigten Weise auf die aufgelegte Dichtung und den Zylinderblock auflegen.

- Öl aus den Bohrungen für die Zylinderkopfbohrungen entfernen. *Neue Schrauben werden nicht eingeölt, die ursprünglichen Schrauben werden eingeölt.*
- Die hydraulischen Stößel entleeren sich nach einer gewissen Zeit. Vor Aufsetzen des Zylinderkopfes mit dem Daumen auf die Oberseite des Stößels (1) in Bild 78 drücken. Falls sich der Kolben nach unten bewegen lässt, den Stößel herausnehmen und in einen **mit Dieselkraftstoff** gefüllten Behälter einlegen, damit er sich wieder füllen kann.

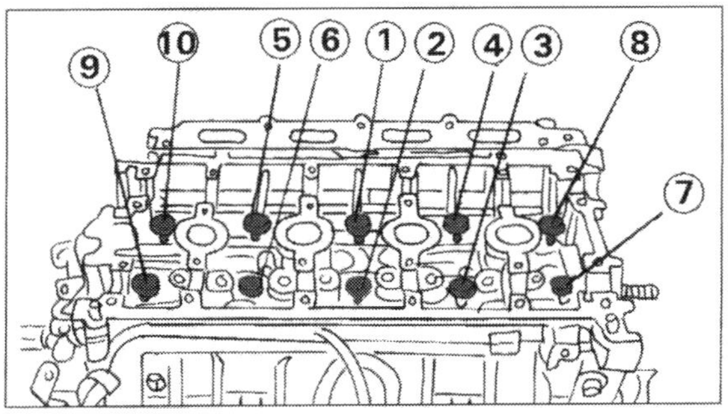

Bild 117
Anzugsreihenfolge der Zylinderkopfschrauben („K"-Motoren).

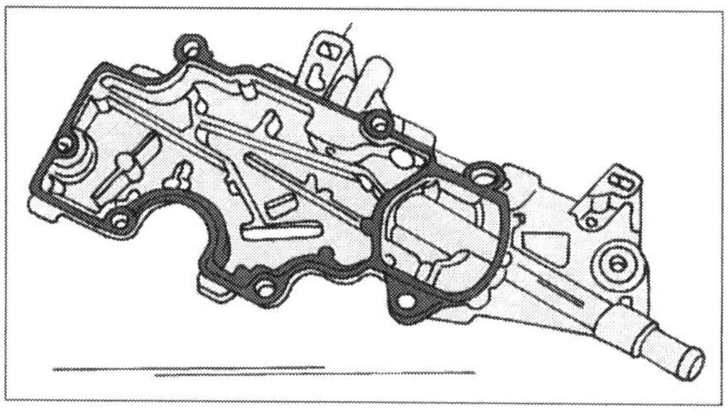

Bild 118
Vor dem Aufsetzen des Ölabscheiders die dunkel angegebenen Flächen mit Dichtungsmasse „Loctite 518" einschmieren. Erst montieren, nachdem die Dichtungsmasse rötlich erscheint.

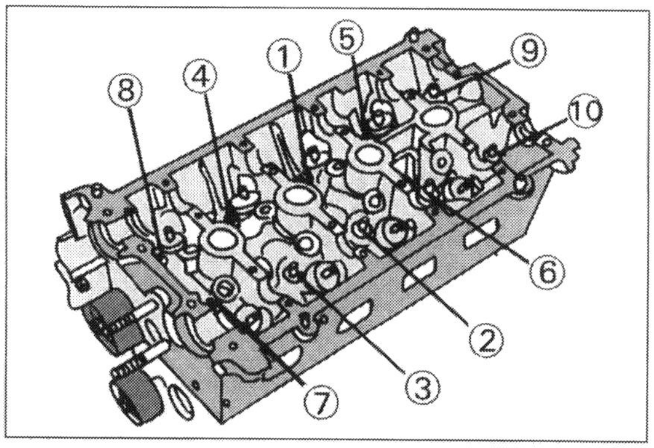

Bild 119
Anzugsreihenfolge der Zylinderkopfschrauben (2.0-Liter-Motor).

- Die Zylinderkopfdichtung richtig herum auflegen (unbedingt den richtigen Sitz beachten) und den Zylinderkopf in der in Bild 116 gezeigten Weise auf den Block aufsetzen und mit einem Gummihammer anschlagen. Alle Schrauben einsetzen und handfest anziehen.
- Das Anzugsdiagramm bei diesen Motoren ist in Bild 117 gezeigt.
- Alle Schrauben in der gezeigten Reihenfolge auf ein Anzugsdrehmoment von 20 Nm anziehen und aus der Endstellung wiederum in Reihenfolge im Winkelanzug um weitere 240°, plus oder minus 6° anziehen. Ohne Gradscheibe: Eine halbe Umdrehung und die Hälfte einer Viertelumdrehung ergeben 225°. Man zieht die Schrauben deshalb etwas weiter an.
- Die Schrauben sind jetzt vorschriftsmäßig angezogen und keine weiteren Arbeiten sind erforderlich.
- Alle weiteren Arbeiten in umgekehrter Reihenfolge durchführen, d. h. Nockenwellen, Zylinderkopfhaube, Zahnriemen, usw. unter den betreffenden Überschriften nachlesen. Das Anziehen der Zylinderkopfhaube wird beim Zusammenbau des „K"-Motors beschrieben. Der Ölabscheider wird unter Bezug auf Bild 81 eingebaut. Vor dem Aufsetzen die in Bild 118 gezeigten Flächen mit der bereits erwähnten Dichtungsmasse (Loctite 518) einschmieren, ähnlich wie es in Bild 79 gezeigt wurde, bis die Dichtungsmasse rötlich wird.

„F"-Motor

Beim Einbau ist Folgendes zu beachten:

- Den Motor durchdrehen, so dass alle Kolben ungefähr in der Mitte der Bohrungen stehen.
- Die Zylinderkopfschrauben können wieder benutzt werden, falls sie nicht länger als 118,5 mm sind. Falls auch nur eine Schraube länger ist, alle Schrauben erneuern.
- Öl aus den Bohrungen für die Zylinderkopfbohrungen entfernen. *Neue Schrauben werden nicht eingeölt, die ursprünglichen Schrauben werden eingeölt.*
- Das Anzugsdiagramm bei diesem Motor ist in Bild 119 gezeigt.
- Alle Schrauben in der gezeigten Reihenfolge auf ein Anzugsdrehmoment von 20 Nm anziehen und aus der Endstellung wiederum in Reihenfolge im Winkelanzug um weitere 165°, plus oder minus 6° anziehen. Ohne Gradscheibe ist dies natürlich durch den ungewöhnlichen Winkel ziemlich schwierig. Die einzige Hilfe ist, dass eine halbe Umdrehung 180° entspricht. Man muss also etwas weniger nachziehen.
- Die Schrauben sind jetzt vorschriftsmäßig angezogen und keine weiteren Arbeiten sind erforderlich.
- Alle weiteren Arbeiten in umgekehrter Reihenfolge durchführen, d. h. Zylinderkopfhaube, Nockenwellen, Zahnriemen, usw. unter den betreffenden Überschriften nachlesen.

Dieselmotoren

Es wird angenommen, dass das Vorstehmaß der Kolben stimmt (falls neue Kolben eingebaut wurden) oder die entsprechende Zylinderkopfdichtung anhand der Kennzeichnung der alten Dichtung bezogen wurde.

- Kontrollieren, dass die Passhülsen in zwei der Ecken des Zylinderblocks sitzen und eine neue Zylinderkopfdichtung auflegen. Die Kurbelwelle durchdrehen, bis alle Kolben in der Mitte der Zylinderbohrungen sitzen.
- Den Zylinderkopf auf den Block aufsetzen, wobei die beiden Passhülsen in Eingriff zu bringen sind, und mit einem Gummi- oder Kunststoffhammer anschlagen.
- Die Gewinde der Zylinderkopfschrauben mit Motoröl einschmieren und die Scheiben aufstecken. Die Flächen der Scheiben ebenfalls mit Motoröl einschmieren. Die Gewindebohrungen für die Zylinderkopfschrauben müssen vollkommen frei von Öl sein. Die Schrauben einsetzen und fingerfest anziehen.

Bei den Motoren liegen einige Unterschiede vor, auf welche untenstehend eingegangen werden soll:

F8Q-Motor

- Die Zylinderkopfschrauben in der in Bild 49 gezeigten Reihenfolge mit einem Anzugsdrehmoment von 30 Nm anziehen. Dazu einen geraden Innensechskantschlüssel benutzen, auf welchen man eine Stecknuss aufsetzen kann.
- In der gleichen Anzugsreihenfolge die Schrauben im Winkelanzug um weitere 80° mit einer Toleranz von 4° nachziehen. Renault-Werkstätten verwenden dazu eine Gradscheibe, jedoch sollte es möglich sein, dass man sich eine 360°-Scheibe anfertigt und diese entsprechend anbringt (90° sind eine Viertelumdrehung).
- 3 Minuten warten.
- Die Schrauben 1 und 2 vollkommen lockern (bis sie frei sind) und mit einem Anzugsdrehmoment von 25 Nm anziehen. In der gleichen Anzugsreihenfolge die Schrauben 1 und 2 im Winkelanzug um weitere 213° mit einer Toleranz von 7° nachziehen. Renault-Werkstätten verwenden dazu eine Gradscheibe, jedoch sollte es möglich sein, dass man sich eine 360°-Scheibe anfertigt und diese entsprechend anbringt.

- Die anderen Schraubenpaare 3 und 4, 5 und 6, 7 und 8 sowie 9 und 10 in der gleichen Weise behandeln.

F9Q 780-Motor
Das Anziehen der Zylinderkopfschrauben erfolgt in der oben beschriebenen Weise, mit dem Unterschied, dass man die Schrauben nach dem ersten Voranzug auf 30 Nm im Winkelanzug um 100° nachziehen muss (anstelle der oben angegebenen 80°).

- Den oberen Deckel montieren. Die Verbindungsfläche zum unteren Deckel mit Dichtungsmasse einschmieren.
- Die Zylinderkopfhaube mit einer neuen Dichtung montieren. Drei Hutmuttern mit Scheiben werden zur Befestigung verwendet.
- Die Wasserpumpe komplett mit der Riemenscheibe montieren. Die Drehstromlichtmaschine wird während dem Einbau des Motors montiert.
- Den Zahnriemen einbauen, wie es später für den betreffenden Motor beschrieben wird.
- Die Kurbelwellenriemenscheibe und ebenfalls den Antriebsriemen montieren (siehe betreffendes Kapitel).
- Der weitere Zusammenbau geschieht in umgekehrter Reihenfolge.

2.4.6 Ventile einstellen – Dieselmotoren

Falls die Einstellung bei eingebautem Motor vorgenommen wird, muss die Zylinderkopfhaube vom Motor abmontiert werden. Die Einstellung ist nur beim Dieselmotor erforderlich. Es sollte beachtet werden, dass man ein Spezialwerkzeug zum Auswechseln der Einstellscheiben benötigt und wir empfehlen, dass man diese Arbeit in einer Renault-Werkstatt durchführen lässt, falls das Ventilspiel nicht stimmen sollte.
- Die Zylinderkopfhaube abmontieren.
- Die Kurbelwelle durchdrehen, bis die Ventile des betreffenden Zylinders „wechseln", d. h. das Ende des Ansaughubs und der Beginn des Auspuffhubs. Die Nocken dieses Zylinders befinden sich dann in der in der linken Ansicht von Bild 120 gezeigten Lage. Die Nocken der Ventile des einzustellenden Zylinders nehmen die in der rechten Ansicht gezeigte Stellung ein. Das Ventilspiel ausmessen, indem man eine Fühlerlehre der entsprechenden Stärke (siehe Maß- und Einstelltabelle) zwischen dem Rücken des Nockens und der Stößeleinstellscheibe einschiebt, wie es aus Bild 121 ersichtlich ist. Die Fühlerlehre sollte eine gleitende Passung haben. Eine gute Anzeige wird erhalten, wenn sich die Fühlerlehre ohne zu klemmen einschieben lässt, sich leicht durchbiegt und dann in den Spalt hineinschnellt. Alle Ventile werden in kaltem Zustand eingestellt.

Die Ventile in der folgenden Reihenfolge einstellen:

Ventile der folgenden Zylinder „wechseln"	Ventile der folgenden Zylinder einstellen
1	4
3	2
4	1
2	3

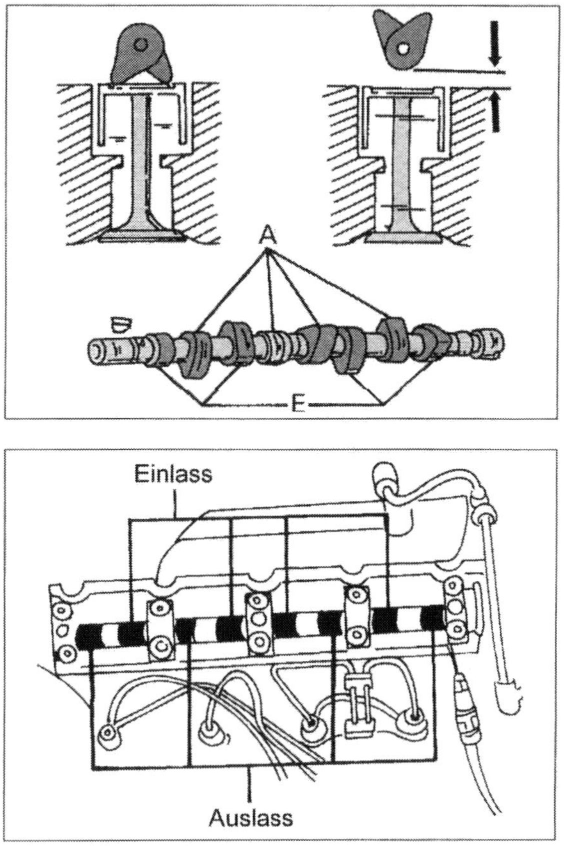

Bild 120
Kontrolle der Ventilspiele beim Dieselmotor. Die linke Ansicht oben zeigt die Stellung der Nocken, wenn die Ventile wechseln; die rechte Ansicht zeigt die Stellung der Nocken, wenn das Ventilspiel ausgemessen wird. Die untere Ansicht zeigt die Lage der Einlassventilnocken (A) und Auslassventilnocken (F). Die untere Ansicht zeigt die Lage der Ventile.

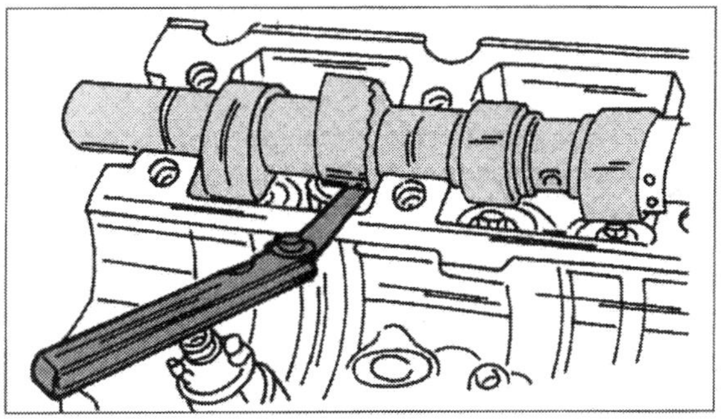

Bild 121
Kontrolle des Ventilspiels bei einem Dieselmotor.

Die untere Ansicht von Bild 120 zeigt die Lage der Einlass- und Auslassnocken an der Welle. Diesem Bild genau folgen, um die Kontrolle der falschen Ventile zu vermeiden.

Falls mehr als ein Ventil nicht mehr der Einstellung entspricht, sollte man die Spiele in einer Renault-Werkstatt einstellen lassen.

2.5 Kolben und Pleuelstangen

Der Motor muss ausgebaut werden, um die Kolben zu erneuern. Bei allen Motoren sind die Zylinderbohrungen direkt in das Kurbelgehäuse eingearbeitet. Der Zylinderblock muss aufgebohrt werden, wenn neue Kolben fällig sind. Neue Zylinderblöcke werden zusammen mit Kolben, Kolbenbolzen, Kolbenringen, Hauptlagerschalen, dem Rohr für den Ölmessstab und der Ölabscheideleitung geliefert.

Alle Kolben sind mit zwei Kompressionsringen und einem Ölabstreifring versehen. Der obere Verdichtungsring ist an der Außenfläche verchromt, während der zweite Kolben einen Trapezquerschnitt besitzt. Die Kennzeichnungen müssen nach dem Einbau von oben sichtbar sein.
Bei der Erneuerung der Kolben eines „F“-Motors, wenn man dies selbst vornimmt, ist zu beachten, dass der Kolbendurchmesser nicht bei allen Motoren dieser Ausführung gleich ist, obwohl es sich nur um kleinste Abmessungen handelt. Aus diesem Grund muss man die genaue Motornummer, einschließlich der Endnummer angeben.

Wichtiger Hinweis: Im Jahr 1999 wurde die Lagerung der Pleuellagerschalen abgeändert. Die neue Ausführung hat keine Führungsnasen auf der Rückseite. Zum Einbau neuer Schalen wird deshalb eine Spezialvorrichtung benötigt, welche wir im Verlauf der Beschreibung erwähnen. Vor 1999 gebaute Motoren werden noch die ursprüngliche Ausführung der Pleuellagerschalen haben.

2.5.1 Ausbau der Kolben

„K“-Motoren und „F“-Motor
Die folgenden Anweisungen gelten nur für „K“-Motoren, falls die Pleuellagerschalen eine Führungsnase an der Rückseite der Schalen haben, die in eine entsprechende Aussparung in Pleuelstangenbohrung und Pleuellagerdeckel eingreift. Andernfalls muss man sich an die nachfolgenden Hinweise beim Zusammenbau halten. Eine andere Lösung ist, dass man die ausgebauten Pleuelstangen und Pleuellagerdeckel zur Erneuerung der Lagerschalen in eine Motorenwerkstatt bringt. Man erhält sie dann einbaufertig zurück. Beim „F“-Motor trifft dies nicht zu.

Steuerungsteile, der Zylinderkopf, die Ölwanne und die Ölpumpe müssen ausgebaut werden, um an die Pleuelstangen zu kommen. Die folgenden Anweisungen gelten nur, falls man annimmt, dass es ausreicht nur einen Kolben zu erneuern. Die Erneuerung aller Kolben sollte man einer Werkstatt überlassen, es sei denn, man kann improvisieren, um das Trennen von Kolben und Pleuelstangen zu besorgen.
- Die Oberseite der Kolben entsprechend den Zylinderbohrungen kennzeichnen. Ein kleiner Schraubendreher kann verwendet werden, um die Nummer in die Ölkohle zu kratzen, jedoch dabei nicht die Kolbenböden beschädigen. Zylinder Nr. 1 befindet sich auf der Schwungradseite.
- Pleuellagerdeckel und Pleuelstangen mit der Zylindernummer kennzeichnen. Nr.1 liegt auf der Schwungradseite. Die Teile mit Farbe zeichnen. Körnerschläge könnten die Teile verziehen.
- Die Pleuellagerschrauben entfernen und die Deckel abnehmen. Jeweils die zwei an der Unterseite liegenden Pleuelstangen zuerst vornehmen.
- Lagerschalen entfernen (falls sie am Kurbelzapfen festklebt) und in den Lagerdeckel einlegen.
- Mit einem Hammerstiel die Einheit Kolben/Pleuelstange zur Oberseite des Zylinders zu herausstoßen.

Falls sich ein Ölkohlering an der Oberkante der Zylinderbohrung geformt hat, kann man diesen vorsichtig mit einem Schaber abkratzen. Den Deckel wieder an die betreffende Pleuelstange anschrauben.
Der Einbau der Pleuel/Kolben-Einheiten wird in Kapitel 2.5.5 für diesen Motor beschrieben.

Dieselmotor
Steuerungsteile, der Zylinderkopf, die Ölwanne und die Ölpumpe müssen ausgebaut werden, um an die Pleuelstangen zu kommen.
- Die Oberseite der Kolben entsprechend den Zylinderbohrungen kennzeichnen. Ein kleiner Schraubendreher kann verwendet werden, um die Nummer in die Ölkohle zu kratzen, jedoch dabei nicht die Kolbenböden beschädigen. Zylinder Nr. 1 befindet sich auf der Schwungradseite.
- Pleuellagerdeckel und Pleuelstangen mit der Zylindernummer kennzeichnen. Nr.1 liegt auf der Schwungradseite. Die Teile mit Farbe entsprechend der Zylindernummer zeichnen. Körnerschläge könnten die Teile verziehen.
- Die Pleuellagerschrauben entfernen und die Deckel abnehmen. Jeweils die zwei an der Unterseite liegenden Pleuelstangen zuerst vornehmen.
- Lagerschale entfernen (falls sie am Kurbelzapfen festklebt) und in den Lagerdeckel einlegen.
- Mit einem Hammerstiel die Einheit Kolben/Pleuelstange zur Oberseite des Zylinders zu herausstoßen.

Falls sich ein Ölkohlering an der Oberkante der Zylinderbohrung geformt hat, kann man diesen vorsichtig mit einem Schaber abkratzen. Den Deckel wieder an die betreffende Pleuelstange anschrauben.
Die Kolben und Pleuelstangen entsprechend den Anweisungen in Kapitel 2.5.3 überprüfen und entsprechend Kapitel 2.5.4 und 2.5.5 zusammenbauen und einbauen.

2.5.2 Kolben und Pleuelstangen trennen

„K“-Motoren
Zum Trennen der Kolben von den Pleuelstangen sind auf jeden Fall Spezialwerkzeuge erforderlich. Falls diese nicht besorgt werden können, sollte man die Arbeiten in einer Motorenwerkstatt durchführen lassen. Auch wenn die Kolben erneuert werden sollen, werden die gleichen Werkzeuge zum Einziehen des Kolbenbolzens benötigt. Ebenfalls muss eine Kochplatte zur Verfügung stehen, so dass man das Pleuelauge (nicht den gesamten Pleuel) auf eine Temperatur von 250°C erwärmen kann. Ein Schmelzstift, welcher bei dieser Temperatur erweicht, ist bei der Kontrolle erforderlich. Folgende Arbeiten durchführen:
- Kolbenringe der Reihe nach mit einer Kolbenringzange abnehmen. Falls die Ringe wieder verwendet werden sollen, sind sie entsprechend zu zeichnen. Falls keine Kolbenringzange zur Verfügung steht, können Metallstreifen an gegenüberliegenden Stellen an den Seiten des Kolbens unter den Ring geschoben werden (Kratzer vermeiden). Einen Streifen unbedingt unter das Ende des Ringes unterlegen, um Kratzer zu vermeiden.

● Das in Bild 122 gezeigte Spezialwerkzeug oder eine ähnliche Vorrichtung wird jetzt zum weiteren Zerlegen benötigt. Den Kolben wie im Bild gezeigt auf das Werkzeug unter einer Presse auflegen und den Bolzen mit dem Pressstempel herausdrücken. Falls die Vorrichtung nicht zur Verfügung steht, ist es möglich, dass man einen ähnlichen „V"-Block benutzt und den Kolben mit einem Dorn des passenden Durchmessers herauspresst.
● Alle Teile gründlich reinigen. Falls Teile Anzeichen von Fressern, Kratzern oder Verschleiß aufweisen, müssen sie erneuert werden. Es ist möglich, dass man nur einen Kolben erneuert oder erneuern lässt. Die Kolben sind in Klassen eingeteilt und ein Kolben der richtigen Klasse muss eingebaut werden. In die Seite des Zylinderblocks sind Bohrungen eingearbeitet, aus welchen die Motorenwerkstatt die eingebaute Größenklasse feststellen kann. Es würde zu weit führen, auf die einzelnen Motoren einzugehen.

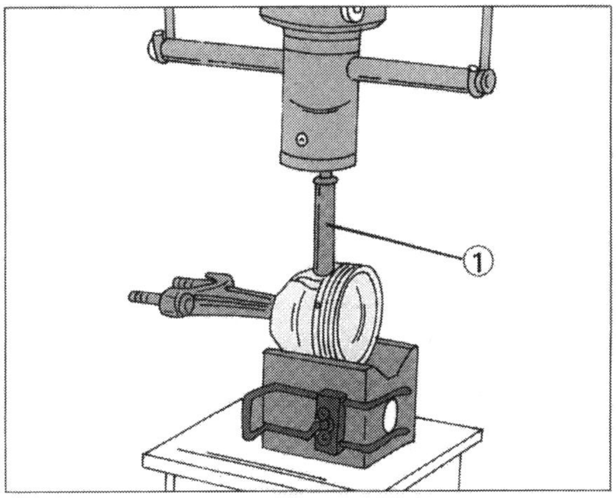

Bild 122
Auspressen eines Kolbenbolzens. Eine ähnliche Vorrichtung kann man sich vielleicht selbst herstellen.

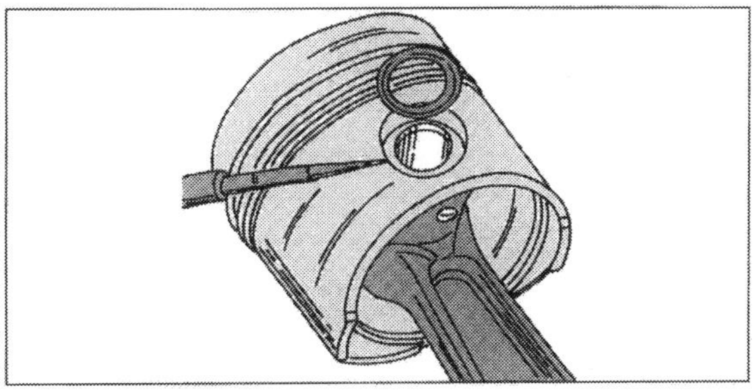

Bild 123
Ausbau eines Sicherungsringes aus dem Kolben.

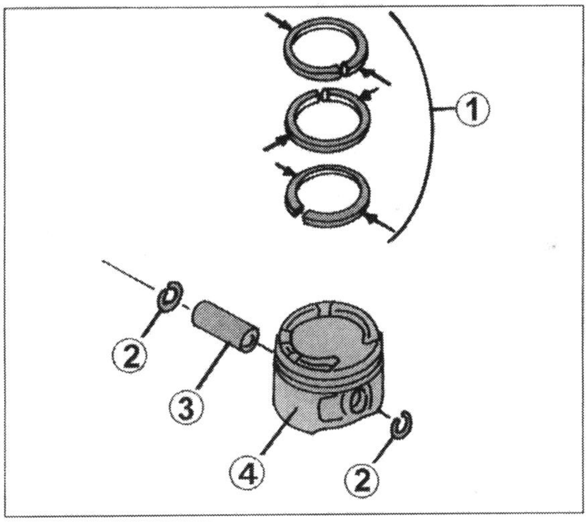

Bild 124
Die Teile eines Kolbens.
1 Kolbenringe
2 Kolbensicherungsringe
3 Kolbenbolzen
4 Kolben

„F"-Motor
Das Zerlegen der Kolben und Pleuelstangen ist eine einfache Angelegenheit, da die Kolbenbolzen vollschwimmend gelagert sind, d. h. sie haben im Pleuelauge und im Kolbenauge eine Spielpassung. Zum Zerlegen die Sicherungsringe in der in Bild 123 gezeigten Weise mit einem spitzen Gegenstand heraushebeln und danach den Kolbenbolzen mit einem passenden Dorn ausschlagen. Den Kolben dazu in die hohle Hand legen. Ein Anwärmen des Kolbens vereinfacht vielleicht den Ausbau. In Bild 124 sind die Teile des Kolbens nach der Zerlegung gezeigt.
Kolbenringe der Reihe nach mit einer Kolbenringzange abnehmen. Falls die Ringe wieder verwendet werden sollen, sind sie entsprechend zu zeichnen. Falls keine Kolbenringzange zur Verfügung steht, können Metallstreifen an gegenüberliegenden Stellen an den Seiten des Kolbens unter den Ring geschoben werden (Kratzer vermeiden). Einen Streifen unbedingt unter das Ende des Ringes unterlegen, um Kratzer zu vermeiden.
Die Kolben können einzeln erneuert werden.
Kolben- und Zylinderbohrungsgrößen sind äußerlich gekennzeichnet. Da die Anpassung von Kolben und Zylinderbohrungen ziemlich kompliziert ist, möchten wir nicht weiter darauf eingehen. Zu erwähnen wäre, dass die Außenseite des Zylinderblocks mit Bohrungen versehen ist, aus welchen die Motorenwerkstatt die Größe der einzelnen Zylinderbohrungen ersehen kann. Die Kolben sind in der Oberseite mit „2" oder „B" bzw. „3" oder „C" gezeichnet.

Dieselmotor
Das Zerlegen der Kolben und Pleuelstangen ist eine einfache Angelegenheit, da die Kolbenbolzen vollschwimmend gelagert sind, d. h. sie haben im Pleuelauge und im Kolbenauge eine Spielpassung. Zum Zerlegen die Sicherungsringe in der in Bild 123 gezeigten Weise mit einem spitzen Gegenstand heraushebeln und danach den Kolbenbolzen mit einem passenden Dorn ausschlagen. Den Kolben dazu in die hohle Hand legen. Ein Anwärmen des Kolbens vereinfacht vielleicht den Ausbau.

Die Kolben können einzeln erneuert werden. Erkundigen Sie sich jedoch in der Motorenwerkstatt darüber, ob dies für jeden einzelnen Motor in Frage kommt. Wie bei den anderen Motoren sind Kolben- und Zylinderbohrungsgrößen äußerlich gekennzeichnet. Da die Anpassung von Kolben und Zylinderbohrungen ziemlich kompliziert ist, möchten wir nicht weiter darauf eingehen. Zu erwähnen wäre, dass die Außenseite des Zylinderblocks mit Bohrungen versehen ist, aus welchen die Motorenwerkstatt die Größe der einzelnen Zylinderbohrungen ersehen kann.

2.5.3 Kolben und Pleuelstangen überprüfen

Alle Teile gründlich reinigen. Falls Teile Anzeichen von Fressern, Kratzern oder Verschleiß aufweisen, müssen sie erneuert werden. Die Teile sollte man folgen-

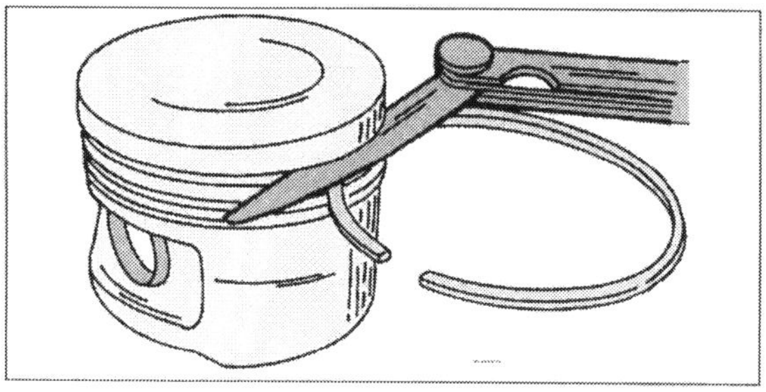

Bild 125
Ausmessen des Höhenspiels der Kolbenringe in den Nuten des Kolbens.

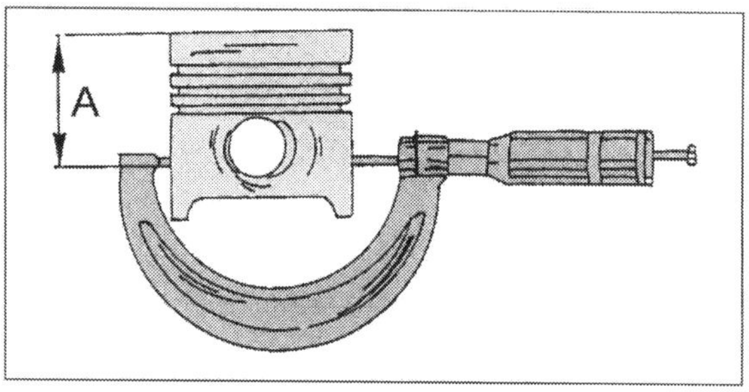

Bild 126
Ausmessen eines Kolbendurchmessers bei einem Dieselmotor. Siehe Text zwecks Maßangaben.

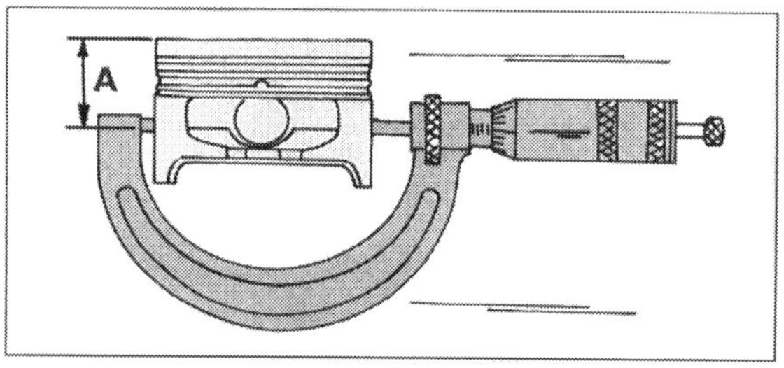

Bild 127
Ausmessen eines Kolbendurchmessers bei einem „K"-Motor. Auf die angegebenen Maße bei den beiden Motoren achten (Maß „A").

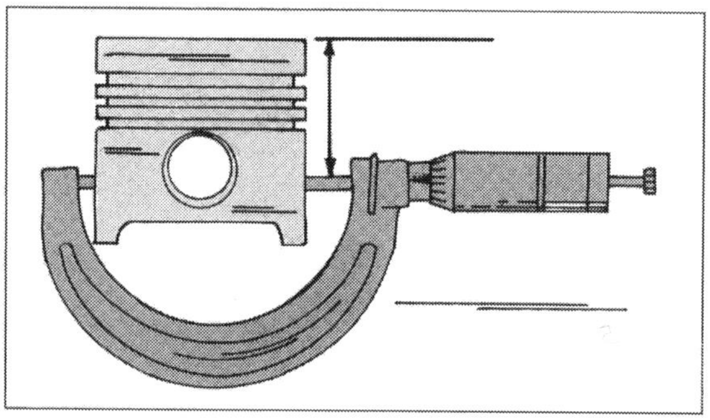

Bild 128
Ausmessen des Kolbendurchmessers beim 2.0-Liter-Motor.

dermaßen kontrollieren, falls man sie wieder verwenden will:

- Das Höhenspiel der Kolbenringe in den Nuten des Kolbens ausmessen, indem man die Kolbenringe der Reihe nach in die jeweilige Nut einsetzt (Bild 125). Mit einer Fühlerlehre den Spalt zwischen der Ringfläche und der Kolbennutfläche ermitteln. Falls die Spalte eines Ringes mehr als 0,15 mm betragen, sind entweder die Ringe oder der Kolben abgenutzt.
- Als Nächstes der Reihe nach alle Kolbenringe von der Oberseite in die Laufbüchse oder die Zylinderbohrung einsetzen. Mit einem umgekehrten Kolben den Ring nach unten stoßen, bis er ca. 15 mm von der Unterkante der Bohrung entfernt steht. Zylinderblock dazu auf eine Seite legen. Eine Fühlerlehre in den Spalt zwischen den beiden Ringenden einschieben, um das Kolbenringstoßspiel auszumessen. Die Stoßspiele können nicht eingestellt werden und sind nicht länger verwendungsfähig, falls sie zu groß erscheinen. Falls neue Kolbenringe eingebaut werden, darf man die Ringenden in keiner Weise bearbeiten, da sie „einbaufertig" geliefert werden.
- Zum Prüfen des Kolbenlaufspiels den Durchmesser der Bohrung ausmessen. Bohrungen werden in Längs- und Querrichtung gemessen und in drei Tiefen der Laufbüchsen. Auf diese Weise werden der größte und kleinste Durchmesser gefunden. Die Werte aufschreiben.
- Den Kolbendurchmesser jetzt von den Bohrungsdurchmessern abziehen. Die Messung erfolgt in unterschiedlicher Weise, je nach in Frage kommenden Motor:
- **Bei den Kolben des Dieselmotors** wird von der Oberkante des Kolbenbodens aus im rechten Winkel zur Kolbenbolzenbohrung gemessen, wie es in Bild 126 gezeigt ist. Das Maß „A" beträgt 60 mm.
- **Beim „K"-Motor** muss man das Mikrometer in der in Bild 127 gezeigten Weise ansetzen. Dabei ein Maß „A" von 42 mm beim K4M-Motor bzw. 45,7 mm beim K4J-Motor anstreben.
- **Beim „F"-Motor** muss man das Mikrometer an der in Bild 128 gezeigten Weise ansetzen. Das Maß zwischen den Pfeilen muss 53,5 mm betragen.
- Der Unterschied ist das Laufspiel der Kolben, welches den Angaben in der Maß- und Einstelltabelle entsprechen muss. Falls das Laufspiel größer ist, müssen neue Kolbensätze eingebaut werden, bzw. die Zylinderbohrungen müssen ausgeschliffen werden. Bei einigen Motoren ist es möglich, dass man auch nur einen Kolben erneuert. Erkundigen Sie sich in der Werkstatt darüber.
- Kolbenbolzen und -bohrungen auf Verschleiß oder Beschädigung kontrollieren. Bolzen werden nur zusammen mit den Kolben geliefert.
- Die Kolben sind in Klassen eingeteilt und ein Kolben der richtigen Klasse muss eingebaut werden. In die Seite des Zylinderblocks sind Bohrungen eingearbeitet, aus welchen die Motorenwerkstatt die eingebaute Größenklasse feststellen kann. Es würde zu weit führen, auf die beiden Motoren einzugehen.

Hinweis: Falls man irgendwelche Zweifel bei der Durchführung der obigen Arbeiten hat, sollte man den Zylinderblock zusammen mit den Kolben in eine Werkstatt bringen, um Block und Kolben vermessen zu lassen.

2.5.4 Kolben und Pleuelstangen zusammenbauen

Es wird angenommen, dass die Teile entsprechend Kapitel 2.5.3 kontrolliert und überholt worden sind.

„K"-Motoren

Hinweis: Die folgende Beschreibung nimmt an, dass die in den Abbildungen gezeigten Werkzeuge benutzt werden. Andernfalls muss man Kolben und Pleuelstangen in einer Motorenwerkstatt zusammenbauen lassen.

- Pleuelstangen in einem Pleuelprüfgerät auf Verdrehung oder Verbiegung kontrollieren. Dies sollte man am besten in einer Motorenwerkstatt durchführen lassen, da verbogene oder in sich selbst verdrehte Pleuelstangen keinen einwandfreien Lauf des Motors herstellen können.

- Pleuelstangen auf eine Kochplatte auflegen. Dazu die Pleuelaugen sternförmig auf die Platte auflegen (Bild 129). Der Pleuelfuß jeder einzelnen Stange ist entsprechend unterzulegen, damit die Pleuelstangen in waagerechte Lage kommen. Mit dem Schmelzstift laufend kontrollieren, ob die vorgeschriebene Temperatur von 250°C erreicht ist. Die Pleuellagerdeckel müssen so aufgeschraubt werden, dass ein Spalt von 1,0 mm zwischen den Anlageflächen von Pleuel und Pleuellagerdeckel verbleibt.
- Die Kolben und die Pleuelstangen zur Vorbereitung in Montagerichtung zusammen auslegen. Kontrollieren, dass das in den Kolbenboden eingebaute „V"-Zeichen (1) in Bild 130 im richtigen Verhältnis zur Nut für die Aufnahme der Lagerschale im Pleuelfuß steht.
- Den Kolbenbolzen auf den Montagedorn stecken und das konische Führungsstück am anderen Ende anschrauben, ohne es aber festzuziehen. Sowohl den Bolzen als auch den Dorn gut einölen.
- Den Kolben auf das Spezialwerkzeug auflegen, mit der Kolbenbolzenbohrung über das Loch und mit der Federspange festklemmen, wie es in Bild 131 gezeigt ist. Einen Distanzring unter den Kolben unterlegen, damit der Bolzen hindurchgeführt werden kann.
- Den Montagedorn des Werkzeugsatzes in den Kolbenbolzen einschrauben.
- Die Montagearbeiten müssen so schnell wie möglich durchgeführt werden, damit sich das Pleuelauge nicht wieder abkühlen kann.
- Pleuelstange mit einer Wasserpumpenzange schnell von der Kochplatte nehmen und in die Innenseite des Kolbens einführen.
- Bolzen mit der Hand und dem Montagedorn eindrücken. Die Pleuelstange wie erforderlich hin- und herbewegen, damit die Flucht zustande kommt. Den Kolbenbolzen bis zum Anschlag eindrücken. Das Spezialwerkzeug gewährleistet, dass der Kolbenbolzen in die genaue Lage eingepresst wird. Nach einigen Sekunden den Kolben von der Auflage befreien und kontrollieren, dass sich der Kolben frei auf dem Pleuelauge bewegen lässt, nachdem er abgekühlt ist.
- Den Montagedorn aus dem Kolben ausschrauben und die anderen Kolben in gleicher Weise montieren. Abwarten bis alle Kolben/Pleuelstangen abgekühlt sind.
- Mit einer Ölkanne Öl in die Lagerstelle des Bolzens spritzen.
- Der Reihe nach die Kolbenringe am Kolben anbringen. Die beiden oberen Ringe müssen mit der Markierung „Top" nach oben weisen. Vor dem Einsetzen jeden Ring nochmals kontrollieren, da man leicht Fehler machen kann. Eine Kolbenringzange sollte zum Aufsetzen der Kolbenringe verwendet werden, jedoch kann man drei dünne Metallstreifen (z. B. Blattfühlerlehren) um den Kolben legen und die Ringe über die Metallstreifen schieben. Die Streifen herausziehen, wenn der Ring in Höhe der betreffenden Nut ist. Ringe können leicht brechen und beim Einbau ist mit größter Sorgfalt vorzugehen.
- Die Ringstöße müssen in Abständen von je 120° versetzt werden. Die Kolbenringe entsprechend Bild 132 montieren, wobei zu beachten ist, dass die oberen Kolbenringe mit „TOP" (oben) markiert sind. Die Beschriftung muss nach Aufsetzen der Ringe sichtbar sein.

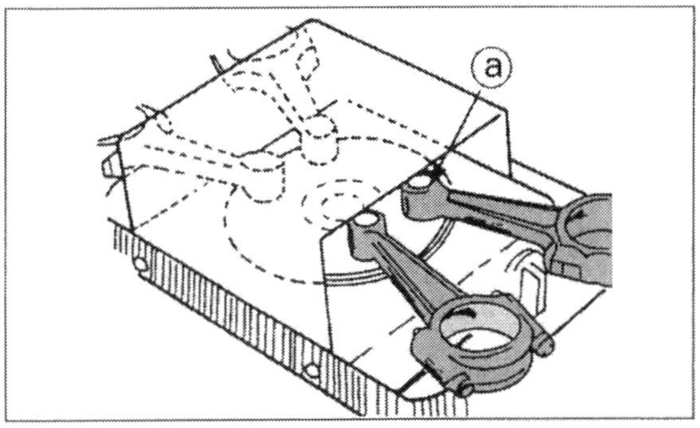

Bild 129
Anwärmen der Pleuelstangen. Nur die Enden „a" dürfen auf die Heizplatte aufgelegt werden.

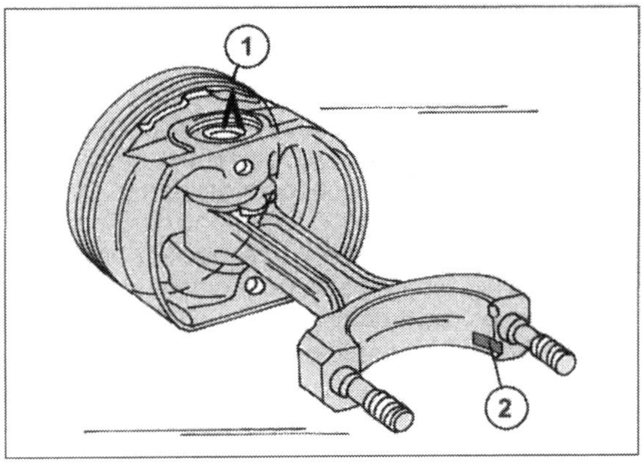

Bild 130
Vorschriftsmäßiger Zusammenbau von Kolben und Pleuelstange. Die „V"-Marke (1) muss an der Oberseite liegen, wenn die Aussparung (2) an der Unterseite steht (nur bei Pleuellagerschalen mit Führungsnasen).

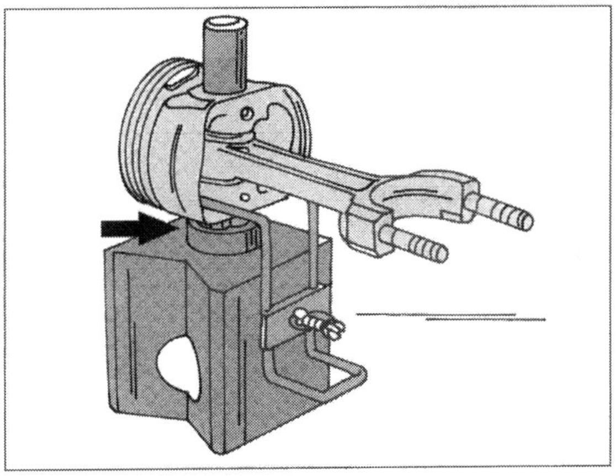

Bild 131
Zusammenbauen von Kolben und Pleuelstangen. An der Pfeilstelle ist ein Ring unterzulegen.

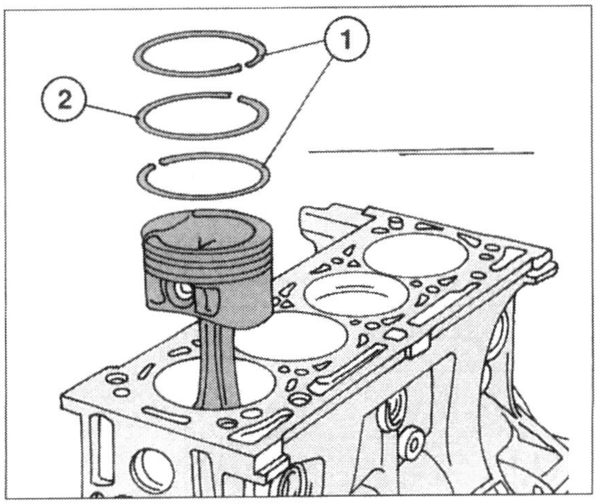

Bild 132
Einbau der Kolbenringe. Die Einbaustellung der Ringstöße wird durch die Pfeile angezeigt.

„F"-Motor und Dieselmotor

Um die Kolben und Pleuelstangen zusammenzubauen, könnte es von Vorteil sein, wenn man die Kolben und die Enden der Pleuelstangen etwas anwärmt. Den Kolbenbolzen und die Bohrungen und Kolben gut einölen, die Kolben richtig zusammensetzen und den Kolbenbolzen mit Daumendruck einschieben. Darauf achten, dass Einbaurichtung von Kolben und Pleuel stimmen, d. h. die „Vorn"-Markierung in beiden Teilen muss zur Steuerseite weisen. Beide Sicherungsringe einwandfrei in die Rillen des Kolbenauges einsetzen.

Der Reihe nach die Kolbenringe am Kolben anbringen. Die beiden oberen Ringe müssen mit der Markierung „Top" nach oben weisen. Vor dem Einsetzen jeden Ring nochmals kontrollieren, da man leicht Fehler machen kann. Eine Kolbenringzange sollte zum Aufsetzen der Kolbenringe verwendet werden, jedoch kann man drei dünne Metallstreifen (z. B. Blattfühlerlehren) um den Kolben legen und die Ringe über die Metallstreifen schieben. Die Streifen herausziehen, wenn der Ring in Höhe der betreffenden Nut ist. Ringe können leicht brechen und beim Einbau ist mit größter Sorgfalt vorzugehen.

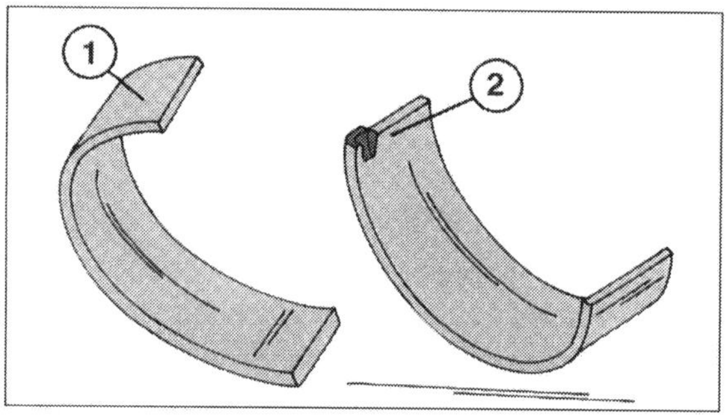

Bild 133
Ansicht der Pleuellagerschalen mit und ohne Führungsnase an der Rückseite.

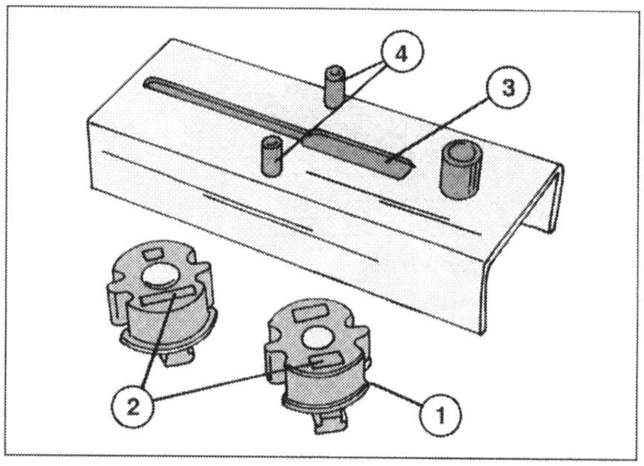

Bild 134
Benutzung des Spezialwerkzeuges. Die Zahlen werden im Text erwähnt.

Kolbenringe gut einölen und auf dem Außenumfang des Kolbens verdrehen, um die Ringstöße vorschriftsmäßig anzuordnen. Die Ringstöße müssen in Abständen von je 120° versetzt werden.

2.5.5 Kolben und Pleuelstangen einbauen

Hinweis: Falls die Rückseite der Pleuellagerschalen keine Führungsnasen hat, wie man sie in Bild 133 sehen kann (mit „2" bezeichnet), sind die in der nachfolgenden Beschreibung angegebenen Spezialwerkzeuge erforderlich. Andernfalls verbleibt nur der Zusammenbau in einer Werkstatt.

„K"-Motoren

- Kolben mit Motoröl einschmieren und in die Zylinderbohrungen einsetzen. Auf die Nummerierungen achten. Ein Kolbenringspannband muss zum Einbau benutzt werden, um die Kolbenringe in die Nuten zu drücken. Nach dem Einbau kontrollieren, dass die „V"-Zeichen in den Kolbenböden zur Schwungradseite weisen.
- Die Pleuellagerdeckel an den Pleuelstangen montieren. Die Schrauben der Pleuellagerdeckel werden mit 43 Nm angezogen. Das Gewinde der Schrauben und Unterseite der Schraubenköpfe einölen.

„F"-Motor und Dieselmotoren

- Kolben mit Motoröl einschmieren und in die Zylinderbohrungen einsetzen. Auf die Nummerierungen achten. Ein Kolbenringspannband muss zum Einbau benutzt werden, um die Kolbenringe in die Nuten zu drücken. Nach dem Einbau kontrollieren, dass die „V"-Zeichen in den Kolbenböden zur Schwungradseite weisen.
- Die Pleuellagerdeckel an den Pleuelstangen montieren. Die Schrauben der Pleuellagerdeckel werden mit 43 Nm beim „F"-Benzinmotor oder 45 - 50 Nm beim Dieselmotor angezogen. Das Gewinde der Schrauben und Unterseite der Schraubenköpfe einölen.

„K"-Motoren, Pleuellagerschalen ohne Führungsnasen

Falls die Lagerschalen das auf der linken Seite in Bild 133 gezeigte Aussehen haben, wird ein Spezialwerkzeug gebraucht, um die Schalen in die Pleuelstangenbohrung und den Pleuellagerdeckel „einzupressen". Das Werkzeug trägt die Nummer Mot. 1492 und setzt sich aus den in Bild 134 gezeigten Teilen zu-

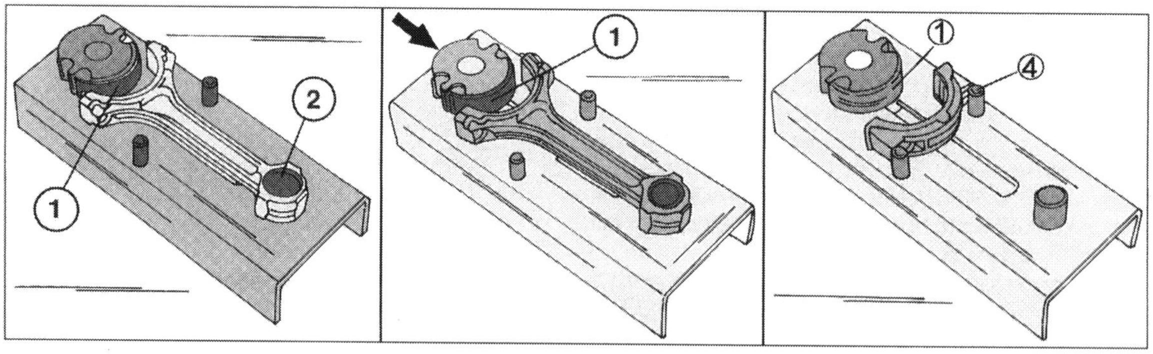

Bild 135

sammen. Die Lagerführungen (1) sind an Stelle (2) mit der Bezeichnung des Motors gezeichnet. Beim Einpassen der Schalen wird die entsprechende Führung in die Rille der Grundplatte (3) eingeschoben. Falls man einige Erfahrungen hat, kann man die Lagerschalen natürlich mit Hilfsmitteln in die richtige Lage drücken, jedoch ist es wichtig, dass sie **genau mittig sitzen,** was durch die Benutzung des Werkzeuges gewährleistet wird. Beim Einbau unter Bezug auf Bild 135 folgendermaßen vorgehen:

- Die Pleuelstange auf den Zapfen der Grundplatte auflegen, wie es in der linken Ansicht gezeigt ist. Das Pleuelauge in Pfeilrichtung gegen den Zapfen drücken.
- Die Lagerschale (1) in Bild 135 (Mitte) gegen die Lagerschalenführung ansetzen und die Führung entsprechend der Pfeilrichtung fest gegen die Pleuelbohrung drücken. Die Schalenführung herausnehmen und die anderen Pleuelstangen in gleicher Weise behandeln.
- Zum Einbau der Lagerschalen in die Pleuellagerdeckel den Lagerdeckel gegen die beiden Anschlagstifte (4) in Bild 134 anlegen, wie es in der rechten Ansicht von Bild 135 gezeigt ist, und die Pleuellagerschale an der Führung anlegen. Die Schalenführung fest gegen den Pleuellagerdeckel drücken und danach die Führung herausnehmen.
- Pleuellagerdeckel und Pleuelstange sind jetzt einbaufertig. Die Pleuellagerschrauben werden unverändert mit 43 Nm angezogen.

2.6 Zylinderblock

Bei jeder Überholung des Motors muss der Zylinderblock gründlich gereinigt werden, wobei besondere Aufmerksamkeit auf die Ölbohrungen zu legen ist. Der Ausbau der Kolben und Pleuelstangen wurde bereits in den vorausgegangenen Kapiteln beschrieben. Kapitel 2.5.5 beschreibt den Einbau der Kolben und Pleuelstangen aller Motoren.
Neue Zylinderblöcke werden zusammen mit angepassten Kolben, Kolbenringen, Kolbenbolzen, Hauptlagerschalen, dem Führungsrohr des Ölmessstabes und dem Ölabscheiderohr geliefert.
Kontrollieren, dass alle Gewindelöcher frei von Reinigungsflüssigkeit sind, um die Bildung von Hydraulikpolstern zu vermeiden, wenn man die Schrauben später anzieht (dadurch werden falsche Anzugsdrehmomente erhalten).

2.7 Kurbelwelle und Lager

Irgendwelche Reparaturen an der Kurbelwelle überlässt man einer Werkstatt. Die Welle kann entsprechend den Anweisungen beim Zerlegen des Motors ausgebaut und danach zusammen mit dem Zylinderblock in eine Werkstatt gebracht werden. In den meisten Fällen werden Sie den Zylinderblock vollkommen zusammengebaut zurückerhalten. Auch das Ausmessen der Lagerzapfen ist eine Sache für die Spezialwerkstatt.
Falls erforderlich das Führungslager aus der Ende der Kurbelwelle herausziehen. Dazu kann man einen Linksgewindeschneider des passenden Durchmessers einschrauben und die Büchse damit herausziehen. Die neue Büchse mit einem geeigneten Durchschlag einschlagen.
Der Einbau der Kurbelwelle wird in Kapitel 2.3 für alle Motorengruppen beschrieben. Das Axialspiel der Welle muss ausgemessen werden, ehe die Hauptlagerdeckel endgültig angezogen werden.

2.7.1 Schwungrad

Die Schwungradschrauben müssen an den Gewinden mit „Loctite"-Gewindesicherungsmittel eingeschmiert werden und da sie selbstsichernd sind, muss man sie erneuern, wenn das Schwungrad abgeschraubt wurde. Die Schrauben des Schwungrades mit dem zutreffenden Anzugsdrehmoment anziehen.

2.7.2 Kurbelwellendichtringe

Der Öldichtring auf der Schwungradseite kann wie in Kapitel 2.3 bei den verschiedenen Motorgruppen beschrieben, erneuert werden. Diese Anweisungen gut durchlesen, um den Dichtring nicht zu beschädigen. Das Getriebe und das Schwungrad müssen ausgebaut werden, um an den Dichtring zu kommen.
Der Öldichtring im vorderen Dichtringträger aller Motoren wird ebenfalls erneuert, wie es in Kapitel 2.3 beschrieben ist. Alle an der Vorderseite des Motors sitzenden Teile müssen ausgebaut werden, um den Dichtring zu erneuern. Dies schließt den Zahnriemen ein (siehe unten). Wiederum die Anweisungen sorgfältig durchlesen, um den Dichtring einwandfrei über der Kurbelwelle zu zentrieren und den Dichtringträger vorschriftsmäßig zu montieren.

2.8 Nockenwelle und Steuerung

2.8.1 Erneuerung des Zahnriemens bei eingebautem Motor

Der Zahnriemen aller behandelten Motoren kann bei eingebautem Motor erneuert werden. Zahnriemen halten nur eine gewisse Zeit, d. h. man kann die Erneuerung des Riemens sozusagen als Wartungsarbeit ansehen. Intervalle zwischen den empfohlenen Wechselzeiten werden durch laufende technische Entwicklung und Verbesserung manchmal verlängert und wir empfehlen Ihnen, dass Sie die geltenden Wechselzeiten anhand Ihres Wartungs-Scheckhefts feststellen. Andernfalls können Sie sich in der Werkstatt erkundigen.

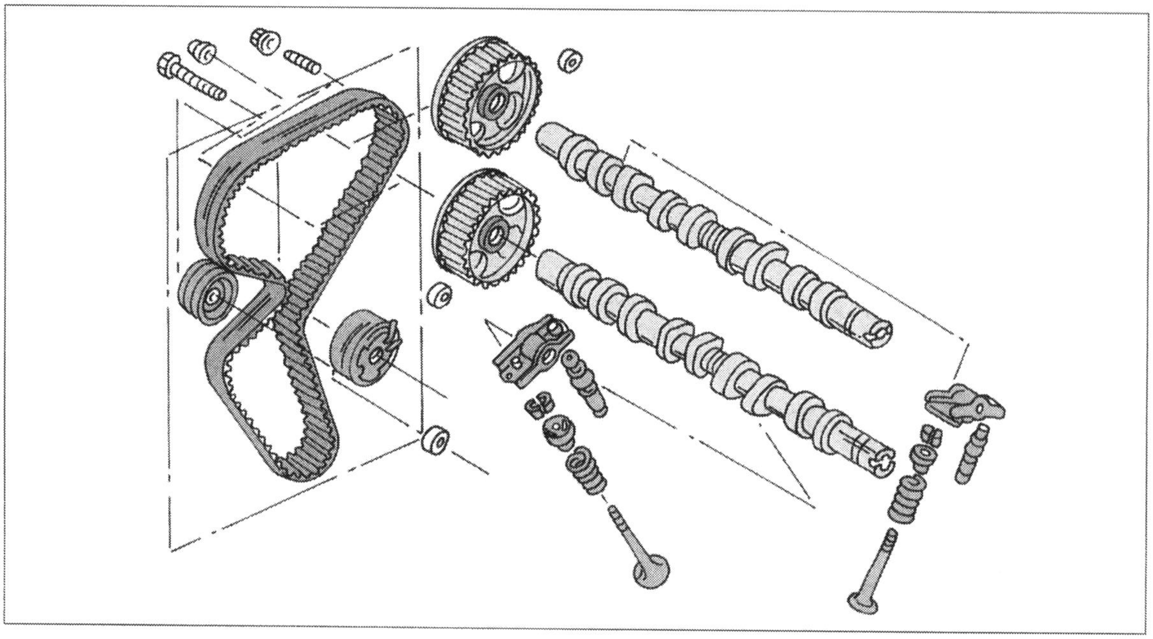

Bild 136
Der Ventiltrieb eines „K"-Motors (1.4- und 1.6-Liter).

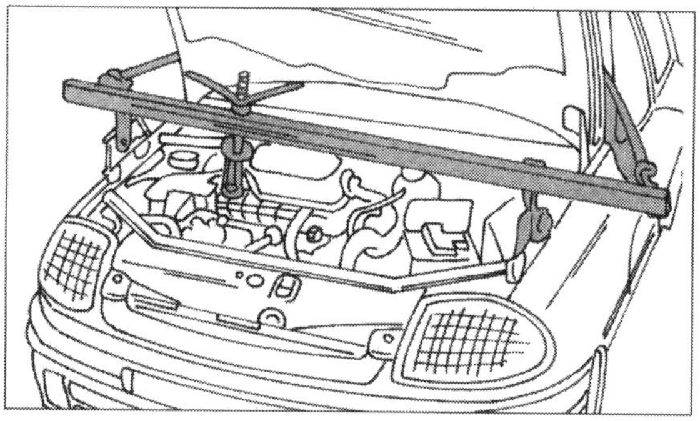

Bild 137
Das Triebwerk kann mit der gezeigten Vorrichtung aus den Aufhängungen gehoben werden, bis die Triebwerklager spannungsfrei sind.

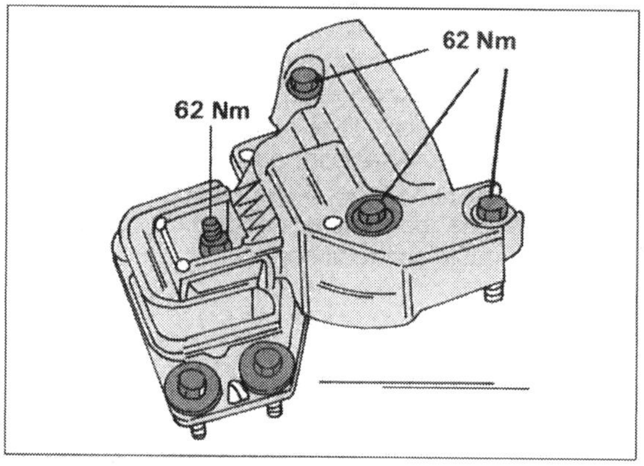

Bild 138
Die Befestigungsstellen des Triebwerklagers. Anzugsdrehmoment beachten.

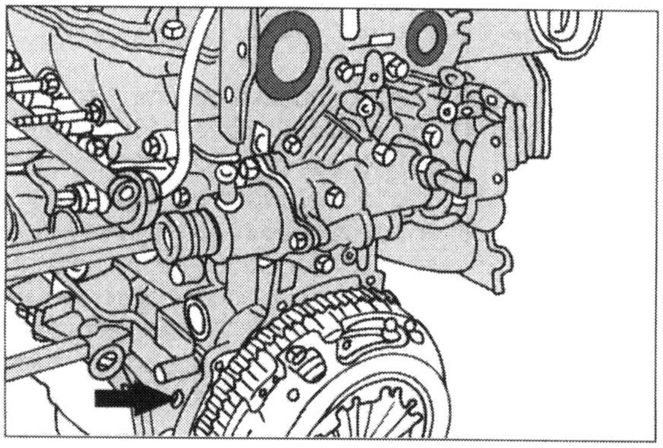

Bild 139
Die beiden Versteller (Stopfen) aus der Rückseite der Nockenwellenlagerung ausbauen. Den Stopfen (Pfeil, unten) ausschrauben, um dem Arretierbolzen einzusetzen.

Die Erneuerung des Riemens geschieht bei den Benzinmotoren in ähnlicher Weise, jedoch werden die Arbeiten trotzdem getrennt beschrieben. Anders sieht es beim Dieselmotor aus, da Motoren mit verschiedenen Bezeichnungen auch unterschiedliche Arbeiten erfordern.

„K"-Motoren

Bild 136 zeigt den Ventiltrieb zusammen mit den Teilen der Ventile und der Ventilbetätigung.

- Fahrzeug vorn auf Böcke setzen und die Batterie abklemmen.
- Das rechte Vorderrad abschrauben und die Verkleidung in der Innenseite des Radkastens abschrauben.
- Seilschlingen oder Ketten an den beiden Hebeösen an Motor und Getriebe befestigen und das Triebwerk an einen Handkran oder sonstiges Hebezeug anhängen. Das Triebwerk anheben, bis es soeben unter Spannung steht. Dazu muss man den Motor mit einem Spezialbügel aus dem Motorraum herausheben, wie es in Bild 137 gezeigt ist. Eine ähnliche Vorrichtung kann man sich bestimmt herstellen, welche mit einer Hebeöse des Motors verbunden wird.
- Die Abdeckung der „hängenden" Motoraufhängung ausbauen. Nur die in Bild 138 gezeigten Befestigungen lösen.
- Den Antriebsriemen an der Stirnseite des Motors ausbauen (siehe entsprechendes Kapitel).
- An der Rückseite des Motors einen Kabelstecker und einen Schlauch abschließen, den Kabelstrang vom oberen Zahnriemenschutzdeckel lösen und auf eine Seite drücken.
- An der Vorderseite des Motors einen Halter abschrauben und den Kabelstrang trennen.
- Die Kraftstoffleitungen vom unteren Zahnriemenschutzdeckel lösen.
- Den Luftresonanzkasten ausbauen.
- Die beiden Verschlussstopfen der Nockenwellen in Bild 139 mit einem spitzen Schraubendreher heraushebeln. Ebenfalls den im gleichen Bild gezeigten

Stopfen (unten links, Pfeil) herausdrehen (zum Einsetzen des Arretierbolzens für die Kurbelwelle).

- Den Motor auf den oberen Totpunkt für den ersten Zylinder stellen. Dazu die beiden Nockenwellen durchdrehen, bis die Mitnehmernuten in den Enden der beiden Nockenwellen in der in Bild 140 gezeigten Lage stehen. Die Mitnehmernuten sind außer Mitte gesetzt und die größere Hälfte muss an der Unterseite stehen. In dieser Stellung einen Arretierdorn an der Pfeilstelle in Bild 37 in den Zylinderblock und die Kurbelwelle einsetzen. Da der Spezialdorn nicht zur Verfügung stehen wird, benutzt man einen Bolzen von 8 mm Durchmesser und schiebt ihn an der gezeigten Stelle ein. In Bild 37 kann man sehen, wie der Bolzen eingreift, wenn man ihn richtig eingesetzt hat.
- Kurbelwellenriemenscheibe ausbauen. Die Welle dabei gegenhalten (z. B. einen Gang einlegen oder Schwungrad freimachen und einen Schraubendreher in die Zähne des Zahnkranzes einsetzen).
- Oberen und unteren Zahnriemenschutzdeckel abschrauben (siehe Bild 39).
- Die Spannrolle für den Zahnriemen lösen, um den Zahnriemen zu lockern. Um den Riemen auszubauen, braucht man eine Torx-Kopf-Stecknuss (Größe T50). Die Riemenscheibe lösen und den Riemen abnehmen.
- Falls erforderlich das Steuerrad der Kurbelwelle abziehen.

Beim Einbau der Teile folgendermaßen vorgehen. Zu beachten ist, dass unterschiedliche Anweisungen gelten, je nachdem, ob die Nockenwellensteuerräder gelöst wurden.

Ohne Lösen der Nockenwellensteuerräder

Hinweis: Das Ende der Kurbelwelle, die Innenseite des Steuerrades der Kurbelwelle und die Bohrung der Kurbelwellenriemenscheibe gründlich von Öl reinigen, um ein Durchrutschen der montierten Teile zu vermeiden (Motorschaden!). *Falls ein neuer Riemen eingebaut wird, müssen die Spannrolle und die Riemenlaufrolle ebenfalls erneuert werden.*

- Die Mitnehmernuten in den Enden der Nockenwellen waagerecht ausrichten (siehe bereits gezeigtes Bild) und die Nockenwellen in dieser Lage halten. Vorschriftsmäßig wird dazu das in Bild 141 gezeigte Arretierwerkzeug benutzt. Andernfalls muss man darauf achten, dass sich die Wellen nicht verdrehen können.
- Kontrollieren, dass der Arretierbolzen eingeschoben ist (Bild 37). Die Nut in der Kurbelwelle muss an der Oberseite stehen.
- Beim Aufstecken der Spannrolle darauf achten, dass die Nase an der Rolle in die entsprechende Nut eingreift.
- Den Zahnriemen entsprechend Bild 142 um die einzelnen Steuerräder legen und die gezeigte Rolle mit einem Drehmoment von 45 Nm anziehen (zwecks Stecknuss siehe unter der Ausbaubeschreibung).
- Die Riemenspannung jetzt einstellen. Dazu unter Bezug auf Bild 143 die bewegliche Nase (A) der Spannrolle 7 bis 8 mm an der feststehenden Nase (1) vorbei bewegen, bis sie in die durch „C" angegebene Stellung kommt. Dazu einen Inbusschlüssel (6 mm) an Stelle (B) einsetzen. Die Spannrolle in dieser Stellung mit einem Voranzug von 7 Nm anziehen.
- Die Arretierung für die Nockenwellen entfernen und den Arretierbolzen aus dem Zylinderblock herausziehen.
- Die Kurbelwelle von vorn gesehen zweimal in Drehrichtung durchdrehen. Ehe die zweite Umdrehung er-

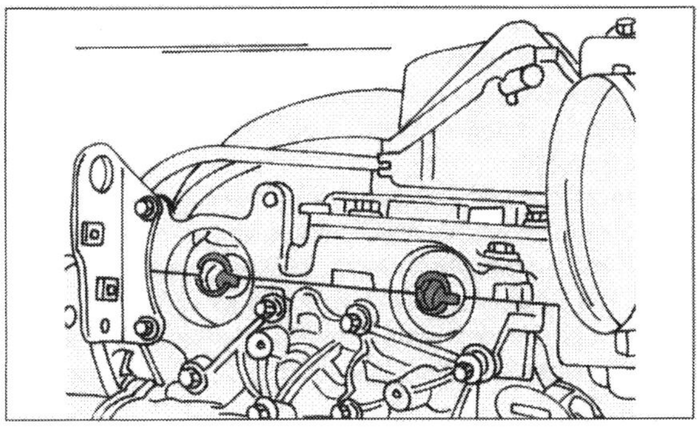

Bild 140
Die Mitnehmernuten in den Enden der Nockenwellen müssen in die gezeigte Lage gebracht werden.

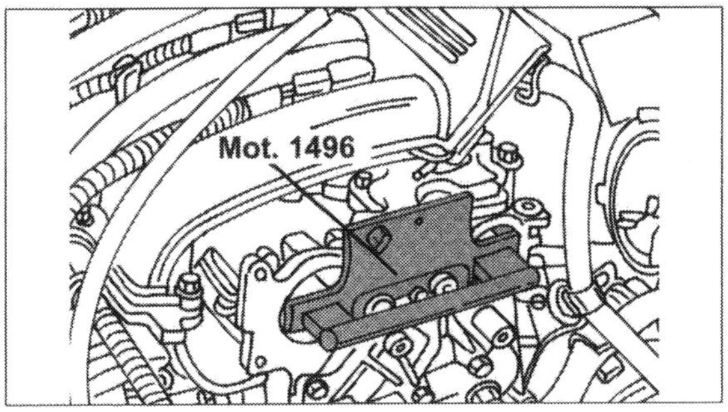

Bild 141
Spezialwerkzeug Mot. 1496 zum Arretieren der Nockenwellen in der gesetzten Lage. Andernfalls unbedingt darauf achten, dass sich die Wellen nicht verstellen können.

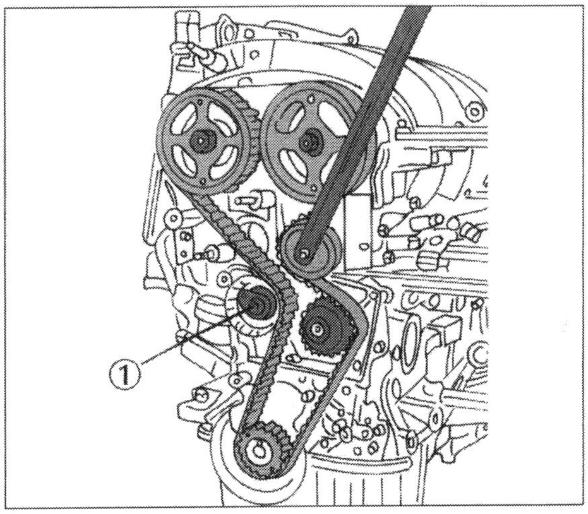

Bild 142
Zum Einbau des Zahnriemens. Die Mutter (1) hält die Riemenspannrolle.

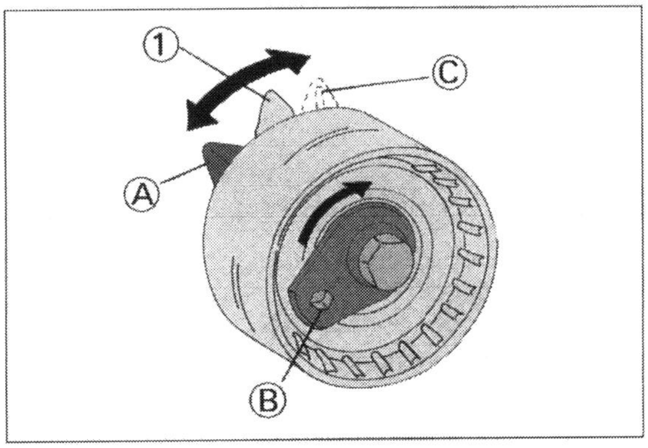

Bild 143
Zur Einstellung der Riemenspannrolle (siehe Text).

halten wird, den Arretierbolzen wieder in den Zylinderblock einsetzen und die Welle langsam weiter durchdrehen, bis das Bolzenende in die Kurbelwellenbohrung hineinrutscht. Den Bolzen jetzt wieder herausziehen.

- Die Mutter der Riemenspannrolle um eine Umdrehung lockern, während die Rolle durch Einsetzen eines 6-mm-Innensechskantschlüssels gegengehalten wird. Die bewegliche Nase (A) in Bild 143 wird jetzt in eine Linie mit der feststehenden Nase (1) gebracht und die Mutter in dieser Stellung mit 27 Nm angezogen.
- Die Riemenscheibe für die Nebenantriebe montieren und die Schraube eindrehen, bis ein Spalt von 2 bis 3 mm zwischen dem Schraubenkopf und der Riemenscheibe verbleibt. Vor Wiederverwendung dieser Schraube muss man sie in der Länge ausmessen. Ist sie länger als 49,10 mm, muss sie erneuert werden. Eine neue Schraube uneingeölt einschrauben, eine ursprüngliche Schraube einölen.
- Die Schraube der Kurbelwellenriemenscheibe mit einem Anzugsdrehmoment von 20 Nm anziehen und dann im Winkelanzug um weitere 135° nachziehen (plus oder minus 15°).

Falls die Nockenwellensteuerräder gelöst wurden

Hinweis: Das Ende der Kurbelwelle, die Innenseite des Steuerrades der Kurbelwelle und die Bohrung der Kurbelwellenriemenscheibe, die Nockenwellenenden auf der Steuerseite und die Bohrungen der Nockenwellensteuerräder gründlich von Öl reinigen, um ein Durchrutschen der montierten Teile zu vermeiden (Motorschaden !). *Falls ein neuer Riemen eingebaut wird, müssen die Spannrolle und die Riemenlaufrolle ebenfalls erneuert werden.*

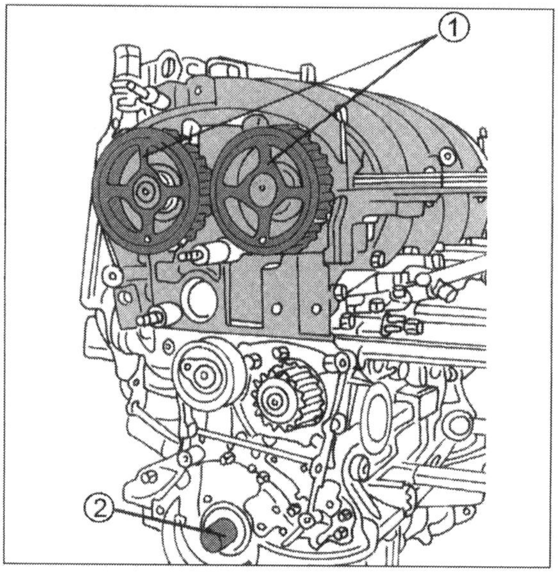

Bild 144
Die beiden Steuerräder der Nockenwellen sind an den Stellen (1) mit einem Renault-Zeichen versehen. Diese Speichen müssen senkrecht nach oben stehen. Die Nut in der Kurbelwelle (2) muss senkrecht an der Oberseite liegen.

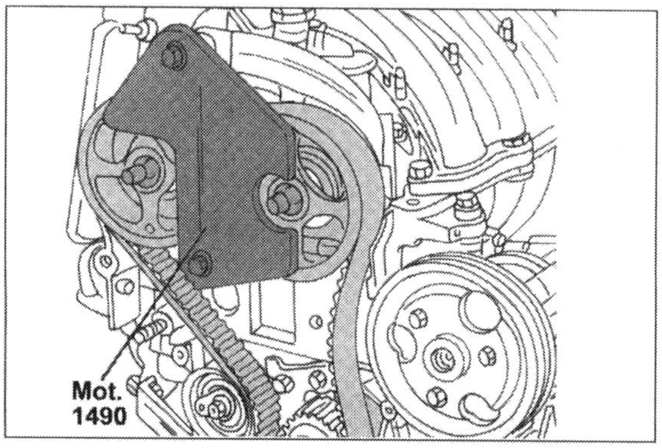

Bild 145
Sperren der beiden Nockenwellensteuerräder. Die gezeigte Platte wird an den Befestigungsstellen für den Zahnriemenschutzdeckel angeschraubt.

- Die Mitnehmernuten in den Enden der Nockenwellen waagerecht ausrichten (siehe bereits gezeigtes Bild) und die Nockenwellen in dieser Lage halten. Vorschriftsmäßig wird dazu das in Bild 141 gezeigte Arretierwerkzeug benutzt. Andernfalls muss man darauf achten, dass sich die Wellen nicht verdrehen können.
- Beide Nockenwellenräder aufstecken und mit neuen Muttern anziehen, bis noch ein Spalt von 0,5 bis 1 mm zwischen der Mutter und dem Steuerrad verbleibt. *Die Muttern müssen immer erneuert werden.*
- Kontrollieren, dass der Arretierbolzen eingeschoben ist (Bild 37). Die Nut in der Kurbelwelle muss an der Oberseite stehen.
- Beim Aufstecken der Spannrolle darauf achten, dass die Nase an der Rolle in die entsprechende Nut eingreift.
- Die mit dem Renault-Zeichen versehenen Speichen der Nockenwellenräder nach oben weisend ausrichten, wie man es in Bild 144 sehen kann. Den Zahnriemen entsprechend Bild 142 um die einzelnen Steuerräder legen und die beiden Nockenwellenräder in der gezeigten Stellung arretieren. In der Werkstatt wird dies mit dem Spezialwerkzeug Mot. 1490 durchgeführt, wie man es in Bild 145 sehen kann. Ohne Verwendung des Werkzeuges muss man darauf achten, dass sich die Steuerräder nicht verdrehen können.
- Die in Bild 142 gezeigte Rolle mit einem Drehmoment von 45 Nm anziehen (zwecks Stecknuss siehe unter der Ausbaubeschreibung).
- Die Riemenscheibe für die Nebenantriebe montieren und die Schraube eindrehen, bis ein Spalt von 2 bis 3 mm zwischen dem Schraubenkopf und der Riemenscheibe verbleibt.
- Die Riemenspannung jetzt einstellen. Die beiden Steuerräder der Nockenwellen müssen immer noch lose sein, d.h. ein Spalt von 0,5 bis 1 mm muss zwischen Mutter und Steuerrad verbleiben. Unter Bezug auf Bild 143 die bewegliche Nase (A) der Spannrolle 7 bis 8 mm an der feststehenden Nase (1) vorbei bewegen, bis sie in die durch „C" angegebene Stellung kommt. Dazu einen Inbusschlüssel (6 mm) an Stelle (B) einsetzen. Die Spannrolle in dieser Stellung mit einem Voranzug von 7 Nm anziehen. Das Arretierwerkzeug für die Nockenwellenräder (falls verwendet) wieder abmontieren.
- Die Kurbelwelle sechsmal durchdrehen (Arretierung der Nockenwelle in Bild 145 vorher abschrauben).
- Die Mutter der Riemenspannrolle um eine Umdrehung lockern, während die Rolle durch Einsetzen eines 6-mm-Innensechskantschlüssels gegengehalten wird. Die bewegliche Nase (A) in Bild 143 wird jetzt in eine Linie mit der feststehenden Nase (1) gebracht und die Mutter in dieser Stellung mit 27 Nm angezogen.
- Kurbelwellenriemenscheibe ausbauen, um den unteren Schutzdeckel aufzusetzen (ohne festzuschrauben) und die Riemenscheibe wieder aufstecken und

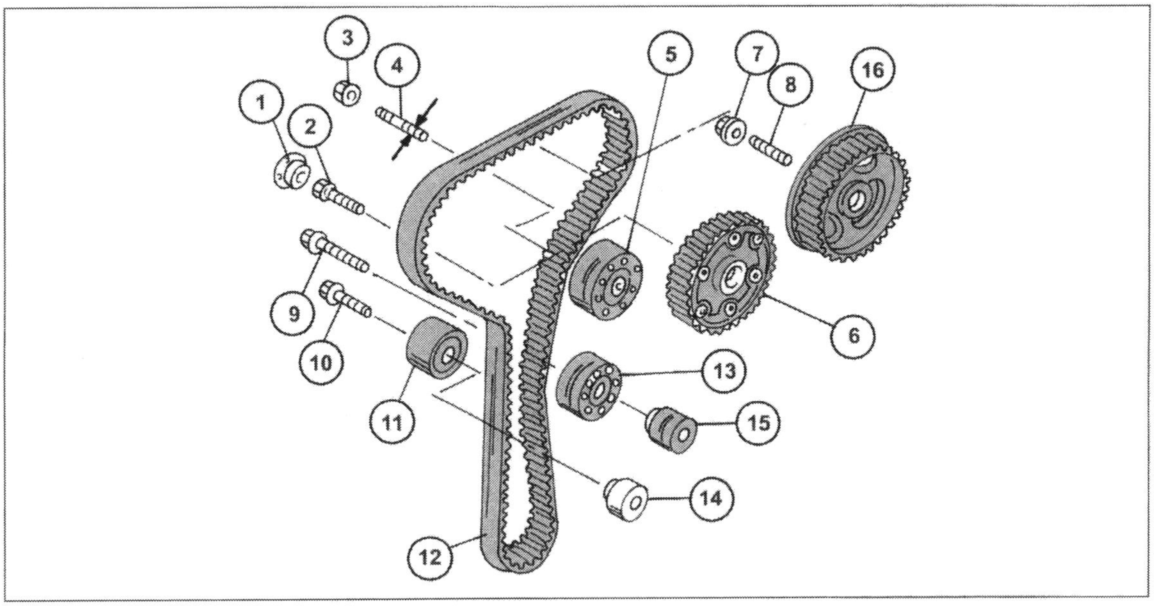

Bild 146
Die Teile der Nockenwellensteuerräder und des Zahnriemens mit den Spann- und Laufrollen.
1 Verschlussstopfen
2 Schraube des Steuerrades der Auslassnockenwelle
3 Mutter der Laufrolle
4 Stiftschraube für Spannrolle
5 Riemenspannrolle
6 Steuerrad der Auslassnockenwelle
7 Mutter des Steuerrades der Einlassnockenwelle
8 Stiftschraube
9 Schraube für Riemenlaufrolle
10 Schraube für Riemenlaufrolle
11 Riemenlaufrolle
12 Zahnriemen
13 Riemenlaufrolle auf Seite der Spannrolle
14 Verschlussstopfen
15 Verschlussstopfen
16 Steuerrad der Einlassnockenwelle mit Phasenversteller

die Schraube lose eindrehen. Vor Wiederverwendung dieser Schraube muss man sie in der Länge ausmessen. Ist sie länger als 49,10 mm, muss sie erneuert werden. Eine neue Schraube uneingeölt einschrauben, eine ursprüngliche Schraube einölen.

● Das in Bild 145 gezeigte Werkzeug wieder anbringen und den Arretierbolzen in den Zylinderblock einschieben.

● Die Schraube der Kurbelwellenriemenscheibe mit einem Anzugsdrehmoment von 20 Nm anziehen und dann im Winkelanzug um weitere 135° nachziehen (plus oder minus 15°).

● Die Muttern der beiden Steuerräder der Nockenwellen mit einem Anzugsdrehmoment von 30 Nm anziehen und aus der Endstellung um weitere 84° nachziehen (soeben etwas weniger als eine Viertelumdrehung). Alle angebrachten Spezialwerkzeuge bzw. Arretiervorrichtungen jetzt abmontieren.

● Die Kurbelwelle von vorn gesehen zweimal in Drehrichtung durchdrehen. Ehe die zweite Umdrehung erhalten wird, den Arretierbolzen wieder in den Zylinderblock einsetzen und die Welle langsam weiter durchdrehen, bis das Bolzenende in die Kurbelwellenbohrung hineinrutscht. Den Bolzen jetzt wieder herausziehen und kontrollieren, dass alle Steuerzeichen fluchten.

2.0-Liter-Motor

Bild 146 zeigt die Teile des Zahnriemens, der verschiedenen Rollen und der beiden Nockenwellenräder. Vor der Erneuerung des Zahnriemens oder anderer Arbeiten an der Steuerung sind die folgenden Hinweise zu beachten:

1) Falls die Erneuerung von Teilen ein Lockern des Steuerrades der Auslassnockenwelle und des Phasenverstellers der Einlassnockenwelle einschließt, gelten unterschiedliche Anweisungen. In diesem Fall die Mutter des Steuerrades der Auslassnockenwelle, die Schraube des Phasenverstellers der Einlassnockenwelle, den Dichtring des Phasenverstellers und den Dichtring des Phasenverstellers erneuern.

2) Falls die Erneuerung von Teilen keine Lockerung der oben genannten Teile einschließt, gelten unterschiedliche Anweisungen.

● Ganz gleich, welche Arbeiten erforderlich sind, gelten alle Vorarbeiten, bis der Zugang zu den Teilen geschaffen wurde.

Beim Ausbau folgendermaßen vorgehen:

● Fahrzeug vorn auf Böcke setzen und die Batterie abklemmen.

● Den Antriebsriemen an der Stirnseite des Motors ausbauen. Dazu einen Ringschlüssel an der in Bild 147 gezeigten Spannrolle ansetzen (13 mm Schlüsselweite) und den Schlüssel in Pfeilrichtung bewegen, bis man an der Pfeilstelle rechts einen abgewinkelten Inbusschlüssel (1) mit einer Schlüsselweite von 6 mm einschieben kann, um die Spannrolle in dieser Stellung zu sperren. Der Riemen kann danach abgenommen werden.

● Rechtes Vorderrad abschrauben und die Verkleidung im Radkasten abmontieren.

● Das Triebwerk aus den Aufhängungen heben, wie es beim „K"-Motor beschrieben wurde (siehe auch Bild 137).

● Die Motoraufhängung auf der rechten Seite ausbauen (siehe Bild 32).

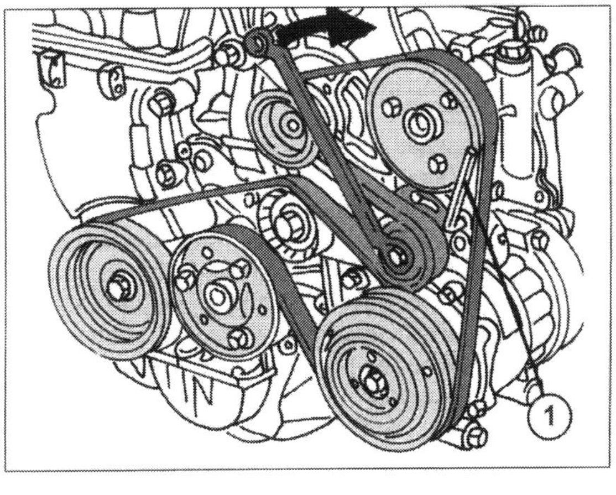

Bild 147
Ausbau des Keilrippenriemens beim 2.0-Liter-Motor (siehe Text).

Bild 148
Den mit dem Pfeil bezeichneten Stopfen herausdrehen, um den Arretierbolzen für die Kurbelwelle einzusetzen.

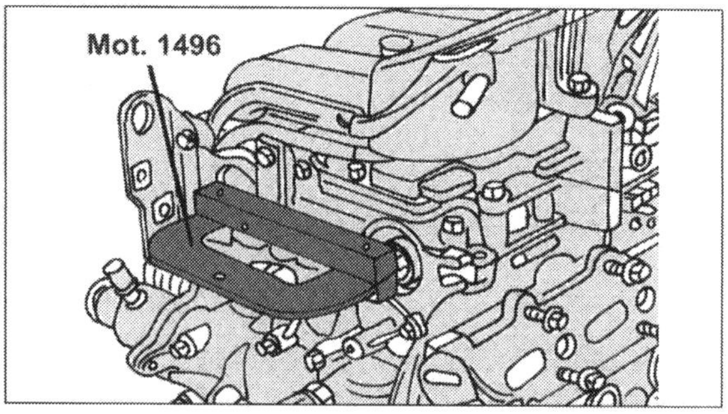

Bild 149
Arretierung der Nockenwellen mit dem Spezialwerkzeug.

Bild 150
Ausrichtung der Scheibenfeder (1) in der Kurbelwelle mit den beiden Rippen (2) am vorderen Deckel.

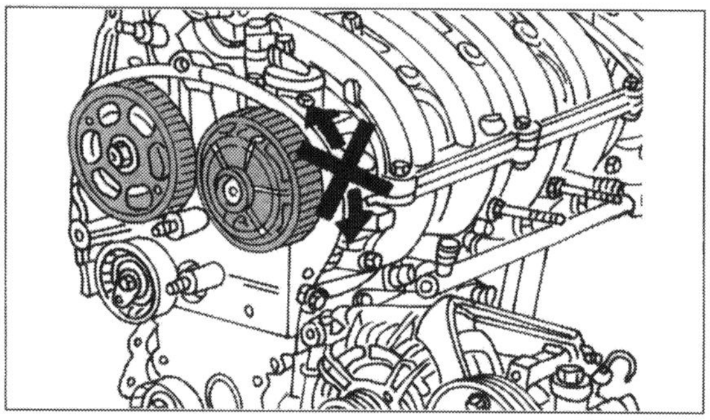

Bild 151
Das Zahnrad des Phasenverstellers der Einlassnockenwelle darf sich nicht bewegen lassen.

- An der Rückseite des Motors einen Kabelstecker und einen Schlauch abschließen, den Kabelstrang vom oberen Zahnriemenschutzdeckel lösen und auf eine Seite drücken.
- Die Kraftstoffleitungen vom unteren Zahnriemenschutzdeckel lösen.
- Den Luftresonanzkasten ausbauen.
- Die beiden Verschlussstopfen der Nockenwellen (in Bild 57 gezeigt) mit einem spitzen Schraubendreher heraushebeln. Den in Bild 148 gezeigten Stopfen (unten rechts, Pfeil) herausdrehen (zum Einsetzen des Arretierbolzens für die Kurbelwelle).
- Den Motor auf den oberen Totpunkt für den ersten Zylinder stellen. Dazu die beiden Nockenwellen durchdrehen, bis die Mitnehmernuten in den Enden der beiden Nockenwellen in der bereits in Bild 58 gezeigten Lage stehen. Die Mitnehmernuten sind außer Mitte gesetzt und die größere Hälfte muss an der Unterseite stehen. In dieser Stellung einen Arretierdorn an der Pfeilstelle in Bild 148 in den Zylinderblock und die Kurbelwelle einsetzen. Da der Spezialdorn nicht zur Verfügung stehen wird, benutzt man einen Bolzen von 8 mm Durchmesser und schiebt ihn an der gezeigten Stelle ein. In Bild 59 ist dargestellt, wie der Bolzen eingreift, wenn man ihn richtig eingesetzt hat.
- Kurbelwellenriemenscheibe ausbauen. Die Welle dabei gegenhalten (z. B. einen Gang einlegen). Andernfalls den Anlasser ausbauen und den Zahnkranz des Schwungrades mit einem kräftigen Schraubenzieher gegenhalten lassen.
- Oberen und unteren Zahnriemenschutzdeckel abschrauben (siehe auch Bild 39).
- Die Spannrolle für den Zahnriemen lösen, um den Zahnriemen zu lockern. Um den Riemen auszubauen, braucht man eine Torx-Kopf-Stecknuss (Größe T50). Die Riemenscheibe lösen und den Riemen abnehmen. Auf der gegenüberliegenden Seite die Laufrolle abschrauben. Die beiden Rollen sind in Bild 146 zu sehen.
- Falls erforderlich das Steuerrad der Kurbelwelle abziehen.

Beim Einbau der Teile folgendermaßen vorgehen. Zu beachten ist, dass unterschiedliche Anweisungen gelten, je nachdem, ob die Nockenwellensteuerräder gelöst wurden.

Hinweis: Falls das Steuerrad der Auslassnockenwelle oder der Phasenversteller der Einlassnockenwelle erneuert werden sollen, kann man der weiter unten gegebenen Beschreibung folgen.

Ohne Lösen der Nockenwellensteuerräder
Hinweis: Das Ende der Kurbelwelle, die Innenseite des Steuerrades der Kurbelwelle und die Bohrung der Kurbelwellenriemenscheibe gründlich von Öl reinigen, um ein Durchrutschen der montierten Teile zu vermeiden (Motorschaden!). *Falls ein neuer Riemen eingebaut wird, müssen die unter 1) oben erwähnten Teile sowie die Spannrolle und die Riemenlaufrollen ebenfalls erneuert werden.*

- Die Mitnehmernuten in den Enden der Nockenwellen waagerecht ausrichten (siehe bereits gezeigtes Bild 58) und die Nockenwellen in dieser Lage halten. Vorschriftsmäßig wird dazu das in Bild 149 gezeigte Arretierwerkzeug benutzt. Andernfalls muss man darauf achten, dass sich die Wellen nicht verdrehen können.
- Kontrollieren, dass der Arretierbolzen eingeschoben ist. Die Nut in der Kurbelwelle (1) in Bild 150 muss an der Oberseite zwischen den beiden Rippen des vorderen Deckels stehen.
- Kontrollieren, dass das Zahnrad des Phasenverstellers der Einlasswelle vollkommen arretiert ist, d. h. die in Bild 151 gezeigte Hin- und Herbewegung darf nicht möglich sein. Beim Aufstecken der Spannrolle darauf achten, dass die Nase an der Rolle in die entsprechende Nut eingreift.

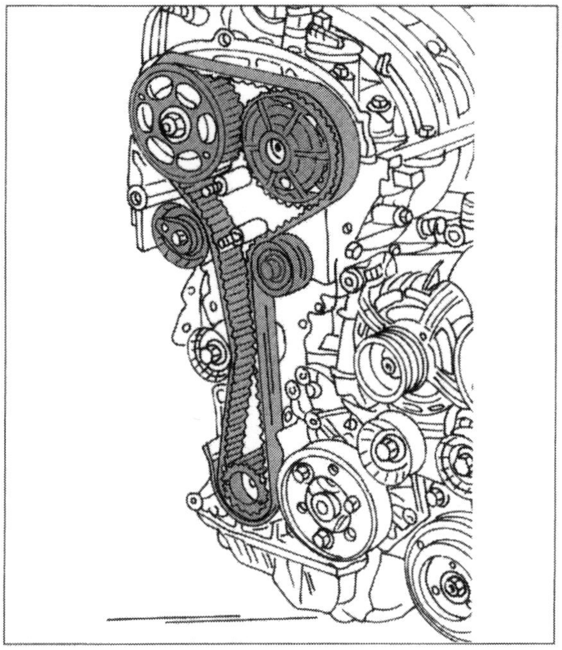

Bild 152
Vorschriftsmäßig aufgelegter Zahnriemen.

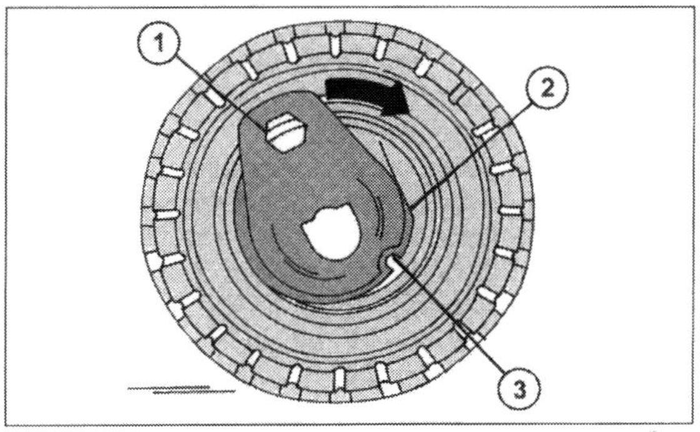

Bild 153
Zur Einstellung der Zahnriemenspannung (siehe Text).

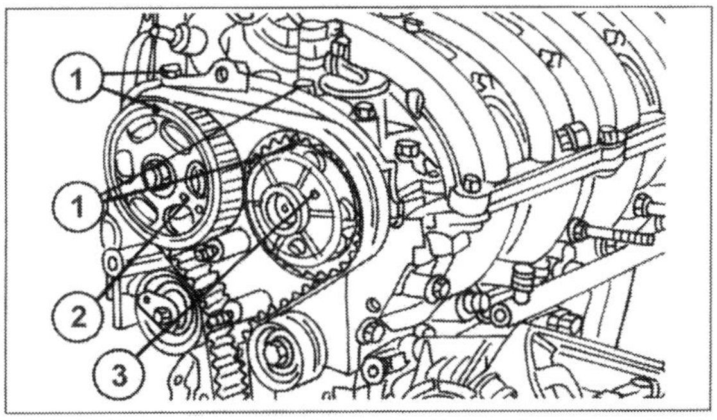

Bild 154
Kennzeichnung der Steuerräder im Verhältnis zum Lagerdeckel der Nockenwelle.

- Den Zahnriemen entsprechend Bild 152 um die einzelnen Steuerräder, die Spannrolle und die Laufrollen legen.
- Die Riemenscheibe für die Nebenantriebe montieren und die Schraube eindrehen, bis ein Spalt von 2 bis 3 mm zwischen dem Schraubenkopf und der Riemenscheibe verbleibt. Vor Wiederverwendung dieser Schraube muss man sie in der Länge ausmessen. Ist sie länger als 49,10 mm, muss sie erneuert werden. Eine neue Schraube uneingeölt einschrauben, eine ursprüngliche Schraube einölen.
- Die Riemenspannung jetzt einstellen. Dazu unter Bezug auf Bild 153 die Spannrolle verdrehen **(auf keinen Fall nach links drehen),** bis die beiden Markierungen (2) und (3) gegenüber stehen. Zum Verdrehen wird ein 6-mm-Inbusschlüssel in die Sechskantöffnung (1) eingesetzt. Die Mutter der Spannrolle vorübergehend mit 7 Nm anziehen, nicht mehr.
- Die Schraube der Riemenscheibe jetzt mit 20 Nm anziehen. Da der Arretierbolzen noch im Block sitzt, entsprechend vorsichtig vorgehen.
- Unter Bezug auf Bild 154 an Stellen (1) eine Markierung mit einem Filzstift einzeichnen. Zu zeichnen sind das Steuerrad der Auslassnockenwelle (2), der Phasenversteller der Einlassnockenwelle (3) und der Lagerdeckel der Nockenwelle.
- Die Arretierung für die Nockenwellen entfernen und den Arretierbolzen aus dem Zylinderblock herausziehen.
- Die Schraube der Kurbelwellenriemenscheibe mit einem Anzugsdrehmoment von 20 Nm anziehen und dann im Winkelanzug um weitere 115° nachziehen (plus oder minus 15°).
- Die Kurbelwelle von vorn gesehen zweimal in Drehrichtung durchdrehen. Ehe die zweite Umdrehung erhalten wird, den Arretierbolzen wieder in den Zylinderblock einsetzen und die Welle langsam weiter durchdrehen, bis das Bolzenende in die Kurbelwellenbohrung hineinrutscht. Den Bolzen jetzt wieder herausziehen.
- Kontrollieren, dass die Fluchtzeichen in Bild 153 noch stimmen. Falls dies nicht der Fall ist, die Einstellung von vorn beginnen. In diesem Fall die Mutter der Riemenspannrolle um eine Umdrehung lockern, während die Rolle durch Einsetzen eines 6-mm-Innensechskantschlüssels gegengehalten wird (Sechskantöffnung 1 in Bild 153). Die beiden Zeichen in eine Linie bringen und die Mutter in dieser Stellung mit 28 Nm angezogen.

Falls die Nockenwellensteuerräder gelöst wurden
Hinweis: Das Ende der Kurbelwelle, die Innenseite des Steuerrades der Kurbelwelle und die Bohrung der Kurbelwellenriemenscheibe, die Nockenwellenenden auf der Steuerseite und die Bohrungen der Nockenwellensteuerräder gründlich von Öl reinigen, um ein Durchrutschen der montierten Teile zu vermeiden (Motorschaden!). *Falls ein neuer Riemen eingebaut wird, müssen die Spannrolle und die Riemenlaufrollen ebenfalls erneuert werden.*

Der Aus- und Einbau der Steuerräder der Nockenwelle wird unter getrennter Überschrift beschrieben. Bei der folgenden Beschreibung wird davon ausgegangen, dass die Steuerräder bereits wieder montiert sind.

- Die Mitnehmernuten in den Enden der Nockenwellen waagerecht ausrichten (siehe bereits gezeigtes Bild) und die Nockenwellen in dieser Lage halten. Vorschriftsmäßig wird dazu das in Bild 149 gezeigte Arretierwerkzeug benutzt. Andernfalls muss man darauf achten, dass sich die Wellen nicht verdrehen können.
- Kontrollieren, dass der Arretierbolzen eingeschoben ist. Die Nut in der Kurbelwelle (1) in Bild 150 muss an der Oberseite zwischen den beiden Rippen des vorderen Deckels stehen.
- Kontrollieren, dass das Zahnrad des Phasenverstellers der Einlasswelle vollkommen arretiert ist, d. h. die in Bild 151 gezeigte Hin- und Herbewegung darf

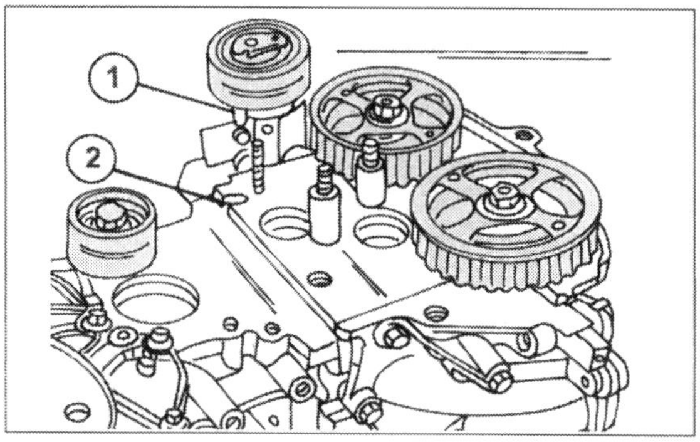

Bild 155
Der Ansatz (1) an der Spannrolle muss beim Aufsetzen der Rolle in die Nut (2) eingesetzt werden.

nicht möglich sein. Beim Aufstecken der Spannrolle darauf achten, dass die Nase an der Rolle in die entsprechende Nut eingreift. Bild 155 zeigt, was damit gemeint ist.

- Den Zahnriemen entsprechend Bild 152 um die einzelnen Steuerräder, die Spannrolle und die Laufrollen legen.
- Die Riemenscheibe für die Nebenantriebe montieren und die Schraube eindrehen, bis ein Spalt von 2 bis 3 mm zwischen dem Schraubenkopf und der Riemenscheibe verbleibt. Vor Wiederverwendung dieser Schraube muss man sie in der Länge ausmessen. Ist sie länger als 49,10 mm, muss sie erneuert werden. Eine neue Schraube uneingeölt einschrauben, eine ursprüngliche Schraube einölen.
- Die Riemenspannung jetzt einstellen. Dazu unter Bezug auf Bild 153 die Spannrolle verdrehen **(auf keinen Fall nach links drehen),** bis die beiden Markierungen (2) und (3) gegenüber stehen. Zum Verdrehen wird ein 6-mm-Inbusschlüssel in die Sechskantöffnung (1) eingesetzt. Die Mutter der Spannrolle vorübergehend mit 7 Nm anziehen, nicht mehr.

Wichtiger Hinweis: Kontrollieren, dass die Mutter und die Schraube der Nockenwellensteuerräder nicht in Berührung mit dem betreffenden Antriebsrad stehen. Außerdem die beiden Nockenwellenräder ab und zu gegen die Nockenwellen drücken.

- Die Kurbelwelle sechs Umdrehungen nach rechts durchdrehen (von der Steuerseite aus gesehen nach rechts). Der Arretierbolzen muss dazu natürlich aus dem Kurbelgehäuse gezogen werden. Falls erforderlich die Markierungen (2) und (3) in Bild 153 erneut in Flucht bringen. In diesem Fall die Mutter der Riemenspannrolle um eine Umdrehung lockern, während die Rolle durch Einsetzen eines 6-mm-Innensechskantschlüssels gegengehalten wird (Sechskantöffnung 1 in Bild 153). Die beiden Zeichen in eine Linie bringen und die Mutter in dieser Stellung mit 28 Nm anziehen.
- Die Schraube der Riemenscheibe jetzt mit 20 Nm anziehen. Da der Arretierbolzen noch im Block sitzt, entsprechend vorsichtig vorgehen.
- Unter Bezug auf Bild 154 an Stellen (1) eine Markierung mit einem Filzstift einzeichnen. Zu zeichnen sind das Steuerrad der Auslassnockenwelle (2), der Phasenversteller der Einlassnockenwelle (3) und der Lagerdeckel der Nockenwelle.
- Die Arretierung für die Nockenwellen entfernen und den Arretierbolzen aus dem Zylinderblock herausziehen.
- Die Schraube der Kurbelwellenriemenscheibe mit einem Anzugsdrehmoment von 20 Nm anziehen und dann im Winkelanzug um weitere 115° nachziehen (plus oder minus 15°).
- Den Arretierbolzen wieder in den Zylinderblock einsetzen. Er muss sich einschieben lassen, wenn die Markierungen an den Nockenwellensteuerrädern entsprechend Bild 154 fluchten.
- Das Steuerrad der Auslassnockenwelle und das Steuerrad der Einlassnockenwelle mit dem Phasenversteller montieren, wie es untenstehend beschrieben wird.
- Arretierwerkzeuge für Nockenwellen und die Kurbelwelle abmontieren, bzw. herausziehen.
- Kontrollieren, dass die Fluchtzeichen in Bild 153 noch stimmen. Falls dies nicht der Fall ist, die Einstellung nochmals wiederholen, wie es oben beschrieben wurde, d. h. die Mutter der Spannrolle wird um eine Umdrehung gelockert und dann verdreht. Mutter abschließend wieder mit 28 Nm anziehen.
- Nochmals kontrollieren, dass die Markierungen an der Riemenspannrolle stimmen, wenn der Arretierbolzen in das Kurbelgehäuse und die Kurbelwelle eingeschoben wird. Die Mitnehmernuten in den Enden der Nockenwellen müssen waagerecht ausgerichtet sein.
- Den Verschlussstopfen in das Steuerrad mit dem Phasenversteller der Einlassnockenwelle mit einem neuen Dichtring in die Öffnung einschrauben und mit 25 Nm anziehen.
- Keilrippenriemen wieder montieren.
- Abschließend neue Dichtstopfen in das Ende der Einlassnockenwelle und der Auslassnockenwelle einschlagen. Dazu werden Spezialschlagdorne in der Werkstatt benutzt. Da beide Dichtringe einen unterschiedlichen Durchmesser haben, muss man entsprechende Rohrstücke benutzen. Siehe Bild 156.

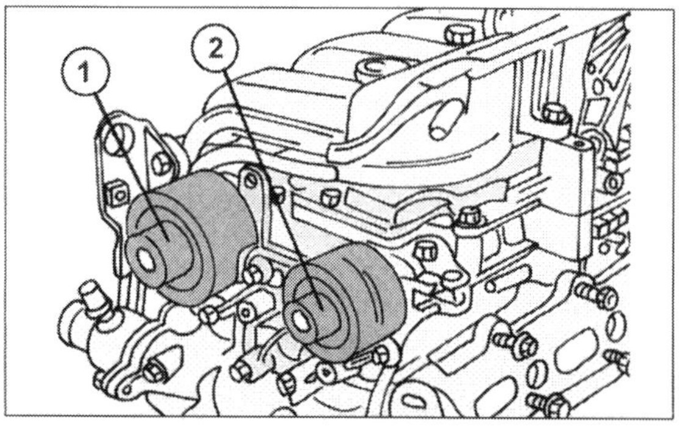

Bild 156
Einschlagen der Dichtstopfen in die Enden der Nockenwellen.
1 Steuerrad der Auslassnockenwelle (größerer Durchmesser)
2 Steuerrad der Einlassnockenwelle

Dieselmotor

Der Aus- und Einbau des Zahnriemens bei dem ursprünglich eingebauten Dieselmotor und den nachfolgend installierten Motoren ist nicht gleich und ist anhand der unten angegebenen Anweisungen durchzuführen:

Ursprünglich eingebauter Motor (F8Q)

- Vorderseite des Fahrzeuges auf der rechten Seite Unterstellböcke setzen und das Vorderrad abschrauben. Das Abdeckblech in der Innenseite des Radkastens ausbauen.
- Massekabel der Batterie abklemmen.

- Motor mit Ketten oder Seilen an ein geeignetes Hebezeug hängen und den Motor aus den Aufhängungen heben. Die Abdeckung der Motoraufhängung auf der Seite der Steuerung abschrauben (drei Stellen) und die Mutter in der Mitte der Aufhängung entfernen (dies ist die in Bild 32 gezeigte Aufhängung).
- Antriebsriemen der Lenkhilfspumpe und den Riemen der Drehstromlichtmaschine ausbauen (siehe betreffendes Kapitel).
- Die Kurbelwelle durchdrehen, bis der Kolben des ersten Zylinders auf OT im Verdichtungshub steht. Renault-Werkstätten benutzen einen Arretierbolzen (Mot. 1054) zu diesem Zweck, welcher in der Nähe des Ölmessstabs in die Seite des Zylinderblocks an der in Bild 157 gezeigten Stelle eingeschoben wird und in eine entsprechende Öffnung im Gegengewicht der Kurbelwelle eingreift. Dadurch wird die Kurbelwelle in der OT-Stellung arretiert. Falls dieser Bolzen nicht zur Verfügung steht, darf man die Kurbelwelle nicht durchdrehen, bis der Zylinderkopf ausgebaut wurde, oder man benutzt einen Metallstab von 8 mm Durchmesser und schiebt diesen ein.
- Kontrollieren, dass das Steuerzeichen im Steuerrad der Nockenwelle im kleinen Sichtfenster an der Oberseite des Zahnriemenschutzdeckels zu sehen ist (siehe Bild 158) und die Schrauben des Schutzdeckels für den Zahnriemen lösen. Die Befestigungsstellen sind in Bild 158 gezeigt. Den Deckel abnehmen.
- Die Steuerzeichen im Zahnriemen anhand von Bild 47 auf den dahinter sitzenden Deckel mit einem Filzstift übertragen. Kleine Linien sind in den Zahnriemen und „Punkte“ in die Steuerräder eingezeichnet. Außerdem sind zwei kleine Pfeile in den Zahnriemen eingezeichnet. Diese Stelle kommt zwischen die Räder der Nockenwelle und der Einspritzpumpe. Nach dem Zusammenbau müssen die Pfeile in Drehrichtung des Motors weisen.
- Die Mutter des Zahnriemenspanners lockern, indem man die Mutter in der Mitte in Pfeilrichtung von Bild 48 verdreht (nicht um mehr als eine Umdrehung). Dabei wird der Riemen locker und kann abgenommen werden. Den Riemen von Öl und Fett fern halten und nicht zu kleinen Krümmungen zusammendrücken. Am besten wird der Riemen an einen Nagel gehängt. *Als Erinnerungsstütze:* Soll der Riemen wieder verwendet werden, kennzeichnet man die Laufrichtung in der Außenseite mit einem Pfeil, jedoch nur einen Filzstift dazu verwenden.

Die Steuerung wird folgendermaßen montiert:

- Kontrollieren, ob der Kolben des ersten Zylinders immer noch auf dem oberen Totpunkt steht, d. h. die Steuerzeichen im Nockenwellensteuerrad und des inneren Deckels stehen gegenüber. Der OT-Stab Mot. 1054 wird in den Zylinderblock eingeschoben, wie es in 157 gezeigt ist. Der Stab greift in die Aussparung der Kurbelwellenwange ein, wie es in Bild 159 zu sehen ist. Ein ähnlicher Stab mit dem gleichen Durchmesser (8 mm) kann ohne weiteres verwendet werden, um den Motor auf den oberen Totpunkt zu bringen.
- Den Zahnriemen zur Hand nehmen und die Pfeile in Bild 48 finden (Pfeil oben). Diese geben die Drehrichtung des Zahnriemens an. Diesen Abschnitt des Riemens zwischen den Steuerrädern der Nockenwelle und der Einspritzpumpe anordnen.
- Die Steuermarken des Zahnriemens in eine Linie mit den Markierungen an den Steuerrädern bringen.
- Den Zahnriemen zuerst über das Steuerrad (1), danach das Steuerrad (2), über Steuerrad (3) und schließlich über das Steuerrad (4) in Bild 47 auflegen.

Der Zahnriemen muss jetzt gespannt werden. Dazu benötigt man ein Spezialwerkzeug, dessen Benutzung unten beschrieben ist.

- Eine M6-Schraube an Stelle „A“ in Bild 160 in das Gewinde das Metallgehäuses einschrauben. Die Schraube anziehen, bis sie gegen den Riemenspanner drückt und dabei den Zahnriemen nach innen schiebt.

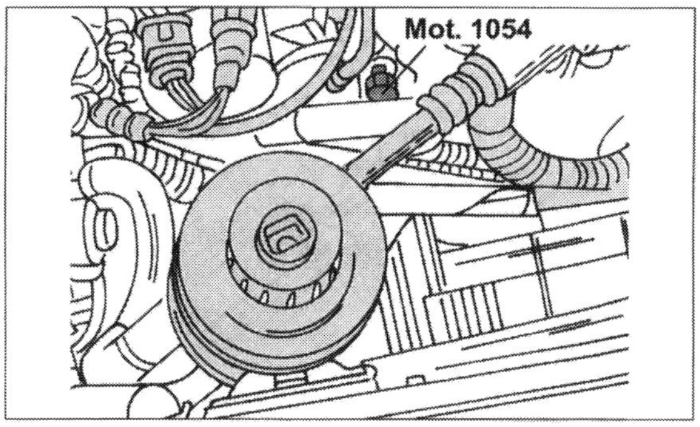

Bild 157
Beim Dieselmotor den Arretierbolzen zum Feststellen der Kurbelwelle an der gezeigten Stelle einschieben.

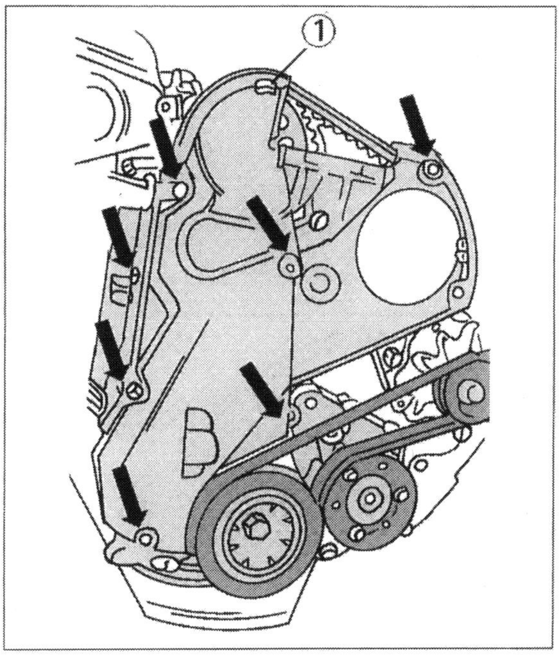

Bild 158
Motor auf den oberen Totpunkt bringen und die Steuermarke in der Öffnung (1) kontrollieren. Die Pfeile weisen auf die Deckelschrauben.

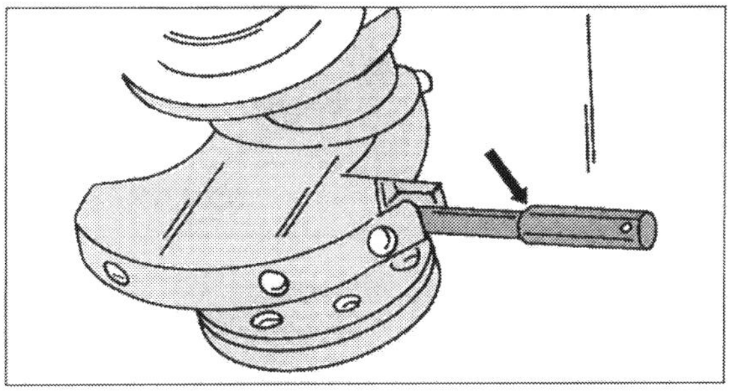

Bild 159
Der OT-Stab greift in der Innenseite in eine Aussparung der Kurbelwellenwange ein. Man muss dabei vorsichtig sein, damit der Stab nicht in eine der Auswuchtbohrungen eingreift.

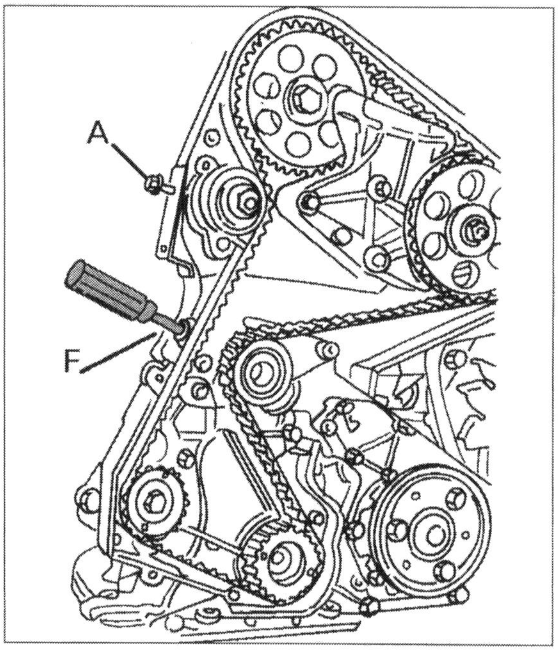

Bild 160
Zum Einbau des Zahnriemens bei einem Dieselmotor (außer den genannten Motoren).

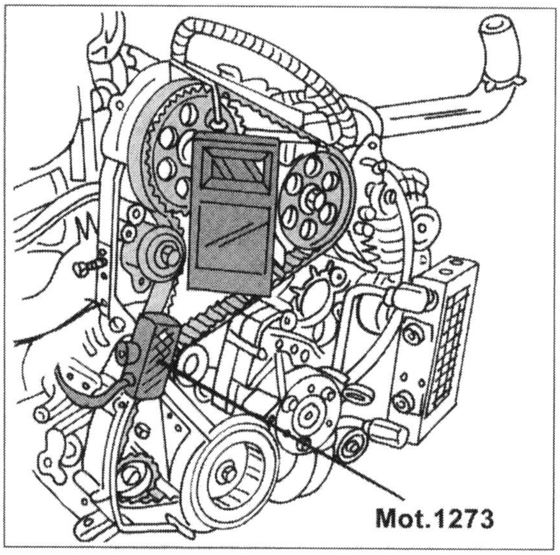

Bild 161
Zum Spannen des Zahnriemens beim Dieselmotor (außer den genannten Motoren) unter Verwendung des Messgeräts (siehe Text).

- Bei Verwendung des Messgeräts wird die Spannung des Zahnriemens in so genannten Seem-Einheiten angegeben. Den Geber des Messgeräts in der in Bild 161 gezeigten Weise ansetzen und den Knopf an der Seite verdrehen, bis er aus dem Eingriff kommt (3 Klicks).
- Die Mutter der Zahnriemenspannrolle lockern und die an der Seite eingesetzte Schraube (Pfeil im Bild) anziehen, bis die Anzeige am Messgerät bei einem neuen Riemen 30 Seem-Einheiten und bei einem gebrauchten Riemen mindestens 25 anzeigt. Die Spannrolle in dieser Stellung festziehen. Die Mutter wird mit 50 Nm angezogen. Drehmoment unbedingt beachten.
- Die Kurbelwelle drei Umdrehungen in normaler Drehrichtung durchdrehen (OT-Stab vorher herausziehen) und den Kolben des ersten Zylinders erneut auf den oberen Totpunkt bringen. Den OT-Stab wieder einschieben. Kontrollieren, dass die Spannung noch stimmt, innerhalb einer Toleranz von 10%.

Hinweis: Wird die Spannung bei einem eingebauten Zahnriemen gemessen, muss der Riemen erneuert werden, falls die Mindestanzeige nicht erhalten wird.

Falls man das in Bild 161 gezeigte Messgerät nicht zur Verfügung hat, kann man die Zahnriemenspannung in der unten beschriebenen Weise einstellen. So wurde sie bis zur Einführung des oben genannten Messgeräts eingestellt. Wir möchten darauf hinweisen, dass diese Einstellweise als Ausweichmethode angegeben ist:

- Die Mutter der Zahnriemenspannrolle lockern und die an der Seite eingesetzte Schraube („A" in Bild 160) anziehen, bis der Zahnriemen unter Spannung kommt.
- Das im Bild gezeigte Messwerkzeug an der linken Laufstrecke des Zahnriemens ansetzen und mit einem Kraftaufwand von 30 Nm gegen den Riemen drücken. Der Riemen sollte einen Ausschlag von 7,0 bis 8,0 mm haben. Falls erforderlich die M6-Schraube weiter anziehen. Dadurch wird die Spannrolle weiter nach innen gedrückt und spannt den Zahnriemen. Die Mutter der Riemenspannrolle anziehen. Die Mutter wird mit 50 Nm angezogen. Drehmoment unbedingt beachten.
- Die Kurbelwelle zwei Umdrehungen in normaler Drehrichtung durchdrehen (OT-Stab vorher herausziehen) und den Kolben des ersten Zylinders erneut auf den oberen Totpunkt bringen. Den OT-Stab wieder einschieben.

In allen Fällen muss die Steuereinstellung jetzt folgendermaßen kontrolliert werden:

- Den Steuerriemendeckel provisorisch anbringen. Durch das „Fenster" an der Oberseite kontrollieren, dass das Steuerzeichen im Nockenwellensteuerrad gegenüber dem Zeiger im „Fenster" steht. Die Zahnriemenspannung danach nochmals prüfen.
- Bei richtig eingestellter Steuerung die M6-Schraube wieder herausdrehen und, falls benutzt, das Messgerät wieder abmontieren. Die Spannrolle beim Anziehen der Mutter gegen Verstellung halten. Das Drehmoment unbedingt einhalten, da eine sich später gelockerte Spannrolle zu Motorschäden führen kann.

Hinweis: Die Einspritzzeiten der Pumpe müssen nach Einstellung oder Erneuerung des Zahnriemens eingestellt werden lassen.

- Den OT-Stab herausziehen und die Zahnriemenabdeckungen unter Bezug auf Bild 158 montieren. Das Steuerzeichen im Antriebsrad der Einspritzpumpe kann man ebenfalls in einem „Fenster" auf der rechten Seite des Motors sehen.
- Schraube in der Mitte der Riemenscheibe mit 20 Nm anziehen und aus dieser Stellung um weitere 115° im Winkelanzug nachziehen (± 15°).
- Alle anderen Arbeiten in umgekehrter Reihenfolge wie beim Ausbau durchführen. Die Motoraufhängung wieder montieren, wie es beim Einbau dieses Motors beschrieben wurde.

F9Q 780-Motor

Die Erneuerung des Zahnriemens sollte man bei diesem Motor einer Werkstatt überlassen, da der Zahnriemenantrieb außerdem mit einer automatisch arbeitenden Riemenspannrolle versehen ist. Außerdem sehen wir die Einstellung der Riemenspannung als ziemlich kompliziert an, so dass wir davon ausgehen, dass man eine gewisse Übung haben muss.

F8Q 632-Motor mit Lucas EPIC-Einspritzanlage
Die Erneuerung des Zahnriemens sollte man bei diesem Motor einer Werkstatt überlassen, da ein neues Messgerät für die Zahnriemenspannung vorgestellt wurde und die EPIC-Einspritzpumpe vollkommen eingestellt werden muss, nachdem der Zahnriemenantrieb wieder eingebaut wurde.

2.8.2 Aus- und Einbau der Nockenwellen

„K"-Motoren
Der Aus- und Einbau der Nockenwellen ist eine Kombination aus den bereits beschriebenen Anweisungen über den Ausbau des Zylinderkopfes. Die entsprechenden Kapitel sind durchzulesen.
Die verbleibenden Arbeiten werden in gleicher Weise wie während der Motorzerlegung durchgeführt. Die Steuerungsteile und den Zahnriemen wieder montieren, wie es in Kapitel 2.8.1 beschrieben ist.

2.0-Liter-Motor
Um die beiden Steuerräder auszubauen, werden in der Werkstatt Spezialwerkzeuge zum Gegenhalten der beiden Riemenzahnräder beim Lösen und Anziehen der Mutter bzw. Schraube benutzt. Da man diese bestimmt nicht zur Verfügung hat, muss man das betreffende Steuerrad in geeigneter Weise gegen Mitdrehen gegenhalten. Bei der folgenden Beschreibung wird davon ausgegangen, dass man dies erfolgreich durchführen kann. Wie das Werkzeug angeschraubt wird, zeigt Bild 162. In der Innenseite ist ein Sperrrad angebracht, welches die beiden Steuerräder gleichzeitig gegen Weiterdrehen sperrt.

Ausbau der Steuerräder

- Den Verschlussstopfen (2) in Bild 162 mit einem Inbusschlüssel mit S/W 14 mm aus dem Ende des Steuerrades der Einlasswelle ausschrauben. Die darunterliegende Schraube des Steuerrades abschrauben (siehe auch Bild 146).
- Die Mutter (3) vom Steuerrad der Auslassnockenwelle abschrauben.
- Beide Steuerräder von den Wellen ziehen. Auf dem Rad der Einlassnockenwelle ist der Phasenversteller angebracht.

Erneuerung der Öldichtringe unter den Steuerrädern

- Die Dichtringe vorsichtig ausheben. Neue Dichtringe werden mit einem Rohrstück und einer großen Scheibe eingezogen. Beim Steuerrad der Auslassnockenwelle muss man eine Stiftschraube in die Bohrung der Nockenwelle einschrauben und die alte Mutter zum Einziehen benutzen. Beim Einziehen des Dichtringes des Steuerrads der Einlassnockenwelle die alte Befestigungsschraube zum Einziehen benutzen. Bild 163 zeigt, wo wie beiden Dichtringe sitzen. Bild 164 zeigt die Teile des Ventiltriebs.

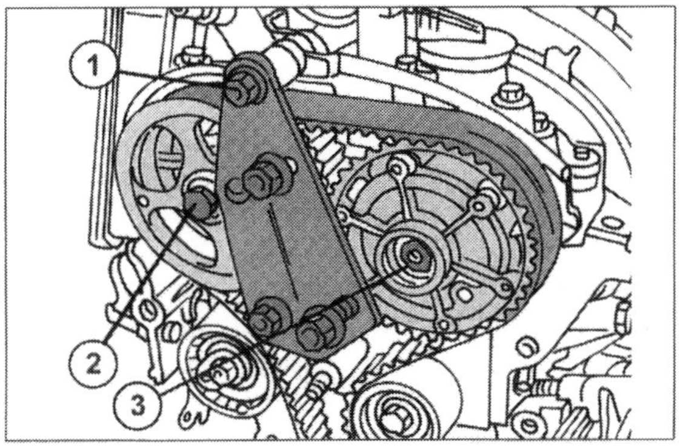

Bild 162
Angebrachter Halter zum Sperren der Nockenwellensteuerräder.
1 Befestigungsmuttern des Halters
2 Verschlussstopfen in Einlassnockenwelle (Schraube sitzt darunter)
3 Mutter des Steuerrads der Auslassnockenwelle

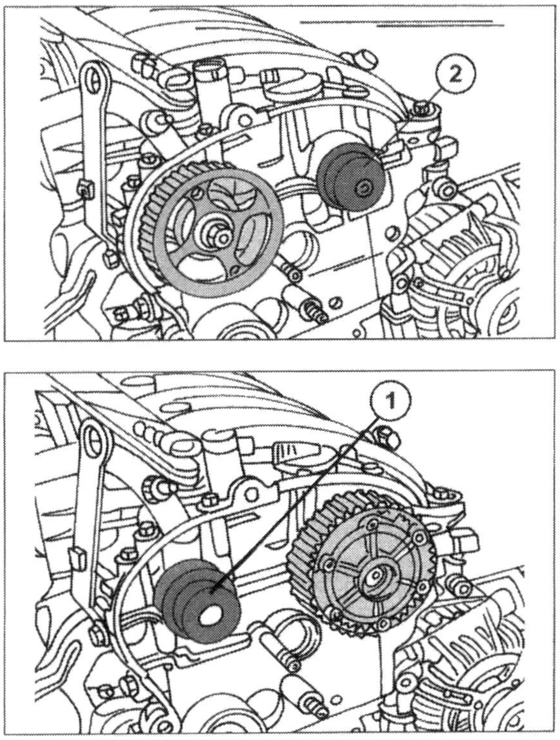

Bild 163
Einziehen des Dichtringes der Einlassnockenwelle (1) in der unteren Ansicht und der Auslassnockenwelle (2) in der oberen Ansicht. Beide Dichtringe können auch getrennt erneuert werden.

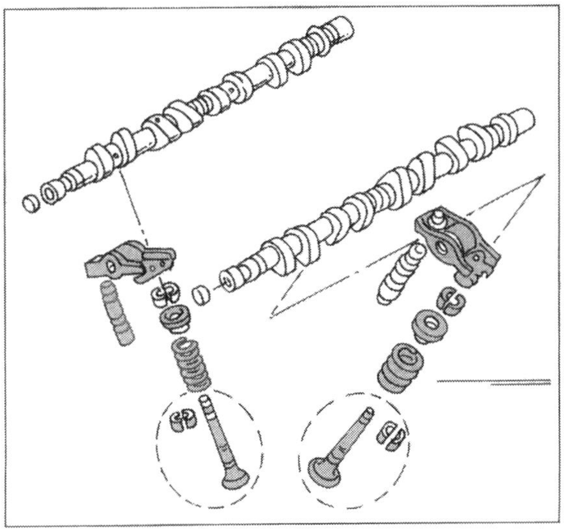

Bild 164
Die Teile des Ventiltriebs. Zu beachten ist, dass die Nockenwellen des F4R-Motors in bestimmter Weise mit einer Kennzeichnung versehen sind, die nicht bei allen Motoren gleich ist (je nachdem, in welches Fahrzeug der Motor eingebaut ist).

Einbau der Steuerräder

- Die Steuerräder auf die beiden Nockenwellen aufschieben und in geeigneter Weise gegen Mitdrehen halten (siehe ebenfalls Bild 162).

Bild 165
Ausmessen des Axialspiels der Nockenwellen bei Benzinmotoren mit zwei Nockenwellen.

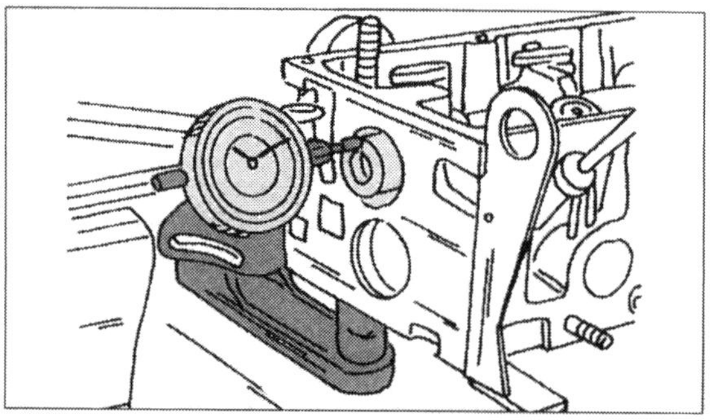

Bild 166
Ausmessen des Axialspiels der Nockenwelle beim Dieselmotor.

- Eine neue Schraube in den Phasenversteller der Einlassnockenwelle einschrauben und mit einem Anzugsdrehmoment von 100 Nm anziehen.
- Eine neue Mutter auf die Stiftschraube des Steuerrades der Auslassnockenwelle aufschrauben und mit einem Anzugsdrehmoment von 30 Nm anziehen. Aus der Endstellung um eine weitere Viertelumdrehung nachziehen (ohne Drehmomentschlüssel).
- Der Zahnriemen kann jetzt wieder eingebaut werden, wie es oben beschrieben wurde.

Dieselmotoren

Der Aus- und Einbau der Nockenwelle verlangt den Ausbau und die Zerlegung des Zylinderkopfes. Diese Arbeiten sind im entsprechenden Kapitel beschrieben.

Die verbleibenden Arbeiten werden in gleicher Weise wie während der Motorzerlegung durchgeführt. Die Steuerungsteile und den Zahnriemen wieder montieren, wie es bereits beschrieben wurde.

2.8.3 Teile der Steuerung überprüfen

Kontrollieren, dass die Nockenwelle nicht verzogen ist, indem man sie mit den äußeren Lagerzapfen in Prismen einlegt und eine Messuhr an den mittleren Lagerzapfen ansetzt. Die Messuhrnadel darf beim Durchdrehen der Welle nicht ausschlagen.

Um das Axialspiel der Nockenwelle zu kontrollieren, muss man wieder auf die Unterschiede innerhalb der einzelnen Motorbaugruppen achten.

Bei einem Benzinmotor

- Eine Messuhr mit einem geeigneten Halter in der in Bild 165 gezeigten Weise am Zylinderkopf anbringen und die Nockenwelle in den Lagern hin- und herbewegen. Falls der Wert die Verschleißgrenze von 0,15 mm erreicht hat, müssen Nockenwelle und Zylinderkopf kontrolliert werden, da die Anlaufflächen verschlissen sein könnten.

Beim Dieselmotor

Um das Axialspiel der Nockenwelle zu kontrollieren, eine Messuhr an der Stirnfläche des Zylinderkopfes ansetzen (wie in Bild 166) und die Welle in den Lagern hin- und herbewegen. Falls der angezeigte Wert mehr als 0,13 mm beträgt, müssen der Zylinderkopf und die Nockenwelle kontrolliert werden, da der Verschleiß an den Anlaufstellen übermäßig groß sein könnte.

3.1 Wissenswertes über die Motorschmierung

Das Öl soll die Reibung vermindern, damit Kolben und Zylinder nebst Kurbelwellenlagern, Ventiltrieb und sonstige Lagerstellen mit möglichst geringem Verschleiß ihren Betrieb verrichten können. Das Motoröl muss aber auch abdichten: Zwischen Kolben und Zylinderwand bleibt trotz der Kolbenringe noch ein gewisser, nur tausendstel Millimeter breiter Spalt. Das Öl muss hier die Feinabdichtung schaffen zwischen Kolben, Kolbenringen und Zylinderlaufflächen. Weiter wird das Öl zur Kühlung herangezogen. Bei der Verbrennung kann nur etwa ein Drittel der anfallenden Energie für die Fortbewegung nutzbar gemacht werden, ein Teil verlässt den Motor als Wärme durch den Auspuff und ein weiterer Teil Wärmeenergie muss über das Kühlwasser und Öl abgeführt werden. So kann z. B. ein Kolben nur durch das Motoröl gekühlt werden. Zum einen wird die Wärme vom Kolben über die Kolbenringe und das abdichtende Öl an die Zylinderlaufflächen und weiter an das Kühlmittel geleitet, und zum anderen kühlt das im Kurbelgehäuse umherspritzende Öl den Kolben direkt. Aber auch jedes einzelne Lager von Kurbelwelle, Nockenwelle usw. wird durch das Öl gekühlt. Die vom Motoröl aufgenommene Wärme wird über die Ölwanne an den Fahrtwind abgeleitet.
Die Motoren-Konstrukteure haben noch spezielle Wünsche an das Öl: Es soll bei den hohen Temperaturen, wie sie an den Zylinderlaufbahnen auftreten, nicht verdampfen. Es darf bei diesen ungünstigen Bedingungen den Schmierfilm nicht abreißen lassen. Wenn es verbrennt, soll dies ohne Rückstände geschehen – Ölverbrauch bedeutet im Grund genommen, dass das Öl verbrannt wird. Das Öl soll Ruß und Schmutz binden, damit sie sich nicht im Motor ablagern. Es soll alterungsbeständig sein, im Motor eine Schlammbildung verhindern und noch einiges mehr.

Prüfen des Motorölstandes
Der Motorölstand wird am besten bei jedem Volltanken kontrolliert. Den Ölmessstab finden Sie seitlich vorn am Motor, wie Ihnen ja bekannt sein wird. Bei der folgenden Beschreibung gehen wir davon aus, dass Sie das Motoröl das erste Mal wechseln.
- Wagen auf waagrechtem Boden abstellen.
- Nach dem Abstellen des vorher warm gefahrenen Motors mindestens fünf Minuten warten, damit alles Öl in die Ölwanne abtropfen kann. Besser ist die Kontrolle vor dem ersten Start bei noch kaltem Motor.
- Den Peilstab ziehen – Vorsicht bei heißem Motor. Mit einem fusselfreien Lappen oder Papiertuch abwischen, bis zum Anschlag wieder hineinschieben, kurz warten und erneut herausziehen.
- An der Peilstabspitze können Sie nun den Ölstand ablesen: Der Pegel muss sich zwischen den Markierungen befinden; dann ist alles in Ordnung.
- Reicht die Schmiermittelmenge nur noch bis zur unteren Markierung, muss Motoröl nachgefüllt werden.

Falls Öl nachgefüllt werden muss, gelten die folgenden Hinweise, bzw. Vorschriften:
- Die Ölmenge zwischen der oberen und unteren Peilstabmarke beträgt ca. 1 Liter. Es passt also eine handelsübliche 1-Liter-Dose Öl in den Motor, wenn sich der Ölstand im unteren Peilstabdrittel befindet. Zum Nachfüllen aus einem 5-Liter-Kanister besorgen Sie sich eine Einfüllkanne. Das Motoröl wird über die Zylinderkopfhaube in den Motor gegossen. Dazu den in den Bildern gezeigten Verschlussdeckel abnehmen. Noch Folgendes beachten:
- Bei gemäßigtem Fahrstil genügt Nachfüllen, wenn sich der Ölstand im unteren Peilstabdrittel befindet. Bei rasanter Fahrweise empfiehlt es sich, den Ölstand nahe der oberen Peilstabmarke zu halten. Die größere Ölmenge kann die Kühlungsaufgaben besser erfüllen.
- Sie erweisen dem Motor keinen Gefallen, wenn Sie zu viel Öl einfüllen. Die MAX-Marke am Peilstab darf nicht überschritten werden. Deshalb besser erst gar nicht versuchen, möglichst genau bis zur Markierung aufzufüllen. Zu viel eingefülltes Öl wird schneller verbraucht und bildet mehr Verbrennungsrückstände und schadet außerdem dem Katalysator, vor allem bei den Benzinmotoren.

Die folgenden Hinweise sollen Ihnen bei Durchführung eines Ölwechsels helfen:
- Manche Ölhersteller haben inzwischen dem Öl Zusätze beigemischt, welche die Schlammbildung verhindern und verschleißmindernd wirken. Ihre Werkstatt hat ein Verzeichnis, mit besonders untersuchten und geeigneten Ölen, und wir raten Ihnen, den Empfehlungen der Werkstatt zu folgen.
- In den Werkstätten kostet der Ölwechsel nach unseren Erfahrungen das meiste Geld, weil nur sehr teure Ölsorten vorrätig sind. Außerdem ist der Motor oft schon wieder kalt, bis das alte Öl abgelassen wird, sodass nicht aller Schmutz herausgeschwemmt wird. Manche Werkstätten berechnen die Arbeit für den Ölwechsel zusätzlich zum Ölpreis. Vorteilhaft ist allerdings, dass die neuesten Betriebsstoffvorschriften des Herstellers vorliegen.
- An Tankstellen kommt der Wagen dagegen meist sofort dran, Sie können auch ein billigeres Öl aus dem Tankstellenverkaufsprogramm auswählen, und im Ölpreis ist die Arbeit des Tankwarts inbegriffen.
- Ölwechsel zu Hause lohnt sich nur dann, wenn Sie das Öl sehr billig einkaufen können und Spaß an dieser Arbeit haben.

Ratgeber: Bei jedem Ölwechsel auch den Ölfilter erneuern. Dies ist für die Lebensdauer des Motors von entscheidender Bedeutung! Die entsprechende Beschreibung erfolgt später in diesem Abschnitt.

Beim Ölwechsel folgendermaßen vorgehen:
- Vor dem Beginn der Arbeit den Motor warm fahren (ca. 10 Minuten Fahrt).
- Das Fahrzeug vorn etwas anheben.
- Den Öleinfülldeckel von der Zylinderkopfhaube abnehmen.

61

- Die Ölablassschraube unten in der Ölwanne etwas lösen. Dazu wird ein Vierkantschlüssel (8 mm) gebraucht.
- Eine kleine Wanne unterschieben und Schraube vollends herausdrehen. Vorsicht, das heiße Öl kommt im Bogen schwungvoll herausgeflossen!
- Wenn das Öl ausgelaufen ist, Ablassschraube zusammen mit einem neuen Dichtring in die Ölwanne hineinschrauben. Behutsam festdrehen (25 Nm).
- Nun den Ölfilter erneuern, wie es im betreffenden Kapitel beschrieben ist.
- Den Motor mit der vorgeschriebenen Menge des empfohlenen Motor füllen und den Verschlussdeckel aufschrauben. Nach einer Weile den Ölstand wie oben beschrieben kontrollieren. Folgende Ölmengen gelten:

- **Für den 1.4- und 1.6-Liter-Motor:** 4,1 Liter Motoröl. Sollte der Ölfilter aus irgendwelchen Gründen einmal nicht gewechselt werden, genügen ca. 3,9 Liter. ***Das Öl sollte alle 10 000 km gewechselt werden.***
- **Für den 2.0-Liter-Motor:** 4,6 Liter Motoröl. Sollte der Ölfilter aus irgendwelchen Gründen einmal nicht gewechselt werden, genügen ca. 4,4 Liter. ***Das Öl sollte alle 10 000 km gewechselt werden.***
- **Für den Dieselmotor:** 5,2 Liter Motoröl mit Filterwechsel. Sollte der Ölfilter aus irgendwelchen Gründen einmal nicht gewechselt werden, genügen ca. ein halber Liter weniger. ***Das Öl sollte alle 7500 km gewechselt werden.***

- Anschließend den Motor starten und den Ölstand sowie Dichtheit an Ölablassschraube und am Ölfilter kontrollieren. Evtl. Ölfilter etwas nachziehen.

Da die Schmierung des Motors einen wichtigen Faktor während der Lebenszeit Ihres Fahrzeuges bildet, möchten wir untenstehend auf einige Besonderheiten eingehen.

Kann ich Motoröl mischen?

Die Ölsorten aller Hersteller lassen sich ohne Gefahr untereinander mischen, auch Einbereichs- mit Mehrbereichsölen. Diese Mischbarkeit ohne schädliche Folgen ist eine Grundforderung der internationalen Ölnormen. Zwar werden spezifische Eigenschaften eines bestimmten Öls durch die Vermischung mit anderem Motoröl möglicherweise leicht beeinträchtigt, da jede Ölmarke ihre eigene Additivkombination besitzt. Die Schmierwirkung ist jedoch nie gefährdet.

Ölverbrauch

Muss nach hoher Laufleistung oft Öl nachgekippt werden, sollten Sie sich einmal die Mühe machen und den Ölverbrauch genau ermitteln:

- Mit Geduld genau bis zur oberen Marke Öl einfüllen.
- Nach 500 oder 1000 km Fahrstrecke Motorenöl aus einem Messbecher nachgießen und den Verbrauch auf 1000 km feststellen.

Ein Teil des Motoröls verbrennt bei seiner Schmiertätigkeit. Ölverbrauch ist also völlig natürlich. Gut eingefahrene Motoren kommen mit 0,2 Liter je 1000 km aus. Wie viel Öl Ihr Fahrzeug braucht, hängt von folgenden Umständen ab:

- Ölüberfüllung bewirkt höheren Verbrauch, denn die Kurbelgehäuseentlüftung bläst das Zuviel wieder zum Motor hinaus.
- Dünnflüssiges Öl verbrennt schneller als dickflüssiges. Einbereichsöl wird in heißem Zustand dünn wie Wasser, Mehrbereichsöl bleibt dickflüssiger. Letzteres kann vor allem bei Langstreckenfahrten den Ölverbrauch senken.
- Motoröl – vor allem Mehrbereichsöl –, welches zu lange im Motor bleibt, muss öfters ergänzt werden.
- Scharfe Fahrweise treibt außer dem Kraftstoffkonsum auch den Ölverbrauch in die Höhe. Besonders stark wirkt sich aus, wenn der neue Motor sofort voll belastet wurde.
- In der Einlaufzeit braucht der Motor etwas mehr Schmiermittel.
- Verschleiß in den Teilen des Motors, z. B. Ventilschaftabdichtungen defekt, Spiel zwischen Ventilführung und Ventilschaft zu groß, Kolbenringe falsch eingebaut (falls man diese erneuert hat) oder schadhaft, beschädigte Zylinderwand durch Kolbenfresser.

Trotz öfterer Kontrolle verbraucht der Motor wenig oder kein Öl

Im winterlichen Kurzstreckenbetrieb kann es vorkommen, dass der Ölstand zwischen den Messungen überhaupt nicht abnimmt oder gar ansteigt. Das ist kein Grund zur Freude, denn dann ist das Motoröl durch Kraftstoff und Kondenswasser verdünnt. Diese in ihrer Schmiereigenschaft wesentlich beeinträchtigte Ölfüllung sollte durch eine regelmäßige, längere Fahrt „aufgekocht" werden, damit die Kondensate verdunsten. Sofort anschließend den Ölstand kontrollieren, da der Pegel durch die verdunsteten Benzin/Wasseranteile erheblich absinkt! Bei extremem Stadtbetrieb ohne zwischenzeitliche Langstreckenfahrt sollten Sie das Öl vor den üblichen Intervallen wechseln. Das eigentliche Wartungsintervall wird man nach Erfahrungen ermitteln, falls Sie das Fahrzeug längere Zeit haben.

Welches Öl soll ich einfüllen?

Beim Öleinkauf müssen Sie grundsätzlich auf zweierlei achten:

- Die Ölqualität: Alle Fahrzeughersteller haben eine eigene Schmierstoff-Versuchsabteilung, wo ständig alle erhältlichen Motoröle untersucht werden. Erfüllt das untersuchte Produkt alle Anforderungen, wird es namentlich in einer Freigabeliste aufgeführt. Die Listen sind sehr lang. Für Auskünfte bzw. Einblicke wenden Sie sich an die Renault-Vertragswerkstatt. Die Qualität des Motoröls wird mit unterschiedlichen Systemen bezeichnet. Neben der verbreiteten Bezeichnung vom Amerikanischen Petroleum Institut (API) gibt es noch die der europäischen Autohersteller (CCMC), eine vom US-Militär (MIL) und noch einige weitere.
- Das Fließverhalten des Öls, also die Dick- bzw. Dünnflüssigkeit bestimmt, ob der Anlasser den kalten Motor durchdrehen kann, alle Schmierstellen nach dem Kaltstart sofort versorgt werden und bei hohen

Temperaturen und Drehzahlen der Schmierfilm nicht abreißt. Die amerikanische Society of Automotive Engineers (SAE) hat die Öle entsprechend ihrer Zähflüssigkeit in Klassen eingeteilt. Die reichen vom dünnflüssigen Winteröl SAE 5 W, 10 W, 15 W über die Zwischenstufe SAE 20 W/20 zu den dickflüssigen Sommerölen SAE 30, 40 und 50. Mehrbereichsöl besitzt Viskositätsindex-(V1)-Verbesserer – lange Molekülketten, die beim Erhitzen quellen und beim Abkühlen wieder schrumpfen. Das Öl kann sich damit den Temperaturen elastisch anpassen und mehrere Viskositätsklassen überspannen. Ein Öl SAE 15 W-50 entspricht bei einer Temperatur von –15°C der Zähflüssigkeitsklasse 15 W und bei 100°C der Klasse 50. Problematisch ist bei manchen Mehrbereichsölen, dass die Molekülketten ihrer Viskositäts-Verbesserer mit der Zeit regelrecht klein gehackt (abgeschert) werden können. Dann ist die obere Zähflüssigkeitsklasse nicht mehr voll erhalten, das Öl also nicht mehr so temperaturbeständig. Aus diesem Grund sind Mehrbereichsöle der Klassen SAE 10 W-30 und 5 W-20 in der warmen Jahreszeit nicht freigegeben.

Ich habe Ölschlammbildung im Motor festgestellt
Mit der Einführung moderner Einspritzsysteme und dem Katalysator kommt es in den Motoren aller Hersteller verstärkt zur Ölschlammbildung. Verdichteter Ölschlamm behindert die Motorschmierung durch verstopfte Ölkanäle und der Motor kann so recht schnell zerstört werden. Die Ölschlammbildung erkennen Sie auf der Innenseite der ausgebauten Zylinderkopfhaube oder wenn Sie bei herausgedrehter Ölablassschraube mit dem Finger über den Boden der Ölwanne streifen.

Die Ursachen für die Schlammbildung sind unter anderem:

- Die Gemischaufbereitung arbeitet in allen Lastbereichen des Motors möglichst „mager" (viel Sauerstoff), um Kraftstoff zu sparen. Hierbei entstehen zwangsläufig mehr Stickoxide, welche das Motoröl belasten.
- Die Motorölwechselintervalle sind inzwischen so groß, dass die Motorenöle eher bis an ihre Leistungsgrenze belastet werden. Daher unbedingt den Ölwechsel pünktlich ausführen. Bei überwiegendem Kurzstreckenverkehr den Ölwechsel eher durchführen.

3.2 Kurze Beschreibung der Anlage

Der Motor wird mit einer Druckumlaufschmierung durch eine Zahnradpumpe mit Öl versorgt. Die folgenden Unterschiede liegen bei den behandelten Motoren vor:

- Der Antrieb der Ölpumpe aller Motoren geschieht durch eine Kette vom Ende der Kurbelwelle.
- Der Antrieb der Ölpumpe des Dieselmotors mit indirekter Einspritzung erfolgt jetzt bei allen in dieser Ausgabe behandelten Motoren mit Hilfe einer getrennten Kette. Der Dieselmotor mit Direkteinspritzung wurde ab Baubeginn mit einem Kettenantrieb für die Ölpumpe hergestellt.

Der Ölfilter ist in die Seite des Zylinderblocks angeschraubt. In der Werkstatt wird ein Spezialschlüssel zum Lösen des Filters benutzt. Beim Filter handelt es sich um eine Wegwerf-Filterpatrone.

Das Anzugsdrehmoment des Ölablassstopfens beträgt 25 Nm. Die Ölwanne kann bei eingebautem Motor ausgebaut werden, jedoch ist es erforderlich, dass man den vorderen Nebenrahmen absenkt; um die Ölwanne herauszubekommen.

3.3 Die Ölpumpe (Ölwanne)

3.3.1 Aus- und Einbau

Bei der folgenden Beschreibung werden der Aus- und Einbau der Ölwanne und der Ölpumpe zusammengefasst.

Da sich die Arbeiten bei den verschiedenen Motoren unterscheiden, ist es wichtig, dass man unter dem in Frage kommenden Motor nachliest, d. h. Benzinmotoren und Dieselmotor (F8Q-Motor mit indirekter Einspritzung und der F9Q-Motor mit Direkteinspritzung).

Arbeiten an den Benzinmotoren

Bei allen Motoren ist der Ausbau der Ölwanne eine komplizierte Arbeit, da der gesamte Nebenrahmen, einschließlich von Teilen der Vorderradaufhängung ausgebaut werden müssen. Abgesehen davon, muss man natürlich die Lenksäulenwelle trennen. Da dies

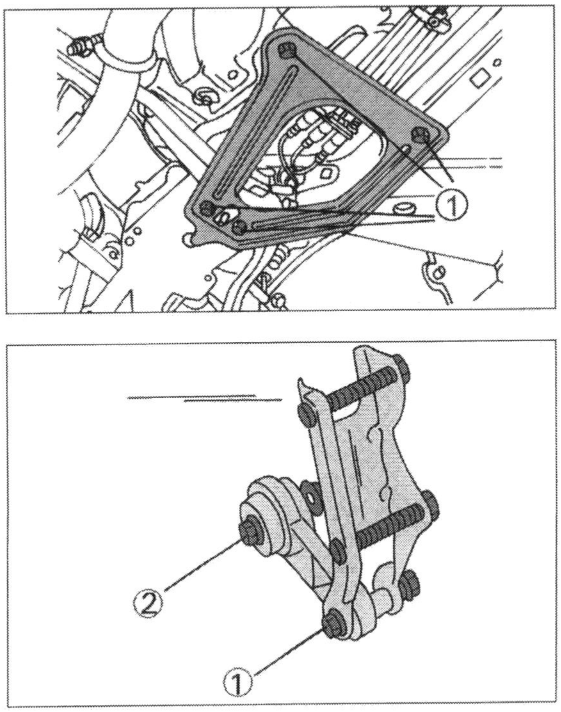

Bild 167
Oberes Bild: Die gezeigten Versteifungen nach Lösen der Schrauben (1) abmontieren.
Unteres Bild: Die Schrauben (1) und (2) der Spannstrebe (Drehmomentstütze) am Motor lösen, ohne die Schrauben zu entfernen. Gezeigt ist die Strebe bei einem „K"-Motor.

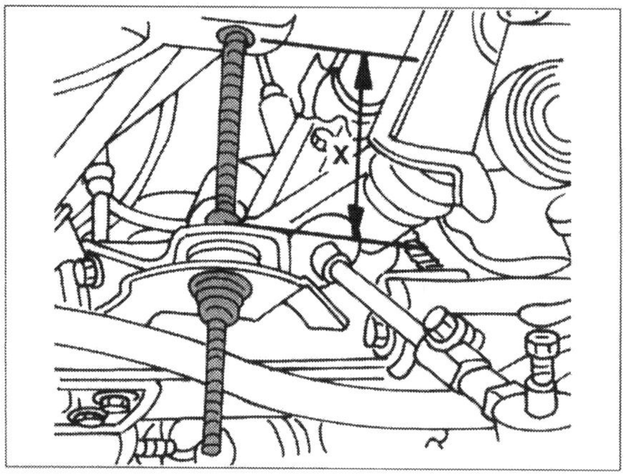

Bild 168
Einschrauben von langen Stiftschrauben (in der Werkstatt werden natürlich Spezialbolzen verwendet) neben der Spurstange (oben) und unterhalb der Bremsscheibe (unten). Die Muttern lösen, bis das Maß „X" auf beiden Seiten dem angegebenen Wert entspricht. Andere Werte gelten bei den Dieselmotoren.

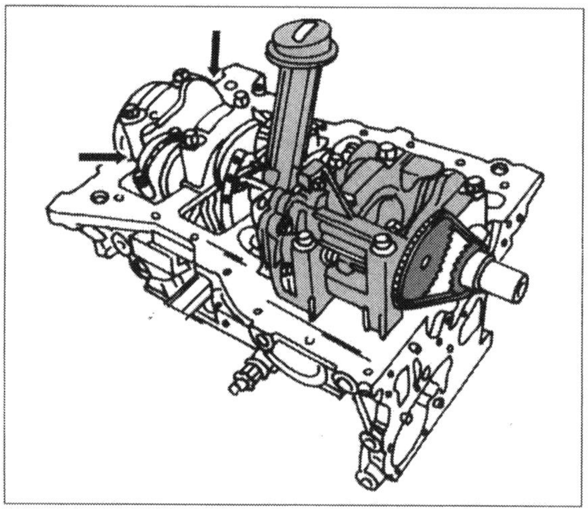

Bild 169
Eingebaute Ölpumpe. An den Pfeilstellen wird die genannte Dichtungsmasse aufgetragen.

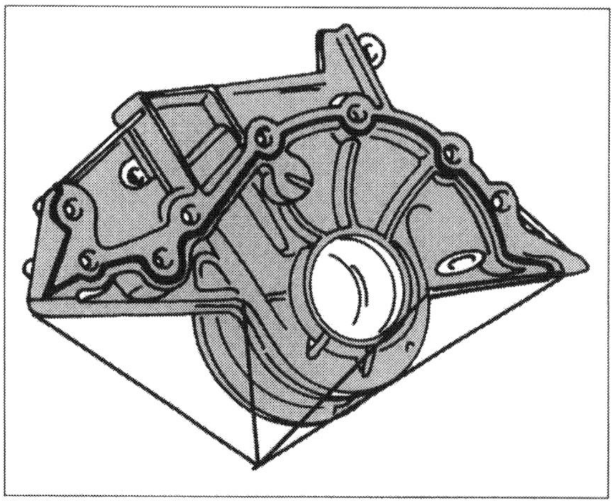

Bild 170
An der Trennfuge an den gezeigten Stellen die genannte Dichtungsmasse auftragen.

mit Arbeiten am Airbag verbunden ist, und die Lenksäulenwelle getrennt werden muss, müssen die Vorderräder **genau** in die Geradeausstellung gebracht werden, damit sich der Drehschalter unter dem Lenkrad nicht verdrehen kann. Nur wenn man etwas Erfahrungen hat, sollte man sich an diese Arbeit herantrauen. Zum Absenken des Nebenrahmens muss man sich lange Stiftschrauben herstellen, welche in der unten beschriebenen Weise zu benutzen sind.

- Fahrzeug vorn auf Böcke setzen oder auf eine Hebebühne auffahren, falls man Zugang zu einer solchen hat.
- Batterie abklemmen, Schutzblech unter dem Motorraum ausbauen, falls vorhanden, und das Motoröl ablassen.
- Vorderräder abschrauben und das Abdeckblech im rechten Radkasten abmontieren.
- Mutter und Exzenterschraube des Kreuzgelenks der Lenkwelle entfernen, nachdem die Schutzabdeckung zurückgeschoben wurde. *Das Lenkrad muss unbedingt in der Mittelstellung stehen.*
- In der genannten Reihenfolge die Kugelgelenke der Querlenker und Spurstangen trennen (Abschnitt „Vorderradaufhängung").
- Die Spannstreben zwischen Nebenrahmen und Karosserie ausbauen (Bild 167) und das Schaltgestänge vom Getriebe abschließen.
- Die Schraube (1) in der unteren Ansicht von Bild 167 lösen und entfernen und die Schraube (2) lösen, ohne sie herauszudrehen.
- Die unteren Stoßfängerbefestigungen lösen.
- Von der Unterseite des Motors die Schrauben des Nebenrahmens ausfindig machen. Nach Lösen der ersten Schraube eine lange Stiftschraube des entsprechenden Gewindes einschrauben, mit einer Mutter auf dem Ende der Stiftschraube. Die Mutter anziehen, sodass der Nebenrahmen in seiner Lage bleibt. Diese Arbeit an allen Nebenrahmenschrauben (3 Stück) durchführen.
- Nach Lösen aller Schrauben die Muttern auf den eingeschraubten Stiftschrauben lösen, bis die im Bild 168 gezeigten Maße an den gezeigten Stellen 9 cm betragen, d. h. der Nebenrahmen muss um dieses Maß gesenkt werden.
- Den Ölmessstab herausziehen, die Befestigung des Kabelstrangs an der Ölwanne und der Lenkflüssigkeitsleitung unter dem Getriebe lösen, falls man annimmt, dass diese im Wege ist.
- Bei allen Motoren die Ölwanne abschrauben und nach unten absenken.
- Die Ölpumpe jetzt abschrauben und etwas abkippen, um sie aus dem Eingriff mit der Antriebskette zu bringen. Bild 169 zeigt, wo die Ölpumpe sitzt.

Der Einbau der Ölpumpe findet in umgekehrter Reihenfolge statt. Pumpe etwas ankippen, und das Kettenrad in Eingriff mit der Kette bringen. Die Pumpe flach gegen das Kurbelgehäuse ansetzen, die Schrauben eindrehen und die Schrauben der Reihe nach mit ca. 25 Nm anziehen.

Beim Einbau der Ölwanne folgende Punkte beachten:

- Etwas Dichtungsmasse (in der Werkstatt wird Rhodorseal 5661 benutzt) links und rechts des ersten Lagerdeckels auf die Zylinderblockfläche (siehe Pfeilstellen in Bild 169) und auf der anderen Seite auf die in Bild 170 gezeigte Verbindungsfuge zwischen vorderen Deckel und Zylinderblock aufschmieren.

- Ölwanne mit einer neuen Dichtung montieren und die Schrauben gleichmäßig von der Innenseite nach außen vorgehend mit einem Drehmoment von 8 Nm anziehen. Im zweiten Durchgang alle Schrauben gleichmäßig über Kreuz mit 14 Nm anziehen.
- Alle anderen Arbeiten in umgekehrter Reihenfolge durchführen. Die Schrauben des Nebenrahmens vorn mit 62 Nm und hinten mit 105 Nm anziehen. Weitere Anzugsdrehmomente: Lenkwellengelenk 30 Nm, Schraube der Motorstützstrebe 62 Nm, Stützstrebe an Nebenrahmen 30 Nm, Querlenkerkugelgelenk 60 Nm, Radbolzen 90 Nm.

Arbeiten am Dieselmotor

Aus- und Einbau der Ölwanne

Der Aus- und Einbau der Ölwanne findet in der oben beschriebenen Weise statt. Wie bei den anderen Motoren ist die Arbeit wiederum sehr umfangreich. Unterschiedlich sind die in Bild 168 gezeigten Masse herzustellen.

- Beim F8Q-Motor das Maß „X" in der oberen Ansicht auf 7 cm, das Maß „X" in der unteren Ansicht auf 9 cm bringen.
- Beim F9Q 780-Motor (Direkteinspritzung) das Maß „X" in der oberen Ansicht auf 5 cm, das Maß „X" in der unteren Ansicht auf 6 cm bringen.

Beim Einbau der Ölwanne folgende Punkte beachten:

„F9Q" 780-Motor (Direkteinspritzung)

- Etwas Dichtungsmasse (in der Werkstatt wird Rhodorseal 5661 benutzt) links und rechts des ersten Lagerdeckels auf die Zylinderblockfläche und auf der anderen Seite auf die Verbindungsfuge zwischen vorderen Deckel und Zylinderblock aufschmieren.

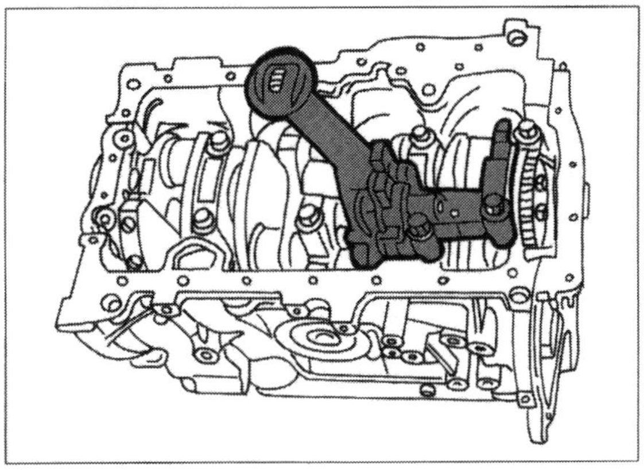

Bild 171
Eingebaute Ölpumpe bei einem Dieselmotor. Bei den Benzinmotoren sieht es ähnlich aus.

- Ölwanne mit einer neuen Dichtung montieren und die Schrauben gleichmäßig von der Innenseite nach außen vorgehend mit einem Drehmoment von 10 Nm anziehen.
- Alle anderen Arbeiten in umgekehrter Reihenfolge durchführen. Die Schrauben des Nebenrahmens vorn mit 62 Nm und hinten mit 105 Nm anziehen. Weitere Anzugsdrehmomente: Lenkwellengelenk 30 Nm, Schraube der Motorstützstrebe 62 Nm, Stützstrebe an Nebenrahmen 30 Nm, Querlenkerkugelgelenk 60 Nm, Radbolzen 90 Nm.

„F8Q"-Motor (Diesel)

- Eine Wulst der oben angegebenen Dichtungsmasse in einer Breite von 1 mm ringsherum auf die Dichtfläche der Ölwanne auftragen (nicht die Löcher verschmieren) und die Ölwanne am Zylinderblock ansetzen. Zwei der Ölwannenschrauben einschrauben und die Ölwanne einstweilen festziehen.
- Die Stiftschrauben in das Getriebe schrauben und die Muttern aufschrauben (25 Nm).
- Die verbleibenden Schrauben eindrehen und gleichmäßig ringsherum mit 12 bis 15 Nm anziehen.
- Schrauben des Nebenrahmens anziehen, vorn mit 62 Nm, hinten mit 105 Nm. Die Klemmschraube des Lenkwellengelenks mit 30 Nm anziehen.

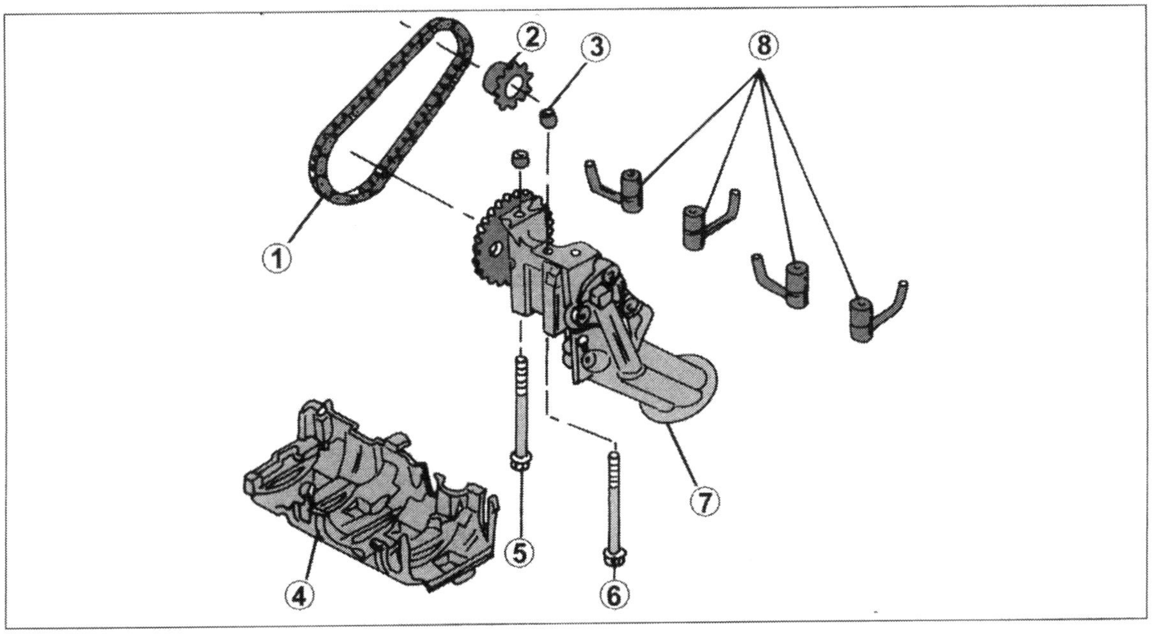

Bild 172
Die Teile der Ölpumpe und des Antriebs bei einem „K"-Motor. Der in Bild 173 gezeigte Öldruckschalter ist auch bei diesen Motoren eingeschraubt.
1 Antriebskette
2 Kettenrad auf der Kurbelwelle
3 Passhülse
4 Ölleitblech im Kurbelgehäuse
5 Pumpenschraube
6 Pumpenschraube
7 Ölpumpe, cplt.
8 Ölspritzdüse zur Kolbenkühlung

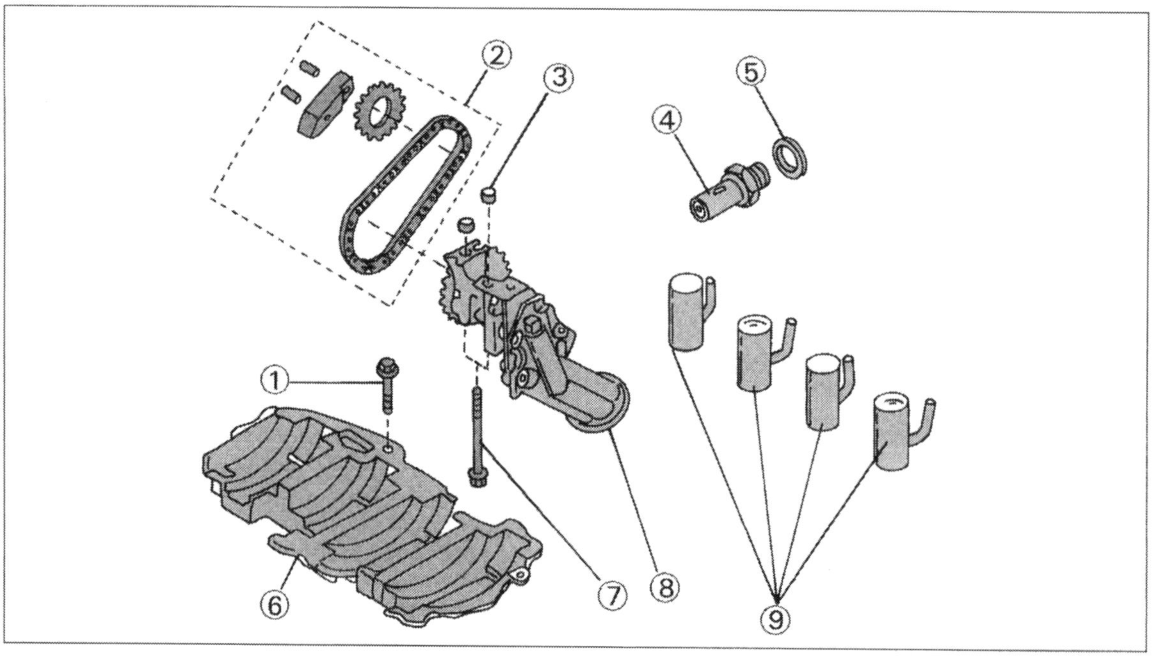

Bild 173
Die Teile der Ölpumpe und des Antriebs bei einem 2.0-Liter-Motor.
1 Schraube des Ölleitblechs
2 Reparatursatz, Kette und Antriebsteile
3 Passhülsen
4 Öldruckschalter
5 Dichtring
6 Ölleitblech
7 Schraube, Pumpe an Kurbelgehäuse
8 Ölpumpe, komplett
9 Ölspritzdüsen

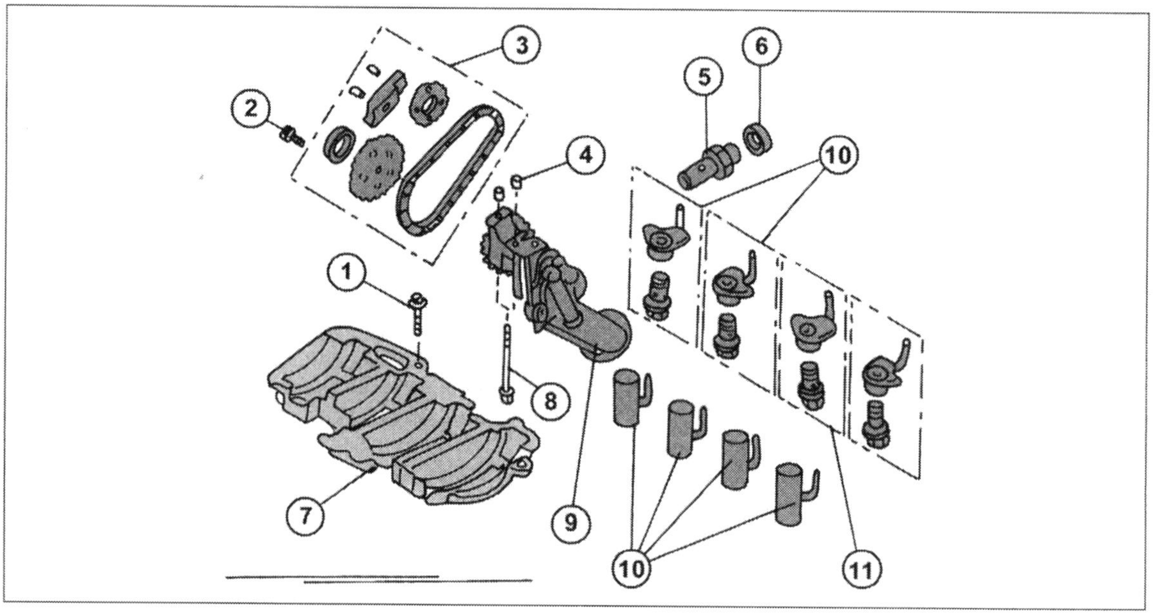

Bild 174
Die Teile der Ölpumpe und der Motorschmierung bei einem Dieselmotor.
1 Schraube, Ölleitblech
2 Schraube, Kettenrad an Pumpenflansch
3 Reparatursatz, Pumpenantrieb
4 Passhülse
5 Öldruckschalter
6 Dichtring
7 Ölleitblech
8 Pumpenschraube
9 Ölpumpe
10 Ölspritzdüsen zur Kolbenkühlung
11 Ölspritzdüsen zur Kolbenkühlung

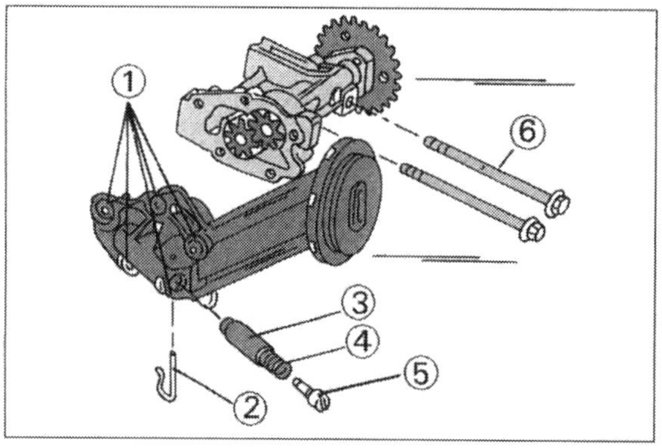

Bild 175
Montagebild der Ölpumpe beim „K"-Motor. Ähnlich bei anderen Motoren.
1 Pumpendeckelschrauben
2 Federspange
3 Anschlagschraube
4 Rückholfeder
5 Kolbenschieber
6 Pumpenschrauben

Aus- und Einbau der Ölpumpe

- Die Ölpumpe jetzt abschrauben und etwas abkippen, um sie aus dem Eingriff mit der Antriebskette zu bringen. Bild 171 zeigt wo die Ölpumpe am Motor sitzt.

Der Einbau der Ölpumpe findet in umgekehrter Reihenfolge statt. Pumpe etwas ankippen, und das Kettenrad in Eingriff mit der Kette bringen. Die Pumpe flach gegen das Kurbelgehäuse ansetzen, die Schrauben eindrehen und die Schrauben der Reihe nach mit ca. 25 Nm anziehen.

3.3.2 Reparatur der Ölpumpe

Bilder 172 bis 174 zeigen die Teile der Motorschmierung. Die Ölpumpe kann in der folgenden Weise zerlegt werden. Falls die Antriebskette erneuert werden soll, kommen die in Bild 173 mit „2" bezeichneten Teile bei einem 2.0-Liter-Motor im Reparatursatz. In diesem Fall müssen alle gezeigten Teile erneuert werden. Die Zerlegung der Pumpe kann unter Bezug auf Bild 175 durchgeführt werden. Das Bild zeigt die Pumpe eines „K“-Motors (1.4- und 1.6-Liter). Beim 2.0-Liter-Motor sieht es ähnlich aus.

- Die fünf Schrauben (1) herausdrehen und den Pumpengehäusedeckel abnehmen.
- Die Federspange (2) aus dem Unterteil der Pumpe herausziehen. Darauf achten, wie sie eingesetzt ist. Die Anschlagschraube (3) herausdrehen, die Feder (4) entfernen und den Schieber des Rückschlagventils (5) herausziehen.
- Alle Teile gründlich reinigen und wie oben beschrieben kontrollieren. Der Spalt (A) in Bild 176 und der Spalt „B“ in Bild 177 entsprechen den angegebenen Werten.
- Pumpe in umgekehrter Reihenfolge zusammenbauen.

3.4 Ölfilter erneuern

Zum Ausbau des Filters ist ein Filterspannband erforderlich, wie es in Bild 178 gezeigt ist. In der Abbildung wird eine bestimmte Ausführung gezeigt, jedoch sind verschiedene andere Schlüssel erhältlich, die auf dem gleichen Prinzip arbeiten. Andernfalls ein Stück Schmirgelleinwand um den Filter legen, mit der Schmirgelseite gegen den Filter, den Filter mit beiden Händen erfassen und abschrauben. Vor dem Ausbau des Filters die Batterie abklemmen. Der Filter ist entweder direkt am Zylinderblock oder am eingebauten Ölkühler (2.0-Liter-Motor und Dieselmotoren) angeschraubt.

Den Dichtring eines neuen Filters einölen und den Filter anziehen, bis er soeben gegen den Zylinderblock ansitzt. Aus dieser Stellung den Filter mit den Händen um eine weitere Viertelumdrehung anziehen.

Den Filter nochmals lösen und erneut anziehen, bis der Gummidichtring den Zylinderblock berührt. Aus dieser Stellung die Filterpatrone um eine Viertelumdrehung anziehen und wieder lockern. Den Filter nochmals anziehen, bis er den Gummiring berührt und dann um eine weitere Dreiviertelumdrehung anziehen. Falls erforderlich zusätzliches Öl in den Motor einfüllen.

Beim Kauf eines neuen Filters immer den Motor angeben, damit man nicht den falschen Filter einbaut. Das Gewinde für den Filteranschluss ist nicht unbedingt bei allen Filtern gleich.

Nach Einbau des neuen Filters den Motor anlassen und auf Betriebstemperatur bringen. Die Filteranschlussstelle auf eine öldichte Verbindung überprüfen.

3.5 Öldruck überprüfen

Falls ein geeignetes Anschlussstück zur Verfügung steht, welches man mit einem Manometer in die Bohrung für den Öldruckschalter einschrauben kann, lässt sich der Öldruck bei laufendem Motor kontrollieren. Der Gewindedurchmesser ist nicht bei allen

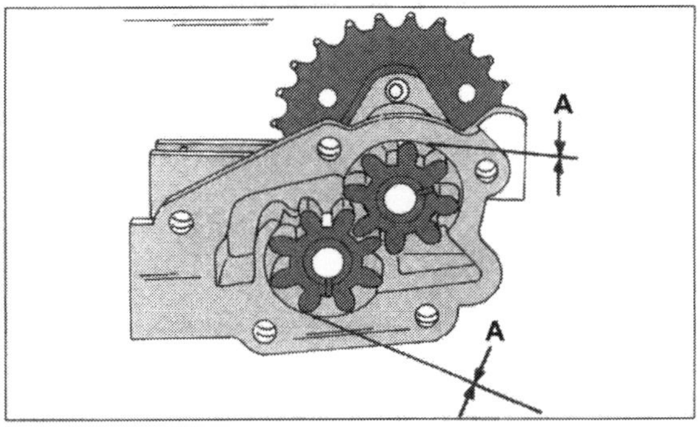

Bild 176
Ausmessen des Spalts zwischen den Zahnrädern und der Pumpengehäusebohrung bei einer Pumpe mit Kettenantrieb. Der Spalt wird an Stelle „A“ gemessen (nicht mehr als ca. 0,25 mm).

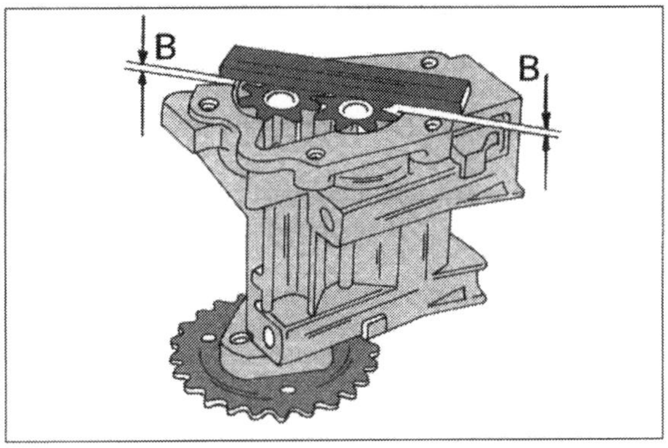

Bild 177
Ausmessen des Axialspiels (B) der Pumpenräder bei einer Pumpe mit Kettenantrieb (nicht mehr als ca. 0,085 mm).

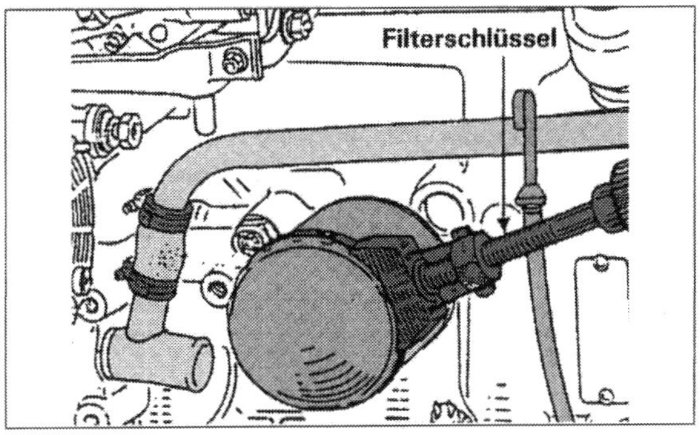

Bild 178
Verwendung eines Spannbandes zum Ausbau des Ölfilters. Dazu kann man auch einen anderen Filterschlüssel benutzen.

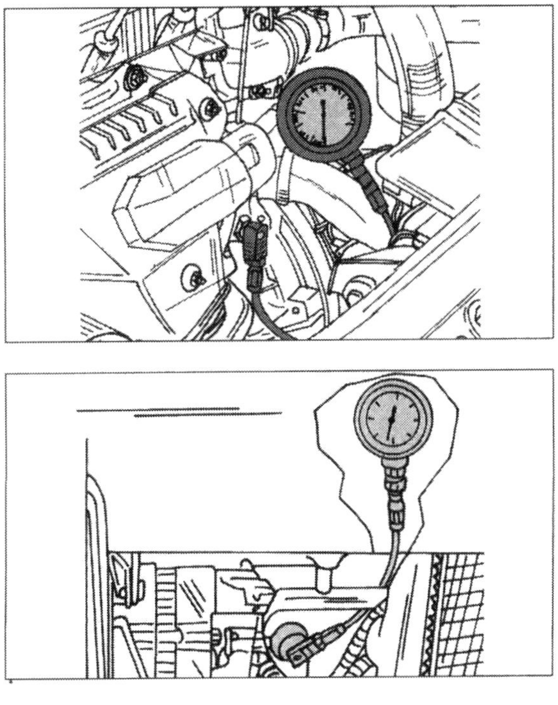

Bild 179
Anschlussweise des Öldruckmessers, gezeigt bei einem 1.4- oder 1.6-Liter-Motor in der oberen Ansicht. Beim 2.0-Liter-Motor sieht es ähnlich aus. Beim Dieselmotor den Öldruckmesser entsprechend der unteren Ansicht anschließen.

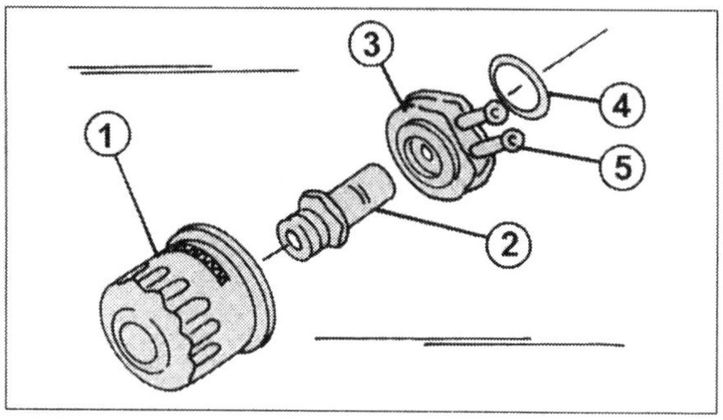

Bild 180
Die Teile des Ölkühlers (Dieselmotor).
1 Ölfilter
2 Verbindungsstück
3 Ölkühler
4 Dichtring
5 Anschlussstücke für Kühlmittelschläuche

Motoren gleich. Motor laufen lassen, bis eine Temperatur von 80°C erhalten wird, d. h. das Fernthermometer zeigt einen betriebswarmen Motor an.

- Motor abstellen, den Öldruckschalter abklemmen und herausdrehen. Der Schalter befindet sich im Zylinderblock.
- Anschlussstück einschrauben und das Manometer anschließen. Bild 179 zeigt, wo man den Druckmesser anschließt.
- Den Motor anlassen und im Leerlauf laufen lassen. Die Anzeige am Manometer sollte mindestens 1,0 bar bei einem Benzinmotor oder 1,2 bar bei einem Dieselmotor betragen.
- Die Drehzahl auf 3000/min erhöhen (alle Motoren) und kontrollieren, ob der Öldruck auf 3,0 bar (3,5 bar beim Dieselmotor) ansteigt. Falls der Motor längere Zeit in Betrieb war, ist es möglich, dass der Öldruck im Leerlauf etwas weniger beträgt.
- Das Manometer abschließen und den Öldruckschalter wieder mit der Kupferscheibe einschrauben. Den Schalter mit 20 Nm anziehen.

3.6 Ölkühler

Alle Dieselmotoren und der 2.0-Liter-Motor haben einen Ölkühler zwischen dem Ölfilter und dem Zylinderblock, welcher durch das Kühlmittel der Kühlanlage umspült wird. Nach Ablassen der Kühlanlage und Abschließen der am Ölkühler angeschlossenen Schläuche kann der Ölkühler unter Bezug auf Bild 180 ausgebaut werden. Dazu einen Schlüssel am Sechskant des Verbindungsstücks (2) ansetzen. Der Einbau findet in umgekehrter Reihenfolge statt. Untergelegte Dichtringe immer erneuern.

3.7 Störungen in der Motorschmierung

- Die einzigen Probleme in der Motorschmierung liegen in überhöhtem Ölverbrauch, niedrigem Öldruck oder einer Erhellung oder Nichtausschalten der Öldruckkontrollleuchte.
- Erhöhter Ölverbrauch kann durch verschlissene Zylinder, Kolben und/oder Kolbenringe, verschlissene Ventilführungen oder Ventilführungsdichtringe, undichte Kurbelwellendichtringe oder leckende Dichtungen an anderen Stellen des Motors hervorgerufen werden. In den meisten Fällen bedeutet dies, dass eine Zerlegung des Motors fällig ist, um die Schäden zu beheben.
- Niedriger Öldruck kann durch den Öldruckschalter oder dessen Verkabelung, ein schadhaftes Ölüberdruckventil, niedrigen Ölstand, ein verstopftes Ölansaugsieb im Kurbelgehäuse, eine defekte Ölpumpe oder beschädigte Haupt- oder Pleuellager verursacht werden. Als Erstes kontrolliert man den Ölstand. Alle anderen Schäden ziehen eine Zerlegung des Motors nach sich.
- Um nochmals zu wiederholen: Falls die Öldruckkontrollleuchte nicht sofort abschaltet, den Motor SOFORT abschalten. Nicht erst warten, ob das Erlöschen etwas später stattfindet. Verzögerung könnte zum sofortigen Festfressen des Kurbeltriebs führen.
- In Autozubehörgeschäften gibt es bestimmte Mittel, die man durch die Kerzenbohrungen (Glühkerzenbohrungen) in die Zylinder einfüllen kann. Diese bilden bei richtigem Gebrauch eine „zweite Haut" auf den Zylinderbohrungen und werden den Ölverbrauch etwas eindämmen, falls dieser durch heftigen Verschleiß der Bohrungen zustande gekommen ist. Wir möchten Ihnen jedoch raten, dass Sie derartige Probleme vorher mit Ihrem Werkstattfachmann besprechen.

Das Kühlmittel wird ständig von der Wasserpumpe vorn am Motor durch die Kanäle und Schläuche gepumpt. Angetrieben wird die Wasserpumpe bei allen Motoren durch den Zahnriemen der Steuerung.
Geregelt wird das Kühlsystem vom Thermostat. Er hat im so genannten Thermostatgehäuse an der Stirnseite des Zylinderkopfes seinen Platz. Je nach erforderlicher Kühlleistung wird der Kühlmitteldurchfluss durch den Kühler vom Thermostat gesteuert. Man unterscheidet Warmlaufphase (Kühlmittelweg durch den Kühler gesperrt), Normalbetrieb (unterschiedlicher Durchfluss des Kühlers) und Maximalkühlung (das gesamte Kühlmittel muss durch den Kühler).
Um die Abkühlung des Kühlmittels beim Durchfluss durch den Kühler noch zu verbessern, sitzt hinter dem Kühler ein großer Lüfterflügel. Dieser unterstützt den Fahrtwind, indem er zusätzlich kräftig Luft durch den Kühler saugt. Der Lüfter aller Motoren wird elektrisch betrieben. Um nicht unnötig Motorleistung zu verbrauchen, wird der Lüfter nur dann zugeschaltet, wenn es wirklich erforderlich ist.
Ihr Renault besitzt ein Kühlsystem mit separatem Ausgleichsbehälter rechts im Motorraum, welcher die Form einer Flasche hat, wie man sie in Bild 181 sehen kann (siehe auch Bild 188). Durch die Ausgleichsleitung unten am Behälter wird entweder Kühlmittel abgesaugt oder zurückgedrückt; je nach dem Kühlmittel-Volumen im restlichen System. Die obere Leitung ist die Entlüftungsleitung. Das Kühlsystem entlüftet sich nicht selbstständig. Aus diesem Grund sind an bestimmten Stellen Entlüftungsschrauben in die Anlage eingesetzt, welche beim Auffüllen der Kühlanlage geöffnet werden müssen. Der Verschlussdeckel auf dem Ausgleichsbehälter regelt den Druck im Kühlsystem.
Die Anlage ist mit Frostschutzmittel gefüllt, je nach Motor oder eingebauter Klimaanlage sind die Füllmengen der Anlage unterschiedlich.
Die Wasserpumpe ist am Kurbelgehäuse angeschraubt (siehe Bild 92 beim Benzinmotor) und wird mit einen „O"-Dichtring abgedichtet und mit Schrauben gehalten. Die Wasserpumpe sollte nicht zerlegt werden. Auf den folgenden Seiten ist das Diagramm der Kühlanlage gezeigt, aus welchen man auch die Lage der Entlüftungsschrauben beim Auffüllen der Kühlanlage entnehmen kann.

Hinweis: Der Öffnungsdruck der Verschlusskappe des Ausgleichsbehälters (1 in Bild 181) ist nicht bei allen Motoren gleich. Falls der Deckel erneuert wird, muss man ihn anhand des eingebauten Motors kaufen.

4.1 Kühlmittel

4.1.1 Ablassen und Auffüllen der Kühlanlage

Ratgeber: Den Verschlussdeckel auf dem Ausgleichsbehälter (Dehngefäß) nur bei einer Kühlmittel-Temperatur unter 90°C öffnen. Zuerst den Druckabbau abwarten und dann den Deckel vollends abnehmen.

Zum Ergänzen kleiner Kühlmittelverluste normales Wasser verwenden. Mit völlig kalkfreiem Wasser, Regenwasser, destilliertem oder entsalztem Wasser tun Sie der Kühlanlage keinen Gefallen, weil diese Wasserarten korrosiver wirken.
Falls Sie unterwegs erhebliche Wassermengen aus dem Kühlsystem verloren haben, soll bei heißer Maschine kein kaltes Wasser nachgegossen werden, denn der Zylinderkopf kann sich verziehen oder gar Spannungsrisse bekommen. Kleinere Wassermengen dürfen aber auch bei warmem Motor nachgegossen werden.

Das Kühlmittel des Motors sollte alle 60 000 km auf jeden Fall erneuert werden.

- Ablassstopfen im Zylinderblock herausdrehen und den unteren Wasserschlauch vom Kühler abschließen. Das Frostschutzmittel in der Anlage kann durch Unterstellen eines Behälters aufgefangen werden. Die Arbeiten jedoch im Freien durchführen und auslaufendes Kühlmittel umweltfreundlich entsorgen.
- Falls das Frostschutzmittel lange in der Anlage war, diese durchspülen. Dazu den Verschluss des Kühlwasserbehälters abschrauben und einen Wasserschlauch in die Öffnung einhängen. Das Wasser durchlaufen lassen, bis es klar aus den Öffnungen für die Stopfen oder aus dem unteren Kühlerstutzen herausläuft.
- Frostschutzmittel entsprechend der zu erwartenden Temperaturen zusammenmischen. Eine Mischung von 35% Frostschutz und 65% Wasser eignet sich für normale Temperaturen unter Null (bis ca. –23°C. 50% Frostschutz und 50% Wasser schützt die Kühlanlage bis auf –40°C. Beim Kauf des Frostschutzmittels muss man angeben, dass es sich um einen Motor mit Aluminiumteilen handelt, es sei denn, dass das von Renault empfohlene Kühlmittel verwendet wird.

Beim Auffüllen der Kühlanlage folgendermaßen vorgehen:

- Den Ablassstopfen wieder einschrauben und den Kühlerschlauch anschließen. Unbedingt eine gute Abdichtung herstellen.

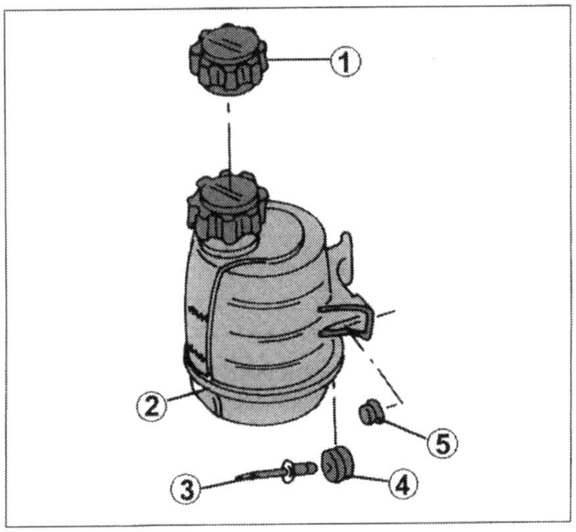

Bild 181
Das Dehngefäß der Kühlanlage.
1 Verschlussdeckel, kalibriert
2 Dehngefäß
3 Spreizniet
4 Gummitülle
5 Befestigungsmutter

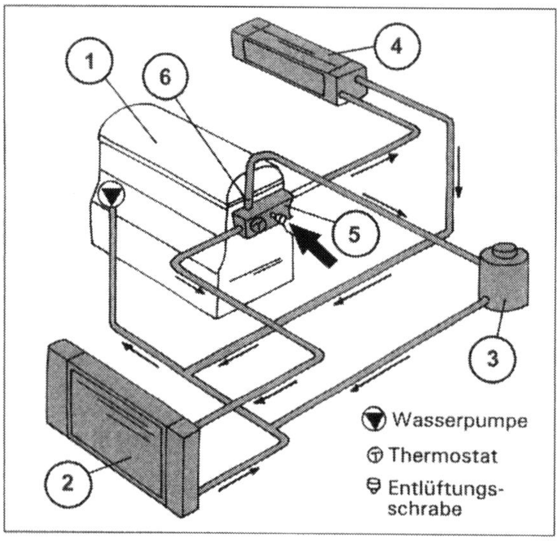

Bild 182
Kühlmittelkreis – „K“-Motoren.
1 Motor
2 Kühler
3 Ausgleichsbehälter
4 Heizungskühler
5 Thermostatgehäuse
6 Drosselstelle, 3 mm
Öffnungsdruck der Verschlusskappe 1,2 bar, braun

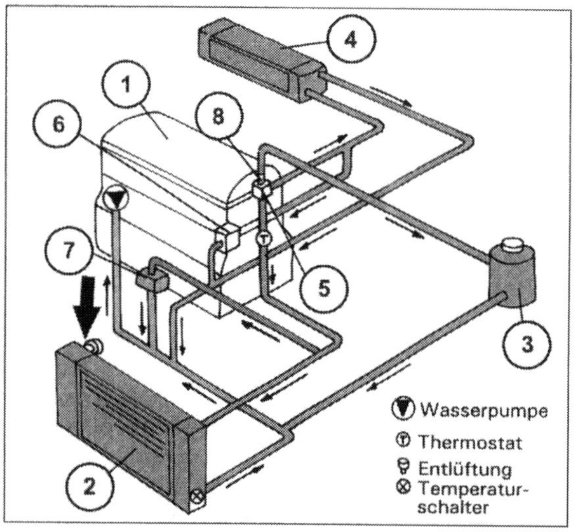

Bild 183
Kühlmittelkreis – 2.0-Liter.
1 Motor
2 Kühler
3 Ausgleichsbehälter
4 Heizungskühler
5 Thermostatgehäuse
6 Drosselklappengehäuse
7 Ölkühler
8 Drosselstelle, 3 mm
Öffnungsdruck des Verschlussdeckels 1,6 bar, blau

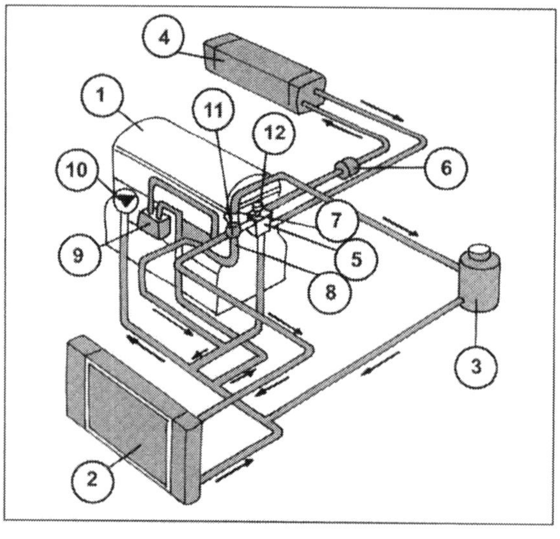

Bild 184
Kühlmittelkreis – Dieselmotor F9Q (Direkteinspritzung).
1 Motor
2 Kühler
3 Ausgleichsbehälter
4 Heizungskühler (Wärmeaustauscher)
5 Thermostatgehäuse
6 Kühlmittelheizung
7 Drosselstelle, 3 mm
8 Drosselstelle, 6 mm
9 Ölkühler
10 Wasserpumpe
11 Thermostat
12 Entlüftungsschraube
Öffnungsdruck der Verschlusskappe, 1,2 bar, braun

- Die Entlüftungsschraube oder -schrauben öffnen. Je nach Motor befinden sich diese an verschiedenen Stellen des Motors und nur die Kühlmittelkreislaufdiagramme in Bildern 182, 183, 184 und 185 werden Ihnen mitteilen, wo sich die Schraube(n) Ihres Motors befinden. Beim Dieselmotor sitzt eine Schraube ebenfalls in einer Ecke des Kühlers. Zur Hilfestellung sind die Schrauben in den Diagrammen ebenfalls mit Pfeilen bezeichnet. Dazu noch einen Hinweis: Eine Entlüftungsschraube befindet sich im Wasserauslassstutzen am Zylinderkopf.
- Die Kühlanlage durch die Öffnung des Ausgleichsbehälters füllen. Diese sofort schließen, wenn man sehen kann, dass Flüssigkeit ohne Luftblasen ausläuft. *Entlüftungsschraube(n) nicht bei laufendem Motor öffnen.*
- Den Motor anlassen und mit einer Drehzahl von 2500/min laufen lassen. Den Kühlmittelstand auf die „Maxi“-Marke am Dehngefäß bringen und die Kappe aufschrauben.
- Um ein vorschriftsmäßiges Entlüften der Kühlanlage zu gewährleisten, lässt man den Motor 20 Minuten lang mit einer Drehzahl von 2500/min laufen, bis der Lüfter automatisch einschaltet. Kontrollieren, dass der Kühlmittelstand stimmt. Andernfalls berichtigen. Beim Öffnen der Verschlusskappe jedoch mit Vorsicht vorgehen.
- Den Verschlussdeckel des Ausgleichsbehälters bei warmem Motor aufschrauben.

4.1.2 Frostschutzmittel

Die Kühlanlage wird werkseitig mit Frostschutzmittel gefüllt und dieses sollte während des ganzen Jahres in der Anlage gelassen werden. Falls Frostschutzmittel gemischt wird, sind die folgenden Mischungsverhältnisse zwischen Frostschutz und Wasser zu beachten. Wir empfehlen, das von Renault gehandelte Frostschutzmittel „Glaceol AL“ zu verwenden, da dessen chemische Zusammensetzung speziell für den Motor hergestellt wurde. Die Mischungszusammensetzungen für die zu erwartenden Temperaturen wurden bereits in Kapitel 4.1.1 gegeben und sind entsprechend zu beachten. Nicht mit Frostschutzmittel sparen. Auf die unterschiedlichen Füllmengen der einzelnen Motoren achten.

4.2 Kühler und Ventilator

4.2.1 Kühler – Aus- und Einbau

Der Aus- und Einbau des Kühlers geschieht bei allen Fahrzeugen in ähnlicher Weise. In Bild 186 ist eine Ansicht eines eingebauten Kühlers zusammen mit den verschiedenen Verkleidungen gezeigt.
- Batterie abklemmen.
- Kühlanlage ablassen (Kapitel 4.1).
- Kühlwasser- und Heizungsschläuche vom Kühler abschließen.
- Die elektrischen Kabel vom Motor für den Kühlungsventilator und dem Thermoschalter an der Unterseite des Kühlers abklemmen.
- Befestigungsmuttern des Kühlers entfernen und den Kühler zur Innenseite des Motorraums drücken und herausheben. Darauf achten, dass der Kühler-

wabenblock dabei nicht beschädigt wird. Alle Befestigungsteile abnehmen.

- Falls der Kühler ausgetauscht werden soll, den Kühlungsventilator und den Thermoschalter vom alten Kühler abmontieren. Alle in Bild 186 gezeigten Teile vom alten auf den neuen Kühler umrüsten.

Der Einbau geschieht in umgekehrter Reihenfolge wie der Ausbau. Die Kühlanlage auffüllen, wie es in Kapitel 4.1 beschrieben wurde.

4.2.2 Kühlerverschlusskappe und Kühler prüfen

Die Kühlanlage arbeitet unter Druck. Der Verschlussdeckel des Dehngefäßes (Ausgleichsbehälters) ist mit einem Ventil versehen, welches so ausgewählt ist, dass es öffnet, wenn der Druck auf 1,2 bar ansteigt (siehe Hinweis in der Einleitung dieses Abschnitts). Aufgrund der Ausdehnung des Kühlmittels führt der zusätzliche Druck zur Erhöhung des Siedepunktes.

Zum Prüfen der Verschlusskappe ist eine Kühlerprüfpumpe erforderlich, deren Anwendung in Bild 187 gezeigt ist. Die Pumpe auf die Kappe schrauben und sie betätigen, bis das Ventil öffnet. Dies sollte innerhalb des angegebenen Drucks stattfinden. Falls dies nicht der Fall ist, muss die Verschraubung erneuert werden.

Mit der gleichen Abdrückpumpe kann die Kühlanlage in gleicher Weise auf Leckstellen kontrolliert werden, indem man die Pumpe am Dehngefäß anbringt. Wie Bild 188 zeigt, können zwei verschiedene Dehngefäße je nach eingebautem Motor eingebaut sein. Den Druck auf ca. 1,0 bar bringen und kontrollieren, dass der Druckmesser diesen Druck mindestens 2 Minuten lang hält. Falls dies nicht der Fall ist, befindet sich eine Leckstelle in der Kühlanlage, welche durch den im Kühler befindlichen Druck leichter herauszufinden ist (Auslaufen von Kühlmittel an der Leckstelle). Steht das Fahrzeug auf einer trockenen Stelle, kann man die Tropfstelle sehen.

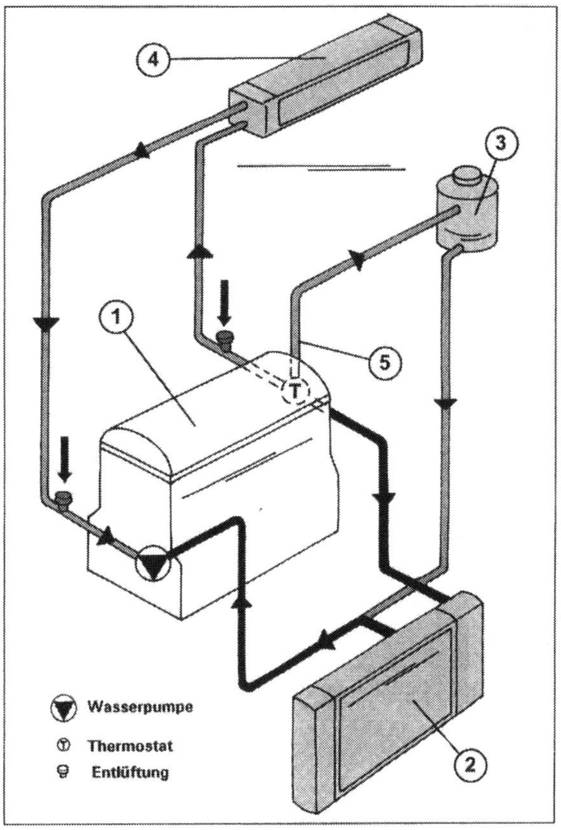

Bild 185
Kühlmittelkreis – F8Q-Dieselmotor.
1 Zylinderblock
2 Kühler
3 Ausgleichsbehälter
4 Heizungskühler (Wärmeaustauscher)
5 Drosselstelle, 3 mm

4.2.3 Aus- und Einbau des Kühlungsventilators

- Batterie abklemmen.
- Den Verbindungsstecker von der Klemme des Ventilatormotors abziehen.
- Die Befestigungsmuttern der Ventilatorverkleidung vom Kühler abschrauben (zwei oben und zwei unten) und die Verkleidung mit dem Motor herausheben.

Der Einbau geschieht in umgekehrter Reihenfolge wie der Ausbau. Nach dem Einbau die Arbeitsweise des Ventilators kontrollieren. Der Ventilator muss einschalten, nachdem der Motor warmgelaufen ist.

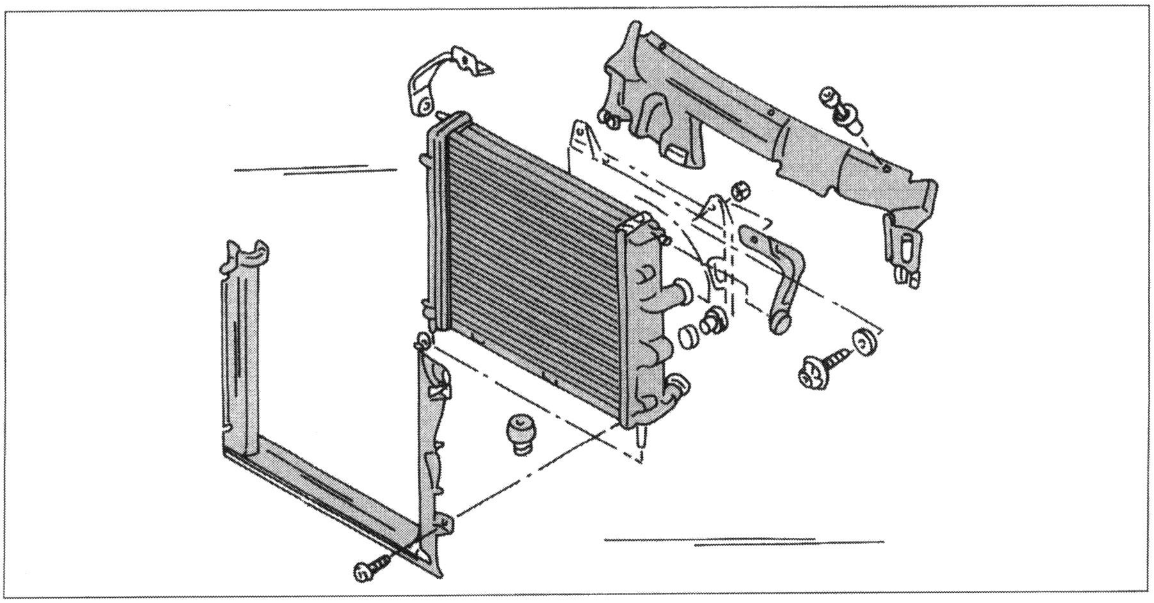

Bild 186
Der eingebaute Kühler zusammen mit den damit verbundenen Teilen.

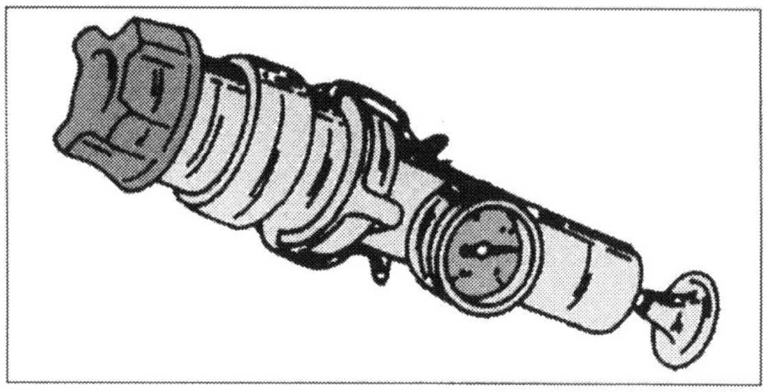

Bild 187
Der Verschlussdeckel des Dehngefäßes kann mit einer derartigen Pumpe auf Öffnungsdruck kontrolliert werden. Die gleiche Pumpe ebenfalls zum Abdrücken der Kühlanlage benutzen.

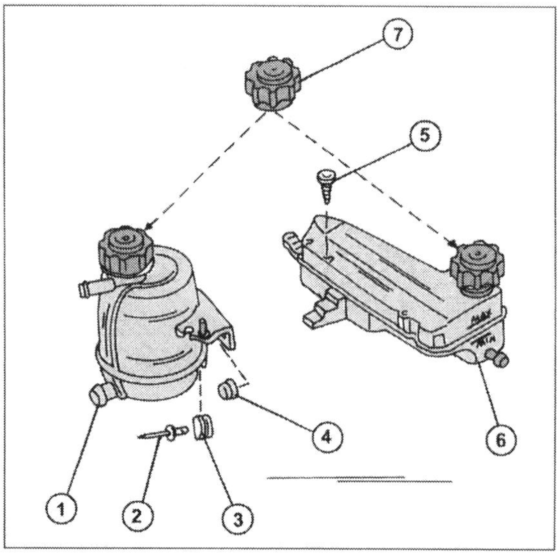

Bild 188
Der eingebaute Ausgleichsbehälter kann eines der beiden Aussehen haben und ist auch in unterschiedlicher Weise befestigt.
1 Ausgleichsbehälter
2 Befestigungsstift
3 Gummitülle
4 Gummitülle
5 Schraube
6 Ausgleichsbehälter
7 Verschlusskappe

4.2.4 Temperaturschalter

Die Temperaturschalter können nicht eingestellt oder repariert werden. Der Schalter ist in das Gehäuse der Wasserpumpe oder in die Unterseite des Kühlers eingeschraubt.
Die Funktion eines Temperaturschalters kann kontrolliert werden, indem man ihn in Wasser einhängt, welches langsam erwärmt wird. Ein Thermometer muss ebenfalls verwendet werden. Eine Prüflampe im Kreis mit einer Batterie an den beiden Schalterklemmen anschließen und das Fühlerende des Schalters in das Wasser halten. Bild 189 zeigt die Kontrolle des Schalters.
Kontrollieren, dass die Prüflampe bei einer Temperatur von ca. 88°C aufleuchtet. Das Wasser danach abkühlen lassen und kontrollieren, ob die Prüflampe bei einer Temperatur von ca. 79°C wieder schließt. Dies sind Mittelwerte, die Ihnen aber einen kurzen Überblick über die Arbeitsweise gestatten.

4.3 Die Wasserpumpe

Die Wasserpumpe kann nicht repariert werden. Falls eine Pumpe nicht mehr einwandfrei fördert oder Leckstellen sichtbar sind, muss eine neue Pumpe eingebaut werden. Der Steuerriemen muss ausgebaut werden, um die Wasserpumpe auszubauen. Nach Ausbau der Teile kann die Pumpe abgeschraubt werden.
Folgend sind noch einige Hinweise über den Ausbau bei den einzelnen Motoren gegeben:

„K"-Motoren und 2.0-Liter-Motor
Die Wasserpumpe dieser Motors wird mit Dichtungsmasse eingestrichen (Loctite 518), wie es in Bild 190 gezeigt ist, jedoch darauf achten, dass die Wulst der Dichtungsmasse nicht breiter als 1,0 mm wird. Beim Anziehen der Schrauben ist die in Bild 62 gezeigte Anzugsreihenfolge zu beachten. M6-Schrauben und M8-Schrauben mit 8 Nm anziehen. Danach M6-Schrauben mit 11 Nm und M8-Schrauben mit 22 Nm nachziehen. Schrauben 1 und 4 in Bild 62 mit einem Tropfen „Loctite" einschrauben. Der Zahnriemen muss danach eingebaut und eingestellt werden, wie es im Abschnitt 2 für diese Motoren beschrieben wurde. Den Riemenantrieb montieren und einstellen.

Dieselmotoren
- Fahrzeug vorn auf sichere Unterstellböcke setzen.
- Massekabel der Batterie abklemmen.
- Kühlanlage durch Abschließen des unteren Kühlmittelschlauchs ablassen. Kühlmittel umweltfreundlich auffangen.
- Motor in geeigneter Weise aus den Aufhängungen heben, die aus Kunststoff hergestellte Abdeckung der Motoraufhängung abschrauben und das Oberteil der Motoraufhängung ausbauen (4 Befestigungsstellen).
- Die Verkleidung in der Innenseite des rechten Radkastens ausbauen.
- Spannvorrichtung für den Antriebsriemen von Wasserpumpe und Drehstromlichtmaschine lockern und den Riemen abnehmen.
- Unter Bezug auf Bild 191: die Riemenscheibe der Kurbelwelle (1) ausbauen, die Riemenscheibe der Wasserpumpe (2) abschrauben (den Motor dazu so weit wie möglich mit dem Hebezeug absenken), die Abdeckung der Einspritzpumpe (3) entfernen, die Schraube (4) lösen und die Drehstromlichtmaschine nach rechts drehen.

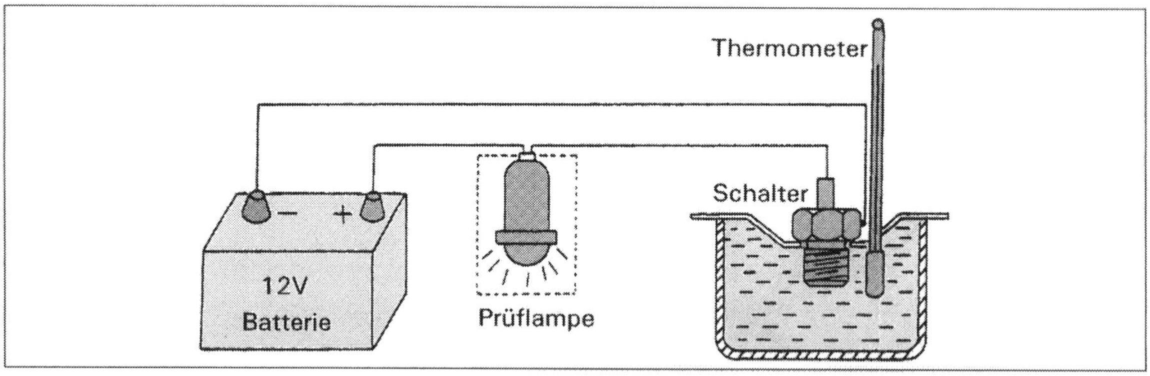

Bild 189
Stromkreis zur Kontrolle eines Temperaturschalters.

- Die Pumpe vom Zylinderblock abschrauben. Bild 192 zeigt die Befestigungsstellen. Eine festsitzende Pumpe könnte am Block festkleben und kann mit einem Kunststoffhammer abgeschlagen werden. Sofort die Dichtflächen von Pumpe und Block reinigen (Pumpenfläche nur bei Wiederverwendung). Die Fläche des Aluminiumgehäuses dabei nicht zerkratzen.

Der Einbau der Pumpe geschieht in umgekehrter Reihenfolge wie der Ausbau. Die Dichtung trocken auflegen. Dichtungsmasse darf nicht verwendet werden. Die Spannung des Antriebsriemens einstellen wie es weiter unten beschrieben ist. Kühlanlage auffüllen, wie es bereits beschrieben wurde.

Die folgenden Anzugsdrehmomente sind zu beachten:

Wasserpumpenschrauben	16 Nm
Schrauben der Wasserpumpenriemenscheibe	20 Nm
Schraube der Kurbelwellenriemenscheibe	20° + 115°

4.4 Der Thermostat

Der Thermostat befindet sich im Wasserstutzen am inneren Ende des oberen Kühlers. Obwohl die Einbauweise nicht bei allen Motoren gleich ist, bleibt das Grundprinzip das gleiche. In Bildern 182 bis 185 ist im Allgemeinen die Lage des Thermostats („T") im Vergleich zu den anderen Teilen der Kühlanlage verdeutlicht.

Zum Ausbau die Kühlanlage ablassen (Kapitel 4.1.1) und den Schlauch vom Anschluss am Stutzen nach Lockern der Schlauchschelle abziehen. Den Thermostat herausnehmen.

Ein Thermostat kann nicht repariert werden und ist im Schadensfall zu erneuern. Eine einfache Prüfung lässt sich folgendermaßen durchführen. Dazu braucht man ein feuerfestes Glasgefäß, ein Thermometer und eine Kochplatte. Die Anordnung ist in Bild 193 gezeigt.

- Thermostat an einem Stück Draht in einen Behälter mit kaltem Wasser einhängen.
- Ein Thermometer in ähnlicher Weise einhängen.
- Wasser allmählich erhitzen und kontrollieren, ob sich der Thermostat bei der eingeschlagenen Temperatur zu öffnen beginnt. Bei 98°C muss der Thermostat vollkommen geöffnet sein.
- Der Thermostatstift muss bei dieser Kontrolle mindestens 7,5 mm aus dem Thermostat heraustreten.

Falls der Thermostat diese Prüfungen nicht besteht, muss er erneuert werden.

Beim Einbau des Thermostats hält man sich an Bild 194 (im Fall des 2.0-Liter-Motors) oder Bild 195 (Dieselmotor). Eine neue Abdichtung verwenden. Die Schlauchschellen kontrollieren, ehe sie wieder am Schlauch festgezogen werden. Die Kühlanlage auffüllen (Kapitel 4.1.1).

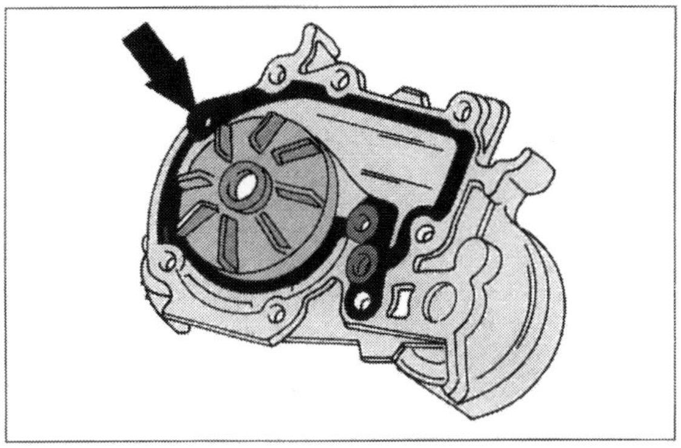

Bild 190
Die Wasserpumpe ringsherum mit einer Wulst der im Text genannten Dichtungsmasse abdichten.

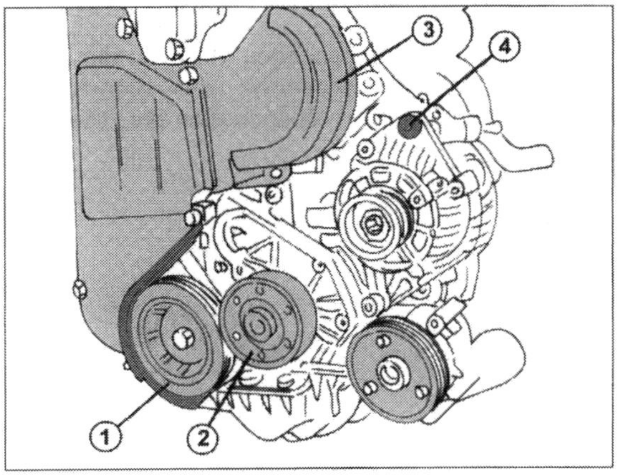

Bild 191
Einzelheiten zum Aus- und Einbau der Wasserpumpe beim Dieselmotor.
1 Kurbelwellenriemenscheibe
2 Riemenscheibe der Wasserpumpe
3 Abdeckung der Einspritzpumpe
4 Schraube der Drehstromlichtmaschine

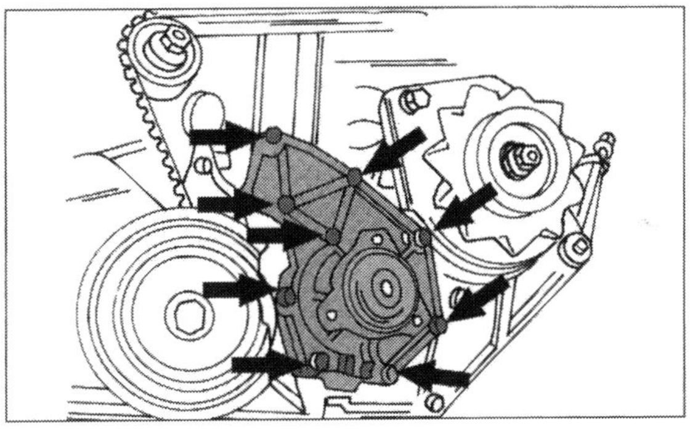

Bild 192
Die Wasserpumpe des Dieselmotors im eingebauten Zustand. Die Pfeile weisen auf die Befestigungsschrauben.

Bild 193
Thermostatkontrolle.

4.4.1 Störungen am Thermostat

Der Thermostat öffnet nicht, weil er klemmt oder eine Ventilplatte festklebt. Obwohl die Temperaturanzeige schon die rote Marke überschritten hat, fühlt sich dann der Kühler immer noch kalt an. Warten Sie, bis sich der Motor abgekühlt hat, schrauben Sie das Thermostatgehäuse auf und bauen Sie den Thermostat aus. Wenn Sie einige Zeit ohne Thermostat fahren, schadet dies Ihrem Motor nicht. Wer hingegen mit geschlossenem Thermostat weiterfährt, riskiert

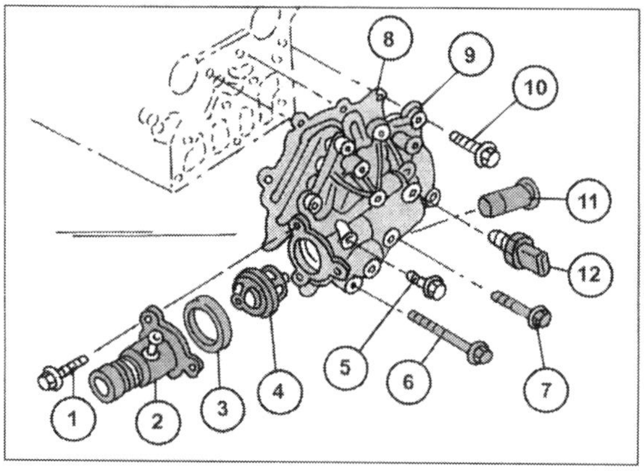

Bild 194
Die Teile des Kühlmittelgehäuses am Zylinderblock.
1 Schraube, Thermostatgehäusedeckel
2 Thermostatgehäusedeckel
3 Dichtring
4 Thermostat
5 Schraube, kurz
6 Schraube, lang
7 Schraube
8 Dichtung
9 Kühlmittelgehäuse
10 Schraube
11 Temperaturschalter
12 Temperaturschalter

einen gewaltigen Motorschaden. So kann die Zylinderkopfdichtung durchbrennen, der Zylinderkopf kann sich hoffnungslos verziehen oder gar Risse bekommen.

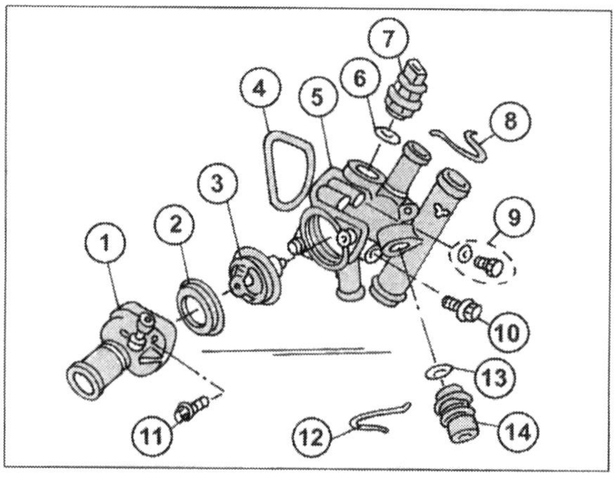

Bild 195
Thermostatgehäuse und Thermostat sowie Befestigungsteile und Temperaturschalter bei der Wasserpumpe eines Dieselmotors.
1 Thermostatgehäusedeckel
2 Dichtring
3 Thermostat
4 Dichtung
5 Thermostatgehäuse
6 Dichtring
7 Temperaturschalter
8 Sicherungsklammer
9 Schraube und Scheibe
10 Schraube
11 Schraube, Thermostatgehäusedeckel
12 Sicherungsklammer
13 Dichtring
14 Temperaturschalter

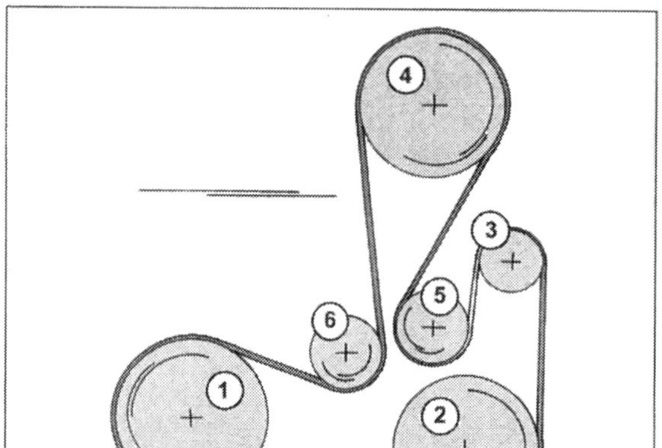

Bild 196
Verlegung des Antriebsriemens – 1.4- und 1.6-Liter-Motor mit Servolenkung und Klimaanlage.
1 Kurbelwelle
2 Kompressor (Klimaanlage)
3 Drehstromlichtmaschine
4 Servolenkung
5 Laufrolle
6 Automatische Spannrolle
Einstellung = Automatische Spannrolle

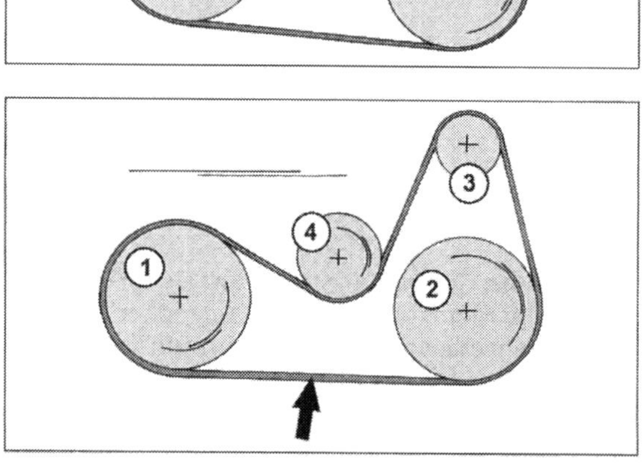

Bild 197
Verlegung des Antriebsriemens – 1.4- und 1.6-Liter-Motor mit Servolenkung.
1 Kurbelwelle
2 Drehstromlichtmaschine
3 Lenkhilfspumpe
Seem-Wert beim Einbau = 108 ± 6
Seem-Wert, minimum = 60

Der Thermostat schließt nicht mehr richtig, weil ihn ein Fremdkörper verklemmt hat. In diesem Fall wird der Kühler nach dem Kaltstart gleich warm wie beispielsweise das Thermostatgehäuse. Die Fahrzeugheizung kommt nur langsam in Schwung. Ersetzen Sie baldmöglichst den Thermostat, denn auf Dauer ist es unwirtschaftlich und für den Motor schädlich, wenn er seine Arbeitstemperatur nicht mehr erreicht.

4.5 Antriebsriemen

Die Verlegung des Antriebsriemens ist bei allen Motoren unterschiedlich. Zur Einstellung wird in der Werkstatt ein Spezialmesser benutzt, welcher die Riemenspannung in so genannten Seem-Einheiten angibt.
Da der Riemen der Drehstromlichtmaschine nach Ausbau gespannt werden muss, wird auch der Riemen in diesem Kapitel behandelt. Ein einzelner Keilrippenriemen wird zum Antrieb aller Aggregate an der Stirnseite des Motors verwendet. Wie bereits erwähnt, werden unterschiedliche Riemen bei Fahrzeugen mit und ohne Klimaanlage eingebaut. Die nebenstehenden Bilder zeigen die Verlegung der Riemenanordnungen bei den verschiedenen Motoren.

Obwohl die Arbeiten nicht bei allen Motoren gleich sind, gelten die folgenden Allgemeinanweisungen:
- Der Motor muss kalt sein.
- Der Riemen muss nach Ausbau immer erneuert werden.
- Der Riemen muss immer erneuert werden falls er abgenutzt, eingeschnitten oder eingerissen ist oder Gummireste in den Riemenscheiben festgestellt werden können. Verölte Riemen müssen immer erneuert werden. Falls ein Keilrippenriemen erneuert wird, müssen die Verzahnungen in den Innenseiten der Riemenscheiben immer gut gereinigt werden, um eine gute Mitnahme zu erzielen.
- Die Spannung des Riemens wird immer in der Mitte seiner längsten Laufstrecke kontrolliert. Renault-Werkstätten benutzen ein Spezialwerkzeug zur Kontrolle der Keilrippenriemenspannung, jedoch ist es möglich, dass man die Kontrolle ohne dieses Werkzeug durchführt.

Zur Kontrolle der Riemenspannung den Riemen an der längsten Stelle zwischen zwei Riemenscheiben zwischen Daumen und Zeigefinger erfassen und mit gutem Druck hin- und herbewegen, um die allgemeine Spannung zu ermitteln. Danach mit gutem Daumendruck auf den Riemen drücken. Der Riemen sollte sich 2,5 bis 3,5 mm durchdrücken lassen, wenn der Motor kalt ist. Den Motor warmlaufen lassen und kontrollieren, ob sich der Riemen jetzt 3,5 - 4,5 mm durchdrücken lässt. Eine Einstellung ist nicht erforderlich, solange sich der Riemen nicht um mehr als 5,0 mm durchdrücken lässt. Die Anweisungen sind nur grob angegeben.

1.4- und 1.6-Liter-Motor (Bilder 196 und 197)

Bei eingebauter Klimaanlage wird die Spannung automatisch durch eine eingebaute Spannrolle hergestellt. Zum Ausbau des Riemens braucht man einen 13-mm-Gabelschlüssel sowie einen 6-mm-Innensechskantschlüssel.

- Nach Ausbau der Verkleidung in der Innenseite des rechten Radkastens den Gabelschlüssel an der Schraube der Spannrolle (1) in Bild 198 ansetzen, die automatische Spannrolle in Pfeilrichtung und die Riemenscheibe unter Verwendung mit dem genannten Innensechskantschlüssel festschrauben.
- Den Riemen der Reihe nach von den einzelnen Riemenscheiben abnehmen.

Der Einbau findet in umgekehrter Reihenfolge statt. Den neuen Riemen entsprechend Bild 196 auflegen. Beim Einbau eines Riemens in ein Fahrzeug mit Klimaanlage, einen 13-mm-Gabelschlüssel an der in Bild 199 gezeigten Spannrolle (2) ansetzen und die Spannrolle in Pfeilrichtung verdrehen, bis man den Inbusschlüssel herausziehen kann. Die Spannrolle zurücklassen, bis der Riemen sich gespannt hat. Den Riemen entsprechend Bild 196 auflegen. Die Spannrolle langsam zurücklassen. Der Riemen braucht danach nicht eingestellt werden.

Zum Einstellen der Riemenspannung bei einem Fahrzeug ohne Klimaanlage irgendwelche Einstellungen unter Bezug auf Bild 200 vornehmen. Die Einstellung erfolgt mit Hilfe der Schraube (1), nachdem die Kontermutter (2) gelockert wurde. Die Schraube verstellen, bis die Spannung hergestellt wird (mit oder ohne Spezialmessgerät, siehe unten). Nach der Einstellung die Mutter (2) festziehen.

Die Kurbelwelle um zwei Umdrehungen durchdrehen und die Spannung erneut kontrollieren.

Hinweis: Der Keilrippenriemen hat fünf Rillen, die Riemenscheiben der Kurbelwelle und der Lenkhilfspumpe haben jedoch sechs. Nach Auflegen des Riemens müssen die beiden äußeren Rillen an der Außenseite sichtbar sein (Pfeilstelle in Bild 200).

Um die Anweisungen zu vervollständigen, folgt jetzt die Gebrauchsanweisung des Messgeräts für die Riemenspannung, welche man in der in Bild 201 gezeigten Weise gegen den Riemen ansetzt. Der gezeigte Riemenantrieb ist nicht der eingebaute, gibt aber eine gute Anzeige über die Messung. Die Anzeige der Riemenspannung erfolgt in so genannten „Seem"-Einheiten. Die gültigen Anzeigen sind in den Bildlegenden für die einzelnen Motoren angegeben.

- Das Messinstrument über den stramm montierten Riemen setzen und die Mutter verdrehen, bis die bei den einzelnen Motoren angegebene Anzeige erhalten wird. Eine Ausnahme bildet dabei ein Motor mit Klimaanlage, bei welchem die Spannung automatisch durch die Spannrolle hergestellt wird.
- Das Messinstrument abnehmen und die Kurbelwelle zwei volle Umdrehungen durchdrehen.
- Das Messgerät wieder wie im Bild gezeigt ansetzen und kontrollieren, dass sich die Anzeige nicht verändert hat.
- Das Gerät abnehmen und die Feststellschraube in der Mitte des Riemenspanners anziehen.

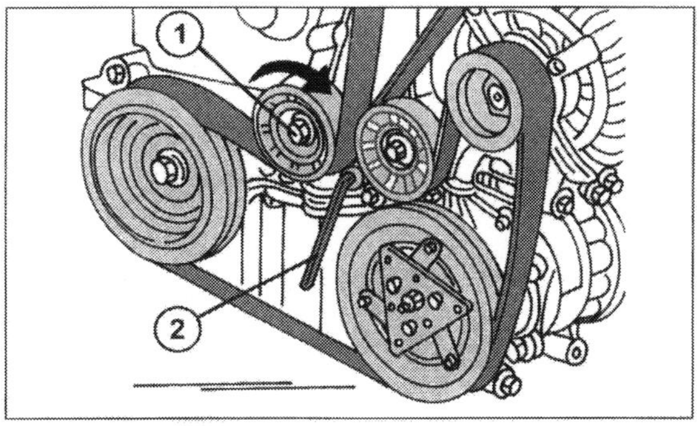

Bild 198
Zum Aus- und Einbau des Keilrippenriemens bei einem 1.4- oder 1.6-Liter-Motor. Die Spannrolle wird mit einem Inbusschlüssel (1) gesperrt. Die Spannrolle (2) mit einem Gabelschlüssel in Pfeilrichtung bewegen.

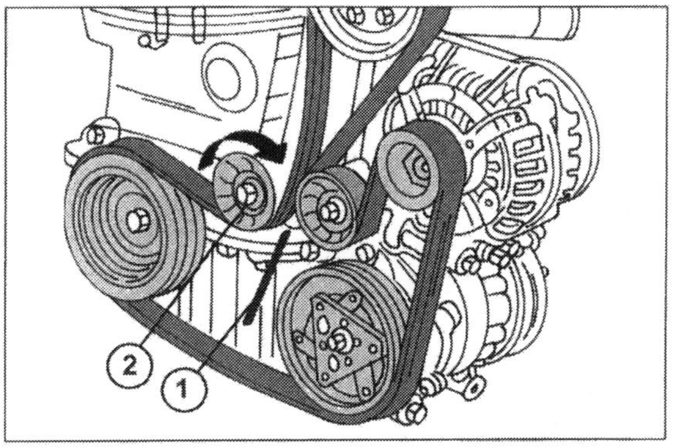

Bild 199
Beim Einbau des Keilrippenriemens bei einem 1.4- oder 1.6-Liter-Motor die Spannrolle (2) mit einem Gabelschlüssel in Pfeilrichtung bewegen, bis man den Inbusschlüssel (1) herausziehen kann.

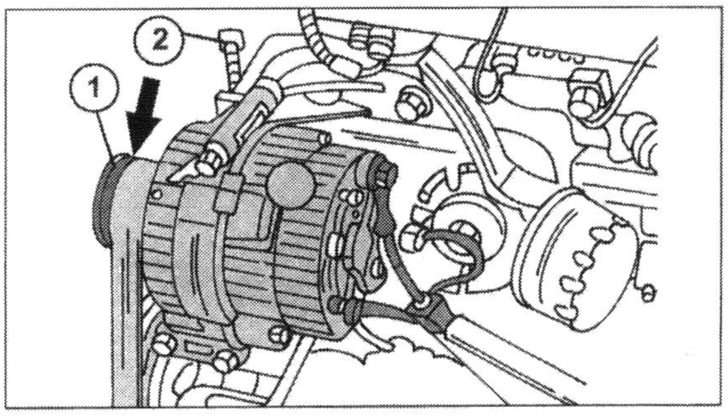

Bild 200
Zum Einstellen der Riemenspannung bei einem Fahrzeug mit 1.4- oder 1.6-Liter-Motor ohne Klimaanlage. Die Einstellung erfolgt an der Schraube (1) nach Lockern der Kontermutter (2). An der Pfeilstelle muss die zusätzliche Rille sichtbar sein.

Bild 201
Anwendung des Messinstruments für die Spannung des Keilrippenriemens. Der Spannungsprüfer (1) wird am Riemen angesetzt, der Wert am Anzeigegerät abgelesen.

- Den Motor anlassen. Nachdem der Motor ca. 10 Minuten lang in Betrieb war, die Spannung des Riemens nachkontrollieren. Die Anzeige am Gerät sollte nicht unterhalb dem angegebenen Mindestwert liegen. Andernfalls muss der Riemen nachgespannt werden.

Hinweis: Falls der Riemen ohne Messgerät eingestellt wird, kann man die Riemenspannung in einer Werkstatt nachkontrollieren lassen, wenn man nicht sicher ist, ob sie stimmt. Die obige Beschreibung wird Sie jedoch zur nächsten Werkstatt bringen.

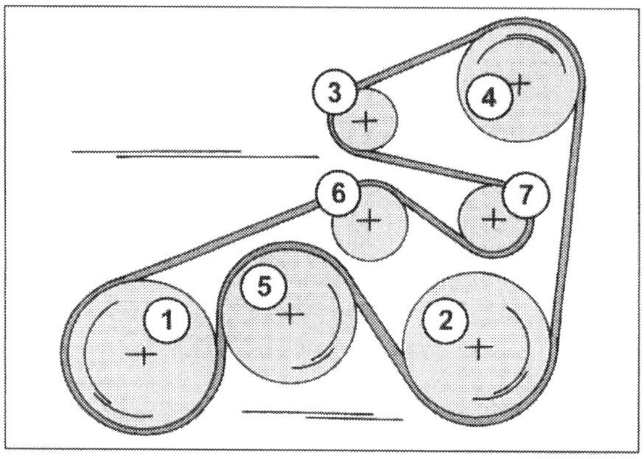

Bild 202
Verlegung des Antriebsriemens – 2.0-Liter-Motor mit Servolenkung und Klimaanlage.
1 Kurbelwelle
2 Kompressor, Klimaanlage
3 Drehstromlichtmaschine
4 Lenkhilfspumpe
5 Wasserpumpe
6 Feststehende Rolle
7 Automatische Spannrolle

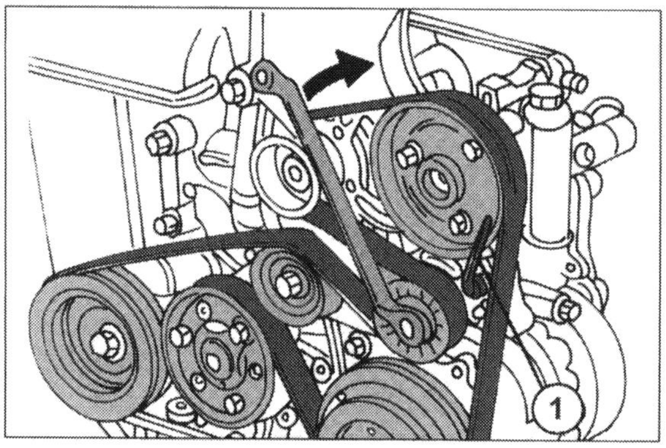

Bild 203
Beim Aus- und Einbau des Keilrippenriemens bei einem 2.0-Liter-Motor in der gezeigten Weise vorgehen. Nach Zurückdrehen der Spannrolle den genannten Inbusschlüssel an Stelle (1) einschieben.

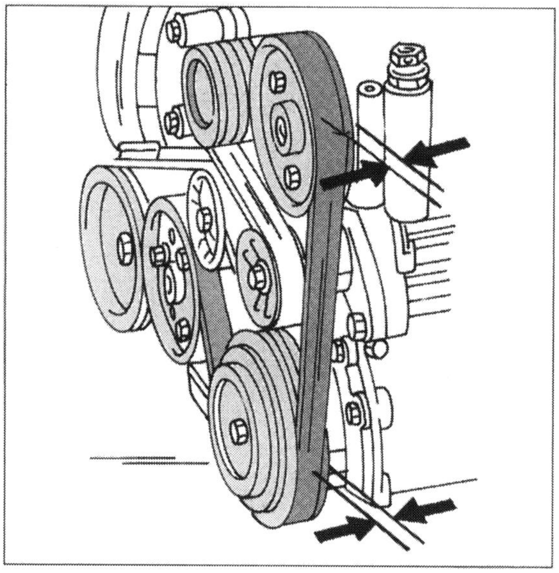

Bild 204
Beim Auflegen des Riemens bei einem 2.0-Liter-Motor ist zu beachten, dass die freie Rille an der Innenseite liegt.

Um einen Antriebsriemen zu erneuern, ist es besser, wenn man die Arbeit in der Werkstatt durchführen lässt, da dies mit einigen Schwierigkeiten verbunden ist. Man kann jedoch den folgenden Anweisungen folgen und dann entscheiden, ob man den Riemen selbst erneuert:

Mit 2.0-Liter-Motor

Zum Ausbau des Riemens braucht man einen 13-mm-Gabelschlüssel sowie einen 6-mm-Innensechskantschlüssel. Der Riemen ist in der in Bild 202 gezeigten Weise verlegt.

- Fahrzeug vorn auf Böcke setzen.
- Die Batterie abklemmen.
- Die Verkleidung in der Innenseite des rechten Radkastens ausbauen.
- Einen Ringschlüssel in der in Bild 203 gezeigten Weise an der Schraube der automatischen Spannrolle ansetzen und die Rolle in Pfeilrichtung verdrehen. Die automatische Spannrolle unter Verwendung des genannten Innensechskantschlüssel festschrauben.
- Den Riemen der Reihe nach von den einzelnen Riemenscheibe abnehmen.

Der Einbau findet in umgekehrter Reihenfolge statt. Nachdem der Riemen entsprechend Bild 202 aufgelegt wurde, die Spannrolle langsam zurück lassen. Der Riemen braucht nicht eingestellt zu werden. Darauf achten, dass der Riemen einwandfrei auf allen Riemenscheiben liegt. An der Innenseite müssen die freien Rillen sichtbar sein (siehe Bild 204, beim „K"-Motor muss dies an der Außenseite der Fall sein).

Dieselmotor – F8Q

Die Spannung des Antriebsriemens der Wasserpumpe wird an der in Bild 205 gezeigten Stelle kontrolliert. Wie aus der rechten Abbildung ersichtlich ist, dient ein einzelner Riemen bei diesem Motor ebenfalls zum Antrieb der Lenkhilfspumpe. Wiederum wird ein Gerät zur Messung der Spannung in der Werkstatt benutzt, um die Arbeit fachmännisch durchzuführen. Die folgenden Anweisungen können deshalb nur als provisorisch betrachtet werden.

Zur Kontrolle der Riemenspannung den Riemen an der gezeigten Stelle zwischen Daumen und Zeigefinger erfassen und mit gutem Druck hin- und herbewegen, um die allgemeine Spannung zu ermitteln. Danach mit gutem Daumendruck auf den Riemen drücken. Der Riemen sollte sich 2,5 bis 3,5 mm durchdrücken lassen, wenn der Motor kalt ist. Den

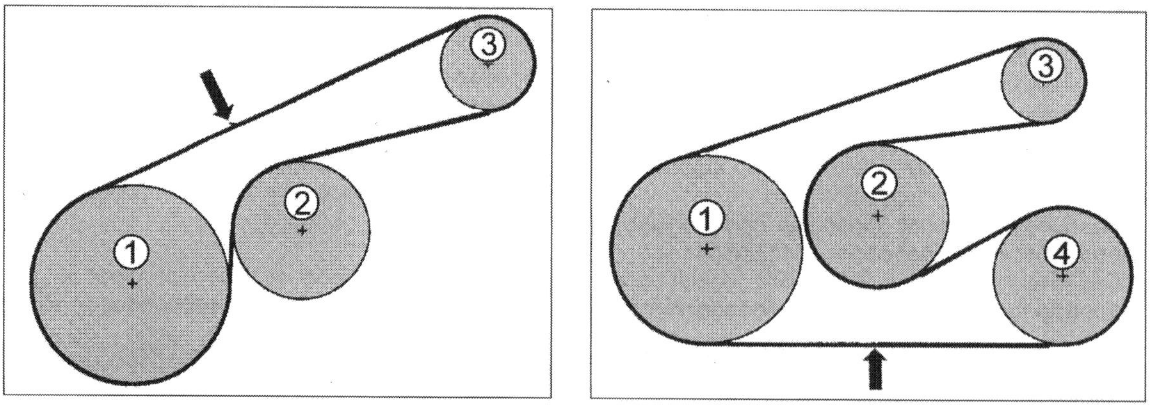

Bild 205
Verlegung des Antriebsriemens bei einem F8Q-Dieselmotor. Links für die Lichtmaschine, rechts für Lichtmaschine und Lenkhilfspumpe. Ein einteiliger Riemen wird verwendet.
1 Kurbelwellenriemenscheibe
2 Riemenspannrolle
3 Drehstromlichtmaschine
4 Riemenscheibe der Lenkhilfspumpe

Motor warmlaufen lassen und kontrollieren, ob sich der Riemen jetzt 3,5 - 4,5 mm durchdrücken lässt. Eine Einstellung ist nicht erforderlich, solange sich der Riemen nicht um mehr als 5,0 mm durchdrücken lässt.
Zum Einstellen der Riemenspannung die Kontermutter des Spanners lockern und die Spannrolle verschieben, bis die Spannung erhalten ist. Danach die Rolle wieder anziehen.
Wie bei den oben genannten Motoren hat der Riemen eine Verzahnung. Die bereits oben gegebenen Hinweise gelten auch bei diesem Riemen.

Dieselmotor – F9Q – Direkteinspritzung
Die Verlegung des Antriebsriemens dieses Motors entspricht dem Diagramm in Bild 206. Drehstromlichtmaschine, Lenkhilfspumpe und Wasserpumpe werden durch den gleichen Rippenriemen angetrieben. Die Kontrolle der Spannung erfolgt an der längsten Laufstrecke des Riemens.

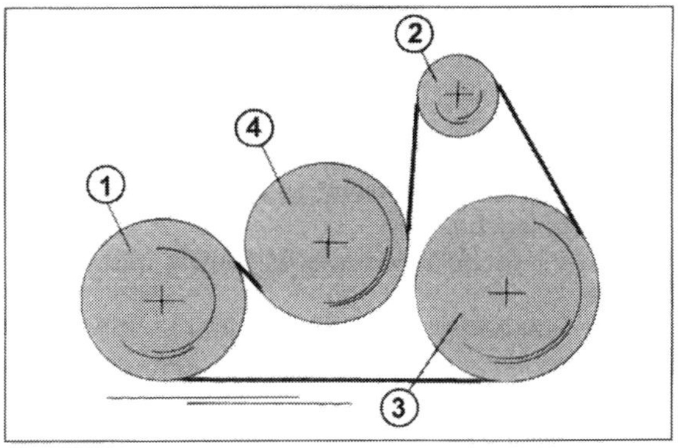

Bild 206
Die Verlegung des Antriebsriemens bei einem F9Q-Dieselmotor (Direkteinspritzung).
1 Riemenscheibe der Kurbelwelle
2 Riemenscheibe der Drehstromlichtmaschine
3 Riemenscheibe der Lenkhilfspumpe
4 Riemenscheibe der Wasserpumpe

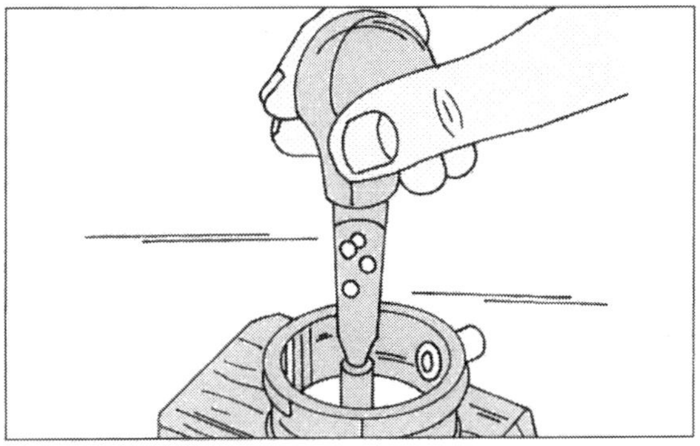

Bild 207
Kontrolle der Stärke des Frostschutzmittels.

4.6 Kühlanlage prüfen, Störungen an der Kühlanlage

Kühlanlage überprüfen
Die Kühlanlage sollte im Rahmen eines gut organisierten Wartungsprogramms regelmäßig an den folgenden Stellen kontrolliert werden:
- An Kühler, Wasserpumpe, Thermostatgehäuse, Ausgleichsbehälter und Heizung nachsehen, ob alle Kühlmittelschläuche weit genug auf den Stutzen sitzen und die Schlauchbinder festgezogen sind.
- Die Gummischläuche dürfen nicht hart, spröde oder gar schon eingerissen sein. Gealterte Schläuche werden meist dann undicht oder platzen, wenn im Kühlsystem der volle Druck herrscht.
- Ist der Kühler undicht? Vielleicht ist eines der dünnen Röhrchen zwischen den Lamellen beschädigt. Irgendwo ein Riß in den Wasserkästen?
- Der Thermostat muss richtig arbeiten.
- Arbeitet der elektrische Ventilator richtig?
- Die Wasserpumpe kann undicht werden, wenn ihr Wellendichtring verschlissen ist. Dann tropft aus einer Bohrung unterhalb der Pumpe Kühlmittel aus (durch Riemenscheibe verdeckt). Die Wasserpumpe muss ausgetauscht werden.
- Wie Sie schon gelesen haben, regelt der Verschlussdeckel am Ausgleichsbehälter den Druck im Kühlsystem. Die Gummidichtungen am Verschlussdeckel dürfen nicht eingerissen oder spröde sein.
- Sind die Kühlmittelschläuche nach dem Abkühlen des Kühlsystems zusammengeschrumpft, ist das Unterdruckventil im Verschlussdeckel schadhaft.

Überhitzung des Motors
Steigt die Anzeigenadel über die rote Marke, anhalten, Motor abstellen und Folgendes prüfen:
- Steigt die Anzeige nur kurzfristig bis zur roten Marke, gilt dies für die folgenden Betriebszustände als normal: Vollgas-, Berg- oder Kolonnenfahrt bei großer Hitze; nach dem Abstellen eines recht heißen Motors; im Stau mit Automatikgetriebe (wegen Ölkühler; Abhilfe: öfters nach „N" schalten).
- Kühlmittelstand in Ordnung?
- Klemmt der Thermostat? Dann fühlt sich der Kühler kalt an, während z. B. das Thermostatgehäuse schon sehr heiß ist.
- Schaltet der Lüfter ein?
- Sind alle vorherigen Punkte in Ordnung, ist der Kühler verstopft und muss erneuert werden.

Stärke des Frostschutzmittels prüfen
Vor dem Beginn der kalten Jahreszeit den Gefrierschutz des Kühlmittels prüfen. Dazu den Verschlussdeckel des Ausgleichsbehälters abnehmen und mit dem Testgerät etwas Kühlmittel aus dem Ausgleichsbehälter saugen. Meistens haben diese Instrumente einen Gummiball zum Absaugen des Kühlmittels, wie man es in Bild 207 sehen kann. Am Stand des Schwimmers können Sie die Stärke des Frostschutzes bestimmen und entsprechend durch Nachfüllen von Gefrierschutz berichtigen.

4.7 Kühlmittelschläuche

Grundsätzlich gilt, dass man den richtigen Kühlmittelschlauch beziehen muss, d. h. Schläuche nur anhand der Motornummer bestellen.
Meistens entwickeln sich Leckstellen an einem Kühlmittelschlauch während einer Fahrt, sodass man sich umgehend weiterhelfen muss. An Tankstellen gibt es meistens Schnellreparatursätze. Bei diesen handelt es sich um Klebbänder; die auf einem gut gereinigten Schlauch gut haften. Falls der Riß ziemlich groß ist, kann man den Verschlussdeckel des Dehngefäßes

um eine Umdrehung öffnen, um den Druck in der Anlage zu entlasten. Während man die Kühlmitteltemperatur und den Kühlmittelstand im Auge behält, kann man in die nächste Werkstatt fahren. Bei Erneuerung eines Kühlmittelschlauchs (siehe ebenfalls unter „Ausbau des Kühlers" zwecks Abschließen der Kühlerschläuche):

- Kühlanlage ablassen, wie es bereits beschrieben wurde.
- Bei Schraubschellen die Schraube mit einem Schraubendreher ausreichend lösen; bei Federbandschlauchschellen die beiden Enden der Schelle bis zum Anschlag zusammendrücken.
- Den Schlauch abziehen. Sitzt der Schlauch sehr fest, kann man einen Schraubendreher zwischen Schlauch und Stutzen einzwingen und vorsichtig von der „Anklebung" abdrücken.
- Den neuen Schlauch auf die Anschlussstutzen schieben. Zum Befestigen dabei Schraubschellen benutzen. Die Klemmschraube nicht übermäßig anziehen, damit man das Gewinde nicht beschädigt oder gar den Schlauch einschneidet.

5.1 1.9-Liter-F8Q-Dieselmotor

Hinweis: Der F9Q-Motor mit Direkteinspritzung wird weiter hinten in diesem Abschnitt zusammengefasst.

Der Dieselmotor mit der Bezeichnung F8Q arbeitet mit einer von Lucas hergestellten Einspritzpumpe, die jedoch nicht bei allen Motoren gleich ist. Bei der ursprünglich eingebauten Anlage (Motoren F8Q 662 und F8Q 630) handelt es sich um eine elektronisch programmierte Einspritzregulierung mit einer vollkommen elektronisch arbeitenden Verteilereinspritzpumpe. Die Anlage besteht aus einem Computer, welcher Betriebsdaten aus den folgenden Bauelementen erhält:

- Vom Geber der Kühlmitteltemperatur
- Vom Geber der Ansauglufttemperatur
- Vom Geber der Motordrehzahl
- Vom Geber der Fahrgeschwindigkeit
- Vom Potentiometer der Motorbelastung
- Vom Geber des Einspritzbeginns, welcher einen Teil der Einspritzdüse des dritten Zylinders bildet, d. h. die Düse selbst hat einen Geber.

Der Computer, d. h. das elektronische Steuergerät reguliert die folgenden Abschnitte der Einspritzanlage:

- Die Einspritzpumpe
- Den Höhengeber über ein Relais (nur beim Motor F8Q 630)
- Das Einspritzverstellventil
- Das Kaltstartventil (Glühkerzen und Vorglüh- und Nachglühanlage)
- Die Abgasrückführungsanlage
- Die Warnleuchte der Dieseleinspritzanlage, welche durch Aufleuchten auf aufgetretene Fehler in der Anlage hinweist.
- Die Kontrollleuchte der Glühkerzen
- Das Regelventil des Schnellleerlaufs
- Das Relais zum Betrieb der elektrischen Lenkhilfspumpe (Fahrzeuge mit Klimaanlage)

Die Anlage wird durch ein Selbstdiagnosesystem überwacht, welches nur durch ein Spezialgerät in der Werkstatt abgefragt werden kann.

Im Jahr 1999 wurde eine von Lucas hergestellte, so genannte E.P.I.C.-Einspritzpumpe in den Motor mit der Bezeichnung F8Q 632 eingebaut. „EPIC" bedeutet elektronisch programmierte Einspritzregulierung. Im Gegensatz zu früher eingebauten Einspritzpumpen wird man bei dieser Bauweise viele neue Teile vorfinden. Falls Sie eine solche Pumpe das erste Mal sehen, möchten wir Sie in kurzen Umrissen in die Bauweise einweihen. Die folgenden Bauteile wird man an der Pumpe vorfinden, deren Lage in Bild 208 gezeigt wird.

- Ein Magnetschaltventil (1) zur Frühstellung der Einspritzung
- Ein positives Strömungsventil (2)
- Ein negatives Strömungsventil (3)
- Ein elektrisches Schaltventil (4)
- Ein Positionssensor für das Strömungsventil (5) (kann nicht ausgebaut werden)
- Ein Positionssensor für das Magnetschaltventil zur Frühstellung (kann nicht ausgebaut werden)
- Ein Temperatursensor für den Dieselkraftstoff. Dieses befindet sich in der Innenseite der Pumpe und kann nicht ausgebaut werden.

Die Einspritzpumpe wird mit einem Einspritzcomputer gesteuert, welchen man als Einspritzsteuergerät bezeichnen kann. Das Steuergerät reguliert die einzuspritzende Kraftstoffmenge entsprechend den durch die Stellung des Fahrpedals bedingten Anforderungen und den allgemeinen Anforderungen des Motors. Der Förderbeginn hängt vom Betriebszustand des Motors ab.

Das Abstellen des Motors, d. h. das Abschneiden der Kraftstoffzufuhr, wird von der Einspritzpumpe durchgeführt.

Eine Abgasrückführungsanlage und ein Oxidationskatalysator sind serienmäßig eingebaut. Wiederum übernimmt das Steuergerät die Regulierung der Anlagen, ohne zusätzliche Einflüsse.

Die Glühkerzen werden durch ein getrenntes Steuergerät mit Nachglühfunktion in Betrieb gebracht.

Die Einspritzanlage ist mit einem Speicher zur Aufzeichnung von Störungen versehen. Irgendwelche

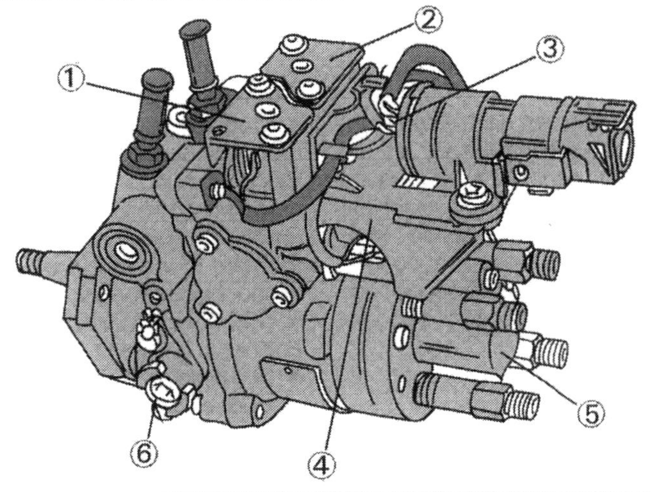

Bild 208
Ansicht der Einspritzpumpe mit Lage der wichtigen Teile.
1 Schaltventil für Einspritzverstellung
2 Positives Strömungsregelventil
3 Negatives Strömungsregelventil
4 Elektrisches Magnetschaltventil
5 Stellungssensor für Strömungsregelventil (kann nicht ausgebaut werden)
6 Schaulochstopfen für Steuerzeiteneinstellung

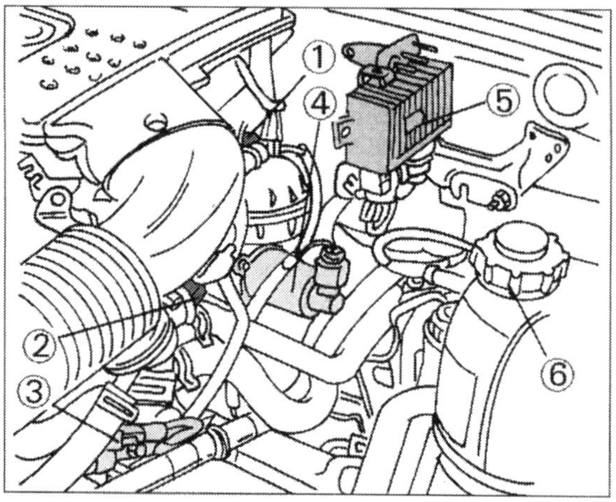

Bild 209
Anordnung von Teilen der Einspritzanlage im Motorraum.
1 Sensor für Ansauglufttemperatur
2 Sensor für Kühlmitteltemperatur
3 Sensor für OT und Motordrehzahl
4 AGR-Ventil
5 Vorheizgerät für Kraftstoffaufwärmung
6 Potentiometer für Fahrpedalstellung

aufgetretenen Störungen verbleiben im Speicher, auch wenn die Zündung ausgeschaltet oder die Batterie abgeklemmt wird. Bei ernsthaften Störungen leuchtet eine Lampe im Armaturenbrett auf. Ernsthafte Störungen können in den folgenden Bauteilen auftreten:

- Stellungsgeber der Kurbelwelle
- Einspritzpumpe
- Geber der Verteilerwellenstellung in der Einspritzpumpe
- Kraftstoffabsperrventil
- Rücklaufventil
- Verstellventil

Außer den oben genannten Teilen an der Einspritzpumpe wird man ebenfalls die in Bild 209 gezeigten Teile im Motorraum vorfinden.

Kraftstoffaufbereitung
Der Kraftstofftank befindet sich unter dem Fahrzeugboden. Er fasst die in der Betriebsanleitung angegebene Kraftstoffmenge. Die Kraftstoffleitungen müssen einem hohen Betriebsdruck widerstehen. Sie sind daher aus besonders druckfestem Material gefertigt und werkseitig mit Schellen (Klemm- bzw. Schraubschellen) gesichert. Man unterscheidet zwischen einer Vorlaufleitung und der Rücklaufleitung, welche nicht verbrauchten Kraftstoff wieder dem Tank zurückführt. Eine Pumpe versorgt den Motor aus dem Tank über dieses Leitungssystem mit Kraftstoff. An der Oberseite des Kraftstofftanks ist auch der Geber für die Kraftstoff-Vorratsanzeige angebracht.
Auch die Tankentlüftung funktioniert nach einem ausgeklügelten System. Am Tankeinfüllstutzen ist die Belüftungsleitung angeschlossen, die zur Oberseite des Tanks führt. Durch diese Leitung entweicht die Luft, wenn der Tank mit Kraftstoff gefüllt wird. Während der Fahrt strömt durch diese Leitung entsprechend der verbrauchten Kraftstoffmenge von außen Luft in den Tank hinein, sodass sich kein Unterdruck bilden kann.

So sparen Sie Kraftstoff
Beschleunigen Sie stets zügig, schalten Sie jedoch möglichst früh in den nächsthöheren Gang. Ist die gewünschte Geschwindigkeit erreicht, wählen Sie den höchstmöglichen Gang und lassen das Fahrzeug mit wenig Gas rollen. Der Motor soll nur beim Überholen oder beim Einspuren in den fließenden Verkehr hochdrehen. Außerdem sollten Sie auch beim kurzen Halt vor einer Eisenbahnschranke, Baustellenampel oder im Stau den Motor abstellen – bereits bei 5-7 Sekunden Wartezeit sparen Sie Kraftstoff.

Der Dieselkraftstoff
Dieselkraftstoff besteht überwiegend aus so genannten Paraffinen. Diese Kohlenwasserstoffe sind sehr zündwillig, haben jedoch den Nachteil, dass sie bei sinkenden Temperaturen zunehmend auskristallisieren. Die einzelnen Kristalle lagern sich rasch aneinander an und bilden komplexe, netzförmige Verbindungen. Wird es zu kalt, bilden sich viele Kristallnetze – der Kraftstoff versulzt und kann nicht mehr durch den Kraftstofffilter fließen. Diesem Problem begegnen die Hersteller durch Zugabe so genannter Fließverbesserer. Diese chemischen Zusätze verhindern zwar nicht die Bildung von Paraffinkristallen. Sie legen sich jedoch um die einzelnen Kristalle und verhindern so, dass sich Kristallnetze bilden. Einzelne Kristalle sind klein genug, um durch die Poren des Filters zu schlüpfen. Der Kraftstoff kann also bis zur Einspritzpumpe gelangen.

- Tanken Sie mit Ihrem Diesel nur Dieselkraftstoff nach DIN 51 601 mit einer Cetanzahl (CZ) von mindestens 45. Der Kraftstoff ist überdies vom Hersteller auf die jeweilige Jahreszeit abgestimmt.
- Sommer-Dieselkraftstoff kommt ohne Fließverbesserer aus. Er würde daher schon stocken, wenn das Thermometer unter –2°C fällt.
- Übergangsdiesel verkaufen die Tankstellen im Frühjahr und im Herbst. Er ist noch bei –8° bis –10°C filtergängig.
- Winterdiesel wird durch Zugabe von Fließverbesserern in der Regel mit Temperaturen bis etwa –22°C fertig (DIN-Norm –12°C).

Über den Umgang mit Kraftstoff
Der Umgang mit Kraftstoff ist gefährlich. Nehmen Sie daher Wartungsarbeiten und Reparaturen an Teilen der Kraftstoffanlage nicht auf die leichte Schulter. Vor allem beim Entleeren des Kraftstoffbehälters müssen Sie mit äußerster Vorsicht vorgehen. Grundsätzlich müssen Sie beim Umgang mit Kraftstoff folgende Vorsichtsmaßnahmen beachten:

- Zuerst die Batterie abklemmen, Kabel gegen Berühren mit den Polen der Batterie sichern.
- Kraftstoffbehälter nur im Freien entleeren. Dazu brauchen Sie ein entsprechendes Abpumpgerät (z. B. Balgenpumpe). Auf keinen Fall den Kraftstoff durch die Öffnung des Gebers der Kraftstoff-Vorratsanzeige auskippen oder durch Ansaugen an einem Schlauch mit dem Mund entleeren – Vergiftungsgefahr durch die hochgiftigen Kraftstoffzusätze!
- CO_2-Pulver- oder Schaumlöscher der Brandklasse B muss in greifbarer Nähe sein.
- Den Kraftstoffbehälter nie über einer Grube entleeren. Die entweichenden Gase sind schwerer als Luft, würden für mehrere Stunden in der Grube bleiben. Folge: Gesundheitsschädigung durch Einatmen, akute Explosionsgefahr.

- Stellen Sie sicher, dass sich während der Arbeit mit Kraftstoff keine eingeschalteten elektrischen Geräte, offene Flammen, Wärme- und Funkenquellen im Raum befinden.
- Kraftstoff darf nur in einen verschließbaren, klar beschrifteten Behälter umgefüllt werden. Dazu gibt's spezielle Behälter mit Flammschutz und Druckausgleichsverschluss.
- Im entleerten Kraftstofftank befinden sich Restgase. Auch die sind gefährlich. Alle Arbeiten deshalb mit besonderer Vorsicht ausführen.

Kraftstoff ablassen
Der Tank besitzt keine Ablassschraube. Da die Kraftstoffsaugleitung und der Rücklauf an der Tankoberseite sitzen, kann man nicht einfach eine Leitung abziehen und den Kraftstoff auslaufen lassen.

- Ist der Tank noch gut gefüllt, durch den Einfüllstutzen einen Schlauch so tief wie möglich in den Tank schieben.
- Obere Schlauchöffnung mit dem Finger dicht verschließen. Das Auffanggefäß muss unterhalb des Tankbodenniveaus stehen. Schlauch wieder ein Stück herausziehen und ins Gefäß halten. Reicht der Schlauch weit genug in den Kraftstoff, fließt er jetzt durch das Gefälle heraus. Ansaugen von Kraftstoff mit dem Mund gefährdet die Gesundheit.
- Befindet sich zu wenig Kraftstoff im Tank, hilft diese Methode meist nicht mehr. Dann müssen Sie den Kraftstoff mit einer kraftstofffesten Handpumpe (Balgenpumpe) abpumpen.

Abgasentgiftung beim Diesel
Im Auspuffsystem des Dieselmotors ist ein so genannter Oxidationskatalysator (entspricht ungeregeltem Kat) eingebaut. Er verringert die Emissionen von Kohlenwasserstoffen und Kohlenmonoxid um bis zu 50 Prozent. Der Kat ist zwar kein Rußfilter, trotzdem spielt er auch bei der Reduktion der Rußpartikel eine wichtige Rolle. Die gasförmigen Kohlenwasserstoffe lagern sich nämlich normalerweise an die festen Rußteilchen an und erhöhen so die ausgestoßene Partikelmenge. Da die Kohlenwasserstoffe aber bereits im Kat oxidieren, können sie sich nicht mehr mit dem Ruß verbinden.

AGR – einfach, aber wirksam
Die Abgasrückführungsanlage, heutzutage oft auch als AGR (oder, um den englischen Ausdruck zu verwenden, EGR-Anlage) bezeichnet, dient der Verminderung des Stickstoffoxids in den Auspuffgasen (laut Abgasvorschrift EG 96 (94/12). Aus den Abgasen wird durch ein über ein Ventil geregeltes System ein bestimmter Teil abgezweigt und wieder dem Ansaugrohr zurückgeleitet. Da das Abgas in diesem Zustand wenig verbrennbares Gas enthält, bewirkt dies eine Verringerung der Temperaturen im Verbrennungsraum und damit eine Verringerung des Stickstoffoxidanteils.
Auf die genaue Arbeitsweise der Anlage einzugehen, ist nicht der Zweck dieses Leitfadens, vor allem, da die Funktion und Regulierung des Abgasrückführungssystems durch die Selbstdiagnose der eingebauten Einspritzanlage überwacht wird.

5.2 Vorsichtsmaßnahmen bei Arbeiten an der Einspritzanlage

Bei allen Reparaturen an der Einspritzanlage, ganz gleich, um welchen Umfang es sich handelt, ist die größte Sauberkeit erforderlich. Die folgenden Anweisungen sind jederzeit zu beachten, jedoch möchten wir auch besonders auf die durch den Einbau der elektronischen Anlage bedingten Vorsichtsmaßnahmen hinweisen:

- Immer die Zündung ausschalten, ehe Kabel der Einspritzanlage oder Vorglühanlage abgeschlossen oder angeschlossen werden.
- Die Batterie nur abklemmen wenn die Zündung ausgeschaltet ist, um die Anlage nicht zu beschädigen. Beim Abklemmen der Batterie daran denken, dass das Radio einen Diebstahl-Sicherheits-Code haben könnte.

Die folgenden Vorsichtsmaßnahmen sind als allgemein zu betrachten:

- Alle Arbeiten an der Einspritzanlage dürfen nur unter saubersten Verhältnissen durchgeführt werden. Arbeiten im Freien sollten nur an windfreien Tagen vorgenommen werden, um die Möglichkeit von Staubbildung zu vermeiden.
- Alle Anschluss-Überwurfmuttern müssen vor dem Lösen sauber mit einem Lappen abgewischt werden.
- Alle ausgebauten Teile auf einer sauberen Werkbank oder dergleichen ablegen und mit Papier oder einem Plastikbogen abdecken. Keine flusenden Lappen zum Abdecken verwenden.
- Alle geöffneten oder teilweise zerlegten Bauteile der Einspritzanlage müssen entsprechend abgedeckt oder in einer verschlossenen Schachtel aufbewahrt werden, falls die Reparatur nicht unmittelbar durchgeführt werden kann.
- Vor dem Einbau alle Teile auf größte Reinlichkeit kontrollieren.
- Wenn Teile der Anlage geöffnet sind, keine Pressluft zum Abblasen irgendwelcher Teile des Motors benutzen.
- Den Motor keiner Motorwäsche unterziehen.
- Fahrzeug möglichst nicht wegschieben, während Teile der Einspritzanlage ausgebaut sind.
- Darauf achten, dass Dieselkraftstoff nicht an die Kühlerschläuche gelangen kann. Falls dies der Fall ist, diese sofort reinigen. Durch Dieselkraftstoff verschmutzte und damit beschädigte Schläuche müssen immer erneuert werden. Die Einspritzpumpe kann nicht repariert oder überholt werden und im Schadensfall ist eine Austauschpumpe oder neue Pumpe einzubauen oder man bringt die ursprüngliche Pumpe in eine Spezialwerkstatt zur Überholung.

Zum Einstellen der Einspritzzeiten der Pumpe und auch zum Aus- und Einbau sind Spezialwerkzeuge erforderlich. Das Einstellen der Pumpe kann nur vorschriftsmäßig mit den Spezialeinrichtungen in der Werkstatt durchgeführt werden.

5.3 Kurze Beschreibung der Arbeitsweise

Die folgende Beschreibung ist auf der neueren Einspritzanlage mit EPIC-Einspritzpumpe aufgebaut. Bei der älteren Einspritzanlage fehlen einige der nachfolgend genannten Bauelemente.
Das elektronische Steuergerät wertet die von den verschiedenen Gebern und Sensoren der Anlage angelieferten Daten aus. Abhängig von diesen Werten und den im Speicher des Steuergeräts programmierten Kennfeldern werden die Steuersignale für die verschiedenen Magnetschaltventile erzeugt. Das Steuergerät vergleicht ständig die erhaltenen Ergebnisse und gleicht sie entsprechend ab.
Eine Kraftstoffpumpe saugt den Dieselkraftstoff aus dem Tank an und drückt ihn über einen Kraftstofffilter mit einem geringen Überdruck in den Saugraum der Einspritzpumpe. Die Einspritzpumpe drückt dann den Kraftstoff über die Hochdruckleitungen zu den Einspritzdüsen. Man unterscheidet zwischen direkter und indirekter Einspritzung (Vorkammereinspritzung). Für diesen Dieselmotor (F8Q) wird die Vorkammereinspritzung verwendet. Bei diesem Verfahren wird der Kraftstoff in eine im Zylinderkopf befindliche Vorkammer eingespritzt, die mit dem Hauptverbrennungsraum verbunden ist. Die Verbrennung des Kraftstoffs wird in dieser Vorkammer eingeleitet. Durch den hierbei entstehenden Druckanstieg werden die brennenden Kraftstoffteilchen in den Hauptverbrennungsraum gedrückt, in dem der Verbrennungsvorgang zu Ende geführt wird.
Die Einspritzpumpe ist eine Kolbenpumpe. Sie wird vom Zahnriemen der Steuerung aus angetrieben. Für jeden Zylinder des Motors enthält sie ein Pumpenelement, das aus Zylinder und Kolben besteht. Der Kolben dieses Elements wird durch einen Nockenring gehoben und durch eine Feder wieder zurückgestellt. Der Kolben ist so genau eingepasst, dass er selbst bei hohen Drücken abdichtet. Die Einspritzpumpe wird durch eine Ölbohrung mit dem Schmierkreis des Motors verbunden.
Der Nockenring bestimmt den Beginn und die Dauer der Einspritzphase. Das Steuergerät bestimmt die Stellung dieses Nockenringes durch Inbetriebnahme des Verstellventils, indem es den Beginn der Bewegung des Kolbenelements verändert. Der Positionssensor für den Nockenring teilt dem Steuergerät ständig den genauen Beginn des Einspritzpunktes mit.
Die Dosierung der Kraftstoffmenge für jeden Zylinder wird durch den Hub des Kolbens bestimmt. Zwei Magnetschaltventile, als positives und negatives Strömungsventil bezeichnet, erlauben diesen Hub zu verändern, sodass die Strömung des eingespritzten Dieselkraftstoffs ebenfalls verändert werden kann.
Der Positionssensor für das Strömungsventil teilt dem Steuergerät ständig die Menge des eingespritzten Kraftstoffs mit.
Der Kraftstoff wird dann zum Verteilerteil der Einspritzpumpe geleitet. Durch die Einspritzdüse wird der Kraftstoff fein zerstäubt in den Zylinder, bzw. die Vorkammer eingespritzt. Der in der Einspritzpumpe erzeugte Kraftstoffdruck hebt die Düsennadel aus ihrem konischen Sitz und gibt die Einspritzöffnung frei. In dem Moment, wo durch die Schrägkantennut des Pumpenkolbens die Verbindung zur Rückflussleitung hergestellt wird, fällt der Druck ab und die Düsennadel wird durch Federkraft in ihren Sitz zurückgedrückt.
Bei den verschiedenen Betriebsphasen der Einspritzanlage geschieht Folgendes:

Vor dem Anlassen
Zwischen dem Drehen des Zündschlüssels und dem Anlassen des Motors unternimmt die Anlage die folgenden Prüfungen:
- sie kontrolliert, dass der Verteilerläufer auf dem Maximalanschlag steht
- sie kontrolliert, dass der Kolben der Einspritzverstellung auf dem Minimalanschlag steht
- sie kontrolliert die vorschriftsmäßige Arbeitsweise des positiven und negativen Strömungsventils
- sie kontrolliert die Arbeitsweise des Verstellventils

Beim Anlassen
Während der Motor angelassen wird, wird der Verteilerläufer in die angegebene Stellung verdreht und der Abstellmagnetschalter wird betätigt.

Bei normalem Betrieb
Die Kraftstoffströmung wird unter Verwendung des positiven und negativen Strömungsventils vom Steuergerät verändert. Bei plötzlicher Beschleunigung oder Abbremsung wird die Kraftstoffzufuhr abgeglichen oder abgeschaltet, wie dies im Kennfeld des Steuergeräts festgelegt wurde.

Abstellen des Motors
Wenn der Fahrer die Zündung ausschaltet, reguliert das Steuergerät das Abschalten des Abstellventils und danach die Veränderung in der Motordrehzahl. Falls diese nicht sofort abfällt, bringt das Steuergerät das negative Strömungsventil in Betrieb.

Aufleuchten der Warnleuchte für die Einspritzanlage
Eine in die Instrumententafel eingesetzte Warnleuchte verrichtet zwei Funktionen:
- Beim Einschalten der Zündung leuchtet sie während der Vorglühphase auf und verlöscht dann.
- Wenn eine Störung in der Einspritzanlage aufgetreten ist, leuchtet sie auf und bleibt erhellt.

Falls eine Störung bei eingeschalteter Zündung vorliegt, leuchtet die Warnleuchte einige Sekunden während der Vorglühphase auf, erlöscht einen kurzen Moment und, je nach Störung, erhellt sich wieder und bleibt erhellt.
Die folgenden Bauteile könnten zum Aufleuchten der Warnleuchte beitragen:
- Störung in der Stromzufuhr zum Steuergerät oder zur Einspritzpumpe
- Störung im Sensor (Geber) der Motordrehzahl
- Störung im inneren Speichersystem der Anlage
- Störung im Positionssensor des Fahrpedals
- Störung in den beiden Strömungsregelventilen
- Störung im elektrischen Schaltventil

- Störung im Positionssensor für den Nockenring
- Störung im Steuergerät

5.4 Einspritzpumpe

5.4.1 Aus- und Einbau der Einspritzpumpe

Verschiedene Spezialwerkzeuge sind zum Aus- und Einbau der Einspritzpumpe erforderlich. Falls man keine Gelegenheit hat, sich diese Werkzeuge zu besorgen, müssen Sie die Arbeiten einer Werkstatt überlassen. Wir schlagen deshalb vor, dass Sie die folgenden Beschreibungen, auch die Anweisungen zum Einstellen der Einspritzzeiten, gut durchlesen, ehe Sie sich verleiten lassen die Pumpe auszubauen. Nach jedem Ausbau muss die Pumpe vollkommen eingestellt werden. Die folgende Beschreibung ist auf der Verwendung dieser Werkzeuge aufgebaut.

Hinweis: Bei den beschriebenen Arbeiten müssen alle bereits angegebenen Vorsichtsmaßnahmen über die Sauberkeit beachtet werden. Auch kleinste, in die Anlage eindringende Teilchen, können bereits zu Störungen führen.

Einspritzpumpe in Motor F8Q 632 (EPIC-Pumpe)

- Massekabel der Batterie unter Beachtung der Vorsichtsmaßnahmen abklemmen.
- Den Kolben des ersten Zylinders auf den oberen Totpunkt setzen und in dieser Stellung arretieren, wie es im Abschnitt „Motor" beschrieben wurde. Dazu wird der Arretierbolzen Mot. 1054 benutzt, den man an der in Bild 210 gezeigten Stelle in den Zylinderblock einschiebt. Dadurch werden die beiden Steuerräder an der Oberseite in die richtige Stellung gebracht, d. h. das Steuerzeichen im Steuerrad der Nockenwelle ist in einer Linie mit dem Zeichen am inneren Deckel. Was in der Innenseite des Motors mit dem Arretierbolzen passiert, können Sie Bild 211 entnehmen.
- Das Gehäuse der Pumpenriemenscheibe ausbauen.
- Die Kraftstoffleitungen von der Einspritzpumpe abschließen, die Gasbetätigung aushängen und das Kabel des Abstellzugmagnets sowie andere angeschlossenen Leitungen abschließen.
- Die Einspritzleitungen von der Pumpe und den Einspritzdüsen abschrauben und von den Leitungsschellen freimachen.

Hinweis: Alle abgeschlossenen Leitungen und Anschlüsse in geeigneter Weise gegen Eindringen von Schmutz schützen. Im Ersatzteillager gibt es spezielle Verschlussstopfen für diese Arbeit.

- Die Mutter von der Pumpenwelle abschrauben, bis die Mutternfläche bündig mit dem Ende des Gewindes abschneidet. Falls der in Bild 212 gezeigte Gegenhalter Mot. 1200-01 benutzt wird, kann sich das Antriebsrad nicht mitdrehen; wird es nicht benutzt, muss man das Rad in geeigneter Weise gegenhalten.

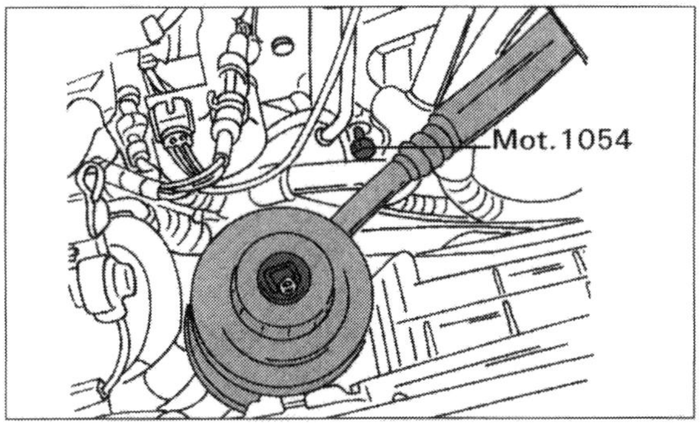

Bild 210
Der Arretierbolzen zum Blockieren der Kurbelwelle wird an der gezeigten Stelle in den Zylinderblock (und damit in die Kurbelwelle) eingeschoben.

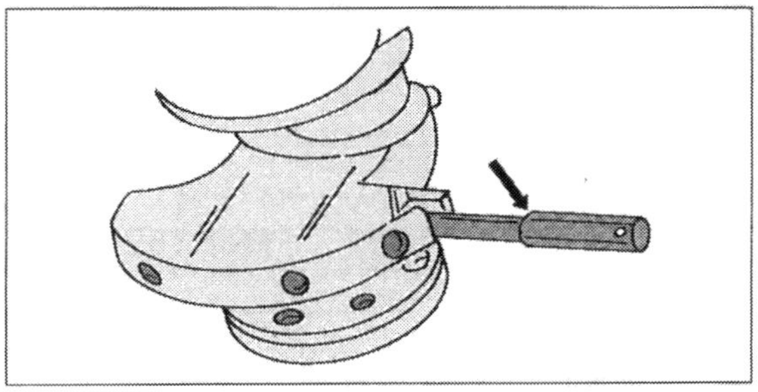

Bild 211
Der eingeschobene Arretierbolzen greift in der richtigen OT-Stellung in eine Bohrung der Kurbelwelle ein.

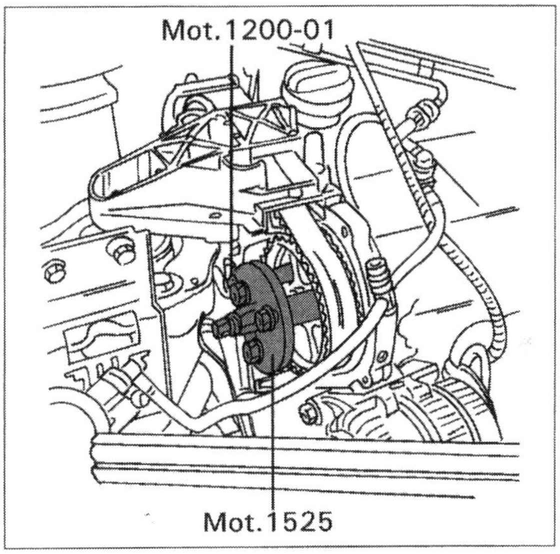

Bild 212
Ausbau des Antriebsrades für die Einspritzpumpe. Die beiden Spezialwerkzeuge werden entsprechend angesetzt.

Dazu vielleicht einen Dorn durch einen Durchbruch im Antriebsrad einschieben und gegen den Zylinderblock anlegen.

- Den in Bild 212 gezeigten Abzieher (Mot. 1525) ansetzen oder einen Abzieher, welcher in ähnlicher Weise funktioniert, und das komplette Antriebsrad herunterziehen. Der benutzte Abzieher muss drei Arme haben, die jeweils unter die drei Arme des Antriebsrades kommen. Nicht mit einem Hammer gegen das Steuerrad schlagen oder die Klauen des Abziehers unter das Rad untersetzen. Die Schraube des Abziehers anziehen, bis sich die Nabe vom Konus der Welle löst.
- Kontrollieren, dass alle Leitungen, Kabel, usw. von der Einspritzpumpe abgeschlossen wurde, die hintere Stütze der Pumpe abschrauben und die drei Befestigungsschrauben der Pumpe an der Vorderseite lösen. Dazu eine Stecknuss mit Verlängerung durch die Speichen des Antriebrades einsetzen. Darauf achten, dass der Keil nicht aus der Pumpenwelle herausfallen kann. Nachdem die Pumpe ausgebaut wurde, darf

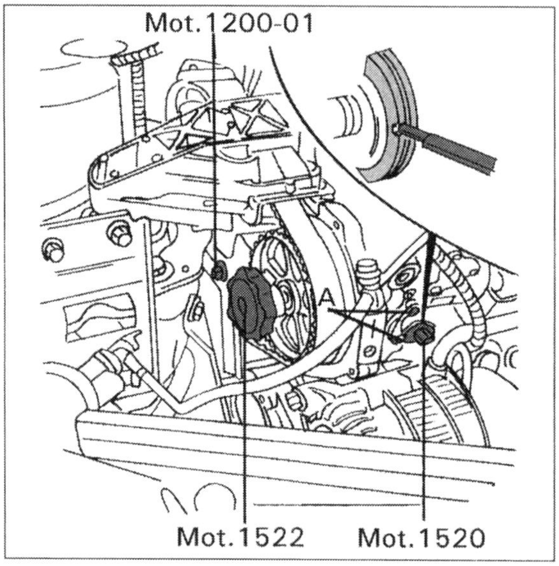

Bild 213
Einzelheiten zum Einstellen des Einspritzbeginns. Im Kreisausschnitt kann man sehen, wie der Einstellbolzen in die Kerbe der Pumpenwelle eingreift. Nicht die mit „A" bezeichneten Schrauben lockern.

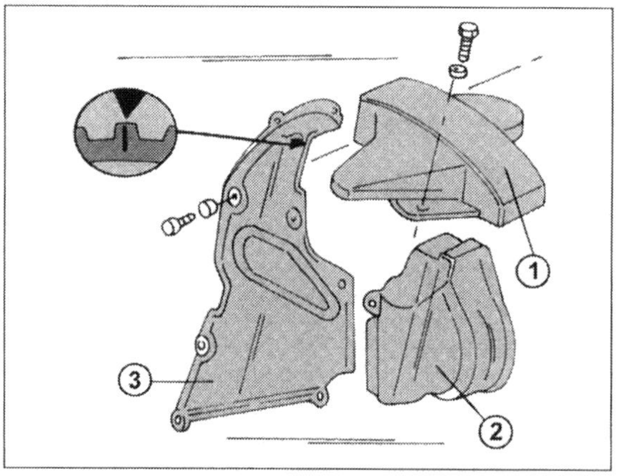

Bild 214
Auszubauende Teile beim Ausbau der Einspritzpumpe. Im Ausschnitt (oben links) kann man die Stellung des Nockenwellensteuerrades durch das Fenster im Zahnriemenschutzdeckel sehen.
1 Abdeckung der Motoraufhängung
2 Abdeckung des Einspritzpumpenrades
3 Abdeckblech

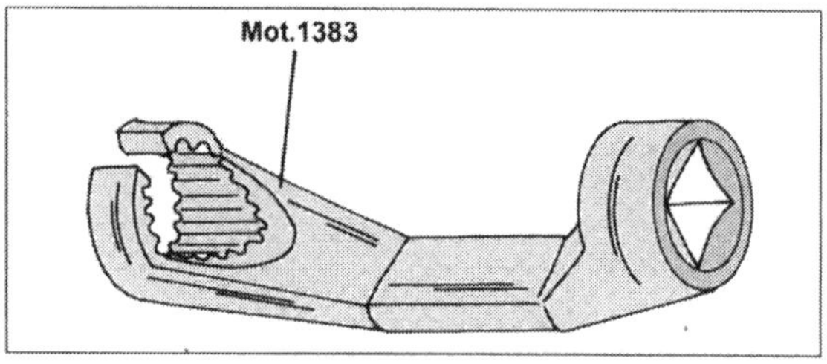

Bild 215
Der gezeigte Spezialschlüssel wird zum Abschrauben des Kabelstrangs gebraucht, um an die Befestigung zu kommen.

man die Kurbelwelle nicht durchdrehen. Denken Sie daran, dass der Zahnriemen abgenommen wurde.

Der Einbau der Pumpe geschieht in umgekehrter Reihenfolge wie der Ausbau. Zu beachten ist jedoch, dass man die Pumpe wieder genau in die ursprüngliche Montagestellung zurückbringen muss, um einen einwandfreien Lauf des Motors zu erzielen. Beim Einbau sind die folgenden Punkte zu beachten, welche im Zusammenhang mit der Steuereinstellung der Pumpe zu lesen sind:

- Den „O"-Dichtring auf der Pumpenwelle immer erneuern.
- Den zum Einstellen der Steuerzeiten benutzten Bolzen in die Pumpe einsetzen (siehe unter „Steuerzeiten der Pumpe einstellen"), wie es nachfolgend beschrieben wird. Der Bolzen wird an der in Bild 213 gezeigten Stelle in die Pumpe eingeschoben.

Achtung: Der Arretierbolzen für die Pumpenwelle muss einwandfrei sauber sein. Vor Einsetzen gut reinigen.

- Die Mutter der Pumpenwelle bei Gegenhaltung mit 55 Nm anziehen.
- Einspritzpumpe festziehen. Zuerst die drei Schrauben an der Vorderseite handfest anziehen, danach die Schrauben an der Rückseite eindrehen und handfest anziehen und schließlich alle Schrauben gleichmäßig anziehen, Schrauben an der Vorderseite mit 25 Nm, Schrauben an der Rückseite mit 22 Nm.
- Einspritzleitungen anschließen und mit 25 Nm anziehen.
- Alle im Kapitel 5.4.2 beschriebenen Arbeiten durchführen.

Einspritzpumpe in Motoren F8Q 662 oder 630

- Massekabel der Batterie abklemmen und die in Bild 214 gezeigten Teile ausbauen. Dies sind die Abdeckung der Motoraufhängung (1) und die Abdeckung des Antriebsrades der Einspritzpumpe (2).
- Die Kurbelwelle durchdrehen, bis die Marke im Steuerrad der Nockenwelle im Fenster des Zahnriemenschutzdeckels (3) in Bild 214 ausgerichtet ist. Die Markierung im Steuerrad kann man nur mit einem kleinen Spiegel sehen. Eine Taschenlampe wird dabei ebenfalls helfen. Nachdem die OT-Stellung hergestellt wurde, den Arretierbolzen für die Feststellung der Kurbelwelle einschieben, wie es beim Erneuern des Zahnriemens beschrieben wurde.
- In folgender Reihenfolge abschließen: die Kraftstoffzufuhrleitung, die Kraftstoffrücklaufleitung, einen Stecker an der Pumpe, das Drosselklappenzugseil, eine Unterdruckleitung vom Regler des Schnellleerlaufs und den Kabelstrang. Um an diesen heranzukommen, braucht man einen Spezialschlüssel, welcher die in Bild 215 gezeigte Form hat.
- Die Befestigungsschraube der hinteren Pumpenstütze entfernen.
- Das Antriebsrad der Einspritzpumpe in geeigneter Weise gegen Mitdrehen halten (mit dem in Bild 212 gezeigten Werkzeug Mot. 1200), einen Torx-Schraubendreher in den Spalt des Pumpenrades einsetzen und die drei Befestigungsschrauben der Pumpe sowie die mittlere Mutter der Pumpenwelle lösen. Alle drei Schrauben der Pumpe sowie die Mutter der Reihe nach lösen, bis die Pumpe vollkommen frei ist und herausgezogen werden kann.

Beim Einbau der Pumpe folgendermaßen vorgehen:

- Die Pumpenwelle gut reinigen, um vorhandene Fettreste zu entfernen und die Pumpe in die richtige Lage bringen.
- Die drei Befestigungsschrauben der Pumpe festziehen (22 Nm).
- Die mittlere Mutter der Pumpenwelle mit 20 Nm im Voranzug anziehen. Danach die Mutter auf ein Anzugsdrehmoment von 45 Nm anziehen.
- Die Steuerzeiten der Pumpe einstellen, wie es im folgenden Kapitel für diese Motoren beschrieben wird.
- Alle anderen Arbeiten in umgekehrter Reihenfolge wie beim Ausbau durchführen.

5.4.2 Steuerzeiten der Pumpe einstellen

Um zu gewährleisten, dass die Pumpe einwandfrei eingestellt wird, muss man eine komplette Einstellung vornehmen, bei welcher, wie bereits erwähnt, wiederum verschiedene Spezialwerkzeuge gebraucht werden. Bei den folgenden Anweisungen darf man den Motor niemals entgegengesetzt der normalen Drehrichtung durchdrehen. Bei der folgenden Beschreibung wird davon ausgegangen, dass die Pumpe eingebaut ist. Entsprechende Anweisungen sind zu übergehen, wenn diese erwähnt werden:

Einspritzpumpe in Motor F8Q 632 (EPIC-Pumpe)

- Kraftstofffilter abmontieren und auf einer Seite ablegen.
- Die Abdeckung der Pumpenriemenscheibe ausbauen.
- Die Kurbelwelle durchdrehen, bis der Kolben des ersten Zylinders auf dem oberen Totpunkt steht und die Welle in dieser Stellung sichern, wie es beim Ausbau der Pumpe beschrieben wurde. Falls die Einstellung im Rahmen des Einbaus der Pumpe durchgeführt wird, befindet sich der Arretierbolzen noch an der in Bild 210 gezeigten Stelle.
- Den in Bild 212 gezeigten Gegenhalter Mot. 1200-01 anbringen, die Mutter der Pumpenwelle lockern und das Antriebsrad abziehen (siehe Beschreibung beim Ausbau der Pumpe). Der Abzieher hat eine Schlüsselfläche, an welcher er gegengehalten werden kann.
- Die Pumpenwelle muss bei der weiteren Einstellung durchgedreht werden. In der Werkstatt wird dabei das in Bild 213 gezeigte Verstellrad Mot. 1522 auf das Ende der Pumpenwelle aufgeschoben.
- Einen Auffangbehälter unter die Pumpe unterhalten, um auslaufenden Kraftstoff aufzufangen und den Stopfen zur Kontrolle der Einstellung an Pos. 6 in Bild 208 herausdrehen. Der Behälter sollte eine ausreichende Aufnahmefähigkeit haben, da eine ziemlich große Menge auslaufen könnte. Eventuelle dicke Lappen unterlegen, damit man keine anderen Teile mit dem Dieselöl verschmutzt.
- Die Pumpe durch Verdrehen des Verstellrades in Drehrichtung verdrehen, um die Pumpe in die Steuerstellung zu bringen. Dazu muss man in der Öffnung des ausgeschraubten Stopfens nachprüfen (Taschenlampe), in welcher man eine Kerbe sehen wird.

Achtung: Die beiden Schrauben (A) in Bild 213 dürfen nicht gelockert werden. Falls dies aus Versehen durchgeführt wird, kann man die Pumpe nur auf einem Prüfstand einstellen lassen.

- Den Einstellbolzen Mot. 1520 (Bild 213) vorsichtig anziehen, bis man die Stelle findet, an welcher er am weitesten in die Pumpe geschraubt werden kann. In dieser Stellung sperrt der Bolzen die Pumpenwelle, wie es im Kreisausschnitt von Bild 213 gezeigt ist.
- Die Pumpenwelle mit dem Gegenhalter gegen Mitdrehen halten und die Mutter der Welle mit 55 Nm anziehen. Den Gegenhalter danach abnehmen.
- Die Arretierbolzen (einer im Zylinderblock und einer in der Pumpe) herausziehen.
- Alle anderen Arbeiten jetzt in umgekehrter Reihenfolge durchführen. Abschließend den Motor anlassen und auf einwandfreien Lauf und Leckstellen kontrollieren.

Einspritzpumpe in Motoren F8Q 662 oder 630

Zur Einstellung der Einspritzpumpe dieser Motoren sind ein kompletter Werkzeugsatz von Lucas sowie andere Hilfswerkzeuge erforderlich, sodass wir von einer Beschreibung der Einstellung der Pumpensteuerzeiten absehen. Es verbleibt in diesem Fall, dass man die Pumpe wieder in die ursprüngliche Stellung gebracht hat. Falls die Arbeiten einwandfrei durchgeführt werden, wird der Motor anspringen, so dass man in der Lage ist, die Einstellung in einer Werkstatt durchführen zu lassen.

5.5 F9Q-Dieselmotor

5.5.1 Kurze Beschreibung der Arbeitsweise

Die zusammen mit dem F9Q-Motor mit Direkteinspritzung eingebaute Einspritzanlage wird von Bosch hergestellt. Bei der Pumpe handelt es sich um eine Verteilereinspritzpumpe mit einem Computer (Steuergerät), welcher die Einspritzpumpe (Verstellung und Kraftstofffluss), das Kaltstartsystem, die Abgasrückführungsanlage und den Kühlungslüfter reguliert. Der Motor arbeitet mit einem von Garrett hergestellten Abgasturbolader und einem Oxidationskatalysator und einer Abgasrückführungsanlage.
Wie bereits bei der EPIC-Anlage weiter vorn beschrieben wertet das elektronische Steuergerät die von den verschiedenen Gebern und Sensoren der Anlage angelieferten Daten aus. Abhängig von diesen Werten und der im Speicher des Steuergeräts programmierten Kennfelder werden die Steuersignale für die verschiedenen Magnetschaltventile erzeugt. Das Steuergerät vergleicht ständig die erhaltenen Ergebnisse und gleicht sie entsprechend ab.
Eine Kraftstoffpumpe saugt den Dieselkraftstoff aus dem Tank an und drückt ihn über einen Kraftstofffilter mit einem geringen Überdruck in den Saugraum der Einspritzpumpe. Die Einspritzpumpe drückt dann den Kraftstoff über die Hochdruckleitungen zu den Einspritzdüsen. Man unterscheidet zwischen direkter und indirekter Einspritzung (Vorkammereinspritzung). Für diesen Dieselmotor wird die Direkteinspritzung verwendet.
Die Einspritzpumpe ist eine Drehverteilerpumpe. Sie wird vom Zahnriemen der Steuerung aus angetrieben. Das besondere bei diesem Motor ist jedoch, dass man die Einspritzpumpe ausbauen kann, ohne dass dazu der Zahnriemen ausgebaut werden muss. Die Befüllung der Zylinder erfolgt in ähnlicher Weise wie bei den anderen Anlagen.

Wie bei allen elektronisch geregelten Dieseleinspritzanlagen sind auch bei dieser Anlage Bauteile vorhanden, auf welche wir kurz eingehen wollen.

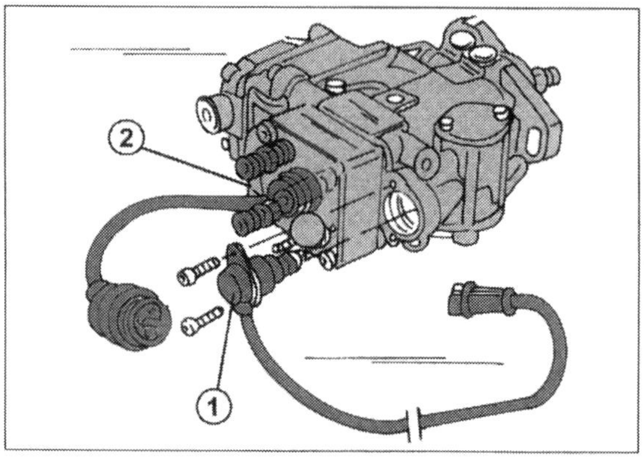

Bild 216
Ansicht der Einspritzpumpe bei einem F9Q-Motor mit Lage der beiden austauschbaren Teile.
1 Magnetschaltventil zur Einspritzverstellung
2 Strömungsregelschieberventil

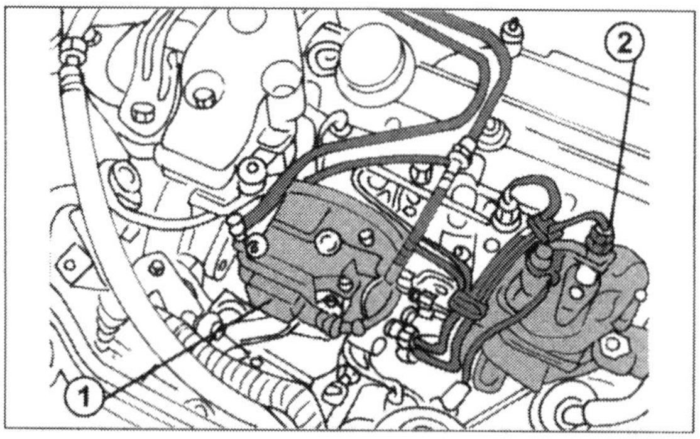

Bild 217
Die kalibrierte Einspritzdüse (2) ist an der gezeigten Stelle zu finden. An Stelle (1) sitzt das in Bild 216 gezeigte Ventil (2).

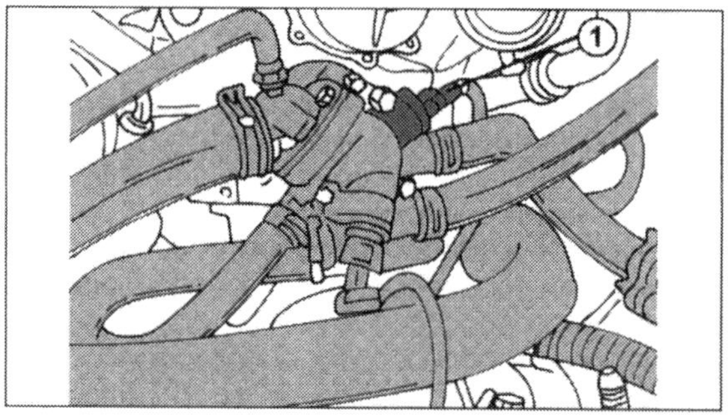

Bild 218
Der Geber für die Temperatur des Kühlmittels (1) ist an der gezeigten Stelle zu finden.

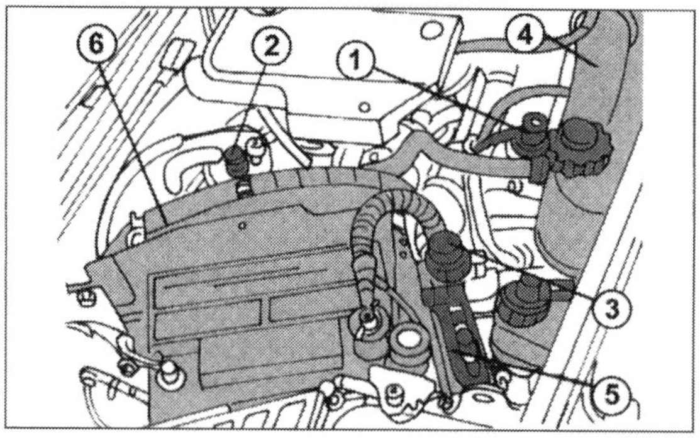

Bild 219
Die Lage verschiedener Teile der Einspritzanlage im Motorraum.
1 Abgasrückführungsventil
2 Kraftstofffilter
3 Regelventil der Abgasrückführungsanlage
4 Luftströmungsmesser mit Ansauglufttemperaturgeber
5 Relais für Vorglüh/Nachglühanlage
6 Elektronisches Steuergerät (mit Drucksensor)

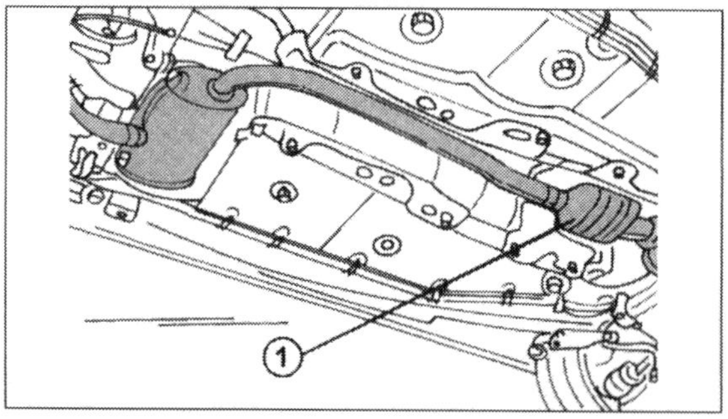

Bild 220
Der Oxidationskatalysator (1) ist in der gezeigten Weise mit dem Schalldämpfer verbunden.

Das elektronische Steuergerät erhält Daten von den folgenden Teilen der Einspritzanlage:

- Dem Geber der Kühlmitteltemperatur
- Dem Strömungsmesser mit eingebautem Ansauglufttemperaturgeber
- Dem Geber der Motordrehzahl
- Dem Geber für die Fahrpedalstellung in jedem gegebenen Moment
- Dem Bremspedalschalter
- Dem Geber des Einspritzbeginns, welcher einen Teil der Einspritzdüse im ersten Zylinder bildet
- Dem Geber der Temperatur des Dieselkraftstoffs und dem Positionsgeber für das Schieberventil der Kraftstoffströmung. Beide sind in der Innenseite der Pumpe einverleibt.
- Dem Geber des atmosphärischen Drucks, welcher in der Innenseite des Steuergeräts untergebracht ist.

Der Computer, d. h. das elektronische Steuergerät reguliert die folgenden Abschnitte der Einspritzanlage:

- Die Einspritzpumpe, d. h. das Schieberventil für die Regulierung der Kraftstoffströmung und ein Schaltventil für die Einspritzverstellung
- Das Kaltstartsystem (Glühkerzen und Vorglüh- und Nachglühanlage)
- Die Wegfahrsperre
- Die Abgasrückführungsanlage
- Die Warnleuchte der Dieseleinspritzanlage, welche durch Aufleuchten auf aufgetretene Fehler in der Anlage hinweist
- Die Abstellung des Motors (Unterbrechung der Kraftstoffzufuhr)
- Die Heizelemente zur Vorwärmung des Kühlmittels im Motor
- Den elektrisch betriebenen Lüfter, um Überhitzung des Motors zu vermeiden.

Die Anlage wird durch ein Selbstdiagnosesystem überwacht, welches nur durch ein Spezialgerät in der Werkstatt abgefragt werden kann.

Die Einspritzpumpe füttert das Steuergerät mit bestimmten Daten. Sie hat dazu 2 Sensoren (Geber), einen zur Ermittlung der Temperatur des Dieselkraftstoffs und einen zur Ermittlung der Stellung des Kraftstoffströmungsschiebers.

Aufgrund der vom Steuergerät erhaltenen Informationen, beliefert die Pumpe jeden Zylinder mit einer bestimmten Kraftstoffmenge in einem bestimmten Moment. Dies wird durch zwei Bauelemente erzielt:

- Ein Magnetschalter zur Verstellung des durch das Steuergerät regulierten Einspritzpunktes ermöglicht die konstante Änderung der Frühstellung (1, Bild 216). Auf den Magnetschalter ist ein zweipoliger Stecker aufgesteckt.
- Ein Elektromagnet, welcher die Änderung der Stellung des Strömungsschiebers verändert.

Nur das Magnetschaltventil und der Temperaturgeber für den Dieselkraftstoff können von der Pumpe abmontiert werden. Alle anderen Störungen an der Einspritzpumpe können nur in einer Spezialwerkstatt behoben werden, die sich mit diesen Pumpen befassen.

Bilder 217 bis 220 zeigen die Lage verschiedener Bauelemente dieser Dieseleinspritzanlage.

Die Einspritzanlage ist mit einem Speicher zur Aufzeichnung von Störungen versehen. Irgendwelche aufgetretenen Störungen verbleiben im Speicher, auch wenn die Zündung ausgeschaltet oder die Batterie abgeklemmt wird. Bei ernsthaften Störungen leuchtet eine Lampe im Armaturenbrett auf (gleiche Leuchte wie für die Vorglühung). Ernsthafte Störungen können in den folgenden Bauteilen auftreten, d. h. Sie wissen sofort, wo der Fehler liegen könnte:

- Potentiometer für Fahrpedalstellung
- Kalibrierte Einspritzdüse
- Magnetschaltventil der Einspritzpunktverstellung
- Stellungsgeber der Kurbelwelle
- Kraftstoffabsperrung
- Störung im Steuergerät
- Kraftstoffströmungsschieberventil
- Hauptrelais

Eine Abgasrückführungsanlage und ein Oxidationskatalysator sind serienmäßig eingebaut. Wiederum übernimmt das Steuergerät die Regulierung der Anlagen, ohne zusätzliche Einflüsse.

5.5.2 Aus- und Einbau der Einspritzpumpe

Verschiedene Spezialwerkzeuge sind zum Aus- und Einbau der Einspritzpumpe erforderlich, jedoch wird der Aus- und Einbau dieser Pumpe leichter gemacht, da man den Zahnriemen nicht ausbauen muss. Falls man keine Gelegenheit hat, sich diese Werkzeuge zu besorgen, müssen Sie die Arbeiten einer Werkstatt überlassen. Wir schlagen deshalb vor, dass Sie die folgenden Beschreibungen, auch die Anweisungen zum Einstellen der Einspritzzeiten, gut durchlesen, ehe Sie sich verleiten lassen die Pumpe auszubauen. *Nach jedem Ausbau muss die Pumpe vollkommen eingestellt werden. Die Einstellung der Pumpe kann nur mit Spezialwerkzeugen durchgeführt werden, d. h. man kann die Pumpe beim Einbau nur in die ursprüngliche Stellung montieren.*

Hinweis: Bei den beschriebenen Arbeiten müssen alle bereits angegebenen Vorsichtsmaßnahmen über die Sauberkeit beachtet werden. Auch kleinste in die Anlage eindringende Teilchen, können bereits zu Störungen führen.

- Massekabel der Batterie unter Beachtung der Vorsichtsmaßnahmen abklemmen.
- Den Stecker am Steuergerät abziehen und das Steuergerät ausbauen (1 Schraube).
- Alle an der Einspritzpumpe aufgesteckten Stecker abziehen.
- Die in Bild 214 gezeigten Teile ausbauen (das Gehäuse der Pumpenriemenscheibe ausbauen).
- Den Kolben des ersten Zylinders auf den oberen Totpunkt setzen und in dieser Stellung arretieren, wie es im Abschnitt „Motor“ beschrieben wurde. Dazu wird der Arretierbolzen Mot. 1054 benutzt, den man an der in Bild 210 gezeigten Stelle in den Zylinderblock einschiebt. Dadurch werden die beiden Steuerräder an der Oberseite in die richtige Stellung gebracht, d. h. das Steuerzeichen im Steuerrad der Nockenwelle ist in einer Linie mit dem Zeichen am inneren Deckel (Fenster im Bild 214). Was in der Innenseite des Motors mit dem Arretierbolzen passiert, können Sie Bild 211 entnehmen.

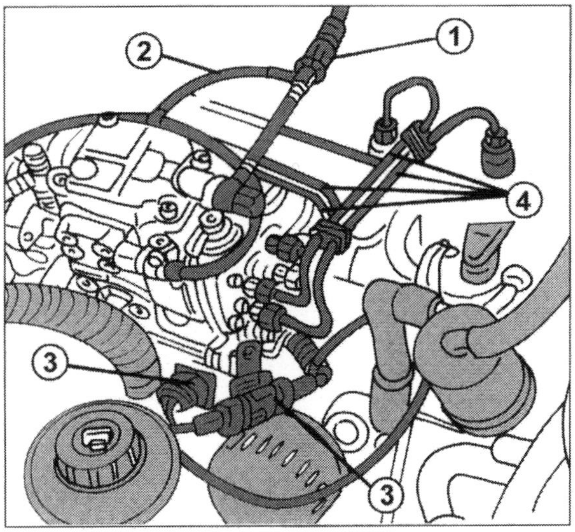

Bild 221
Beim Ausbau der Einspritzpumpe auszubauende Teile (F9Q-Motor).
1 Schnellverschluss der Kraftstoffleitung
2 Rücklaufleitung von den Einspritzdüsen
3 Kabelstecker
4 Einspritzleitungen

- Die Kraftstoffleitungen von der Einspritzpumpe abschließen. Diese sitzen an den in Bild 221 gezeigten Stellen, d. h. einen Schnellverschluss der Kraftstoffleitung (1), die Gummileitung der Kraftstoffrückfuhr von den Einspritzdüsen (2), die Stecker (3) und die vier Einspritzleitungen (4).

Hinweis: Alle abgeschlossenen Leitungen und Anschlüsse in geeigneter Weise gegen Eindringen von Schmutz schützen. Im Ersatzteillager gibt es spezielle Verschlussstopfen für diese Arbeit.

- Die Befestigungsschrauben der hinteren Pumpenstütze vom Zylinderblock entfernen.
- Das Antriebsrad der Einspritzpumpe in geeigneter Weise gegen Mitdrehen halten (mit dem in Bild 212 gezeigten Werkzeug Mot. 1200), einen Torx-Schraubendreher in den Spalt des Pumpenrades einsetzen und die drei Befestigungsschrauben der Pumpe sowie die mittlere Mutter der Pumpenwelle lösen. Alle drei Schrauben der Pumpe sowie die Mutter der Reihe nach lösen, bis die Pumpe vollkommen frei ist und herausgezogen werden kann.

Beim Einbau der Pumpe folgendermaßen vorgehen:

- Die Pumpenwelle gut reinigen, um vorhandene Fettreste zu entfernen, und die Pumpe in die richtige Lage bringen.
- Die drei Befestigungsschrauben der Pumpe festziehen (25 Nm).
- Die mittlere Mutter der Pumpenwelle mit 45 Nm anziehen.
- Die Befestigungsschrauben der Pumpe folgendermaßen anziehen: Vordere Pumpenschraube 25 Nm, hintere Pumpenschraube 26 Nm, vordere Stütze an Zylinderkopf 33 Nm, hintere Stütze an Zylinderkopf 26 Nm, Hochdruckleitungen 25 Nm.
- Alle anderen Arbeiten in umgekehrter Reihenfolge wie beim Ausbau durchführen.

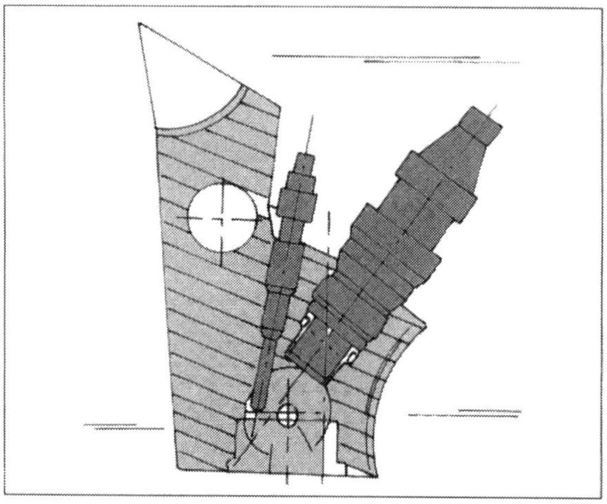

Bild 222
Einspritzdüsen und Glühkerzen liegen nebeneinander. Die Befestigung ist nicht bei allen Motoren gleich. Bild 223 zeigt die Düsen der zuletzt eingebauten Motoren.

5.6 Düsenhalter und Einspritzdüsen

Schadhafte Einspritzdüsen können folgende Störungen hervorrufen:
- Fehlzündungen
- Klopfen in einem oder mehreren Zylindern
- Überhitzung des Motors
- Leistungsverlust
- Schwarzer Auspuffrauch
- Hoher Kraftstoffverbrauch
- Sehr blauer Auspuffrauch beim Anlassen eines kalten Motors

Eine nicht arbeitende Einspritzdüse kann man herausfinden, indem man die Einspritzleitungen der Reihe nach an den Einspritzdüsen lockert, während der Motor im schnellen Leerlauf läuft. Läuft der Motor nach Abschließen einer bestimmten Einspritzleitung mit dem gleichen Geräusch weiter, ist die schadhafte Düse gefunden.

5.6.1 Aus- und Einbau

Die Einspritzdüsen liegen ziemlich versteckt und die entsprechenden Teile müssen ausgebaut werden, um an die Düsen zu kommen. Die Düsen ragen jeweils neben der Glühkerze aus dem Zylinderkopf heraus, wie man es in Bild 222 sehen kann. Die Düsen können jedoch ein unterschiedliches Aussehen haben, da je nach Motor ein Geber an einer der Düsen einverleibt sein kann. Wie die Teile bei diesen Motoren aussehen, können Sie Bild 223 entnehmen. Die folgende Beschreibung gilt für in den Zylinderkopf eingeschraubte Einspritzdüsen. Bei den in Bild 223 gezeigten Düsen werden die Schraube und die Klemmplatte entfernt, um die Düse auszubauen.
- Massekabel der Batterie abklemmen.
- Überwurfmutter der Einspritzleitung mit einem aufgesägten Ringschlüssel an der Düse lockern und die Leitung vorsichtig auf eine Seite drücken. Ein Gabelschlüssel kann ebenfalls verwendet werden, jedoch darf man nicht an den Schlüsselflächen abrutschen.
- Den Düsenhalter herausdrehen (Steckschlüssel, 27 mm Schlüsselweite), die Düsendichtung und das Düsenplättchen herausnehmen. Diese Teile beim Einbau immer erneuern. Der Einbau erfolgt in umgekehrter Reihenfolge wie der Ausbau. Die Düsen mit einem Anzugsdrehmoment von 70 Nm anziehen, die Überwurfmuttern der Einspritzleitungen mit 25 Nm. Beim Anziehen der Überwurfmuttern nicht die Kanten der Sechskante beschädigen. Außerdem die beiden Leitungsenden zuerst fingerfest anziehen, ehe man den Schlüssel zum Festziehen ansetzt.

5.6.2 Reparatur von Einspritzdüsen

Einspritzdüsen können nur in einer Dieselwerkstatt überprüft werden (z. B. Druckprüfung) und sollten nicht zerlegt werden.

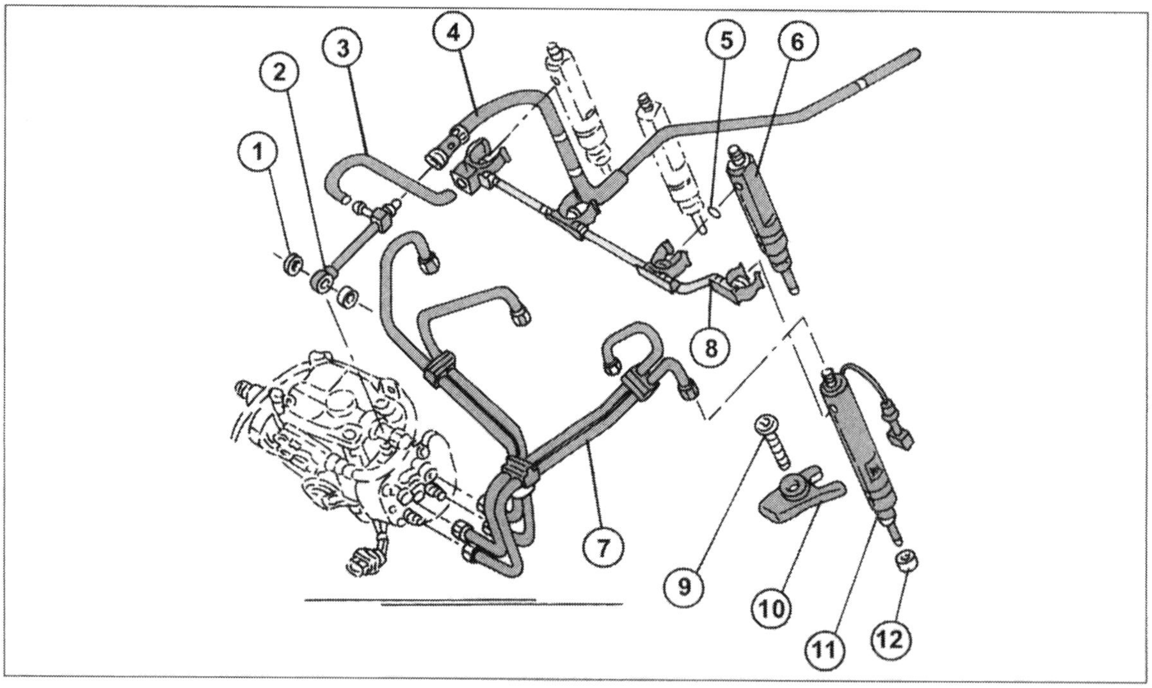

Bild 223
Mit Klemmplatten befestigte Einspritzdüsen bei den neueren Motoren.
1 Dichtring, links und rechts
2 Leitungsanschluss
3 Gummischlauch
4 Kraftstoff-Rückführschlauch
5 Dichtring
6 Einspritzdüse ohne Geber für Einspritzbeginn
7 Einspritzleitungsbündel
8 Verbindungsleitung
9 Schraube der Klemmplatte
10 Klemmplatte für Einspritzdüse
11 Einspritzdüse mit Geber für Einspritzbeginnanzeige
12 Dichtring

5.7 Glühkerzen

Die einzigen Teile, welche zur Zündung gehören, sind die Glühkerzen, die zum anfänglichen Anwärmen des Verbrennungsgemischs gebraucht werden. Glühkerzen können nicht repariert werden und sind im Schadenfall zu erneuern.
Die Glühkerzen können nur im eingebauten Zustand auf Stromführung kontrolliert werden und abgesehen davon wird ein mit Leuchtdiode ausgestattetes Prüfinstrument zur Kontrolle gebraucht. Glühkerzen sollten Sie aus diesem Grund in einer Werkstatt überprüfen lassen. Die Kerzen haben die Aufgabe des Vorglühens und des Nachglühens. Die Glühkerzen sitzen an der in Bild 224 gezeigten Stelle.
Falls man nach Ausschrauben einer Glühkerze feststellt, dass die Spitze fast abgebrannt ist, können Sie sofort eine Einspritzdüse verdächtigen. Ungenauer Förderbeginn der Einspritzpumpe wirkt sich auch auf die Lebensdauer der Kerzen aus. Beim Kauf einer Glühkerze immer den Motortyp und das Baujahr des Fahrzeuges angeben, da Glühkerzen manchmal abgeändert werden.
Ausfallende Glühkerzen machen sich normalerweise bei kaltem Motor bemerkbar. Der Kraftstoff in den „guten" Zylindern wird zünden, während der Zylinder mit der schlechten Kerze erst später dazukommt. Stotternder Motorlauf und blauer Auspuffrauch sein ein weiterer Beweis dafür.
Um an die Glühkerzen zu kommen, muss man bestimmte Vorarbeiten durchführen, da sie ziemlich versteckt sitzen.

Die Vorglühanlage besteht aus den Glühkerzen, dem Vorglühzeitrelais und der Warnleuchte im Armaturenbrett. Durch die eingebaute Einspritzanlage hat sich auch die Arbeitsweise der Glühkerzen, verglichen mit Glühkerzen in anderen Dieselmotoren, etwas verändert. Folgende Glühphasen treten auf:

- Beim Einschalten der Zündung wird das Glühzeitrelais unter Strom gesetzt. Die Dauer des Aufleuchtens der Warnleuchte und der Stromzufuhr zu den Glühkerzen hängt von der Temperatur des Kühlmittels sowie dem atmosphärischen Druck ab. In allen Fällen wird die Leuchte jedoch nicht länger als 15 Sekunden aufleuchten. Andernfalls stimmt etwas nicht.
- Nachdem die Warnleuchter erlöscht ist, werden die Glühkerzen weiterhin 30 Sekunden lang mit Strom versorgt.
- Beim Anlassen des Motors, d. h. beim Betätigen des Anlassers, werden die Kerzen fortlaufend mit Strom versorgt.
- Bei laufendem Motor findet das Nachglühen statt. Während dieser Phase werden die Kerzen je nach Kühlmitteltemperatur und Stellung des Strömungsventils ständig mit Strom versorgt. Falls der Geber für die Temperatur des Kühlmittels defekt sein sollte, werden die Glühkerzen trotzdem mit Strom versorgt. In diesem Fall kalkuliert das Steuergerät eine Glühzeit in Abhängigkeit von der Lufttemperatur. Die Kerzen erhalten jedoch niemals mehr als 3 Minuten Strom.

Durch die hohen Temperaturen ist es schon mal möglich, dass eine Glühkerze durchbrennt. Ebenfalls ist es möglich, das Kerzen durch Störungen an den Einspritzdüsen, falsche Einspritzzeiten oder zu niedrigen Einspritzdruck ausfallen. In diesem Fall können sie ausgebaut und erneuert werden. Beim Erneuern von Glühkerzen muss man sich von der Ausführung überzeugen.

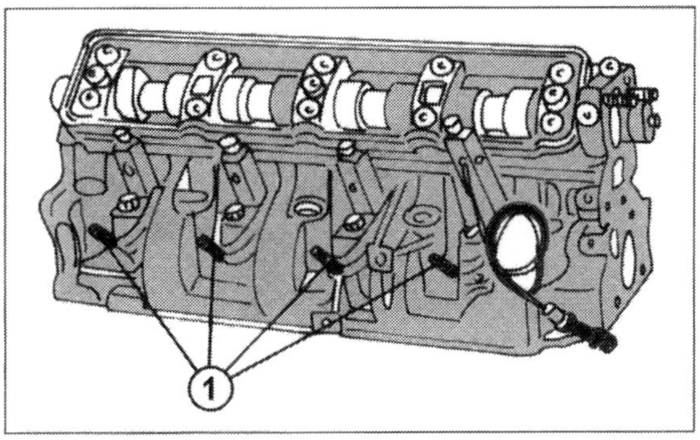

Bild 224
Die Glühkerzen sind in die Seite des Zylinderkopfes eingeschraubt.

5.7.1 Aus- und Einbau der Glühkerzen

Die Kerzen sitzen, wie auch die Einspritzdüsen, ziemlich versteckt und bestimmte Teile müssen ausgebaut werden, um an die Glühkerzen heranzukommen. Eine Stecknuss mit Verlängerung und Ratsche sollte zum Ausschrauben vorhanden sein.
Die Muttern von den Glühkerzen abschrauben. Die Muttern können nicht abgenommen werden, da sie sich in den Kabelschuhen des Kabelstranges befinden. Die Glühkerzen danach herausdrehen.
Der Einbau geschieht in umgekehrter Reihenfolge. Die Kerzen mit 20 Nm, die Mutter der Leitungsbefestigung mit 4 Nm anziehen.

5.8 Kraftstofffilter

Der Kraftstofffilter sollte alle 30 000 km erneuert werden, ganz gleich, ob Störungen in der Kraftstoffaufbereitung festgestellt wurden oder nicht. Der Filter ist mit einem austauschbaren Filterelement versehen und ist an der Innenseite des rechten Radkastens montiert (von vorn gesehen links, siehe Bild

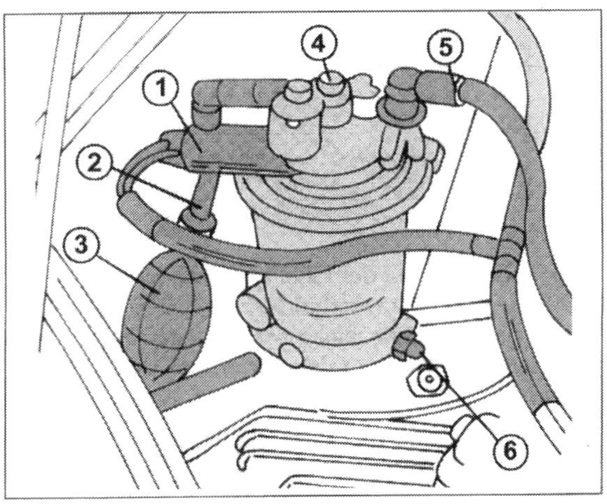

Bild 225
Eingebauter Kraftstofffilter.
1 Elektrische Kraftstoffvorheizung
2 Kraftstoffzufuhrleitung
3 Handpumpe
4 Schraube der Filtergehäusebefestigung am Filterkopf
5 Kraftstoffauslassleitung
6 Ablassschraube des Filtergehäuses

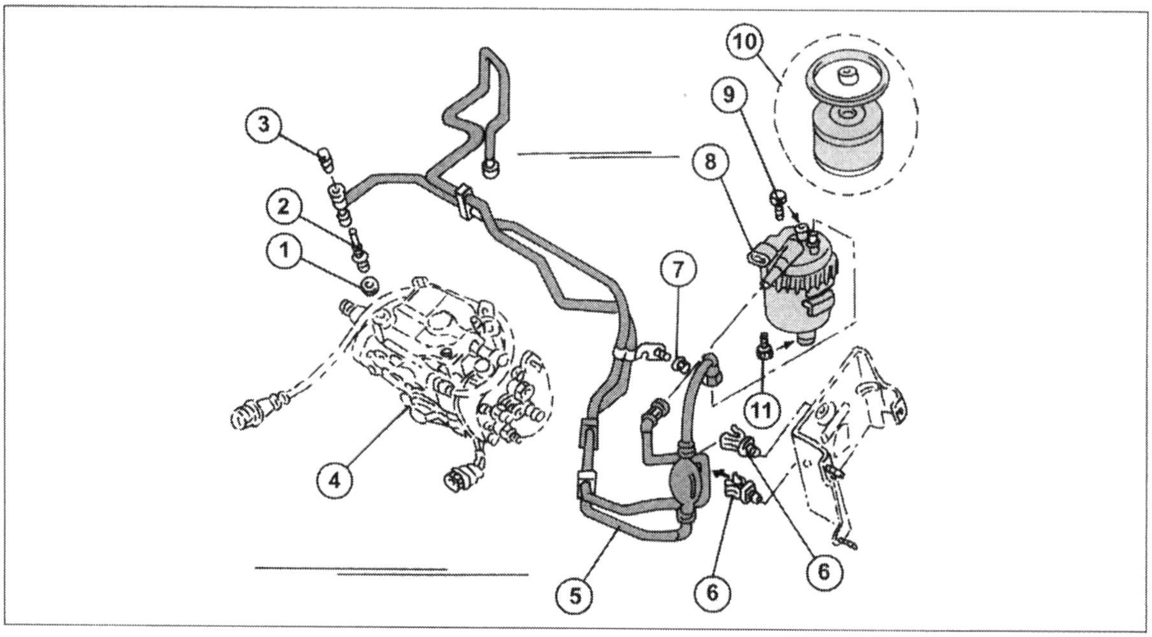

Bild 226
Die Installation des Kraftstofffilters beim Motor F9Q.
1 Dichtring
2 Leitungsanschlussstück
3 Anschlussschraube
4 Einspritzpumpe
5 Kraftstoffleitung
6 Halteschellen (Clips)
7 Befestigung
8 Filter, cplt.
9 Entlüftungsschraube
10 Filterelement mit Dichtring
11 Ablassschraube

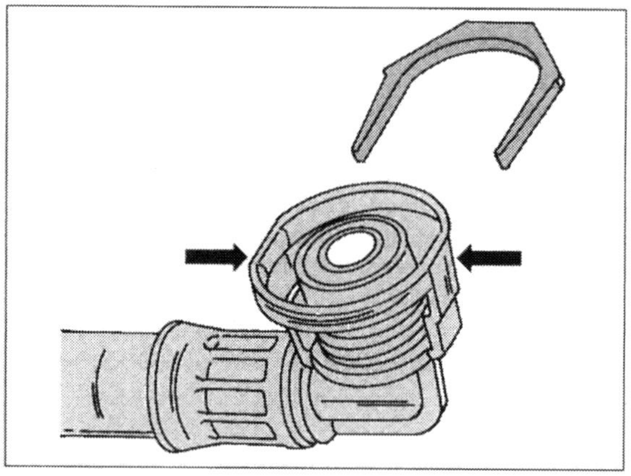

Bild 227
Die Spezialkrampe wird an den Pfeilstellen in den Schnellverschluss eingeschoben. Dadurch werden die Sicherungen zusammengedrückt und der Schlauch kann abgezogen werden.

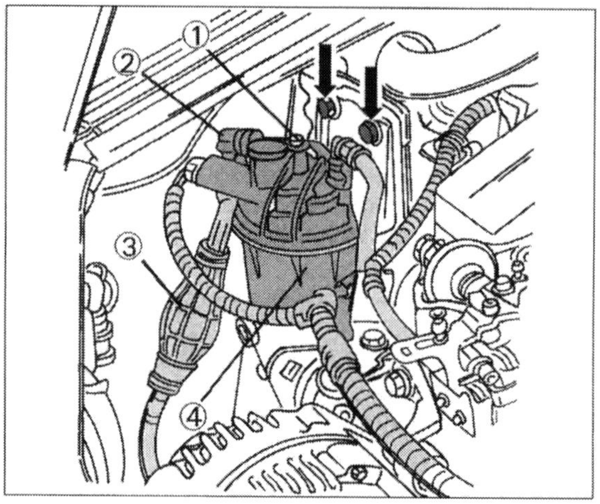

Bild 228
Die Filterbefestigung. Die Pfeilstellen weisen auf die Befestigungsschrauben des Filterkopfes hin.
1 Befestigungsschraube des Filtergehäuses
2 Kraftstoffanschluss
3 Handpumpe

225). In Bild 226 ist der Filter mit dem Einsatz sowie die dazu gehörigen Verbindungen bei einem F9Q-Motor gezeigt. Eine elektrisch arbeitende Vorwärmeinrichtung für den Kraftstoff ist im Filterkopf eingebaut. Bei niedrigen Temperaturen wird der Kraftstoff über einen Thermokontakt sowie ein Relais aufgeheizt. Bei ca. 0°C schließt der Kontakt, bei ca. 8°C öffnet er sich.

Außer der regelmäßigen Erneuerung des Filtereinsatzes sollte sich im Filtergehäuse angesammeltes Kondenswasser bei jedem Wechsel des Motoröls abgelassen werden.

5.8.1 Erneuerung des Kraftstofffilters

- Einen geeigneten Behälter unter das Gehäuse des Kraftstofffilters unterhalten, um auslaufendes Dieselöl aufzufangen.
- Den Kabelstecker von der Steckzunge der Vorwärmeinrichtung (1) in Bild 225 abziehen.
- Die beiden Kraftstoffleitungen vom Filterkopf abschließen. Diese sind mit Schnellverschlüssen befestigt, die normalerweise mit einem Spezialwerkzeug geöffnet werden. In Bild 227 kann man sehen, wie dieses Werkzeug (Nr. Mot. 1311-06) aussieht. Die Klammer wird über die beiden mit Pfeilen bezeichneten Flächen geschoben und nach innen gedrückt. Zieht man jetzt am Kraftstoffschlauch, kommt dieser herunter.
- Die Ablassschraube an der Unterseite des Filtergehäuses herausdrehen (Stelle 6 in Bild 227) und den Kraftstoff in den untergehaltenen Behälter laufen lassen.
- Die Befestigungsschraube des Filterkopfes lösen („1" in Bild 228) und das gesamte Filtergehäuse nach unten zu herausnehmen. Das Filterelement herausnehmen. Alle Dichtringe abnehmen, da diese beim Einbau erneuert werden müssen.
- Das Filtergehäuse gründlich reinigen und den neuen Filtereinsatz in das Gehäuse einsetzen. Das Filtergehäuse mit den neuen Dichtringen am Filterkopf montieren und die Schraube in der Oberseite des Filterkopfes anziehen.
- Die Kraftstoffschläuche anschließen. Diese werden aufgeschoben, müssen aber gut in die Schnellverschlüsse einclipsen.
- Den Kabelstecker auf die Steckzunge der Vorwärmvorrichtung aufstecken.

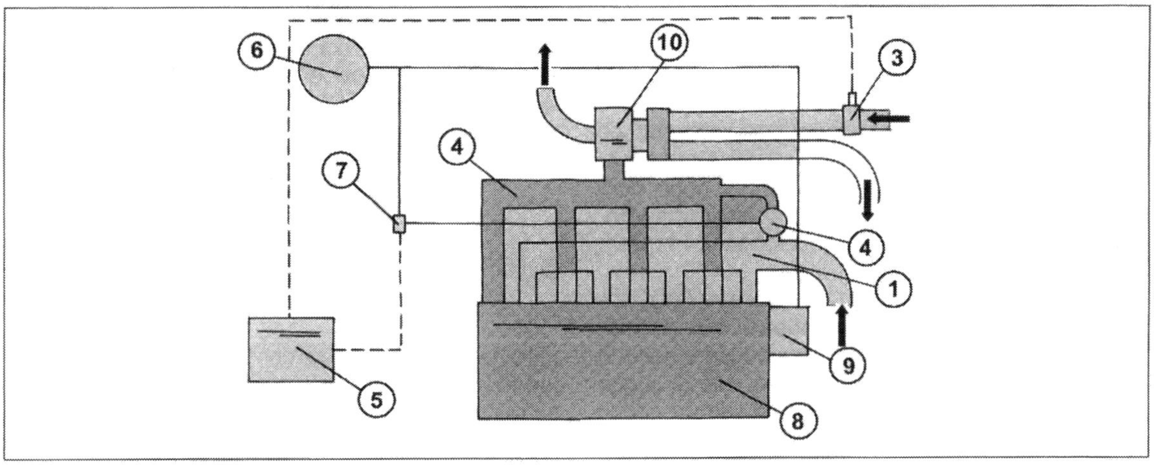

Bild 229
Anschlussweise des Abgasrückführungssystems.
1 Ansaugsammelrohr
2 Abgasrückführungsventil (20 Nm)
3 Strömungsmesser
4 Auspuffkrümmer
5 Magnetschaltventil für Abgasrückführungssystem
6 Bremskraftverstärker
7 Elektronisches Steuergerät
8 Zylinderkopf
9 Unterdruckpumpe
10 Abgasturbolader

- Die Ablassschraube an der Unterseite des Filtergehäuses einschrauben und festziehen.
- Die Kraftstoffanlage entlüften, wie es untenstehend beschrieben wird.
- Den Motor abstellen und erneut anlassen. Motor ohne Betätigung des Fahrpedals laufen lassen, um die Anlage auf einwandfreie Entlüftung zu kontrollieren.

5.8.2 Entlüften der Kraftstoffanlage

Hinweis: Die Kraftstoffanlage muss entlüftet werden, wenn der Kreis an irgendeiner Stelle geöffnet wurde, da dadurch Luft in die Anlage gelangt ist.

- Die Entlüftungsschraube öffnen. Diese befindet sich in der Nähe des Anschlusses des Kraftstoffschlauchs.
- Auf das Ende der Entlüftungsschraube einen kleinen Schlauch aufschieben und diesen in einen untergehaltenen Behälter halten.
- Den Handpumpenbalg (3) in Bild 228 betätigen (zusammendrücken), bis nur noch Dieselöl, frei von Luftblasen, in den untergehaltenen Behälter läuft.
- Die Entlüftungsschraube wieder anziehen, den Schlauch vom Anschlussnippel abziehen und den Behälter herausnehmen.
- Den Motor anlassen und im Leerlauf drehen lassen, bis sich dieser stabilisiert hat.

5.8.3 Kondenswasser entleeren

Hinweis: Man sollte es sich zur Angewohnheit machen, dass man im Kraftstofffilter angesammeltes Wasser bei jedem Motorölwechsel entleert. Nach fertiger Entleerung muss die Kraftstoffanlage entlüftet werden, wie es oben beschrieben wurde.

- Die Entlüftungsschraube öffnen. Diese befindet sich in der Nähe des Anschlusses des Kraftstoffschlauchs.
- Einen geeigneten Auffangbehälter unter das Filtergehäuse unterhalten.
- Den Ablassstopfen an der Unterseite des Filtergehäuses öffnen und das Dieselöl in den Behälter laufen lassen, bis nur noch Kraftstoff, ohne Wasseranteile herausläuft. Den Stopfen danach wieder anziehen. Der Stopfen ist in Bild 225 mit Pos. 5 bezeichnet.
- Abschließend die Kraftstoffanlage entlüften, wie es oben beschrieben wurde.

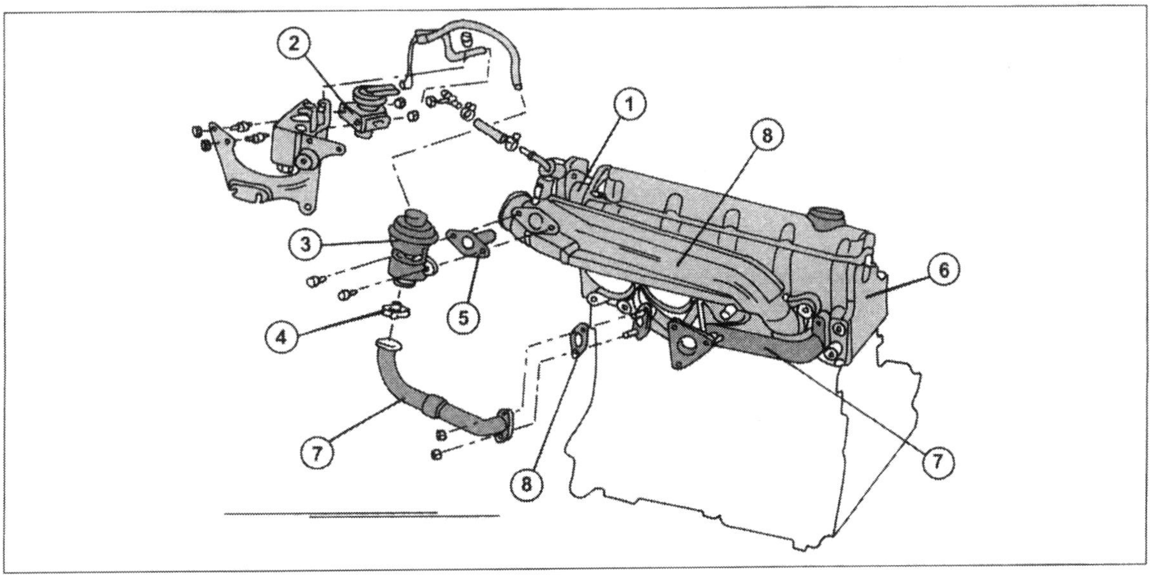

Bild 230
Anordnung der zum Abgasrückführungssystem gehörenden Teile am Motor.
1 Unterdruckpumpe
2 Magnetschaltventil für Abgasrückführungssystem
3 Abgasrückführungsventil (20 Nm)
4 Clip
5 Zwischenstück
6 Zylinderkopf
7 Stahlrohr für Abgasrückführung
8 Dichtung

5.9 Abgasregulierung und AGR-(EGR)-Anlage

Bei diesem Motor ist ein Rückführungssystem für die Öldämpfe zur Neuverbrennung und eine Abgasrückführungsanlage eingebaut, die ebenfalls unter dem Namen „AGR“ oder „ARF“ sowie der englischen Bezeichnung „EGR“ bekannt ist, je nachdem, mit wem Sie sprechen.
Bilder 229 und 230 zeigen am Beispiel des F9Q-Motors, wie die sich im Motor bildenden Öldämpfe wieder in den Ansaugkrümmer (Ansaugsammelrohr) zurückgelangen und wo die einzelnen Teile zu finden sind. In den Dämpfen enthaltenes Öl wird in einem Ölsammler aufgefangen, die Dämpfe werden danach im Luftfilter von Verunreinigungen befreit und gelangen erst dann wieder zum Ansaugsammelrohr zurück.
Wichtig für die Arbeitsweise dieses Systems ist die Sauberhaltung. Der Ölsammler hat nur eine bestimmte Lebensdauer und muss am Ende erneuert werden.
Das System ermöglicht eine Rückführung der Abgase zur Wiederverbrennung in den Ansaugkrümmer unter bestimmten Last- und Temperaturbedingungen des Motors. Dies wird vom elektronischen Steuergerät der Einspritzanlage reguliert. Ein in das Ansaugsammelrohr eingebautes AGR-Ventil hat eine Regelklappe, welche ständig unter Überwachung durch das Steuergerät steht. Die folgenden Faktoren bestimmten den Betrieb des Ventils:

- die Temperatur der Luft
- die Temperatur des Kühlmittels
- der atmosphärische Druck
- die Stellung des Fahrpedals
- die Drehzahl des Motors
- die Fahrgeschwindigkeit
- die Spannung der Batterie

Die Anlage ist nicht im Betrieb, d. h. das AGR-Ventil wird abgeschaltet, wenn:

- die Lufttemperatur weniger als 15°C oder mehr als 60°C beträgt
- die Kühlmitteltemperatur weniger als 15°C oder mehr als 120°C beträgt
- die Batteriespannung weniger als 10 Volt beträgt
- der atmosphärische Druck weniger als 890 mbar beträgt
- ein bestimmtes Kennfeld (Verhältnis zwischen Motordrehzahl und Motorbelastung) größer als ein bestimmter Sollwert ist.

Das AGR-Ventil wird 30 Sekunden nach Anlassen des Motors mit Strom versorgt, falls dies durch die vorherrschenden Bedingungen erlaubt wird. Das Fahrzeug muss danach mit einer Fahrgeschwindigkeit von mindestens 10 km/h gefahren werden, um die Anlage in Betrieb zu halten.

Mit Ausnahme der Erneuerung des Regelventils kann man keine Reparaturen an der Anlage ausführen. Um das Regelventil zu erneuern, kann man sich die Arbeit erleichtern, indem das Ansaugsammelrohr ausgebaut wird. Um das Regelventil nicht sofort zu verdächtigen, müssen die folgenden Teile der Einspritzanlage einwandfrei arbeiten: die Sensoren (Geber) für die Temperatur des Kühlmittels, der Ansaugluft, des atmosphärischen Drucks, der Fahrgeschwindigkeit und die beiden Strömungsregelventile.

5.10 Abgasturbolader (F9Q-Motor)

Falls man feststellt, dass der Motor weniger Leistung aufbringt als man erwartet, z. B. die Höchstgeschwindigkeit kann nicht mehr erzielt werden, kann der Turbolader verdächtigt werden. Falls der Turbolader nicht mehr einwandfrei arbeitet, muss er erneuert werden, da man ihn nicht mit einfachen Werkstattausrüstungen reparieren kann. Zur Gewährleistung des einwandfreien Betriebs des Turboladers und zum Erzielen des Aufladedrucks muss die gesamte Anlage auf der Ansaug- und der Abgasseite vollkommen luftdicht abgeschlossen sein. Diese Möglichkeit ist als Erstes zu überprüfen:

- Den Luftschlauch zwischen dem Turbolader und dem Ansaugrohr und den Schlauch zwischen dem Ansaugrohr und der Einspritzpumpe kontrollieren. Schläuche können entweder lose oder undicht sein.
- Luft kann zwischen Ansaugrohr und Zylinderkopf in den Motor eintreten.
- Die Flansche am Ansaugrohr können undicht sein.
- Eine Undichtigkeit hat sich zwischen dem Auspuffkrümmer und dem Zylinderkopf oder zwischen dem Krümmer und dem Turbolader gebildet.

Zur Kontrolle des Aufladedrucks wird ein spezieller Druckmesser benötigt und diese Arbeit sollte einer Werkstatt überlassen werden. Falls der Druck zu hoch ist, obwohl die Leitung zum Ladedruckregler nicht verstopft ist, wird es höchstwahrscheinlich einer Erneuerung des Turboladers bedürfen.
Ein Fehler kann auch im Abblaseventil auftreten, wodurch der Ladedruck zu niedrig bleibt.
Falls der Auspuffrauch sich in der Farbe ändert, stimmt irgendetwas in der Einspritzanlage nicht. Sofort kontrollieren lassen.

Turboladerstörungen
Arbeitet der Turbolader nicht mehr einwandfrei, kann man dies durch abfallende Leistung oder Nichterreichen der Höchstgeschwindigkeit feststellen, vorausgesetzt, dass die Kraftstoffeinspritzung einwandfrei arbeitet. Einmal kann dies an einer Leckstelle in der Aufladeanlage liegen, zum anderen Mal an einem defekten Turbolader. Wir schlagen die folgende Reihenfolge beim Prüfen vor:

Undichte Turboladeranlage

- Den Luftschlauch zwischen dem Turbolader und dem Ansaugsammelrohr auf Bruch, Risse, Lockerung, usw. kontrollieren und Defekte evtl. beheben.
- Undichtheit zwischen dem Zylinderkopf und dem Ansaugsammelrohr kontrollieren. Dies kann durch schlechte Dichtungen oder in schlimmen Fällen durch einen geplatzten Krümmer vorkommen.

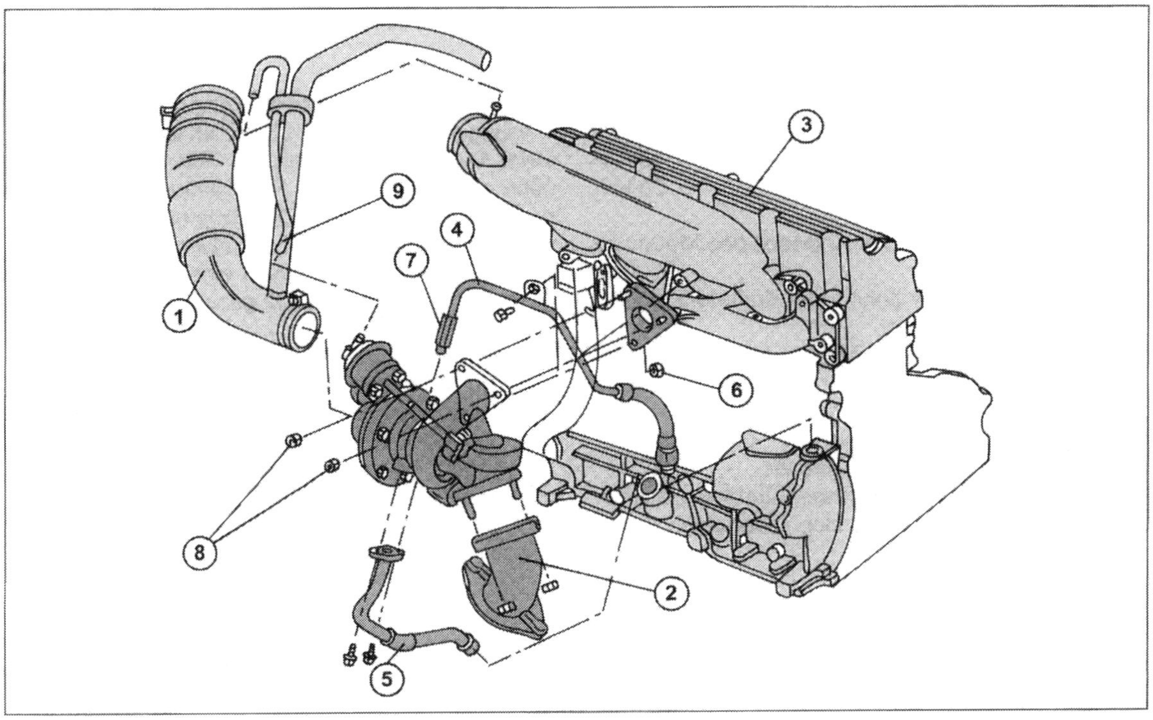

Bild 231
Die Teile der Abgasturboladerinstallation.
1 Luftansaugrohr
2 Auspuffrohr
3 Zylinderkopf
4 Ölzufuhrleitung
5 Ölrücklaufleitung
6 Mutter, Turbolader an Auspuffkrümmer
7 Anschluss der Ölleitung
8 Muttern, Turbolader an Auspuffkrümmer
9 Gummischlauch zum Turbolader

- Die Verbindungsflansche zwischen dem Auspuffkrümmer und dem Zylinderkopf oder zwischen dem Auspuffkrümmer und dem Turbolader sind undicht.

Defekter Turbolader
- Den Ladedruck in einer Werkstatt kontrollieren lassen. Der Ladedruck kann entweder zu hoch oder zu niedrig sein. Ist der Druck zu hoch, kann der Fehler im Magnetventil für die Ladedruckbegrenzung liegen oder die Druckdose des Ladedruckregelventils am Turbolader ist defekt.
- Ist der Ladedruck zu niedrig, kann man die Druckdose für die Ladedruckbegrenzung verdächtigen. Andernfalls muss der Fehler im Turbolader liegen.

Wissenswertes über den Abgasturbolader
Wie Sie bereits wissen werden, darf man einen Motor nach einer langen, schnellen Fahrt nicht sofort abstellen, sondern muss ihn eine Weile im Leerlauf laufen lassen. Was Sie vielleicht nicht wissen, ist der Grund dafür: Würde man den „überheißen" Motor sofort abstellen, könnte sich das Wellenlager des Turboladers so stark erhitzen, dass das Schmieröl im Lager verbrennen kann. Bei einer solchen wiederholten „Behandlung" würde der Turbolader bald festfressen.
Der Turbolader ist ziemlich empfindlich auf Schmutz oder andere Fremdteile, sodass beim Aus- und Einbau größte Reinlichkeit empfohlen wird.

Aus- und Einbau des Abgasturboladers
Bild 231 kann zum Ausbau des Turboladers hinzugezogen werden. Falls Sie einige Erfahrungen haben, sollte es keine Probleme bei den Arbeiten geben. Beim Einbau sind jedoch die folgenden Anzugsdrehmomente zu beachten:

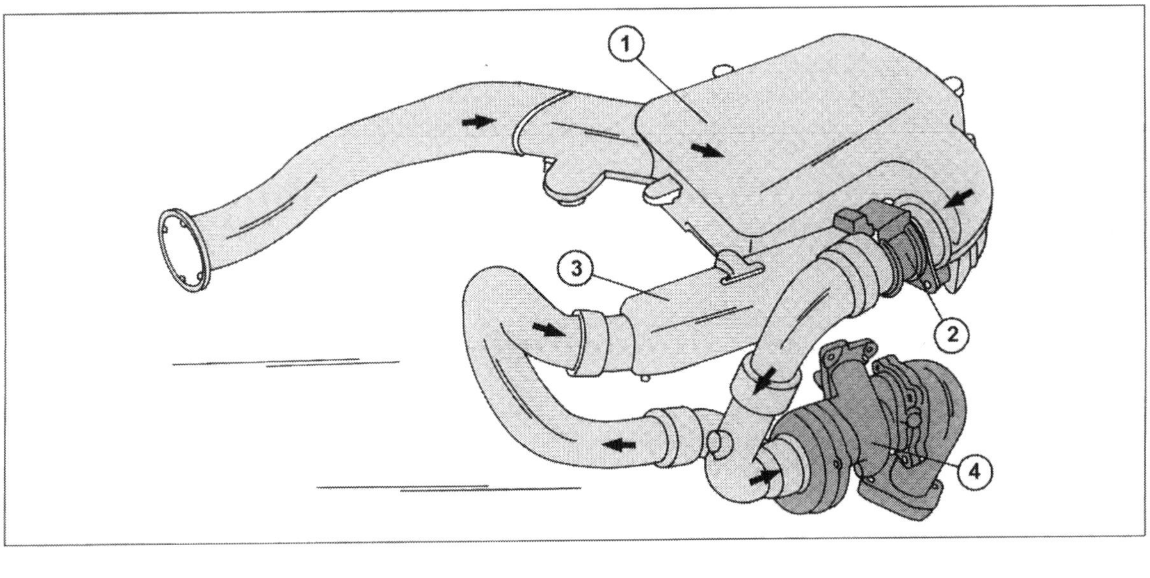

Bild 232
Luftfilterinstallation beim Motor F9Q mit Abgasturbolader.
1 Luftfilter
2 Luftmassenmesser
3 Ansaugkrümmer
4 Turbolader

Befestigungsmuttern des Turboladers	24 Nm
Ölzufuhrleitung (Innengewinde)	23 Nm
Ölzufuhrleitung (Außengewinde)	26 Nm
Schraube, Ölrücklaufleitung	12 Nm
Mutter, Auspuffzwischenrohr an Turbolader	26 Nm
Untere Stütze	35 Nm
Obere Stütze	23 Nm

Folgende Hinweise sind vor Anlassen des Motors zu beachten:

- Den Stecker für die Zufuhr des Kraftstoffs an der Einspritzpumpe abziehen.
- Anlasser betätigen, bis die Öldruckkontrollleuchte erlöscht. Danach den Anlasser einige Sekunden länger betätigen.
- Kabelstecker wieder aufstecken, die Vorglühung einschalten und den Motor anlassen.
- Motor im Leerlauf laufen lassen und kontrollieren, dass die Anschlussstellen der Ölleitungen keine Leckstellen haben.

5.11 Luftfilter

Der Papierfiltereinsatz sollte entsprechend den Anweisungen im Wartungsscheckheft erneuert werden. Nach Ausbau des Deckels den Filtereinsatz herausnehmen. Innenseite des Filtergehäuses einwandfrei reinigen und den neuen Einsatz in umgekehrter Reihenfolge wieder einbauen. Den Deckel wieder montieren. Die Luftfilterinstallation eines Motors mit Abgasturbolader ist in Bild 232 gezeigt.
Um den Filter zu reinigen, kann man ihn gegen eine harte Unterlage aufschlagen und den feinen Staub mit Pressluft ausblasen. Dabei den Luftstrahl seitlich an den Lamellen vorbei streichen lassen. Niemals die Luft direkt auf die Lamellen richten, da sonst der Staub nach innen gezwungen wird. Flüssigkeit darf nicht zum Reinigen benutzt werden. Das Filtergehäuse säubern, indem man es mit einem Lappen auswischt.

Die gleiche Kraftstoffeinspritzanlage wird, mit kleinen Unterschieden, bei allen Motoren in die Renault Clio II-Baureihe eingebaut. Alle arbeiten mit einem Katalysator. Alle Motoren sind mit einer so genannten sequentiellen Mehrpunkt-Einspritzanlage versehen. Der 1.4- und 1.6-Liter-Motor arbeiten ohne Geber für die Zylindererkennung und die Stellung der Nockenwelle, d. h. der Zündzeitpunkt wird durch den Stellungsgeber der Kurbelwelle bestimmt. Beim 2.0-Liter-Motor ist außerdem am Steuerrad der Einlassnockenwelle ein Phasenversteller angebracht, welcher im Zusammenhang mit der Zünd- und Einspritzanlage arbeitet. Jeder Zylinder hat sein eigenes Einspritzventil. Die Anlage wird von Siemens hergestellt und unter der Bezeichnung „Sirius" geführt.
Bei normalem Betrieb wird der Kraftstoff Zylinder nach Zylinder eingespritzt, wenn die Kolben am Anfang der Einlassphase stehen. Jedes Einspritzventil wird getrennt vom Steuergerät reguliert (Nr. 1 auf der Schwungradseite) und das Steuergerät erkennt auch, welcher Zylinder in der Einlassphase steht. Dazu wird ein einzelner Geber benutzt. Dies ist der OT-Geber am Schwungradgehäuse, welcher auch die Drehzahl des Motors ermittelt. Der Geber erkennt, wenn Zylinder Nr. 1 und 4 oder Zylinder Nr. 2 und 3 auf OT stehen. Beim Abstellen des Motors speichert das Steuergerät, welches Einspritzventil zuletzt in Betrieb war. Beim Neuanlassen des Motors wird dieser Zylinder als Bezugspunkt benutzt.
Die Einspritzanlage ist mit verschiedenen Bauelementen versehen, auf welche wir kurz eingehen werden.
Die Anlage setzt sich aus drei Hauptabschnitten zusammen, der Kraftstoffanlage, dem Einspritzcomputer (Steuergerät) und den dazugehörigen Teilen sowie der zum Betrieb der Anlage notwendigen elektrischen und/oder elektronischen Teile.
Das Hauptteil der Anlage ist der Computer. Er ist auf einer gedruckten Schaltung montiert, arbeitet digital und hat einen Mikroprozessor. Der Computer der Einspritzanlage enthält die Schaltkreise für die Zündanlage.

Die elektrische Kraftstoffpumpe ist in den Kraftstofftank eingebaut und arbeitet elektrisch. Der Tank muss ausgebaut werden, um an die Pumpe heranzukommen. Der Kraftstoff wird durch einen in die Zufuhrleitung eingesetzten Filter sauber gehalten. Der Filter befindet sich unmittelbar vor dem Tank an der Unterseite des Motors.

Die Kraftstoffeinspritzanlage wird durch verschiedene Sensoren und andere Faktoren reguliert und beeinflusst, auf welche untenstehend erwähnt werden sollen.

Was geschieht mit der Ansaugluftströmung? Wenn die Drosselklappe durch Betätigung des Gaspedals geöffnet wird, wird der Öffnungswinkel der Klappe durch ein Potentiometer gemessen. Der Ansaugluftstrom wird dadurch durch die Stellung der Drosselklappe und die entsprechende Motordrehzahl bestimmt. Die Zündanlage überträgt die Betriebsdaten des Motors zum Steuergerät.

Die Temperatur des Motors wird durch einen Temperaturschalter gemessen. Der Schalter ist in die Kühlanlage eingesetzt und informiert das Steuergerät ständig über die im Motor herrschenden Temperaturen. Dieses kann dadurch die erforderlichen Korrekturen vornehmen.

Die Kraftstoffzufuhr ist eine hochtechnische Angelegenheit. Kurz gesagt, besitzt der Computer einen Mikroprozessor, ein Programm und einen Datenspeicher und außerdem einen Analog-Digitalwandler. Der Computer bestimmt die Einspritzzeit aus den erhaltenen Informationen über Drosselklappenwinkelstellung und Motordrehzahl. Aus den erhaltenen Daten wird ein Kennfeld aus verschiedenen Drosselklappenstellungen und Motordrehzahlen aufgebaut und im Speicher „gelagert". Jedes Mal, wenn die beiden Kriterien abgeglichen sind, kommt die richtige Einspritzzeit zusammen mit dem richtigen Luft/Kraftstoffgemisch zustande, ganz gleich, welchen Belastungen der Motor unterliegt.
Erwähnen möchten wir auch den *Klopfsensor.* Dieser ist in den Zylinderblock eingeschraubt und spürt ein „Klingeln" des Kraftstoffgemischs auf. Dieses wird sofort durch das Steuergerät durch Verstellen des Zündzeitpunktes berichtigt.

Das Kraftstoff/Luftgemisch wird außerdem durch die Lambda-Regulierung überwacht. Eine Lambda-Sonde, bei welcher es sich um einen Sensor für vorhandenen Sauerstoff handelt, ist in den Auspuffkrümmer eingeschraubt und gibt ständig ein elektrisches Signal ab, sodass das Steuergerät das Kraftstoff/Luftgemisch und damit die Einspritzzeit verkürzen oder verlängern kann. Die Lambda-Regulierung ermöglicht ein genaues Dosieren des Kraftstoffs und bestimmt dadurch den CO-Anteil des Gemischs.

Der Leerlauf ist selbstregelnd und wird automatisch verringert oder erhöht, wie dies durch die Betriebsbedingungen verlangt wird. Ein Stufenmotor (Magnetti Marelli) verändert die Stellung der Drosselklappe, wenn der programmierte Bezugswert der Motordrehzahl vom eigentlichen Wert abweicht. Der Bezugswert der Motordrehzahl hängt dabei von den von den verschiedenen Sensoren erhaltenen Daten ab und stellt die Drosselklappe auf den erforderlichen Winkel. Eine eingebaute Klimaanlage, beheizte Heckscheibe und die Batteriespannung spielen dabei eine Rolle. Das System erfordert keinerlei Einstellungen, da auch größere Änderungen des Leerlaufs ausgeglichen werden.

Zündanlage. Siehe nachfolgenden Abschnitt.

6.1 Arbeiten an der Einspritzanlage

Alle an der Einspritzanlage anfallenden Arbeiten sollten einer Werkstatt überlassen werden. Vor allem fehlt

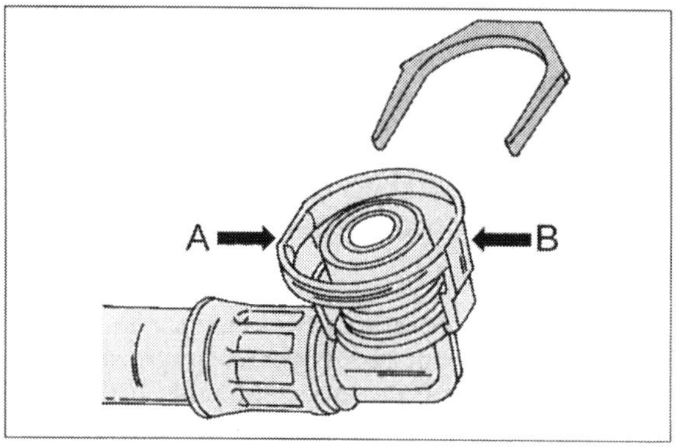

Bild 233
Zum Lösen der Schnellverschlüsse der Kraftstoffleitungen wird in der Werkstatt das gezeigte Werkzeug benutzt.

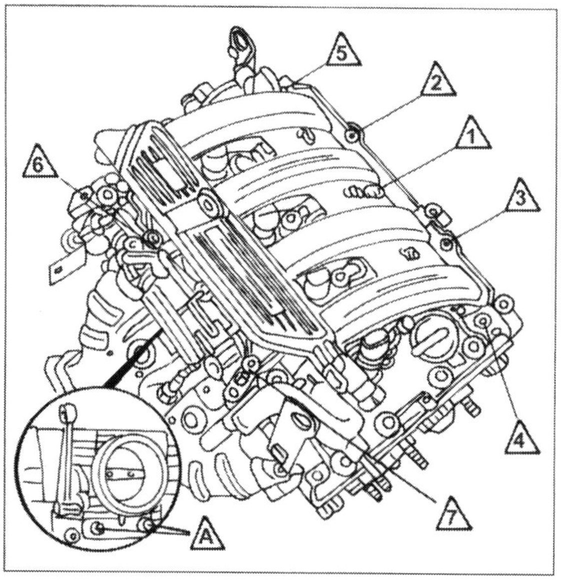

Bild 234
Zum Aus- und Einbau des Ansaugsammelrohrs (Ansaugkrümmer). Die Zahlen weisen auf die Anzugsreihenfolge hin. An Stelle „A" sind die Schrauben des Drosselklappengehäuses zu lösen.

einfach der Platz, die bei den drei verschiedenen Motoren möglicherweise anfallenden Arbeiten zu beschreiben. Einige durchführbare Arbeiten sind jedoch untenstehend beschrieben. Falls Sie jedoch Arbeiten im Motorraum vornehmen, sind die folgenden Vorsichtsmaßnahmen zu treffen:

- Kein Wasser oder andere Flüssigkeiten auf Teile der Anlage spritzen oder den Motor einer Motorwäsche unterziehen.
- Bei allen Arbeiten an der elektrischen Anlage die Batterie abklemmen.
- Die Spannung der Zündanlage ist sehr hoch. Unter keinen Umständen Messungen mit Instrumenten durchführen, es sei denn, man ist mit der Autoelektrik vollkommen vertraut.
- Falls das Fahrzeug zwecks Zündschwierigkeiten abgeschleppt werden muss, das Steuergerät für die Einspritzanlage (welches auch die Zündanlage reguliert) aus dem Stromnetz isolieren.
- Falls Leitungen der Anschlüsse abgeschlossen werden, sollte man diese Arbeit nicht im Freien durchführen, um zu verhindern, dass Staubteile in die Anlage gelangen können.
- Keine Anschlüsse der Einspritzanlage kurzschließen, da man Schäden anrichten kann.

Achtung: Personen mit Herzschrittmacher sollten keine Arbeiten an der Einspritzanlage und der damit verbundenen Zündanlage durchführen, wenn die Batterie angeschlossen ist. Ausschalten der Zündung reicht nicht aus.

Abschließen von Kraftstoffleitungen

Bei den Verbindungen handelt es sich um Schnellverschlüsse, die normalerweise mit einer Spezialvorrichtung geöffnet werden. In Bild 233 kann man sehen, wie diese Vorrichtung aussieht. Die Klammer wird über die Flächen A und B geschoben und zusammengedrückt. Jetzt am Anschluss ziehen, bis dieser frei ist.

Aus- und Einbau des Ansaugkrümmers (Ansaugsammelrohr)

- Luftfilter ausbauen, wie es nachfolgend beschrieben wird.
- Kabelstecker von den folgenden Teilen abziehen: Potentiometer der Drosselklappe, Drucksensor, Zündspulen und dem Lufttemperaturgeber. Die einzelnen Kabelstecker sind entsprechend aufzufinden und zu kennzeichnen, falls man im Zweifel ist, wo sie beim Einbau hingehören.
- Drosselklappenseil abschließen.
- Die beiden Befestigungsschrauben „A" des Drosselklappengehäuses in Bild 234 lösen und die mit den Zahlen gezeigten Schrauben des Krümmers lösen. Der Krümmer kann danach abgehoben werden (vorsichtig).

Der Einbau geschieht in umgekehrter Reihenfolge wie der Ausbau. Die Schrauben des Krümmers in der in Bild 234 gezeigten Reihenfolge mit 10 Nm anziehen, die beiden Schrauben des Drosselklappengehäuses mit 15 Nm. Luftfilterschrauben mit 9 Nm anziehen.

Aus- und Einbau des Auspuffkrümmers

- Massekabel der Batterie abklemmen und das Fahrzeug vorn auf Böcke setzen (oder auf eine Hebebühne fahren).
- Luftfilter ausbauen, wie es nachfolgend beschrieben wird.
- Den Kabelstecker vom Anschluss an der Lambda-Sonde an der Oberseite des Auspuffkrümmers abziehen und die Sonde ausschrauben (siehe Bild 235, links).
- Das Wärmeschild des Auspuffkrümmers an der Oberseite abschrauben und ein zweites Schild vom Nebenrahmen abmontieren.
- Vorderes Auspuffrohr vom Auspuffkrümmer trennen.
- Den Katalysator ausbauen. Je nach Motor könnte es jedoch schwer sein den Katalysator herauszunehmen. Eine Ausweichmethode wäre gegeben, wenn man den Nebenrahmen um einige Zentimeter absenkt. Dies ist natürlich eine umfangreiche Arbeit. Die entsprechenden Arbeitsgänge wurden beim Ausbau der Ölwanne/Ölpumpe im Abschnitt „Motorschmierung" beschrieben. Beim Ausbau darauf achten, dass der Katalysator und das Wärmeschutzschild unter dem Wagenboden nicht beschädigt werden. Besonders der flexible Teile des Katalysators ist empfindlich. Der Katalysator wird wie in Bild 235 in der mittleren Ansicht herausgenommen und danach entsprechend der Pfeilrichtung in der rechten Ansicht entfernt.

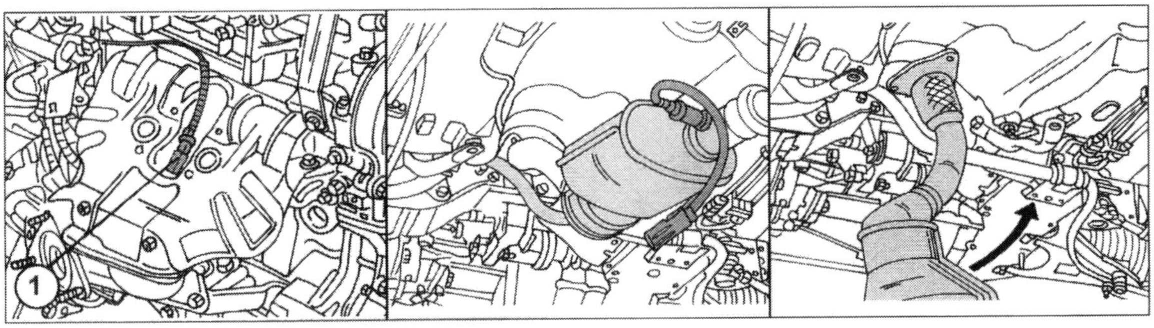

Bild 235

- Die Stütze (1) in Bild 236 zwischen dem Auspuffkrümmer und den Zylinderblock abschrauben und den Krümmer abschrauben. Zum Herausnehmen muss der Krümmer um ca. 45° (1/8 Umdrehung) verdreht werden, um an allen Teilen vorbeizukommen.

Der Einbau findet in umgekehrter Reihenfolge statt. Krümmerdichtung und Dichtung zwischen Krümmer und Katalysator immer erneuern. Neue Muttern müssen verwendet und mit 18 Nm angezogen werden, die Verbindungsschrauben Katalysator/Auspuffrohr mit 20 Nm.

Falls das Wärmeschutzblech beschädigt ist, muss man es erneuern.

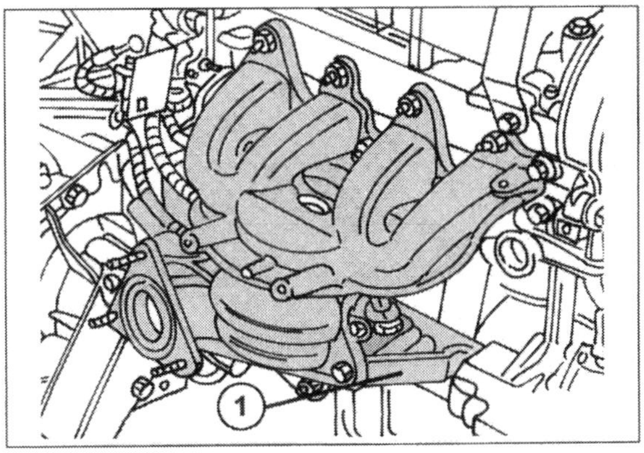

Bild 236
Eingebauter Auspuffkrümmer. Die Stütze (1) ist am Zylinderblock verschraubt.

Aus- und Einbau der Einspritzventile

Die Einspritzventile werden mit Clips am Kraftstoffverteilerrohr gehalten. Das Rohr sitzt an der in Bild 237 gezeigten Stelle. Beim Ausbau des Verteilerrohres kann Kraftstoff auslaufen. Aus diesem Grund einen dicken Lappen auf die Drehstromlichtmaschine legen.

- Batterie abklemmen.
- Den Schutzdeckel über dem Kraftstoffverteilerrohr ausbauen.
- Kraftstoffleitungen abschließen, wie es bereits beschrieben wurde.
- Den Unterdruckschlauch vom Druckregler abziehen.
- Schrauben des Kraftstoffverteilerrohres lösen und das Rohr abnehmen. Dieses hat die in Bild 238 gezeigte Form. Nach Abziehen des Kabelsteckers (oder der Stecker) und Lösen der Clips (Clipse) kann man das oder die Einspritzventile herausziehen.

Der Einbau findet in umgekehrter Reihenfolge statt. Die „O"-Dichtringe müssen immer erneuert werden. Die Schrauben des Verteilerrohres mit nicht mehr als 10 Nm anziehen.

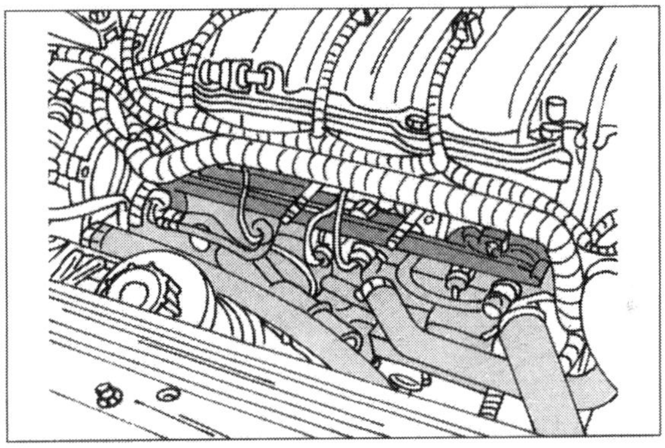

Bild 237
Das Kraftstoffverteilerrohr sitzt an der gezeigten Stelle an der Seite des Motors.

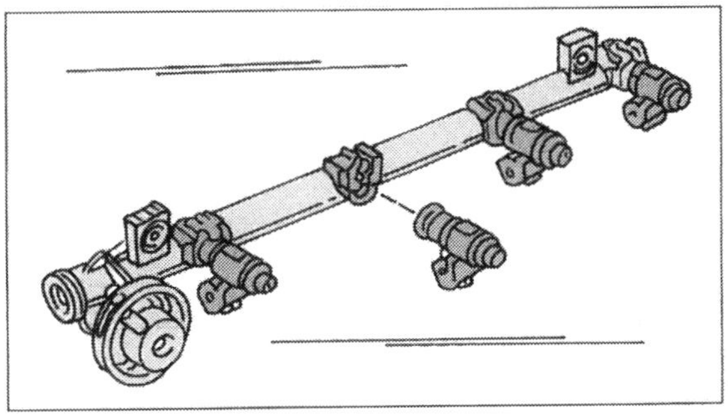

Bild 238
Ausgebautes Kraftstoffverteilerrohr. Die Einspritzventile werden an den gezeigten Stellen mit Clips gehalten. Links ist der Druckregler zu sehen.

6.2 Luftfilter

Die Zusammensetzung des Luftfilters bei einem 1.4- und 1.6-Liter-Motor ist in Bild 239 gezeigt. Der Filter ist mit einem Luftresonanzkasten versehen, welcher die Aufnahme von bestimmten Druckwellen und die Verringerung des Ansauggeräuschs erlaubt.

Zum Ausbau des Luftfilters sind einige Vorarbeiten zu treffen, ehe man an den Luftfilter heran kann.

- Massekabel der Batterie in der gewohnten Weise unter dem Sitz abklemmen.

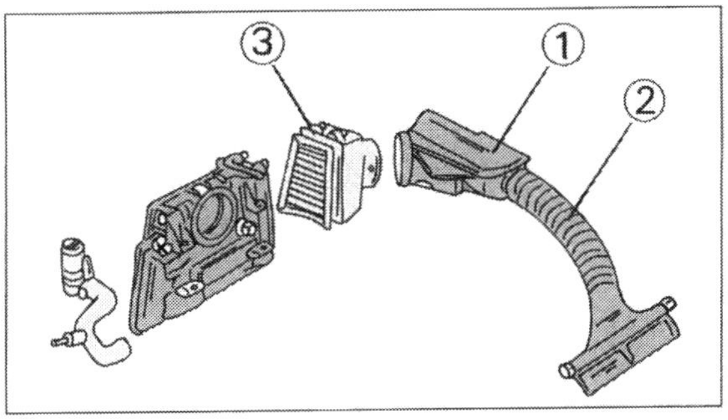

Bild 239
Die Luftfilteranlage beim 1.4- und 1.6-Liter-Motor. Der Resonanzkasten (1) ist zwischen dem Luftansaugschlauch (2) und dem Luftfiltergehäuse (3) eingesetzt.

Bild 240
Einzelheiten zum Aus- und Einbau des Luftfilters.

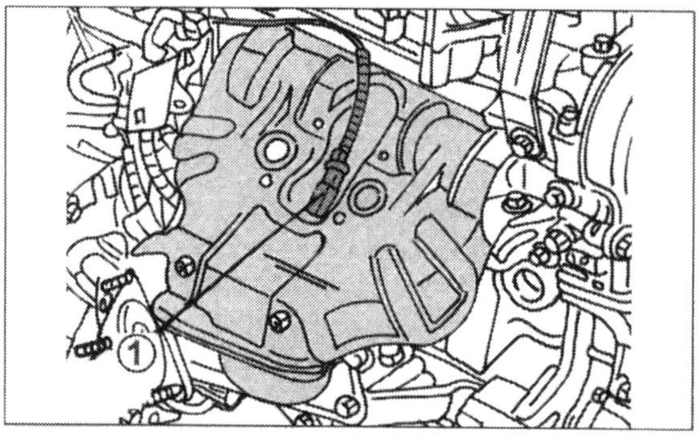

Bild 241
Eine der Lambda-Sonden sitzt in der Oberseite des Auspuffkrümmers.

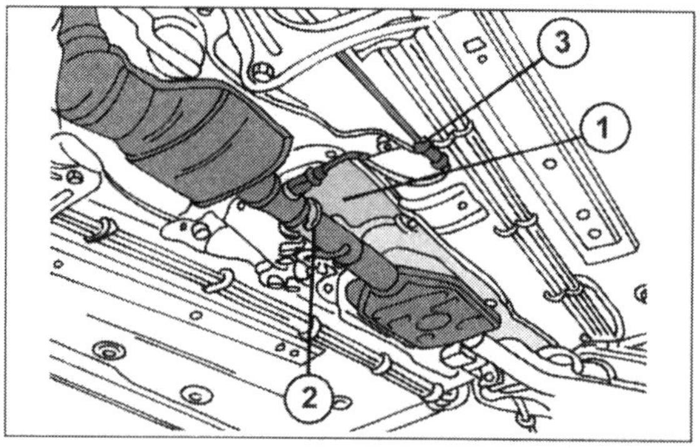

Bild 242
An der Unterseite des Fahrzeugs zu lösende Teile.
1 Wärmeschutzblech
2 Klemmschelle des Abgasrohres (Auspuffrohres)
3 Kabelstecker der Lambda-Sonde

- Den Unterdruckschlauch für den Bremskraftverstärker auf der Krümmerseite vom Anschluss abziehen.
- An der in Bild 240 gezeigten Stelle den Stecker (1) vom Aktuator abziehen und den Schlauch (2) für die Kurbelgehäusebelüftung abschließen. Den Luftresonanzkasten ausbauen und die beiden Schrauben (3) der Luftfilterbefestigung lösen.
- Den Filter nach rechts schieben und zwischen der Windschutzscheibenöffnung, dem Motor und dem Bremskraftverstärker herausnehmen. Einige Versuche könnten erforderlich sein.
- Zum Ausbau des Luftfiltereinsatzes den Deckel abschrauben und den Filtereinsatz herausnehmen.

Um den Filter zu reinigen, kann man ihn gegen eine harte Unterlage aufschlagen und den feinen Staub mit Pressluft ausblasen. Dabei den Luftstrahl seitlich an den Lamellen vorbei streichen lassen. Niemals die Luft direkt auf die Lamellen richten, da sonst der Staub nach innen gezwungen wird. Flüssigkeit darf nicht zum Reinigen benutzt werden. Das Filtergehäuse säubern, indem man es mit einem Lappen auswischt.

6.3 Lambda-Sonden

Zwei Lambda-Sonden sind eingebaut, welche nicht miteinander verwechselt werden können. Eine sitzt an der in Bild 241 in der linken Ansicht gezeigten Stelle, die andere ist in den Katalysator an der in Bild 242 gezeigten Stelle eingeschraubt.
Beim Ausbau zuerst die Batterie abklemmen. Zum Ausbau der im Krümmer sitzenden Lambda-Sonde den Luftfilter ausbauen, den Kabelstecker abziehen (Bild 241) und die Sonde ausschrauben. In der Werkstatt wird dazu ein Spezialschlüssel benutzt (Mot. 1495).
Zum Ausbau der im Katalysator sitzenden Lambda-Sonde die Abdeckung des Kabelsteckers entfernen, den Stecker abziehen und die Sonde mit einem Maulschlüssel ausschrauben.
Der Einbau findet in umgekehrter Reihenfolge statt. Beide Sonden mit 45 Nm anziehen.

7.1 Kurze Beschreibung

Alle Motoren arbeiten mit einer so genannten statischen Zündanlage, d. h. kein Zündverteiler ist eingebaut. Die Anlage ist bei allen Motoren ziemlich gleich. Bei allen Motoren werden vier Zündspulen eingebaut, welche direkt auf den Zündkerzen aufgesteckt sind und durch eine Schraube auf der Zylinderkopfhaube gehalten werden. Zündkerze und Zündspule sind in der in Bild 243 gezeigten Weise zusammengesetzt. Die vier Zündspulen sind in Serie gespeist, d. h. Zylinder Nr. 2 und 3 sowie Zylinder Nr. 1 und 4 werden von einer gemeinsamen Stromausgangsklemme am elektronischen Steuergerät gespeist.
Das Steuergerät bestimmt anhand den von den verschiedenen Sensoren und Gebern erhaltenen Informationen und den Betriebsbedingungen des Motors (Motordrehzahl und Belastung) die Verstellung des Zündzeitpunkts. Es stellt ebenfalls fest, welcher Zylinder sich auf dem oberen Totpunkt im Zündzeitpunkt befindet und damit, welche Zündspulen Strom erhalten. Wie dies vor sich geht, wurde bereits kurz bei der Beschreibung der Einspritzanlage erwähnt.

7.2 Zündzeitpunkteinstellung

Der Zündzeitpunkt kann nicht eingestellt werden. Die Kontrolle und auch die Grundeinstellung der Zündungscharakteristika können nur unter Zuhilfenahme von Messgeräten durchgeführt werden und sind einer Werkstatt zu überlassen. Bei Störungen, welche man auf die Zündanlage zurückführen kann, können die folgenden Fehler vorliegen:

- Falls der Motor schlecht läuft, kann der Fehler im Positionsanzeiger, in der Zündspule und dem Steuergerät liegen.
- Falls der Motor überhaupt nicht läuft: Falls die Grundfunktionen der Zündanlage in Ordnung sind, muss man Fehler in der automatischen Zündverstellung vermuten. Die Ursachen dafür können in verschiedenen Abschnitten der Anlage liegen und nur die Werkstatt wird anhand des Fehleraufzeichnungsprogramms eine schnelle Abhilfe ermöglichen.

7.3 Vorsichtsmaßnahmen bei Arbeiten an der Anlage

Arbeiten an Zündanlage und der damit verbundenen Einspritzanlage sollten einer Werkstatt überlassen werden, um die empfindlichen und gleichzeitig kostspieligen Teile nicht kurzzuschließen, zu beschädigen oder auf andere Weise funktionsunfähig zu machen. Die in der Zündanlage entwickelte Hochspannung ist lebensgefährlich. Aus diesem Grund sind die folgenden Vorsichtsmaßnahmen durchzulesen, ehe man irgendwelche Arbeiten, gleich welcher Art, an der Zündanlage durchführt.

- **Personen mit Herzschrittmacher dürfen unter keinen Umständen an der Zündanlage arbeiten.**
- Keine Kabel der Zündanlage abziehen, während der Motor läuft. Dies gilt ebenfalls, wenn der Motor mit dem Anlasser durchgedreht wird.
- Arbeiten an der Zündanlage, d. h. zum Beispiel Kabel nur ab- und anschließen, wenn der Motor stillsteht und die Zündung ausgeschaltet ist.
- Alle Messgeräte nur bei stillstehendem Motor und ausgeschalteter Zündung an- und abschließen.
- Keine Prüflampen an der Klemme der Zündspule anklemmen.
- Motor nicht mit dem Anlasser durchdrehen, falls nicht alle Teile der Zündung angeschlossen sind.
- Beim Durchdrehen des Motors mit dem Anlasser oder bei laufendem Motor keine Prüfungen vornehmen, bei welchen irgendwelche Kabel gegen Masse gehalten werden, wie man dies bei anderen Motoren früher einmal durchgeführt hat. Ebenfalls die Enden von Kerzenkabeln unter diesen Umständen nicht gegen Masse halten.
- Die Zündanlage kann eine Spannung von bis zu 32 Kilovolt erzeugen – Lebensgefahr.

7.4 Zündkerzen

Die Zündkerzen haben einen Gewindedurchmesser von 14 mm. Vom Hersteller werden bestimmte Kerzen empfohlen, welche immer verwendet werden sollten, um den einwandfreien Betrieb des Motors zu gewährleisten. Beim 1.4- und 1.6-Liter-Motor werden Bosch RFC 50LZ2E-Kerzen, beim 2.0-Liter-Motor Bosch FR7 LDC-Kerzen eingebaut. Verlassen Sie sich nicht auf die obigen Angaben, da Kerzen oftmals und ohne vorherige Bekanntgabe geändert werden. Falls die Kerzen erneuert werden, sollte man immer den Empfehlungen des Lieferanten folgen. Ihre Ersatzteilbezugsquelle ist besser in der Lage, Ihnen anhand der letzten Verzeichnisse die richtigen Kerzen zu verkaufen. Der Elektrodenabstand der Kerzen kann nicht verstellt werden. Das Anzugsdrehmoment beträgt 25 bis 30 Nm.
Auch beim Ausbau von Zündkerzen müssen alle bereits angegebenen Vorsichtsmaßnahmen beachtet werden. Die Batterie auf jeden Fall abklemmen.

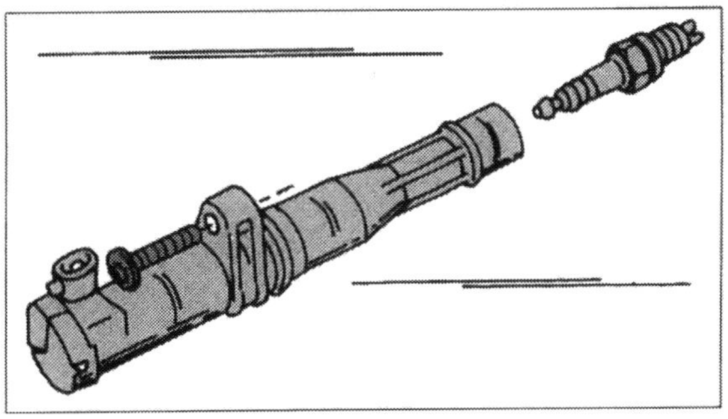

Bild 243
Zündspule und Zündkerze. Die Spule ist auf die Kerze aufgesteckt und wird mit der Schraube gehalten. Der Motor hat vier solche Spulen, die an den in Bild 244 gezeigten Stellen sitzen.

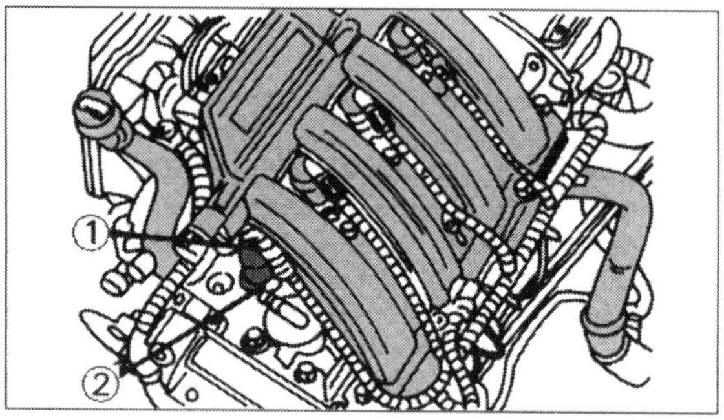

Bild 244
Ausbau von Zündspulen. Den Kabelstecker (1) abziehen und die Schraube (2) der Spule lösen.

Bei allen Motoren die Kerzen anhand von Bild 241 ausbauen. Als Erstes die Zündspule abschrauben. Die Kerzen sitzen ziemlich versteckt an den in Bild 244 gezeigten Stellen. Beim Abziehen der Kabelstecker darauf achten, dass diese nicht beschädigt werden, da man sie andernfalls erneuern muss. Die Kerze kann danach ausgeschraubt werden.
Der Einbau der Kerzen findet in umgekehrter Reihenfolge statt. Beim Anschrauben der Zündspulen auf gute Verlegung der einzelnen Kabel achten.
Zündkerzen sollten entsprechend dem gültigen Wartungsanweisungen erneuert werden.
Vor dem Ausschrauben der Kerzen kontrollieren, ob sich keine Fremdkörper in den Kerzenaufnahmevertiefungen befinden. Eine beim Ausschrauben der Kerze in die Kerzenbohrung fallende Scheibe, Schraube, ein Stein oder Ähnliches kann Ventile, Ventilsitze oder den Zylinderkopf beim ersten Lauf des Motors zerstören.

7.5 Störungen in der Zündanlage

Kompliziert sieht sie aus, und manch einer wird sich fragen, ob hier die Störungssuche in Eigenregie durchgeführt werden kann. Versuchen kann man es nach folgendem System, wenn man im Notfall in Schwierigkeiten ist:

- Zuerst die Sichtprüfung. Da fallen einfach zu behebende Fehler sofort auf.
- Die anschließende Funktionsprüfung zeigt, ob die Zündanlage einen Zündfunken zustande bringt.
- Als Nächstes wird die Spannungsversorgung des Steuergeräts geprüft.
- War bis zu diesem Punkt kein Fehler zu finden (was recht unwahrscheinlich ist), kann es eigentlich nur noch am Steuergerät selbst oder an den Gebern liegen. Das Steuergerät ist voll diagnosefähig, d. h. die Renault-Werkstatt kann mit dem Service-Tester genau feststellen, wo der Defekt sitzt.

Sichtprüfung der Zündanlage

- Sitzen alle Kabelanschlüsse und Steckkontakte an den Zündspulen fest?
- Ist im Mehrfachstecker am Steuergerät der Einspritz/Zündanlage eventuell ein einzelner Steckkontakt zurückgerutscht?
- Sind alle Teile der Zündanlage sauber und trocken? Feuchter Schmutz begünstigt Spannungsüberschläge.

8.1 Allgemeines über die Kupplung

Bei Fahrzeugen ohne automatisches Getriebe ist die Kupplung die Trennstelle zwischen dem Motor als Kraftquelle und den weiteren Teilen des Fahrzeugantriebes. Beim Anfahren verbindet die Kupplung sanft den drehenden Motor mit den noch stehenden Teilen der Kraftübertragung. So werden die Zahnräder und Gelenke vor übermäßigem Verschleiß verschont. Die Mitnehmerscheibe ist mit einem asbestfreien Belag versehen. Der Kupplungsdurchmesser und die Anpresskraft der Mitnehmerscheibe sind von der Motorleistung abhängig. Bei den in die Fahrzeuge eingebauten Motoren wird eine unterschiedliche Kupplung eingebaut, d. h. man bestellt Neuteile anhand des Motortyps und der Motornummer. Um genauer zu sein, haben der 1.4-Liter- und 1.6-Liter-Motor den gleichen Kupplungsdurchmesser, aber nicht die gleiche Kupplung. Beim Dieselmotor wird eine andere Kupplung eingebaut, die jedoch bei eingebautem F8Q- oder F9Q-Motor ebenfalls nicht gleich ist. Bild 245 zeigt eine Ansicht der Kupplung sowie der Mitnehmerscheibe. Obwohl der Kupplungskörper (links) bei allen eingebauten Motoren ähnlich aussieht, möchten wir Ihnen anhand der Abbildung die wichtigen Merkmale der Mitnehmerscheibe näher erklären. Falls eine neue Kupplung eingebaut werden soll, können Sie sich aufgrund dessen überzeugen, dass die richtige Mitnehmerscheibe erhalten wurde.

- Die Mitnehmerscheibe ist mit sechs (oder vier, siehe unten) Torsionsfedern versehen. Jeweils zwei der Federn sind von gleicher Farbe, ganz gleich, um welche Kupplung es sich handelt.
- Beim 1.4-Liter- und 1.6-Liter-Motor sind zwei Federn (1) von graublauer Farbe. Zwei Federn (2) haben eine lila-blaue Farbe und zwei Federn (3) eine grüne Farbe. Die Stärke der Mitnehmerscheibe (4) beträgt 6,8 mm. Die Zahl „26" in der Mitte bezieht sich auf die Anzahl der Kerbverzahnungen der Kupplungswelle (bei allen Motoren). Der Durchmesser (200 mm) wird zwischen den Pfeilen gemessen. Die Kupplung trägt die Bezeichnung 200 CP0 3500 (1.4-Liter) oder 200 CPO 4000 (1.6-Liter).
- Bei eingebautem 2.0-Liter-Motor ist eine Kupplung mit der Bezeichnung 215 CPON 4600 eingebaut. Die Mitnehmerscheibe hat nur vier Torsionsfedern und einen Durchmesser von 215 mm. Die Stärke der Mitnehmerscheibe beträgt 6,8 mm.
- Beim F8Q-Dieselmotor sind vier Federn von dunkelroter Farbe und zwei von graublauer Farbe. Die Stärke der Kupplungsscheibe beträgt 6,8 mm, der Durchmesser 200 mm. Die Kupplung wird unter der Bezeichnung 200 CPOV 3250 geführt.
- Beim F9Q-Dieselmotor hat die Mitnehmerscheibe nur vier Federn, deren Farbe moosgrün, purpur und taubenblau ist. Die Stärke der Kupplungsscheibe beträgt 6,8 mm, der Durchmesser 215 mm. Die Kupplung wird unter der Bezeichnung 215 CPOV 4000 geführt.

Die Kupplung in der Clio II-Baureihe, wie auch in vielen anderen Fahrzeugen, besteht aus den folgenden Bauteilen:
Zur Kupplungsbetätigung zählen: Kupplungspedal, Kupplungsseil, Ausrückhebel und Ausrücklager. Es folgt in der Getriebeglocke die eigentliche Kupplung. Sie besteht aus der Druckplatte, der Mitnehmerscheibe und einer Anlagefläche an der Schwungscheibe.
Beim Betätigen der Kupplung geschieht das Folgende:
Durch den Tritt auf das Kupplungspedal wird der Ausrückhebel gezogen. Daran ist das Ausrücklager befestigt, welches mit großer Kraft in Richtung Druckplatte bewegt wird. Dort drückt es gegen die Spitzen der Tellerfeder und übernimmt deren Anpresskraft. Die ringförmigen Reibflächen der Druckplatte werden so entlastet. Die Mitnehmerscheibe kann im Raum zwischen den Reibflächen von Druckplatte und Schwungscheibe frei drehen – es ist ausgekuppelt. Wird das Kupplungspedal Ihres Fahrzeuges wieder entlastet, schließt die Tellerfeder den Zwischenraum wieder und klemmt die Mitnehmerscheibe ein.
Um die Einstellung des Kupplungsseils braucht man sich nicht zu kümmern, da diese automatisch stattfindet.

Reparaturhinweise: Die Erneuerung der Kupplung bedingt den Ausbau des Motors oder des Getriebes (ziemlich umfangreiche Arbeit). Systematisch müssen der Kupplungskörper, die Mitnehmerscheibe und das Ausrücklager ersetzt werden. Die Erneuerung des Kupplungsseils bedeutet den Ausbau des Kupplungspedals.

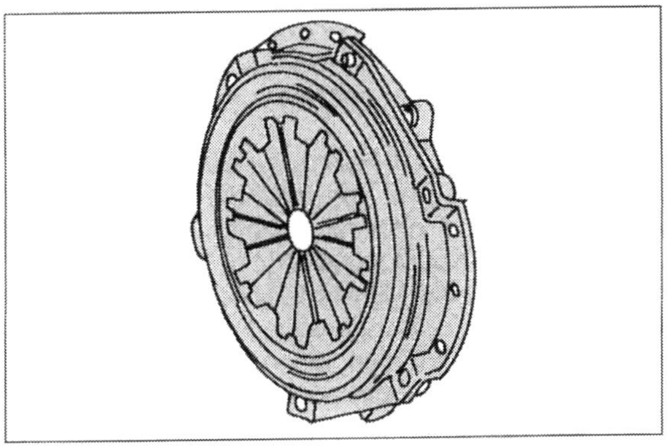

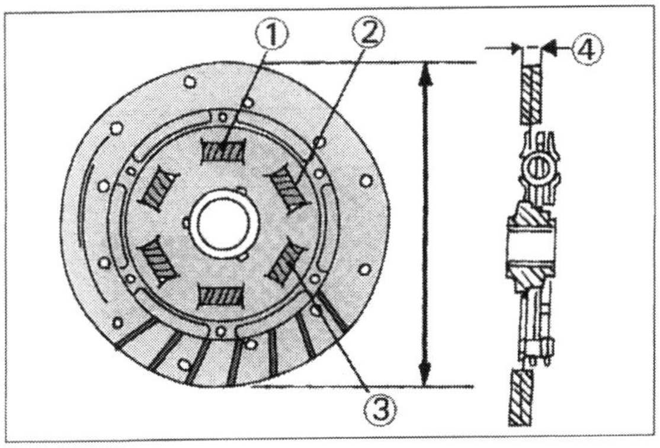

Bild 245
Ansicht des Kupplungskörpers (links) und der Mitnehmerscheibe. Auf die Zahlen wird im Text eingegangen.

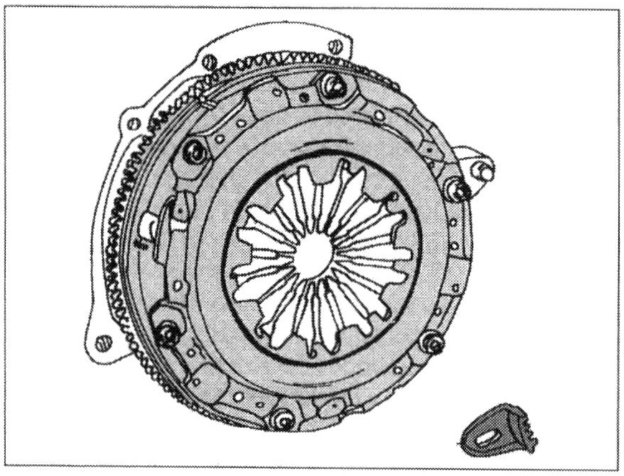

Bild 246
Unten rechts ist die „Schwungradbremse" gezeigt, die man in die Zähne des Schwungradzahnkranzes einsetzen kann.

Bild 247

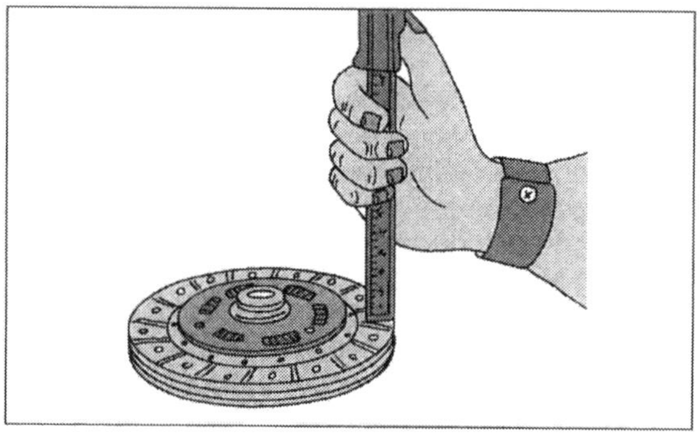

Bild 248

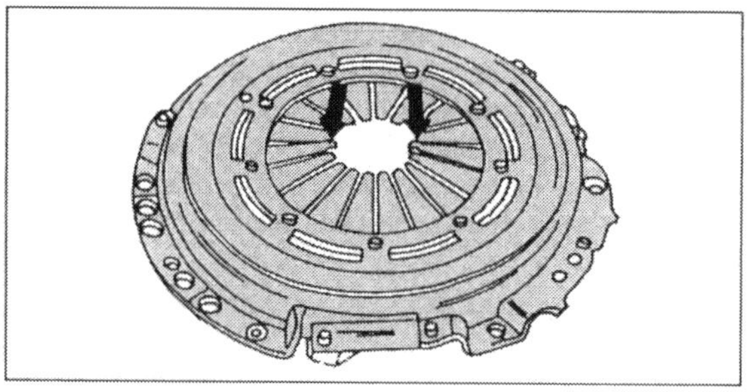

Bild 249

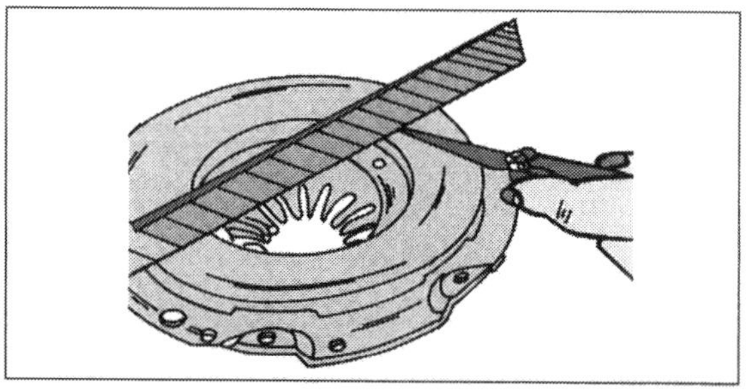

Bild 250

8.2 Kupplung ausbauen

Wichtiger Hinweis: Druckplatte und Tellerfeder können nicht zerlegt werden und sind bei Beschädigung zusammen zu erneuern. Kupplungen und Mitnehmerscheiben werden manchmal abgeändert, um bestimmte Eigenschaften weiterhin zu verbessern. Deshalb beim Einbau eines neuen Kupplungskörpers oder einer Mitnehmerscheibe immer die Fahrgestellnummer und auch die Motornummer angeben. Bei der Herstellung der Anleitung gelten die obigen Angaben.

Die Kupplung kann ohne Ausbau des Motors aus dem Fahrzeug ausgebaut werden. Bei allen Motoren geschieht der Einbau in gleicher Weise.
- Getriebe ausbauen (Kapitel 9.1).
- Einbaulage der Kupplung im Verhältnis zum Schwungrad kennzeichnen. Dazu verwendet man einen Körner, mit welchem man in das Schwungrad und die Kupplung schlägt.
- Die sechs Schrauben der Kupplung gleichmäßig über Kreuz lösen, bis der Federdruck entlastet ist. Danach die Schrauben der Reihe nach herausdrehen. Das Schwungrad muss dabei gegengehalten werden. Dazu entweder einen kräftigen Schraubendreher in die Zähne des Schwungradzahnkranzes einsetzen oder eine „Schwungradbremse" benutzen. Diese hat die in Bild 246 gezeigte Form, wird am Zylinderblock angeschraubt, sodass die Zähne in den Zahnkranz am Schwungrad eingreifen.
- Die Kupplung abnehmen und die Mitnehmerscheibe herausnehmen. Mit einem Lappen sofort die Innenseite des Schwungrades auswischen und die Reibfläche des Schwungrades überprüfen. Falls die Mitnehmerscheibe bis auf die Nietenköpfe abgenutzt ist, könnte es sein, dass sich die Niete in die Schwungradfläche oder die Fläche der Kupplungsdruckplatte eingearbeitet haben.

Falls der Motor oder das Getriebe ausgebaut werden müssen, sollte die Kupplung immer abgeschraubt werden, so dass man die Teile kontrollieren kann.

8.3 Reparatur

Falls Ihnen bereits bekannt ist, dass die Kupplungsmitnehmerscheibe oder der Kupplungskörper erneuert werden müssen, können Sie sich die Prüfarbeiten ersparen. Andernfalls folgende Prüfungen durchführen.
- Kontrollieren, ob die Federn der Mitnehmerscheibe noch einwandfrei sind und dass die Keilverzahnungen der Scheibe nicht übermäßig ausgeschlagen sind. Da verölte Kupplungsbeläge nicht gereinigt werden können, ist die Mitnehmerscheibe in derartigen Fällen zu erneuern. Kupplungsbeläge auf Wiederverwendbarkeit kontrollieren, indem man mit einer Tiefenlehre von der Oberfläche der Beläge bis auf die Oberseite der Nietenköpfe ausmisst. Falls das Maß

weniger als 0,30 mm beträgt, muss die Scheibe erneuert werden. Die Scheibe ebenfalls erneuern, falls das Maß bald erreicht ist.

- Die verbleibenden Teile des Kupplungsmechanismus auf Wiederverwendbarkeit kontrollieren. Dazu sieht man sich Bilder 247 bis 251 an und geht anhand der Erklärungen vor:

Bild 247:
Um Mitnehmerscheibe auf Schlag zu kontrollieren, spannt man sie auf einem passenden Dorn oder einer Kupplungswelle zwischen die Spitzen einer Drehbank. Eine Messuhr mit einem geeigneten Halter neben der Scheibe so aufsetzen, dass der Messfinger gegen den Rand der Scheibe anliegt und zwar an der Außenkante der Scheibe. Die Scheibe langsam durchdrehen und die Anzeige der Messuhr ablesen. Falls die Anzeige größer als 0,5 mm ist, kann man die Scheibe vorsichtig mit einer Zange richten. Anderenfalls die Scheibe erneuern.

Bild 248:
Falls das ermittelte Maß weniger als 0,30 mm beträgt, muss die Scheibe erneuert werden. Die Scheibe ebenfalls erneuern, falls das Maß bald erreicht ist.

Bild 249:
Falls tiefe Einlaufstellen an den gezeigten Stellen festgestellt werden, muss man die komplette Kupplung erneuern.

Bild 250:
Falls das gemessene Maß mehr als 0,3 mm beträgt, muss die Kupplung erneuert werden.

Bild 251:
Das Schwungrad sollte nicht mehr als 0,10 mm schlagen.

Außerdem:

- Die Gleitpassung der Mitnehmerscheibennabe auf den Keilverzahnungen der Kupplungswelle kontrollieren. Dazu die Scheibe aufstecken und an der Außenkante zwischen Daumen und Zeigefinger erfassen. Die Scheibe im Drehsinn hin- und herbewegen. Falls ein Spiel von mehr als 0,4 mm festgestellt werden kann, liegt Verschleiß in den Keilverzahnungen vor. Die Ursache dafür ist meistens bei der Mitnehmerscheibe zu finden.
- Die Spitzen der Tellerfeder müssen alle innerhalb 0,5 mm auf der gleichen Höhe liegen. Verbogene Spitzen können wieder geradegebogen werden. Dazu wird normalerweise ein Spezialwerkzeug verwendet, jedoch kann man einen Stahlstreifen mit einem Schlitz versehen und die Enden biegen.

Falls man das Schwungrad ausbauen muss, dürfen die Schrauben nicht wieder verwenden. Beim Anschrauben die Schwungradfläche und Fläche an der Kurbelwelle gut reinigen. Die Schrauben mit 20 Nm anziehen und aus der Endstellung im Winkelanzug mit 60° nachziehen. Das Anziehen muss über Kreuz erfolgen.

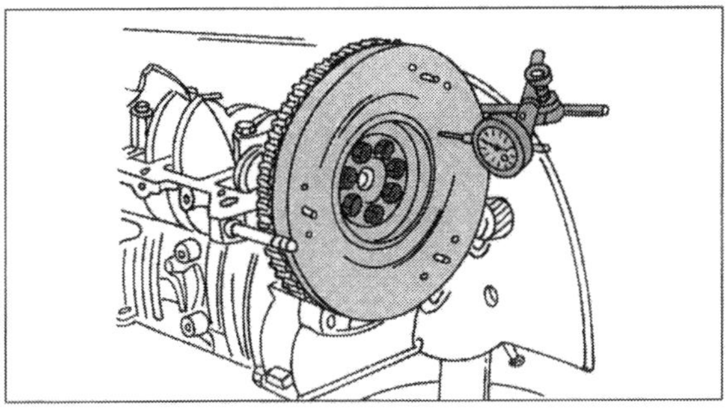

Bild 251

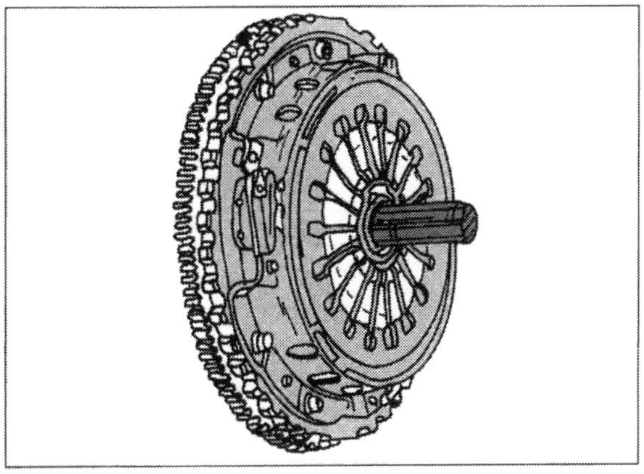

Bild 252
Den Zentrierdorn in der gezeigten Weise in die Mitnehmerscheibe einsetzen, wenn die Schrauben der Kupplung angezogen werden. Beim Anschrauben den Dorn gelegentlich hineinschieben und wieder herausziehen. Er darf sich nicht festklemmen.

8.4 Einbau

Der Einbau der Kupplung geschieht in umgekehrter Reihenfolge wie der Ausbau. Die Kupplung entsprechend der Körnerkennzeichnung am Schwungrad ansetzen, falls die ursprüngliche Kupplung wieder eingebaut wird. Die Mitnehmerscheibe ist unter Verwendung des Spezialzentrierdorns für das eingebaute Getriebe oder einer alten Kupplungswelle in der Innenseite des Schwungrades auszurichten, indem man den Dorn durch die Nabe der Mitnehmerscheibe und das Ende des Führungslagers einschiebt. Die angeschraubte Kupplung muss dann wie in Bild 252 gezeigt aussehen. Die Schrauben gleichmäßig über Kreuz auf ein Anzugsdrehmoment von 20 Nm anziehen, wenn die Kupplung einen Durchmesser von 200 mm hat oder auf 23 Nm, wenn der Durchmesser der Kupplung 215 mm beträgt. Das Getriebe abschließend wieder einbauen.

8.5 Kupplungs-Ausrückung

Das Kupplungsausrücklager kann bei ausgebautem Getriebe aus- und eingebaut werden. Dazu die Ausrückgabel ankippen und das Ausrücklager von der Gabel abnehmen. Bild 253 zeigt, wie das Ausrücklager mit dem Clip an der Ausrückgabel befestigt ist.
Die Führungsmuffe für das Ausrücklager und die Finger der Gabel mit Graphitfett einschmieren, jedoch nicht zu viel auftragen. Das Ausrücklager über die Muffe schieben und die Spange (1) in Bild 253 über die Gabel schnappen, wie es im Bild gezeigt ist.

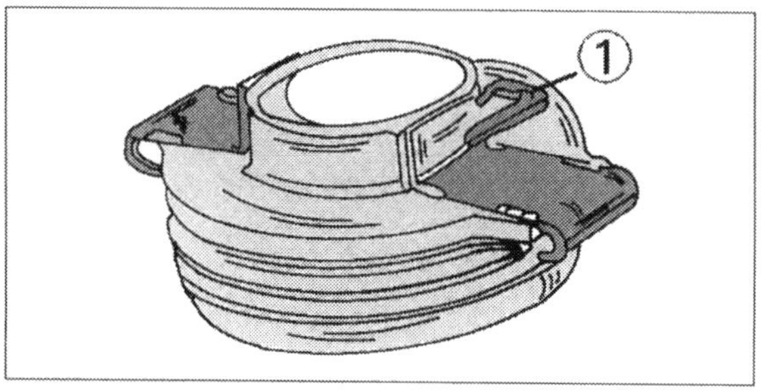

Bild 253
Die Sicherungsclips (1) in der gezeigten Weise in das Ausrücklager einschieben.

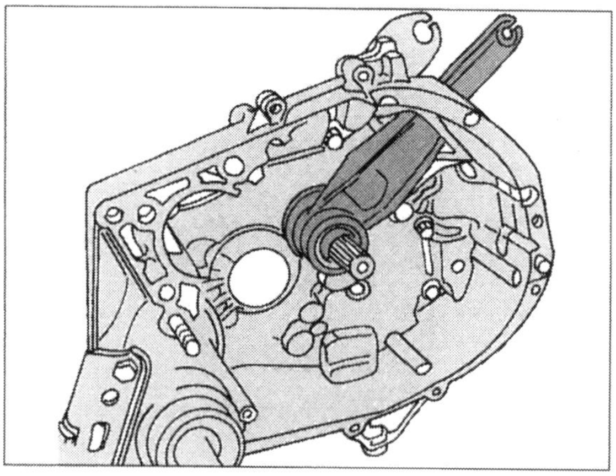

Bild 254
Die Kupplungsausrückgabel wird von innen eingesetzt und in Eingriff mit dem Ausrücklager gebracht.

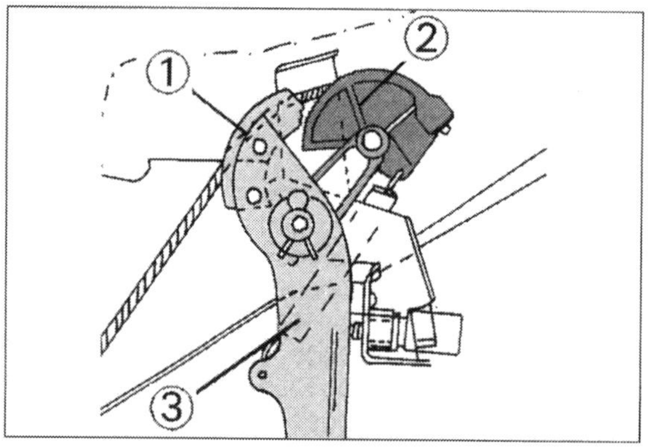

Bild 255
Der Selbstnachstellmechanismus der Kupplung. Auf die Zahlen wird im Text verwiesen.

Das Getriebe muss ebenfalls ausgebaut werden um die Ausrückgabel zu erneuern. Dazu die Gummiabdeckung abziehen und die Gabel nach der Innenseite des Getriebes schieben. Auf die genaue Einbaulage der Gabel achten und diese herausheben.
Die Gabel in die ursprüngliche Lage einsetzen, d. h. man setzt sie in der in Bild 254 gezeigten Weise in das Ausrücklager ein.

Hinweis: Bei Arbeiten, welche den Ausbau des Getriebes nicht erfordern, oder nach dem Einbau des Getriebes, darf man den Ausrückhebel nicht anheben, da er dabei unbemerkt aus dem Eingriff mit dem Ausrücklager kommen könnte.

Kontrolle des Lagers: Um das Ausrücklager im ausgebauten Zustand zu kontrollieren, den Anpressring mit den Fingern durchdrehen. Dabei darf kein rauer oder hakender Lauf festgestellt werden. Das Lager sollte sich geschmeidig durchdrehen lassen.

8.6 Kupplungspedalspiel

Die Einstellung des Freispiels am Kupplungspedal wird automatisch hergestellt. Der Mechanismus arbeitet folgendermaßen:

- Feder (3) in Bild 255 übt einen ständigen Zug auf das Zahnsegment (2) aus. Das Kupplungsseil ist immer unter Spannung, d. h. das Ausrücklager ist ständig in Kontakt mit der Kupplungstellerfeder.
- Wenn das Kupplungspedal durchgetreten wird, greift der Nocken (1) in die Zähne des Segments ein, um dies am Drehen zu hindern, sodass das Seil wieder strammgezogen wird.
- Falls die Kupplung oder das Kupplungsseil ausgebaut wurde, das Pedal nach dem Einbau einige Male durchtreten, damit die Einstellung in die Grundstellung zurückgebracht wird.

Das Spiel kann man am Seilende kontrollieren, wie es im nächsten Kapitel beschrieben ist, falls man Zweifel über die Einstellung und die Arbeitsweise der Kupplung hat.

8.7 Erneuerung des Kupplungsseils

Bild 256 zeigt die Befestigung des Kupplungsseil am Kupplungspedalende und am Getriebe. Das Seil ist an der Oberseite in das in Bild 255 gezeigte Segment eingehängt. Beim Ausbau folgendermaßen vorgehen:

- Batterie abklemmen.

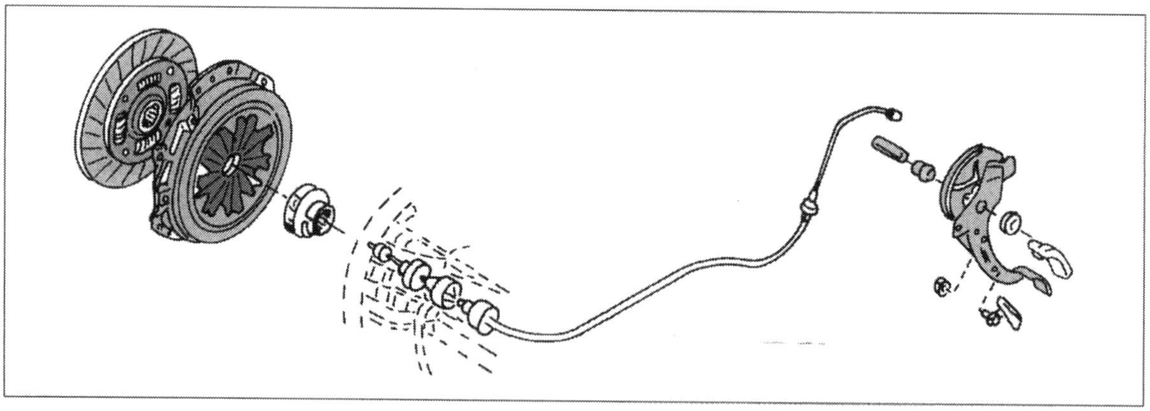

Bild 256
Die Verlegung des Kupplungsseils zusammen mit der Kupplung.

- Je nach Ausführung den Luftfilterkasten ausbauen (falls er den Zugang versperrt).
- Das Kupplungsseil am Gabelende aushängen. Dazu das Kupplungspedal durchtreten und am Seil ziehen. Das Seil am Nocken (1) in Bild 255 mit einer Hand halten und das Kupplungspedal zurücklassen. Das Seilende klinkt dabei aus dem Zahnsegment (2) aus.
- In der Innenseite des Fahrerraums die Mutter der Pedalachse abschrauben und die Achse weit genug herausziehen, um das Kupplungspedal abzunehmen.
- Die Seilhülle durch die Öffnung im Wagenboden schieben/ziehen (mit einem Schraubendreher nachhelfen) und von der Motorraumseite aus vollkommen herausziehen.
- Neues Seil von der Motorraumseite aus in das Innere des Fahrzeuges einführen, über den Nocken (1) in Bild 255 anbringen und in das Ende des Zahnsegments (2) einhängen, wie es im Bild gezeigt ist.
- Kupplungspedal wieder montieren.
- Das andere Ende des Seils an der Ausrückgabel anschließen.
- Das Kupplungspedal durchtreten, um die Seilhülle in das Loch im Wagenboden zu ziehen.
- Kupplungspedal einige Male betätigen, um die automatische Nachstellung in Gang zu setzen. Um die einwandfreie Einstellung zu kontrollieren, den Ausrückhebel mit dem angeschlossenen Seil in der in Bild 257 gezeigten Weise am Ende erfassen und hin- und herbewegen. Ein Freispiel (Maß X) von 27,4 - 30,7 mm sollte dabei festgestellt werden. Dies sind die offiziellen Werte. Beim Erhalt von 27,5 bis 30,5 kann man ebenfalls zufrieden sein.

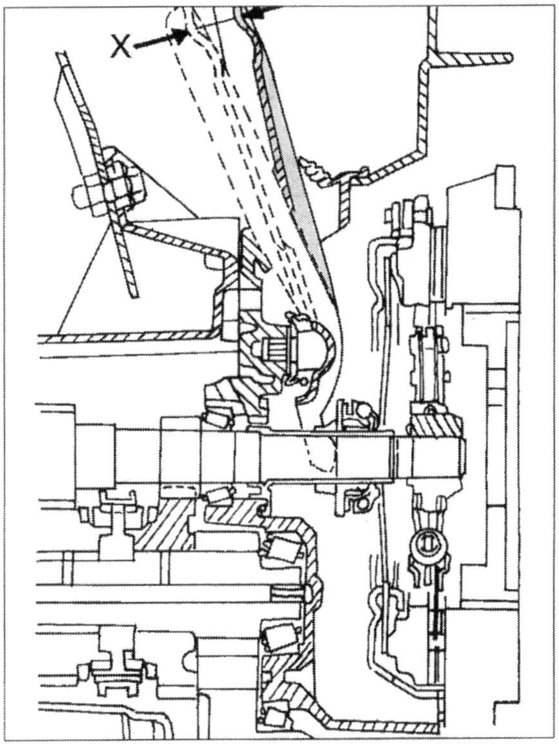

Bild 257
Kontrolle der automatischen Nachstellung nach Einbau des Kupplungsseils. Durch Hin- und Herbewegen des Ausrückhebels (Maß X) wird die Funktion bestätigt.

- Kontrollieren, ob die Kupplung einwandfrei aus- und einrückt. Dazu den Motor anlassen, das Kupplungspedal durchtreten und den Rückwärtsgang einschalten. Geräusche vom Getriebe weisen auf schlechte Ausrückung hin.

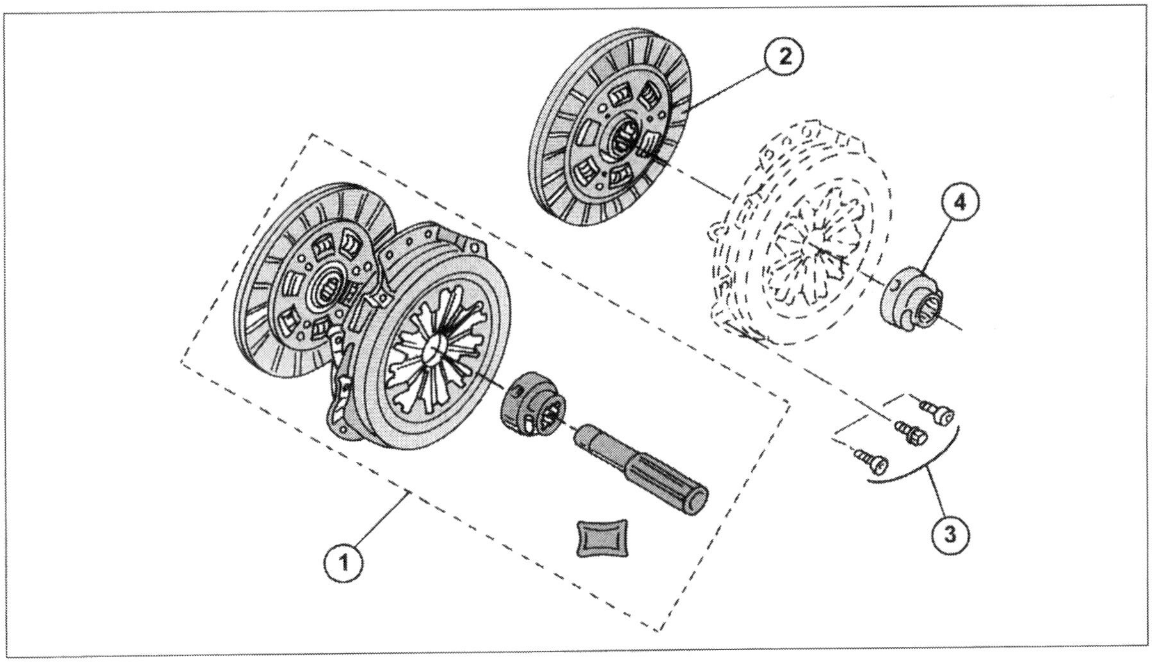

Bild 258
Die Einzelteile der Kupplung.
1 Kupplungsreparatursatz
2 Mitnehmerscheibe (getrennt erhältlich)
3 Schrauben zur Befestigung
4 Kupplungsausrücklager (getrennt erhältlich)

8.8 Störungsbeistand an der Kupplung

Obwohl bereits auf Störungen an der Kupplung eingegangen wurde, kann man sich anhand der folgenden Schnelltabelle informieren, welche Defekte dafür verantwortlich sein könnten. Bild 258 zeigt die Einzelteile der Kupplung, wie man sie im Ersatzteillager erhalten kann.

A Kupplung rutscht	
1. Kupplung rutscht durch	Kupplungsscheibe ersetzen
2. Anpressdruck zu gering	Druckplatte ersetzen
3. Belag verölt	Kupplungsscheibe ersetzen, Leckstellen beheben
4. Kupplung hat sich überhitzt	Kupplungsscheibe und vielleicht Druckplatte neu
B Kupplung rückt nicht aus	
1. Seil gerissen	Seil erneuern
2. Seilmechanismus defekt	Seil erneuern
3. Kupplungsscheibe hat Schlag	Kupplungsscheibe ersetzen
4. Kupplungsbeläge gebrochen	Kupplungsscheibe ersetzen
5. Kupplungsscheibe auf Welle verklemmt	Gangbar machen und einfetten
6. Belag an Schwungrad festgeklebt (nach langer Stillstandzeit des Wagens)	1. Gang einlegen und Pedal treten. Fahrzeug kurz bei ausgeschalteter Zündung schleppen lassen
C Kupplung rupft	
1. Siehe unter Punkt A3	
2. Falsche Beläge (nach Reparatur)	Nachprüfen und Abhilfe schaffen
3. Ausrücklager drückt ungleichmäßig	Ausrückhebel kontrollieren
4. Druckplatte drückt einseitig	Druckplatte erneuern
5. Motor/Getriebeaufhängung defekt	Entsprechend erneuern
D Kupplung trennt nicht und rutscht durch	
1. Kupplungsdruckplatte defekt	Druckplatte ersetzen
E Geräusche von der Gegend der Kupplung	
1. Druckplatte/Kupplungsscheibe schlägt	Wie erforderlich erneuern
2. Mitnehmerscheibenfedern lose	Mitnehmerscheibe erneuern
3. Ausrücklager nicht mehr einwandfrei	Erneuern
4. Nietverbindung der Beläge lose	Wie erforderlich Scheibe erneuern

Das eingebaute Fünfganggetriebe ist bei allen Modellen gleich, d. h. ein Getriebe des Typs „JB“ ist eingebaut, jedoch ist zu beachten, dass das Getriebe je nach eingebautem Motor eine unterschiedliche Bezeichnung hat, d. h. ein „JB1“- oder ein „JB3“-Getriebe können eingebaut sein. Ein Getriebe mit der Bezeichnung „JC5“ wird zusammen mit dem 2.0-Liter-Motor verwendet. Da diese ebenfalls das Antriebsübersetzungsverhältnis bestimmt, muss man z. B. beim Erstehen eines Getriebes aus zweiter Hand darauf achten, dass das richtige Getriebe eingebaut wird. Falls Sie vorhaben ein Austauschgetriebe einzubauen, wird Ihr Lieferant natürlich Bescheid darüber wissen. Um das Getriebe zu erkennen, kann man sich an Bilder 259 und 260 halten:

- Ist ein „JB1“-Getriebe eingebaut, befindet sich an der in Bild 259 gezeigten Stelle ein angeschraubter Metallwinkel, welcher den Getriebetyp (A), die Getriebeendnummer (B), die laufende Seriennummer (C) und die Herstellerfirma (D) enthält.
- Ist ein „JC5“-Getriebe oder ein Getriebe des Typs „JB3“ eingebaut, befindet sich das Typenschild an der in Bild 260 gezeigten Stelle, gibt jedoch nur den Getriebetyp (A), die Getriebeendnummer (B), die Seriennummer (C) und die Herstellerfirma (D) an.

Wichtiger Hinweis: Die Ölfüllmenge des Getriebes ist bei allen Fahrzeugen mit „JB1“ oder „JB3“-Getriebe gleich (3,4 Liter). Das „JC5“-Getriebe hat eine Füllmenge von nur 3,1 Liter. Getriebeöl TRX 75W 80W ist zum Füllen des Getriebes vorgeschrieben.

Der Unterschied zwischen den Getrieben der Ausführung „JB“ und „JC“ sind in der Innenseite zu finden. Da wir uns nicht mit der Zerlegung und dem Zusammenbau des Getriebes beschäftigen, sind sie zum Zweck dieser Anleitung nicht weiter wichtig.

9.1 Aus- und Einbau des Getriebes

Das Getriebe kann zusammen mit dem Motor oder getrennt ausgebaut werden, je nachdem, um welche Fahrzeugausführung es sich handelt. Einzelheiten über den Ausbau des Motors zusammen mit dem Getriebe wurden in den betreffenden Kapiteln für das betreffende Modell gegeben. Dieser Abschnitt behandelt den Ausbau des Getriebes ohne Motor.

Wir möchten darauf hinweisen, dass zwei Hebezeuge erforderlich sind, um das Getriebe herauszuheben. Ebenfalls braucht man einen Kugelbolzenabzieher für die Spurstangen und einen passenden Durchschlag zum Trennen einer der Antriebswellen. Außerdem muss der Nebenrahmen vom Aufbau abgeschraubt werden, um das Getriebe auszubauen.

- Radmuttern und die Muttern der Antriebswellen lockern und die Vorderseite des Fahrzeuges auf Böcke setzen. Die Vorderräder abschrauben.
- Massekabel der Batterie abklemmen und die Batterie vollkommen ausbauen.
- Unterschutzblech unter der Vorderseite des Fahrzeuges ausbauen und das Getriebeöl ablassen.
- Je nach eingebautem Motor die Kabelstecker von den folgenden Bauelementen abziehen: Den Stecker vom elektronischen Steuergerät (Benzinmotor), den Stecker vom Vorglührelais (Diesel), dem Kraftstofffilter (Diesel) und dem Sicherheitsschalter (alle).
- Den Luftansaugschlauch vom Luftfilter abmontieren.
- Die Befestigungsschrauben des Schutzblechs der Batterie an den in Bild 261 gezeigten Stellen entfernen und das Blech herausnehmen.
- Die zwei in Bild 262 gezeigten Schrauben herausdrehen.
- Kupplungsseil vom Ausrückhebel abschließen.
- Die oberen Schrauben an der Kante des Getriebes und Anlassers herausdrehen. Eine der Schrauben (auf das Getriebe gesehen die rechte) kann man nur bis zu einem gewissen Maß herausdrehen, da sie nicht vollkommen herauskommt.
- Das Masseband vom Getriebe abschrauben und die Schrauben des OT-Gebers entfernen.
- Die Antriebswellen ausbauen, wie es in Kapitel 10.1 beschrieben ist. Die linke Antriebswelle wird zusammen mit dem Achsschenkel ausgebaut, jedoch muss man vorher die drei Muttern an der Innenseite der Welle entfernen (Bild 263), ehe die Welle herausgezogen wird. Bei dieser Welle darauf achten, dass die Lagerrollen nicht herausfallen können. Die rechte

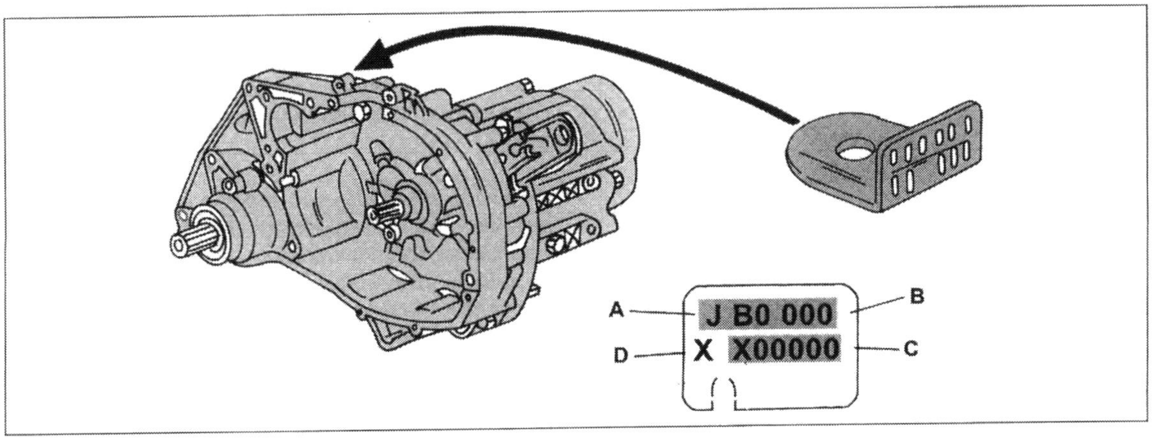

Bild 259
Der kleine Winkel enthält die Angaben der Getriebekennzeichnung bei einem „JB1“-Getriebe. Auf die Buchstaben wird im Text eingegangen.

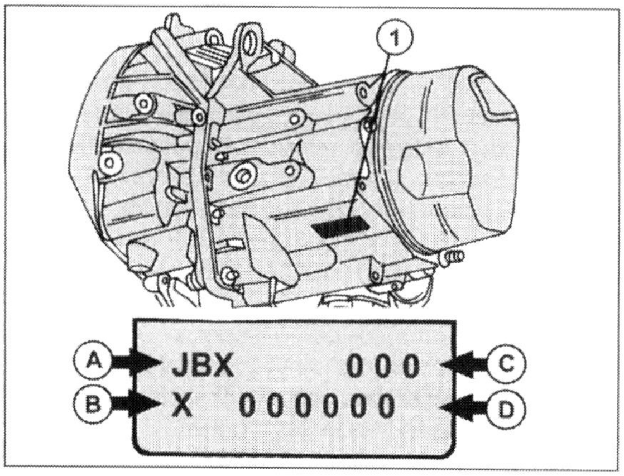

Bild 260
Beim „JB3"- und „JC5"-Getriebe bei einem Fahrzeug mit F9Q-Dieselmotor oder 2.0-Liter-Motor befindet sich das Typenschild an der Unterseite des Getriebes. Auf die Buchstaben wird im Text eingegangen.

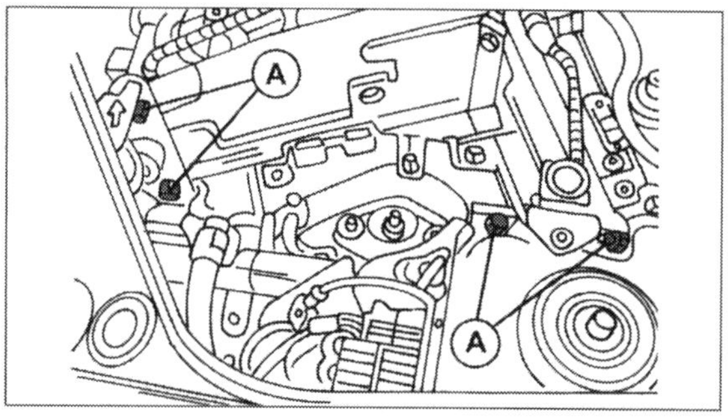

Bild 261
Die Schrauben (A) lösen und die Schutzverkleidung der Batterie ausbauen.

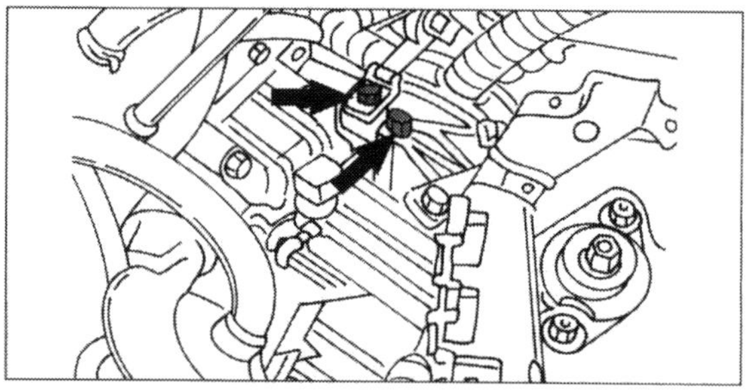

Bild 262
Die beiden mit den Pfeilen bezeichneten Schrauben müssen beim Ausbau des Getriebes ausgeschraubt werden.

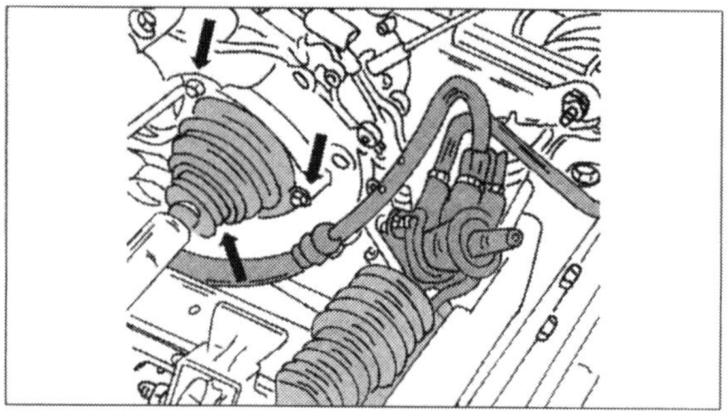

Bild 263
Die Pfeile zeigen die Lage der Muttern zur Befestigung der linken Antriebswelle.

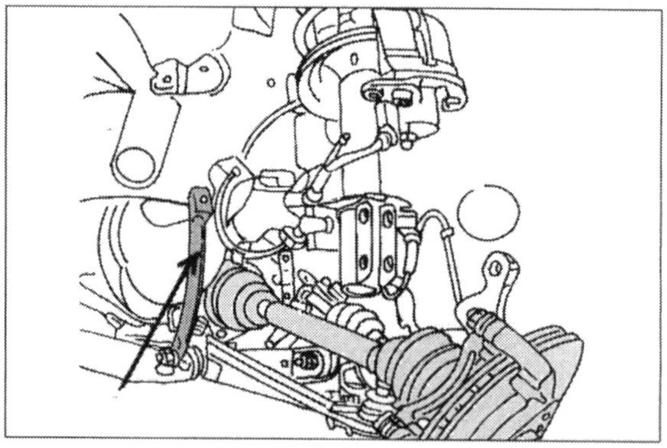

Bild 264
Eine Stützstrebe (Pfeil) ist auf jeder Seite zwischen dem Nebenrahmen und den Rahmenseitenträgern eingebaut und oben und unten befestigt.

Welle wird in unterschiedlicher Weise ausgebaut. Die Arbeitsbeschreibung ist ebenfalls im genannten Kapitel beschrieben. Ebenfalls auszubauen sind die Streben, welche zwischen dem Nebenrahmen und den Seitenträgern eingesetzt sind. Die Befestigung ist in Bild 264 zu sehen.

- Von der Unterseite des Getriebes das Schaltgestänge von der Seite des Getriebes abschließen. Die Anschlussstelle ist in Bild 265 gezeigt. Im gleichen Bild kann man die Drehmomentstütze zwischen Motor und Getriebe sehen. Diese muss vollkommen an beiden Enden gelöst und ausgebaut werden.
- Die elektrischen Kabel von den Anschlussklemmen des Anlassers und des Schalters der Rückfahrleuchten abklemmen. Den Anlasser danach ausbauen.
- Den Kabelstecker vom Geber des Tachometers und dem Achsantrieb abziehen.
- Das vordere Auspuffrohr vom Auspuffkrümmer abschrauben und in geeigneter Weise an der Unterseite festbinden. Nicht herunterhängen lassen.
- Ein Seil oder eine Kette um den Motor legen und an ein Hebezeug hängen. Den Motor anheben, bis das obere hinteren Gummilager auf der Seite des Getriebes nicht länger unter Spannung steht. Beim Herausheben des Motors kann man sich Bild 266 ansehen. Dieses zeigt eine Vorrichtung, mit welcher man das Getriebe aus den Aufhängungen anheben kann, in diesem Fall bei einem Benzinmotor. Beim Dieselmotor sind zwei Hebeösen vorhanden und der Motor ist entsprechend anzuhängen.
- Die Schrauben der Lenkungsbefestigung entfernen und die Lenkung in geeigneter Weise an den Seitenträgern festbinden, um sie in ihrer ungefähren Lage zu halten. Die Muttern müssen von der Unterseite auf beiden Seiten der Lenkung abgeschraubt werden.
- Die drei in Bild 267 gezeigten Schrauben der Getriebeaufhängung herausdrehen und den Motor soweit wie möglich absenken. Einen Wagenheber unter den Vorderwagen untersetzen, um den Nebenrahmen abzustützen und die vier Befestigungsschrauben des Rahmens auffinden und ausschrauben. Unbedingt darauf achten, dass das gesamte Aggregat sicher auf dem Wagenheber aufsitzt.
- Einen Rollwagenheber unter das Getriebe untersetzen und anheben, bis das Getriebe soeben gehalten wird. Den Motor und das Getriebe jetzt trennen, indem man die in Bild 268a gezeigten Stiftschrauben ausschraubt. Die Stiftschraube (B) kann im Getriebe verbleiben.
- Den Motor etwas anheben, bis genügend Raum vorhanden ist, und das Getriebe vollkommen herausziehen.

Der Einbau des Getriebes findet in umgekehrter Reihenfolge statt. Die folgenden Punkte sollten jedoch besonders beachtet werden:

- Die Keilverzahnungen der Kupplungswelle mit Graphitfett einschmieren. Kontrollieren, dass die Ausrückgabel richtig gegen das Kupplungsausrücklager anliegt. Ebenfalls überzeugen, dass die beiden Zentrierringe für das Getriebe links und rechts in der Getriebefläche sitzen. Die Kupplungswelle mit der Nabe der

Mitnehmerscheibe ausrichten und das Getriebe gegen den Motor drücken, bis der Spalt geschlossen ist.

- Vor dem Anschließen des Getriebes an den Motor muss man die Kupplungsausrückgabel zurückdrücken und einstweilen festbinden, damit sie in der Innenseite nicht vom Kugelbolzen der Lagerung springen kann. Wie dies aussieht, kann man Bild 268b entnehmen.
- Die beiden Stiftschrauben (A) und (B) in Bild 268a in gleicher Weise wie beim Ausbau wieder einschrauben, falls beide ausgeschraubt worden sind.
- Die Schrauben zwischen Motor und Getriebe oben und unten einsetzen und gleichmäßig ringsherum mit einem Anzugsdrehmoment von 45 Nm anziehen. Dabei beachten, dass sich der Spalt gleichmäßig schließen muss.
- Das vordere Auspuffrohr sollte angeschlossen werden, ehe man die rechte Antriebswelle einbaut.
- Darauf achten, dass der Anlasser richtig eingebaut wird. Bei der Beschreibung des Anlassers wird im betreffenden Kapitel darauf eingegangen.
- Die Antriebswellen montieren, wie es im Kapitel 10.1 beschrieben ist.
- Abschließend das Getriebe mit Öl füllen.

9.2 Getriebeüberholung

Da die Überholung des Getriebes eine ziemlich aufwändige Arbeit ist, empfehlen wir, dass man bei Getriebeschäden ein Austauschgetriebe einbaut. Dies vermindert die Stillstandszeit des Fahrzeuges und gibt Ihnen die gleiche Garantie, der ein von Renault geliefertes Neuteil unterliegt.
Wie bereits erwähnt, muss darauf geachtet werden, dass man das zum eingebauten Motor passende Getriebe einbaut.

9.3 Getriebeölstand und Getriebeölwechsel

Da es ziemlich lange dauert, bis das Getriebe mit Öl gefüllt ist und man den Ölstand schlecht kontrollieren kann, sind die folgenden Arbeiten beim Einfüllen des Öls durchführen. Das Öl muss bis zur Oberkante der Gewindebohrung in der Oberseite des Getriebes stehen, nachdem man den Stopfen (2) in der Seite des Getriebes herausgeschraubt hat. Wie aus Bildern 269 und 270 ersichtlich ist, sitzt dieser nicht bei allen Getrieben an der gleichen Stelle.

- Den Ablassstopfen (1) an der Unterseite des Getriebes herausdrehen und das Getriebeöl ablaufen lassen. Falls das Öl warm ist, läuft es schneller ab.
- Den Stopfen reinigen und wieder einschrauben.
- Die Ölfüllmenge entsprechend des Getriebetyps einfüllen (3,1 oder 3,4 Liter). Öl nur entsprechend den Empfehlungen des Herstellers einfüllen.
- Die abgemessene Getriebeölmenge durch die Einfüllöffnung nach Entfernen des Stopfens (2) in Bildern

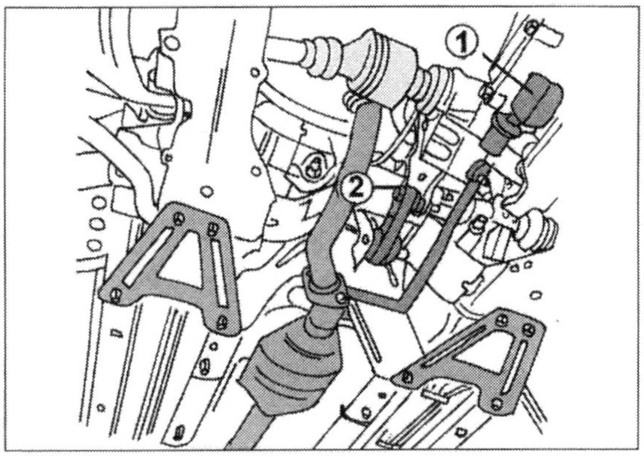

Bild 265
Die Gangschaltung an der gezeigten Stelle (1) ausbauen. Dazu die Schraube lösen und die 3 Schrauben des Wärmeschutzschildes entfernen, um an die Unterseite des Schalthebels zu kommen. Bei dieser Gelegenheit ebenfalls die Drehmomentstütze (2) vom Getriebe trennen.

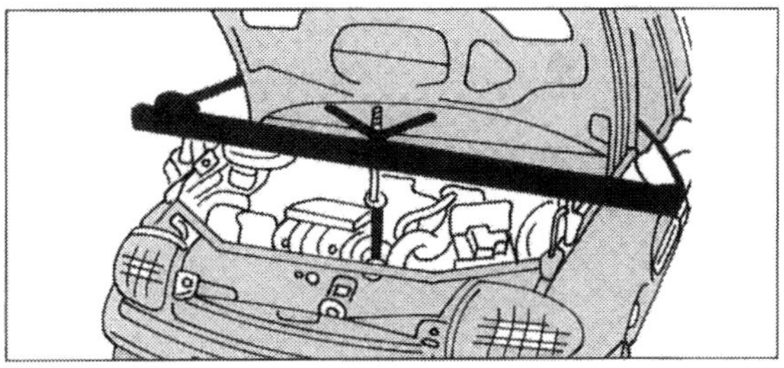

Bild 266
Der Motor kann mit einer Hebevorrichtung aus den Aufhängungen gehoben werden. Eine ähnliche Vorrichtung kann man sich leicht herstellen, jedoch dürfen dabei die Kotflügel nicht beschädigt werden (gezeigt bei einem Benzinmotor).

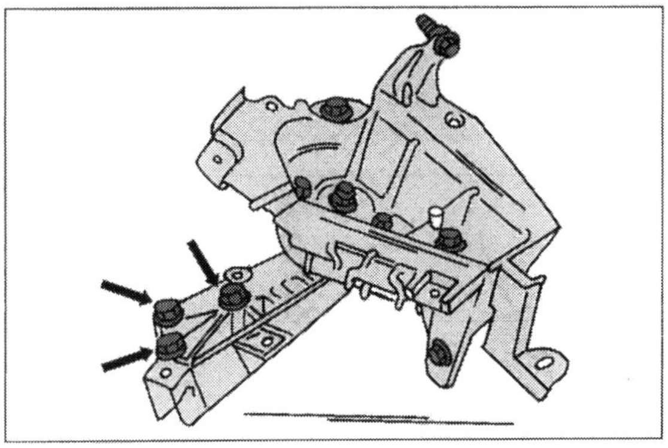

Bild 267
Die Getriebeaufhängung. Die drei Schrauben (Pfeile) lösen, um sie vom Getriebe freizumachen.

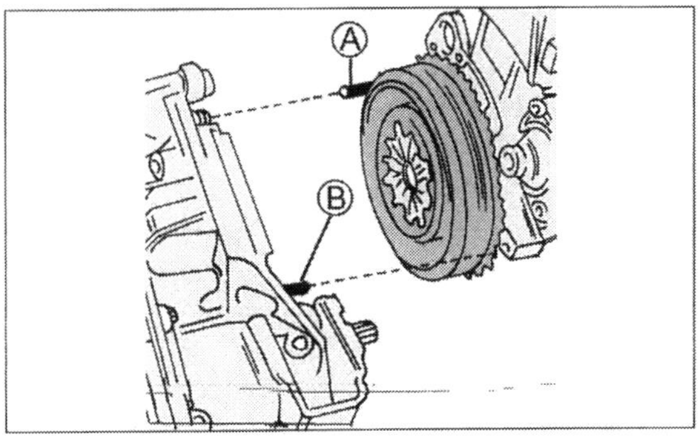

Bild 268a
Zwei Stiftschrauben führen das Getriebe. Stiftschraube (A) muss ausgeschraubt werden, Stiftschraube (B) kann beim Ausbau eingeschraubt bleiben.

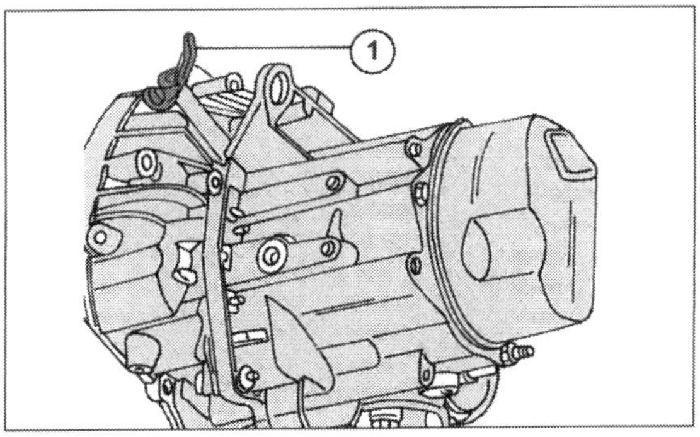

Bild 268b
Kupplungsausrückgabel zurückdrücken.

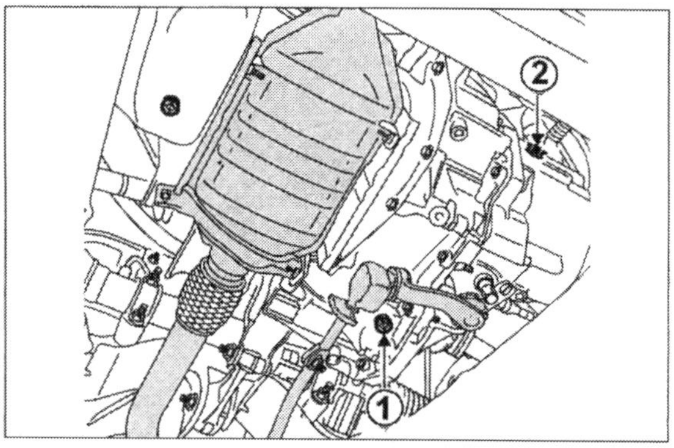

Bild 269
Die Lage des Ölablassstopfens (1) und Öleinfüllstopfens (2) bei eingebautem 1.4-Liter- und 1.6-Liter-Benzinmotor.

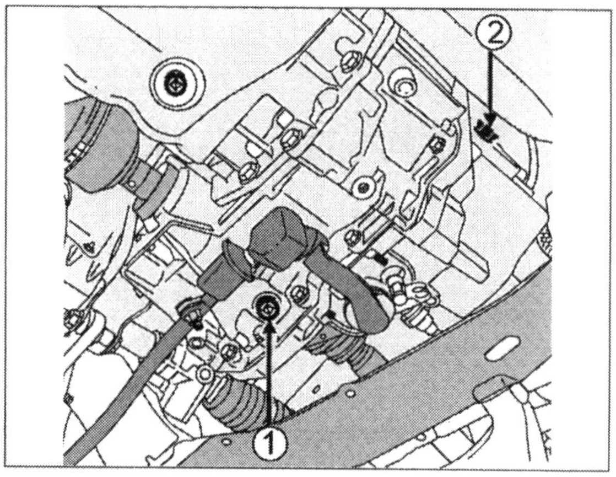

Bild 270
Die Lage des Ölablassstopfens (1) und des Öleinfüllstopfens (2) beim Dieselmotor und 2.0-Liter-Benzinmotor.

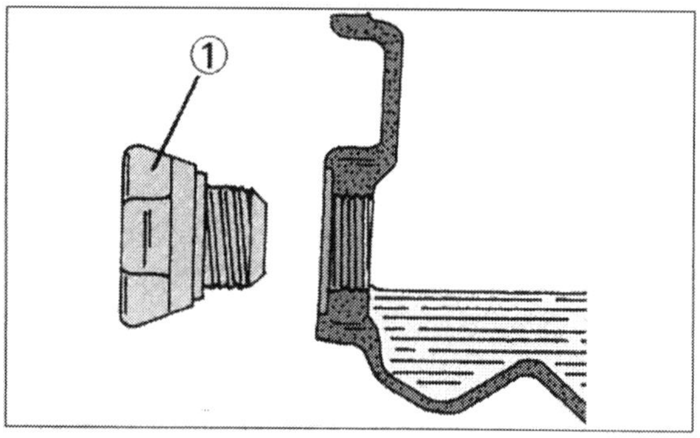

Bild 271
Ansicht des Öleinfüllstopfens (auch bei der Ölstandskontrolle benutzt). Das Öl muss an der Unterkante der Stopfenöffnung stehen.
1 Öleinfüllstopfen

269 und 270 einfüllen. Zum Einfüllen eignet sich eine mit dem Getriebeöl gefüllte Fettpresse (diese vorher gut reinigen).

- Der Stopfen hat das in Bild 271 gezeigte Aussehen und das Öl muss bis zur Unterkante der Gewindebohrung stehen. Zur Kontrolle kann man den abgewinkelten Zeigefinger in die Bohrung stecken.
- Das Getriebe füllen, bis der Ölstand nicht weiter absinkt.
- Den Einfüllstopfen einschrauben.

Der Ölstand sollte im Rahmen der regelmäßigen Inspektionen alle 20 000 km kontrolliert werden.
Zum Nachfüllen oder zum Neufüllen des Getriebes sollte man immer das von Renault empfohlene Getriebeöl verwenden. Dies gibt Ihnen die Gewähr, dass sich das Öl für das Getriebe eignet.

Ölfüllmengen und Öle

Fünfganggetriebe, JB1	3,4 Liter
Fünfganggetriebe JC5	3,1 Liter
Empfohlenes Öl	Tranself TRX 75 W 80 W

Die Antriebswellen sind von unterschiedlicher Länge und Bauweise, je nachdem, ob sie links oder rechts eingebaut sind. Renault-Wellen sehen alle gleich aus. Falls eine Antriebswelle erneuert werden muss, unbedingt die richtige Welle kaufen. Auch die beiden Gleichlaufgelenke sind, je nach Welle links oder rechts, nicht an beiden Enden gleich. Das äußere Gleichlaufgelenk ist bei allen Wellen ein GE 86-Gelenk. Ein RC 462-Gelenk wird auf der Getriebeseite der rechten Welle, ein GI 69-Gelenk auf der Getriebeseite der linken Welle eingebaut. Falls Sie einmal ein Gelenk erneuern müssen, können Sie anhand dieser Angaben zum Ersatzteillager gehen.
„Loctite"-Sicherungsmittel muss zum Einbau der Welle in den Achsschenkel benutzt werden.
Das Typenschild des Getriebes und die dazugehörigen Antriebswellen sind durch Farbcode gezeichnet, um die richtige Welle dem betreffenden Fahrzeug zuzuordnen. Die Farbkennzeichnung der Welle ist auf einem Aufkleber in der Nähe der Gummimanschette auf der Radseite zu sehen. Die Erkennung der Wellen durch die Farbkennzeichnungen ist jedoch ziemlich kompliziert und es ist weitaus besser, wenn man die alte Welle zum Ersatzteillager mitnimmt, um die richtige Welle zu erhalten. Im Allgemeinen wird man mit den Antriebswellen keine Probleme haben, jedoch hängt die Lebensdauer der Wellen ebenfalls von der Fahrweise ab. Schnellstarts mit eingeschlagenen Vorderrädern und Anfahren mit durchdrehenden Vorderrädern haben keine gute Einwirkung auf die Antriebswellen.
Anzeichen für fortgeschrittenen Verschleiß sind:

- Schlag- und Knackgeräusche beim Gasgeben und beim Zurücknehmen des Gaspedals. Verändern sich diese Geräusche abhängig vom Einschlag der Vorderräder, könnte es sein, dass die radseitigen Gelenke einer näheren Untersuchung bedürfen.
- Falls das Lenkrad beim Einschlagen der Räder vibriert oder zittert, ist dies eine weitere Anzeige, dass die radseitigen Gelenke bald erneuert werden müssen.

10.1 Wartung

Die Gelenke der Antriebswellen sind durch Gummimanschetten (Faltenbälge) vor Feuchtigkeit und Straßenschmutz geschützt. Aus diesem Grund ist die gelegentliche Überprüfung der Gummimanschetten angebracht, um die Manschetten auf undichte Stellen zu kontrollieren.

- Das Vorderrad anheben, Böcke untersetzen und das Rad von einem Helfer durchdrehen lassen, während man die Gummimanschette auf spröde Stellen, Löcher, Risse, usw. kontrolliert. Durch Eindrücken der Manschetten in der in Bild 272 gezeigten Weise, kann man leicht spröde, gebrochene Stellen herausfinden, die man sonst schlecht sehen kann. Auch eine verfettete Manschette kann auf ein Loch hinweisen.
- Kontrollieren, dass die Befestigungsbänder (1) einwandfrei sitzen.
- Falls man derartige Schäden festgestellt hat, muss man die Manschetten sobald wie möglich erneuern, da sonst eindringendes Wasser die Gelenke bald zerstören wird (falls es nicht bereits zu spät ist). Falls man die Arbeit nicht selbst durchführen will, muss man so bald wie möglich eine Werkstatt aufsuchen.

10.2 Aus- und Einbau einer Antriebswelle

Ehe man mit dem Ausbau einer Achswelle beginnt, muss man die folgenden Werkzeuge besorgen:

- Einen zylindrischen Durchschlag zu Ausschlagen des Sicherungsstiftes der Achswelle auf einer Seite.
- Eine Vorrichtung zum Gegenhalten der Radnabe beim Lösen der Achswellenmutter.
- Einen Kugelbolzenabzieher zum Abdrücken des Spurstangenkopfes vom Lenkhebel am Achsschenkel.
- Einen Abzieher zum Ausrücken der Achswelle auf dem Achsschenkel (siehe nachfolgende Beschreibung).

Ein neuer Dichtring muss vor Einbau der Welle in die Seite des Getriebes eingeschlagen werden, da der eingebaute höchstwahrscheinlich beschädigt wird.

Beim Ausbau der Welle folgendermaßen vorgehen:

- Radbolzen lockern, die Vorderseite des Fahrzeuges auf Böcke setzen und das Rad auf der betreffenden Seite abschrauben.
- Getriebeöl ablassen.

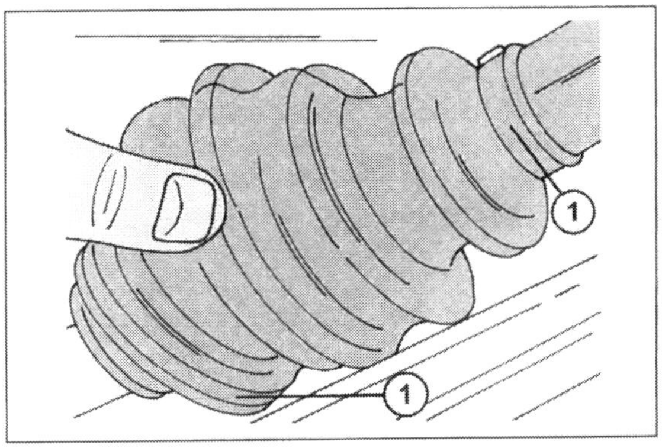

Bild 272
Kontrolle einer Antriebswellenmanschette. Die beiden Befestigungsschellen (1) müssen fest sitzen.

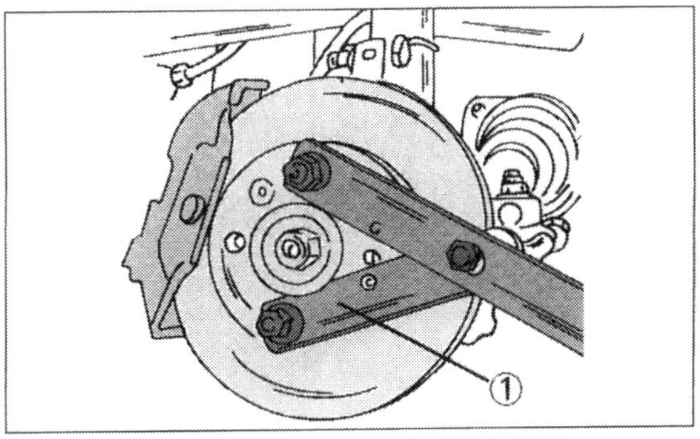

Bild 273
Blockieren der Radnabe mit dem Spezialwerkzeug (1). Eine ähnliche Vorrichtung kann man leicht selbst herstellen.

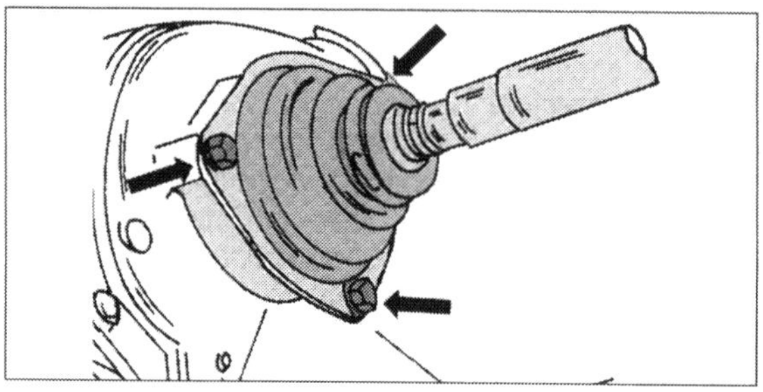

Bild 274
Die Befestigung der linken Antriebswelle am Getriebe.

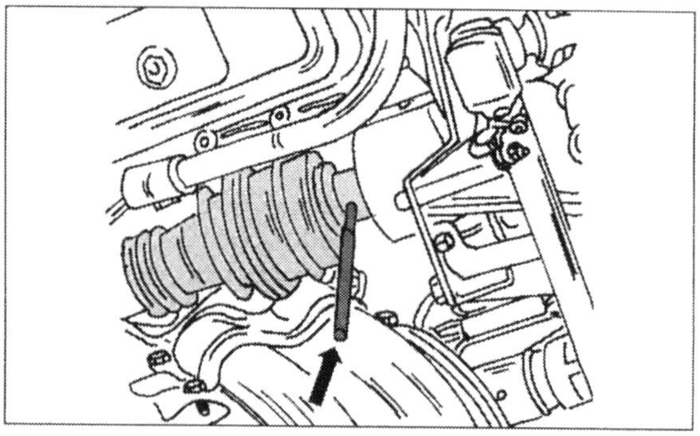

Bild 275
Ausschlagen des Verbindungsstiftes zwischen Antriebswelle und Differentialabtriebswelle mit einem Schaftdorn (Pfeil).

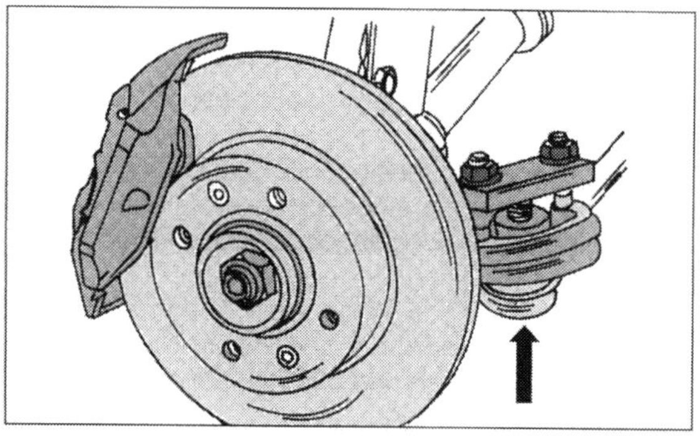

Bild 276
Abdrücken eines Spurstangengelenks mit dem Spezialabzieher. Ein ähnlicher Abzieher eignet sich zum Ausdrücken das Kugelgelenkbolzens.

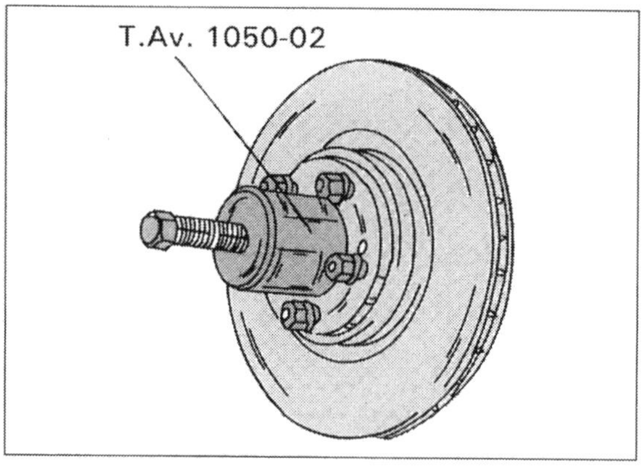

Bild 277
Abzieher zum Ausdrücken einer Achswelle.

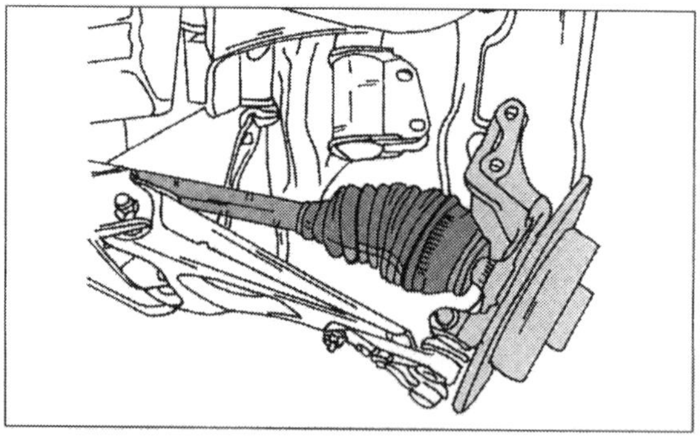

Bild 278
Den Achsschenkel in der gezeigten Weise nach außen ziehen, bis die Achswelle aus dem Eingriff mit dem Achsschenkel und der Innenseite des Differentials gezogen werden kann.

- Die Mutter der Achswelle und die Scheibe entfernen. Zum Lösen muss man die Radnabe gegenhalten. Am besten ist es, wenn man sich eine Platte zurechtmacht, welche man an der Radnabe anschrauben kann, mit einer Verlängerung, die auf dem Boden aufsitzen kann, ähnlich, wie es Bild 273 zeigt.
- Den Bremssattel abschrauben und mit einem Stück Draht an der Vorderradaufhängung festbinden. Auf keinen Fall den Bremssattel am Schlauch herunterhängen lassen.
- Zum Trennen der linken Antriebswelle vom Getriebe die drei in Bild 274 gezeigten Schrauben lösen.
- Zum Trennen der rechten Antriebswelle einen Zylinderschaftdorn des passenden Durchmessers verwenden und den Federspannstift aus der Antriebswelle und dem Abtriebsrad des Differentials herausschlagen, wie es in Bild 275 gezeigt ist.
- Auf beiden Seiten die Muttern der beiden Spurstangengelenke entfernen und mit einem passenden Kugelbolzenabzieher die Gelenke von den Lenkhebeln abdrücken (siehe Bild 276).
- Die obere Befestigungsschraube an der Unterseite des Stoßdämpfers entfernen.
- Bei diesen Modellen sind die Verzahnungen der Antriebswelle mit „Loctite" in der Nabe gesichert, d. h. man wird einen Abzieher benötigen, welcher mit vier Schrauben in die Gewindelöcher der Radnabe einzuschrauben ist. Die mittlere Schraube anziehen, bis die Nabe herunterkommt. Bild 277 zeigt, wie ein solcher Abzieher angesetzt wird. Wichtig ist, dass die Mittelschraube des Abziehers auf das Ende der Welle drücken kann. Dabei aber nicht das Gewinde beschädigen.
- Die untere Befestigungsschraube an der Unterseite des Federbeins lösen und herausschlagen. Den Achsschenkel jetzt in der in Bild 278 gezeigten Weise nach außen ziehen, bis die Verzahnungen der Antriebswelle aus dem Eingriff in der Innenseite des Getriebes kommen. Dabei darauf achten, dass die Gummimanschette nicht beschädigt wird.

Der Einbau der Antriebswelle geschieht in umgekehrter Reihenfolge wie der Ausbau, unter Beachtung der folgenden Punkte:

- Neue Antriebswellen werden mit Schutzhüllen aus Pappe für die Gummimanschetten geliefert und die beigelegten Einbauanweisungen sind zu beachten. Die Schutzhüllen muss man um die Manschetten lassen, bis die Antriebswelle wieder eingebaut ist. Beim Entfernen der Pappeumhüllungen darf man die Gummimanschette unter keinen Umständen durch Einschieben eines Schraubendrehers oder Ähnlichem beschädigen.

Auf der linken Seite

- Die Schutzhülle von der Gummimanschette entfernen und die drei Arme des Gelenks mit den Ausschnitten des Differentialseitenrades in der Innenseite des Getriebes ausrichten. Die Welle vollkommen einschieben und die drei Schrauben in Bild 274 mit 25 Nm anziehen.

Auf der rechten Seite

- Die Verzahnungen der Welle mit Molykote BR2-Graphitfett einschmieren. Die Löcher in der Antriebswelle und dem Seitenrad in eine Flucht bringen und die Welle einschieben. Mit einem Zylinderschaftdorn die Löcher vollkommen ausfluchten und den neuen Federspannstift einschlagen. Bild 279 zeigt die Verbindung. Die Enden der Stifte müssen mit Abdichtmittel bestrichen werden. Dazu wird CAF 4160 THIXO-Dichtmittel oder auch Rhodorseal 5661 benutzt, welches Sie in einer Werkstatt erstehen müssen.

- Das verzahnte Ende der Welle mit „Loctite Scelblock" oder einem ähnlichen Sicherungsmittel einschmieren und die Verzahnungen in die Innenseite der Radnabe einschieben. Den Achsschenkel nach oben kippen und an der Unterseite mit dem Stoßdämpfer verbinden. Die untere Befestigung mit 180 Nm anziehen. Die Muttern der Schraubverbindung müssen zum Bremssattel weisen.
- Die Schrauben der Bremssattelbefestigung mit „Loctite"-Gewindesicherungsmittel einschmieren, den Bremssattel montieren und die Schrauben mit 100 Nm anziehen.
- Die Spurstangen wieder mit den Lenkspurhebeln verbinden, die Kronenmuttern aufschrauben. Die Muttern mit 37 Nm anziehen und versplinten.
- Das Fahrzeug wieder auf die Räder ablassen. Achswellenmutter mit 280 Nm anziehen. Falls der in Bild 273 gezeigte Gegenhalter benutzt wird, kann man die Mutter auch bei aufgebocktem Fahrzeug festziehen.
- Die Radbolzen mit einem Anzugsdrehmoment von 90 Nm anziehen.
- Die Pappeschutzhüllen müssen jetzt herausgezogen werden. Dazu werden sie mit einer Hand gehalten, während die andere Seite abgerissen wird, wie es Bild 280 zeigt. Keinen Schraubendreher benutzen, um die Pappe zu zerstechen, da man leicht abrutschen und in die Manschette stoßen kann.
- Das Getriebe mit Öl füllen (je nach eingebautem Getriebe 3,1 oder 3,4 Liter, siehe Abschnitt „Getriebe").

10.3 Antriebswellengelenke

Die Erneuerung der Gummimanschetten ist die einzige Arbeit, welche wir zur Reparatur einer Antriebswelle empfehlen. Verschleiß oder Beschädigung der Welle oder der Gelenke erfordern die Erneuerung des gesamten Teils. Die Gummimanschetten sind im Reparatursatz erhältlich. In diesem Satz ist auch die vorgeschriebene Fettmenge enthalten. Reparaturen von Wellengelenken sind immer eine schwierige Arbeit und aus diesem Grund empfehlen wir, dass man eine Welle mit einer beschädigten Manschette in eine Werkstatt bringt, um die Manschette erneuern zu lassen. Es ist leicht möglich, dass Straßenschmutz in das Gelenk eingedrungen ist, d. h. die Werkstatt wird auch in der Lage sein festzustellen, ob dieser Verschleiß der Gelenkteile verursacht hat.

Vor dem Erneuern einer Gummimanschette muss man sich vergewissern, welches Gelenk eingebaut ist. Ihr Ersatzteillieferant wird Sie anhand der Fahrgestellnummer darüber unterrichten. Auch daran denken, dass nicht alle Fahrzeuge die gleichen Wellen haben.

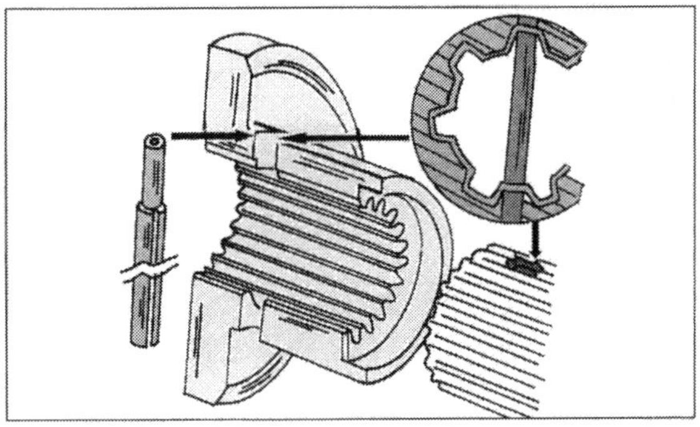

Bild 279
Die Verbindung zwischen der Antriebswelle und dem Seitenrad auf der rechten Seite.

Bild 280
Die Pappeumhüllungen in der gezeigten Weise auseinanderreißen.

Bei Einbau einer neuen Welle unbedingt die Zuordnung des inneren und äußeren Gleichlaufgelenks beachten. Hier kann nur das Ersatzteillager helfen.

Nur wenn man einige Erfahrungen mit Antriebswellen hat, sollte man die Gummimanschette(n) in der unten beschriebenen Weise erneuern. Wichtig ist dabei, dass man sich genau an die betreffende Welle sowie das zuständige Gelenk hält. Eine Handpresse muss zur Verfügung stehen.

Linke Welle, inneres Gelenk (Bild 281) – Gelenkbezeichnung Gl 69

- Die beiden Befestigungsbänder von der Manschette entfernen und die Manschette zurückdrücken.
- Sprengring (6) ausfedern, die Welle unter eine Presse setzen und die Welle (7) durch den Gelenkstern pressen. Der Sitz des Gelenksterns muss vorher mit Farbe auf dem Wellenende gekennzeichnet werden.
- Den Lagerring (3) in gleicher Weise von der Welle abpressen und mit der Manschette herunterziehen.

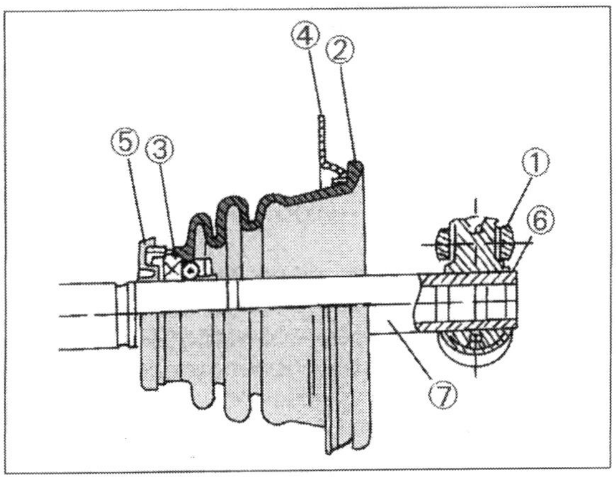

Bild 281
Schnittansicht des Gleichlaufgelenks Gl 69 an der Innenseite der linken Antriebswelle.
1 Gelenkstern
2 Gummimanschette (Faltenbalg)
3 Lagerring
4 Befestigungsband
5 Abdeckscheibe
6 Sicherungsring
7 Antriebswelle

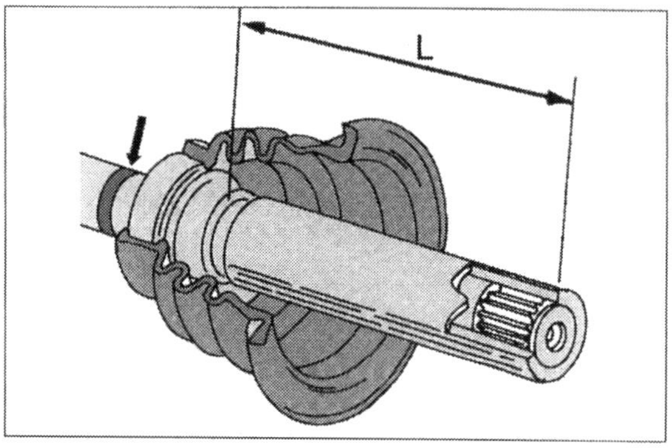

Bild 282
Das Maß „L" zwischen dem Ende der Welle und dem Lagerring auf 118 mm bringen. An der Pfeilstelle kann man eine Schraubzwinge befestigen, um die Welle beim Aufpressen des Lagerrings gut unterzulegen.

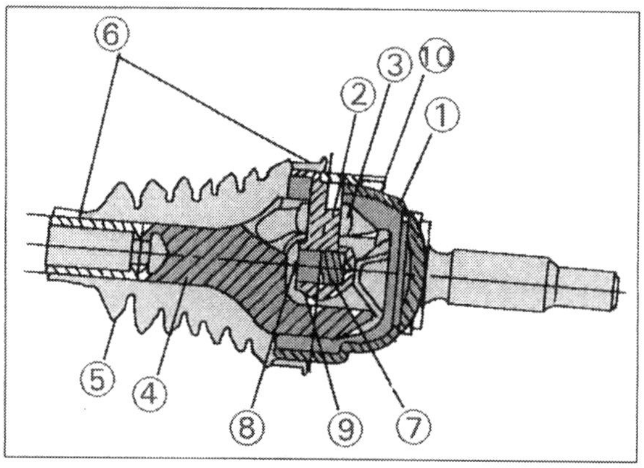

Bild 283
Schnittansicht des Gleichlaufgelenks GE 86 an der Außenseite der linken Antriebswelle.

1 Gelenkkopf mit Achsstumpf
2 Sicherungsscheibe
3 Gelenkstern
4 Wellenkopf
5 Manschette (Faltenbalg)
6 Befestigungsspangen
7 Feder
8 Druckstück
9 Ausgleichsscheibe
10 Zahnkranz für Drehzahlgeber (ABS)

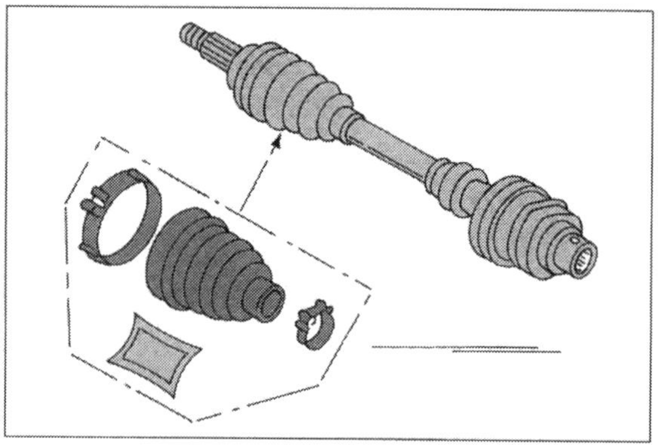

Bild 284
Der Reparatursatz für die Gummimanschette (Faltenbalg).

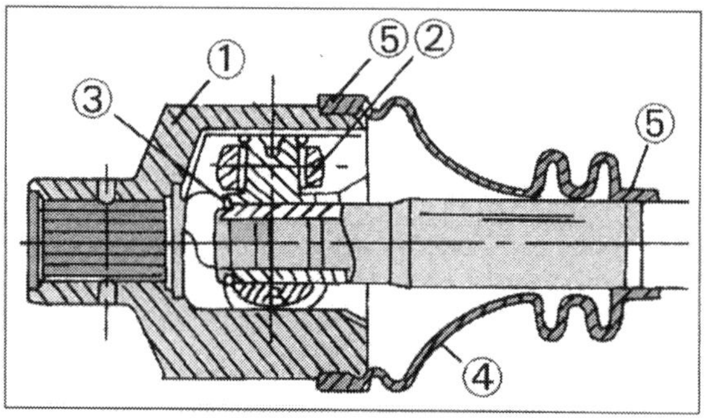

Bild 285
Schnittansicht des Gleichlaufgelenks RC 462 an der Innenseite der rechten Antriebswelle.

1 Gelenkkopf
2 Gelenkstern
3 Sicherungsring
4 Manschette (Faltenbalg)
5 Befestigungsbänder

- Alle Teile gründlich reinigen und einer kurzen Kontrolle unterziehen.
- Den neuen Lagerring mit der Manschette über die Welle setzen. Der Lagerring muss um ein bestimmtes Maß auf die Welle aufgebracht werden. Dieses in Bild 282 gezeigte Maß muss 118 mm betragen (Toleranz 0,2 mm). Der Lagerring sollte unter einer Presse aufgezogen werden. Beim Aufschlagen könnte es vorkommen, dass man den im Lagerring eingesetzten Öldichtring beschädigt. Vorsichtiges Aufschlagen sollte jedoch zum Erfolg führen.
- Den Gelenkstern entsprechend der eingezeichneten Kennzeichnungen auf die Welle schlagen oder pressen und den Sprengring einsetzen.
- Abschließend das im Reparatursatz enthaltene Fett gleichmäßig in der Innenseite des Gelenks verteilen.

Linke Welle, äußeres Gelenk (Bild 283) – Gelenkbezeichnung GE 86

Hinweis: Das gleiche Gelenk ist ebenfalls an der Außenseite der rechten Antriebswelle montiert. Falls nur die Manschette erneuert werden soll, kommt sie im Reparatursatz entsprechend der Ansicht von Bild 284.

- Gelenkwelle in einen Schraubstock einspannen und die beiden Befestigungsbänder (6) zerschneiden. Die Manschette (5) zurückziehen und alles sichtbare Fett auswischen.
- Das Gleichlaufgelenk an der Innenseite der Welle ausbauen, wie es oben beschrieben wurde. Die Manschette kann danach abgestreift werden.
- Die neue Manschette in die richtige Lage bringen und das im Reparatursatz mitgelieferte Fett in der Innenseite des Gelenks verteilen. Das große Befestigungsband sofort anbringen, die kleine Seite der Manschette in die Rille einlegen.
- Die Klinge eines Schraubendrehers vorsichtig auf der kleinen Seite zwischen Manschette und Achswelle einführen und die Manschette leicht zusammendrücken, um eingeschlossene Luft auszuscheiden. Schraubendreher herausziehen und das kleine Befestigungsband festziehen.

Rechte Welle, äußeres Gelenk (Bild 285) – Bezeichnung RC 462

- Die beiden Befestigungsbänder (5) zerschneiden, die Manschette (4) zurückziehen und alles sichtbare Fett aus dem Gelenk auswischen.
- Den Gelenkkopf (1) herunterziehen.
- Den Sicherungsring (3) aus dem Ende der Welle ausfedern, die genaue Lage des Gelenksterns auf der Welle kennzeichnen und das Gelenk abpressen, indem man es in geeigneter Weise auf Pressplatten auflegt und die Welle durchpresst. Mit Ausnahme des Gelenksterns alle Teile gründlich reinigen.
- Die Manschette über die Welle schieben. Die Welle kann etwas eingefettet werden, damit die Manschette besser gleiten kann. Das kleine Ende sofort in die Rille der Welle einfügen.
- Den Gelenkstern in die ursprüngliche Stellung setzen, vollkommen auf die Welle schlagen oder pressen und den Sicherungsring einfedern.
- Den Gelenkkopf (1) über den Gelenkstern (2) schieben und das mitgelieferte Fett gleichmäßig in der Manschette und im Gelenkkopf verteilen. Das große Ende der Manschette in die Rille des Gelenkkopfes einfügen.
- Einen runden Dorn ohne scharfen Kanten in der in Bild 286 gezeigten Weise in die Manschette einsetzen und die Manschette etwas zusammendrücken, um eingeschlossene Luft auszuscheiden.

● Die Länge der Manschette muss jetzt entsprechend Bild 286 auf das richtige Maß gebracht werden (190 mm). Dazu die Manschette auseinanderziehen, bis man das Maß erhalten hat und den Dorn in dieser Stellung herausziehen. Gemessen wird zwischen dem Ende des Gleichlaufgelenks und der Fläche des kleineren Durchmessers der Gelenkbüchse.

● Die beiden Befestigungsbänder (5) jetzt befestigen.

Die beiden Antriebswellen sind in ihrer Gesamtheit nochmals in Bild 287 gezeigt.

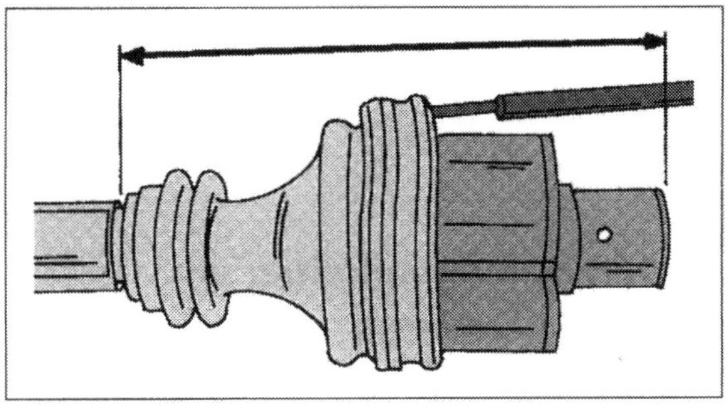

Bild 286
Die Länge der Manschette muss zwischen den Pfeilen auf 190 mm gebracht werden. Der eingeschobene Dorn ermöglicht das Ausscheiden von eingeschlossener Luft.

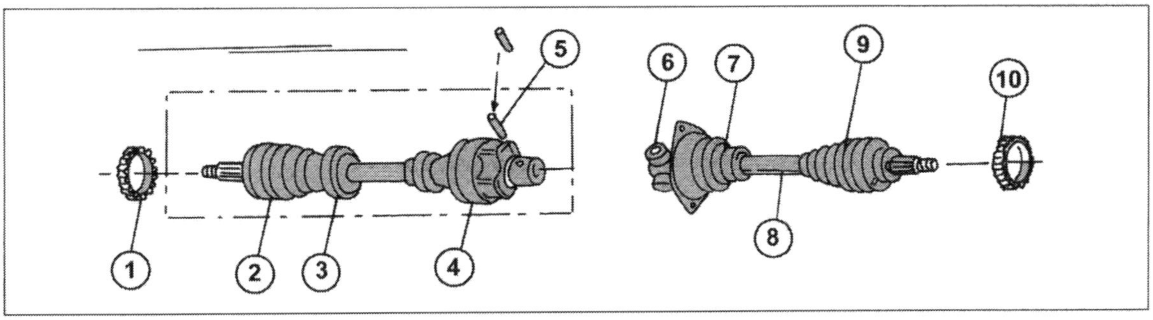

Bild 287
Ansicht der beiden Antriebswellen.
1 Öldichtring im Differential
2 Manschette, äußeres Gelenk
3 Schwingungsdämpfer, falls eingebaut
4 Inneres Gleichlaufgelenk
5 Sicherungsstift der Welle
6 Inneres Gleichlaufgelenk
7 Manschette, inneres Gelenk
8 Antriebswelle
9 Manschette, äußeres Gelenk
10 Öldichtring im Differential

11 Die Lenkung

Bei allen Fahrzeugen ist eine Zahnstangenlenkung mit Servounterstützung eingebaut.

11.1 Wartungsarbeiten an der Lenkung

Manschetten des Lenkgetriebes kontrollieren: Die Zahnstange der Lenkung wird an beiden Enden mit einer schwarzen Manschette verschlossen, einem so genannten Faltenbalg. Diese müssen regelmäßig kontrolliert werden, da ein rissiger Faltenbalg Wasser, Staub oder Straßenschmutz in das Innere des Lenkgetriebes eindringen lässt. In Verbindung mit dem Schmiermittel der Lenkung wird dadurch eine Art Schleifpaste hergestellt, die zum Abrieb an der Zahnstange und an der Zahnstangenführung führt. Eine regelmäßige Kontrolle erspart Ihnen spätere Kosten.
Zur Kontrolle den Faltenbalg mit der Hand auseinander ziehen oder die Lenkung vollkommen einschlagen, sodass sich die Manschetten strecken können. Das Material sorgfältig auf Risse kontrollieren. Eine nicht mehr einwandfreie Manschette muss sofort erneuert werden.
Die Befestigungsschellen an den Enden der Faltenbälge müssen fest sitzen.

Staubschutzkappen und Spiel der Spurstangenköpfe prüfen: Die Spurstangengelenke an den äußeren Enden der Spurstangen bestehen aus Stahlkugelköpfen, die mit ein wenig Fett wartungsfrei in eine Kunststoffschale eingesetzt sind. Schutz vor Staub oder Feuchtigkeit gewährleistet in diesem Fall eine Gummikappe. Um den Gelenken eine lange Lebensdauer zu geben, muss man sie im Rahmen der Wartungsarbeiten kontrollieren.

- Die Staubschutzkappen ringsherum auf Rissstellen kontrollieren. Falls man diese feststellen kann, muss man die Spurstangenköpfe erneuern, wie es anschließend beschrieben wird.
- Die Gelenke kann man ebenfalls auf übermäßiges Spiel kontrollieren. Dazu das Fahrzeug vorn auf Böcke setzen und das Rad hin- und herbewegen. Ebenfalls kann man die Spurstange am Rohrstück erfassen und kräftig schütteln. Falls Sie einen Helfer zur Hand haben, erfassen Sie das Gelenk am Eingang in den Lenkhebel (Räder auf dem Boden) und das Lenkrad hin- und herdrehen lassen. Spiel wird dadurch an den Gelenken angezeigt. Auch in diesem Fall das Spurstangengelenk erneuern.
- Die inneren Gelenke können in ähnlicher Weise kontrolliert werden, jedoch ist dies schwieriger. In diesem Fall muss jedoch die gesamte Spurstange erneuert werden.

Lenkungsspiel kontrollieren: Bei geöffnetem Fester das Lenkrad erfassen und kurz hin- und herbewegen. Dabei das linke Vorderrad beobachten. Dieses muss sich sofort mit dem Lenkrad „mitbewegen". Ist dies nicht der Fall, können die folgenden Defekte vorliegen:

- Spiel in der Zahnstange des Lenkgetriebes (in der Werkstatt einstellen lassen)
- Ausgeschlagene Spurstangengelenke außen oder innen (äußeres Gelenk erneuern, inneres mit der Spurstange erneuern)
- Ausgeschlagenes Kreuzgelenk an der Verbindung der Lenkwelle

11.2 Die Servolenkung

Die in dieser Ausgabe behandelten Renault-Fahrzeuge sind mit einer mechanisch arbeitenden Servolenkung versehen. Bei einem Benzinmotor wird die zum Betrieb der Anlage erforderliche Lenkhilfspumpe

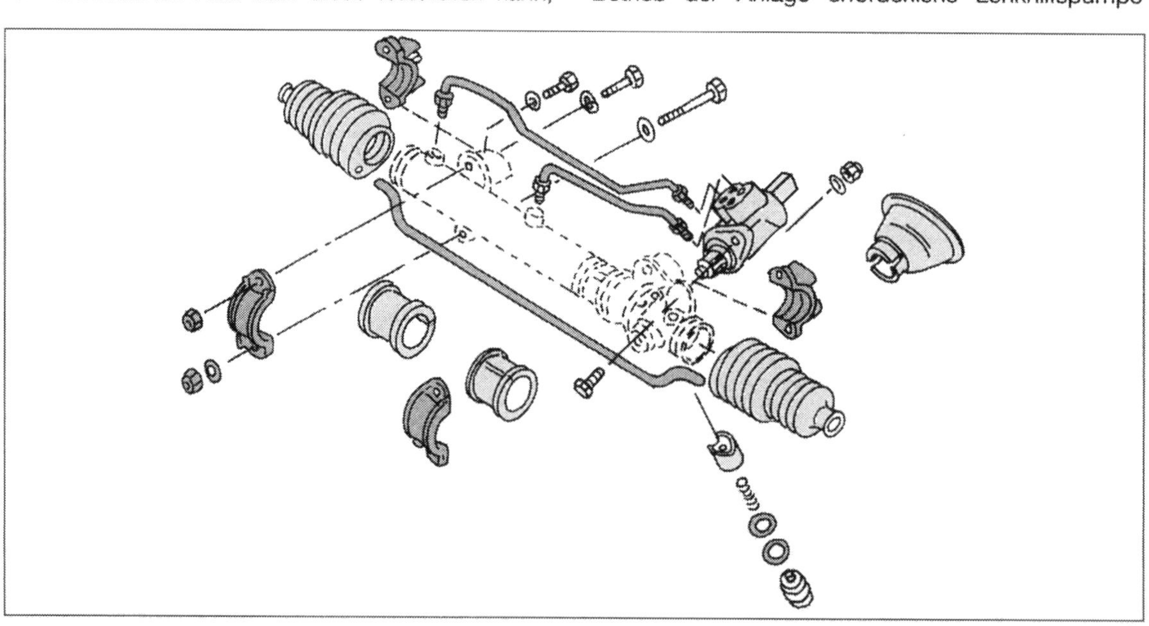

Bild 288
Die Einzelteile der Servolenkung zusammen mit den Befestigungsteilen.

durch einen Riemen angetrieben. Dieser fehlt bei bestimmten Dieselmotoren, da die Pumpe elektrisch arbeitet.

11.2.1 Aus- und Einbau der Lenkung

Wichtiger Hinweis: Vor der Trennung der Lenksäule vom Ritzel der Zahnstange muss man das Lenkrad gegen Verdrehung sperren, wenn die Räder in Geradeausstellung stehen, um den unter dem Lenkrad sitzenden Schalter nicht zu beschädigen. Auch nach dem Ausbau des Lenkgetriebes darf das Lenkrad unter keinen Umständen verdreht werden. Wir schlagen vor, dass Sie das Lenkrad mit einem Stück Schnur festbinden. **Arbeiten an Fahrzeugen mit Airbag unterliegen dem Sprengstoffgesetz.** Wir möchten darauf hinweisen, dass Sie nur Arbeiten an einer solchen Lenkung durchführen, wenn Sie einige Erfahrung haben.

Bild 288 zeigt, wie die Lenkung im Fahrzeug eingebaut ist. Ein Kugelbolzenabzieher ist zum Abdrücken der Spurstangenkugelgelenke erforderlich. Außerdem ist es von Vorteil, wenn man zwei Zwingen zur Verfügung hat, um die Lenkungsschläuche abzuklemmen. Dadurch wird ein Entleeren der kompletten Lenkungsanlage vermieden. Unterschiede sind bei eingebautem Dieselmotor zu beachten.

- Bei allen Fahrzeugen die Batterie abklemmen.
- Radschrauben lockern, die Vorderseite des Fahrzeuges auf Böcke setzen und die beiden Räder abnehmen.
- Die Muttern der Spurstangenkugelgelenke entfernen und die Kugelgelenke mit einem geeigneten Abzieher (siehe Bild 276) von den Lenkhebeln abdrücken.
- Die Gummiabdeckung über der Lenkwellenverbindung zur Stirnwand zurückschieben (den Befestigungsclip zerschneiden) und die Klemmschraube des Kreuzgelenkes der Lenkwelle am Lenkritzel entfernen. Die Lage des Kreuzgelenks am Lenkritzel kennzeichnen (mit Farbe, falls möglich), um das richtige Verhältnis beim Einbau wieder herzustellen.
- Die beiden erwähnten Zwingen um die beiden vom Vorratsbehälter kommenden Flüssigkeitsschläuche legen und die Zwingen vorsichtig anziehen, bis die Schläuche zusammengeklemmt sind. Die Hochdruckleitungen können nicht zusammengequetscht werden.

Bei einem Dieselmotor

- Die Batterie und den Batterieträger ausbauen. Die Hochdruckleitung und die Niederdruckleitung vom Lenkungsventil abschrauben.

Bei einem Benzinmotor

- Den Kabelstecker von der Lambda-Sonde am Katalysator abziehen.
- Das vordere Auspuffrohr vom Auspuffkrümmer abschrauben und absenken.
- Die motorseitige Schraube der Drehmomentstütze entfernen und den Motor mit dem Getriebe nach vorn abkippen. Einen Holzklotz einschieben, um den Motor in dieser Lager zu halten.

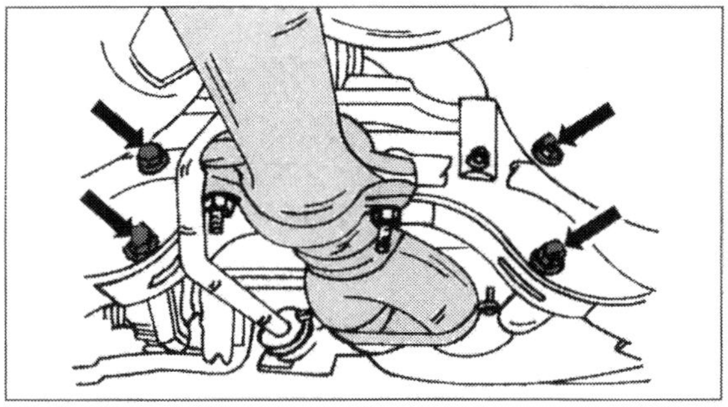

Bild 289
Die Pfeile weisen auf die Befestigungsschrauben der Servolenkung.

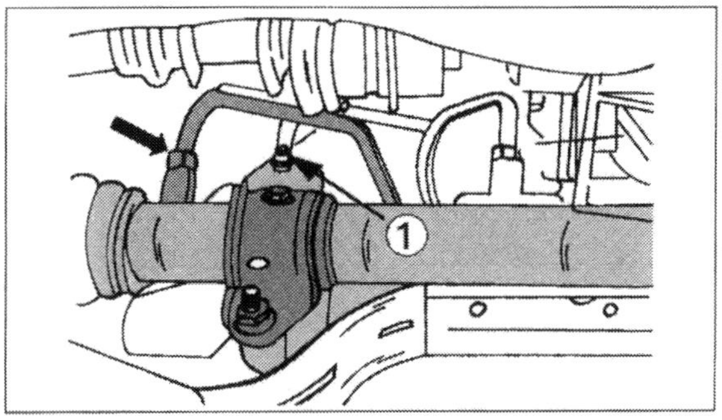

Bild 290
Die Pfeile zeigen, wo die beiden Leitungen an der Lenkung angeschlossen sind. Die Mutter (1) lösen, ehe die anderen Befestigungsschrauben herausgedreht werden.

- Die Hochdruckleitung und die Niederdruckleitung vom Zahnstangengehäuse abschließen. Dabei wird etwas Flüssigkeit auslaufen, welche man in geeigneter Weise auffangen muss. Die Mutter der Leitungsschelle lösen, um die Leitung freizulegen. Die offenen Enden der Leitungen sofort mit etwas Klebband verschließen, um Eindringen von Schmutz zu vermeiden.
- Zwei Muttern des Wärmeschutzschildes auf der rechten Seite der Lenkungsbefestigung lösen und das Schild herausnehmen. Die vier Befestigungsschrauben der Lenkung am Nebenrahmen abschrauben und die Lenkung zur Steuerseite des Motors zu herausnehmen. Bild 289 zeigt, wo die Schrauben sitzen. Die Lenkung muss dabei entsprechend verdreht werden, um die Leitungen durchzubekommen.

Die axialen Kugelgelenke an der Lenkungszahnstange dürfen nicht abmontiert werden, es sei denn, man muss sie erneuern (siehe nachfolgende Beschreibung).
Der Einbau der Lenkung geschieht in umgekehrter Reihenfolge wie der Ausbau, falls keine anderen Arbeiten durchgeführt wurden. Die Endstellung der Lenkung muss der ursprünglichen Lage entsprechen, um das Verhältnis zwischen Lenkrad, Kreuzgelenk und Lenkungsgehäuse beizubehalten. Die folgenden Punkte sind besonders zu beachten:

- Die rechte Lagerung zusammen mit der zum Lenkungszylinder führenden Leitung von der alten Lenkung abnehmen, die Lenkung in die richtige Lage setzen und die rechte Lagerung sowie die in Bild 290 gezeigte Schraube (1) an der Lenkung montieren.
- Die Leitungen zwischen dem Lenkungszylinder und dem Drehschieber und der Lenkung verlegen und die Überwurfmuttern der Leitung einschrauben und handfest anziehen.
- Die vier Befestigungsschrauben der Lenkung (Bild 289) einschrauben und gleichmäßig über Kreuz mit 50 Nm anziehen. Danach die Überwurfmuttern der

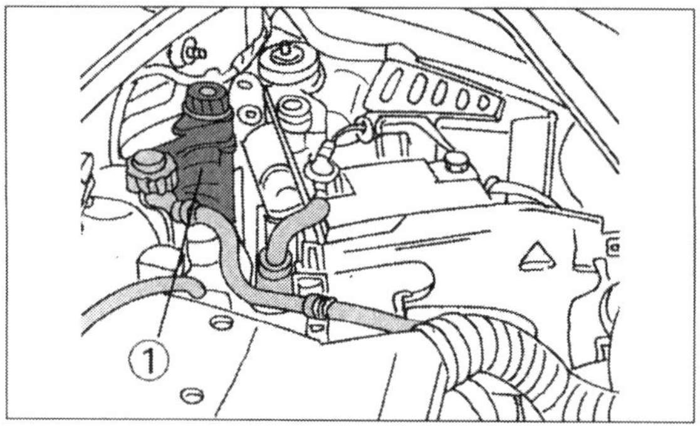

Bild 291
Bei den Benzinmotoren und bei einem Dieselfahrzeug ohne Klimaanlage sitzt der Vorratsbehälter für die Bremsflüssigkeit an der gezeigten Stelle (1).

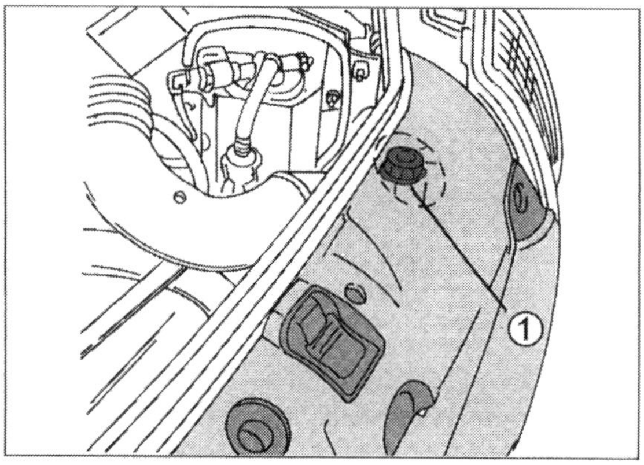

Bild 292
Bei einem Dieselfahrzeug mit Klimaanlage befindet sich die Einfüllverschraubung (1) des Flüssigkeitsbehälters außerhalb des Motorraums.

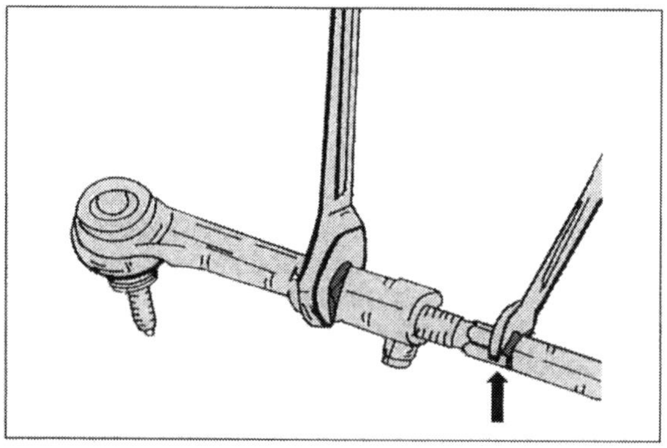

Bild 293
Abdrücken eines Spurstangengelenks. Der Abzieher kann durch einen normalen Kugelbolzenabzieher ersetzt werden. Die Mutter vom Bolzen abschrauben, bis die Fläche bündig mit dem Ende des Gewindes abschneidet (schützt das Gewinde).

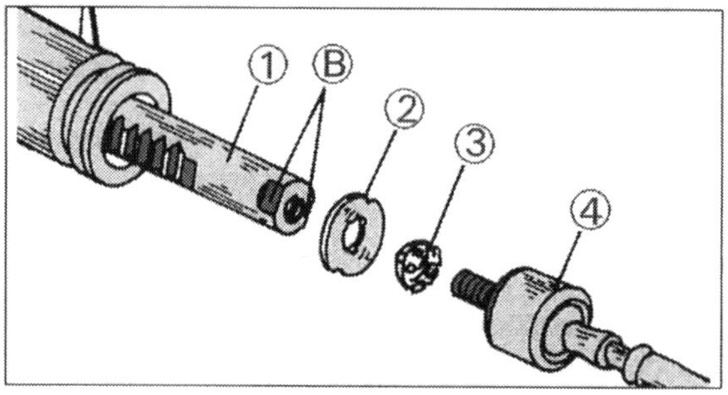

Bild 294
Die Teile auf jedem Ende der Spurstange
1 Zahnstange
2 Anschlagscheibe
3 Sicherungsblech
4 Kugelgelenkgehäuse
B Fläche an der Zahnstange

Leitungen und die Schraube der rechten Lagerung anziehen.

- Die zum Drehschieber führenden Leitungen anschließen. Darauf achten, dass die Niederdruckleitung richtig verlegt wird. Die Überwurfmuttern anziehen.
- Den Schlauch zwischen den beiden Leitungsenden anschließen und befestigen.
- Die verbleibenden Arbeiten in umgekehrter Reihenfolge durchführen, bis man die Zwingen der beiden Schläuche abgenommen hat.

Die Lenkungsanlage wird jetzt in folgender Weise gefüllt:

- Den Vorratsbehälter mit der vorgeschriebenen Flüssigkeit füllen. Der Behälter hat eine „Maxi"- und eine „Mini"-Marke an der Außenseite. Beim anderen Vorratsbehälter muss die Flüssigkeit innerhalb der beiden mit den Pfeilen gezeigten Marken stehen. Bei den meisten Fahrzeugen sitzt der Behälter an Stelle (1) in Bild 291. Eine Ausnahme dabei macht jedoch ein Fahrzeug mit Dieselmotor und eingebauter Klimaanlage. Bei diesem befindet sich der Behälter neben dem linken Scheinwerfer, wie man es in Bild 292 sehen kann.
- Empfohlene Flüssigkeiten sind Elf Renault Matic D2 oder Mobil ATF 220, Flüssigkeiten, wie sie in einem automatischen Getriebe eingefüllt sind.
- Die Lenkung aus einem Anschlag in den anderen drehen (das Fahrzeug muss immer noch aufgebockt sein) und, falls erforderlich, weitere Flüssigkeit nachfüllen.
- Fahrzeug auf den Boden ablassen, den Motor anlassen und das Lenkrad erneut aus eine Anschlag in den anderen drehen. Diese Drehbewegungen durchführen, bis der Spiegel im Vorratsbehälter nicht weiter abfällt. Die Kappe wieder aufschrauben.
- Nach fertigem Einbau die Einstellung der Radspur kontrollieren, wie es später beschrieben wird.

11.3 Reparatur der Lenkung

Falls die Lenkung erneuert werden soll, müssen die beiden Spurstangenköpfe und die inneren Kugelgelenke ausgetauscht werden:

- Spurstange mit Schutzbacken in einen Schraubstock einspannen.
- Einen Gabelschlüssel an der Zahnstange an der in Bild 293 gezeigten Stelle ansetzen, um das Kugelgelenk gegen Mitdrehen zu sichern und das Kugelgelenk mit einem zweiten Gabelschlüssel abschrauben, wie es im Bild gezeigt ist.
- Kugelgelenk abschrauben, aber gleichzeitig die Anzahl der dazu erforderlichen Umdrehungen zählen. Diese seitenmäßig aufschreiben.
- Um die inneren Kugelgelenkgehäuse auszubauen, die Lenkmanschetten entfernen und das Sicherungsblech zurückbiegen, welches das Kugelgelenkgehäuse an der Zahnstange hält. Die Zahnstange mit einem Gabelschlüssel gegenhalten und das Gelenkgehäuse abschrauben.
- Sicherungsblech, Anlaufscheibe und die Anschlagscheibe der Reihe nach vom Ende der Zahnstange entfernen. Bild 294 zeigt die auf der Zahnstange angebrachten Teile.
- Neue Teile in der in Bild 294 gezeigten Reihenfolge anbringen. Falls möglich das Gewinde in der Innenseite der Zahnstange mit einem M12x100-Gewindeschneider nachschneiden, um altes Gewindesicherungsmittel zu entfernen. Das Gewinde des Spurstangenendes/Kugelgehäuses danach mit „Loctite"-Gewindesicherungsmittel einschmieren.
- Die Kugelgelenkgehäuse müssen mit 50 Nm angezogen werden. Da normalerweise Spezialwerkzeuge

verwendet werden, um einen Drehmomentschlüssel anzusetzen, ist es wichtig, dass man das Drehmoment richtig einschätzt, wenn die Gehäuse auf andere Weise angezogen werden.

- Das Sicherungsblech in den Schlitz jedes Kugelgelenkgehäuse einbiegen, nachdem die Gelenkgehäuse angezogen sind.
- Jeden Spurstangenkopf um die gleiche Anzahl Umdrehungen wie beim Ausbau wieder einschrauben. Die Kontermuttern noch nicht anziehen, da die Vorspur geprüft und, falls erforderlich, eingestellt werden muss.

11.3.1 Erneuerung der Spurstangenköpfe

Die Spurstangenköpfe können bei eingebauter Lenkung erneuert werden, falls sie ausgeschlagen sind und die Lenkung noch in gutem Zustand ist.

- Radbolzen lösen, die Vorderseite des Fahrzeuges auf Böcke setzen und das Vorderrad auf der betreffenden Seite abschrauben.
- Unter Bezug auf Bild 295 das innere Kugelgelenk (1) am inneren Ende der Spurstange mit einem Gabelschlüssel gegenhalten und die Kontermutter der Spurstange (2) lockern.
- Die Mutter des Kugelbolzens des Spurstangengelenks abschrauben und die Gelenkverbindung in der in Bild 276 gezeigten Weise trennen.
- Das Spurstangengelenk unter genauer Zählung der Umdrehungen von der Spurstange abschrauben und notieren (man kann dies leicht vergessen).
- Das neue Spurstangengelenk um die gleiche Anzahl Umdrehungen auf die Spurstange aufschrauben und den Kugelbolzen wieder am Lenkhebel anschließen. Die Mutter mit 37 Nm anziehen.
- Das innere Kugelgelenk (1) in Bild 295 mit dem Gabelschlüssel gegenhalten und die Kontermutter (2) mit 50 Nm anziehen.
- Die Vorspur sollte abschließend ausgemessen werden.

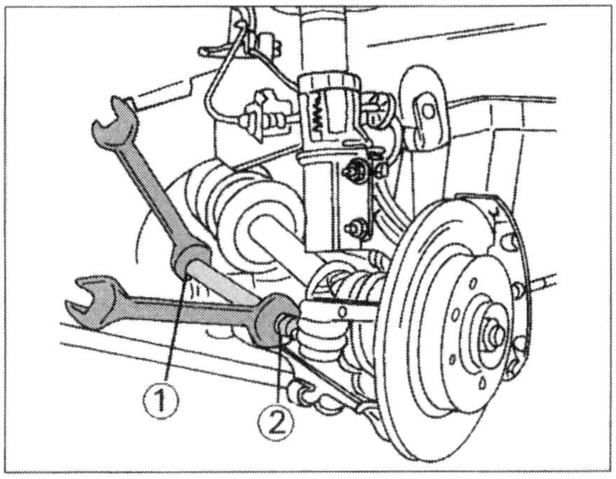

Bild 295
Aus- und Einbau eines Spurstangenkugelgelenks.
1 Gabelschlüssel
2 Kontermutter

11.3.2 Einstellen der Lenkung

Falls die Lenkung geräuschvoll ist, könnte es sein, dass die so genannte Flatterbremse (die Teile auf der rechten Seite von Bild 288) nicht länger den vorgeschriebenen Druck auf die Zahnstange ausübt. Ehe man sich entschließt eine neue Lenkung einzubauen, raten wir Ihnen, dass Sie sich an eine Werkstatt wenden, da diese die Lenkung bis zu einem gewissen Ausmaß nachstellen kann. Ist der Verschleiß bereits zu weit fortgeschritten, muss die Lenkung erneuert werden.

11.4 Lenkrad und Lenksäule

Wichtiger Hinweis: Arbeiten an Fahrzeugen mit Airbag unterliegen dem Sprengstoffgesetz. Wir möchten darauf hinweisen, dass Sie nur Arbeiten an einem Fahrzeug mit Airbag durchführen, wenn Sie einige Erfahrung mitbringen.

Alle Fahrzeuge sind mit einer zusammenstauchbaren Lenkwelle, einer Lenkradwelle und einer Lenksäulenwelle versehen. Die Lenksäule als solche bildet eine Einheit, die man nicht in ihre Einzelteile zerlegen kann. In sehr seltenen Fällen ist es möglich, dass sich die Klemmschraube des Kreuzgelenks nicht länger einschieben lässt, da die am Lenkritzel angeschlossene Welle nicht mehr die ursprüngliche Länge hat.
Da Arbeiten an der Lenkung zwecks Fahrsicherheit immer mit der größten Sorgfalt durchzuführen sind, raten wir Ihnen, die Lenksäule in der Werkstatt erneuern zu lassen, sollte dies einmal erforderlich sein. Die Lenksäule muss eine bestimmte Länge haben, die Ihre Werkstatt bei dieser Gelegenheit auch ausmessen kann.
Zur Erneuerung der Lenksäule muss praktisch das gesamte Armaturenbrett ausgebaut werden und aus diesem Grund sehen wir, verbunden mit den Einschränkungen des eingebauten Airbags, von einer Beschreibung des Aus- und Einbaus ab.

- Die beiden Kabel von den Polen der Batterie abschrauben, die Polklemmen herunterziehen und die Kabel gut zur Seite legen.
- Bei einem Fahrzeug ohne Airbag die Abdeckung in der Mitte des Lenkrades ausbauen. Diese ist nur eingeclipst.
- Bei einem Fahrzeug mit Airbag von der Rückseite des Lenkrades aus zwei Schrauben herausdrehen. Dazu wird ein Torx-Kopf-Schlüsseleinsatz der Größe T30 gebraucht. Den Airbag vorsichtig nach vorn ziehen, wie es in Bild 296 zu sehen ist. In der Mitte be-

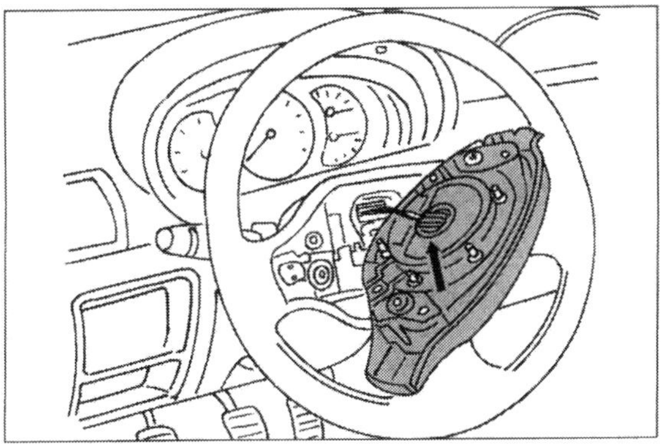

Bild 296
Zum Ausbau des Airbags. Den Airbag in die gezeigte Lage bringen und den Kabelstecker an der Pfeilstelle abziehen.

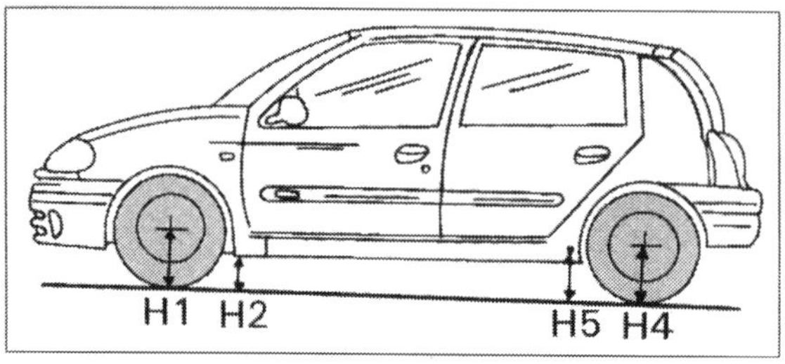

Bild 297
Die Messstellen zur Kontrolle der Sturz- und Nachlaufwerte. Gemessen wird zwischen den Pfeilstellen. Maße „H2" und „H5" werden an den genannten Stellen gemessen.

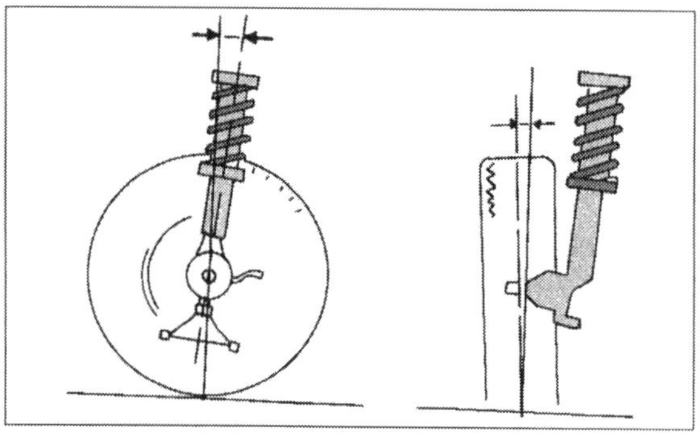

Bild 298
Darstellung des Nachlaufwinkels auf der linken Seite und des Sturzwinkels auf der rechten Seite.

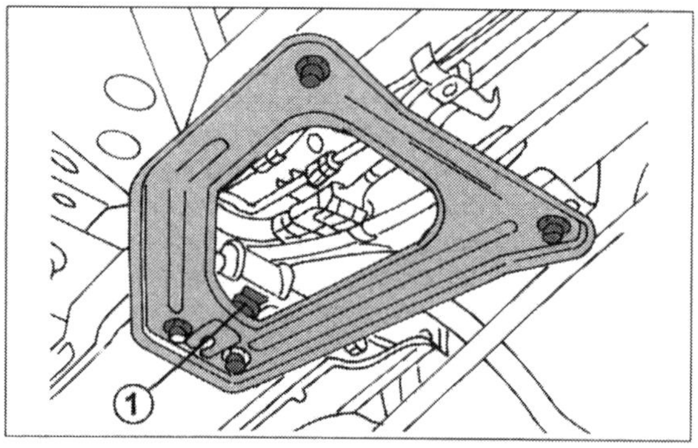

Bild 299
Maß „H2" in Bild 297 wird vom Boden bis zur Fläche „1" am Nebenrahmen gemessen.

findet sich ein Kabelstecker (Pfeilstelle), welchen man abziehen muss.

- Bei allen Ausführungen das Lenkrad in die Mittelstellung drehen (Räder in Geradeausstellung) und die Schraube in der Mitte des Lenkrades herausdrehen. Dabei das Lenkrad an der Felge gegenhalten.
- Das Lenkrad durch Hin- und Herbewegung herunterziehen.

Der Einbau geschieht in umgekehrter Reihenfolge wie der Ausbau. Die Schraube des Lenkrades immer erneuern, da sie nicht ein zweites Mal verwendet werden kann. Schraube mit 45 Nm anziehen. Die Torx-Kopf-Schrauben des Airbags werden nur leicht angezogen (5 Nm). Nach dem Einbau kontrollieren, dass die Räder in der Geradeausstellung stehen, wenn das Lenkrad in der Mittelstellung steht.

11.5 Lenkungsmittelpunkt

Die Stellung muss bei bestimmten Arbeiten, z. B. beim Einstellen der Vorspur oder bei Montage des Lenkrades, in die Mittelstellung gebracht werden. Falls dies verlangt wird, sind die folgenden Arbeiten durchzuführen:

- Lenkrad bis zum Anschlag in einen Einschlag drehen und die Oberseite des Lenkrades mit einem Bleistift anzeichnen.
- Lenkrad in den entgegengesetzten Einschlag drehen, während die Anzahl der Umdrehungen gezählt wird.
- Lenkrad genau um die Hälfte der gezählten Umdrehungen zurückdrehen.

Die Lenkung steht jetzt in der Mittelstellung (Spureinstellung, Lenkradmittelstellung).

11.6 Vorderradeinstellung

Die Einstellung der Vorderräder muss auf ebenem Boden in der angeführten Reihenfolge durchgeführt werden, da die Einstellwerte miteinander verbunden sind:
1. Nachlauf
2. Spreizung
3. Sturz

11.6.1 Nachlauf

Der Nachlauf hängt von der Wagenhöhe des Fahrzeuges ab, sodass es zuerst erforderlich ist, diese auszumessen. Dazu die Höhen „H2" und „H5" in Bild 297 ausmessen und den Unterschied zwischen den beiden gefundenen Werten ausrechnen. Die Höhen werden von einem ebenen Boden bis zu den gezeigten Stellen ausgemessen.
Aus diesen Werten ergeben sich die Nachlaufwerte. Da diese bei den verschiedenen Höhen unterschiedlich sind, werden sie in der Maß- und Einstelltabelle angegeben. Der Nachlaufwinkel ist nicht bei allen Fahrzeugen gleich.

Bei der Kontrolle des Nachlaufs muss das Fahrzeug leer, d. h. im Betriebszustand sein. Der Nachlauf kann nicht eingestellt werden. Zur Kontrolle des Nachlaufs können handelsübliche Geräte benutzt werden, jedoch ist den Anweisungen des Geräteherstellers genau zu folgen. Falls der Wert bei einer bestimmten Höhe nicht stimmt, oder der Unterschied zwischen den beiden Seiten beträgt mehr als 1°, muss die Vorderradaufhängung auf Verzug oder Beschädigung kontrolliert werden.
Es passiert öfters, dass man die Ausdrücke „Nachlauf" und „Sturz" verwechselt. Aus diesem Grund sollte man sich Bild 298 ansehen. Links ist der Nachlauf, rechts ist der Sturz gezeigt.

11.6.2 Spreizung

Die Spreizung kann mit handelsüblichen Geräten ausgemessen werden, lässt sich jedoch nicht einstellen. Die Messung erfolgt bei unbelastetem (unbeladenem) Fahrzeug. Der Spreizungswinkel ist in der Maß- und Einstelltabelle angegeben, mit einer Toleranz von plus oder minus 30' (Minuten). Wie beim Nachlauf ändert sich der Winkel mit der Höhe der Vorderradaufhängung, jedoch muss in diesem Fall der Unterschied zwischen den Höhen „H1" und „H2" errechnet werden. Wiederum sollte die angegebene Tabelle dabei helfen. Bei der Ermittlung des Richtwerts wird das Maß „H2" vom ermittelten Maß „H1" abgezogen. Falls der Unterschied zwischen der rechten und linken Seite mehr als 1° beträgt, ist etwas verzogen. Die Spreizung ist nicht bei allen Fahrzeugen gleich.

11.6.3 Sturz

Den Sturz der beiden Vorderräder mit einer Sturzlehre ermitteln. Beim Messen muss das Fahrzeug unbelastet sein. Wie beim Nachlauf verändert sich der Sturz mit der Höhe der Vorderradaufhängung. Bei dieser Messung die Höhen „H1" und „H2" in Bild 297 ausmessen. Höhe „H2" wird von einem ebenen Boden bis zum vorderen Seitenträger in Höhe der Radnabe an der Fläche „1" in Bild 299 gemessen. Höhe „H1" wird von der Mitte der Radnabe bis zum Boden ausgemessen. Das Maß „H2" vom Maß „H1" abziehen und aus den erhaltenen Werten den Sturz mit dem in der Maß- und Einstelltabelle angegebenen Wert vergleichen. Wiederum sind einige Unterschiede in der Vorderradgeometrie entsprechend des eingebauten Motors zu beachten.
Der Sturz kann nicht eingestellt werden. Liegen die Werte einschließlich einer Plus- oder Minustoleranz von 30' (30 Minuten) außerhalb der Grenzen oder der Unterschied zwischen der linken und der rechten Seite beträgt mehr als 1°, sollte man den Vorderwagen fachmännisch ausmessen lassen. In den meisten Fällen ist ein Teil der Vorderradaufhängung verzogen. Ein hartes Auffahren auf einen Bordstein zum Beispiel, kann unter unglücklichen Verhältnissen bereits zu Verzug führen.

11.6.4 Spureinstellung

Übermäßige Nachspur der Vorderräder kann an Verschleiß an den Innenseiten der Reifen erkannt werden; Verschleiß an den Außenseiten der Reifen lässt übermäßige Vorspur erkennen.
Die Spureinstellung der Vorderräder kann nur mit den vorgeschriebenen Geräten genau kontrolliert werden, da es wichtig ist, dass die Räder genau parallel mit der Fahrzeugachse stehen. Falls es jedoch unumgänglich ist, dass man die Spureinstellung überprüfen muss, kann man notfalls eine gewöhnliche Spurlehre, d. h. ein so genanntes Spurmaß verwenden:

- Vorderräder in die Geradeausstellung bringen. Da der Mittelpunkt der Lenkung genau gefunden werden muss, ist Kapitel 11.5 durchzulesen. Von der Vorderseite des Fahrzeuges aus kontrollieren, ob eines der Räder einen Winkel mit dem anderen Rad bildet. Falls dies nicht der Fall ist, kann man die Spur ausmessen.
- Das Spurmaß gegen die Vorderkanten der Radfelgen in Höhe mit den Radnaben ansetzen und das Spurmaß auf Null stellen.
- Die Ansatzstellen der Messstifte an der Felge mit Kreide anzeichnen.

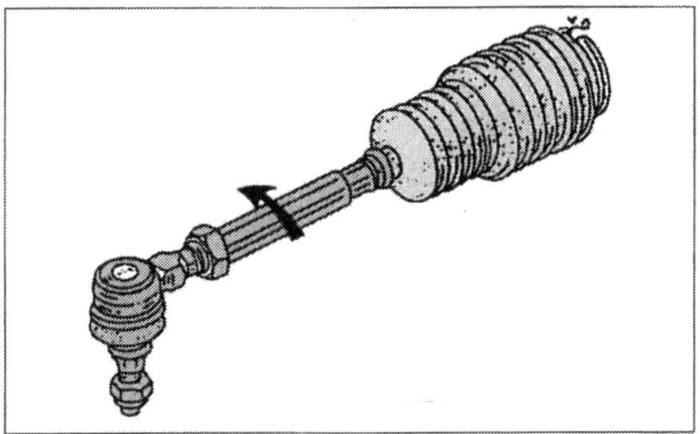

Bild 300
Einstellen der Vorspur der Vorderräder. Die Spurstange in Pfeilrichtung verdrehen, um Nachspur zu erhalten.

- Fahrzeug um eine halbe Umdrehung der Vorderräder nach vorn schieben, bis die Kreidezeichen an den Felgen sich an der Rückseite befinden, wiederum in der Höhe der Radnaben.
- Spurmaß hinter den Felgen an den Kreidestellen ansetzen und den angezeigten Wert ablesen. Dieser kann entweder größer an der Vorderseite (Nachspur) oder an der Rückseite (Vorspur) sein.
- Falls der angezeigte Wert nicht innerhalb 1,0 mm ± 1,0 mm Nachspur beträgt (die Räder stehen vorn weiter auseinander), die Mutter der Spurstange in Bild 300 an der Außenseite mit einem Gabelschlüssel lockern. Darauf achten, dass sich die Gummimanschette an der Innenseite leicht mitdrehen kann und das Rohr der Spurstange in die erforderliche Richtung drehen. Wird die Spurstange in die durch den Pfeil angezeigte Richtung gedreht, erhält man Nachspur. Beide Spurstangen müssen um den gleichen Wert verstellt werden. Eine komplette Umdrehung der Spurstange ändert die Spureinstellung um 3,0 mm. Die Kontermutter nach der Einstellung wieder anziehen (50 Nm).

Hinweis: Bei ständigem Reifenverschleiß den Vorderwagen fachmännisch vermessen lassen, da irgendetwas nicht stimmt.

11.7 Lenkhilfspumpe

Obwohl es sehr selten vorkommen wird, dass man eine Lenkhilfspumpe erneuern muss (sie hat eine lange Lebensdauer), könnte es vorkommen, dass man die Pumpe ausbauen muss, um an andere Teile im Motorraum zu kommen. Aufgrund der eingebauten mechanischen und der beim Dieselfahrzeug eingebauten elektrischen Pumpe (nur mit Klimaanlage) sind die Arbeiten zum Aus- und Einbau natürlich unterschiedlich. Außerdem muss man zwischen den folgenden Fahrzeugausführungen unterscheiden. Die Anschlussweise der Lenkhilfspumpe, der Lenkung und der damit verbundenen Leitungen und Schläuche ist in Bild 301 gezeigt. Die Arbeiten sind unterschiedlich bei Fahrzeugen mit und ohne Klimaanlage. Die folgenden Anweisungen sind deshalb nur als Richtlinie gedacht.

Fahrzeuge ohne Klimaanlage

- Batterie abschließen.

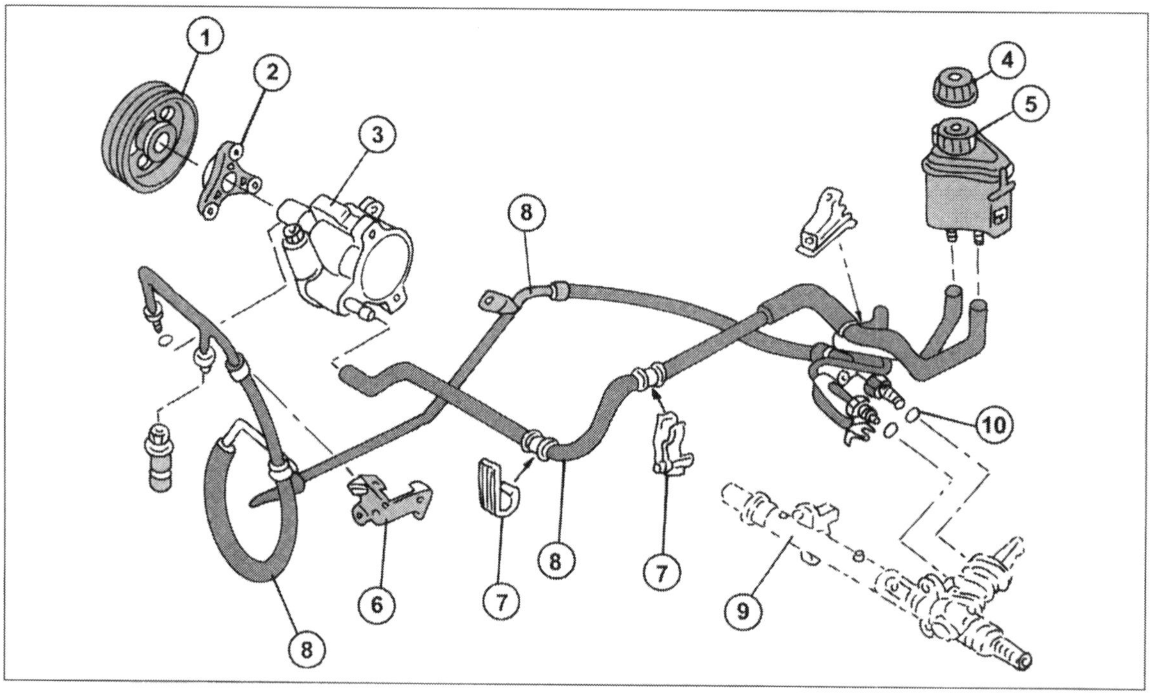

Bild 301
Die Teile der hydraulischen Anlage der mechanischen Servolenkung.

1 Riemenscheibe
2 Nabe der Lenkhilfspumpe
3 Lenkhilfspumpe
4 Verschlussverschraubung
5 Flüssigkeitsvorratsbehälter
6 Halter
7 Leitungsschelle
8 Flüssigkeitsschlauch/Leitung
9 Servolenkung
10 Dichtring

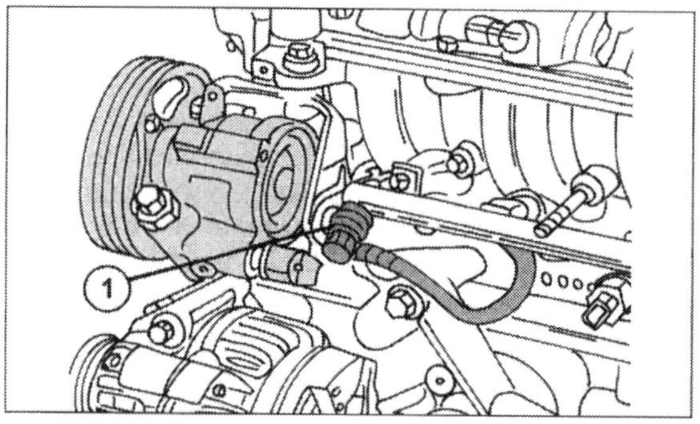

Bild 302
Eine Befestigungsschraube (1) der Lenkhilfspumpe sitzt an der gezeigten Stelle oberhalb der Lichtmaschine. Die Kraftstoffvorlaufleitung muss vom Verteilerrohr abgeschlossen werden, um an die Schraube zu kommen.

Bild 303
Die Befestigungsschrauben der Lenkhilfspumpe sind mit den Pfeilen gezeigt.

- Fahrzeuge vorn auf Böcke setzen, das rechte Vorderrad abschrauben und das Spritzblech in der Innenseite des Radkastens abschrauben.
- Den rechten Scheinwerfer ausbauen.
- Das Kühlergitter ausbauen. Dazu jeweils auf jeder Seite drei Schrauben herausdrehen. Zwei sitzen neben dem Scheinwerfer, die dritte etwas weiter entfernt zur Mitte zu.
- Die Schrauben vom oberen Querträger an der Unterseite lösen und den Querträger herausnehmen.
- Antriebsriemen der Aggregate ausbauen (siehe Abschnitt „Kühlanlage").
- Den Kabelstecker vom Druckschalter der Lenkung abziehen.
- Schläuche jeweils mit einer Zwinge zusammendrücken, um die Flüssigkeit in der Anlage zu halten, und die Schläuche abschließen. Die unter der Pumpe liegende Drehstromlichtmaschine mit einem dicken Lappen abdecken.
- Die hinter der Pumpe sitzende Kraftstoffleitung vom Kraftstoffverteilerrohr lösen, um an die dahinter sitzende Schraube zu kommen. Die an der in Bild 302 gezeigten Stelle sitzende Schraube mit einem Torx-Kopf-Steckeinsatz (T40) herausdrehen.
- Die vier Schrauben der Pumpe entsprechend Bild 303 lösen und die Pumpe herausnehmen. Eine der Schrauben ist von der Rückseite (rechter Pfeil) eingesetzt.
- Falls eine neue Pumpe eingebaut werden soll, muss man die Riemenscheibe abschrauben und übertragen. Die Riemenscheibe muss von der Welle heruntergezogen werden. Vor dem Abziehen jedoch das Maß von der Außenseite der Riemenscheibe bis zum Ende der Welle ausmessen, damit man die Riemenscheibe in gleicher Weise wieder auf die neue Pumpe aufbringen kann.

Der Einbau der Pumpe geschieht in umgekehrter Reihenfolge wie der Ausbau. Die Pumpenschrauben mit 20 Nm anziehen. Den Antriebsriemen montieren, wie es im Abschnitt „Kühlanlage" beschrieben wurde. Abschließend die Lenkungsanlage mit der vorgeschriebenen Flüssigkeit füllen (oder den Flüssigkeitsspiegel im Vorratsbehälter berichtigen) und die Anlage entsprechend der Beschreibung beim Einbau der Lenkung entlüften.

Fahrzeuge mit Dieselmotor ohne Klimaanlage

- Batterie abschließen.
- Fahrzeug vorn auf Unterstellböcke setzen, das rechte Vorderrad abschrauben und das Spritzblech in der Innenseite des Radkastens ausbauen.
- Den vorderen Stoßfänger ausbauen (10 Schrauben).

● Die Zufuhrleitung zur Pumpe und die Hochdruckleitung mit einer Zwinge abdrücken und die Leitungen abschließen. Auf auslaufende Flüssigkeit achten.
● Die drei Schrauben der Pumpe lösen und die Pumpe herausnehmen.
Der Einbau geschieht in umgekehrter Reihenfolge wie der Ausbau. Die Schrauben mit 20 Nm anziehen. Den Riemen der Pumpe nach Montage einstellen. Abschließend die Lenkungsanlage mit der vorgeschriebenen Flüssigkeit füllen (oder den Flüssigkeitsspiegel im Vorratsbehälter berichtigen) und die Anlage entsprechend der Beschreibung beim Einbau der Lenkung entlüften.

Fahrzeuge mit Dieselmotor und Klimaanlage

Hinweis: Aufgrund der Einbaulage des Vorratsbehälters für die Lenkungsanlage (siehe Bild 292) muss man die Batterie ausbauen, um an den Vorratsbehälter zu kommen, falls dieser einmal ausgebaut werden muss.

● Batterie abklemmen.
● Fahrzeug vorn auf Unterstellböcke setzen und das **linke** Vorderrad abschrauben.

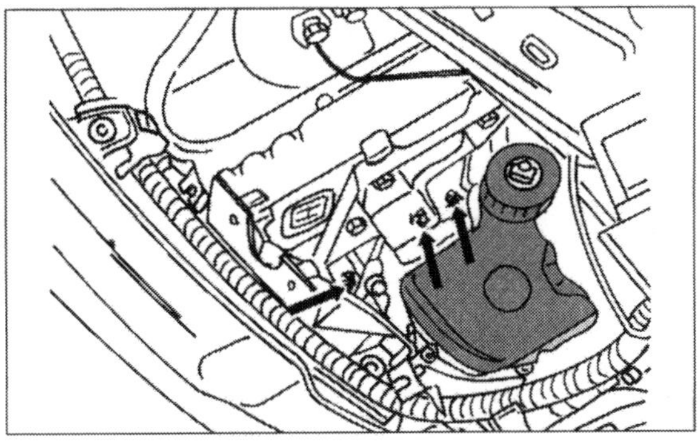

Bild 304
Die Pfeile zeigen, wo die elektrische Pumpe für die Servolenkung bei einem Dieselfahrzeug mit eingebauter Klimaanlage befestigt ist.

● Den linken Scheinwerfer ausbauen und das Spritzblech in der Innenseite des Radkastens abschrauben.
● Die beiden Schläuche mit einer Zwinge abdrücken und abschließen. Auf auslaufende Flüssigkeit achten.
● Den Kabelstecker der elektrischen Pumpe abziehen und die drei Schrauben der Pumpe an der in Bild 304 gezeigten Stelle herausdrehen. Die Pumpe herausnehmen.
Der Einbau findet in umgekehrter Reihenfolge statt. Die Schrauben der Pumpe mit 20 Nm anziehen. Die Scheinwerfer müssen nach dem Einbau eingestellt werden (besser, man lässt sie einstellen).

12 Die Vorderradaufhängung

Die Vorderradaufhängung setzt sich aus Federbeinen mit ko-axialen Stoßdämpfern, Schraubenfeder und einem Kurvenstabilisator zusammen. Die Schraubenfedern sind für das betreffende Fahrzeugmodell ausgewählt worden und nur zwei Federn mit der gleichen Farbkennzeichnung dürfen eingebaut werden.

Hinweis: Die Radschrauben werden mit 90 Nm angezogen. Bei den Arbeitsbeschreibungen wird dies nicht erneut erwähnt.

Die Achsgelenke an der Vorderachse zwischen den Querlenkern und dem Radlagergehäuse, Letzteres ebenfalls als Achsschenkel bekannt, sind wartungsfrei. Zum Schutz gegen Eindringen von Schmutz oder Nässe dienen Staubschutzkappen. Eingedrungener Staub führt zum Abrieb, eingedrungene Feuchtigkeit führt im Laufe der Zeit zu Rostbildung. Im Rahmen der Routine-Wartungsarbeiten sollte man die Gelenke deshalb in folgender Weise kontrollieren:

- Das Fahrzeug vorn auf Böcke setzen und die Lenkung nach einer Seite einschlagen.
- Die Staubschutzkappen rechts und links auf Einschnitte, Risse, usw. kontrollieren. Eine schadhafte Staubschutzkappe muss zusammen mit dem Gelenk erneuert werden. Abgesehen davon, dass es keine Kappen als Ersatzteil gibt, könnte bereits Schmutz oder Wasser eingedrungen sein, sodass die Gelenke bereits verschlissen sind.

12.1 Federbeine

12.1.1 Aus- und Einbau

Der folgende Text beschreibt den Ausbau des kompletten Federbeins zusammen mit dem Querlenker und der Antriebswelle. Im Allgemeinen ist diese Ganzarbeit nur erforderlich, falls Karosserieschäden entstanden sind. Alle anderen am Federbein montierten Teile können getrennt ausgebaut werden; die betreffenden Arbeiten werden ebenfalls beschrieben.

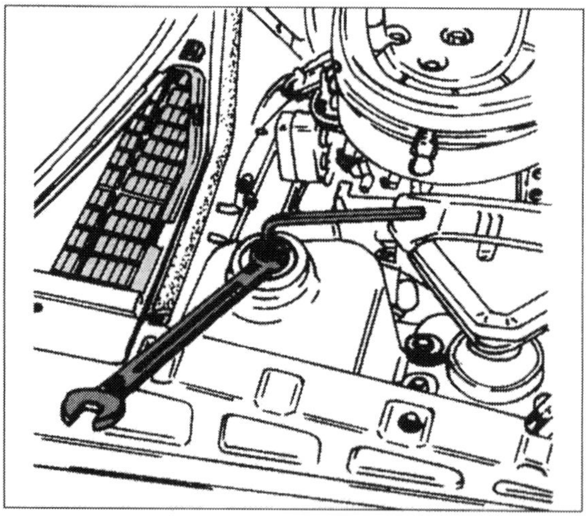

Bild 305
Lösen oder Anziehen der Mutter in der Mitte der oberen Federbeinlagerung. Ein Innensechskantschlüssel (Inbusschlüssel) wird in das Ende der Kolbenstange eingesetzt, während man die Mutter mit einem Ringschlüssel lockert.

- Fahrzeug vorn auf Böcke setzen und das Rad abschrauben. Falls das Federbein zerlegt werden soll, muss die Achswellenmutter gelockert werden, solange das Rad auf dem Boden aufsteht.
- Bremssattel abschrauben und mit einem Stück Draht an der Karosserie festbinden. Nicht den Sattel am Schlauch herunterhängen lassen. Falls ABS eingebaut ist, muss der Kabelstecker abgezogen und das Kabel an der Unterseite des Federbeins gelöst werden.
- Die Mutter des Spurstangengelenks lösen und das Spurstangengelenk mit einem geeigneten Abdrücker trennen (siehe Bild 276).
- Antriebswelle aus dem Getriebe befreien, wie es für die betreffende Welle in Kapitel 10.1 beschrieben wurde.
- Kurvenstabilisator von der Befestigung am Querlenker lösen (Muttern).
- Mutter und Schraube des Querlenkers an der Innenseite lösen und die Schraube vorsichtig herausschlagen.
- Das Federbein ist jetzt in der Innenseite des Motorraums an der Innenseite des Kotflügels befestigt. Eine einzelne Mutter wird zur Befestigung benutzt, die man in der in Bild 305 gezeigten Weise lockert und abschraubt.
- Das gesamte Federbein mit allen daran angebrachten Teilen herausheben.

Der Einbau geschieht in umgekehrter Reihenfolge wie der Ausbau unter Beachtung der folgenden Punkte:

- Das Federbein in die obere Führung einsetzen und die Mutter fingerfest anziehen.
- Den Querlenker in die Lagerung an der Innenseite einsetzen und die Schraube von der Außenseite auf einer Seite des Querlenkers und die Schelle für die Gummimetallbüchse auf der anderen Seite montieren. Die Schrauben nur fingerfest anziehen.
- Antriebswelle entsprechend den Anweisungen in Kapitel 10.1 am Getriebe anschließen.
- Spurstange anschließen und die Mutter mit 37 Nm anziehen.
- Das Fahrzeug auf den Boden ablassen und die Querlenkerbefestigung sowie das Federbeinlager an der Oberseite auf das vorgeschriebene Anzugsdrehmoment anziehen.
- Falls erforderlich die Bremsen entlüften (falls der Bremsschlauch abgeschlossen wurde).
- Achswellenmutter mit 280 Nm anziehen, falls sie während des Ausbaus gelockert wurde.

12.1.2 Zerlegung des Federbeins

Die folgende Beschreibung befasst sich mit dem Zerlegen eines Federbeins, wenn dieses wie soeben beschrieben aus dem Fahrzeug ausgebaut wurde. Bild 306 zeigt eine Schnittansicht des Federbeins mit allen dazugehörigen Teilen auf einer Seite und kann beim Zerlegen und Zusammenbau hinzugezogen werden. Das Bild zeigt ebenfalls die geltenden Anzugsdrehmomente.

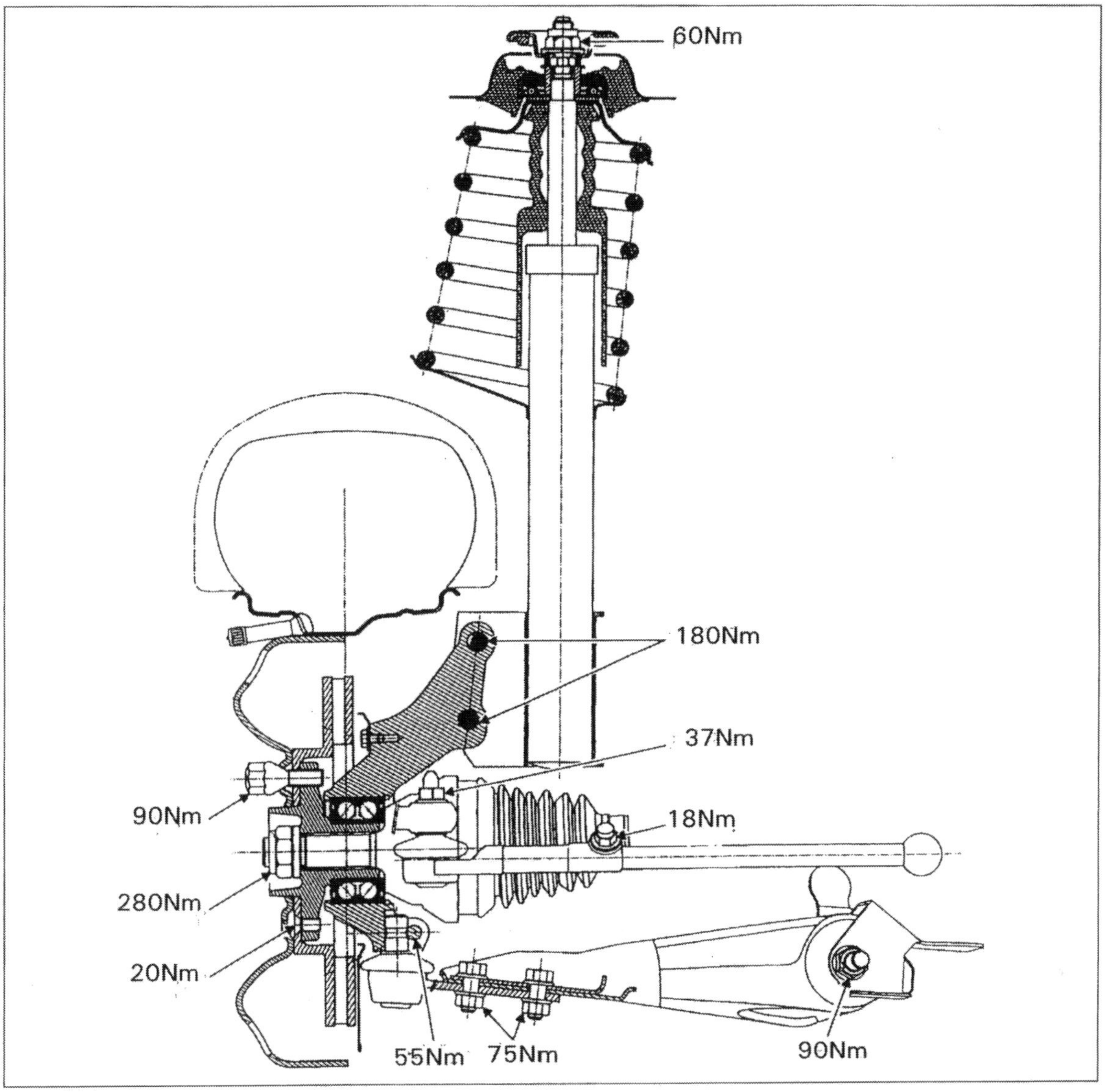

Bild 306
Schnitt durch eine Seite der Vorderradaufhängung mit den wichtigen Anzugsdrehmomenten.

Querlenker

- Die Antriebswelle aus dem Achsschenkel ausbauen.
- Um den Querlenker vom Achsschenkel zu lösen, die Mutter und Klemmschraube des Querlenkers an der Außenseite lösen (2, Bild 307) und den Lenkerarm abnehmen. Die Schraube ist in eine Rille des Kugelgelenkschaftes eingesetzt, muss also vollkommen ausgeschlagen werden. Andernfalls kann man auch die beiden Schrauben und Muttern lösen, die den Querlenker mit der Kugelgelenkträgerplatte verbinden, und die Verbindung trennen. Falls erforderlich, einen kräftigen Schraubendreher in den Schlitz des Achsschenkels einsetzen, um diesen zu öffnen. Der Kugelbolzenschaft wird dadurch frei.

Achsschenkel

Um den Achsschenkel vom Federbein zu trennen, die Muttern beider Schrauben (1) in Bild 307 lösen und die Schrauben entfernen. Die Schrauben müssen vorsichtig ausgeschlagen werden, ohne deren Gewinde zu beschädigen. Einen Schraubendreher hinter den Montageansatz des Radlagergehäuses ansetzen und den Achsschenkel aus dem Federbein herausheben.

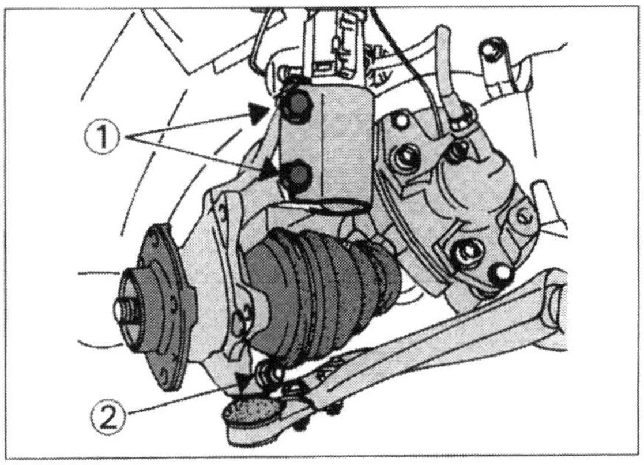

Bild 307
Befestigung des Federbeins. Mit den Schrauben (1) wird es am Achsschenkel gehalten (18 Nm), mit der Klemmschraube (2) am unteren Querlenker (55 Nm).

Radlager (Bild 308)

- Achsschenkel in geeigneter Weise unterlegen und die Radnabe auspressen. Der äußere Lagerlaufring verbleibt auf der Radnabe und muss mit einem Abzieher heruntergezogen werden.

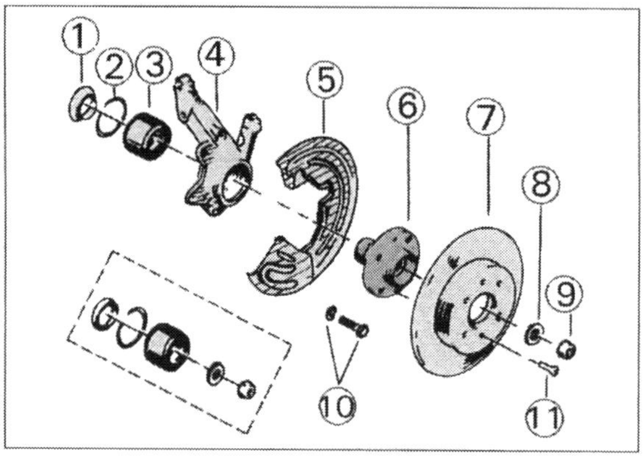

Bild 308
Montagebild eines Radlagers. Im Ausschnitt ist der Reparatursatz gezeigt.
1 Lagerlaufring
2 Lagersprengring
3 Radlager
4 Achsschenkel
5 Spritzblech
6 Radnabe
7 Bremsscheibe
8 Unterlegscheibe
9 Achswellenmutter
10 Schraube, Federring (Spritzblech)
11 Bremsscheibenschraube

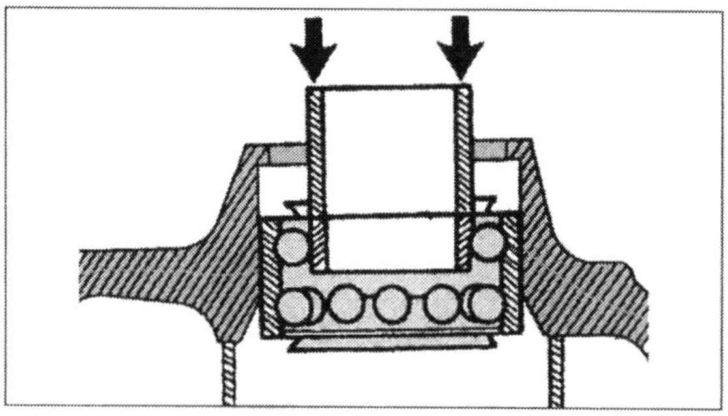

Bild 309
Auspressen des äußeren Lagerringes der Radlager aus dem Achsschenkel (Radlagergehäuse).

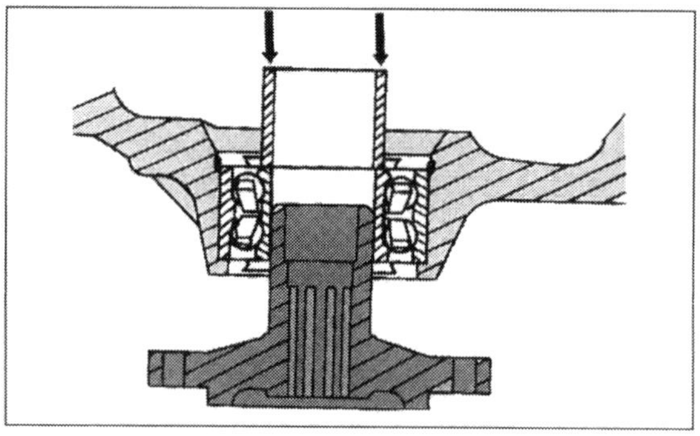

Bild 310
Einbau des Lagergehäuses (Achsschenkels) über die Radnabe. Ein Stück Rohr mit den angegebenen Abmessungen an den Pfeilstellen ansetzen.

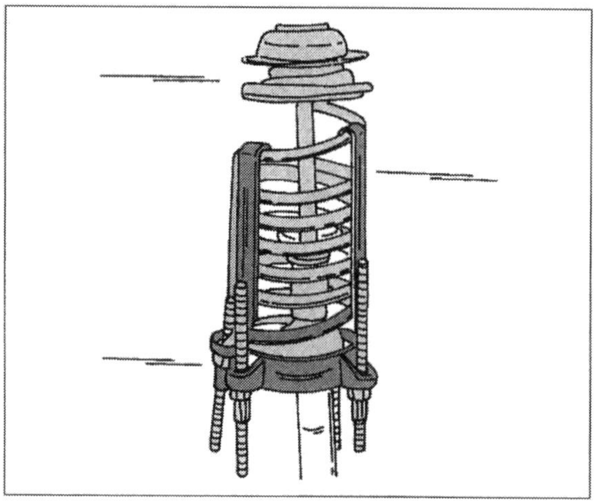

Bild 311
Verwendung eines Federspanners zum Zusammendrücken einer Schraubenfeder. Das nächste Bild zeigt einen Federspannhakensatz, welcher sich ohne Probleme verwenden lässt.

● Sprengring von der Innenseite des Radlagergehäuses entfernen und das Lager mit dem inneren Lagerlaufring von außen nach innen zu auspressen. Das Lagergehäuse (Achsschenkel) wird in der in Bild 309 gezeigten Weise auf den Pressentisch aufgelegt.
● Das neue Lager von der Innenseite aus einpressen. Ein Stück Rohr von geeignetem Außendurchmesser (70 mm) und Innendurchmesser (66 mm) sollte zum Einpressen des Lagers benutzt werden. Den Druck nur auf den äußeren Lagerring ausüben. Die Kunststoffhülse nach dem Einpressen entfernen.
● Den Sprengring einfedern.
● Beide Dichtringe mit Mehrzweckfett einschmieren und den Achsschenkel auf die Radnabe aufpressen. Die Radnabe wird auf den Pressentisch aufgelegt, wie es in Bild 310 gezeigt ist. Ein Stück Rohr von 48 mm Außendurchmesser und 42 mm Innendurchmesser eignet sich zum Aufpressen. Den Druck nur auf den inneren Lagerring ausüben.

Schraubenfeder und Stoßdämpfer
● Mit einem Federspanner, wie er in Bild 311 gezeigt ist, die Schraubenfeder zusammendrücken, bis alle Spannung von den Federsitzen entfernt ist. Falls man eine derartige Vorrichtung nicht besorgen kann, eignen sich auch Federspannhaken, die auf dem in Bild 312 gezeigten Arbeitsprinzip funktionieren. Die Spannhaken zusammenspannen, bis sich die Feder oben und unten abhebt.
● Die Mutter in der Mitte des oberen Federbeinlagers lösen. Um ein Mitdrehen der Kolbenstange zu vermeiden, ist ein Innensechskantschlüssel in die Kolbenstange einzusetzen (siehe auch Bild 307). Die losen Teile, einschließlich der Schraubenfeder, von der Oberseite des Federbeins abnehmen, jedoch die folgenden Punkte beachten:
● Die Schraubenfedern sind für das betreffende Fahrzeugmodell bestimmt. Wenn Federn erneuert werden, darf man nur für dieses Modell bestimmte Federn verwenden. Das untere Ende der Feder ist mit einem Farbtupfen gezeichnet.
● Nach dem Ausbau der Schraubenfeder den Stoßdämpfer auf einwandfreies Funktionieren kontrollieren. Dazu das untere Ende des Stoßdämpfers in einen Schraubstock einspannen und die Kolbenstange langsam herausziehen und wieder hineinschieben. Der gesamte Arbeitsweg sollte einen gleichmäßigen Widerstand bieten, ohne totes Spiel aufzuweisen. Falls der Stoßdämpfer in waagerechter Lage abgelegt wurde, muss man ihn vor dem Einbau einige Male durchpumpen, um alle Luft zu entfernen. Um dies zu umgehen, sollte man das Federbein in senkrechter Lage aufbewahren. Falls Leckstellen an der oberen Verschlussstelle des Stoßdämpfers festgestellt werden, einen neuen Stoßdämpfer einbauen.

12.1.3 Reparatur der Radaufhängung

Bild 306 zeigt einen Schnitt durch die Vorderradaufhängung auf einer Seite und kann bei den folgenden Arbeiten hinzugezogen werden. Ebenfalls im Bild sind die wichtigen Anzugsdrehmomente gezeigt.

Querlenker
Das Kugelgelenk und die Gummibüchsen der Querlenker können erneuert werden. Jede Büchse muss getrennt erneuert werden. Die erste Büchse mit einem Rohrstück von 30 mm Durchmesser auspressen und danach die neue Büchse einpressen, bis das Maß „A“ in Bild 313 genau 146,5 mm beträgt.

Die zweite Büchse auspressen und die neue Büchse einpressen, bis das gleiche Maß wieder erhalten wird. Der Querlenker kann im Fahrzeug verbleiben, falls das Kugelgelenk erneuert werden soll. Die folgende Beschreibung nimmt an, dass der Querlenker ausgebaut ist:

- Die Befestigungsschrauben der Trägerplatte für das Kugelgelenk vom Querlenker abschrauben und die Platte abnehmen.
- Neues Kugelgelenk anschrauben und die beiden Schrauben mit 75 Nm anziehen.
- Falls das Kugelgelenk bei eingebautem Querlenker erneuert wird, ist in Kapitel 12.3 nachzulesen.

Achsschenkel

Die Reparatur des Achsschenkels schließt die Erneuerung der Radlager und der Radnabe ein. Diese Arbeiten wurden bereits in Kapitel 12.1.2 beschrieben.

Schraubenfedern

Die Schraubenfedern und Stoßdämpfer können nicht repariert werden und sind im Schadensfall zu erneuern. Federn auf Risse oder sichtbare Verformung kontrollieren. Falls beide Federn ausgebaut wurden, kontrollieren, dass sie beide ungefähr die gleiche Länge haben. Beim Bestellen von neuen Federn immer das Fahrzeugmodell und das Baujahr angeben. Federn sind auf ein bestimmtes Fahrzeugmodell abgestimmt, d. h. der Einbau einer falschen Feder beeinträchtigt die Fahreigenschaften, die Straßenlage des Fahrzeuges und den Fahrkomfort.

12.1.4 Zusammenbau eines Federbeins

Der Zusammenbau eines Federbeins geschieht in umgekehrter Reihenfolge wie das Zerlegen, jedoch sind die folgenden Punkte bei den einzelnen Bauteilen zu beachten.

Federbeine

- Die Feder auf den unteren Federsitz aufsetzen. Kontrollieren, dass das Ende der Feder gegen den Anschlag im Federsitz anliegt.
- Alle abgenommenen Teile über die zusammengespannte Feder setzen, die Scheibe auflegen und die Mutter aufschrauben.
- Die Schutzkappe über das zusammengebaute Federbein aufsetzen und den Federspanner langsam zurücklassen. Dabei ständig kontrollieren, dass die Feder unten und oben in die richtige Einbaulage kommt.
- Die Kolbenstange mit einem Innensechskantschlüssel gegenhalten und die Kolbenstangenmutter auf 60 Nm anziehen. Da man die Mutter bei eingesetztem Inbusschlüssel nicht mit einer Stecknuss und einem Drehmomentschlüssel anziehen kann, benutzt man einen Ringschlüssel in der in Bild 305 gezeigten Weise. Nach einer Weile wird sich die Kolbenstange nicht länger mitdrehen, sodass man Stecknuss und Drehmomentschlüssel ansetzen kann.
- Das untere Ende des Federbeins mit dem Achsschenkel verbinden. Die beiden Schrauben und Muttern (1) in Bild 307 mit 180 Nm anziehen. Bremssattel wieder montieren (siehe Abschnitt „Bremsen"). Die Bremsanlage muss entlüftet werden, wenn man die Anlage an den Bremsschläuchen oder Bremsleitungen geöffnet hat.

Bild 312
Benutzung von Federspannhaken zum Zusammenspannen von Vorderfedern.

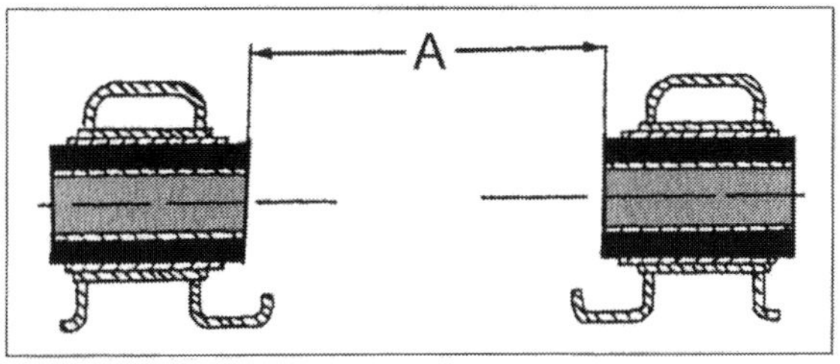

Bild 313
Einbau neuer Büchsen in den Querlenker. Das Maß „A" muss der Angabe im Text entsprechen.

Querlenker

Den Schaft des Kugelgelenks in den Achsschenkel einführen, die Schraube vorsichtig einschlagen und die Mutter mit einem Anzugsdrehmoment von 55 Nm anziehen. Die Montage des Querlenkers am Fahrgestell wird im nächsten Kapitel beschrieben.

Achsschenkel

Den Montageansatz zwischen die beiden Flächen an der Unterseite des Federbeins einsetzen und die beiden Schrauben und Muttern (1) in Bild 307 anbringen. Dabei nicht die Gewinde der Schrauben beschädigen. Die Schrauben müssen von der richtigen Seite aus eingeschlagen werden. Die Muttern mit 180 Nm anziehen.

12.2 Aus- und Einbau der Querlenker

Bei der folgenden Beschreibung wird der Querlenker ausgebaut. Die verbleibenden Teile der Radaufhängung verbleiben am Fahrgestell. Zu beachten ist, dass die Querlenker in einer bestimmten Weise angezogen werden müssen. Falls man das Fahrzeug nicht auf eine Hebebühne oder über eine Montagegrube fahren kann, wird es ziemlich schwer sein, an die Schrauben der Querlenker heranzukommen und außerdem die erforderliche Messung durchzuführen. Ehe die Vorderseite des Fahrzeuges auf Böcke gesetzt wird, muss man den Kurvenstabilisator von der

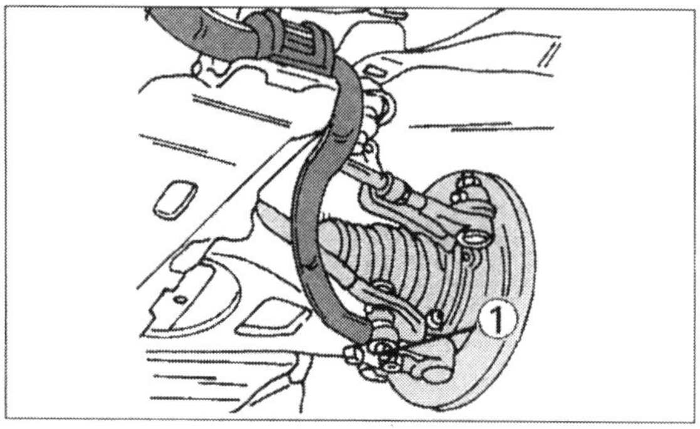

Bild 314
Die Mutter (1) vom Kurvenstabilisator lösen, um die Stange von der Vorderradaufhängung zu trennen (auf beiden Seiten).

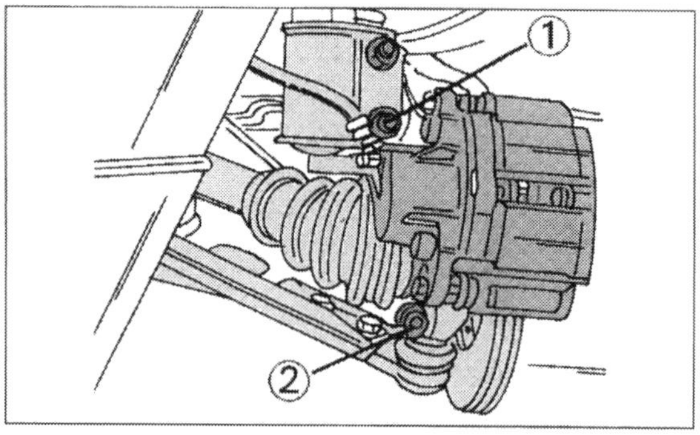

Bild 315
Eine Passschraube und Mutter (2) halten den Kugelbolzenschaft des Querlenkers in der Unterseite des Achsschenkels. Oben ist der Achsschenkel mit den Schrauben (1) befestigt (18 Nm).

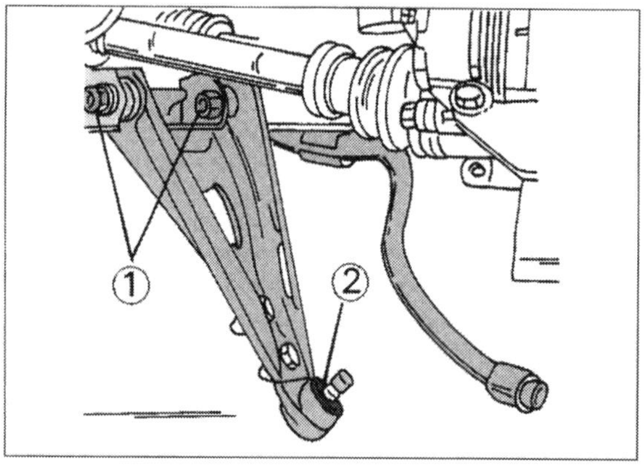

Bild 316
Die Schrauben und Muttern (1) halten den Querlenker an der Innenseite am Nebenrahmen. Beim Einbau des Querlenkers nicht vergessen, die Kunststoffscheibe (2) auf den Kugelbolzenschaft aufzulegen.

Unterseite des Querlenkers abschrauben, um dem Querlenker die Spannung zu entnehmen. Da der Raum zum Arbeiten sehr begrenzt ist, wenn das Fahrzeug auf den Rädern aufsteht, sollte man sich Auffahrrampen besorgen und die Vorderräder auf die Rampen auffahren. Die Muttern (1) in Bild 314 müssen auf jeder Seite gelöst werden, um die äußeren Enden des Kurvenstabilisators von der Aufhängung zu trennen. Der Kurvenstabilisator kann am Fahrgestell gelassen werden.

Beim Ausbau jetzt folgendermaßen vorgehen:

- Radbolzen lockern und die Vorderseite des Fahrzeuges auf Böcke setzen. Den Stabilisator so weit wie möglich nach unten drücken.
- Das Rad abnehmen.
- Unter Bezug auf Bild 315 die Schraube (2) entfernen. Diese klemmt den Kugelgelenkschaft am Achsschenkel. Ein Hebel kann benutzt werden, um den Querlenker nach unten zu drücken. Auf dem Kugelbolzenzapfen ist eine Kunststoffscheibe auflegt, welche man nicht verlieren darf.
- An der Innenseite des Querlenkers die Mutter des Lagerbolzens (1) in Bild 316 entfernen und den Bolzen vorsichtig herausschlagen.
- Den Querlenker herausheben. Wiederum darauf achten, dass die kleine Kunststoffscheibe über dem Kugelbolzenschaft (in Bild 316 mit „2" angegeben) nicht verloren geht.

Der Einbau des Querlenkers geschieht in umgekehrter Reihenfolge wie der Ausbau:

- Den Querlenker mit dem Lagerbolzen an der Innenseite befestigen und die Mutter fingerfest anziehen.
- Kontrollieren, dass die kleine Kunststoffscheibe (2) auf dem Kugelbolzenschaft sitzt (Bild 316) und den Schaft in die Unterseite des Achsschenkels einführen. Kontrollieren, dass er einwandfrei sitzt.
- Die Klemmschraube vorsichtig einschlagen. Dabei darauf achten, dass die Löcher genau ausgerichtet sind.

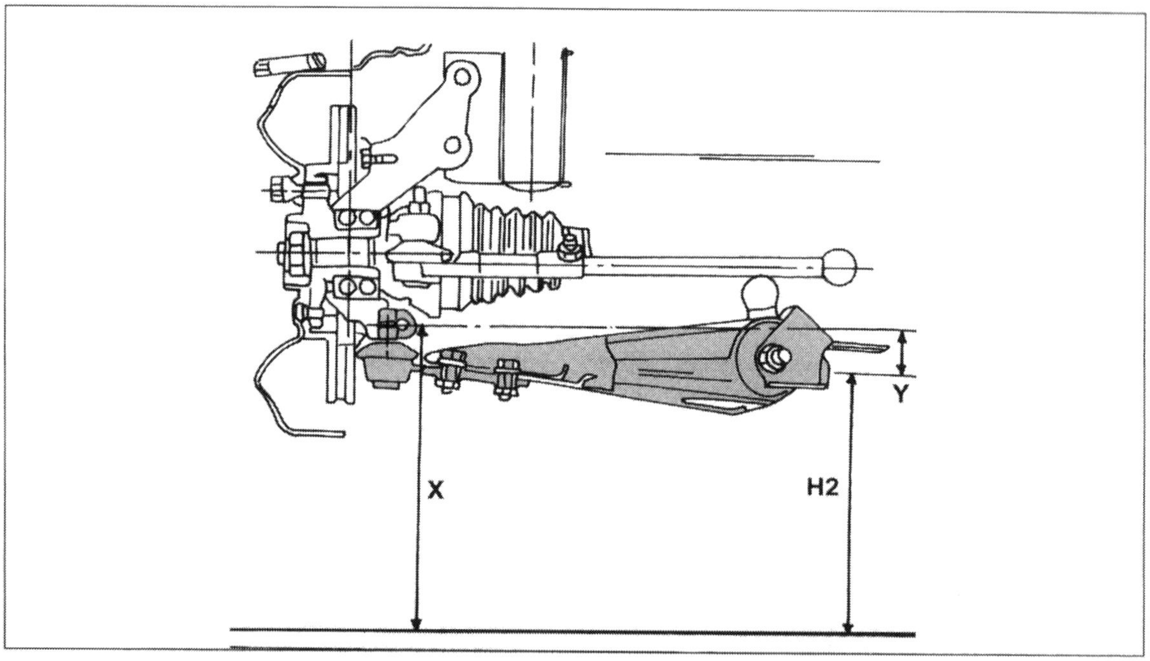

Bild 317
Einzelheiten zum Festziehen der Querlenker am Nebenrahmen. Auf die Bezeichnungen wird im Text eingegangen.

● Die Mutter aufschrauben und sofort mit 55 Nm anziehen.
● Kurvenstabilisator montieren, ohne die Muttern vollkommen anzuziehen. Einzelheiten dazu werden beim Aus- und Einbau des Kurvenstabilisators (Kapitel 12.5) beschrieben.
● Rad wieder anschrauben und das Fahrzeug auf den Boden ablassen.
● Fahrzeug einige Male vorwärts und rückwärts schieben und einige Male „durchschwingen", um die Gummilager einzuspielen.

Beim Anziehen der Querlenker müssen jetzt laut Werksangaben die folgenden Arbeiten durchgeführt werden, damit die Querlenkerbüchsen die richtige Vorspannung erhalten. Dies setzt die folgenden Bedingungen voraus:
● Die Räder müssen abmontiert sein.
● Die Stützstreben zwischen dem Nebenrahmen und der Karosserie müssen abgeschraubt sein.
● Die unteren Befestigungsschrauben des Stoßdämpfers (Federbeins) müssen ausgeschraubt werden.
● Die Muttern der Querlenkerschrauben müssen locker sein.
● Falls die Arbeiten nur an einem Querlenker durchgeführt werden, muss der Lenkerarm auf der anderen Seite in gleicher Weise angezogen werden.

Ein weiterer Hinweis: Bei Durchführung dieser Arbeit muss das Federbein auf eine Seite gedrückt und der Achsschenkel gerade gehalten werden. Dies bedeutet, dass man einen Helfer braucht.

Beim Anziehen jetzt folgendermaßen vorgehen:
● Einen Wagenheber unter den betreffenden Querlenker untersetzen und den Querlenker anheben, bis das Maß zwischen der Auflagefläche des Fahrzeuges (entweder Boden oder Hebebühne) und der Klemmschraube des Aufhängungskugelgelenks genau 148,5 mm beträgt, wie es in Bild 317 mit „X" angegeben ist. Dies schließt ebenfalls das Maß „Y" ein, welches 36,5 mm beträgt. Dabei wird angenommen, dass das Maß „H2" in Bild 297 bis zur Fläche „A" in Bild 299 stimmt (112 mm). Dies gewährleistet, dass der Querlenker in waagerechter Stellung liegt.
● In dieser Querlenkerstellung die Mutter des Lagerbolzens mit 90 anziehen.
● Die Klemmschelle der Kurvenstabilisatorlager mit 30 Nm anziehen. Vor dem Anziehen der besagten Befestigungen kontrollieren, dass sich keine zusätzlichen Gewichte im Kofferraum befinden, da das Fahrzeug unbeladen sein muss.
● Stoßdämpfer (Federbein) wieder befestigen und die Schraubverbindung mit 170 Nm anziehen. In Bild 306 sind diese Schrauben mit „180 Nm" angegeben, da die Änderung erst ca. im September 1998 stattgefunden hat. Auch früher gebaute Fahrzeuge werden jedoch in dieser Weise behandelt.
● Falls die Kugelgelenkträgerplatte vom Querlenker abgeschraubt wurde, die beiden Muttern und Schrauben bei der Montage der Platte mit 75 Nm anziehen.

12.3 Aus- und Einbau des Achsschenkels

Da die Antriebswelle mit „Loctite" in die Radnabe eingesetzt wird, muss man sich dieses besorgen, ehe man die Arbeit vornimmt. Ebenfalls die beim Aus- und Einbau der Antriebswelle in Abschnitt 10 erwähnten Werkzeuge besorgen.
● Radbolzen lockern und Mutter der Antriebswelle lockern, während die Räder auf dem Boden aufsitzen.
● Vorderseite des Fahrzeuges auf Böcke setzen.
● Spurstangengelenk mit einem geeigneten Abzieher (siehe Bild 276) vom Lenkhebel abdrücken.
● Die Vorderradnabe ausbauen, wie es beim Ausbau der Antriebswelle beschrieben wurde (Kapitel 10.1).
● Den Bremssattel abschrauben (die Befestigungsschrauben sind in Bild 318 gezeigt) oder den am Bremssattel angeschlossenen Bremsschlauch abschließen, je nachdem, welche Arbeiten erforderlich sind.
● Querlenker von der Unterseite des Achsschenkels abmontieren, wie es im letzten Kapitel beschrieben wurde.
● Schrauben an der Unterseite des Federbeins vom Achsschenkel lösen (die beiden oberen Schrauben (1) in Bild 315) und den Achsschenkel herausziehen, wobei er gleichzeitig vom Ende der Antriebswelle zu ziehen ist.

Der Einbau geschieht in umgekehrter Reihenfolge wie der Ausbau. Die Antriebswelle entsprechend Kapitel 10.1 montieren. Alle Befestigungen auf das vorgeschriebene Anzugsdrehmoment anziehen.
Alle gummigelagerten Stellen, welche während der Reparatur gelockert wurden, müssen angezogen werden, wenn das Fahrzeug wieder mit den Rädern auf dem Boden aufsteht. Auffahrrampen werden hier empfohlen, um an die einzelnen Verbindungen zu gelangen.

12.4 Schraubenfedern

Der Ausbau der Schraubenfeder erfordert den Ausbau des gesamten Federbeins. Diese Arbeiten wurden in Kapitel 12.1.1 beschrieben. Die Anzugsdrehmomente beachten.

12.5 Aus- und Einbau des Kurvenstabilisators

Die Gummilager der Stabilisatorbefestigung sowie die Lager am Nebenrahmen müssen zusammengedrückt werden, damit man in der Lage ist, die Muttern aufzuschrauben. In der folgenden Beschreibung zeigen wir die in der Werkstatt benutzten Werkzeuge. Beim Anbringen der Stabilisatorenden an der Vorderradaufhängung wird es möglich sein, einen kleinen

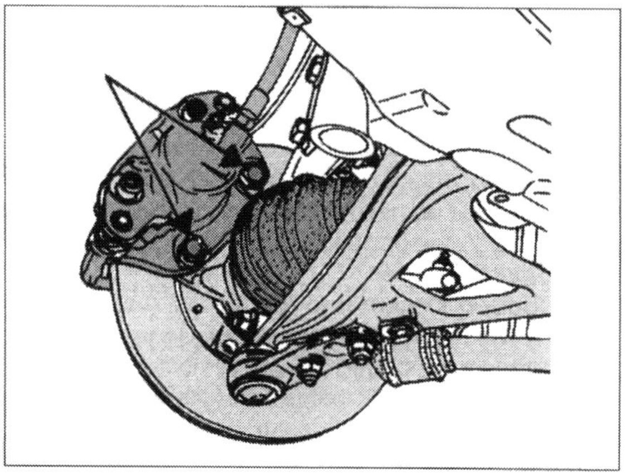

Bild 318
Die Pfeilen weisen auf die Befestigungsschrauben eines Bremssattels.

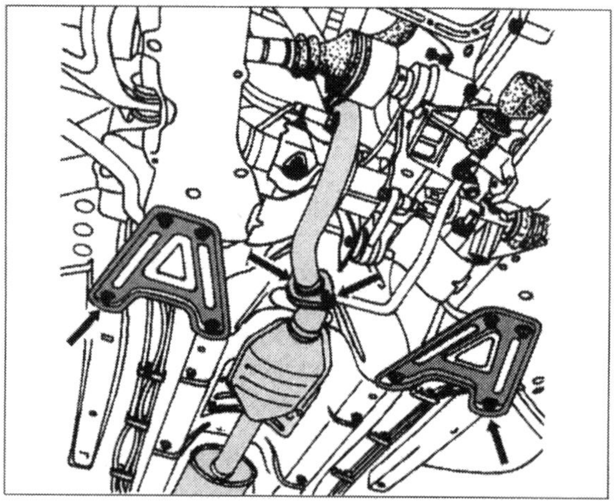

Bild 319
Die beiden Versteifungsplatten (Pfeile) sind am Nebenrahmen angeschraubt.

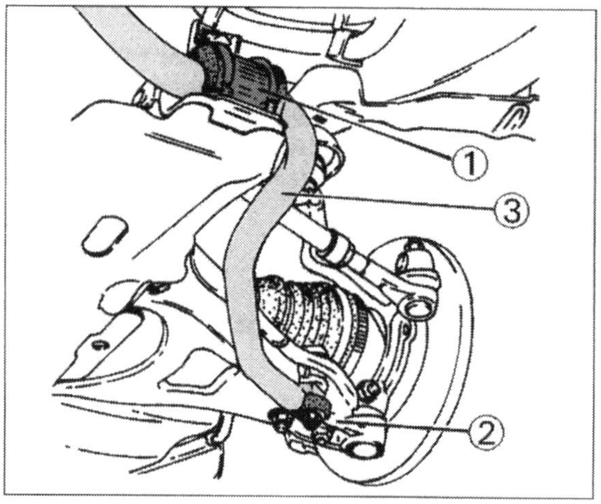

Bild 320
Die Befestigung des Kurvenstabilisators.
1 Lager am Nebenrahmen
2 Lager am Querlenker
3 Kurvenstabilisator

Wagenheber (z. B. einen hydraulischen) unter das Ende des Kurvenstabilisators unterzusetzen und den Stabilisator damit anzuheben, bis man die Mutter anschrauben kann. Die mittleren Gummilager müssen ebenfalls zusammengedrückt werden, um die Muttern anzuschrauben. Dazu benutzt man einen Hebel, welcher ebenfalls gezeigt wird.

- Vorderseite des Fahrzeuges auf Böcke setzen.
- Von der Unterseite des Fahrzeuges die beiden in Bild 319 gezeigten Versteifungsplatten für den Nebenrahmen abschrauben. Jeweils vier Schrauben lösen.
- Das Auspuffrohr von der Verbindung am Schalldämpfer abschrauben. Diese sind in Bild 319 mit den Pfeilen bezeichnet.
- Unter Bezug auf Bild 320 das Kurvenstabilisatorlager (1) vom Nebenrahmen und das Lager (2) auf jeder Seite vom Querlenker abschrauben und den Stabilisator (3) herausheben.

Den Zustand der Lager und Büchsen kontrollieren und diese wie erforderlich erneuern. Die Büchsen mit Mehrzweckfett einschmieren.

Der Einbau geschieht in umgekehrter Reihenfolge. Grundsätzlich gilt, dass die Lagerungen des Kurvenstabilisators angezogen werden müssen, wenn das Gewicht des Fahrzeuges auf den Rädern ruht. Vorher muss man jedoch die Enden des Stabilisators und die mittleren Lager montieren. Die Schnittansicht der Befestigung in Bild 321 wird bei der Montage der Stabilisatorstange helfen.

- Die Enden des Kurvenstabilisators mit den eingesetzten Gummilagern an der Unterseite des Querlenkers anbringen. In der Werkstatt wird jetzt das in Bild 322 gezeigte Spannwerkzeug benutzt. Dieses mit der Schraube auf die Oberseite des Bolzens aufgesetzt (siehe Pfeilstelle in Bild 321) und unten gegen das Lager angesetzt. Der Bolzen an der Oberseite wird jetzt angezogen, bis das Lager ausreichend zusammengedrückt ist, um die Mutter aufzuschrauben. Ohne Werkzeug kann man versuchen, die Teile mit einer Zwinge zusammenzuziehen (Stabilisator gegen den Querlenker ziehen), bis man die Mutter aufschrauben kann. Die Muttern einstweilen handfest anziehen.
- Den Kurvenstabilisator am Nebenrahmen ansetzen und die Montageschellen entsprechend Bild 321 (rechts) anbringen. Wiederum muss man die Gummilager zusammendrücken, bis man die Mutter jedes Lagers aufschrauben kann. In diesem Fall wird der in Bild 323 gezeigte Hebel benutzt. Anhand des Bildes sind Sie bestimmt in der Lage, sich eine ähnliche Hebelvorrichtung herzustellen. Die Muttern einstweilen handfest anziehen.
- Die in Bild 319 gezeigten Versteifungsplatten wieder anschrauben und die Verbindung am Auspuffrohr herstellen.
- Das Fahrzeug wieder auf die Räder ablassen und einige Male durchfedern, damit sich die Gummilager einspielen können. Die Befestigungen des Kurvenstabilisators werden jetzt mit 30 Nm am Nebenrahmen und mit 15 Nm an den Querlenkern festgezogen. Falls man Auffahrrampen zur Verfügung hat, sollte man diese benutzen, um besser an die Befestigungen zu kommen. Ideal wäre eine Hebebühne oder eine Montagegrube.

12.6 Aus- und Einbau eines Aufhängungskugelgelenks (Querlenker eingebaut)

- Vorderseite des Fahrzeuges auf Böcke setzen und das Rad auf der betreffenden Seite abnehmen.
- Die Schraube (2) in Bild 315 entfernen und das Kugelgelenk aus dem Achsschenkel herausziehen. Nicht die Kunststoffscheibe (2) in Bild 316 verlieren.

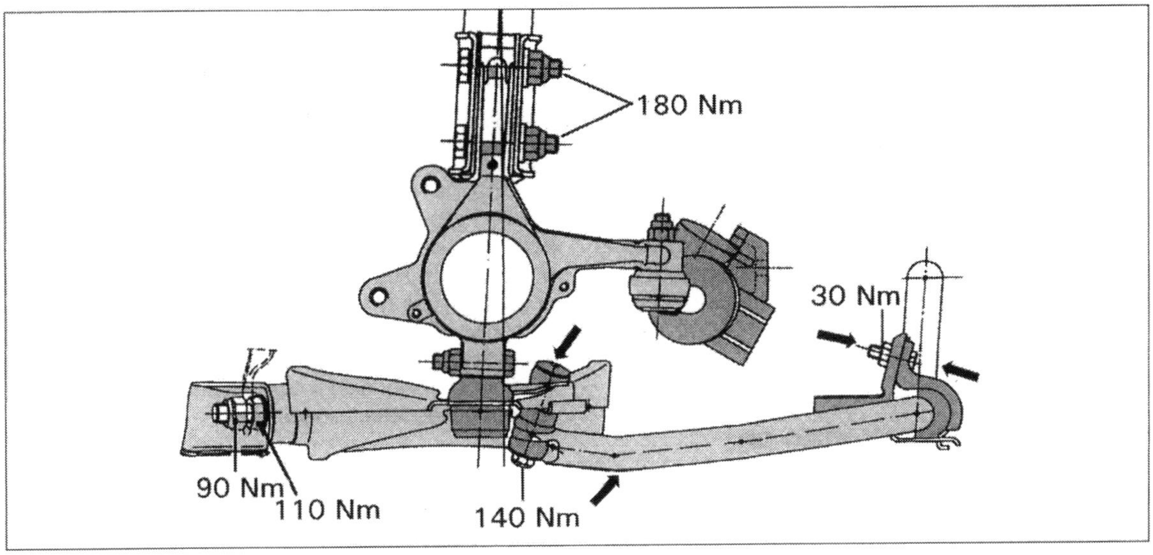

Bild 321
Schnitt durch die Befestigung des Kurvenstabilisators an der Unterseite der Radaufhängung. Zum Anziehen des Stabilisatorlagers am Querlenker muss die Verbindung an der oberen Pfeilstelle nach unten und an der unteren Pfeilstelle nach oben gedrückt werden. In ähnlicher Weise die Lagerung auf der rechten Seite zusammenziehen.

- Die Trägerplatte des Kugelgelenks vom Querlenker abschrauben.

Der Einbau geschieht in umgekehrter Reihenfolge. Die Schrauben und Muttern auf das vorgeschriebene Anzugsdrehmoment anziehen. Klemmschraube des Kugelbolzenzapfens mit 55 Nm, Kugelgelenkplatte an Querträger mit 75 Nm.

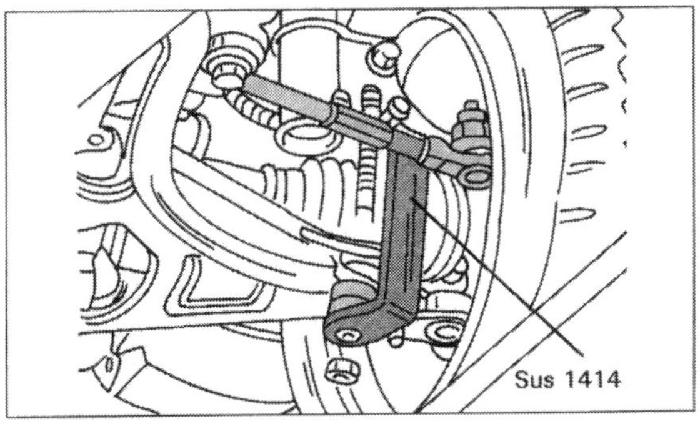

Bild 322
Eingesetztes Spezialwerkzeug Sus. 1414 zum Zusammenziehen des Stabilisatorlagers am Querlenker.

12.7 Vorderradeinstellung (Vorderradgeometrie)

Alle sich mit der Vorderradeinstellung befassenden Themen sind im Abschnitt „Lenkung" behandelt.

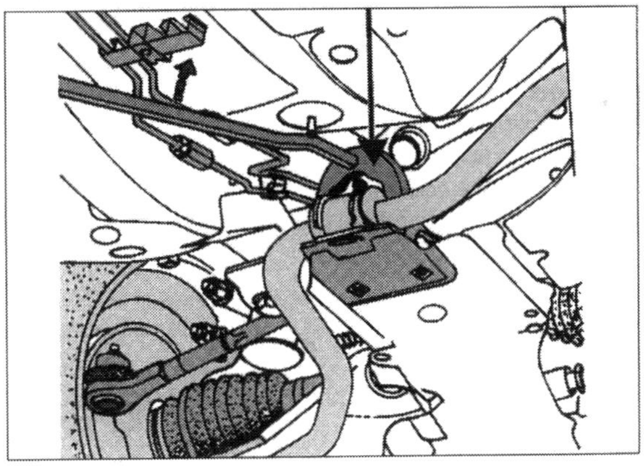

Bild 323
Gummilager mit dem gezeigten Hebel (Sus. 1413) zusammendrücken, bis man die Mutter aufschrauben kann (auf beiden Seiten).

13 Die Hinterradaufhängung

Beim Clio II wurde auch eine neue Hinterradaufhängung, bzw. Hinterachse eingebaut. Nicht länger eingebaut sind die Torsionsdrehstäbe, wie bei der älteren Ausführung des Clio, sondern eine so genannte Torsionskurbelachse wird jetzt eingebaut. Wie die Achse von unten gesehen eingebaut ist, kann man Bild 324 entnehmen. An der Außenseite sitzende Schraubenfedern und Teleskop-Stoßdämpfer sowie ein Kurvenstabilisator vervollständigen die Hinterradaufhängung.

13.1 Wartungsarbeiten an der Hinterachse

Wenn man die Hinterradbremsen sowie die Handbremse als getrennte Einheiten betrachtet, ist die Hinterradaufhängung im Allgemeinen wartungsfrei. Defekte können schon einmal an den Hinterradlagern und an den Stoßdämpfern vorkommen, die man in der beschriebenen Weise kontrollieren kann.

Radlagerspiel prüfen

Die Hinterradnaben laufen auf Kugellagern, in welche die Radnaben eingepresst sind. Letztere sind in die abschraubbaren Radnabenträger eingepresst und werden mit der aufgeschraubten Radnabe fest in ihrer Lage gehalten. Die Lager können nicht eingestellt werden. Die Radlager sind mit Dauerfett geschmiert und halten im Allgemeinen sehr lange. 100 000 km sind keine Ausnahme. Bei der Schnellkontrolle der Radlager wie folgt vorgehen:

- Falls Sie annehmen, dass eines der Radlager ausgeschlagen ist, kann man das betreffende Rad anheben und einige Male durchdrehen. Ist der Verschleiß fortgeschritten, wird man dies durch raue Laufgeräusche feststellen.
- Fahrzeug auf eine ebene Fläche fahren und die Räder der Reihe nach oben und unten fest erfassen und nach innen und außen bewegen. Falls man das Gefühl hat, ein Spiel festzustellen, kann man die gleiche Prüfung bei hinten aufgebockten Rädern durchzuführen. Falls man immer noch ein Seitenspiel feststellen kann, die nächste Prüfung vornehmen.
- Von einem Helfer die Fußbremse betätigen lassen und die Prüfung wiederholen. Das Spiel sollte jetzt verschwunden sein. Falls dies der Fall ist, muss man das oder die Radlager erneuern. Ist das Spiel immer noch vorhanden, die Hinterradaufhängung kontrollieren, da etwas lose sein könnte.

Stoßdämpfer kontrollieren

Wie Sie vielleicht wissen, haben die Stoßdämpfer die Aufgabe, die Schwingungen der Achse und der Karosserie zu unterdrücken und wieder zur Ruhe zu bringen. Bei den eingebauten Teleskopstoßdämpfern wird ein Zylinder verwendet, in welchem ein mit einer Kolbenstange versehener Kolben auf und ab gleitet. Bei der Bewegung der Feder wird der Stoßdämpfer zusammengeschoben, wodurch das in der Innenseite befindliche Stoßdämpferöl durch Ventile gepresst wird. Da dies einen bestimmten Zeitraum einnimmt, wird die Kolbenbewegung verlangsamt und damit die Schwingung des betreffenden Rades gedämpft.
Auch Stoßdämpfer halten lange und werden nie von heut auf morgen ausfallen. Dagegen lässt deren Wirkung allmählich nach, was man kaum feststellt. Man sagt, dass pro zwei Reifensätze ein Satz Stoßdämpfer eine gute Vorsichtsmaßnahme ist. Falls man sich der Funktion der Stoßdämpfer nicht sicher ist (siehe untenstehende Fehlerquellen), kann man die Stoßdämpfer in einer Werkstatt kontrollieren lassen, die dazu einen speziellen Prüfstand hat. Die folgenden Anzeichen werden Ihnen jedoch behilflich sein, einen schadhaften Stoßdämpfer selbst zu bestimmen. Dies

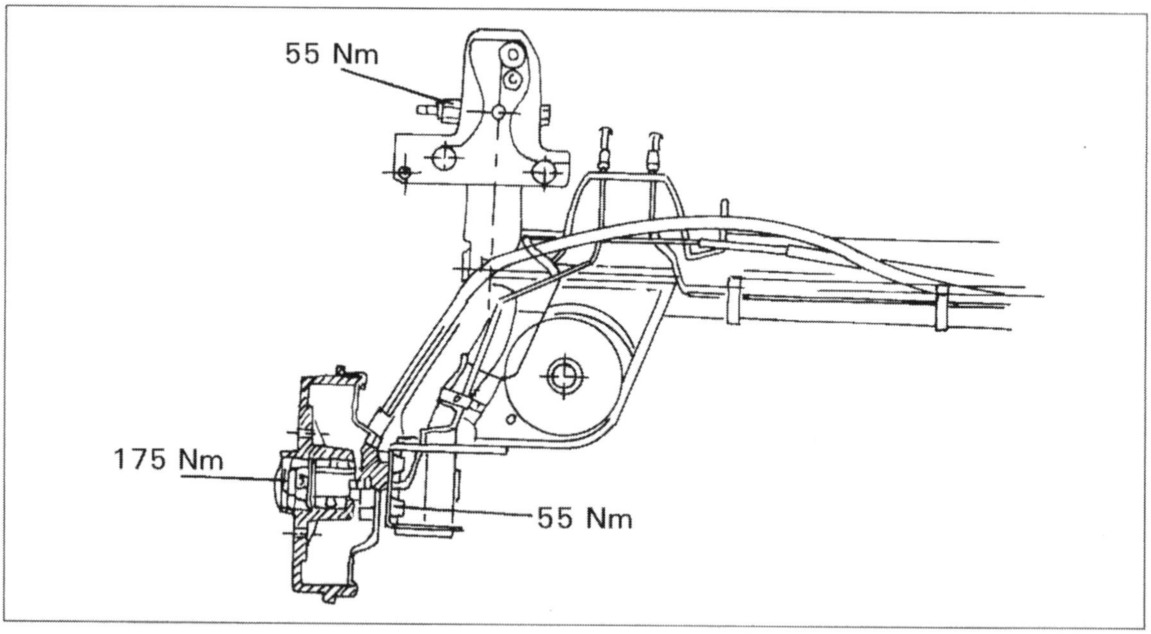

Bild 324
Schnittansicht der Vorderradaufhängung auf einer Seite mit Angabe der wichtigen Anzugsdrehmomente. Diese sind bei allen Arbeiten zu beachten.

bezieht sich auch auf die Stoßdämpfer in den Federbeinen der Vorderradaufhängung:

- **Die Lenkung flattert.** Dies bezieht sich nur auf die Vorderradaufhängung. Der Grund dafür ist, dass die Reifen keinen ständigen Kontakt mit der Fahrbahn halten können.
- Die Karosserie, d. h. der gesamte Wagen, schwingt nach Überfahren von Unebenheiten nach.
- **Unsicheres Verhalten bei Kurvenfahrten.** Grund: Die kurveninneren Räder werden nicht ausreichend genug auf die Fahrbahn gedrückt, die kurvenäußeren Räder werden nicht weit genug entlastet.
- **Bei einer Vollbremsung ist die Bremsspur unterbrochen.** Grund: Die Räder springen und heben sich dabei gelegentlich von der Fahrbahn ab. Bei eingebautem ABS wird dies von der Anlage unterbunden.
- **Ungleichmäßiger Reifenverschleiß an einem Rad:** Grund: Ungewöhnliche Bewegung des Rades.
- **Die Stoßdämpfer sind mit Öl verschmutzt:** Falls Sie dies feststellen, muss der Dämpfer bestimmt erneuert werden. Leichte Ölspuren sind jedoch keine Alarmzeichen.

13.2 Aus- und Einbau der Hinterachse

Obwohl es nur in den seltensten Fällen vorkommen wird, soll diese Arbeit als Erstes beschrieben werden. Ein Rollwagenheber muss zur Verfügung stehen, um die Achse beim Lösen von unten abzustützen. Da die Achse nach Lösen der Befestigungsschrauben abkippen wird, muss auch ein Helfer hinzugezogen werden, um die gesamte Achse auf dem Wagenheber zu halten. Die Achse ist mit drei Muttern auf der rechten Seite und drei auf der linken Seite des Aufbaus befestigt.

- Rückseite des Fahrzeuges auf Böcke setzen und die beiden Räder abschrauben.
- Den Verschlussdeckel des Vorratsbehälters für die Bremsflüssigkeit abschrauben, den Behälter bis zum Rand mit Bremsflüssigkeit auffüllen, ein Stück einer Plastiktüte über die Öffnung des Behälters legen und die Verschraubung wieder aufdrehen. Durch diese „luftdichte" Verschraubung wird die meiste Bremsflüssigkeit in der Anlage gehalten, wenn die Bremsanlage geöffnet wird.
- An der Unterseite des Fahrzeuges die beiden in Bild 325 gezeigten Bremsschläuche abschließen. Dazu die Überwurfmuttern der Leitungen lösen und abschrauben, die Haltebleche der Schläuche ausschlagen und die Schläuche aus den Haltewinkeln herausziehen. Die offenen Enden in geeigneter Weise verschließen, um Eindringen von Schmutz zu vermeiden.
- Den Bremsdruckregler anhand von Bild 326 ausfindig machen und einen Clip an der Hinterachse entfernen. Den Bolzen herausziehen.
- Im Innenraum das Handbremsseil abschließen, wie es im Abschnitt „Bremsanlage" beschrieben wird.
- Unter dem Fahrzeug die beiden hinteren Wärmeschutzbleche ausbauen und die Handbremsseile von der Befestigung an der Karosserie befreien.

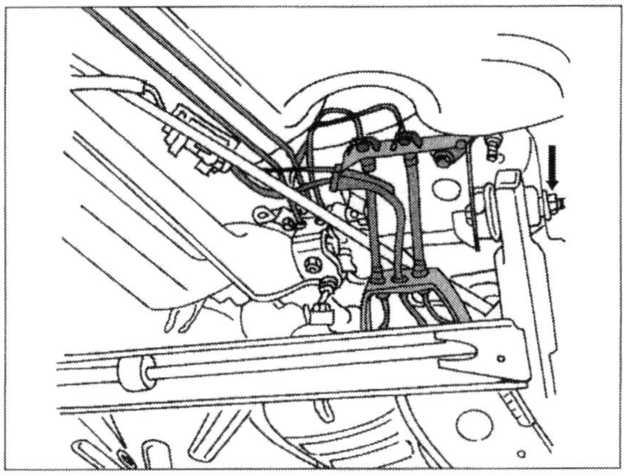

Bild 325
Die Bremsleitungen sind an den gezeigten Stellen an den Bremsschläuchen angeschlossen und müssen an der Achse getrennt werden. Rechts mit dem Pfeil ist der Lagerbolzen der Achse an der Konsole gezeigt.

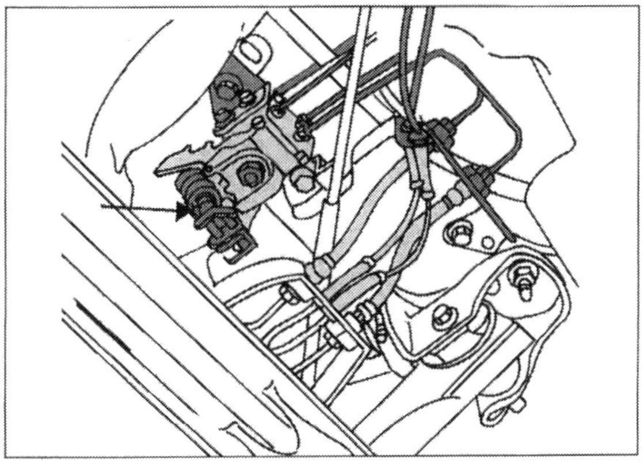

Bild 326
Die Lage des Bremskraftverstärkers (Pfeil).

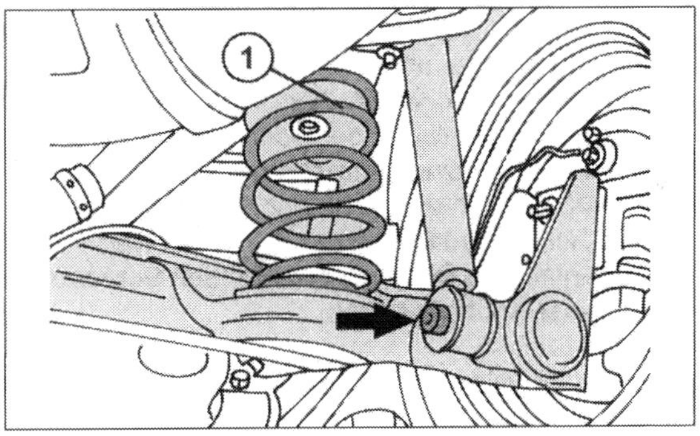

Bild 327
Der Pfeil weist auf die untere Befestigungsschraube der Stoßdämpfer. Mit der Zahl (1) ist die Lage der Farbkennzeichnung gezeigt. Die Feder muss beim Einbau in dieser Lage stehen.

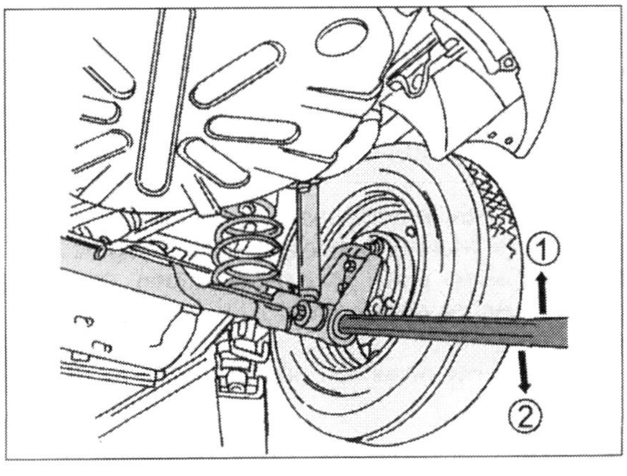

Bild 328
Um die Hinterachse beim Aus- und Einbau eines Stoßdämpfers oder einer Schraubenfeder anzuheben, eine Metallstange an der gezeigten Stelle einschieben. Die Stange in Richtung Pfeil 1 bewegen, um den Stoßdämpfer zu lösen; in Richtung Pfeil 2 bewegen, um die Feder zu entlasten.

- Die in Bild 325 mit dem Pfeil bezeichnete Schraube (auf der rechten Seite) durch Abschrauben der Mutter lockern. Die Schraube bleibt in der Verbindung. Die gleiche Arbeit auf der gegenüberliegenden Seite durchführen.

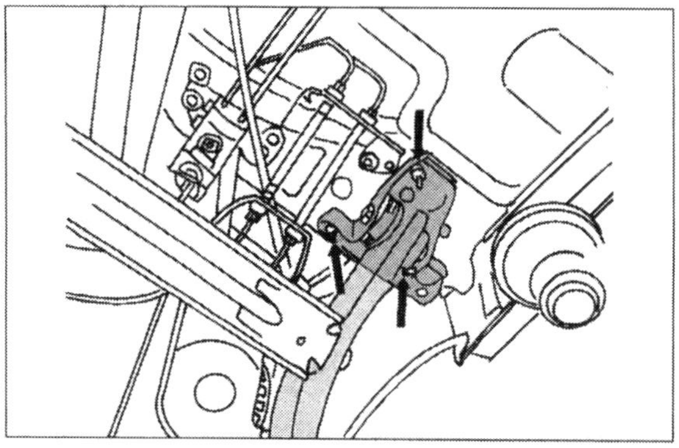

Bild 329
Die Achse ist auf jeder Seite mit den drei mit den Pfeilen bezeichneten Muttern befestigt.

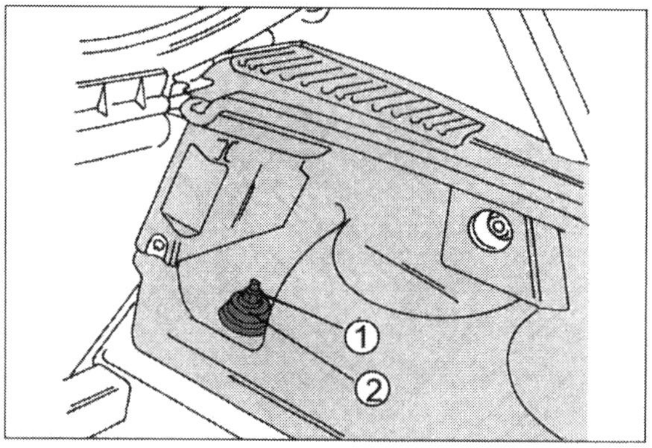

Bild 330
Befestigung der Stoßdämpfer in der Innenseite des Kofferraums.
1 Mutter
2 Gummilager

● Den Rollwagenheber unter die Hinterachse untersetzen und diese leicht anheben, bis sie soeben unter Spannung steht.
● Die beiden Schrauben der Befestigung des Stoßdämpfers links und rechts von der Achse lösen (Bild 327) und ausschlagen. Falls die Achse nicht weit genug zum Ausschlagen der Schrauben angehoben wurde, kann man eine Metallstange in der in Bild 328 gezeigten Weise in das Ende der Achse einschieben und die Achse damit anheben. Auf diese Weise kann man ebenfalls die Spannung der beiden Schraubenfedern unter Kontrolle halten.

Hinweis: Sobald die zweite Stoßdämpferschraube ausgeschlagen wird, kann die Achse durch den Druck der Schraubenfedern abkippen. Ein Helfer sollte die Achse auf der gegenüberliegenden Seite halten. Danach die Achse kontrolliert abkippen lassen. Dadurch werden die Schraubenfedern frei und können herausgenommen werden. Die Achse muss weiterhin sicher auf dem Wagenheber ruhen.

● Auf jeder Seite der Achse die drei Befestigungsmuttern der Montagekonsole an den in Bild 329 gezeigten Stellen lösen und abschrauben. Natürlich muss die Achse wieder gut vom Helfer gehalten werden.
● Wagenheber absenken und die Hinterachse herausziehen.

Beim Einbau der Achse, im Allgemeinen in umgekehrter Reihenfolge, sind folgende Hinweise zu beachten:
● Die Achse auf dem Wagenheber ruhend in die richtige Lage bringen. Die Passstifte in den Montagekonsolen müssen sich an der Oberseite befinden.
● Die Aufnahmebohrungen der Konsolen über die Schrauben führen und die drei Muttern auf jeder Seite aufschrauben. Die Muttern mit einem Anzugsdrehmoment von 55 Nm anziehen.
● Die Achse muss jetzt wieder in die richtige Lage gekippt werden, wobei gleichzeitig die Schraubenfedern zwischen Achse und Karosserie einzusetzen sind. Nachdem die Federn richtig sitzen, die in Bild 328 gezeigte Metallstange einsetzen und die Achse weiter anheben, bis man die untere Stoßdämpferschraube einsetzen kann. Die Schrauben nicht festziehen.
● Alle weiteren Arbeiten in umgekehrter Reihenfolge wie beim Ausbau durchführen. Auf die richtige Einbauweise der Wärmeschutzbleche achten und die Bremsanlage entlüften.

13.3 Hintere Stoßdämpfer

Achtung: Niemals beide Stoßdämpfer auf einmal lösen. Falls beide erneuert werden müssen, zuerst eine Seite vornehmen und danach die andere. Wird dies nicht beachtet, kippt die Achse durch die Federkraft der Schraubenfedern ab.

Um einen Stoßdämpfer auszutauschen:
● Solange das Fahrzeug noch auf den Rädern aufsteht, den Kofferraum öffnen und die Abdeckung der oberen Stoßdämpferbefestigung abziehen. Dabei bietet sich das in Bild 330 gezeigte Bild. Die Kolbenstange des Stoßdämpfers gegenhalten, die Mutter (1) abschrauben, die Scheibe herunternehmen und die Gummibüchse (2) herunternehmen.
● Fahrzeug auf Böcke setzen und das Rad auf der betreffenden Seite abschrauben.
● Bei abgenommenem Rad einen Wagenheber unter die Bremstrommel untersetzen und die Radaufhängung etwas anheben, um den Stoßdämpfer zusammenzuschieben.
● Die untere Befestigungsschraube des Stoßdämpfers in Bild 327 lösen (Pfeilstelle) und den Stoßdämpfer herausnehmen. Den Wagenheber unbedingt unter der Bremstrommel lassen.
Vor dem Einbau eines neuen Stoßdämpfers sollten Sie wissen:
● Stoßdämpfer werden in waagerechter Lage gelagert, sodass sich das Öl versetzen kann. Aus diesem Grund muss man einen neuen Stoßdämpfer vor dem Einbau aufrecht in einen Schraubstock einspannen und das Oberteil auseinanderziehen und zusammenschieben. Durch die Pumpbewegung wird das Öl wieder verteilt.

Der Einbau des Stoßdämpfers geschieht in umgekehrter Reihenfolge, unter Beachtung der folgenden Punkte:
● Der Stoßdämpfer wird von unten mit der Kolbenstange durch die Öffnung im Kofferraum geführt (Gummilager auf der Kolbenstange) und nach Auflegen des Gummilagers und der Scheibe festgezogen (20 Nm). Danach die Gummikappe über die Öffnung drücken.

● Falls der Wagenheber nicht bewegt wurde, lässt sich die Stoßdämpferschraube leicht einschrauben (Bild 327). Die Schraube im Moment nur handfest anziehen.
● Das endgültige Anziehen der unteren Schraube findet statt, wenn das Fahrzeug wieder auf dem Boden aufsitzt. Da man schlecht an die Schraubverbindungen kommt, ist es ratsam, dass man die Rückseite des Fahrzeuges auf Auffahrrampen fährt. Die Schraube mit einem Anzugsdrehmoment von 105 Nm anziehen.

13.4 Hintere Schraubenfedern

Achtung: Niemals beide Federn auf einmal ausbauen. Falls beide erneuert werden müssen, zuerst eine Seite vornehmen und danach die andere. Wird dies nicht beachtet, kippt die Achse durch die Federkraft der Schraubenfedern ab.

Der Ausbau geschieht in ähnlicher Weise wie der Ausbau eines Stoßdämpfers.
● Die untere Stoßdämpferbefestigung lösen, wie es im letzten Kapitel beschrieben wurde. Um die Arbeit zu erleichtern, kann man die in Bild 328 gezeigte Metallstange einschieben und in Pfeilrichtung (1) bewegen, um die Spannung der Schraubenfeder zu entlasten. Nach Lösen der Schraube die Spannung mit der Metallstange regulieren.
● Die Metallstange langsam in Richtung des Pfeils (2) bewegen, bis die Feder locker genug ist, um sie herauszunehmen.

Der Einbau findet in umgekehrter Reihenfolge statt. Die Feder kann man verkehrt herum einbauen. Aus diesem Grund ist die grüne Farbkennzeichnung an der Feder (in Bild 327 mit „1“ bezeichnet, grüner Punkt) an die Oberseite zu bringen. Die Feder dann verdrehen, bis die Kennzeichnung zur Rückseite des Fahrzeuges weist. Die Hinterachse wird mit der Metallstange oder dem Wagenheber angehoben, bis man den Stoßdämpfer wieder anbringen kann. Den Stoßdämpfer danach festziehen, wie es im letzten Kapitel beschrieben wurde.

13.5 Erneuerung der Hinterradlager/Radnabe – Trommelbremsen

Hinweis: Bei Fahrzeugen mit Scheibenbremsen werden diese Arbeiten im Zusammenhang mit der Scheibenbremse an den Hinterrädern beschrieben.

Radlager haben ein Axialspiel von 0 bis 0,3 mm.
Das Spiel muss mit einer Messuhr gemessen werden. Dazu bei abgeschraubtem Rad eine Messuhr mit einem geeigneten Ständer vor der Hinterradnabe aufsetzen und den Messfinger auf die Fläche der Bremstrommel setzen. Messuhr auf Null stellen und die Bremstrommel hin- und herziehen. Die Anzeige ist das Axialspiel. Aus dem Ergebnis kann der Zustand der Radlager erkannt werden. Um ein Radlager auszubauen, sind die folgenden Arbeiten durchzuführen:
● Rückseite des Fahrzeuges auf Böcke setzen und das Hinterrad abschrauben. Die Vorderräder verkeilen, damit das Fahrzeug nicht von den Böcken rollen kann.
● Das Handbremsseil von der Unterseite des Fahrzeuges lockern.
● Einen Schraubenzieher durch eines der Schraubenlöcher in die Bremstrommel einsetzen, wie es in Bild 331 gezeigt ist, und den Handbremsbetätigungshebel in der Innenseite der Bremstrommel zur Mitte des Fahrzeuges drücken. Ein kleiner Stift im Bremsbacken wird dabei vom Hebel frei. Der Hebel kann jetzt nach hinten gedrückt werden, um die automatische Nachstellung zum Abziehen der Bremstrommel freizumachen.
● Nabenfettkappe vorsichtig mit einem Schraubendreher und einem Hammer von der Bremstrommel abschlagen. Da in der Werkstatt dazu ein Abzieher mit einem daran angebrachten Schlaghammer benutzt wird, muss man besonders vorsichtig beim Ausbau der Nabenfettkappe vorgehen.
● Nabenmutter abschrauben.
● Die Bremstrommel zusammen mit der Radnabe herunterziehen. Eine festsitzende Bremstrommel kann mit einem Abzieher heruntergezogen werden, welchen man mit Hilfe der Radbolzen anschraubt. Unbedingt überzeugen, dass der Grund einer festsitzenden Trommel nicht in hängenden Bremsbacken liegt.
● Den Sprengring von der Außenseite der Bremstrommel entfernen.

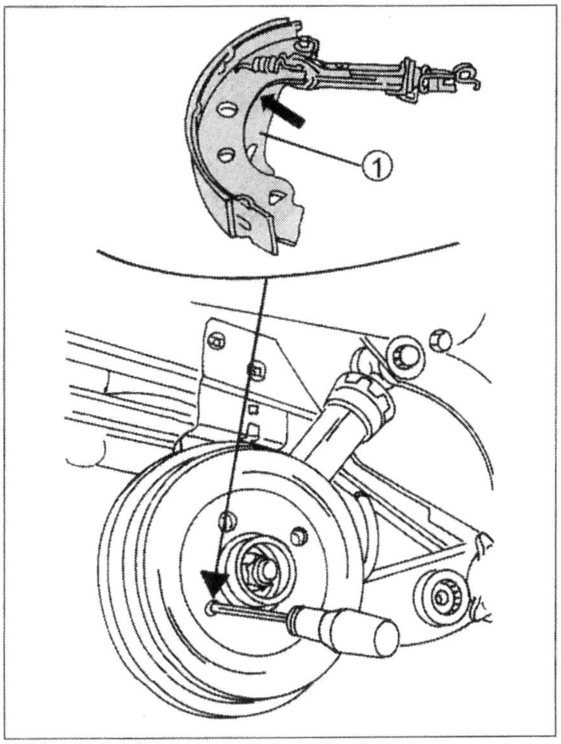

Bild 331
Lösen der automatischen Bremsennachstellung von der Außenseite der Bremstrommel. Den Schraubendreher wie gezeigt einsetzen. Dieser drückt dabei gegen den Hebel des Bremsbackens und löst ihn vom Arretierstift.

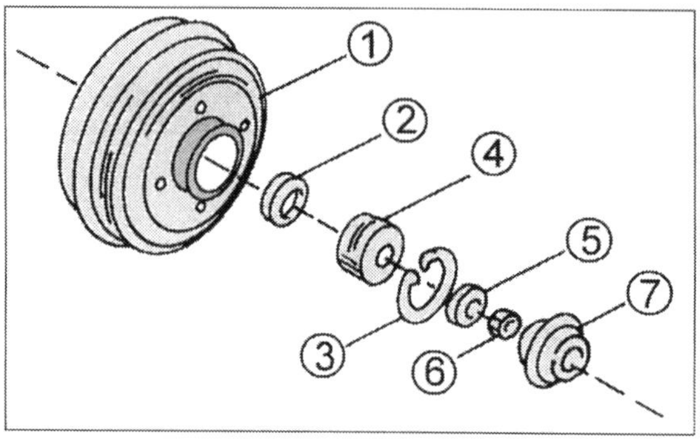

Bild 332
Die Einzelteile eines Hinterradlagers zusammen mit der Bremstrommel.
1 Bremstrommel
2 Ölabweiser
3 Lagersprengring
4 Radlager
5 Unterlegscheibe
6 Radnabenmutter
7 Nabenfettkappe

- Die Bremstrommel mit der Außenseite über die geöffneten Backen eines Schraubstocks auflegen. Mit einem passenden Dorn das Lager nach außen aus der Bremstrommel ausschlagen. Bild 332 zeigt die Teile eines Radlagers zusammen mit der Bremstrommel.
- Den Zustand der Achswelle kontrollieren. Falls Fressstellen festgestellt werden, muss das gesamte Radlagergehäuse von der Achse abgeschraubt werden (Anzugsdrehmoment 55 Nm).

Das Radlager wieder folgendermaßen montieren:

- Das neue Radlager gut einfetten und von der Außenseite mit einem passenden Dorn bis zum Anschlag in die Bremstrommel einschlagen.
- Den Sprengring in der Innenseite der Bremstrommel einfedern, aber darauf achten, dass er ringsherum einwandfrei sitzt.
- Bremstrommel aufstecken und falls erforderlich mit einem Gummihammer aufschlagen.
- Scheibe aufstecken und eine neue Mutter aufschrauben. Die Mutter mit einem Anzugsdrehmoment von 175 Nm anziehen.
- Nabenfettkappe mit etwas Fett füllen und auf die Bremstrommel aufschlagen.
- Rad anschrauben und das Bremspedal einige Male durchtreten, um den Nachstellmechanismus der Hinterradbremsen in Gang zu setzen.
- Abschließend die Handbremse einstellen wie es in Kapitel 14.6.1 beschrieben ist.
- Räder anschrauben, Fahrzeug auf den Boden absenken und die Räder mit 90 Nm anziehen.

13.6 Hinterradeinstellung

Nur zwei Werte können an den Hinterrädern ausgemessen werden, die Spurstellung der Hinterräder sowie der Sturz. Beide lassen sich nicht einstellen. Beide sind in unbeladenem Zustand unter Verwendung optischer Instrumente zu messen. Am besten ist es, wenn man dies in einer Werkstatt durchführen lässt.

Die Straßenverkehrs-Zulassungsordnung in Deutschland (StVZO) oder entsprechende Gesetze in anderen Ländern, schreiben vor, dass ein Pkw stets mit zwei Bremsanlagen – der Feststellbremse (Handbremse) und der hydraulischen Betriebsbremse (Fußbremse) – ausgestattet ist, die unabhängig voneinander arbeiten. Sinn dieser Vorschrift: Fällt ein System aus, kann das andere das Fahrzeug immer noch abbremsen. Die Bremsanlage des Clio erfüllt diese Bestimmung mit einer Handbremse sowie einer diagonal geteilten Zweikreisbremsanlage, deren Anordnung in Bild 333 zu sehen ist. Dabei ist ein Bremskreis jeweils für ein Vorderrad und das gegenüberliegende Hinterrad zuständig. Fällt ein Bremskreis aus, bleiben Vorderrad und Hinterrad des anderen Kreises bremsfähig. In diesem Fall müssen Sie freilich stärker aufs Bremspedal treten, um die gleiche Wirkung zu erreichen wie bei einer intakten Anlage. Das Pedal lässt sich weiter durchtreten und der Anhalteweg wird wesentlich länger.

14.1 Die Konstruktion der Bremsen

Für die Vorderräder und die Hinterräder werden je nach Modellvariante Scheibenbremsen/Trommelbremsen oder Scheibenbremsen/Scheibenbremsen verwendet. Gleitbremssättel, auch als Faustsättel bekannt, werden an den Vorderrädern sowie auch an den Hinterradbremsen eingebaut, falls die letztere Kombination vorgefunden wird. Die Hinterrad-Trommelbremsen sind von herkömmlicher Bauweise mit Anlaufbacken und Ablaufbacken.

Die Anlage ist als Zweikreissystem ausgebildet, d. h. jeder Abschnitt des Hauptbremszylinders übernimmt einen Bremskreis. Die Bremsanlage ist serienmäßig mit einem Bremskraftverstärker ausgerüstet, welcher seinen Unterdruck aus dem Ansaugsammelrohr des Motors oder im Falle des Dieselmotors von einer getrennten Unterdruckpumpe erhält.

Eine Antiblockier-Bremsanlage (ABS) ist entweder auf Sonderwunsch oder serienmäßig eingebaut.

An der Vorderachse und an der Hinterachse verzögern die Bremsen die Fahrgeschwindigkeit des Fahrzeuges. Beim Tritt aufs Bremspedal presst eine mit dem Pedal verbundene Druckstange zwei hintereinanderliegende Kolben in den Hauptbremszylinder, der im Motorraum an den Bremskraftverstärker montiert ist. Die Kolben übertragen die Fußkraft auf die im Hauptbremszylinder eingeschlossene Bremsflüssigkeit. Dadurch entsteht ein hydraulischer Druck, der sich über Rohr- und Schlauchleitungen zu den Bremszangenzylindern bzw. Radbremszylindern fortsetzt. Dabei drücken im Fall der Scheibenbremsen die Kolben die Bremsklötze gegen die Bremsscheiben. Drücken ist dabei nur grob gesagt. Im Fall jedes vorderen Bremssattels (oder auch des hinteren Bremssattels, auch Bremszangen genannt), der nur einen Kolben hat, drückt der hergestellte Bremsdruck gegen diesen Kolben, welcher dabei den Bremsklotz gegen die Bremsscheibe drückt. Sobald der Kolben nicht weiter kann, wird der gesamte Bremssattel auf einem Mechanismus von Gleitbolzen auf die andere Seite gedrückt, wobei der zweite Bremsklotz gegen die andere Seite der Bremsscheibe gedrückt wird. Die Bremsung ist damit komplett. Anders sieht es bei den eingebauten Trommelbremsen statt. Hier wird zuerst der Anlaufbacken gegen die Fläche der Bremstrommel gedrückt und unmittelbar durch das Andrücken des Ablaufbackens gefolgt.

Die Handbremse wirkt über einen Hebel- und Seilmechanismus auf die Hinterradbremsen. Wenn der Hebel in der Mitte des Fahrerraums gezogen wird, spannt sich das vordere Bremsseil. Dies führt zum Seilzugausgleich. Von dort verläuft je ein Bremsseil zur jeweiligen Hinterradbremse. Die Bremsbacken werden durch die eingebaute Hebelanordnung auseinanderbewegt und legen sich gegen die Fläche der Bremstrommel an.

Vorder- und Hinterradbremsen stellen sich übrigens selbst nach, d. h. regelmäßige Kontrolle der Einstellung ist nicht erforderlich.

14.2 Wartungsarbeiten an den Bremsen – Im Zweifel in die Werkstatt

Die Bremsen entscheiden im Straßenverkehr über Ihre Sicherheit und die anderer Verkehrsteilnehmer. Deshalb ist eine regelmäßige Kontrolle der Bremsanlage Ihre beste Lebensversicherung. Scheuen Sie

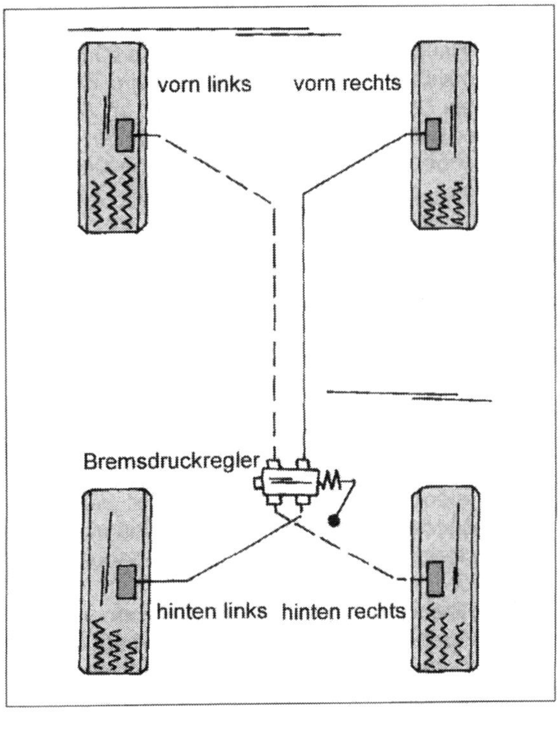

Bild 333
Diagramm der Zweikreisbremsanlage. An der Rückseite ist der Bremsdruckregler eingebaut (Fahrzeuge ohne ABS).

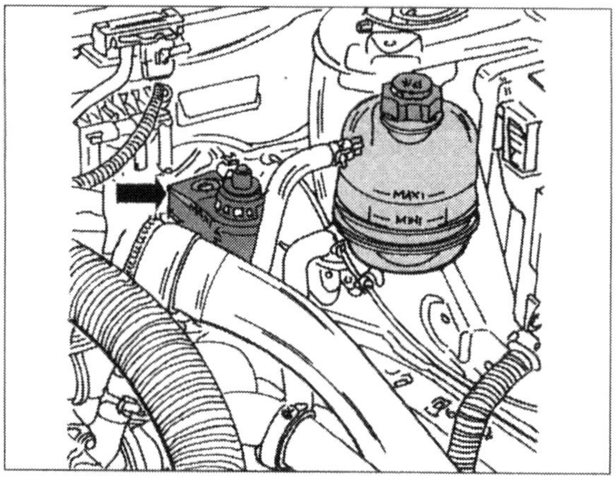

Bild 334
Der Pfeil zeigt Ihnen, wo der Vorratsbehälter des Hauptbremszylinders sitzt.

sich nicht, die Räder abzunehmen und den Zustand der Bremsklotzbeläge oder Bremsbackenbeläge zu prüfen. Die meisten Arbeiten an den Bremsen sind nicht zu schwer, es sei denn, wir weisen auf besondere Arbeiten hin, die wir nicht empfehlen können. Trotzdem sollten Sie sich nur ans Schrauben machen, wenn Sie sich Ihrer Sache wirklich sicher sind. Überlassen Sie Arbeiten an der Bremse im Zweifelsfall lieber einer Fachwerkstatt.
Falls Ihnen einige der mit der Bremsanlage verbundenen Teile nicht genau bekannt sind, werden Ihnen die folgenden Beschreibungen zum besseren Verständnis helfen:

Zweikreisbremsanlage. Diagonal geteilte hydraulisch Anlage. Jeweils ein Bremskreis für Vorderrad und schräg gegenüberliegendes Hinterrad.

Hauptbremszylinder. Wandelt die mechanische Kraft des Bremspedals in hydraulische Kraft um. Sorgt für schnellen Druckabbau im System beim Lösen der Bremsen.

Bremskraftverstärker. Sitzt links im Motorraum hinter dem Hauptbremszylinder. Bringt etwa 60 Prozent der Bremskraft. Bezieht seine Kraft beim Benziner über einen Schlauch durch Unterdruck im Ansaugrohr oder beim Diesel von einer getrennten Unterdruckpumpe. Beim Bremsen reagiert eine elastische Membrane auf den Druckunterschied zwischen äußerem Luftdruck und dem Unterdruck aus dem Ansaugrohr. Sie drückt zusätzlich auf die Kolben im Hauptbremszylinder.

Bremsflüssigkeit. Die Flüssigkeit in den Bremsleitungen und Bremszylindern ist eine Mischung aus Glykol, Polyglykoläther und ein paar weiteren Bestandteilen. Diese meistens gelbliche bis farblose – übrigens giftige und gegen Autolack aggressive – Flüssigkeit greift die Metall- und die Gummiteile des Bremssystems nicht an, sie bleibt selbst bei –40°C noch ausreichend dünnflüssig, und sie hat trotz ihrer Dünnflüssigkeit den extrem hohen Siedepunkt von ca. 290°C.
Aber die Bremsflüssigkeit hat auch eine sehr unangenehme Eigenschaft: Sie nimmt gern Wasser auf, sie ist „hygroskopisch". Bei lediglich 2,5% Wassergehalt liegt der Siedepunkt nur noch bei 150°C. Das wird bei starker Belastung der Bremsen gefährlich. In der Nähe der erhitzten Bremsen können sich Dampfblasen in der Hydraulikflüssigkeit bilden, die sich zusammenpressen lassen – das Bremspedal lässt sich tief durchtreten, manchmal tritt man sogar ins Leere (in diesem Fall hilft bisweilen noch schnelles Pumpen mit dem Bremspedal).
Die folgende Beschreibung soll Sie mit den an der Bremsanlage durchzuführenden Wartungsarbeiten vertraut machen, ehe Sie sich an die komplizierteren Arbeiten herantrauen.

Stand der Bremsflüssigkeit prüfen

Der Bremsflüssigkeitsbehälter sitzt im Motorraum links hinten auf dem Hauptbremszylinder. Im durchscheinenden Behälter muss die Bremsflüssigkeit stets zwischen den Markierungen „Mini" und „Maxi" stehen. In Bild 334, in der oberen Ansicht, können Sie an der Pfeilstelle sehen, wo der Flüssigkeitsstand abgelesen werden kann.
Bedingt durch die im Durchmesser verhältnismäßig großen Kolben in den Bremssätteln sinkt der Flüssigkeitsspiegel ein wenig, wenn die Kolben durch die verschleißenden Bremsklötze weiter herauswandern und Bremsflüssigkeit nachfließt. Ein gewisses, minimales Absinken der Bremsflüssigkeit muss also nicht unbedingt alarmierend sein. Fällt der Stand der Bremsflüssigkeit innerhalb kurzer Zeitabstände immer wieder unter die „Mini"-Marke, muss dringend nach den Ursachen geforscht werden.

Bremsflüssigkeit austauschen

Wie Sie im letzen Abschnitt lesen konnten, spricht einiges dafür, die Bremsflüssigkeit entsprechend den Angaben im Wartungsscheckheft zu wechseln. Absichtlich geben wir dabei keine Zeitintervalle an, da Autohersteller diese dem Stand der Technik nach abändern und eine im Moment gültige Zeitangabe könnte in einigen Jahren nicht mehr stimmen. Für diese Arbeit sind Sie in der Werkstatt gut aufgehoben. Im Allgemeinen gilt, dass man die Bremsflüssigkeit alle 60 000 km wechseln sollte. Falls Sie dies befolgen, liegen Sie richtig. Wer unbedingt den Ehrgeiz zum Selbermachen besitzt, geht ähnlich vor wie beim Entlüften der Bremsanlage. Das Folgende nur in Stichwortform:

- Den Bremsflüssigkeitsbehälter mit einer Spritze o. Ä. bis auf etwa 1 cm leer saugen.
- Mit neuer Bremsflüssigkeit (DOT 3 oder 4) auffüllen.
- Nacheinander an jeder Radbremse die Entlüftungsschrauben öffnen und mit dem Bremspedal langsam Bremsflüssigkeit herauspumpen. Das Bremspedal pro Bremse 10 Mal durchtreten.
- Unbedingt auf den Stand der Bremsflüssigkeit im Vorratsbehälter achten und rechtzeitig Bremsflüssigkeit nachfüllen, bevor Luft angesaugt wird.
- An der rechten Hinterradbremse beginnen (am weitesten entfernt).

Bremsen überprüfen

Am besten, Sie suchen sich eine wenig befahrene Straße oder einen leeren Parkplatz. Auf solch einer ebenen und trockenen Teststrecke bremsen Sie mehrmals mehr oder weniger stark ab. Zieht der Wagen einseitig nach rechts, ist die Wirkung der linken Vorder- oder Hinterradbremse zu schwach. Ungleich lange Bremsspuren – sie werden durch kurze Vollbremsungen aus ca. 40 km/h erzeugt – weisen ebenfalls auf ungleiche Bremswirkung hin. Bei einer weiteren Prüfung können Sie noch das Lenkrad leicht loslassen (Hände griffbereit!) und fühlen, ob es während des Bremsens einzuschlagen versucht. Die Feststellbremse prüfen Sie beim Ausrollenlassen des Wagens. Bei kräftigem Treten des Pedals müssen sich gleich lange Bremsspuren ergeben. Genauer ist der preisgünstige Bremsentest auf einem Prüfstand in der Werkstatt. Den Test spätestens vor jeder TÜV/DEKRA-Untersuchung (Deutschland) oder den entsprechenden technischen Untersuchungen in anderen Ländern durchführen lassen.

Ratgeber: Durch Streusalzeinwirkung auf Bremsscheibe und Bremsbeläge kann sich besonders bei überwiegendem Stadtverkehr die Bremswirkung deutlich verschlechtern. Zur Abhilfe das Fahrzeug mehrmals aus ca. 80 km/h kräftig abbremsen. Unfallgefahr beachten.

Bremsanlage auf Dichtheit und Beschädigung prüfen

- Verfolgen Sie die Bremsleitungen unter dem Wagen: Sie dürfen nicht angerostet, geknickt oder platt gedrückt sein. Schwarzer feuchter Schmutz an den Leitungsanschlüssen deutet auf undichte Stellen hin.
- Die Bremsschläuche dürfen nicht spröde oder angescheuert sein.
- Feuchter dunkler Schmutz an den Bremssätteln, an den Entlüftungsventilen und am Anschluss des Bremsschlauches lässt Undichtheit vermuten.
- Alle Staubschutzkappen auf den Entlüftungsventilen vorhanden?
- Zuletzt eine provisorische Bremsdruckprüfung: Treten Sie mit großer Kraft (rund 300 Nm) auf das Bremspedal. Der harte Widerstand darf auch nach einigen Minuten nicht nachgeben. Sonst ist das System irgendwo undicht oder der Hauptbremszylinder ist defekt.

Bremsklötze kontrollieren

Für denjenigen, der seine Bremsanlage selbst wartet, ist diese Arbeit mit die wichtigste. Pünktlich ist die Kontrolle durchzuführen. Die Bremsklötze der Vorderachse verschleißen relativ schnell – besonders bei Automatikfahrzeugen.

Im Armaturenbrett ist eine Bremsbelagverschleißanzeige zu finden (nicht bei allen Modellen). Diese leuchtet beim Bremsen auf, wenn der bremskolbenseitige Bremsbelag einer Vorderradbremse eine bestimmte Stärke hat. Von den Bremsklotzbelägen ist dann so viel abgeschliffen, dass alle vier vorderen Bremsklötze erneuert werden müssen.

- Die hinteren Bremsbacken sind immer dann zu prüfen, wenn vorne neue eingebaut werden.
- Zur Kontrolle der Bremsbelagdicke das jeweilige Rad abmontieren.

Feststellbremse nachstellen

Die Arbeiten sind im Kapitel 14.8 beschrieben.

14.3 Allgemeine Anweisungen bei Arbeiten an der Bremsanlage

Es ist äußerst wichtig, dass man beim Bestellen von Teilen der Bremse sich über die genaue Ausführung im Klaren ist (siehe oben). Die vorderen Bremsscheiben sind je nach eingebautem Motor unterschiedlich in ihrer Stärke, wodurch auch die Minimalstärke der Bremsklötze (einschließlich der Metallplatte) betroffen ist. Falls Sie beim Messen unter die in der Maßtabelle angegebene Stärke kommen, wenden Sie sich an die Werkstatt. Scheibenbremsen können nachgearbeitet werden, jedoch ist bei bestimmten Ausführungen ein Nachschleifen nicht gestattet.

Scheibenbremsen als auch Trommelbremsen stellen sich von selbst automatisch nach.

Die Bremsklötze oder die Bremsbeläge dürfen nur in kompletten Sätzen gewechselt werden. Niemals Bremsteile verschiedener Hersteller an einem Fahrzeug vermischen.

Trommelbremsen in zwei verschiedenen Durchmessern kommen bei der behandelten Baureihe zum Einbau, jedoch ist der Durchmesser der Radbremszylinder bei allen Ausführungen gleich.

Falls hydraulische Zylinder zerlegt werden, müssen die Gummimanschetten immer erneuert werden. Reparatursätze stehen zur Überholung zur Verfügung und alle im Satz enthaltenen Teile sind beim Zusammenbau zu verwenden. Ehe man jedoch einen hydraulischen Zylinder zerlegt, sollte man sich erkundigen, ob ein Reparatursatz erhältlich ist, da nicht mehr alle Hydraulikteile überholt werden.

Mineralfette oder -öle müssen von Teilen der Bremse fern gehalten werden. Alle Überholungsarbeiten müssen unter den saubersten Bedingungen durchgeführt werden. Dies bezieht sich ebenfalls auf Werkzeuge und die Hände.

Manschetten dürfen nur mit den Fingern von den Kolben gezogen werden und sind vor dem Einbau in saubere Bremsflüssigkeit einzulegen. Verschlissene oder festgefressene Zylinder immer als Ganzteil erneuern. Leichte Druckstellen einer Zylinderbohrung können mit sehr feinem Sandpapier herauspoliert werden.

Bremsflüssigkeit von Lackstellen des Fahrzeuges fern halten. Niemals aus der Anlage ausgestoßene Bremsflüssigkeit wieder zum Nachfüllen verwenden. Auch Bremsflüssigkeit, welche lange ohne Verschluss gestanden hat, darf man nicht verwenden. Beim Entlüften der Bremsanlage das Bremspedal durchpumpen, bis frische Bremsflüssigkeit wieder herauskommt.

14.4 Der Hauptbremszylinder

14.4.1 Aus- und Einbau

Hinweis: Bei bestimmten Fahrzeugen muss man das elektronische Steuergerät der Einspritz/Zündanlage ausbauen. Sie müssen selbst entscheiden, ob es im Wege sein könnte.

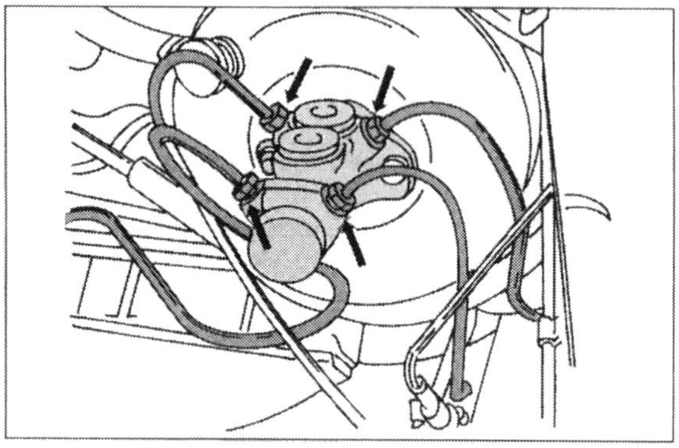

Bild 335
Die Leitungsanschlüsse sind mit den Pfeilen bezeichnet. Die Leitungen nur abschrauben und vorsichtig zur Seite drücken. Fahrzeuge mit und ohne ABS haben unterschiedliche Leitungsanschlüsse (siehe Text).

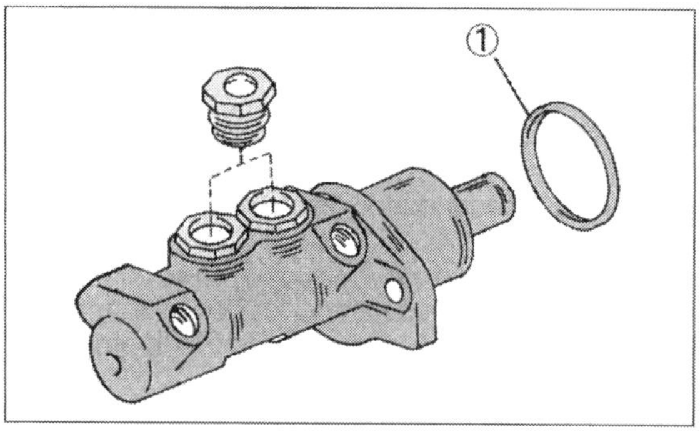

Bild 336
Der Dichtring (1) zwischen dem Hauptbremszylinderflansch und der Anlagefläche am Bremskraftverstärker muss immer erneuert werden.

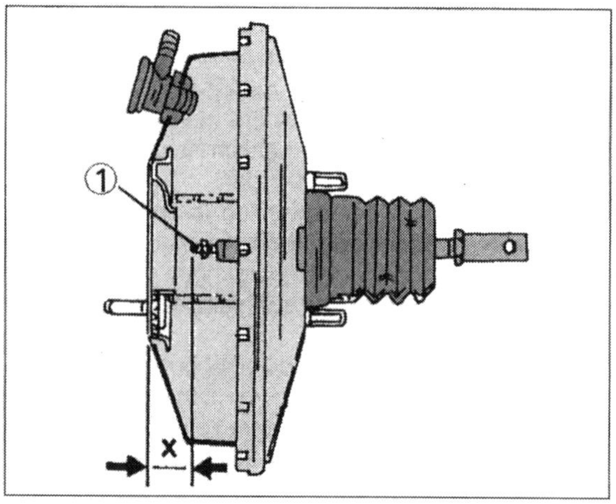

Bild 337
Das Maß „X" auf 22,3 mm einstellen, indem man die Stößelstange (1) nach Lockern der Kontermutter verstellt. Dadurch wird das vorgeschriebene Spiel für die Kolben des Hauptbremszylinders hergestellt.

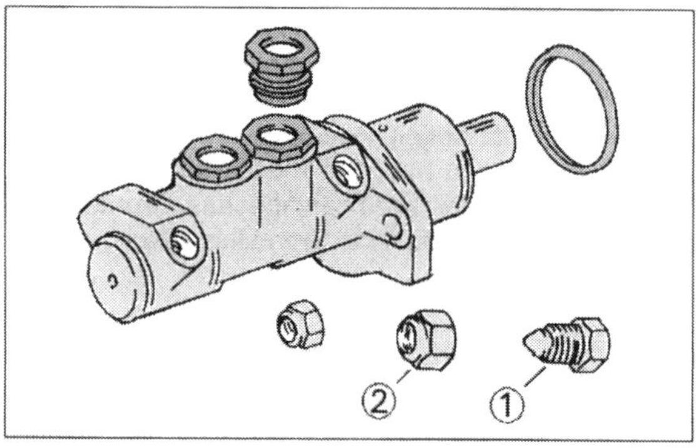

Bild 338
Ansicht des Hauptbremszylinder, wie er aus dem Ersatzteillager erhalten wird. Der Stopfen (1) wird nicht bei allen Ausführungen verwendet. Die Muttern (2) werden immer erneuert.

- Massekabel der Batterie abklemmen.
- Den Kabelstecker für den Warnschalter des Bremsflüssigkeitsstands von der Seite der Verschlusskappe abziehen.
- Falls erforderlich jetzt das Steuergerät der Einspritz/Zündanlage ausbauen und auf einer Seite ablegen.
- Die Gegend um den Verschluss des Vorratsbehälters für den Hauptbremszylinder und die Bremsleitungsanschlüsse gut säubern, die Verschlusskappe entfernen und die Bremsleitung mit einem Sauger aus dem Vorratsbehälter entfernen. Dazu lässt sich zum Beispiel ein Batteriesäureheber verwenden, welchen man vorher jedoch einwandfrei säubern muss. In Bild 334 kann man sehen, wo der Zylinder sitzt.
- Den Vorratsbehälter durch Hin- und Herwackeln aus dem Hauptbremszylinder herausziehen.
- Die Überwurfmuttern der Bremsleitungen lösen und die beiden Befestigungsmuttern des Hauptbremszylinders entfernen. Darauf achten, wo die einzelnen Leitungen angeschlossen sind und den Zylinder vorsichtig herausheben. In diesem Zusammenhang sollte man sich Bild 335 ansehen und die untenstehenden Hinweise beachten. Darauf achten, dass keine Bremsflüssigkeit auf die Lackstellen tropfen kann.

Falls ein neuer Hauptbremszylinder eingebaut wird, muss man sich zuerst die im Anschluss der Einbaubeschreibung gegebenen Hinweise über neue Zylinder durchlesen.

Auf der Anschlussfläche des Zylinders ist ein Dichtring aufgelegt (Bild 336), welchen man immer erneuern muss.

Der Einbau geschieht in umgekehrter Reihenfolge. Den Dichtring (1) in Bild 336 auf die Flanschfläche auflegen und den Zylinder anbringen. Die beiden Muttern gleichmäßig mit 18 Nm anziehen. Falls der Bremskraftverstärker ausgetauscht wurde, das herausstehende Ende der Stößelstange in der Endfläche des Bremsgerätes ausmessen. Dabei vom Ende der Stößelstange zur Montagefläche für den Zylinder messen, wie es durch „X" in Bild 337 angegeben ist. Falls dieses Maß nicht 22,3 mm beträgt, die Kontermutter lockern und die Stößelstange (1) entsprechend verstellen. Wir müssen darauf hinweisen, dass die Einstellung nicht bei allen Ausführungen des Bremskraftverstärkers möglich ist, ohne dass wir Ihnen darüber genaue Anweisungen geben können. Hat die Stößelstange eine Kontermutter, kann sie verstellt werden.

Den Vorratsbehälter wieder montieren. Dazu den Behälter in die Gummitüllen des Zylinders drücken, bis er einschnappt. Die Anlage mit frischer Bremsflüssigkeit füllen und die Bremsanlage entlüften, wie es in Kapitel 14.9 beschrieben ist.

14.4.2 Hauptbremszylinder überholen

Die Überholung des Hauptbremszylinders ist bei diesen Fahrzeugen nicht länger möglich. Hat der Hauptbremszylinder Schaden erlitten, muss ein neuer Zylinder eingebaut werden.

Beim Erneuern des Zylinders folgende Hinweise beachten:

Der Zylinder kommt in der in Bild 338 gezeigten Form. Der Zylinder hat vier Leitungsanschlussstellen, zwei Stopfen (1) und zwei Muttern (2). Daraus ergibt sich Folgendes:

● Falls das Fahrzeug ohne ABS arbeitet, werden alle vier Anschlussstellen benutzt, wie es aus Bild 335 ersichtlich ist.
● Falls das Fahrzeug mit ABS ausgerüstet ist, werden die beiden Stopfen (1) in die nicht benutzten Leitungsanschlussstellen eingeschraubt.

14.5 Vordere Scheibenbremsen

14.5.1 Bremsklötze erneuern

Die Bremsklötze müssen erneuert werden, wenn die Gesamtstärke der Klötze, einschließlich der Metallplatte, bis auf einen bestimmten Wert abgenutzt ist. Dieser Wert ist bei allen Fahrzeugmodellen gleich (6 mm). Das Maß kann mit einem Messlineal wie in Bild 339 gezeigt ausgemessen werden, ohne dass man die Bremsklötze ausbaut. Die beiden Räder müssen dazu abgeschraubt werden, damit man die Bremsklötze sehen kann. Niemals nur eine Seite kontrollieren, da sich die Bremsklötze durchaus auf beiden Seiten unterschiedlich abnutzen können. Bremsklötze werden immer im Satz erneuert. Beim Ausbau der Bremsklötze folgendermaßen vorgehen:
● Radbolzen lockern, die Vorderseite des Fahrzeuges auf Böcke setzen und die Räder abschrauben.
● Das Kabel vom Verschleißanzeiger der Bremsklötze abschließen (nicht bei allen Fahrzeugen).
● Den Bremssattel erfassen und mit einem kurzen Ruck nach außen bewegen. Dabei wird der Kolben vollkommen in die Bohrung des Zylinders gestoßen.
● Unter Bezug auf Bild 340 mit Hilfe eines Ringschlüssels und eines Gabelschlüssels zum Gegenhalten an der Innenseite, die untere Führungsschraube aus den Gleitbolzen herausdrehen. Die Schrauben sollte man erneuern. Falls die alten Schrauben wieder verwendet werden sollen, darf man sie unter keinen Umständen reinigen. In diesem Fall muss man Gewindesicherungsmittel „Loctite" beim Einbau des Bremssattelgehäuses bereit haben.
● Den Gleitsattel an der Unterseite erfassen und nach oben schwenken. Die Bremsklötze links und rechts der Bremsscheibe abnehmen.

Hinweis: Das Bremspedal nicht betätigen, wenn Bremsklötze oder Bremssattel ausgebaut wurden.

Den Zustand der Staubschutzringe kontrollieren und ebenfalls überzeugen, dass die beiden Gummiabdichtungen für den Schutz der Gleitstifte in gutem Zustand sind. Falls sie erneuert werden müssen, müssen das Ende des Kolbens und die beiden Stifte mit sauberer Bremsflüssigkeit gereinigt und mit Bremsfett eingeschmiert werden. Die neuen Gummiteile montieren. Beim Einbau folgendermaßen vorgehen:
● Den Kolben in die Bohrung zurückstoßen. Dazu entweder eine Kolbenspannzwinge in der in Bild 341 gezeigten Weise verwenden (bei ausgebautem Bremssattel gezeigt) oder einen Holzblock ansetzen und den Kolben vorsichtig mit einem großen Schraubendreher in die Bohrung drücken.

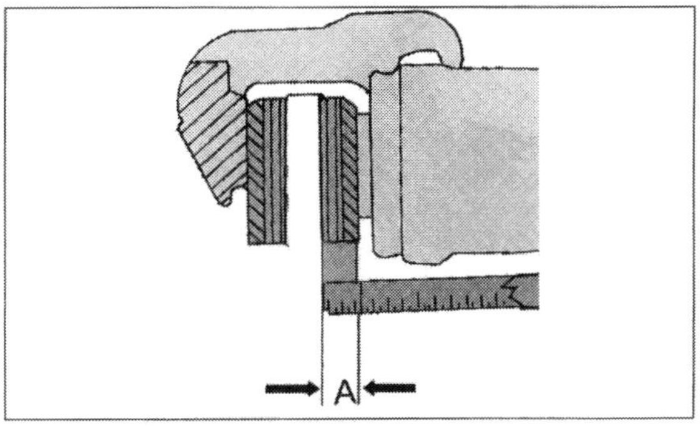

Bild 339
Ausmessen der Stärke der Bremsklotzbeläge im eingebauten Zustand. Das Maß „A" darf nicht weniger betragen, als für das betreffende Modell in der Maß- und Einstelltabelle angegeben.

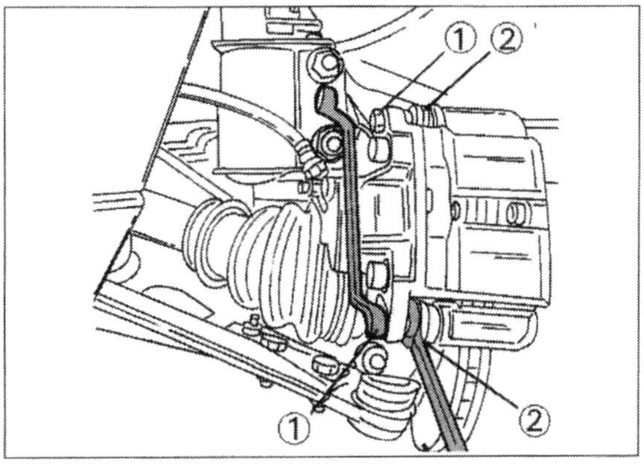

Bild 340
Ausbau der Bremssättel. Beim Lösen der Schrauben (1) muss das Sechskant an der Innenseite mit einem Gabelschlüssel gegengehalten werden. Eventuell muss man den Gabelschlüssel abschleifen, damit er sich einsetzen lässt.

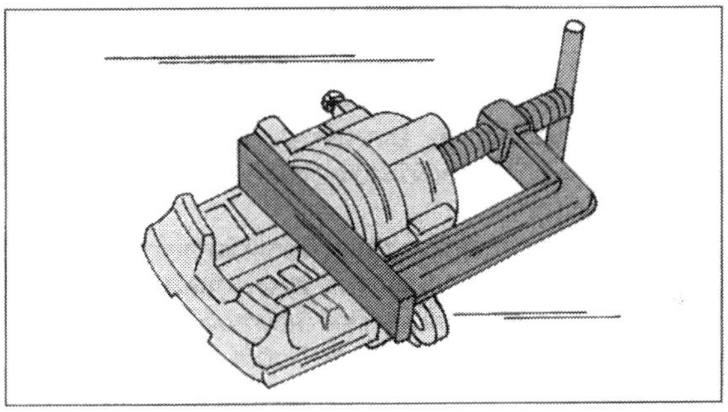

Bild 341
Eine Zwinge kann benutzt werden, um den Zylinder in den Kolben zu drücken.

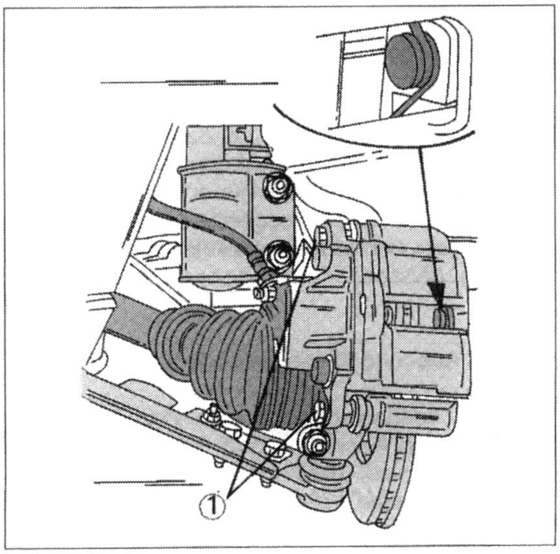

Bild 342
Vor Anziehen der beiden Führungsbolzen (1,40 Nm) kontrollieren, dass die Federn in der gezeigten Weise eingebaut sind.

● Die neuen Bremsklötze mit den Federn einsetzen. Dabei besonders auf das richtige Anbringen der Federn achten, wobei man Bild 342 hinzuziehen kann. Der Bremsklotz mit dem Kabel für die Verschleißan-

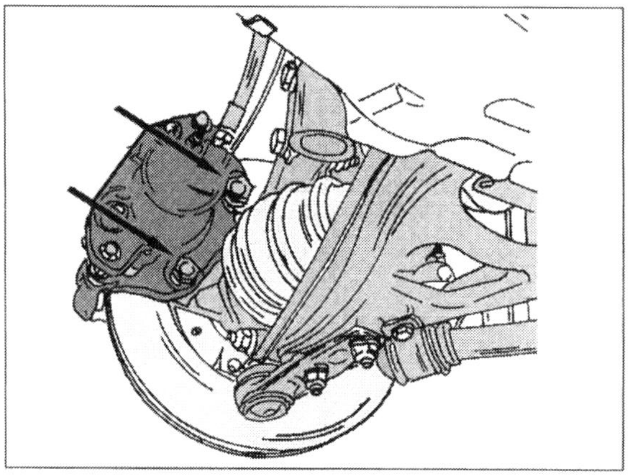

Bild 343
Die Befestigungsschrauben des Bremssattels am Achsschenkel (Pfeile).

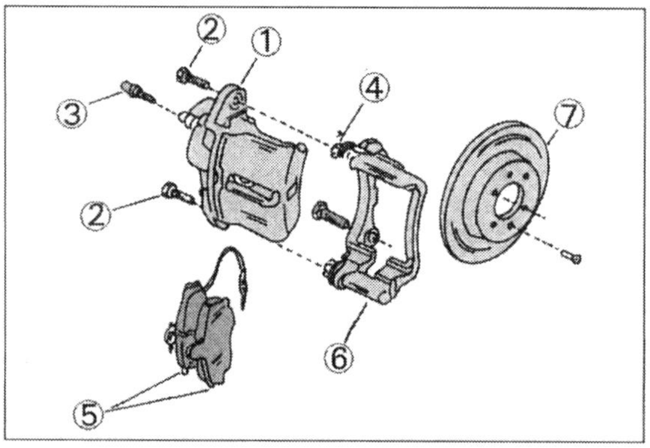

Bild 344
Die Einzelteile eines vorderen Bremssattels. Die Bremsscheiben können entweder aus Festmaterial hergestellt sein oder sind belüftet.
1 Bremssattelzylinder
2 Sattelbefestigungsschraube
3 Entlüftungsschraube
4 Bremssattelträgerschraube
5 Bremsklötze
6 Bremssattelträger
7 Bremsscheibe

zeige kommt an die Innenseite. Bei den neueren Ausführungen wurde die Bremsbelagverschleißanzeige weggelassen, d. h. beide Bremsklötze kommen ohne Anschlusskabel.

- Den Bremssattel vorsichtig über die beiden Bremsklötze setzen und zuerst mit der unteren Schraube befestigen. *Das Gewinde der Schraube mit „Loctite" einschmieren, falls die alten Schrauben verwendet werden.*
- Beide Schrauben jetzt mit einem Anzugsdrehmoment von 40 Nm anziehen. Zuerst wird die untere Schraube angezogen. Dabei wieder die Innenseite des Gleitbolzens gegenhalten, wie es in Bild 340 zu sehen ist.
- Das Kabel für den Verschleißanzeiger mit dem Stecker verbinden (falls vorhanden).
- Das Bremspedal einige Male durchtreten, um die Bremsklötze an die Bremsscheibe zu bringen. Daran denken, dass sich neue Bremsklötze eine Weile „einbremsen" müssen.

14.5.2 Aus- und Einbau eines Bremssattels

Der Aus- und Einbau eines Bremssattels folgt im Allgemeinen den Anweisungen im letzten Kapitel, mit dem Unterschied, dass man ebenfalls die obere Führungsschraube in der beschriebenen Weise lösen und herausziehen muss. Der Bremssattel kann nach Ausbau der Bremsklötze abgeschraubt werden (2 Schrauben, siehe Bild 343) oder ist frei. Beim Ausbau sind jedoch die folgenden Varianten zu beachten. Nach dem Ausbau hat man die in Bild 344 gezeigten Teile vor sich.

- Der Bremsschlauch kann entweder vom Bremssattel abgeschraubt werden oder ist an der Verbindung an der Bremsleitung zu trennen. Im ersten Fall ist es besser, wenn man den Schlauch am Sechskant vom Bremssattel abschraubt (nur lockern), ehe die in Bild 343 gezeigten Schrauben gelöst werden, im letzteren Fall die Überwurfmutter lockern und danach die Federplatte aus dem Metallhalter ausschlagen.

Hinweis in beiden Fällen: Um ein Auslaufen der Bremsflüssigkeit zu vermeiden, den Deckel des Vorratsbehälters abschrauben, den Behälter bis zur Oberkante füllen, ein Stück einer Kunststofftüte auf den Behälter legen und den Deckel wieder aufschrauben. Durch die luftdichte Verbindung wird die Bremsflüssigkeit nur austropfen.

- Beim Anschließen des Bremsschlauchs eine neue Kupferscheibe zwischen Schlauch und Bremssattel einsetzen. Wurde der Bremsschlauch am Bremssattel abgeschraubt, schraubt man den Bremssattel an den Schlauch an, bis er fast ansitzt. Dabei mit einem am Sechskant angesetzten Gabelschlüssel den Schlauch festziehen. Das endgültige Festziehen findet nach Einbau des Bremssattels statt.
- Die Befestigungsschrauben des Bremssattels mit 100 Nm anziehen, falls der komplette Bremssattel eingebaut wurde. Die Führungsschrauben des Zylinders (entweder neue oder die alten mit „Loctite" einschmieren) mit 40 Nm anziehen.
- Falls der Schlauch von der Bremsleitung abgeschlossen wurde, muss der Schlauch ohne Verspannung oder Verdrehung wieder angeschlossen werden. Zur Kontrolle die Räder aus einem Einschlag in den anderen drehen lassen und beobachten, dass der Schlauch nirgends anstoßen kann. Die Überwurfmutter anziehen, während das Sechskant des Schlauchs gegengehalten wird.

Die Bremsanlage nach Einbau des Bremssattels entlüften. Wurde der Behälter luftdicht verschlossen, muss man die Flüssigkeit zuerst auf das vorschriftsmäßige Niveau bringen. Um das Entlüften zu beschleunigen, kann man bei ausgebautem Bremssattel etwas Bremsflüssigkeit durch die Anschlussöffnung für den Bremsschlauch füllen, ehe der Schlauch angeschlossen wird (falls diese Ausbauvariante befolgt wurde). Nach dem Einbau das Bremspedal einige Male betätigen, damit sich die Bremsklötze einwandfrei gegen die Bremsscheibe ansetzen können.

14.5.3 Bremssattel überholen

Hinweis: Ehe man einen Bremssattel verlegt, sollte man sich erkundigen, ob ein Reparatursatz an Ort und Stelle erhältlich ist. Bei der folgenden Beschreibung müssen wir voraussetzen, dass Sie einige Erfahrung mit der Überholung von Bremssätteln haben.

- Staubschutzabdeckung entfernen. Vorher einen Befestigungsring abnehmen.
- Einen Holzklotz zwischen den Kolben und den Bremssattel einlegen und den Kolben vorsichtig mit

Bild 345
Ausbau eines Kolbens. Ein Holzstück unter den Kolben untersetzen.

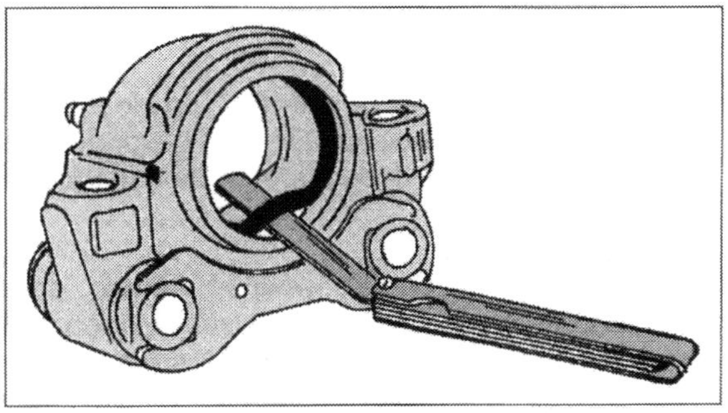

Bild 346
Herausheben des Dichtringes aus der Bohrung des Bremssattelzylinders.

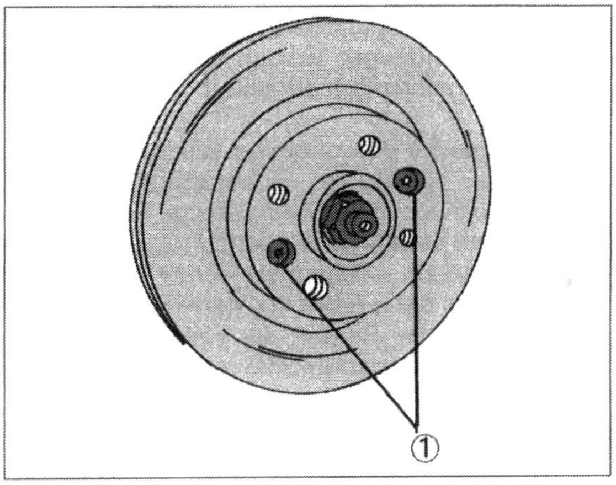

Bild 347
Die Bremsscheiben werden mit Schrauben (Torx-Kopf) an der Radnabe gehalten.

Pressluft ausblasen. Das Holzstück wird dabei in der in Bild 345 gezeigten Weise in die Öffnung des Bremssattels eingesetzt.

- Den Dichtring aus der Innenseite der Bohrung mit einem stumpfen Gegenstand herausheben. Eine stumpfe Blattfühlerlehre kann, wie in Bild 346 gezeigt, dazu verwendet werden.
- Alle Teile in Spiritus reinigen und auf Verschleiß, Riefenbildung oder Korrosion von Zylinder oder Kolben überprüfen. Keines dieser Teile sollte wieder verwendet werden, falls derartige Schäden sichtbar sind. Mit dem Finger die Innenseite der Kolbenbohrung „abfühlen". Falls man Riefen oder Scharten feststellen kann, sollte der Zylinder ohne weitere Reparatur erneuert werden.
- Einen neuen Dichtring in die Rille der Zylinderbohrung einsetzen und den Kolben sowie den Dichtring mit sauberer Bremsflüssigkeit einschmieren.
- Kolben einschieben und den Staubschutzdichtring anbringen. Den Befestigungsring am Bremssattel befestigen.

14.5.4 Bremsscheiben

Bremsscheiben können nicht nachgeschliffen werden und müssen bei übermäßigem Verschleiß erneuert werden. Der Verschleiß der Bremsscheibe darf 0,5 mm auf beiden Seiten der Scheibe nicht überschreiten. Die Bremsscheibe sollte mit einer Messuhr auf Schlag kontrolliert werden. Dazu die Messuhr mit einem Halter so anbringen, dass der Messstift ca. 5 mm von der Außenkante angesetzt wird. Beim Durchdrehen der Scheibe sollte die Nadel nicht um mehr als 0,07 mm ausschlagen.
Um die Scheibe auszubauen, die Bremsklötze ausbauen, wie es bereits beschrieben wurde, und die beiden Befestigungsschrauben des Bremssattels lösen (siehe Bild 343), worauf der Bremssattel abgenommen werden kann.
Die beiden Schrauben in der Stirnfläche der Bremsscheibe entfernen und die Bremsscheibe abnehmen. Die Lage der Schrauben ist aus Bild 347 ersichtlich. Ein Spezial-Torx 40-Schlüssel wird dazu verwendet, dessen Form man dem Schraubenkopf entnehmen kann. Die Scheibe mit einem Gummihammer abschlagen, falls sie festsitzen sollte.
Der Einbau der Bremsscheibe geschieht in umgekehrter Reihenfolge. Die beiden Schrauben des Bremssattels mit 100 Nm anziehen. Abschließend die Bremsklötze wieder einbauen, wie es bereits beschrieben wurde. Das Fahrzeug Probe fahren und die Bremsen überprüfen. Manchmal dauert es eine Weile, bis die Bremsen ihre volle Leistungsfähigkeit erhalten haben – Vorsicht!

14.6 Hinterradtrommelbremsen

14.6.1 Aus- und Einbau der Bremstrommel

Die Bremstrommeln werden aus- und eingebaut, wie es in Kapitel 13.6 beim Erneuern der Hinterradlager beschrieben wurde. Der Bremsennachsteller muss vorher gelöst werden, wie es im gleichen Abschnitt beschrieben ist. In diesem Zusammenhang verweisen wir auf Bild 331. Die Nabenfettkappe kann man mit einem Schraubendreher vorsichtig abschlagen.
Nach dem Einbau die Radlagermutter auf das angegebene Anzugsdrehmoment von 175 Nm anziehen. Die Handbremseinstellung kontrollieren und ggf. berichtigen.

14.6.2 Bremsbacken ausbauen

Unterschiedliche Hinterradbremsen werden in die in dieser Reparaturanleitung behandelten Fahrzeuge eingebaut. Der Unterschied liegt jedoch nur im Durchmesser der Bremstrommeln, der entweder je nach Fahrzeugausführung 180,25 mm, 203,2 mm oder 228,3 mm betragen kann. Beim Kauf von Neuteilen sind diese Hinweise zu beachten.
Nach Ausbau der Bremstrommel ist es am besten,

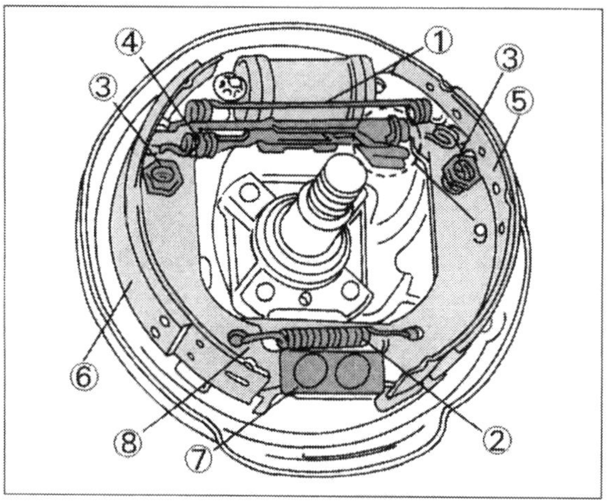

Bild 348
Ansicht einer eingebauten Hinterradbremse.
1 Obere Backenrückzugfeder
2 Untere Backenrückzugfeder
3 Bremsbackenankerstifte
4 Rückzugfeder des Handbremshebels
5 Anlaufbremsbacken
6 Ablaufbremsbacken
7 Backenwiderlager
8 Backen in Widerlager eingesetzt

wenn man sich eine Skizze anfertigt, um die Einbaulage aller Teile zu registrieren. Dies gilt besonders für die Eingriffsweise der Enden von Backenrückzugfedern.

Hinweis: Es soll nochmals erwähnt werden, dass Bremsbacken nur im Satz ausgetauscht werden dürfen. Außerdem darf man keine Bremsbacken von unterschiedlichen Herstellern oder mit unterschiedlichem Belagmaterial einbauen. Bei den Bremsen hält man sich an die Originalteile des Fahrzeugherstellers. Bei diesen Fahrzeugen werden von Bendix hergestellte Hinterradbremsen eingebaut.

Nach Ausbau der Bremstrommel (siehe betreffendes Kapitel beim Ausbau der Hinterradlager, Abschnitt 13), wird man die in Bild 348 gezeigte Konstruktion der Bremsen sehen. Beim Ausbau folgendermaßen vorgehen, jedoch möchten wir darauf aufmerksam machen, dass diese Arbeit komplizierter ist, als dies normalerweise bei Renault der Fall ist. Nach dem Ausbau der Bremsbacken wird man die in Bild 349 gezeigten Einzelteile haben.

- Die untere Backenrückzugfeder mit einer Zange aus dem Eingriff mit dem Bremsbacken bringen. Falls man eine wie im Bild 350 gezeigte Zange nicht zur Verfügung hat, muss man darauf achten, dass man beim Aushängen mit einer anderen Zange nicht abrutscht – Verletzungsgefahr.
- Die Bremsbacken von den Ankerstiften lösen. Die Arbeit ist in Bild 351 gezeigt. Von der Rückseite der Bremsträgerplatte mit einem Finger gegen den Stift (3) drücken und von vorn mit einer Wasserpumpenzange den Federsitz (2) in der gezeigten Weise verdrehen, bis man den Stift durch das Loch im Federsitz führen kann. Zange zurücklassen und den Federsitz und die Feder (1) abnehmen. Diese Arbeiten auf beiden Seiten durchführen.
- Die Unterseite der beiden Bremsbacken (6) und (7) aus dem unteren Widerlager (8) herausheben. Die Rückzugfeder wird dabei frei und kann abgenommen werden.
- Die beiden Backen unten gegeneinander drücken und an der Oberseite aus dem Eingriff mit den Kolben der Radbremszylinder bringen. Sofort ein Gummiband um die beiden Kolben des Radbremszylinders wickeln, damit die Kolben nicht herausgedrückt werden. In Bild 351 wird eine Federspange gezeigt, die man ebenfalls benutzen kann.
- Die Bremsbacken können jetzt abgenommen werden. Die Feder des Handbremsseils zusammendrücken und das Handbremsseil aus dem Betätigungshebel aushängen.
- Falls die Backen erneuert werden, muss man die beiden Backen voneinander trennen. Dazu die Backen in der in Bild 352 gezeigten Weise auf die Werkbank auflegen und den linken Backen in Pfeilrichtung schwenken, bis er oben aus dem Eingriff kommt, d. h. beide Rückzugfedern werden frei. An der Pfeilstelle rechts einen Schraubendreher unter die Feder untersetzen und das Federende aus der Verankerung herausheben. Die Backen auf der rechten Seite jetzt oben verdrehen, bis das Ende der Druckstan-

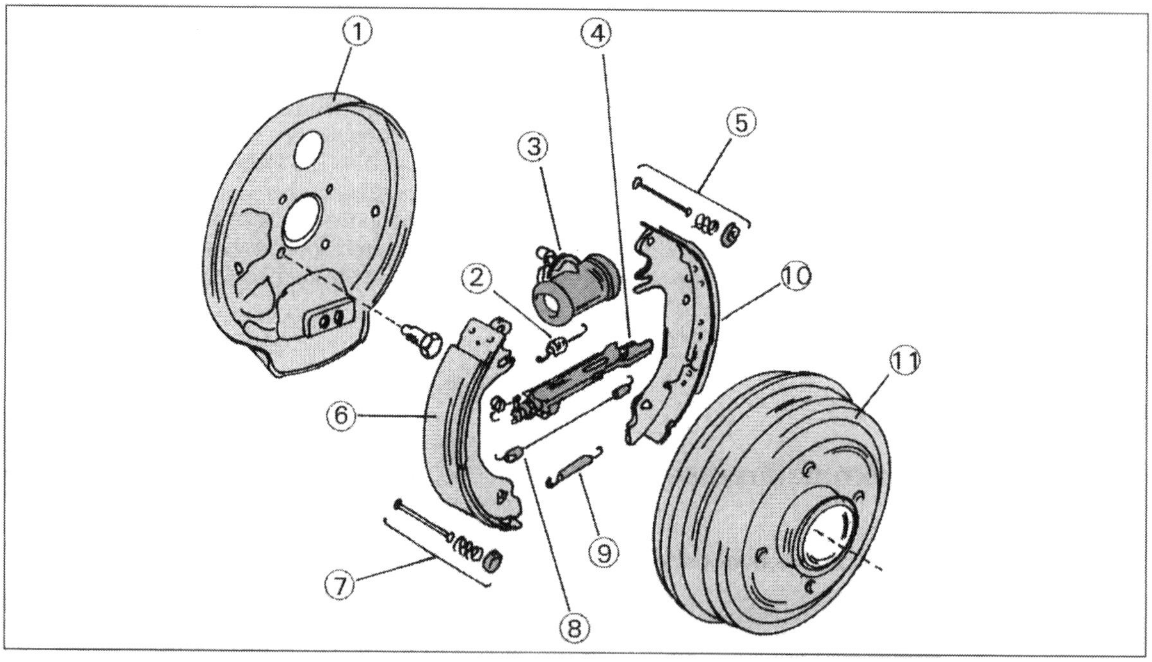

Bild 349
Zerlegte Hinterradbremse.
1 Bremsträgerplatte
2 Rückzugfeder des Verstellmechanismus
3 Radbremszylinder
4 Druckstange mit Backenversteller
5 Bremsbackenankerstifte
6 Bremsbacken
7 Bremsbackenankerstift
8 Obere Rückzugfeder
9 Untere Rückzugfeder
10 Bremsbacken
11 Bremstrommel

ge aus dem Eingriff kommt. Die obere Rückzugfeder wird dabei frei. Die Druckstange ist immer noch am linken Backen befestigt. Zum Ausbau die Druckstange nach außen ziehen, bis die Feder weit genug gestreckt ist, um die Stange im 90°-Winkel abzukippen. Beim Ausbau der Druckstangen, d. h. der Versteller für die automatische Nachstellung und des Verstellmechanismus, ist jedoch auf die Unterschiede zwischen der linken und der rechten Seite zu achten. Vor dem Zerlegen genau den Zusammenbau des Verstellers einprägen.

- Auf der linken Seite ist eine Schraube mit Linksgewinde mit einer Mutter mit zwei Rillen eingebaut.
- Auf der rechten Seite ist eine Schraube mit Rechtsgewinde mit einer Mutter mit einer Rille eingebaut.
- Der linke Verstellmechanismus ist in Bild 353 gezeigt und wird in der gezeigten Weise eingebaut.
- Der rechte Verstellmechanismus wird verkehrt herum eingebaut, jedoch verbleibt die Sicherungsfeder (1) an der Oberseite.
- Beim Zusammenbau des Verstellers darf man die Schraube nicht vollkommen gegen die Mutter schrauben, d. h. an Stelle „S" sollte ein kleines Spiel verbleiben.

Alle Teile, einschließlich der Bremsträgerplatte, einwandfrei reinigen. Falls Waschbenzin dazu verwendet wird, darf dieses nicht an die Gummikappen der Radbremszylinder kommen. Falls die Stärke der Bremsbeläge bis auf eine Stärke von 1 mm über den Nietenköpfen abgenutzt sind, baut man neue Bremsbacken ein. Falls die Radbremszylinder Zeichen von Leckstellen aufweisen, sind sie zu erneuern.

Beim Zusammenbau und Einbau der Bremsbacken folgendermaßen vorgehen. Backen und Versteller werden auf der Werkbank vormontiert.

- Falls die Bremsbacken erneuert werden, den Handbremshebel vom Backen abmontieren und mit einer neuen Sicherungsspange am neuen Bremsbacken anbringen. Die kleine Feder an der Oberseite mit dem kurzen Ende in den Bremsbacken einhängen, den zusammengebauten Einsteller (Seitenzugehörigkeit beachten, siehe oben) mit dem Ende in die Feder einhängen und die Feder damit strecken, wie es durch den Pfeil (1) in Bild 354 gezeigt ist. Sobald es möglich ist, das Verstellergestänge in die Ausschnitt des Bremsbackens hineinheben, wie es durch Pfeil (2) gezeigt ist.
- Den Anlaufbacken (A) in Bild 355 mit der Feder (C) am Ablaufbacken befestigen und die Backen entsprechend der Pfeilrichtungen zusammensetzen. Nachdem das Verstellergestänge sitzt, die Feder oben rechts mit dem Ende in den Bremsbacken einhängen.
- Die Bremsbacken jetzt an der Bremsträgerplatte ansetzen. Als Erstes das Handbremsseil einhängen.
- Die Backen an der Unterseite zusammendrücken und die oberen Enden in die Kolben des Radbremszylinders einsetzen, ohne die Gummikappen zu beschädigen. Das Gummiband oder die benutzte Spange vorher entfernen.
- Bremsbacken unten in das Widerlager heben und die Backen an der Bremsträgerplatte befestigen. Dazu die Ankerstifte von der Rückseite einsetzen und vorn die Feder und den Federsitz aufsetzen. Den An-

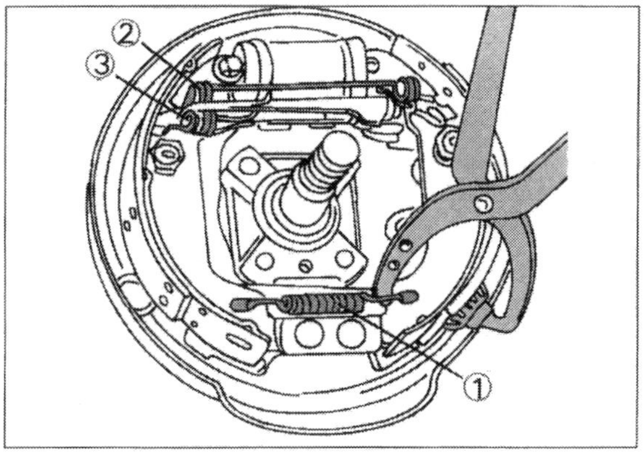

Bild 350
Die untere Feder (1) zwischen den Bremsbacken in der gezeigten Weise aushängen. Die beiden anderen Federn (2) und (3) werden beim Zerlegen der Backen aus dem Eingriff gebracht.

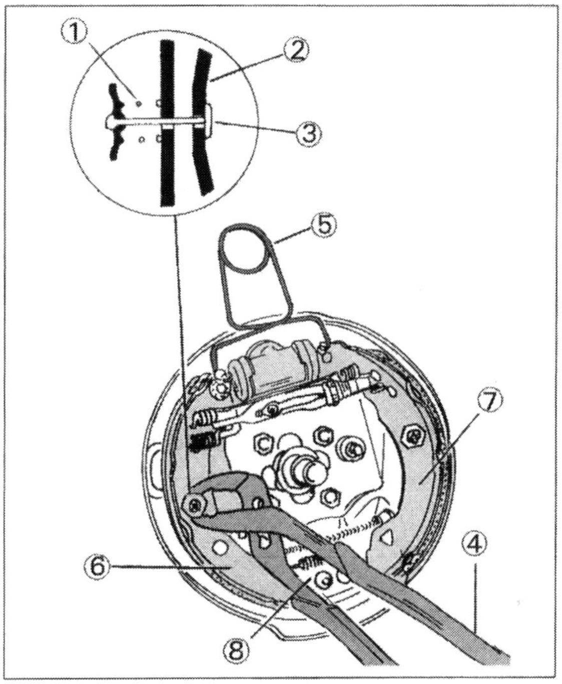

Bild 351
Einzelheiten zum Aus- und Einbau der Hinterradbremsen. Der Kreisausschnitt weist auf die Befestigungsweise der Bremsbackenankerstifte.
1 Feder
2 Bremsträgerplatte
3 Ankerstift
4 Wasserpumpenzange
5 Spannfeder für Radbremszylinder
6 Ablaufbacken
7 Anlaufbacken
8 Backenwiderlager

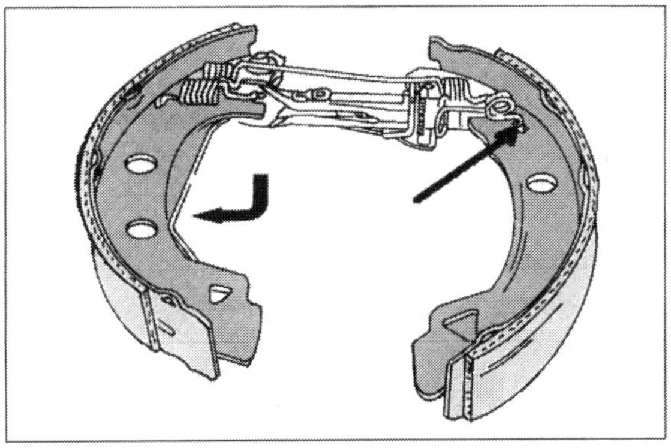

Bild 352
Zerlegung der ausgebauten Bremsbacken (siehe Text).

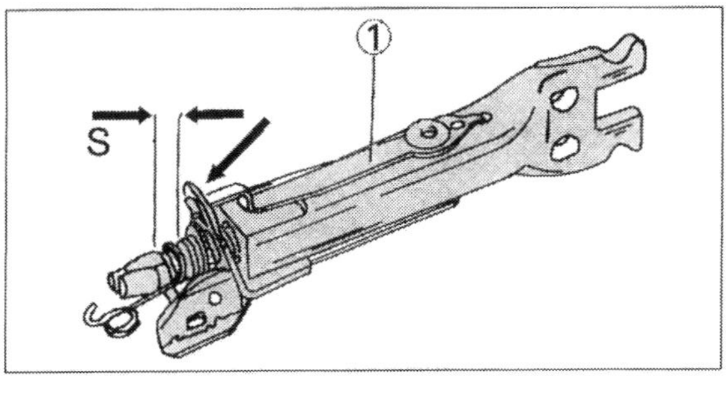

Bild 353
Ansicht des zusammengebauten Verstellers auf der linken Seite. Die Sperrfeder (1) muss auf beiden Seiten an der Oberseite sitzen. An Stelle „S" ein Spiel hinterlassen.

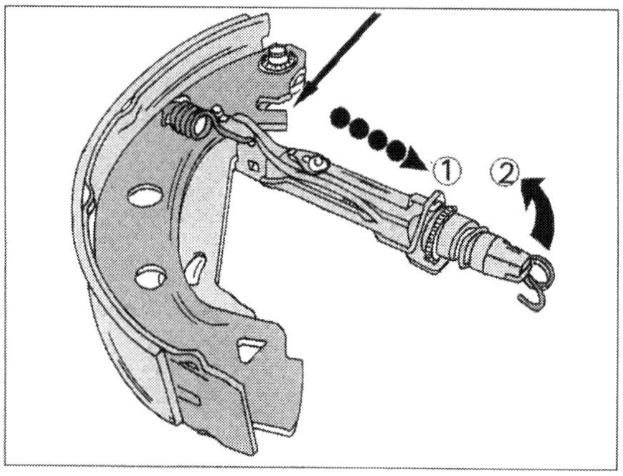

Bild 354
Anbringen des Verstellers am Ablaufbacken. Die Feder strecken, indem der Versteller in Pfeilrichtung 1 gezogen wird und danach in Pfeilrichtung 2 verdrehen, um ihn in den Bremsbacken einzusetzen.

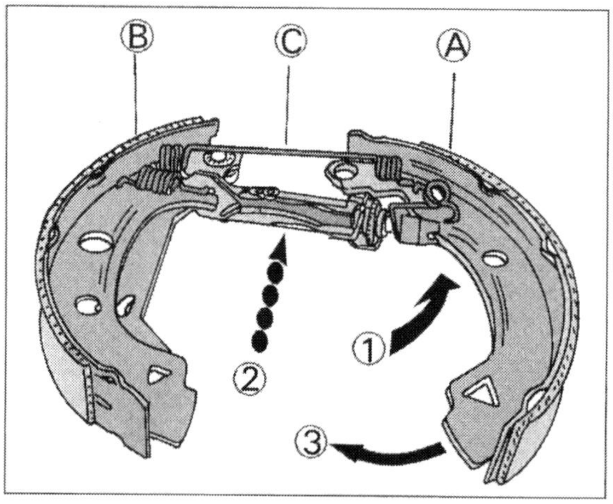

Bild 355
Anbringen des Anlaufbackens (A) an den Ablaufbacken (B). Zuerst wird die Feder (C) eingehängt.

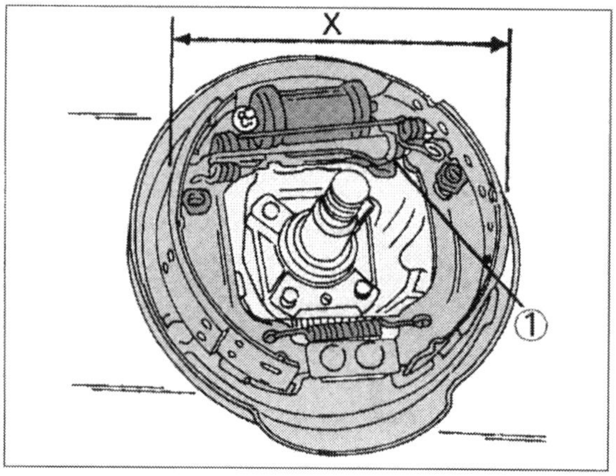

Bild 356
Den Durchmesser der eingebauten Bremsbacken auf den im Text angegebenen Wert bringen, indem man das Verstellrädchen (1) verstellt.

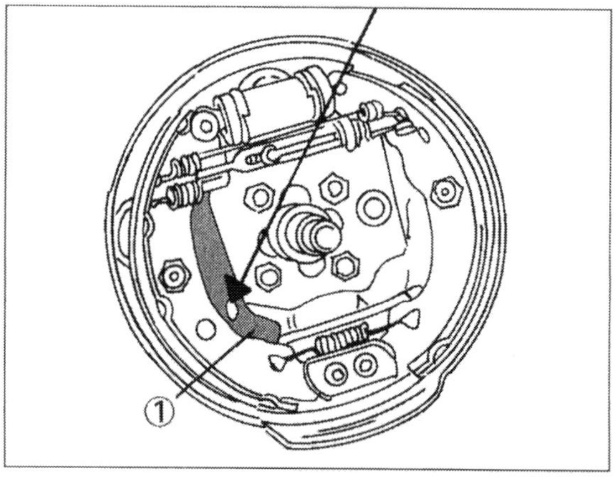

Bild 357
Zum Einstellen der Handbremse. Der Handbremshebel (1) ist entsprechend den Anweisungen in der Beschreibung zu beobachten.

kerstift von hinten gegenhalten, den Federsitz mit einer Zange erfassen und über den Stift drücken. Wenn der Stift durch die Öffnung durchkommt, den Federsitz verdrehen, bis er mit dem Stift gesperrt ist.

- Die untere Feder einhängen, wie es in Bild 348 gezeigt wurde.
- Den Durchmesser der Bremsbacken auf den betreffenden Durchmesser der Bremstrommel einstellen, indem man das Rädchen des Einstellers mit einem Schraubendreher verstellt. Dadurch wird der Nachstellmechanismus in die Grundstellung gebracht. Gemessen wird dabei entsprechend Bild 356. Diese Arbeit auf beiden Seiten durchführen.
- Die Bremstrommeln montieren, ohne die Muttern anzuziehen.
- Das Bremspedal jetzt ca. 20 Mal betätigen lassen. Wenn man das Ohr an die Bremstrommel hält, kann man ein „Klicken" vernehmen, welches auf das Funktionieren des Nachstellung hinweist. Besser ist es, wenn eine weitere Person die gegenüberliegende Seite kontrolliert.
- Die Bremstrommel wieder abmontieren und kontrollieren, dass die Handbremsbetätigungshebel gegen die Bremsbacken anliegen.
- Das Handbremsseil langsam am Ausgleichshebel anziehen, bis sich die Hebel an den Bremsbacken bewegen, wenn der Handbremshebel im Wageninneren zwischen die erste oder zweite Raste gezogen wird (natürlich von einem Helfer) und beim Anziehen auf die zweite Raste sich nicht weiter bewegen. Dies ist der in Bild 357 gezeigte Hebel. Der Hebel auf der anderen Seite muss ebenfalls kontrolliert werden. Die Kontermutter am Handbremseinsteller in dieser Stellung festziehen.
- Bremstrommeln montieren und die Muttern mit 175 Nm anziehen.
- Alle anderen Arbeiten in umgekehrter Reihenfolge durchführen.

14.6.3 Radbremszylinder

Radbremszylinder können nicht repariert werden. Im Schadensfall muss man einen neuen Zylinder einbauen (Achtung: zwei verschiedene Durchmesser). Zur Erneuerung eines Zylinders die Bremsbacken ausbauen, wie es oben beschrieben wurde, die Bremsleitung an der Rückseite des Zylinders abschrauben (Überwurfmutter) und den Zylinder abschrauben. Wir möchten jedoch darauf hinweisen, dass man den Zylinder ebenfalls ausbauen kann, ohne die Bremsbacken vollkommen herauszunehmen. In diesem Fall die obere Rückzugfeder der Backen aushängen und nach Lösen des Zylinders die Backen oben auseinanderdrücken, bis man den Zylinder herausnehmen kann. Beim Einbau darf man auf keinen Fall die Staubschutzkappen des Zylinders an den scharfen Kanten der Bremsbacken beschädigen.
Der Einbau geschieht in umgekehrter Reihenfolge. Die Überwurfmutter der Leitung mit 17 Nm anziehen, die Zylinderschrauben mit 13 Nm.

14.7 Hinterradscheibenbremsen

14.7.1 Bremsklötze erneuern

Die Bremsklötze müssen erneuert werden, wenn die Gesamtstärke der Klötze, einschließlich der Metallplatte bis auf 6,0 mm abgenutzt ist. Nur von Bendix hergestellte Scheibenbremsen werden an der Hinterachse verwendet. Beim Ausbau folgendermaßen vorgehen:

- Räder abmontieren und die Rückseite des Fahrzeuges auf Böcke setzen.
- Eine Federspange (1) in Bild 358 herausziehen und einen der Führungskeile (2) mit einem kleinen Dorn herausschlagen.
- Die Bremsklötze herausziehen. Das Bremspedal jetzt nicht mehr betätigen.

Den Zustand der Staubschutzringe kontrollieren und ebenfalls überzeugen, dass die beiden Gummiabdichtungen für den Schutz der Gleitbolzen in gutem Zustand sind. Falls sie erneuert werden müssen, sind das Ende des Kolbens und die beiden Bolzen mit sauberer Bremsflüssigkeit zu reinigen und mit Bremsfett einzuschmieren. Die neuen Gummiteile montieren.
Beim Einbau folgendermaßen vorgehen:

- Den Kolben in die Bohrung zurückstoßen. Dazu einen Schraubenzieher (quadratischer Schaft) in zwei der Schlitze in der Stirnfläche des Kolbens einsetzen und den Kolben hineindrehen, bis er sich nicht weiter drehen lässt. Aus dieser Stellung herausdrehen, bis die Markierung (1) in der Kolbenfläche in Bild 359 in einer Linie mit der Entlüftungsschraube (2) im Bremssattel steht.
- Die beiden Federn an den neuen Bremsklötzen anbringen, wie es in Bild 360 gezeigt ist.
- Die Bremsklötze einsetzen.
- Die Bremsklötze im Schacht des Bremssattels ausrichten und den Führungskeil einsetzen und einschlagen. Den Keil mit der Federspange sichern. Die Spange wird an der Innenseite des Bremssattels in der Nähe der Bremssattelrahmenschraube eingesetzt.
- Nach fertigem Einbau das Bremspedal einige Male betätigen, um die Bremsklötze an die Bremsscheibe heranzustellen.

14.7.2 Aus- und Einbau eines Bremssattels

- Die Bremsklötze ausbauen, wie es oben beschrieben wurde.
- Die Bremsleitung vom Bremssattel abschrauben.
- Das Handbremsseil abschließen.
- Die beiden in Bild 361 gezeigten Schrauben (1) entfernen.
- Den Bremssattelzylinder vom Bremsschlauch abschrauben. Einen Behälter darunter halten, um die Bremsflüssigkeit aufzufangen.

Beim Einbau des Bremssattels folgendermaßen vorgehen:

- Den Bremsschlauch anschrauben und die Bremsleitung am Bremssattel befestigen.
- Die Entlüftungsschraube öffnen und abwarten, bis Bremsflüssigkeit heraustropft. Die Schraube wieder anziehen.
- Zylinder ansetzen und die Schrauben mit 100 Nm anziehen. Die Gewinde mit Dichtungsmasse „Loctite" einschmieren.
- Bremsklötze wieder montieren, wie es bereits beschrieben wurde.
- Bremsanlage nach Einbau des Bremssattels entlüften (Kapitel 14.9). Das Entlüften wird leichter, wenn der Bremssattel durch den Anschluss für den Schlauch vorher mit Bremsflüssigkeit gefüllt wird.

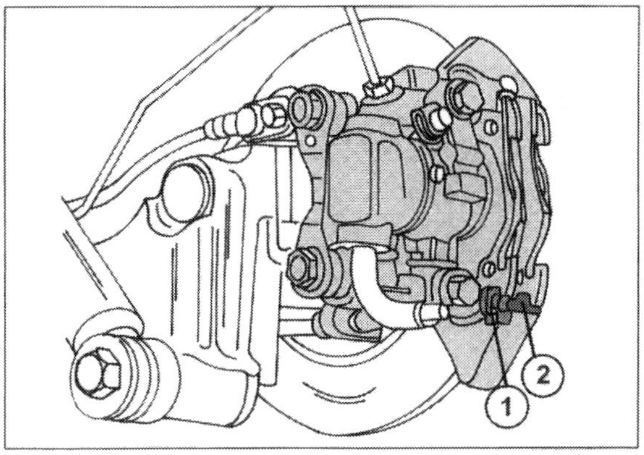

Bild 358
Zum Ausbau eines hinteren Bremssattels. Clip (1) und Führungsstift (2) müssen entfernt werden.

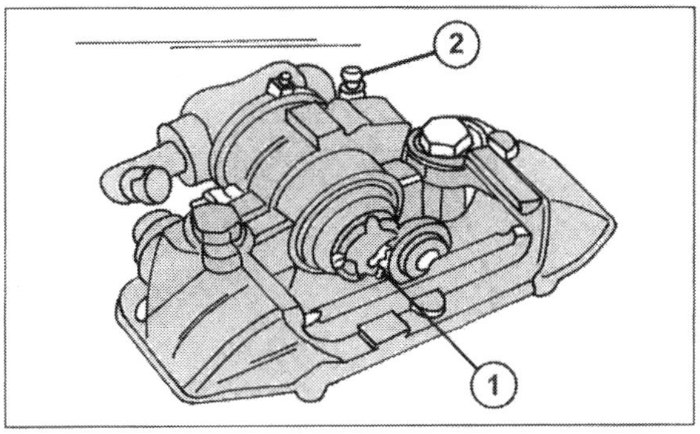

Bild 359
Den Kolben in der beschriebenen Weise verdrehen, bis die Markierung (1) im Kolben gegenüber der Entlüftungsschraube (2) steht.

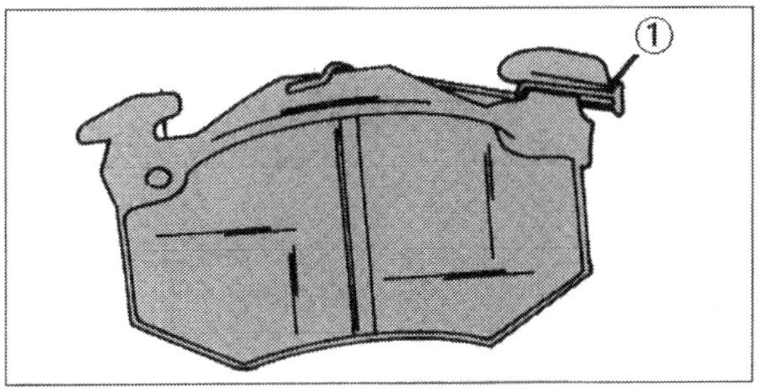

Bild 360
Richtiger Einbau der Spannfedern (1) an den neuen Bremsklötzen.

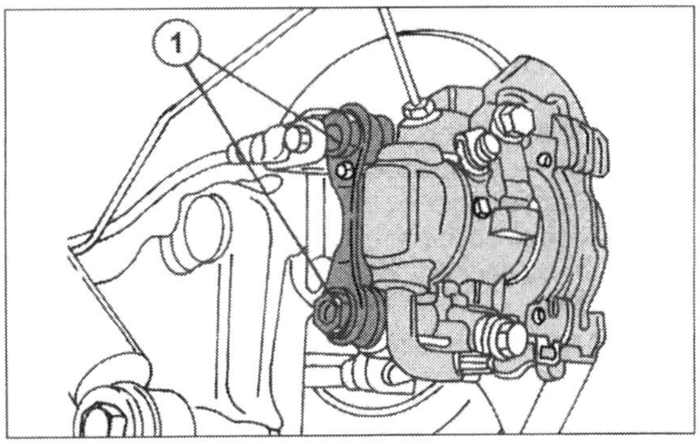

Bild 361
Die Schrauben (1) zum Lösen des Bremssattelträgers lösen.

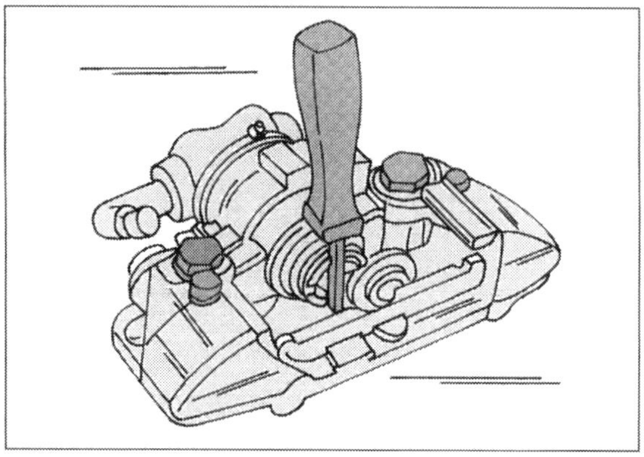

Bild 362
Ausbau des Kolbens aus einem hinteren Bremssattel.

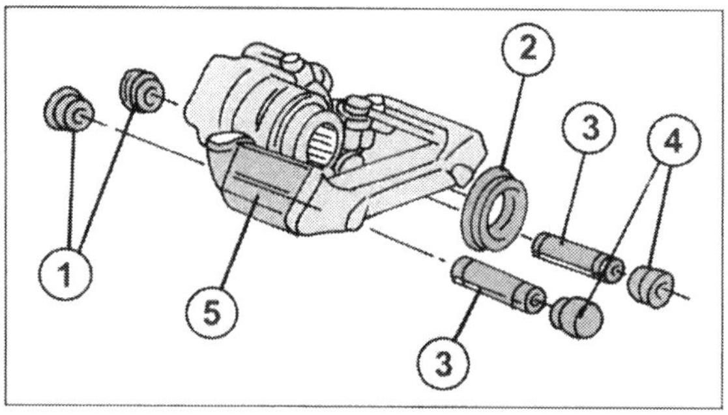

Bild 363
Ansicht eines zerlegten, hinteren Bremssattels.
1 Gummibüchse
2 Staubschutzring
3 Gleithülsen
4 Gummibüchse
5 Bremssattelgehäuse

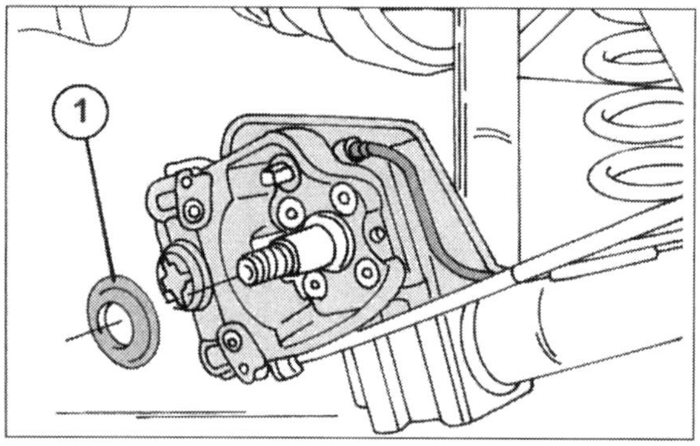

Bild 364
Nach Ausbau von Bremsscheibe und Radnabe den Ölabweisring (1) vom Achsstumpf abnehmen. Richtig herum aufsetzen, Anschrägung nach innen.

14.7.3 Bremssattel überholen

- Den Bremssattel mit Blechbacken in einen Schraubstock einspannen.
- Den Staubschutzring entfernen.
- Den Kolben ausbauen wie es in Bild 362 gezeigt ist (Schraubendreher mit Vierkantschaft), bis er sich frei drehen lässt.
- Einen Holzklotz zwischen den Kolben und den Bremssattel einlegen (ähnlich wie in Bild 345 bei einem vorderen Bremssattel gezeigt) und den Kolben vorsichtig mit Pressluft ausblasen.
- Den Dichtring aus der Innenseite der Bohrung mit einem stumpfen Gegenstand herausheben. Eine stumpfe Blattfühlerlehre kann, wie bereits bei der Vorderradbremse gezeigt, dazu verwendet werden (siehe auch Bild 346).
- Alle Teile in Spiritus reinigen und auf Verschleiß, Riefenbildung oder Korrosion von Zylinder oder Kolben überprüfen. Keine dieser Teile sollten wieder verwendet werden, falls derartige Schäden sichtbar sind.
- Einen neuen Dichtring in die Rille der Zylinderbohrung einsetzen und den Kolben sowie den Dichtring mit sauberer Bremsflüssigkeit einschmieren.
- Den Kolben einschieben, bis er nicht weiter eingesetzt werden kann und dann mit einem Schraubendreher wie in Bild 359 gezeigt weiter einschrauben, bis die Markierung in der Kolbenfläche (1) in einer Linie mit der Entlüftungsschraube (2) liegt. Dies gewährleistet eine vorschriftsmäßige Entlüftung des Bremssattels und den richtigen Einbau der Bremsklötze.
- Den Staubschutzdichtring anbringen.
- Falls erforderlich, die in Bild 363 gezeigten Teile des Bremssattels ebenfalls erneuern.

14.7.4 Radnaben und Bremsscheiben

Die Bremsscheiben sind zusammen mit den Naben gebaut und werden als Gesamteinheit aus- und eingebaut. Das Radlager kann unter einer Presse erneuert werden.

- Vorderseite des Fahrzeuges auf Böcke setzen und das Rad abschrauben.
- Die Bremsklötze und den Bremssattelträger ausbauen, wie es bereits beschrieben wurde.
- Die Mutter in der Mitte von Bremsscheibe/Radnabe abschrauben und die Scheibe/Nabe herunterziehen. Auf dem Achsstumpf sitzt ein Ölabweisring. Diesen in Bild 364 gezeigten Ring abnehmen und einen neuen einbauen.
- Der Einbau findet in umgekehrter Reihenfolge statt. Den Ölabweisring mit der Anschrägung zum Achsstumpf weisend aufschieben. Die Schrauben der Bremssattelträgerbefestigung mit „Loctite" einschmieren. Die Mutter der Radnabe/Bremsscheibe mit 175 Nm anziehen, Räder mit 90 Nm anziehen.

Bremsscheiben können nicht nachgeschliffen werden und müssen bei übermäßigem Verschleiß erneuert werden. Der Verschleiß der Bremsscheibe darf 0,5 mm auf beiden Seiten der Scheibe nicht überschreiten. Die Bremsscheibe sollte mit einer Messuhr auf Schlag kontrolliert werden. Dazu die Messuhr mit einem Halter so anbringen, dass der Messstift auf einem Durchmesser von 228 mm an der Außenseite angesetzt wird. Beim Durchdrehen der Scheibe sollte die Nadel nicht um mehr als 0,07 mm ausschlagen.

14.8 Handbremse

14.8.1 Einstellung

Die Handbremse braucht nur eingestellt werden, wenn die Bremsbacken erneuert wurden oder neue Handbremsseile eingebaut wurden. Dies gilt ebenfalls bei der Erneuerung des Handbremshebels, was natürlich kaum vorkommen sollte. Die Handbremsseile müssen in bestimmter Weise eingestellt werden, damit die Selbstnachstellung einwandfrei arbeiten kann.

Was passiert, wenn die Handbremsseile nicht vorschriftsmäßig eingestellt sind:

● Wenn die Handbremsseile zu stramm eingestellt werden, kann der Nachstellmechanismus nicht einwandfrei arbeiten. Dies kann meistens an einem langen Pedalweg erkannt werden, obwohl alles in Ordnung sein sollte.
● Wenn die Handbremsseile zur Beseitigung eines langen Weges des Handbremshebels eingestellt werden, da dieser trotz Einstellung bald wieder auftreten wird.
Bei der Einstellung der Handbremse folgendermaßen vorgehen. Vorausgesagt sei, dass man sich Zugang zum zentralen Seileinsteller unter dem Fahrzeug verschaffen muss:

Mit Trommelbremsen

● Die Radbolzen lockern und das Fahrzeug vorn und hinten auf Böcke setzen.
● Die beiden Hinterräder abschrauben und die Bremstrommeln abmontieren, wie es bei der Erneuerung der Radlager im Abschnitt 13 beschrieben wurde.
● Die Arbeitsweise des Verstellmechanismus kontrollieren, indem man das Verstellrädchen (Pfeil, Bild 365) hin- und herdreht. Es muss sich frei drehen lassen. Das Rädchen danach um 5 bis 6 Zähne zurückdrehen.
● Kontrollieren, dass die Handbremsseile nicht festgefressen sind und dass die Betätigungshebel der Handbremshebel auf beiden Seiten gegen die Bremsbacken anliegen. Dabei muss man sich an Bild 366 halten.
● An der Unterseite des Fahrzeuges das Wärmeschutzschild lösen. Der Seileinsteller kann danach an der in Bild 367 gezeigten Stelle gesehen werden.
● Die beiden Seile durch Anziehen der Mutter am Seilausgleichshebel (Pfeil) straffen, bis sich die beiden Hebel an den Bremsbacken bewegen, wenn der Handbremshebel im Fahrzeug zwischen der ersten und zweiten Raste angezogen wird. Steht der Hebel auf der zweiten Raste, müssen die Betätigungshebel an den Backen in dieser Stellung verbleiben. Dies muss man wieder durch Beobachten des Hebels in Bild 366 kontrollieren.
● Die Kontermutter der Einstellmutter in dieser Stellung anziehen.
● Räder anschrauben, das Fahrzeug wieder auf den Boden ablassen und von einem Helfer das Bremspedal betätigen lassen. Dabei an den beiden Hinterrädern auf das hörbare „Klicken" des Verstellmechanismus achten. Da dies auf beiden Seiten gleichzeitig stattfindet, muss ein weiterer Helfer auf der anderen Seite auf das „Klicken" achten.
● Rückseite des Fahrzeuges erneut anheben, den Handbremshebel im Wageninneren vollkommen zurückstellen und die Hinterräder durchdrehen. Beide Räder müssen sich ohne Schleifgeräusche drehen lassen.

Mit Scheibenbremsen

● Die Handbremsseile am Einsteller unter dem Fahrzeug vollkommen lockern, bis ein Spalt von ca. 5 mm zwischen der Bremsseilführung und dem Hebel des Bremssattels erhalten wird, wie es in Bild 368 gezeigt ist.

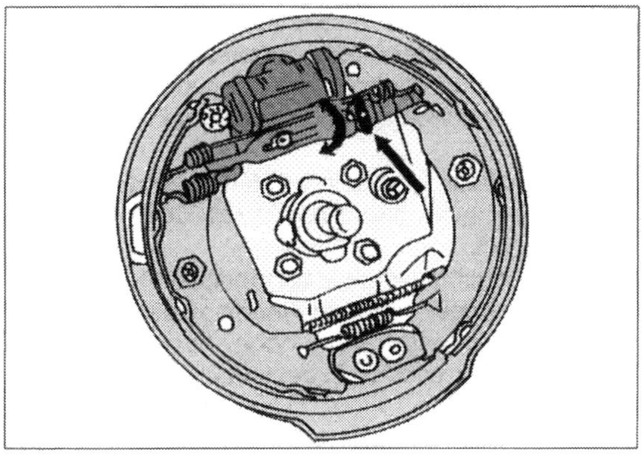

Bild 365
Das Verstellerrädchen (Pfeilstelle) hin- und herdrehen, um den Mechanismus auf Leichtgängigkeit zu kontrollieren.

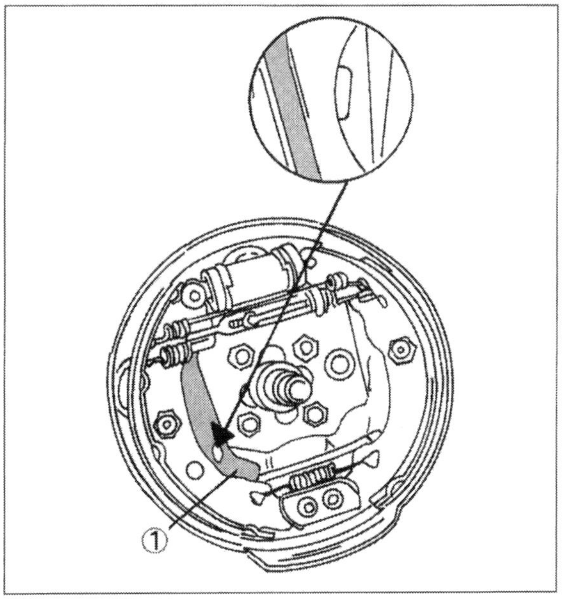

Bild 366
Zum Einstellen der Handbremse bei eingebauten Trommelbremsen. Der Handbremshebel (1) ist entsprechend den Anweisungen in der Beschreibung zu beachten.

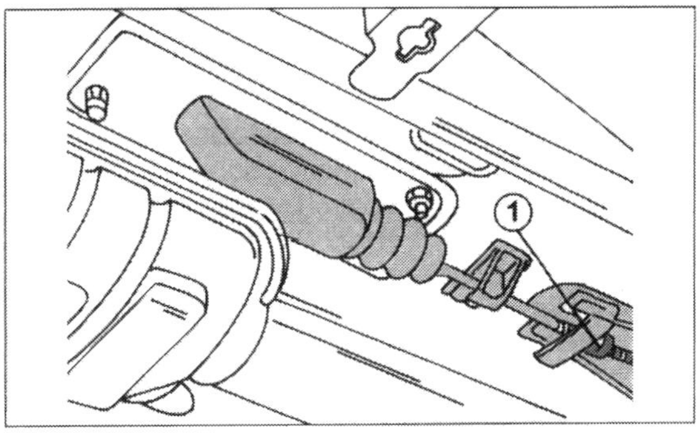

Bild 367
Die Lage des Ausgleichshebels der Handbremsseile an der Unterseite des Fahrzeuges. Die Einstellung erfolgt an der Mutter (1).

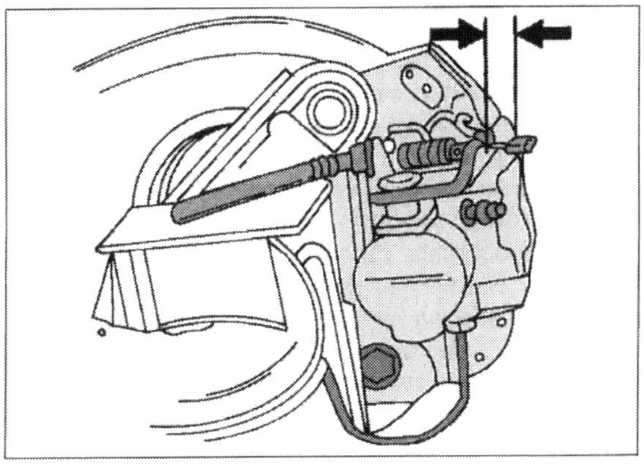

Bild 368
Einzelheiten zum Einstellen der Handbremse bei eingebauten Scheibenbremsen.

- Bremspedal einige Male durchtreten.
- Die Hebel an den hinteren Bremssätteln einige Male betätigen und kontrollieren, dass sie ohne Unterstützung ungezwungen und vollkommen zurückkehren.
- Den Einsteller der Seile wieder anziehen, bis der Spalt an der gezeigten Stelle in Bild 368 nicht mehr vorhanden ist.
- Kontrollieren, dass die Räder feststehen, wenn der Handbremshebel 10 bis 11 Rasten angezogen wird. Die Räder müssen sich ohne Schleifgeräusche durchdrehen lassen, wenn der Hebel zurückgelassen ist.

14.9 Entlüften der Bremsanlage

Achtung: Siehe Kapitel 14.12, wenn das Fahrzeug mit ABS ausgerüstet ist.

Ein Entlüften der hydraulischen Anlage ist erforderlich, falls das Bremsleitungsnetz an irgendeiner Stelle geöffnet wurde oder Luft auf andere Weise in die Anlage gekommen ist.
Vor der Entlüftung der Anlage sind Schmutz und Fremdkörper von den Entlüftungsstellen und dem Einfüllverschluss des Vorratsbehälters zu entfernen.
Falls nur ein Radbremszylinder oder ein Bremssattel abgeschlossen wurde, könnte es ausreichen, wenn man nur diesen betreffenden Bremskreis entlüftet, d. h. hinten rechts und vorn links oder hinten links und vorn rechts. Bei einer Entlüftung der gesamten Anlage immer an den Hinterradbremsen anfangen.
In der Werkstatt werden die Bremsen mit Hilfe eines Druckentlüftungsgeräts entlüftet. Bei der folgenden Beschreibung können wir nur auf die überlieferte Entlüftungsweise durch „Aufpumpen" der Bremsanlage eingehen.

- Einen durchsichtigen Kunststoffschlauch nach Entfernen der Staubschutzkappe auf das betreffende Entlüftungsventil aufstecken. Das andere Ende des Schlauches in ein mit etwas Bremsflüssigkeit gefülltes Glasgefäß einhängen.
- Das Bremspedal von einer zweiten Person auf den Boden durchtreten lassen. Die Entlüftungsschraube um eine halbe Umdrehung öffnen, wenn das Pedal auf dem Boden aufsitzt. Den aus dem Schlauch austretenden Flüssigkeitsstrom beobachten.
- Sobald keine Luftblasen mehr herauskommen, ist alle Luft aus der Anlage ausgeschieden. Das Bremspedal beim letzten Hub auf dem Boden halten und das Entlüftungsventil schließen. Das Pedal langsam zurückkehren lassen.
- Gleiche Arbeiten in der angegebenen Reihenfolge an den anderen Entlüftungsschrauben durchführen.

Es wird nochmals darauf hingewiesen, dass der Stand der Bremsflüssigkeit laufend kontrolliert werden muss, sodass keine Luft in die Anlage gesaugt wird. Niemals aus der Anlage ausgepumpte Flüssigkeit wieder in den Behälter einfüllen. Auch keine Flüssigkeit verwenden, welche längere Zeit ohne Verschluss gestanden hat. Um keine Fehler bei der Verwendung von Bremsflüssigkeit zu machen, sollte man die von Renault gehandelte Flüssigkeit verwenden.

14.10 Bremsdruckregler

Der Bremsdruckregler kann nicht repariert werden und ist im Schadensfall zu erneuern. Die Einstellung des Bremsdruckreglers ist möglich und erfolgt durch Verlängerung oder Verkürzung des Reglergestänges. Die Einstellung des Absperrdrucks des Reglers ist eine Arbeit, die man in einer Renault-Werkstatt durchführen lässt. Zwei Druckmanometer sind zur Kontrolle erforderlich und außerdem liegt eine Tabelle vor, die die Druckabgleichung zwischen den Vorder- und den Hinterradbremsen angibt.

14.10.1 Aus- und Einbau

Da der Bremsdruckregler nach Einbau vorschriftsmäßig eingestellt werden muss, sollte man die gesamte Arbeit der Erneuerung des Reglers einer Werkstatt überlassen. Ein Anzeichen des Ausfalls des Druckreglers ist z. B. ein Ihnen unbekanntes Blockieren der Hinterräder.

14.11 Bremskraftverstärker (Servo)

Eine Überholung des Bremskraftverstärkers sollte nicht vorgenommen werden, da zum Zerlegen und Zusammenbauen Spezialwerkzeuge erforderlich sind. Ein Ausfall des Bremskraftverstärkers bedeutet keinen Verlust der Bremsleistung, lediglich ist der Kraftaufwand am Bremspedal größer, um den gleichen Bremsweg einzuhalten.
Falls Sie das Fahrzeug ohne laufenden Motor eine Steigung herunterrollen lassen, sollten Sie daran denken, dass sich der Unterdruck nach einigen Betätigungen der Bremsen aufbraucht und die Bremsanlage danach ohne Servounterstützung arbeitet. Der Kraftaufwand wird entsprechend größer.

Ehe Sie irgendwelchen Arbeiten am Bremskraftverstärker durchführen, können Sie die Anlage folgendermaßen kontrollieren:

- Den Motor abstellen und das Bremspedal mehrere Male betätigen, um jeglichen Unterdruck aus der Anlage auszuscheiden.
- Das Pedal fest auf den Boden drücken und den Motor anlassen. Das Pedal muss jetzt fühlbar nachgeben. Falls dies nicht der Fall ist, kann man annehmen, dass irgendetwas nicht stimmt. Die einzige Kontrolle, die Ihnen verbleibt, ist die Überprüfung der richtigen Anschlussweise des Unterdruckschlauchs am Bremskraftverstärker oder auf der anderen Seite am Ansaugsammelrohr oder an der Unterdruckpumpe.

Der Hauptbremszylinder muss ausgebaut werden, ehe man an den Bremskraftverstärker heran kann. Außerdem die Schutzeinfassung der Batterie (4 Schrauben, 1 Mutter) sowie den Ausgleichsbehälter der Kühlanlage ausbauen. Letzteren in Richtung Motor verlegen, um mehr Raum zu schaffen. Eine Federspange und ein Splintbolzen werden zum Befestigen der Stößelstange am Bremspedal verwendet. Zum Lösen der Federspange die Unterseite nach außen ziehen und die Spange danach nach oben zu abziehen. Den Unterdruckschlauch vom Anschluss abziehen.

Der Filter am Stößelstangenende des Bremsgeräts kann erneuert werden. Dazu mit einem spitzen Gegenstand in den Filter stoßen und diesen herausdrücken. Den neuen Filter aufschneiden, um ihn über die Stößelstange zu setzen. Bild 369 zeigt eine Darstellung der Erneuerung.

Das Rückschlagventil hat das in Bild 370 gezeigte Aussehen. Auf das obere Ventil (1) ist der Unterdruckschlauch aufgesteckt und befestigt, die andere Seite ist in die in den Bremskraftverstärker eingesetzte Gummiabdichtung (2) eingeschoben. Zur Erneuerung den Schlauch abziehen und das Ventil an der Außenseite erfassen. Das Ventil unter gleichzeitigem Hin- und Herwackeln aus dem Bremsservo herausziehen. Kontrollieren, ob die Gummiabdichtung noch einwandfrei aussieht und das neue Ventile fest einschieben. Den Schlauch danach wieder aufstecken und befestigen.

Falls ein neuer Bremskraftverstärker eingebaut wird, muss die Länge der Stößelstange neu eingestellt werden. Die Länge „L" in Bild 371 muss auf ein Maß von 104,8 mm gebracht werden. Die geschieht nach Lockern der Kontermutter (3) und Verstellen des Gabelkopfes (2). Auf der anderen Seite des Bremskraftverstärkers das hervorstehende Ende der Stößelstange für den Hauptbremszylinder ausmessen. Das Maß „X" muss 22,3 mm betragen und die Stößelstange muss nach Lockern der Kontermutter auf dieses Maß gebracht werden. Die Kontermutter nach der Einstellung wieder anziehen. Wie bereits weiter vorn erwähnt, ist diese Einstellung nicht bei allen Fahrzeugausführungen möglich.

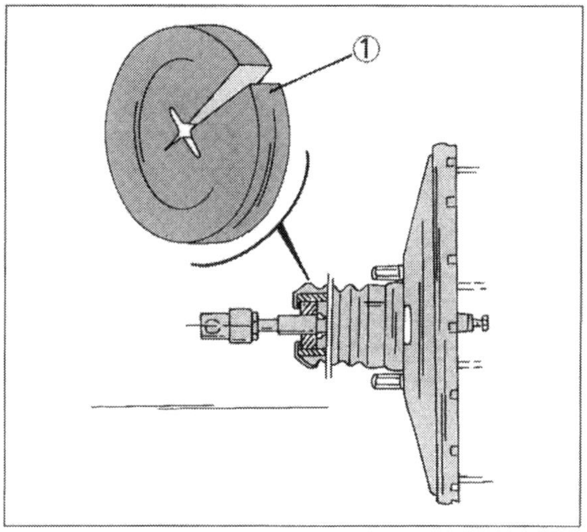

Bild 369
Die Lage des Filters im Bremskraftverstärker. Den Filter (1) zerschneiden und beim Einbau über die Stößelstange und in das Verstärkergerät einfügen.

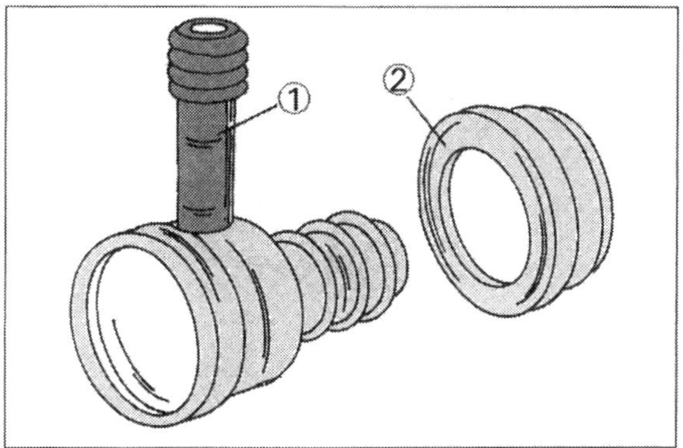

Bild 370
Ansicht des Rückschlagventils im Bremskraftverstärker. Der Anschluss (1) ist mit dem Unterdruckschlauch verbunden. Das Ventil wird in die Gummiabdichtung (2) eingedrückt.

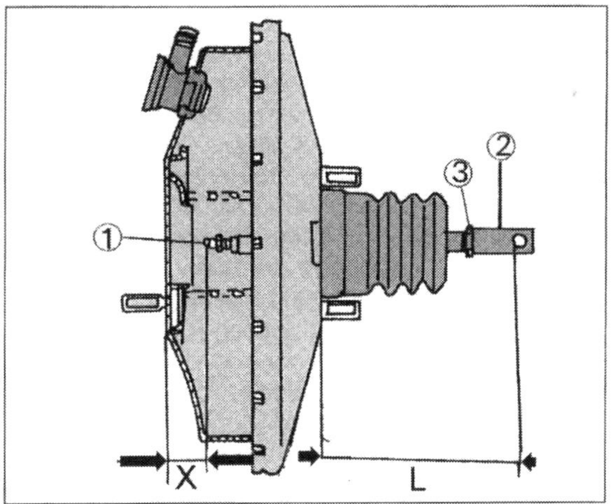

Bild 371
Einstelleinzelheiten für den Bremskraftverstärker. Die Größe der Maße „X" und „L" sind im Text angegeben.
1 Stößelstange
2 Gabelkopf
3 Kontermutter

14.12 ABS-Anlage

Es ist normalerweise nicht der Sinn des Buches, auf die Arbeitsweise der ABS-Anlage einzugehen, jedoch werden Sie Ihre Anlage besser verstehen, wenn Sie wissen wie sie arbeitet. Als Erstes sollte man Folgendes wissen:

- Die eingebaute Anlage ist von Bosch hergestellt und trägt die Bezeichnung 5.3.
- Der entscheidende Sicherheitsfaktor der ABS-Anlage ist die Fähigkeit, die Räder am Blockieren zu hindern, wenn das Fahrzeug heftig abgebremst wird, wodurch die Gewährleistung besteht, dass man das Fahrzeug noch lenken kann. Auch bei einer Notbremsung besteht immer noch die Chance, dass man ein Hindernis umfahren kann, ohne dass die Hinterräder ausbrechen. Man darf aber nie vergessen, dass eine ABS-Anlage keine Wunder vollbringen kann. Falls die physikalischen Grenzen der Anlage überschritten werden, d. h. die Geschwindigkeiten sind zu hoch, kann auch ein Fahrzeug mit ABS-Anlage ins Schleudern geraten.
- Vier elektronische Fühler zur Aufnahme der Raddrehzahl, die in die Achsschenkel oder den hinteren Radnabenträger eingesetzt sind, überwachen unabhängig voneinander die Drehzahl jeden Rades, indem sie die Drehzahl der am Achsenstumpf angebrachten Zahnkränze „überwachen". Unabhängig bedeutet jedoch, dass die beiden Vorderräder getrennt reguliert werden. Die beiden Hinterräder werden jedoch

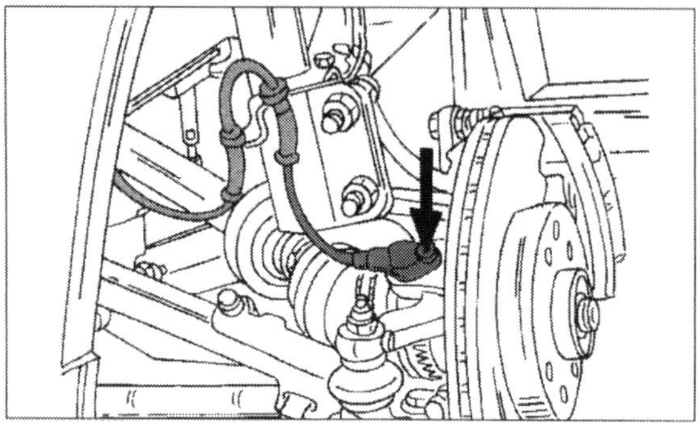

Bild 372
Die Lage des Drehzahlfühlers an der Vorderradbremse ist mit dem Pfeil gezeigt.

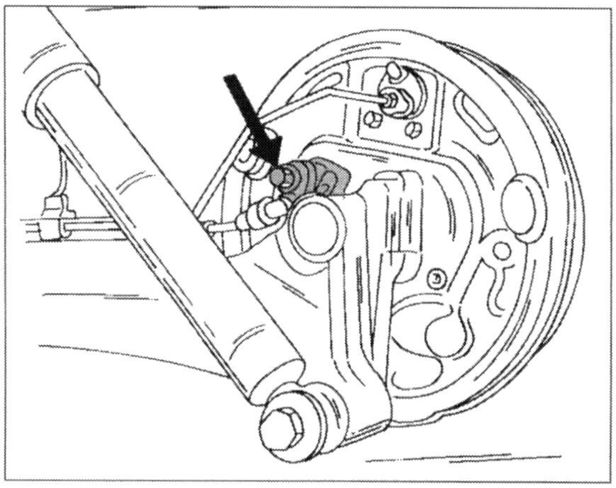

Bild 373
Der Drehzahlfühler sitzt bei der Trommelbremse an der mit dem Pfeil gezeigten Stelle.

gleichzeitig reguliert. Sobald eines der Räder blockiert, tritt eine Gesamtregulierung der Hinterräder ein. Normalerweise haben die Fahrzeuge Scheibenbremsen an allen Rädern, wenn ABS eingebaut ist. Bei diesen Fahrzeugen werden jedoch Trommelbremsen an der Hinterachse verwendet (mit Ausnahme von Fahrzeugen mit Scheibenbremsen natürlich). Bilder 372 und 373 zeigen, wo die Fühler und die darunterliegenden Zahnkränze sitzen, wenn eine ABS-Anlage eingebaut ist. Ein Computer nimmt diese Drehzahlsignale auf und wertet alle Abnormitäten im Verhältnis zu den vorprogrammierten Werten aus. Durch diesen Prozess wird der Bremsdruck auf das betreffende Rad vier bis zehn Mal in der Sekunde in Verbindung mit der hydraulischen Anlage verringert oder erhöht, viel schneller, als man dies durch „stotterndes" Betätigen des Bremspedals durchführen kann und außerdem wird die Bremsregulierung an jedem Rad einzeln vorgenommen und nicht an allen vier Rädern gleichzeitig, wie dies durch Betätigung des Bremspedals bei Fahrzeugen ohne ABS-Anlage der Fall ist.

- Zwei hydraulische Ventile verteilen genau den erforderlichen Bremsdruck an die Vorderradbremsen in Abhängigkeit von der Straßenbeschaffenheit. Ein weiteres Regelventil steuert die Hinterradbremsen. In diesem Fall reagiert das elektronische Steuersystem zuerst auf das zuerst blockierte Rad. Bei optimaler Abbremsung verbleibt das Fahrzeug lenkbar, die Richtungsstabilität wird beibehalten und das Fahrzeug kann unter Kontrolle gehalten werden.

Da Ihnen die ABS-Anlage zusätzliche Sicherheit geben soll, empfehlen wir nicht, irgendwelche anderen Arbeiten daran durchzuführen, obwohl einige Arbeiten keine Schwierigkeiten machen. Ihre Werkstatt wird jedoch weitaus besser in der Lage sein, dies durchzuführen. Es werden aber immer Arbeiten am Fahrzeug vorkommen, die ohne Zweifel die ABS-Anlage beeinflussen. Aus diesem Grund müssen die folgenden Vorschriften bei jeglichen Arbeiten an der Bremsanlage beachtet werden:

- Alle Anschlüsse und deren unmittelbare Umgebung einwandfrei reinigen, ehe sie gelöst werden.
- Ausgebaute Teile auf eine saubere Fläche ablegen und mit Kunststofffolie oder sauberem Papier abdecken. Keine flusenden Lappen dazu verwenden.
- Geöffnete Teile der Anlage gut abdecken oder verschließen, falls die Reparatur nicht sofort durchgeführt werden kann. Dies gilt besonders, wenn man das Fahrzeug im Freien abstellen muss.
- Nur vollkommen saubere Teile einbauen. Auf keinen Fall Teile wieder verwenden, welche längere Zeit gelegen haben.
- Mit dem Vorhandensein von Luftkompressoren, die man anstelle des Zigarrenanzünders einstecken kann, ist es immer verlockend, Pressluft zum Reinigen von Teilen zu verwenden. Dies auf keinen Fall durchführen, falls Anschlüsse der Anlage geöffnet sind.

Nach Einschalten der Zündanlage baut die Hydraulikpumpe innerhalb 60 Sekunden den Betriebsdruck für die Anlage auf. Die ABS-Warnleuchte leuchtet 2 bis 20 Sekunden auf, je, nachdem, wie hoch der Druck in der Anlage ist. Das elektronische Steuergerät in der Anlage überprüft jetzt die einzelnen Komponenten. Falls dabei irgendwelche Störungen festgestellt werden, arbeitet die Bremsanlage in diesem Fall wie eine konventionelle Anlage ohne ABS-Anlage. Falls dies vorkommt, d. h. die Warnleuchte bleibt erhellt, muss man sich an eine Werkstatt wenden.
Diese ist in der Lage, anhand einer Störungsdiagnose den Fehler in der Anlage mit Spezialgeräten herauszufinden, welcher entweder elektrischer oder hydraulischer Natur sein kann.
Die folgenden Arbeiten könnten jedoch schon einmal erforderlich sein und sollen aus diesem Grund beschrieben werden.
Wie die Teile der ABS-Anlage zueinander stehen, zeigt Ihnen Bild 374.

14.12.1 Aus- und Einbau von Teilen der ABS-Anlage

Aus- und Einbau des Drehzahlfühlers an der Vorderachse

- Fahrzeug vorn auf Böcke setzen und das Vorderrad abschrauben.
- Die Schraube (Pfeil in Bild 372) herausdrehen (Torx-Kopf) und den Raddrehzahlfühler aus dem Achsschenkel herausziehen.
- Das Kabel von den im Bild gezeigten Befestigungen lösen und den Stecker neben der vorderen Aufhängung des Motornebenrahmens trennen.
- Die Innenseite der Bohrung im Radlagergehäuse einwandfrei reinigen und den neuen Drehzahlfühler in die Bohrung des Radlagergehäuses einschieben (vorher etwas mit Mehrzweckfett einschmieren), die Schraube eindrehen und mit einem Drehmoment von 8 Nm anziehen.

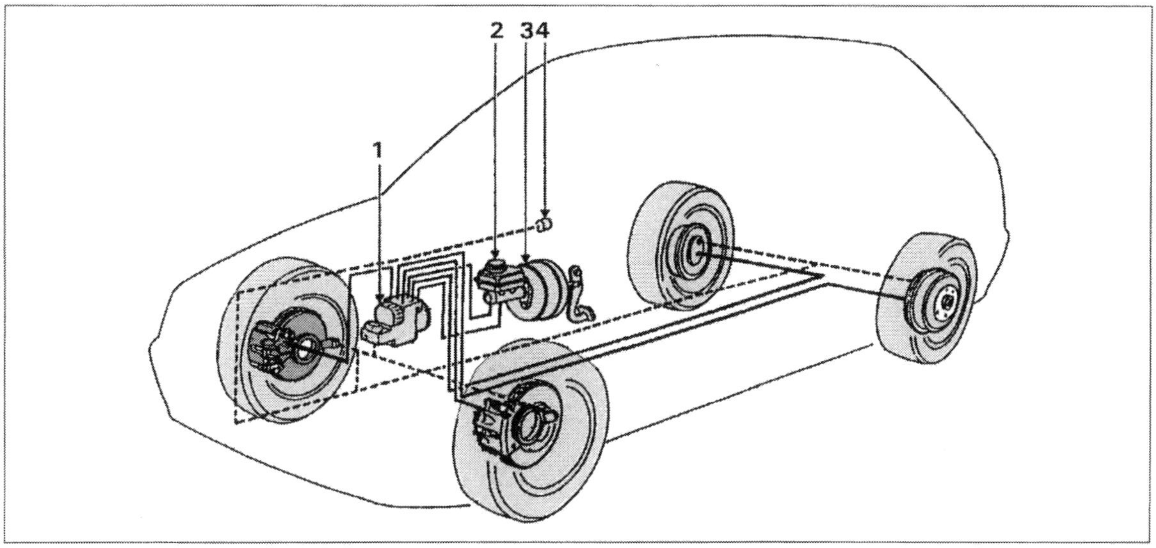

Bild 374
ABS-Diagramm.
1 Hydrogerät
2 Hauptbremszylinder
3 Bremskraftverstärker
4 Kontrollleuchte im Armaturenbrett

- Den Kabelstecker wieder aufstecken und das Kabel befestigen.
- Die Räder vollkommen in beide Einschläge einschlagen und kontrollieren, dass sich das Kabel in keiner Stellung anderen Teilen der Radaufhängung nähern kann.

Aus- und Einbau des Drehzahlfühlers an der Hinterachse

- Fahrzeug hinten auf Böcke setzen und das Rad abschrauben.
- Unter Bezug auf Bild 373 die Schraube (Pfeil) mit einem Ringschlüssel von S/W 10 aus der Achse herausdrehen.
- Das Kabel von den Befestigungsschellen freimachen und den Stecker der Kabelverbindung trennen.
- Den Drehzahlfühler aus der Achse herausziehen.
- Die Innenseite der Bohrung einwandfrei reinigen, den neuen Drehzahlfühler ringsherum gut mit dem bereits genannten Fett einschmieren und die Schraube eindrehen. Die Schraube mit 8 Nm anziehen.
- Den Kabelstecker wieder aufstecken und das Kabel befestigen.

Hydrogerät und elektronisches Steuergerät

Da das Entlüften der Bremsanlage eine heikle Angelegenheit ist, sehen wir von der Beschreibung des Aus- und Einbaus ab. Ein neues Hydrogerät kommt vorgefüllt mit Bremsflüssigkeit. Der Grund dafür liegt in der Konstruktion des Geräts. Falls die elektrische Pumpe Luft in das Hydrogerät ansaugen kann, wird es sehr schwer oder sogar unmöglich sein das Gerät zu entlüften, d. h. es wird nutzlos. Falls Fehler im Hydrogerät vermutet werden, müssen wir Sie deshalb an eine Werkstatt verweisen.

Entlüften der hydraulischen Anlage

Hinweis: Falls nach Entlüften der Anlage in der unten beschriebenen Weise kein einwandfreier Druck zustande kommt, muss das Hydrogerät entlüftet werden. In diesem Fall müssen Sie sich an eine Werkstatt wenden. Die Fahrt dahin mit der notwendigen Vorsicht vornehmen (vorausgesetzt, dass überhaupt Druck vorhanden ist).

Je nach durchgeführten Arbeiten sind unterschiedliche Arbeiten beim Entlüften der Bremsanlage zu befolgen. Das Entlüften des Hydrogeräts wurde aus den oben beschriebenen Gründen weggelassen. Die anderen Arbeiten können jedoch durchgeführt werden, ohne dass das Hydrogerät dabei betroffen wird.

Nach Aus- und Einbau eines Bremssattels

- Vorratsbehälter mit Flüssigkeit füllen.
- Einen Entlüftungsschlauch auf die Entlüftungsschraube des betreffenden Bremssattels aufstecken, die Entlüftungsschraube um eine halbe Umdrehung öffnen und das Bremspedal durchtreten und auf dem Boden halten lassen. Die Schraube wieder festziehen und das Pedal zurückkommen lassen. Ungefähr 3 Sekunden warten.
- Diesen Entlüftungsvorgang ca. 10 Mal wiederholen, bis die in das Glasgefäß einströmende Flüssigkeit frei von Luftblasen ist.
- Das Bremspedal jetzt zwei- oder dreimal durchpumpen lassen und danach die Entlüftungsschraube öffnen, bis das Pedal auf dem Boden ansitzt. Die Schraube jetzt schließen. Die gleiche Arbeit wiederholen.
- Den Behälter auf den vorschriftsmäßigen Flüssigkeitsstand füllen.

Entlüften nach Einbau des Hauptbremszylinders

Um den Hauptbremszylinder vorschriftsmäßig zu füllen, muss man die Auslassanschlüsse des Zylinders verschließen. Dies muss man durch Einschrauben von Entlüftungsschrauben durchführen, mit deren Hilfe dann auch der Zylinder entlüftet werden kann.

- Vorratsbehälter füllen und die Entlüftungsschraube des Hauptdruckkreises (neben dem Bremskraftverstärker) des Hauptbremszylinders öffnen und das Bremspedal durchtreten und auf dem Boden halten lassen.
- Entlüftungsschraube schließen und das Bremspedal langsam zurückkommen lassen. Drei Sekunden warten, damit sich der Zylinder wieder füllen kann.
- Die beschriebenen Entlüftungsarbeiten 5 bis 6 Mal wiederholen.

- Den Bremszwischenkreis in gleicher Weise entlüften.
- Vor dem Anschließen der Bremsleitungen am Zylinder das Bremspedal mindestens 30 mm durchtreten lassen, damit keine Flüssigkeit aus dem Vorratsbehälter in den Zylinder laufen kann und auch keine Flüssigkeit aus dem Zylinder auslaufen kann.
- Die Leitungen jetzt am Zylinder anschließen.
- Die Bremsanlage jetzt entlüften, wie es bereits nach Einbau eines Bremssattels beschrieben wurde. Die Reihenfolge lautet: vorn links, hinten rechts, vorn rechts und hinten links.

Wenn Sie den Zündschlüssel drehen, springt der Motor an. Wenn es draußen regnet oder kalt ist, schalten Sie die Scheibenwischer oder das Gebläse ein. Ein Griff an den Lichthebel genügt, und die Scheinwerfer strahlen hell in der Dunkelheit. Damit das alles funktioniert, braucht das Fahrzeug Strom. Die Liste der Stromverbraucher in Ihrem Fahrzeug ist freilich viel länger. Denn auch Systeme wie Motorsteuerung und Benzineinspritzung oder die Dieseleinspritzanlage müssen während der Fahrt mit Energie versorgt werden. Doch so wichtig die Autoelektrik auch ist – manchem Fahrer fällt zu diesem Thema eine unangenehme Geschichte ein. Die beginnt meist damit, dass der Strom im Motorraum produziert wird. Die Arbeitsbedingungen sind dort nicht gerade ideal. Mal ist es zu kalt, mal zu warm, oft ist es feucht und manchmal richtig nass. Und weil viele Stromverbraucher an exponierten Stellen sitzen, sind Störungen programmiert. Aber auch Batterie und Lichtmaschine, die Stromerzeuger, sorgen bisweilen für Ärger. Verlieren Sie jedoch nicht gleich den Mut, wenn Sie einen Schalter drücken und nichts geschieht. Oft sitzt nur ein Kabel lose oder ein Kontakt ist korrodiert. Viele Störungen an der Elektrik lassen sich mit einfachen Mitteln beheben. Auch dann, wenn man kein Elektrik-Profi ist.

Alle in dieser Ausgabe behandelten Fahrzeuge sind mit einer elektrischen Anlage mit einer Spannungsstärke von 12 Volt ausgerüstet. Die Masserückstromführung erfolgt über die Minusklemme der Batterie. Die Batterie befindet sich im Motorraum und hat im Allgemeinen eine Kapazität von 40 Ah oder 70 Ah beim Dieselmotor.
Ein Schubtriebanlasser wird zum Anlassen des Motors verwendet. Der Anlassschalter bildet einen Teil des Zündschalters und erregt bei Betätigung einen im Anlasser montierten Einrückmagnetschalter. Auch der Anlasser ist je nach eingebauten Motor nicht gleich, da Renault von Valeo oder Bosch hergestellte Anlasser während der Produktion einbaut.
Die eingebaute Drehstromlichtmaschine hat je nach eingebautem Motor und eingebauter Ausrüstung eine unterschiedliche Leistung. Dies bedeutet, dass man bei einem Austausch den genauen Motor angeben muss.
Die Lichtmaschine wird über einen Riemen von der Kurbelwelle aus angetrieben. Ein elektromechanischer Regler dient zur Regulierung des Ladestromes und befindet sich auf dem hinteren Deckel.
Eine in die Instrumententafel eingesetzte Ladekontrollleuchte gibt eine Anzeige über das einwandfreie Funktionieren der elektrischen Anlage, soweit die Aufladung der Batterie betroffen ist.

15.1 Allgemeine Begriffe

Batterie, Generator und Anlasser – Die Grundbegriffe der Elektrik

Elektrischer Strom kann nur in einem geschlossenen Stromkreis fließen. Der besteht aus Erzeuger (z. B. Batterie), Verbraucher (z. B. Glühlampe, Anlasser) und den Leitungen (Kabel), mit denen Erzeuger und Verbraucher verbunden sind. Die Grundbegriffe der Elektrik veranschaulicht folgendes Beispiel. Stellen Sie sich eine Wasserleitung vor, durch die unter einem bestimmten Druck eine bestimmte Menge Wasser fließt. Dieses System lässt sich mit einem Stromkreis vergleichen.

Spannung. Sie entspricht dem Druck in der Wasserleitung. Wird in Volt (V) gemessen.

Strom. Entspricht der Wassermenge, die in einer bestimmten Zeit durch die Leitung fließt. Maßeinheit ist Ampere (A).

Leistung. Das Produkt aus Spannung und Strom gibt an, welche elektrische Arbeit ein Stromerzeuger an einen Verbraucher abgibt. Wird in Watt (W) angegeben.

Widerstand. Vergleichbar mit dem Absperrhahn der Wasserleitung. Ist er ganz geöffnet, fließt das Wasser ungehindert (Widerstand 0). Dreht man den Hahn zu, erhöht sich der Widerstand, bis das Wasser nicht mehr fließen kann (Widerstand ∞). Maßeinheit ist Ohm (Ω).

Kabel. Entsprechen der Wasserleitung. Die Dicke der Leitung (Querschnitt) hängt vom Verbraucher ab. Ein Kontrolllämpchen kommt mit einer Kabelstärke von 0,5 mm^2 aus, der Anlasser braucht dagegen eine 16-mm^2-Leitung. Ein zu dünnes Kabel heizt sich auf – die Spannung fällt ab. Dann kommen zum Beispiel am Scheinwerfer nicht 12 Volt, sondern nur 10 oder 9,5 Volt an – das Licht wird trübe.

Spannung, Strom und Widerstand messen

Wenn Sie wissen wollen, ob die verschiedenen elektrischen Systeme Ihres Fahrzeuges in Ordnung sind, brauchen Sie nicht gleich einen Elektriker. Im Handel gibt es eine Reihe von Prüfgeräten, mit denen Sie sich selbst über den Zustand Ihrer elektrischen Anlage informieren können.

Prüflampe (mit Nadelkontakt). Damit testen Sie, ob Spannung in einem Stromkreis anliegt. Je heller die Lampe leuchtet, desto mehr Spannung ist vorhanden. Mit der Nadel der Lampe die Isolierung des zu prüfenden Kabels durchstechen. Die Klemme am Kabel der Lampe wird am blanken Metall angeclipst (Masse). Vorsicht: Die Prüflampe nimmt viel Leistung auf und eignet sich daher nicht für Messungen an elektronischen Bauteilen (z.B. Steuergerät). Hier müssen Sie einen Spannungsprüfer mit Leuchtdioden verwenden.

Spannungsprüfer mit Leuchtdioden. Je nach Ausführung zeigt dieses Gerät Gleich- und Wechselspannungen zwischen sechs und rund 700 Volt an. Die Spannungsanzeige erfolgt optisch über die Leuchtdioden. Einfache Geräte gibt's im Handel bereits sehr preisgünstig.

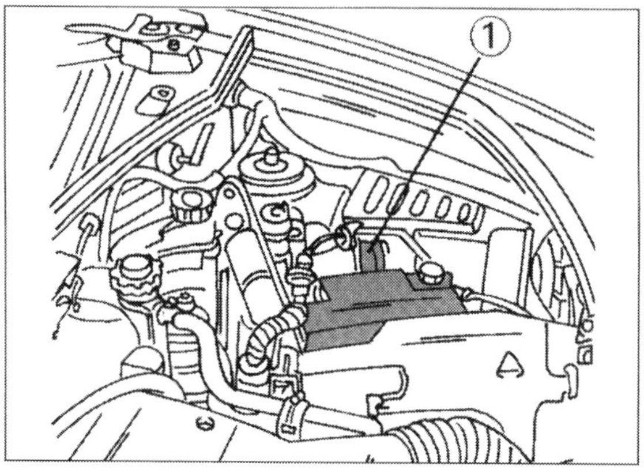

Bild 375
Zum Ausbau der Batterie die mit (1) bezeichnete Befestigung lösen.

Multimeter (Vielfachinstrument). Damit lassen sich Spannung, Strom (Gleich-/Wechselstrom) und Widerstand messen. Geeignete Geräte mit digitaler Anzeige gibt's in Zubehörgeschäften zu einem angemessenen Preis. Die Stromversorgung des Multimeters erfolgt in der Regel durch eine Batterie.

Spannung messen. Um mit einem Multimeter zum Beispiel die Ruhespannung der Batterie zu messen, müssen Sie das mit „–"gekennzeichnete Kabel an den Minuspol der Batterie oder Masse anklemmen. Das „+"-Kabel des Messgeräts an den Pluspol der Batterie oder die zu messende Leitung klemmen. Zeigt das Instrument etwa nur 10,4 Volt an, deutet das auf einen Kurzschluss in einer Batteriezelle hin. Prüfen Sie einmal die Spannung der Batterie, während der Anlasser betätigt wird – ein Messergebnis von 5 Volt bedeutet, dass es um den Akku nicht mehr gut steht.

Strom messen. Dazu müssen Sie den Stromkreis auftrennen und das Messgerät dazwischenschalten. Bei einer Reihe von Messungen in Ihrem Fahrzeug genügt es, wenn Sie einen Steckkontakt abziehen und dann das Messgerät zwischen Stecker und Kontaktzunge schalten. Vorsicht: Achten Sie stets auf den Messbereich Ihres Multimeters. In Verbrauchern wie Anlasser und Glühkerzen (Dieselmotor) fließen sehr hohe Ströme, die Ihr Gerät bei einer Messung beschädigen könnten.

Widerstand messen. Mit dem Multimeter prüfen Sie, ob eine Leitung oder ein Schalter Durchgang hat. Fließt der Strom ungehindert, zeigt das Gerät den Messwert 0. Ist der Stromweg jedoch an einer Stelle unterbrochen, erhalten Sie den Messwert unendlich (∞). Außerdem können Sie feststellen, welchen Innenwiderstand ein bestimmtes Bauteil hat.

Der Schub-Schraubtrieb-Anlasser

- Beim Drehen des Zündschlüssels in Richtung „Start" liefert eine Klemme am Zündschloss über ein Kabel Spannung an den Magnetschalter, der oben auf dem Anlasser sitzt.
- Eine Einrückgabel schiebt das Zahnritzel des Anlassers auf einem Steilgewinde der Ankerwelle in den Zahnkranz des Motorschwungrads (Schubweg).
- Das Ritzel greift ein, dann schaltet der Magnetschalter über die Hauptkontakte den vollen Batteriestrom ein. Das Ritzel schraubt sich in den Zahnkranz und stellt so den Kraftschluss her (Schraubweg) – der Anlasser dreht den Motor durch.
- Ist der Motor angesprungen und wird der Zündschlüssel losgelassen, bricht das magnetische Feld in der Haltewicklung des Magnetschalters zusammen. Die Einrückgabel wird durch eine Rückzugfeder in die Ruhestellung gezogen. Das Ritzel spurt aus und die Stromzufuhr zum Anlasser wird unterbrochen.

15.2 Die Batterie

Die eingebaute 12-Volt-Batterie besitzt sechs Zellen, die aus positiven und negativen Platten bestehen, welche in eine Schwefelsäurelösung eingetaucht sind. Die Batterie hat die Aufgabe, den Strom zum Anlassen des Fahrzeugs, zur Beleuchtung des Fahrzeugs sowie für andere Stromverbraucher zu liefern. Die in Ihrem Renault eingebaute Batterie hat die bereits oben angegebene Kapazität. Die Stärke Ihrer Batterie werden Sie bestimmt kennen. Die Batterie sitzt auf der linken Seite des Fahrzeuges (von vorn gesehen rechts) im Motorraum, wie es in Bild 375 gezeigt ist.
Die folgenden Arbeiten sind von Zeit zu Zeit durchzuführen, um der Batterie eine lange Lebensdauer zu geben und deren Leistung immer auf dem Höhepunkt zu halten. Die Batterie kann man als wartungsfrei bezeichnen, d. h. unter normalen Betriebsbedingungen sollte es nicht notwendig sein sie nachzufüllen. Manchmal passiert es jedoch, dass der Flüssigkeitsspiegel durch bestimmte Umstände absinkt.

- Batterie und die sie umgebenden Teile immer sauber halten. Die Oberfläche der Batterie muss immer gut trocken sein, da sich sonst zwischen den einzelnen Zellen Kriechströme entwickeln können, wovon sich die Batterie von selbst entladen kann.
- Die Batteriesäure muss jederzeit bis zur Höhe des unteren Striches an der Außenseite des Batteriegehäuses stehen (falls eine Batterie mit durchsichtigem Gehäuse eingebaut ist) oder man entfernt die Batterieabdeckung mit der Hand oder einem spachtelähnlichen Werkzeug und kontrolliert, dass die Batteriesäure oberhalb der Trennplatten in der Innenseite der Batterie steht. Zum Nachfüllen destilliertes Wasser verwenden – ***Niemals Batteriesäure nachfüllen.***
- Bei kaltem Wetter die Batterie nicht in ungeladenem Zustand stehen lassen, da sie sonst einfriert. Schwach geladene Batterien frieren eher ein als geladene, d. h. man muss der Batterie die notwendige Pflege geben, um dies zu verhindern.

15.2.1 Prüfen der Batterie

Säurestand: Wie bereits erwähnt, ist die Batterie entweder mit einem Deckel verschlossen oder durchsichtig (siehe oben). Die Batterie ist mit Schwefelsäure gefüllt, die mit destilliertem Wasser verdünnt wurde. Da die Wasseranteile verdunsten können, muss man gelegentlich den Säurestand überprüfen und ggf. destilliertes Wasser nachfüllen. Die Batteriesäure muss zwischen den Markierungen am Batteriegehäuse oder oberhalb der Trennplatten in der Batterie liegen. Zum Nachfüllen muss die Abdeckung abgenommen werden (entweder mit der Hand abziehen oder ein spachtelähnliches Werkzeug benutzen), um destilliertes Wasser einzufüllen, bis der Säurestand stimmt.

Ladezustand: Zur Kontrolle des Ladezustandes ist ein Säureheber erforderlich. Zur Kontrolle die Abdeckung abhebeln und die Spitze des Säurehebers in die sichtbare Batteriesäure eintauchen. Mit Hilfe des Gummiballs genügend Säure ansaugen, dass der Schwimmer frei schwimmen kann. Je nach Ladezustand besitzt die Säure ein unterschiedliches spezifisches Gewicht, welches durch das Eintauchen des Schwimmers in die Säure angezeigt wird. Bei einer Anzeige von 1,28 ist die Batterie voll geladen; bei 1,12 ist die Batterie vollkommen entladen. Dazwischenliegende Werte weisen auf die entsprechende Ladestärke hin. Die Anzeigen am Säureheber sind in kg/l angegeben. Bild 376 zeigt, wie ein solcher Säureheber aussieht. Andere Ausführungen können jedoch ebenfalls benutzt werden.

Aufladen der Batterie. Eine sehr entladene Batterie sollte erst nach dem Aufladen mit destilliertem Wasser aufgefüllt werden. Beim Laden steigt der Säurestand an und eine vorschriftsmäßig gefüllte Batterie könnte aus diesem Grund „überkochen". Der Ladestrom sollte am Anfang 10% der Batteriekapazität (4,0 A, bzw. 7,0 A) nicht überschreiten. Man muss sich deshalb vergewissern, mit welcher Batterie man es zu tun hat. Je nach Aufbau des verwendeten Batterieladegeräts, wird sich der Ladestrom allmählich automatisch verringern. Die Batterie ist voll geladen, wenn sich die Säuredichte innerhalb zwei aufeinanderfolgender Stunden nicht verändert.
Die Verschlussstopfen der Batterie sollten ausgeschraubt und lose auf die Einfüllöffnungen gelegt werden. Damit kann das aus Sauerstoff und Wasserstoff entstehende Knallgas entweichen. Da bei lebhafter Aufladung ein Spritzen der Säure unvermeidlich ist, sollte man die Umgebung der Batterie mit Zeitungen oder Ähnlichem schützen. Wird die Aufladung in einem geschlossenen Raum durchgeführt, muss dieser gut belüftet sein. Auf keinen Fall mit nackter Flamme in die Batterieöffnungen leuchten.
Bei Verwendung mit einem Heimladegerät kann die Batterie im Auto verbleiben. Auch die Kabel braucht man nicht abzuschließen. Anders ist es bei der Verwendung eines Schnellladegeräts. Beide Batteriekabel abklemmen, um die Dioden der Drehstromlichtmaschine, die elektronischen Schaltgeräte, Autoradio, usw. nicht zu gefährden.

Aus- und Einbau. Die Batterie sitzt an der in Bild 375 gezeigten Stelle. Vor dem Ausbau die beiden Batteriekabel von den Polen abschrauben. Wie Sie ja wissen werden, liegt die positive Klemme unter der Abdeckklappe. Immer zuerst das Minuskabel abklemmen. Zum Ausbau die Befestigung an Stelle (1) im Bild mit einer Stecknuss und Verlängerung benutzen.
- Beim Einbau der Originalbatterie zuerst die Polköpfe reinigen und mit einem guten Polfett einschmieren. Zuerst das Pluskabel anschließen und festschrauben. Unbedingt kontrollieren, dass die Klemmen fest angezogen sind, da eine schlechte Strom- oder Masseverbindung zu Störungen führen kann. Abgesehen davon kann es zur Funkenbildung und in schlimmen Fällen dabei zu Feuer kommen.

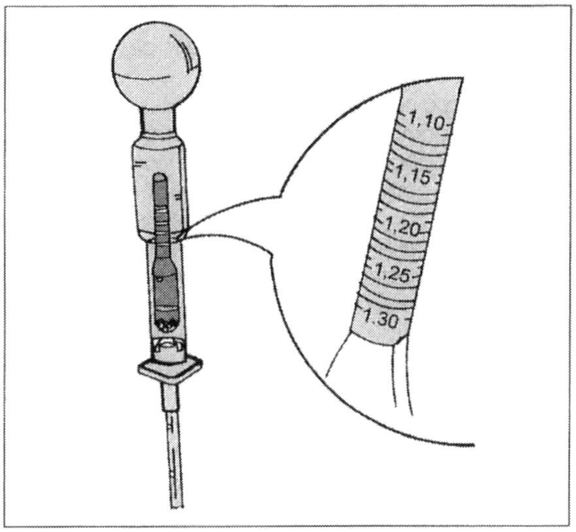

Bild 376
Ansicht eines Säurehebers zur Kontrolle des spez. Gewichts der Batteriesäure. Die Säuredichte wird direkt an der Skala abgelesen.

Hinweis: Bei einem Autoradio mit Diebstahlcode muss die Eingabenummer zur Hand sein, um das Radio wieder in Gang zu setzen. Ebenfalls die Zeituhr stellen. Nach Anschließen der Batterie das Fahrzeug eine Strecke fahren, damit das Steuergerät der Einspritz- und Zündanlage „neu lernen" kann.

Start mit leerer Batterie. Am einfachsten ist die Verwendung von Starthilfekabeln, die aber einen kräftigen Querschnitt und starke Anschlussklemmen haben müssen, um den Strom von einer Batterie zur anderen durchzulassen. Beim Anschaffen solcher Kabel sollte man immer etwas tiefer in die Tasche greifen, um Kupferkabel zu kaufen. Aluminiumkabel sind zwar billiger, werden aber sehr heiß, sodass die Isolierung schmilzt und man sich beim Abnehmen der Klemmen die Finger verbrennen kann. Zuerst das Pluskabel an die beiden Pluskabel anklemmen und danach erst die Minuskabel anschließen. Der „Helfer" sollte den Motor anlassen und mit mittleren Drehzahlen laufen lassen, damit die Lichtmaschine zusätzlichen Strom aufbauen kann.
Anschieben oder Anrollen lassen sowie Anschleppen sind die bekanntesten Methoden zum Anlassen eines Motors mit schwacher Batterie.

Wagen anschieben. Mit zwei Helfern lässt sich der Renault bei gutem Motorzustand anschieben, jedoch ein Wort der Warnung: Bei einem heißen Katalysator sammelt sich unverbrannter Kraftstoff im Katalysator an, welcher sich beim Motorstart entzünden und durch Explosion des Katalysators die Innenteile beschädigen kann. Dies ist besonders bei einem Benzinmotor kritisch. Nur wenn der Motor aufgrund einer leeren Batterie nicht anspringt, sollte man das Anschieben versuchen. Außerdem muss der Motor kalt sein.

- Zündung einschalten.
- 1. Gang einlegen. Einschalten des 2. Ganges könnte bedeuten, dass die Lichtmaschine sich zu langsam für eine gute Stromlieferung durchdreht.
- Kupplung durchtreten, Wagen anschieben lassen, bis er eine gute Geschwindigkeit erreicht hat.
- Kupplungspedal schnell zurücklassen. Der Motor wird dadurch durchgedreht und sollte anspringen.
- Kupplung sofort durchtreten und Gas geben.

Einige Erfahrung ist Voraussetzung zum Gelingen des Startens.

Wagen anschleppen. Anschleppen lassen hat immer Nachteile, da manchmal durch Ungeschicklichkeit größere Schäden entstehen können. Denken Sie daran, dass bei stillstehendem Motor die Servounterstützung der Bremsanlage und der Lenkung nicht arbeiten. Ebenfalls die obige Warnung über den Katalysator beachten. Aus diesem Grund wollen wir keine Anweisungen zum Anschleppen angeben, mit der Ausnahme, dass man ein Abschleppseil nur an der Abschleppöse festbinden darf, die Ihnen bestimmt aus der Betriebsanleitung bekannt sein wird. Falls Sie selbst ein anderes Auto abschleppen wollen, muss das Abschleppseil an der Abschleppöse an der Rückseite befestigt werden.

Hinweis: Obwohl die Abschleppöse kräftig genug ist, um das Fahrzeug abzuschleppen, sollte man niemals das Fahrzeug durch Untersetzen eines Wagenhebers an dieser Stelle anheben. Das Gleiche gilt für die Abschleppöse an der Rückseite.

15.2.2 Wissenswertes über die Batterie

Nennspannung. Die allgemeine Spannungsabgabe (Maßeinheit „V"). Beträgt bei allen 12 Volt. Die tatsächliche Spannung hängt vom Ladezustand der Batterie ab. Sie kann größer oder kleiner sein als die Nennspannung.

Nennkapazität. Eine Batterienorm. Steht für das Speichervermögen einer Batterie (Maßeinheit „Ah"). Die Kapazität, die eine vollgeladene Batterie bei einer Temperatur von 27 Grad in 20 Stunden abgeben kann, ohne dass dabei die Spannung unter 10,5 Volt absinkt (Entladeschlussspannung). Das Standlicht Ihres Fahrzeuges nimmt zum Beispiel ca. 25 Watt auf. Bei der Bordspannung von 12 Volt gibt die Batterie einen Strom von 2,08 Ampere ab, nach der Formel „Strom (A) = Leistung (W)/Spannung (V)". Mit einer 40Ah-Batterie könnten Sie Ihr Fahrzeug also theoretisch ca. 25 Stunden mit eingeschaltetem Parklicht parken. Lassen Sie Ihr Fahrzeug mit Standlicht stehen, wird die Batterie bereits nach ca. 10 bis 15 Stunden leer sein. Die eingeschalteten Warnblinker zehren den Batteriestrom bereits nach ca. 8 Stunden auf. Dies sind nur einige typische Beispiel, die Ihnen jedoch beim Betrieb Ihres Fahrzeuges helfen können.

Kapazität. Die entnehmbare Strommenge in Amperestunden (Ah). Sie hängt vor allem ab vom Entladestrom, der Temperatur, dem Ladezustand und dem Allgemeinzustand (Alter) der Batterie.

Kälteprüfstrom. Steht für die Startfähigkeit einer Batterie bei Kälte (Maßeinheit „A"). Ein definierter Entladestrom, der einer 12-Volt-Batterie bei –18 Grad entnommen werden kann, ohne dass die Spannung innerhalb von 30 Sekunden unter 9 Volt, innerhalb von 150 Sekunden unter 6 Volt absinkt.

Selbstentladung. Chemische Vorgänge im Inneren der Batterie führen zur Entladung, auch wenn kein Verbraucher angeschlossen ist. Eine geladene Starterbatterie verliert täglich etwa 0,5 Prozent ihrer Ladung. Hohe Temperaturen, Beschädigungen und Verschmutzungen des Batteriedeckels beschleunigen die Selbstentladung.

15.2.3 Defekten Verbraucher ermitteln

Liefert die am Vortag intakte Batterie keinen Strom, hat vielleicht ein defekter Verbraucher im Bordnetz den Akku über Nacht leer gesaugt. Das überprüfen Sie zunächst mit einer Strommessung. Wenn nötig, ermitteln Sie dann den betreffenden Verbraucher.

- Batterie-Minuskabel abnehmen, Kabel des Multimeters zwischen Minuspol und Batteriekabel anschließen. Zeigt das Gerät einen Stromfluss an, ist ein Verbraucher defekt.
- Massekabel anschließen, Sicherungskasten öffnen und eine Sicherung herausnehmen. An die Kontakte das Multimeter anschließen. Fließt kein Strom, ist der betreffende Stromkreis in Ordnung. Auch ein geringer Stromfluss ist kein Alarmsignal. Geräte wie Bordcomputer, Uhren, Radios und Alarmanlagen nehmen ständig Energie von der Batterie. Der Stromfluss ist freilich viel geringer als bei einem defekten Verbraucher.
- Wiederholen Sie die Messungen, bis das Gerät einen höheren Stromfluss anzeigt. Die Sicherungstabelle zeigt Ihnen, welche Verbraucher zu diesem Stromkreis gehören.
- Die Verbraucher der Reihe nach ausbauen und jeweils den Strom messen. Wenn das Multimeter keinen Strom mehr anzeigt, haben Sie den Übeltäter ermittelt.

15.3 Die Drehstromlichtmaschine

In der Autofahrersprache hat sich der Begriff Lichtmaschine oder Generator für den Stromerzeuger fest eingebürgert, obwohl es schon sehr lange her ist, dass der erzeugte Strom ausschließlich zur Fahrzeugbeleuchtung diente: Heute wollen noch zahlreiche andere Stromverbraucher mit elektrischer Energie gespeist werden. Bei stehendem Motor besorgt dies die Batterie. Sobald der Motor läuft und sich die Lichtmaschine dreht, tritt sie als Stromquelle in Aktion.

Die wartungsfreie Drehstrom-Lichtmaschine erzeugt trotz ihrer relativ kleinen Baugröße recht viel Strom. Allerdings hat sie noch mehr Vorzüge. Bereits bei Leerlaufdrehzahl des Motors werden ca. 25 A geliefert, und bei 2400/min wird bereits die Maximalleistung abgegeben. Dies sind natürlich nur Richtwerte. Ferner halten die Schleifkohlen weit über 100 000 km. Die Lichtmaschine wird über einen Riemen an der Vorderseite des Motors angetrieben. Getreu ihrem Namen kann die Lichtmaschine nur Drehstrom erzeugen. Diesen können wir jedoch im Fahrzeug nicht gebrauchen, denn die Batterie kann nur Gleichstrom speichern. In der Lichtmaschine sind deshalb mehrere Dioden eingebaut, die den Drehstrom in einen Gleichstrom umwandeln. Diese Dioden sind empfindlich gegen Spannungsspitzen.
Um schon bei möglichst tiefer Motordrehzahl die beste Leistung der Lichtmaschine zu erzielen, dreht die Lichtmaschine schneller als die Kurbelwelle. Man erreicht diese Drehzahlsteigerung, indem man die Riemenscheibe der Lichtmaschine kleiner wählt als die Kurbelwellen-Riemenscheibe. Der Spannungsregler ist an die Rückseite der Lichtmaschine geschraubt.

15.3.1 Vorsichtsmaßnahmen bei Arbeiten an der Ladestromanlage

Ehe irgendwelche Arbeiten an der Ladestromanlage durchgeführt werden, müssen die folgenden Vorsichtsmaßnahmen unbedingt eingeprägt werden:

- Niemals die Batterie oder den Spannungsregler abklemmen, während der Motor und somit die Lichtmaschine laufen. Ansonsten entstehen Spannungsspitzen, die den elektronischen Geräten schaden können.
- Niemals die Erregerklemme (Feldklemme) der Lichtmaschine oder das daran befestigte Kabel in Berührung mit Masse kommen lassen.
- Niemals die beiden Leitungen des Spannungsreglers verwechseln.
- Niemals den Spannungsregler in Betrieb bringen, wenn er mit Masse verbunden ist (sofortige Beschädigung).
- Niemals die Lichtmaschine ausbauen, wenn die Batterie nicht vorher aus dem Stromkreis genommen wurde (mindestens Minusklemme abschrauben). Andernfalls können irreparable Schäden auftreten.
- Beim Einbau der Batterie darauf achten, dass die Minusklemme an Masse angeschlossen wird.
- Niemals eine Prüflampe verwenden, die direkt an das Hauptstromnetz (110 oder 220 V) angeschlossen ist. Nur eine Prüflampe mit einer Spannungsstärke von 12 V benutzen.
- Falls eine Batterie im eingebauten Zustand mit einem Batterieladegerät aufgeladen wird, müssen die beiden Batteriekabel abgeklemmt werden. Die positive Klemme des Ladegerätes an den positiven Pol der Batterie und die negative Klemme des Ladegerätes an den negativen Pol der Batterie anschließen. Verwechseln kann man die Klemmen kaum, da sie einen unterschiedlichen Innendurchmesser haben.
- Falsches Anschließen der Leitungen führt zur Zerstörung der Gleichrichter und des Spannungsreglers sowie anderer elektrischer/elektronischer Bauteile.

15.3.2 Eingebaute Drehstromlichtmaschine prüfen

Während normaler Fahrt muss die Ladekontrollleuchte erlöschen. Falls dies nicht der Fall ist, liegt ein Fehler in der Drehstromlichtmaschine oder im Spannungsregler vor. Als Erstes alle Stromverbindungsanschlüsse der Drehstromlichtmaschine prüfen.
Kontrollieren, ob der Antriebsriemen einwandfrei gespannt wird. Weitere Überprüfungen sollten in einer Werkstatt durchgeführt werden, da es leicht möglich ist, dass man beim Anschließen von Prüfgeräten an der falschen Klemme die gesamte Anlage untauglich machen kann.
Eine leichte Prüfung kann man jedoch ohne Gefahr der Beschädigung durchführen:

- Ein Voltmeter an den beiden Batterieklemmen anlegen und den Motor anlassen.
- Die Motordrehzahl bei gleichzeitiger Beobachtung des Voltmeters erhöhen und kontrollieren, dass die Anzeige zwischen 13,5 und 14,8 V liegt.
- Motor weiterhin mit dieser Drehzahl laufen lassen und möglichst viele Stromabnehmer einschalten. Die Spannung muss weiterhin innerhalb der angegebenen Werte verbleiben. Falls dies nicht der Fall ist, muss der Fehler im Regler liegen oder die Kohlen der Lichtmaschine sind abgenutzt. Bei hoher Anzeige (um die 20 Volt herum), können die Dioden ausgebrannt sein.

Ergibt die Prüfung, dass die Lichtmaschine defekt ist, können Sie sich günstigen Ersatz auf folgende Arten beschaffen:

- Die defekte Lichtmaschine ausbauen und in eine Autoelektrik-Werkstatt bringen. Prüfung und Reparaturen, wie das Ersetzen der Schleifkohlen oder den Einbau eines neuen Spannungsreglers, können Sie dort durchführen lassen.

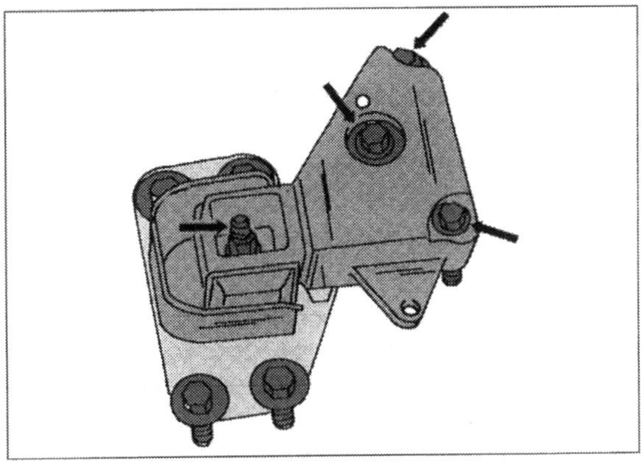

Bild 377
Beim Ausbau einer Drehstromlichtmaschine eines 1.4-Liter-Motors muss die gezeigte Motoraufhängung an den Pfeilstellen abgeschraubt werden.

Bild 378
Den oberen Querträger an der Unterseite lösen und auf dem Motor ablegen.

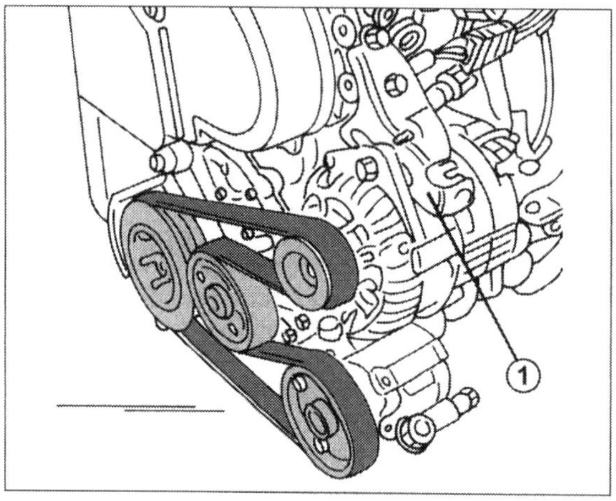

Bild 379
Verlegung des Antriebsriemens bei einem Dieselmotor (F8Q).

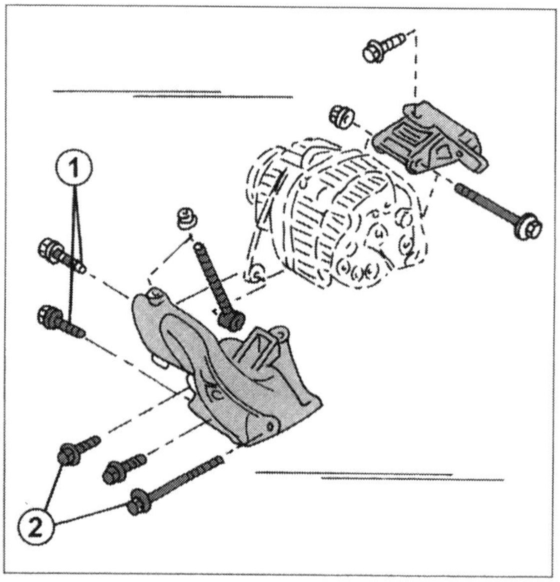

Bild 380
Die gezeigten Teile müssen bei einem F9Q-Motor mit Turbolader zum Ausbau der Drehstromlichtmaschine ausgebaut werden.
Die Schrauben (1) und (2) zum Ausbau der Konsole ausschrauben.

15.3.3 Aus- und Einbau

Beim Ausbau der Drehstromlichtmaschine muss man den Anweisungen entsprechend dem eingebauten Motor folgen. Der Aus- und Einbau des Keilrippenriemens wird im Abschnitt „Kühlanlage" beschrieben.

Benzinmotoren
Der Ausbau der Lichtmaschine ist komplizierter als man erwarten wird, da man die Maschine von der Unterseite des Fahrzeuges lösen, aber von oben herausnehmen muss. Das Fahrzeug dabei auf Böcke setzen oder auf eine Hebebühne/über eine Montagegrube fahren. Bild 377 zeigt den Ausbau bei einem 1.4-Liter-Motor.

- Batteriekabel abklemmen.
- Das rechte Rad abschrauben und die Abdeckung in der Innenseite des Radkastens ausbauen.
- Kühlergitter ausbauen. Beim 2.0-Liter-Motor ebenfalls den Stoßfänger ausbauen.
- Den oberen Querträger nach Lösen der beiden unteren Befestigungsschrauben lösen und auf dem Motor ablegen (siehe Bild 378).
- Die Abdeckung des Kraftstoffverteilerrohres an der Vorderseite des Motors ausbauen (nur „K"-Motoren).
- Von der Stirnseite aus die Schraube der Spannvorrichtung für den Keilrippenriemen der Lichtmaschine lockern, wie es im Abschnitt „Kühlanlage" für diese Motoren beschrieben wird.
- Die Riemenscheibe der Lenkhilfspumpe abschrauben („K"-Motoren).
- Die Kraftstoffvorlaufleitung unter Beachtung der Vorsichtsmaßnahmen entsprechend der Beschreibung im Abschnitt „Kraftstoffeinspritzanlage" mit dem da gezeigten Spezialwerkzeug vom Kraftstoffverteilerrohr trennen und bei einem „K"-Motor den Kabelstecker vom Einspritzventil Nr. 1 abziehen.
- Die Lenkhilfspumpe ausbauen (nur „K"-Motoren).
- Die Leitung der Lenkhilfspumpe von der Befestigung lösen.
- Die elektrischen Kabel an der Rückseite der Drehstromlichtmaschine abklemmen.
- Die Lichtmaschine abschrauben und herausnehmen. Die Lenkhilfspumpe eines „K"-Motors muss dabei auf eine Seite geschoben werden.

Der Einbau geschieht in umgekehrter Reihenfolge wie der Ausbau. Der Antriebsriemen sollte am besten immer erneuert werden, da er bestimmt eine lange Betriebszeit hinter sich hat, wenn man die Lichtmaschine ausbauen musste. Die Riemenspannung herstellen, wie es im Abschnitt „Kühlanlage" für den entsprechenden Motor beschrieben ist. Die Motoraufhängung anziehen, nachdem der Motor wieder in die Aufhängung gesenkt wurde.

Dieselmotor
Verschiedene Teile müssen ausgebaut werden, ehe man an die Befestigung der Drehstromlichtmaschine heran kann.

- Vorderseite des Fahrzeuges auf Unterstellböcke setzen.
- Massekabel der Batterie abklemmen.
- Die Kabelanschlüsse an der Rückseite der Lichtmaschine abklemmen.
- Das Schutzblech unter der Unterseite des Fahrzeuges ausbauen.
- Das Spritzblech aus der Innenseite des rechten Radkastens ausbauen. Falls man mehr Platz zum Arbeiten schaffen will, kann man das rechte Rad abschrauben.
- Das Kühlergitter ausbauen.
- Den oberen quer zum Fahrzeug eingebauten Querträger ausbauen.
- Den Antriebsriemen der Drehstromlichtmaschine ausbauen.
- Die Lüftereinheit ausbauen (untere Befestigungen lösen).
- Die Lichtmaschine abschrauben und herausnehmen.

Der Einbau geschieht in umgekehrter Reihenfolge wie der Ausbau. Den Antriebsriemen spannen, wie es in Kapitel 4.4 beschrieben wurde. Der Antriebsriemen wird in der in Bild 379 gezeigten Weise verlegt.

Nur beim F9Q-Dieselmotor
Falls der genannte Motor eingebaut ist, sind die in Bild 380 eingebauten Teile auszubauen, um die Lichtmaschine erfolgreich aus dem Motorraum herauszunehmen.

15.3.4 Drehstromlichtmaschine reparieren

Die Drehstromlichtmaschine und der damit verbundene Regler sollten nicht eingestellt oder repariert werden, wenn man nicht die notwendige Erfahrung damit hat. Eine nicht mehr aufladende Drehstromlichtmaschine ist im Austausch gegen Rückgabe des alten Aggregates erhältlich und sollte immer eingebaut werden. Kleinere Reparaturen, wie z. B. das Erneuern der Schleifbürsten, kann man in einer Elektrowerkstatt durchführen lassen.
Die Drehstromlichtmaschine ist mit Lagern versehen, welche auf Lebenszeit geschmiert sind und keine regelmäßige Wartung verlangen. Die Außenseite der Lichtmaschine sauber halten und kein Wasser oder andere Lösungsmittel darüber laufen lassen.
Die Bürsten der Drehstromlichtmaschine laufen auf glatten Schleifringen und haben aus diesem Grund eine sehr lange Lebensdauer. Falls man ein Nachlassen der Lichtmaschinenleistung auf die Bürsten zurückführen kann, sollte man auch hier eine Elektrowerkstatt aufsuchen.

15.3.5 Störungen an der Drehstromlichtmaschine

A Rote Kontrolleuchte brennt nicht beim Einschalten der Zündung

Ursache	**Abhilfe**
1. Batterie leer	Mit Starthilfekabeln starten oder Wagen anschleppen
2. Batteriekabel gebrochen	Batterie und Klemmen kontrollieren
3. Glühlampe defekt	Ersetzen lassen
4. Kabel zwischen Zündschloss, Kontrolllampe und Lichtmaschine unterbrochen	Stromweg mit Prüflampe kontrollieren
5. Massekabel zwischen Lichtmaschine und Motorblock unterbrochen	Kabel kontrollieren
6. Schleifkohlen abgenutzt	Erneuern
7. Spannungsregler defekt	Regler austauschen
8. Lichtmaschine defekt	Lichtmaschine reparieren lassen oder ersetzen
9. Lichtmaschine nach Motorwäsche nass geworden	Mit Pressluft ausblasen

B Rote Kontrollleuchte brennt oder glimmt bei laufendem Motor

Ursache	**Abhilfe**
1. Riemenantrieb schadhaft	Antrieb überprüfen
2. Kabelanschlüsse	Kontrollieren
3. Siehe A6, A7, A8	

15.4 Der Anlasser

Der Anlasser, technisch nüchterner als Schub-Schraubtrieb-Starter bezeichnet, bekommt beim Durchdrehen des Zündschlüssels erst an der Hauptklemme Strom. Zunächst wird also der Magnetschalter (auch als Einschaltrelais bezeichnet) aktiviert. Dessen Einrückhebel schiebt das Anlasserritzel in Richtung Zahnkranz auf der Schwungscheibe des Motors. Rutscht das Ritzel direkt in den Zahnkranz, schließt hinten im Magnetschalter eine Kontaktplatte den Stromkreis zum Anlassermotor – der Anlasser dreht kraftvoll los. Stoßen hingegen Zähne von Anlasserritzel und Zahnkranz aufeinander, sorgt ein steiles Gewinde dafür, dass sich das Anlasserritzel etwas verdrehen kann, sich also in den Zahnkranz „hineinschraubt". Erst anschließend läuft der Anlassermotor. Diese Wirkungsweise führte zur beschriebenen Namengebung.
Wenn der Fahrzeugmotor angesprungen ist und sich der Zahnkranz schneller dreht als das Anlasserritzel, sorgt ein Rollenfreilauf dafür, dass sich die Verbindung zwischen Ankerwelle und Anlasserritzel löst. Das Ritzel wird aus dem Zahnkranz ausgespurt, der Kontakt im Magnetschalter öffnet, und der Anlassermotor wird stromlos.

Arbeitet der Anlasser nicht?
Schadhafte Anlasser zeigen oft folgendes Verhalten:
- In Startstellung „klickt" es aus Richtung Anlasser, der Startermotor dreht aber nur kurz mit rauem Laufgeräusch oder gar nicht. Legen Sie den 1. Gang ein und halten Sie den Zündschlüssel in Startstellung, während ein Helfer etwas am Fahrzeug schiebt bzw. daran hin und her ruckelt. Dreht der Anlasser jetzt los, sind entweder seine Kohlen abgenutzt, die Ankerwicklung stellenweise durchgebrannt, oder der Kollektor ist stark eingelaufen.

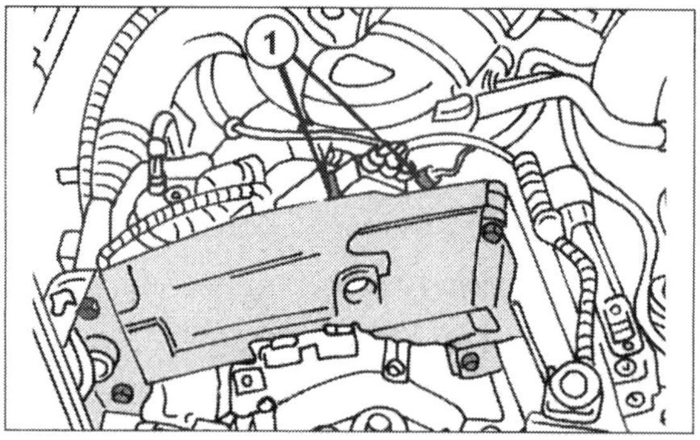

Bild 381
Zum Aus- und Einbau des Anlassers beim 1.4- und 1.6-Liter-Motor und beim Dieselmotor. Die beiden Kabelstecker (1) abziehen, um das Steuergerät abzunehmen.

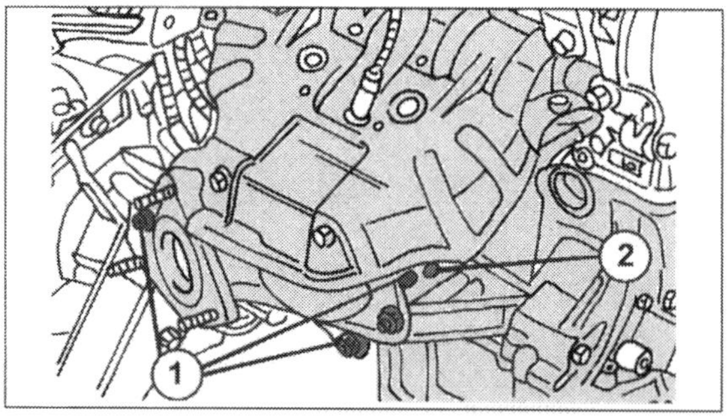

Bild 382
Anlasserausbau bei einem „K"-Motor. Wärmeschutzschild (1) muss ausgebaut, Kabelstecker des Motorölstandsteckers (2) muss abgezogen werden.

- Bisweilen kommt es auch vor, dass nach langer Fahrt der heiße Anlasser streikt. Dieser Effekt ist auf ungünstige Maßpaarungen von Ankerwelle und Ritzel zurückzuführen. Bei starker Erwärmung klemmen dann diese Teile gegeneinander, das Ritzel kann nicht mehr verschoben werden, und folglich wird auch der Kontakt im Magnetschalter nicht mehr geschlossen. Manchmal hilft dann ein Hammerschlag auf die Seite des Anlassers, während ein Helfer gleichzeitig den Zündschlüssel in Startstellung hält.

15.4.1 Anlasser prüfen

Um den Anlasser unter voller Batteriespannung zu kontrollieren, sind die große Klemme und die danebenliegende kleine Klemme mit einem Kabel von mindestens 4,0 mm≈ Querschnitt zu verbinden. Falls der Anlasser jetzt einwandfrei arbeitet, ist die Zuleitung zum Anlasser zu kontrollieren. Spurt der Anlasser nicht ein, muss er ausgebaut und überprüft werden. Eine einwandfreie Prüfung des Anlassers in einer Prüfbank sollte von einer Elektrowerkstatt durchgeführt werden. Die Renault-Werkstatt hat eine OPTIMA 5800-Diagnosestation, welche den Betrieb des Anlassers schnell kontrollieren und irgendwelche Defekte dabei sofort feststellen kann.

Hinweis: Falls man den Motor mit dem Anlasser durchdrehen will, ohne dass er anspringt, kann man dies folgendermaßen verhindern:
- **Bei den Benzinmotoren:** Den Stecker vom Geber für die OT-Anzeige (ebenfalls Drehzahlgeber) abziehen.
- **Beim Dieselmotor:** Den Kabelstecker vom Schaltventil an der Einspritzpumpe abziehen.

15.4.2 Anlasser aus- und einbauen

Der Aus- und Einbau des Anlassers ist ebenfalls bei den verschiedenen Motoren in unterschiedlicher Weise durchzuführen.

Mit 1.4- und 1.6-Liter-Motor
Das Fahrzeug sollte vorn auf Unterstellböcken ruhen, um besser an die Befestigung des Anlassers heranzukommen. Bei diesen Fahrzeugen ist der Ausbau umfangreicher, da man die Antriebswelle sowie den Achsschenkel teilweise ausbauen muss, um den Anlasser auszubauen.
- Massekabel der Batterie abklemmen.
- Das rechte Vorderrad abschrauben.
- Den Luftresonanzkasten ausbauen.
- Auf der rechten Seite des Fahrzeuges die Antriebswelle durch Herausschlagen des Verbindungsstiftes trennen (siehe Abschnitt „Antriebswellen"), die Verbindung der Spurstange am Spurstangenhebel trennen und die obere Schraube der Federbeinverbindung entfernen, die untere Schraube nur lockern.
- Die Batterie ausbauen.
- Kabelstecker vom Steuergerät der Einspritzanlage und vom Schalter der Notabstellung abziehen und die Befestigung des Steuergeräts lösen (siehe Bild 381).

● Die nächsten Arbeiten unter Bezug auf Bild 382 durchführen. Das Wärmeschutzblech (1) des Katalysators abschrauben und den Kabelstecker des Motorölstandsgeber (2) abziehen. Kabelstrang auf eine Seite drücken.

● Die Kabelverbindungen an der Rückseite des Anlassers abklemmen.

● Die Schrauben der Anlasserbefestigung lösen und den Anlasser von der Unterseite des Fahrzeuges herausziehen.

Der Einbau geschieht in umgekehrter Reihenfolge wie der Ausbau. Darauf achten, dass die Führungsbüchse für den Anlasser eingebaut ist.

Mit 2.0-Liter-Motor

● Massekabel der Batterie abklemmen.

● Von der Unterseite des Fahrzeuges das Schutzblech abschrauben.

● Von der Unterseite des Fahrzeuges die Kabelanschlüsse vom Anlasser lösen und die Stützstrebe des Motors ausbauen, von der Oberseite aus das Luftansaugrohr ausbauen und die Schrauben des Anlassers lösen.

● Das Wärmeschutzblech am Anlasser abschrauben und den Anlasser durch den Radkasten herausnehmen.

Der Einbau findet in umgekehrter Reihenfolge statt. Darauf achten, dass der Anlasser durch eine Passhülse geführt wird, die an der richtigen Stelle einzusetzen ist.

Mit F8Q-Dieselmotor

Das Fahrzeug sollte vorn auf Unterstellböcken ruhen, um besser an die Befestigung des Anlassers heranzukommen. Bei diesen Fahrzeugen sind einige Zusatzarbeiten durchzuführen, ehe man an den Anlasser herankann.

● Massekabel der Batterie abklemmen. Die Batterie muss ausgebaut werden.

● Den zum Luftfilter führenden Luftansaugschlauch ausbauen.

● Die Befestigungsschrauben des Montagehalters für das elektronische Steuergerät entfernen, die beiden Anschlüsse (1) in Bild 381 lösen und danach den Montagehalter des Steuergeräts und den Kraftstofffilter auf eine Seite verlegen.

● An der Unterseite des Fahrzeuges das Unterschutzblech abschrauben.

● Die Schrauben des Anlassers und das dahinter angebrachte Wärmeschutzschild entfernen und den Anlasser herausziehen. Darauf achten, an welcher Stelle die Passhülse sitzt. Die Kabel werden erst jetzt abgeschlossen. Den Anlasser danach vollkommen herausziehen.

Der Einbau geschieht in umgekehrter Reihenfolge wie der Ausbau. Darauf achten, dass das Wärmeschutzblech richtig eingebaut wird, und dass die Passhülse an der richtigen Stelle eingesetzt wird.

Mit F9Q-Motor

Bei dieser Variante müssen außer der Batterie auch der Batterieträger und der Kraftstofffilter ausgebaut werden. Außerdem die Halterung der Vorheizung am Getriebe, die Stütze des Abgasturboladers, die Ölrücklaufleitung für den Turbolader und die Luftauslassleitung des Turboladers ausgebaut werden. Ebenfalls die Befestigungsschrauben des Kabelstrangs am Getriebe lösen. Den Anlasser von der Unterseite des Motors herausnehmen.

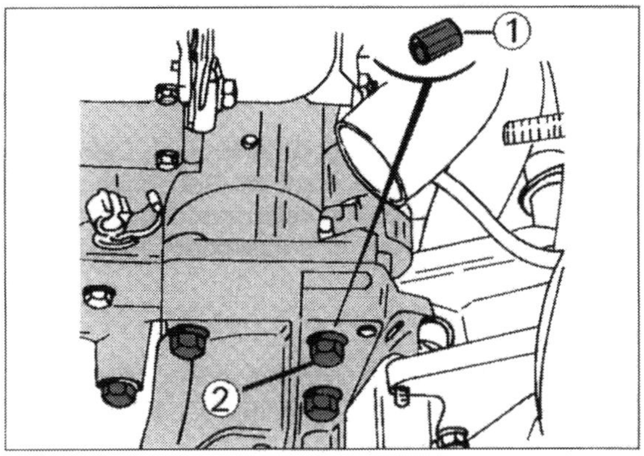

Bild 383
Einbauweise des Anlassers. Die Büchse (1) wird je nach Motor an unterschiedlicher Stelle entweder im Loch der Schraube (2) oder in das danebenliegende Loch eingesetzt (siehe Text).

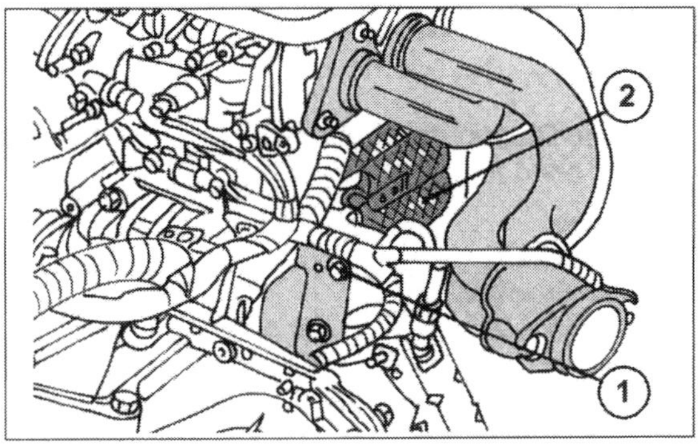

Bild 384
Anlassereinbau beim 2.0-Liter-Motor. Auf richtigen Sitz der Führungsbüchse (1) und des Wärmeschutzblechs (2) achten.

Wichtiger Hinweis: Beim Einbau des Anlassers bei einem 1.4/1.6/2.0-Liter-Motor und beim Dieselmotor ist es wichtig, dass die Führungsbüchse in das richtige Loch kommt, da dies nicht bei allen Motoren gleich ist. Falls der Anlasser nicht einwandfrei geführt wird, kann er sich verklemmen und muss noch einmal ausgebaut werden.

Ist ein 1.4/1.6-Liter Benzinmotor eingebaut, kommt die Büchse in das in Bild 383 gezeigte Loch, welches im Bild durch die Schraube (2) eingenommen wird. Ist ein Dieselmotor eingebaut, kommt die Büchse in das neben der Schraube (2) sichtbare Loch, wo auch dann die Schraube eingedreht wird.

Beim 2.0-Liter-Motor muss die Führungsbüchse an der Stelle (1) in Bild 384 eingesetzt werden.

15.4.3 Anlasserreparaturen

Falls der Anlasser Schaden erlitten hat, ist es am besten, wenn man einen Austauschanlasser gegen Rückgabe des alten Aggregats bezieht. Dieser unterliegt der gleichen Garantie wie ein Neuteil und gibt Ihnen die erforderliche Betriebszuverlässigkeit. Außerdem wird die Stillstandszeit des Fahrzeuges weitgehend verringert. Folgend sind jedoch einige Arbeiten angeführt, die Sie vielleicht selbst durchführen können:

● **Magnetschalter** ersetzen: Kabel zum Startermotor vom unteren Anschlussbolzen losschrauben. Den

Magnetschalter vorne vom Anlassergehäuse abschrauben (Schlitzschrauben) und vom Einrückhebel aushängen. Neuen Magnetschalter in umgekehrter Arbeitsfolge einbauen.

- **Kohlebürsten** ersetzen: Den hinteren Deckel mit dem Kollektorlager abschrauben. Die Bürstenfedern abheben und die Kohlebürsten losschrauben oder ablöten. Neue Kohlen in umgekehrter Reihenfolge einbauen.

Ratgeber
Wenn der Anlasser schon einige Jahre in Betrieb ist, sollte man von Reparaturversuchen absehen und besser gleich einen Tausch-Anlasser einbauen. Diesen können Sie auch beim Bosch-Dienst erhalten (Dieselmotor) oder in den entsprechenden Werkstätten, die sich auf Valeo-Anlasser spezialisiert haben. Andernfalls verbleibt Ihnen nur die Renault-Werkstatt.

Störungshinweis: Falls es beim Betätigen des Anlassers einmal nur „klicken" sollte, ist es möglich, dass der elektrische Kontakt am Massepol der Batterie keine einwandfreie Verbindung herstellt. Ebenfalls Anschlüsse des Massekabels an anderen Stellen kontrollieren.

15.4.4 Anlasser-Störungstabelle

A Beim Drehen des Zündschlüssels in Startstellung dreht der Anlasser langsam, gar nicht oder nur kurz

Ursache	Abhilfe
1. Kontrolllampen brennen schwach oder verlöschen:	
a) Batterie entladen	Starthilfe oder abschleppen
b) Kabelanschlüsse lose oder oxidiert	Anschlüsse kontrollieren
c) Anlasser hat Masseschluss	Anlasser überholen lassen
2. Kontrolllampen brennen hell, Klicken aus Richtung Anlasser:	
a) Kohlebürsten abgenutzt bzw. deren Anschlüsse im Anlasser gelöst	Kohlebürsten überprüfen
b) Kontakte im Magnetschalter	Magnetschalter ersetzen
c) Anlasserwicklung defekt	Anlasser überholen lassen
3. Kontrolllampen brennen, keine Geräusche vom Motor	Leitungen überprüfen

B Anlasser läuft, ohne den Motor durchzudrehen

Ursache	Abhilfe
1. Magnetschalter defekt	Ersetzen
2. Einrückvorrichtung klemmt	Anlasser überholen lassen
3. Verzahnung des Ritzels oder des Motorschwungrades beschädigt	Wagen bei eingelegtem Gang ein Stück verschieben. Startvorgang wiederholen. Andernfalls Defekt im Anlasser

C Anlasser läuft weiter, obwohl Zündschlüssel losgelassen wurde

Ursache	Abhilfe
1. Magnetschalter hängt und schaltet nicht ab	Zündung ausschalten, Magnetschalter erneuern
2. Einrückvorrichtung klemmt	Anlasser überholen lassen
3. Zünd-/Anlassschalter defekt	Schalter erneuern

D Ritzel spurt nach Anspringen des Motors nicht aus

Ursache	Abhilfe
1. Rückstellfeder des Einrückhebels lahm oder gebrochen	Zündung sofort ausschalten. Anlasser überholen lassen
2. Zahnkranz beschädigt	Ersetzen lassen oder das Schwungrad erneuern

15.5 Die Beleuchtung

Nacht und Nebel machen dem Fahrer das Leben schwer, da ist gutes Licht von höchster Wichtigkeit. Einerseits, damit Sie sehen, wohin Sie fahren und andererseits, damit andere Verkehrsteilnehmer rechtzeitig Ihren Renault erkennen. Im Innenraum sorgen viele Lämpchen für gutes Zurechtfinden bei Nacht.

Ständige Kontrolle der Beleuchtung
Der Gesetzgeber schreibt vor, dass Sie sich vor Antritt jeder Fahrt vergewissern müssen, ob auch alle Lampen am Auto brennen. So häufig wird wohl kaum jemand die Beleuchtung prüfen, aber einmal in der Woche ist andererseits auch nicht zu viel verlangt. Bei Dunkelheit geht die Kontrolle am einfachsten vor sich. In einer Kolonne reflektieren Vordermänner das Licht beider Abblendscheinwerfer oft durch die Stoßstange oder die Lackierung.

Ersatzglühbirnen sollten mitgeführt werden
- Immer sollte ein entsprechend gefüllter Ersatzlampenkasten an Bord sein, damit Sie unterwegs einen Lampendefekt beheben können. Als Ersatzlampen für Ihren Renault benötigen Sie Halogen-Zweifadenlampen für Fern- und Abblendlicht (H4 55/60 W), Halogen-Einfadenlampe H1 für die Nebelscheinwerfer, Birnen für die Blinkleuchten vorn und hinten (21 W), Rückfahrleuchte (21 W), Nebelschlussleuchte (21 W), Birne für das Standlicht (5 W), die Schluss/Bremsleuchten (21/5 Watt), die Kennzeichenleuchten (5 W), Seitenblinkleuchten (5 W) und andere Birnen, die Sie aber mehr aus Gründen des Komforts mitführen sollten, nicht aufgrund fehlender Sicherheit.

15.5.1 Scheinwerfer erneuern

Da die Erneuerung der Scheinwerfer immer eine Einstellung zur Folge hat, und diese in einer Elektrowerkstatt oder in der Renault-Werkstatt durchgeführt werden muss, sehen wir im Allgemeinen von einer Beschreibung der Arbeiten ab. Falls Sie jedoch die Absicht haben den Scheinwerfer selbst zu erneuern, können Sie die Arbeit durchaus durchführen, vorausgesetzt, dass Sie die Scheinwerfereinstellung anschließend in einer Werkstatt kontrollieren lassen. Zu sagen wäre noch, dass vor Durchführung irgendwelcher Arbeiten am Scheinwerfer die Batterie abgeklemmt werden muss. Die Leuchteinheit und die Blinkleuchten bilden eine Einheit. Bei Arbeiten an den Scheinwerfern sind außerdem folgende Hinweise zu beachten:
- Die Streuscheiben der Scheinwerfer, mit anderen Worten die „Scheinwerfergläser" sind aus Kunststoff hergestellt. Bei Erneuerung der Scheinwerferbirnen für Abblend- und Fernlicht dürfen nur zugelassene Glühlampen eingebaut werden (H4).
- Zum Reinigen der Streuscheiben nur einen in Seifenwasser getauchten weichen Lappen oder Watte benutzen. Auf Alkohol aufgebaute Mittel dürfen nicht verwendet werden.

Bei der Erneuerung eines Scheinwerfers folgendermaßen vorgehen:
- Von der Innenseite des Motorraums aus die Abdeckkappe über dem Scheinwerfereinsatz entfernen. Dabei werden die Kabelstecker sichtbar, die man der Reihe nach abzieht.
- Das Kühlergitter ausbauen. Die unmittelbar neben dem Scheinwerfer sitzenden Schrauben dazu lösen.
- Die drei in Bild 385 gezeigten Befestigungsschrauben des Scheinwerfers lösen und den Scheinwerfer herausziehen.

Hinweis: Laut Renault kann man den Ausbau des Scheinwerfers erleichtern, indem man den Bügel (1) in Bild 386 mit einem Seitenschneider zerschneidet und das Teil (2) abbricht.
Der Einbau geschieht in umgekehrter Reihenfolge wie der Ausbau. Nach dem Einbau die Scheinwerfer einstellen lassen. Provisorisch können sie entsprechend den nachfolgenden Anweisungen eingestellt werden.

15.5.2 Scheinwerfer einstellen

Die Einstellung der Scheinwerfer erfolgt von der Rückseite. Die Scheinwerfer müssen mit einem optischen Gerät eingestellt werden. Um die strikten Gesetze nicht zu verletzen, sehen wir deshalb von einer genauen Beschreibung ab.
Die billige, bisweilen sogar kostenlose Einstellarbeit überlässt man der Werkstatt, einer Tankstelle oder dem mobilen Prüfstand eines Autoclubs. Behelfsmäßig gibt es verschiedene, unterschiedlich genaue Methoden. Dabei immer den Motor kurz starten und die Leuchtweiten-Regulierung auf „O" stellen (falls damit ausgerüstet).

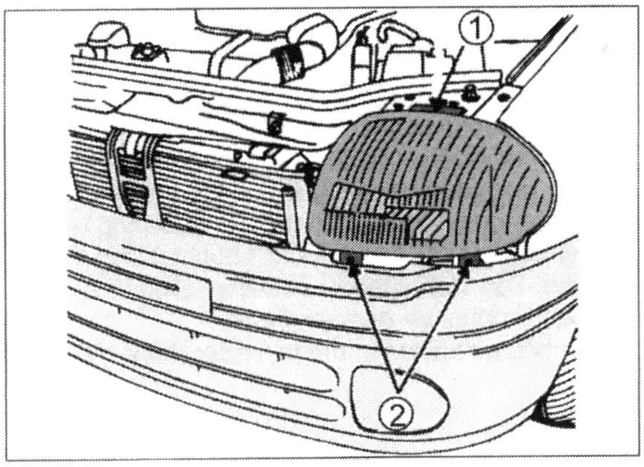

Bild 385
Die Befestigungsschrauben (1) des Scheinwerfers, eine oben, zwei unten (2). Auf der anderen Seite sieht es spiegelbildlich aus.

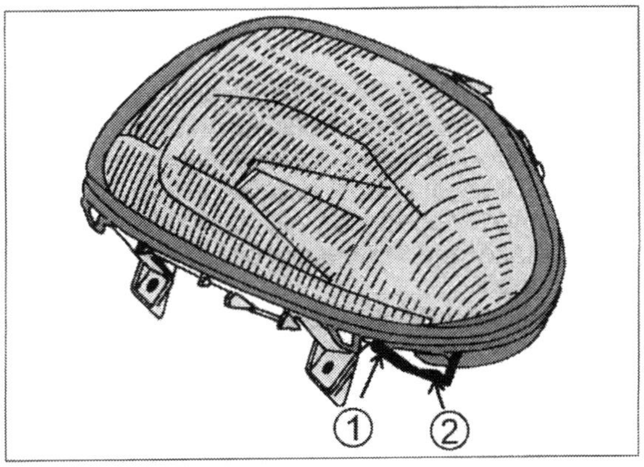

Bild 386
Die Halterung (1) mit einem Seitenschneider abkneifen, das Teil (2) abbrechen.

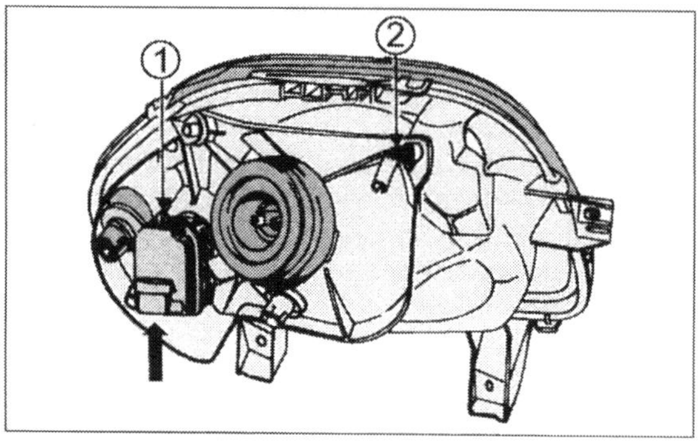

Bild 387
Die beiden Einstellschrauben des Scheinwerfers. An der Pfeilstelle sitzt der Motor für die Strahlenverstellung.
1 Höheneinstellschraube
2 Seiteneinstellschraube

- Wagen möglichst im rechten Winkel in fünf Meter Abstand vor eine helle Wand stellen. Erneuerten Scheinwerfer in der Höhe dem unveränderten gleichstellen. Eine Seitenkorrektur ist so allerdings nicht möglich.
- Nach einer genauen Einstellung mit dem Messgerät die Abknickpunkte (in diesen Punkten steigt der Abblend-Lichtstrahl um 15' nach oben an) an der Garagenwand anzeichnen. Dazu den Renault am Garagentor abstellen. So lässt sich später bei gleicher Fahrzeugstellung auch die Lichtstrahl-Seitenrichtung überprüfen.
- Falls Einstellungen durchgeführt werden, bedient man sich der beiden Einstellschrauben in Bild 387. Um die Scheinwerferstrahlen in der Höhe einzustellen (senkrechte Verstellung), die Schraube (1) verstellen; um die Scheinwerferstrahlen nach links oder rechts zu verstellen (Seiteneinstellung), die Schraube (2) verstellen.

15.5.3 Leuchtweitenregulierung

Im Fahrzeug kann eine Leuchtweiten-Regulierung eingebaut sein. Falls dies der Fall ist, wird man neben der in Bild 386 gezeigten Scheinwerfereinstellschraube (1) einen kleinen Empfänger (Motor) sehen. Zum Ausbau den Stecker (Pfeil) abziehen und den Empfänger um eine Achtelumdrehung in Richtung Kotflügel verdrehen, um ihn aus der Leuchteinheit freizumachen. Das Kugelgelenk aus dem Eingriff bringen und den Empfänger herausnehmen.
Der Einbau geschieht in umgekehrter Reihenfolge.

15.6 Blinkleuchten

Wie bereits erwähnt, bilden die vorderen Blinkleuchten einen Teil der Scheinwerferleuchteinheit.
Die Rundumwarnblinkanlage wird ständig mit Strom versorgt. Drücken Sie bei ausgeschalteter Zündung auf den roten Wippschalter. Alle 4 Blinkerlampen und der transparente Schalterknopf leuchten im gleichen Rhythmus auf.
Zur Kontrolle der Richtungsblinker muss die Zündung eingeschaltet, aber die Warnblinkanlage ausgeschaltet sein, denn die Warnblinker überlagern die Richtungsblinker. Bei gedrücktem Blinkerhebel müssen eine Blinkerseite und die entsprechende grüne Kontrollleuchte in regelmäßigen Abständen aufleuchten. Die gesamte Blinkanlage ist etwas kompliziert, weil vorschriftsgemäß die Warnblinkanlage ständig funktionieren muss – der Warnblinkschalter bezieht den Strom über eine Sicherung direkt von der Batterie. Die Richtungsblinker erhalten dagegen nur bei eingeschalteter Zündung Strom, ebenfalls über eine Sicherung.
Störungen gibt es schon einmal an der Blinkanlage und die folgenden Anregungen könnten Ihnen im Notfall einmal helfen:
- Wenn die Blinkerkontrolle in irgendeiner Weise nicht einwandfrei funktioniert oder nur rhythmisch kurz aufblitzt, ist meist eine Blinkerlampe defekt.
- Bleibt der Blinkrhythmus oder die Warnblinkanlage aus, brennt also Dauerlicht statt Blinklicht, liegt der Fehler im Blinkrelais.
- Leuchten die Blinker mal in langsamer Folge, mal schnell und sind alle Steckverbindungen einschließlich der Massekabel in Ordnung, muss das Relais erneuert werden.
- Leuchten die Warnblinker auf, während die Richtungsblinker bei eingeschalteter Zündung dunkel bleiben, ist die Sicherung defekt.
- Wenn weder Warn- noch Richtungsblinken funktioniert, ist das Blinkrelais schuld. Neben den Blinkerkontrollen, die im Blinkrhythmus mitblinken, werden Sie durch ein akustisches Geräusch ans Blinken erinnert. Das Klacken stammt von einem Relais.

15.7 Windschutzscheibenwischer

15.7.1 Scheibenwischerblatt erneuern

Nach etwa einem halben Jahr ist der Wischergummi so weit verschlissen, dass es besonders auf einer verregneten Nachtfahrt nicht mehr für einen verkehrssicheren „Durchblick" sorgen kann. Entscheiden Sie sich, ob das komplette Wischerblatt oder nur der Wischergummi erneuert werden soll. Zuerst den Wischerarm ausbauen:
- Zündung ausschalten, kontrollieren, dass die Scheibenwischerblätter in der richtigen Stellung „geparkt" sind und die Batterie abklemmen.
- Die Abdeckkappe am Wischerlager zurückklappen.
- Die Mutter des Scheibenwischerarms entfernen.
- Den Wischerarm an der Gelenkstelle halten und von der Spindel herunterziehen. Darauf achten, dass der Arm nicht auf die Windschutzscheibe aufschlagen kann. In der Werkstatt wird ein Abzieher zum Herunterziehen der Scheibenwischerarme benutzt, falls es Schwierigkeiten beim Abziehen geben sollte. Sie müssen also darauf vorbereitet sein, dass der Wischerarm klemmt.

Die Wischergummi können getrennt erneuert werden. Verschiedene Firmen stellen Wischerblätter für alle gängigen Fahrzeugmodelle her. Wir schlagen vor, dass Sie sich in Ihrem Autozubehörgeschäft darüber erkundigen. In den meisten Fällen können Sie die Gummi durch die gut erklärten Montageanweisungen ohne jegliche Schwierigkeiten montieren.

Der Einbau des Wischerarms geschieht in umgekehrter Reihenfolge wie der Ausbau. Den Wischerarm auf die Spindel aufstecken, wenn diese in der Ruhestellung (Parkstellung) steht. Nach dem Einbau kontrollieren, dass der Wischerarm seinen vorgeschriebenen Wischbogen ausführt.

Falls Sie es nicht wissen sollten: Falls bei starkem Schneetreiben der Wischerarm nicht mehr in die Endstellung zurückkehren kann, steht der Wischermotor weiterhin unter Spannung und die Wicklung kann durchbrennen, wenn man dies eine geraume Zeit zulässt. In diesem Fall so schnell wie möglich anhalten und den Wischerarm von der Scheibe abheben, damit er wieder in die Endposition zurückkehren kann. Hält das Wischerblatt jedoch in der Mitte der Scheibe an, wenn die Zündung ausgeschaltet wird, ist dies nur ein Schönheitsfehler, welcher keinen Schaden anrichtet. Zündung erneut einschalten. Der Wischer wird jetzt in die Ruhestellung zurückkehren.

15.7.2 Aus- und Einbau des Wischersystems

- Kontrollieren, dass die Scheibenwischerblätter in der Ruhestellung stehen, die Zündung ausschalten und Batterie abklemmen.
- Scheibenwischerarme ausbauen (siehe oben).
- Motorhaube öffnen.
- Die Abdichtung des Luftgitters vor der Windschutzscheibe lösen und die beiden Clips des Luftgitters entfernen, indem man gegen die Mitte der Clips drückt. Das Luftgitter danach herausnehmen.
- Es bietet sich jetzt der in Bild 388 gezeigte Anblick.

Die beiden Schrauben (1) von den Scheibenwischerspindeln abschrauben, den Kabelstecker vom Scheibenwischermotor abziehen und den gesamten Scheibenwischerrahmen von der Befestigungsstelle an der Rückseite frei machen. Der Motor mit den daran angebrachten Gestängen kann jetzt herausgenommen werden.

Der Einbau geschieht in umgekehrter Reihenfolge wie der Ausbau. Den Stecker erst nach Einbau des Mechanismus auf den Motor aufstecken. Vor dem Aufstecken der Wischerarme kontrollieren, dass der Motor in der Parkstellung abgestellt hat. Die Verzahnungen der Scheibenwischerspindeln gut mit einer Drahtbürste reinigen, ehe die Arme aufgesteckt werden. Die Muttern mit 18 Nm anziehen.

Nach dem Einbau den nochmals Wischer einschalten, um zu kontrollieren, dass die Wischerarme ihren vorgeschriebenen Wischbogen ausführen und beim Ausschalten in der richtigen Stellung parken.

15.7.3 Aus- und Einbau des Scheibenwischermotors

Der Ausbau des Scheibenwischermotors erfolgt nach Ausbau der Scheibenwischereinheit in der oben beschriebenen Weise. Zu lösen ist die Mutter (2) von der Welle des Wischermotors. Auf die genaue Zusammengehörigkeit des Wischergestänges achten und den Motor von den drei Befestigungsstellen lösen.

Der Einbau findet in umgekehrter Reihenfolge statt.

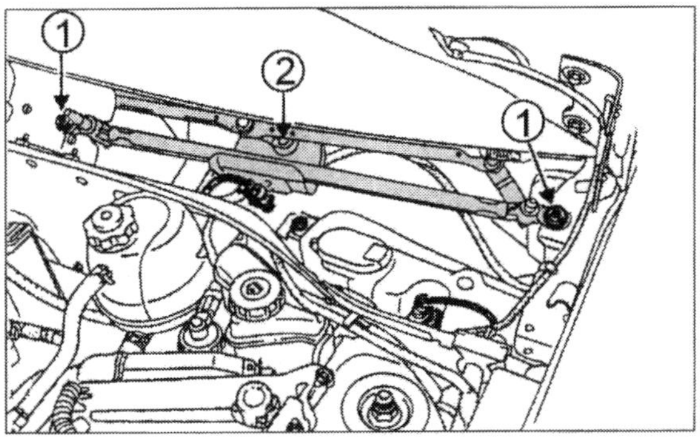

Bild 388
Zum Ausbau des Scheibenwischergestänges mit dem Motor.
1 Schrauben des Wischerrahmens
2 Mutter an der Motorwelle

15.8 Scheibenwaschanlage

Wenn die Kontrollleuchte im Armaturenbrett aufleuchtet, ist es Zeit nachzufüllen. Um einem Verschmieren beim Wischvorgang entgegenzuwirken, sollten Sie dem Wischwasser stets Reinigungsmittel beigeben. Abgasrückstände, Öldunst und Silikon aus Lackpflegemitteln können sich so weniger hartnäckig auf die flach eingebaute Windschutzscheibe setzen. Renault bietet ein besonderes Konzentrat zum besseren Reinigen Ihrer Scheibe an. Zusätzlich ist noch zu beachten, dass dieses für Sommer oder Winter verkauft wird. Das Konzentrat darf nicht mit anderen Zusatzmitteln vermischt werden.

Spätestens beim Nachfüllen des Waschwassers sollten Sie die Windschutzscheibe unter Beachtung des folgenden Ratgebers gründlich reinigen. Besser ist es jedoch, wenn Sie dies alle 2 Wochen tun.

Damit sich Zusatzmittel und Wasser gut durchmischen, erst das Zusatzmittel, dann das Wasser in den Waschwasserbehälter einfüllen. In der kalten Jahreszeit Zusatzmittel mit Frostschutz verwenden bzw. dem Waschwasser 1/3 Brennspiritus zumischen.

Ratgeber: Wenn beim Wischen das Sichtfeld trotz Reinigungsmittel im Waschwasser verschmiert bleibt, muss die Scheibe gründlich gereinigt werden. Dazu ein gutes Scheibenreinigungsmittel auftragen und die Scheibe anschließend mit zusammengeknülltem Zeitungspapier recht kräftig abreiben. So wird der Film regelrecht abgeschabt. Lappen oder Fensterleder sind hierfür zu weich. Versuche haben gezeigt, dass mit Glasreinigern für Haushaltbenutzung die besten Ergebnisse erzielt werden.

15.9 Die Sicherungen

Die Sicherungen sind in einem Sicherungskasten untergebracht. Ein Sicherungskasten befindet sich im Fahrgastraum auf der linken Seite des Lenkrades am Ende des Armaturenbretts (mit einem Deckel verschlossen). Je nach Modell ist die Sicherungsbestückung nicht bei allen Ausführungen gleich. Auf jede einzelne einzugehen ist nicht die Absicht dieser Anleitung, vor allem, da immer die Möglichkeit besteht, dass die Anordnung der Sicherungen innerhalb der behandelten Baujahre geändert wird.

Auf der Innenseite der Abdeckung finden Sie die Sicherungstabelle, in Symbolen ausgedrückt. Die Stärke der Sicherungen ist unterschiedlich und liegt zwischen 5 A und 30 A. Auch hier raten wir Ihnen, dass Sie sich in der Werkstatt erkundigen, wenn eine Sicherung erneuert werden soll. Zu beachten ist jedoch, dass bestimmte Sicherungen außer dem gut erkennbaren und übersetzbaren Symbol auch andere Stromabnehmer schützen. Dazu soll besonders das Symbol STOP genannt werden, durch welche Sicherungen ebenfalls die Instrumententafel und die Diagnosesteckdose abgesichert werden. Andere Ausnahmen sind das Zeichen der Heckscheibenbeheizung (mit Computer der Klimaanlage und Heckscheibenwischern), das Radiozeichen (mit Zigarrenanzünder und Zeituhr).

- Eine Sicherung brennt selten wegen Überlastung durch. Entweder wird bei Basteleien ein Kurzschluss verursacht, oder ein Gerät ist schadhaft. Meist ist irgendwo eine Verbindung zur Fahrzeugmasse entstanden. Wird der Fehler nicht gefunden, nützt der Austausch einer durchgebrannten Sicherung nichts.
- Mit dem Schaltplan klären, wann die Sicherung Strom erhält. Dies kann entweder ständig sein oder erst bei entsprechender Zündschlüsselstellung. Klären Sie, welche Verbraucher an die Sicherung angeschlossen sind.
- Statt einer neuen Sicherung verwendet man nun ein Drahtstück und überbrückt die beiden Halteklemmen der Sicherung ganz kurz (ca. 1 Sekunde). Funkt es kräftig, besteht im entsprechenden Zweig der Fahrzeugelektrik irgendwo ein Kurzschluss. Nacheinander versuchsweise die Leitungsverbindungen zu den angeschlossenen Verbrauchern auftrennen. Verschwindet das starke Funken, am gerade abgeklemmten Verbraucher den Fehler weiter suchen.
- Funkt es beim Überbrücken nicht gleich, den Zündschlüssel so weit drehen, bis an die Sicherung Strom gelangt – Nachweis mit einer Prüflampe. Entsteht beim Überbrücken nun der starke Funke, wie beschrieben die Verbraucher durchprüfen.
- Bisweilen entsteht der Kurzschluss erst dann, wenn der defekte Verbraucher eingeschaltet wird (z. B. Heckscheibenheizung, Scheibenwischer, Blinklichter, Bremslichter usw.). Die „Funkenprobe“ wird dann schwieriger, und es ist mehr Erfahrung nötig – vielleicht sollte hier ein Autoelektriker hinzugezogen werden. Leichteres Funken ist jetzt normal, weil ja ein Strom zum eingeschalteten Verbraucher fließt. Starkes Funken deutet hingegen weiter auf einen Kurzschluss hin. Verwendet man statt der Drahtbrücke ein Amperemeter im etwa 30-Ampere-Bereich, kann man dies besser klären. Schlagartiger Vollausschlag des Zeigers zeigt den Kurzschluss an (Messkabel sofort wieder wegziehen).

Ratgeber: Wenn ein Stromverbraucher ausfällt, liegt es bisweilen auch daran, dass die Haltezungen der betreffenden Sicherung lose oder oxidiert sind, sodass der Strom nicht hindurchfließen kann. Sicherungen herausnehmen, Haltezungen sauber kratzen und neue Sicherung einsetzen.

Aufgrund der vielen in dieser Ausgabe behandelten Fahrzeugmodelle gibt es offensichtlich Unterschiede in der Ausführung der Auspuffanlage. Bilder 389 bis 391 zeigen Ansichten von Teilen der Auspuffanlage. Eine der gezeigten Anlagen wird in Ihrem Fahrzeug eingebaut sein.
Die Auspuffanlage ist mit Gummiaufhängungen an der Unterseite des Fahrzeuges angebracht, die sich normalerweise nach Anheben des Auspuffrohres aushängen lassen. In bestimmten Fällen könnte es jedoch erforderlich sein, dass man die gesamte Aufhängung abschrauben muss, um den Aufhängungsring auszuhängen.
Die Auspuffrohre sind zu einem Stück hergestellt, d. h. die Teile vom Ansaugkrümmer bis zum Katalysator oder zum Schalldämpfer können nicht einfach abgeschraubt und wieder angeschraubt werden. Einzelne Teilabschnitt der Auspuffanlage sind jedoch vom Ersatzteillager erhältlich. Um diese einzubauen, muss man das alte Rohr ungefähr in der Mitte des Auspuffrohres zerschneiden und das Neuteil mit einer Rohrschelle befestigen. Die Trennlinie des Rohrstücks wird durch zwei Punktmarkierungen angezeigt (siehe Bild 392), die 90 mm voneinander wegstehen. Das Rohr genau in der Mitte durchsägen. Das Rohr kann an zwei verschiedenen Stellen zerschnitten werden.
Beim Einbau des neuen Rohrteils bezieht man ebenfalls die Rohrschelle. Die Schelle zuerst über das alte, noch vorhandene Rohrende schieben, bis das Rohr in der Innenseite der Schelle anschlägt und die Schelle leicht anziehen. Danach das Neuteil auf der anderen Seite bis zum Anschlag in die Schelle einschieben. Um die Abdichtung zu verbessern, kann man Auspuffdichtmasse an die Verbindungen schmieren. Wichtig ist, dass man die Schraube und Mutter der Rohrschelle senkrecht anordnet, um ein Anschlagen gegen die Karosserie zu vermeiden.
Die Mutter der Schelle anziehen, bis die in die Mutter eingearbeitete Rille nicht länger sichtbar ist. Dies entspricht einem Anzugsdrehmoment von 25 Nm.
Ebenfalls bei Arbeiten an der Auspuffanlage beachten:

- Wir raten Ihnen, die Vorsichtsmaßnahmen beim Betrieb eines Fahrzeuges mit Katalysator im nächsten Kapitel durchzulesen. Einige könnten Ihnen bekannt sein, andere nicht.
- Hitzebeständiges Fett muss vor Einbau der Lambda-Sonde an die Gewinde geschmiert werden. Die Sonde mit einem Anzugsdrehmoment von 27 - 34 Nm anziehen. Wir möchten darauf hinweisen, dass man eine neue Lambda-Sonde einbauen muss, wenn die Leitungen beschädigt wurden.
- Die Teile der Aufhängung nach Ausbau von Teilen der Anlage kontrollieren. Beim Einbau der Anlage dürfen die Aufhängungen nicht unter Spannung sitzen, da sie sonst bald reißen werden. Der Auspuff muss gut federnd gehalten werden.
- Dichtung zwischen Auspuffrohr und Auspuffkrümmer immer erneuern.

16.1 Katalysator

Ehe man einen Katalysator erneuert, müssen die folgenden Voraussetzungen gegeben sein:

- Das Fahrzeug muss sich in gutem Zustand befinden.
- Kraftstoffanlage, Zündanlage und Lambda-Regulierung müssen sich in gutem Zustand befinden. Der Luftfiltereinsatz muss erneuert werden, falls er bereits 20 000 km in Betrieb war.
- Die verbleibenden Teile der Auspuffanlage dürfen keine Leckstellen haben.
- Nicht alle Fahrzeuge haben den gleichen Katalysator. Beim Kauf eines neuen Katalysators immer die Motor- und Fahrgestellnummer angeben.

Ebenfalls muss man bei einem eingebauten Katalysator Folgendes beachten:

- Niemals das Fahrzeug bei laufendem Motor abstellen, wo leicht brennender Unterboden sich durch den heißen Katalysator entflammen kann.
- Die Ölwanne nicht überfüllen. Durch den Motor in die Auspuffanlage kommendes Öl kann den Katalysator beschädigen.

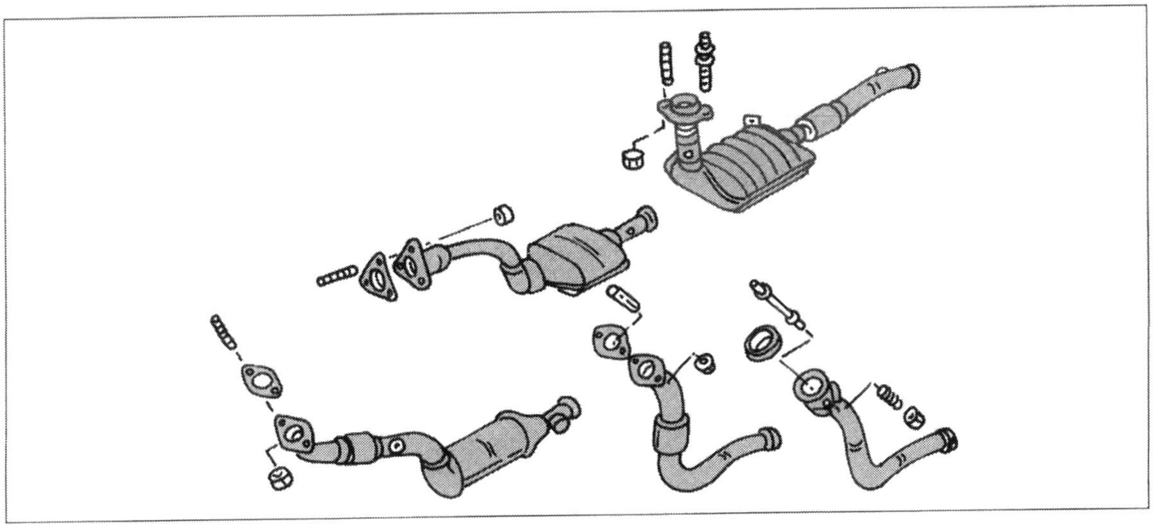

Bild 389
Verschiedene vordere Auspuffrohre und Schalldämpfer. Eine Ausführung davon wird im Fahrzeug eingebaut sein.

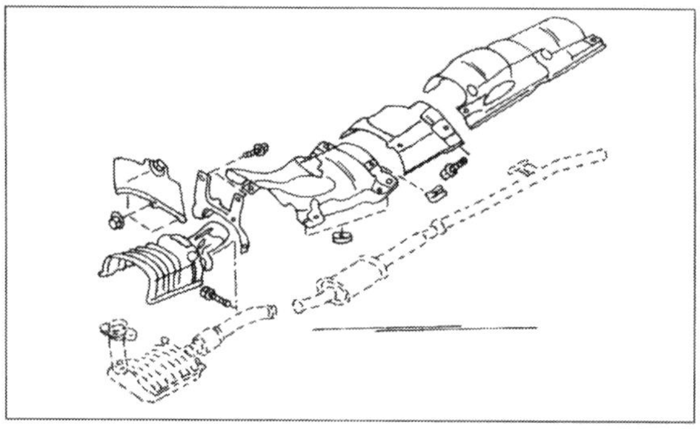

Bild 390
Lage der Wärmeschutzbleche über der Auspuffanlage bei bestimmten Motoren.

- Unbedingt vermeiden, dass man den Tank vollkommen leer fährt.
- Der Katalysator darf sich nicht überhitzen. Einspritz- und Zündanlage müssen in gutem Betriebszustand sein. Auch ein defekter Katalysator kann zu Überhitzung führen.
- Der Motor sollte sofort abgestellt werden, falls man Fehlzündungen (z. B. „Knallen“) feststellen kann.
- Beim Anschleppen eines Fahrzeuges mit Katalysator muss die Anschleppstrecke auf einem Minimum gehalten werden, da der plötzliche anspringende Motor sonst den Katalysator beschädigen kann.

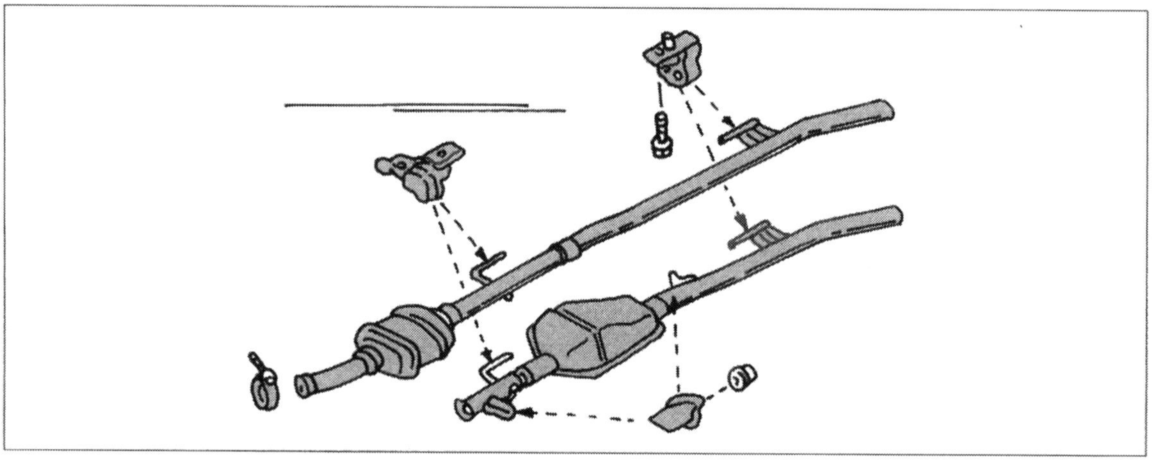

Bild 391
Ansicht des mittleren Abschnitts der Auspuffanlage. An der Rückseite der Rohre sitzt der Nachschalldämpfer (nicht gezeigt).

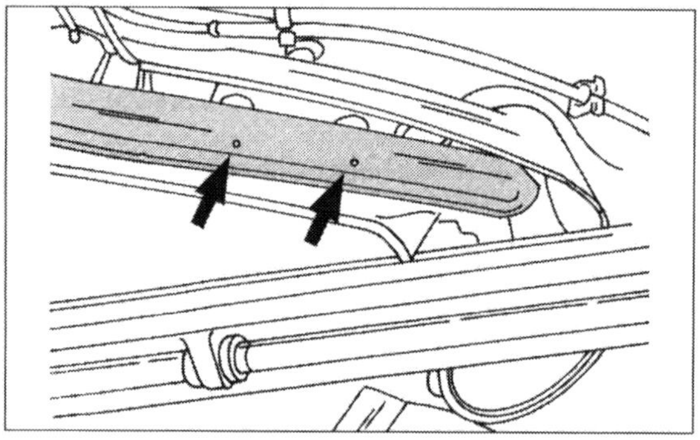

Bild 392
Am Auspuffrohr kann man an zwei Stellen zwei eingestanzte Markierungen sehen.

17 Das automatische Getriebe

Auf Wunsch ist das Modell mit 1.4-Liter-Motor mit einem Viergang-Automatik-Getriebe ausgerüstet, welches mit einem eigenen Computer arbeitet. Das Getriebe hat einige bestimmte Merkmale, die Ihnen bestimmt bekannt sind. So ist es zum Beispiel nicht möglich, den Schaltwählhebel zu bewegen, ohne dass man den Fuß auf dem Bremspedal hat. Ihre Betriebsanleitung wird Ihnen weitere Mitteilungen geben, z. B. was man tut, wenn die Batterie entladen ist. Die Übersetzungsänderung erfolgt beim automatischen Getriebe durch Zusammenschalten verschiedener Zahnräder unter Betätigung von Kupplungen und Bremsbändern durch das hydraulische Steuersystem. Das geschieht je nach Gaspedalstellung und Motordrehzahl über das Steuergerät der Motorelektronik und ein getrenntes Steuergerät für das Getriebe. Es würde zu weit führen, auf jede Einzelheit der Funktion der Steuerung einzugehen.

Hinweis zum Aus- und Einbau des Getriebes: Das Getriebe kann getrennt ausgebaut werden, jedoch muss man den Motor fast ausbauen, bis man den Motor so weit wie möglich nach unten abkippen kann, um das Getriebe abzuflanschen. Da man dazu auch den Nebenrahmen ausbauen muss, raten wir Ihnen nicht, diese Arbeit selbst durchzuführen.

17.1 Anschleppen mit eingebauter Automatik?

Aufgrund der Konstruktion des Getriebes darf der Motor nicht durch Anschleppen angelassen werden. Auch ein Anschieben oder auch das Schieben zur nächsten Tankstelle muss unterlassen werden. Im letzteren Fall kann das Fahrzeug wie unten beschrieben bewegt werden.

17.2 Abschleppen mit eingebauter Automatik

Das Automatikfahrzeug darf nicht unbedacht abgeschleppt werden, weil sonst das Getriebe Schaden nimmt. Es ist hierbei nur eine Geschwindigkeit von 40 km/h erlaubt, und nicht weiter als 50 km darf geschleppt werden, sonst den Wagen verladen oder mit den Rädern vom Boden abgehoben abschleppen lassen.

17.3 Automatik überprüfen

Bei der Prüfung der Funktion und besonders bei notwendigen Reparaturen am Getriebe sind dem Heimwerker enge Grenzen gesetzt. Schnell wird hierzu Spezialgerät und gezielte Erfahrung nötig. Nachfolgend eine Aufzählung von eher einfacheren Prüfungen, mit denen Sie Fehler besser einkreisen oder gar beheben können.

- Der ATF-Stand im Getriebe ist bei Störungen als Erstes zu prüfen (siehe nachfolgend).
- Auf einer Probefahrt können die Schaltpunkte überprüft werden.
- Die Einstellung des Steuerzuges zwischen Getriebe und dem Gasgestänge ist eine wichtige Voraussetzung für fehlerfreie Arbeitsweise. Hier sollten jedoch keine Defekte auftreten.
- Druckmessungen von Arbeits-, Regler- und Modulierdruck (Werkstattsache).
- Beurteilen der Schaltvorgänge. Die Leerlaufdrehzahl muss exakt stimmen, sonst ist keine Beurteilung möglich.

17.4 Flüssigkeitsstand prüfen/ Flüssigkeit wechseln

Der Flüssigkeit im Getriebe kann nur mit einem Renault-Gerät überprüft werden, welches unter der Bezeichnung „XR 25" läuft. Es verbleibt also nur eine Kontrolle in der Werkstatt.
Leichter ist es jedoch, die Flüssigkeit im Getriebe zu wechseln, da man durch Einfüllen von 3,5 Liter Flüssigkeit das Niveau auf den richtigen Stand bringen wird. Wartungsmäßig gesehen sollte die Getriebeflüssigkeit alle 60 000 km gewechselt werden. Den Flüssigkeitsstand sollte man alle 15 000 km kontrollieren lassen. Machen Sie eine Notiz, bei welchem Kilometerstand das Öl gewechselt wurde (siehe untenstehender Hinweis).

Bild 393 zeigt das Getriebe von der Unterseite mit der Lage des Ablassstopfens. Der Einfüllstopfen sollte normalerweise nicht herausgeschraubt werden, da er nur zum Füllen des Getriebes mit dem genannten Renault-Gerät benutzt wird. Nur bei Neufüllung des Getriebes kann man ihn ausschrauben. Um den richtigen Flüssigkeitsstand zu erhalten, muss man die Getriebeflüssigkeit gut ablaufen lassen.

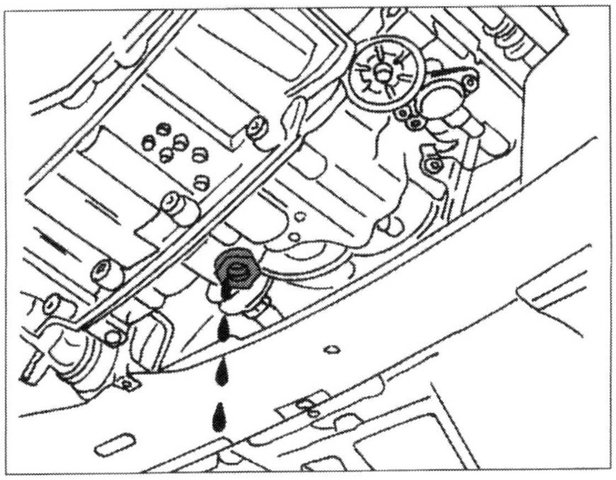

Bild 393
Die Lage des Ablassstopfens an der Unterseite des Getriebes.

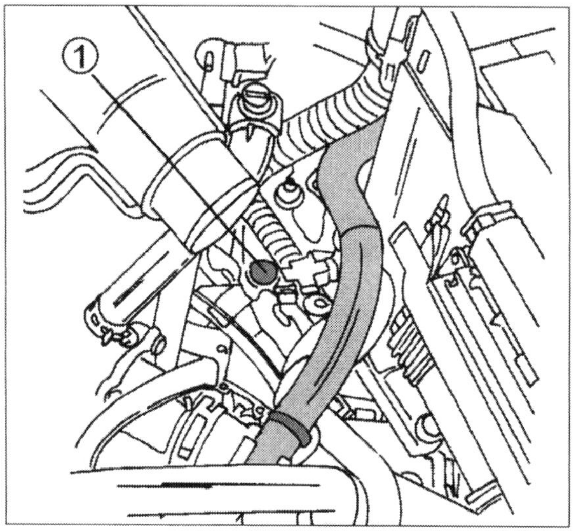

Bild 394
Die Lage des Einfülllochs für die Getriebeflüssigkeit (1).

Ist die Flüssigkeit schwarz oder riecht sie verbrannt, lässt dies auf einen Getriebeschaden schließen. Verwenden Sie nur Automatik-Getriebeöl Elf Renaultmatic D3 SYN oder Dexron III. Andere Flüssigkeiten nur nach Freigabe durch eine Renault-Werkstatt einfüllen. Das Einfüllen der Flüssigkeit erfolgt durch das in Bild 394 gezeigte Einfüllloch.

Hinweis: Die obigen Anweisungen sind nicht als komplett anzusehen, da man den Flüssigkeitsstand bei der nächsten Gelegenheit in einer Werkstatt kontrollieren lassen sollte. Haben Sie das Öl selbst gewechselt, teilen Sie den entsprechenden Kilometerstand der Werkstatt mit. Bei dieser Gelegenheit wird der Mechaniker ebenfalls eine Eingabe in das Steuergerät des Getriebes vornehmen. Der Computer wird dadurch wissen, wie alt die Flüssigkeit ist.

17.5 Aus- und Einbau des Getriebes

Wie bereits erwähnt, wird das Getriebe praktisch zusammen mit dem Motor ausgebaut und die entsprechenden Anweisungen im Abschnitt 2 sind zu befolgen. Das Getriebe wird dann vom Motor getrennt. Drei Muttern halten die Antriebsscheibe an der Kurbelwelle am Drehmomentwandler. Um an die Muttern heranzukommen, dreht man die Kurbelwelle durch, bis die Muttern der Reihe nach an der Unterseite erscheinen. Das Abdeckblech unter dem Wandlergehäuse muss vorher abgeschraubt werden.

18 Wartungs- und Pflegearbeiten

Die meisten Wartungsarbeiten können selbst durchgeführt werden. Manchmal ist es jedoch zweckmäßiger die Wartung in einer Werkstatt durchführen zu lassen, d. h. es fehlen die notwendigen Einrichtungen oder Erfahrungen, Messgeräte sind erforderlich oder die Werkstatt kann die Arbeit einfach schneller durchführen. Vor allem wichtig sind die regelmäßigen Inspektionen und Kontrollen, welche untenstehend angeführt sind. Nach einer bestimmten Fahrstrecke oder nach Ablauf einer gewissen Zeit durchzuführende Wartungsarbeiten werden meistens in der Betriebsanleitung oder im Wartungsscheckheft angegeben.
Ehe Sie mit irgendwelchen Wartungsarbeiten beginnen, möchten wir auf einige Grundregeln hinweisen, die Ihnen Zeit und Kosten ersparen werden.

Der Ersatzteilkauf
Die für Wartungs- oder Reparaturarbeiten benötigten Ersatzteile sollten Sie spätestens am Tag der Arbeit parat haben. Stellen Sie sich eine Liste der Ersatzteile zusammen, die Sie für Ihre Arbeit brauchen. Denken Sie dabei nicht nur an die direkt betroffenen Teile, sondern auch an Zubehör wie Dichtungen, Sicherungsringe und selbstsichernde Muttern. Fragen Sie zur Sicherheit den Fachmann im Ersatzteillager – er ist mit diesem Problem vertraut und sucht Ihnen die erforderlichen Teile heraus.
Reparaturen, deren Umfang Sie nicht genau abschätzen können, sollten Sie auf einen Termin legen, der Ihnen auch einen außerplanmäßigen Besuch beim Zubehörhändler erlaubt. Rechnen Sie damit, dass selbst eine Werkstatt nicht immer alle Teile auf Lager hat und diese dann erst bestellen muss. Denken Sie auch daran, dass das Lager auch Schließzeiten hat.

Das richtige Ersatzteil
Im Laufe der Produktionszeit haben sich bestimmt Details an Ihrem Fahrzeug geändert. Deshalb entscheidet oft das Baujahr, welches Ersatzteil für Ihr Fahrzeug das richtige ist. Sie erleichtern sich und dem Verkäufer die Arbeit, wenn Sie den Fahrzeugschein mitnehmen und die Daten des Typenschilds auf einem Zettel notiert haben. Mit diesen Informationen kann ein geschulter Ersatzteilverkäufer das für Ihr Fahrzeug passende Teil mühelos aus dem Katalog oder dem vom Hersteller zusammengestellten Microfiche ermitteln. Noch wichtiger ist, dass Ihr Ersatzteilverkäufer irgendwelche Änderungen sofort feststellen kann. Manchmal ist es auch möglich, dass durch Änderung eines bestimmten Teils andere Teile davon betroffen sind und ebenfalls erneuert werden müssen. Wenn Sie auf Nummer Sicher gehen wollen: Bringen Sie das ausgebaute Altteil gleich mit zum Händler.

Originalteile oder Fremdteile?
Alle Ersatzteile, die Sie im Reparaturfall für Ihr Fahrzeug benötigen, erhalten Sie bei dem dafür zuständigen Händler. Aber Sie müssen nicht ausschließlich dort einkaufen. Der Zubehörhandel hält ebenfalls ein breites Angebot bereit, darunter Teile von denselben Herstellern, die das betreffende Montagewerk beliefern. Vergleichen Sie die Preise, wenn Service und Lieferfähigkeit gleich sind, jedoch bestehen Sie darauf, dass die Teile von gleicher Qualität wie die Originalteile sind. Wir sind z. B. vollkommen gegen den Kauf von Bremsklötzen, welche nicht ausdrücklich vom in Frage kommenden Hersteller genehmigt und freigegeben sind. Nachfragen und Erkundigen ist hier die einzige Lösung. Supermärkte sollten Sie beim Ersatzteilkauf meiden. Die eingesparten Beträge sind gering und machen die fehlende Beratung beim Kauf von Verschleißteilen nicht wett.

Das kaufen Sie im Zubehörhandel
Anlasser und Drehstromlichtmaschinen (welche der Originalausrüstung, wie z. B. Bosch, entsprechend müssen), Ölfilter, Luftfiltereinsätze, Glühlampen, Hauptbremszylinder, Keilrippenriemen, Kupplung komplett, Lack, Lichtmaschine, Motordichtungen, Reparaturbleche, Scheinwerfer. Erwähnen möchten wir auch Auspuffanlagen. Hier steht nichts gegen den Einbau von Fremdprodukten. Wir empfehlen vor allem rostfreie Anlagen, welche meistens eine bestimmte Garantie tragen. Andernfalls vergleichen Sie Preise von Originalanlagen und Fremdprodukten und deren voraussichtliche Lebensdauer.

Safety first
Bei sicherheitsrelevanten Ersatzteilen ist Sparsamkeit am falschen Platz. Bremsbeläge, Bremsscheiben, Radlager, Antriebswellen und Gelenke sollten Sie grundsätzlich in Erstausrüster- oder Originalqualität kaufen. Die meisten Billig-Produkte entsprechen bei weitem nicht der vom Hersteller geforderten Mindestqualität. Was nützen Ihnen preiswerte Bremsscheiben aus Osteuropa oder Asien, wenn sie nach dem Einbau eine Unruhe in der Vorderachse verursachen, die nur für teures Geld in der Werkstatt behoben werden kann? Alle Hersteller sehen eine spezielle Mischung des Bremsbelagmaterials vor. Die Kennnummer ist der Werkstatt bekannt. Falls Ihr Fahrzeug nach einem ernsteren Unfall begutachtet wird und sich dabei eine nicht freigegebene Belagmischung herausstellt, kann sich dies zu Ihren Ungunsten auswirken. Ihre Sicherheit und die Sicherheit anderer Verkehrsteilnehmer muss Ihnen daher die zusätzlichen Geldausgaben wert sein. Und noch etwas: Bremsbelag- bzw. Bremsklotzmaterial ist in Originalausführung asbestfrei. Diese Gewähr haben Sie vielleicht nicht bei Billigprodukten. Auch Scheibenwischerblätter, welche in Vielzahl billiger angeboten werden, haben bestimmt nicht die gleiche Lebensdauer als vom Hersteller gelieferte.

Austauschteile
Secondhand macht bei einer Reihe von Ersatzteilen Sinn. Austauschteile von Renault haben die gleiche Qualität wie ein Neuteil, sind deutlich billiger und werden mit gleicher Garantie geliefert. Auch der Zubehörhandel bietet zahlreiche neuwertige Austauschteile an. Erneuerte Elektrik-Bauteile vertreiben die Firma Bosch und auch andere in Frage kommende Lie-

feranten über ihre Autoelektrik-Werkstätten. Aber auch der Autoverwerter ist in vielen Fällen eine gute Adresse – wenn Sie eine Reparatur besonders billig ausführen wollen und auf Äußerlichkeiten keinen großen Wert legen. Das gilt etwa für Karosserie-Bauteile wie Türen, Stoßfänger und Motorhauben. Gebrauchte Verschleißteile lohnen sich jedoch nur dann, wenn sie deutlich besser sind, als die bisher im Wagen eingebauten. Bisweilen müssen Sie das gewünschte Ersatzteil selbst ausbauen. Fragen Sie auf jeden Fall nach dem Preis: Das gebrauchte Teil darf höchstens halb so teuer sein wie das Neuteil. Ein Verschleißteil darf nicht mehr als ein Viertel des Neupreises kosten.

Hier lohnen sich Austauschteile
Anlasser, Getriebe, Antriebswellen, Kupplungsdruckplatte, Kupplungs-Mitnehmerscheibe, Kurbelwelle mit Lagern, Lichtmaschine, Teilmotor, Scheibenbremssättel, Scheibenwischermotor, Schwungrad, Wasserpumpe, Zylinderblock mit Kolben, Zylinderkopf. Natürlich sind die genannten Teile nicht unbedingt von allen Standorten erhältlich.

Wir raten: Ehe Sie sich zu größeren Ausgaben entschließen, erkundigen Sie sich in der Werkstatt, ob es ein Austauschteil gegen Eingabe des alten Teils gibt. Nur Ihre Werkstatt ist in der Lage, Ihnen dies mitzuteilen.

Arbeitssicherheit
Es ist eine Selbstverständlichkeit, doch wir möchten es an dieser Stelle noch einmal ausdrücklich unterstreichen: Sicherheit hat beim Heimwerken absolute Priorität. Wagen Sie sich nur an Arbeiten, die Sie sich wirklich zutrauen können. Nehmen Sie handwerkliche Aufgaben, mit denen Sie in der Praxis bislang wenig oder gar keine Erfahrung haben, nicht auf die leichte Schulter. Fatale Folgen können mangelhaft ausgeführte Arbeit natürlich auch im Straßenverkehr haben – übrigens nicht nur für Sie, sondern auch für Dritte.

Vorsicht bei allen Arbeiten im Motorraum! Bei laufendem Motor steht die Anlage hochspannungsseitig (Primärstromkreis) sehr hoch unter Spannung. Führen Sie Prüfungen am Motor deshalb nur bei Motorstillstand aus. Oder richten Sie den Prüfaufbau so aus, dass Sie während des Motorlaufs nicht die Hand anlegen müssen.

18.1 Regelmäßige Wartungsarbeiten

18.1.1 Motorölstand kontrollieren

Der Stand des Motoröls sollte etwa alle 600 km kontrolliert werden. Dazu den Ölmessstab herausziehen und mit einem sauberen Lappen abwischen. Messstab nochmals hineinschieben und ihn wieder herausziehen. Das Öl muss bei waagerecht stehendem Fahrzeug zwischen der oberen und unteren Markierung liegen. Zwei Kerben sind in den Ölmessstab eingearbeitet, um Ihnen das Ablesen zu erleichtern. Liegt der Ölstand an der unteren Markierung, muss nachgefüllt werden. Der Ölmessstab ist mit ein „Max"-Marke und einer „Min"-Marke gezeichnet. Die Ölmenge zwischen den beiden Markierungen beträgt ca. 1,5 Liter (2 Liter beim Dieselmotor), sodass Sie daraus schließen können, wie viel Öl fehlt. Auf keine Fall den Motor überfüllen, d. h. das Öl darf nicht über die obere Marke steigen. *Falls Ihnen dies nicht bekannt ist: Der eingebauter Katalysator eines Benzinmotors könnte dadurch beschädigt werden.* Unbedingt das vorgeschriebene Öl bei einem Dieselmotor einfüllen.

18.1.2 Bremsflüssigkeitsstand kontrollieren

Der Behälter für die Bremsflüssigkeit sitzt auf der Oberseite des Hauptbremszylinders, wie man es in Bild 334 sehen kann. Der Behälter ist durchsichtig, sodass die Bremsflüssigkeit von der Außenseite gesehen werden kann. Den Flüssigkeitsstand immer soeben an der „Max"-Markierung halten. Falls erforderlich die Verschraubung abdrehen und frische Bremsflüssigkeit nachfüllen. Liegt der Flüssigkeitsspiegel niedriger als erwartet, muss man den Verschleiß der Bremsklotzbeläge kontrollieren (sie nützen sich eher ab als die Beläge der hinteren Bremsbacken). *Beim Einfüllen keine Bremsflüssigkeit auf Lackstellen tropfen lassen.*

18.1.3 Bremsleuchten überprüfen

Die Arbeitsweise der Bremsleuchten kann mit Hilfe einer zweiten Person oder auch allein kontrolliert werden. Bei der ersten Methode auf die Bremse treten, während die zweite Person das Aufleuchten der Lampen kontrolliert. Sind Sie allein, rückwärts vor die Garagentür fahren und auf die Bremse treten. Die Lampen scheinen rot gegen die Garagentür. Falls eine Lampe nicht aufleuchtet, die Glühbirne ersetzen; leuchten beide Lampen nicht auf, könnte der Bremslichtschalter defekt sein.

18.1.4 Beleuchtung kontrollieren

Alle Beleuchtungskörper (einschließlich der Hupe und Warnblinkanlage) der Reihe nach durchschalten und deren Funktion kontrollieren. Rücklichter und Rückfahrscheinwerfer können am besten im Dunkeln vor der Garagentür kontrolliert werden, ohne dass man aus dem Fahrzeug aussteigt. Falls Sie nicht sicher über die Einstellung der Scheinwerfer sind, muss man die Einstellung in einer Werkstatt prüfen lassen.

18.1.5 Reifendruck kontrollieren

Den Reifendruck an einer Tankstelle kontrollieren. Falls Sie den Druck nicht auswendig wissen, ist es am besten, wenn man sich an die an Tankstellen ausgehängten Tabellen hält. Unbedingt unter den betreffenden Reifen nachlesen, mit welchen Ihr Fahrzeug versehen ist. Außerdem gibt der Ihnen bekannte Reifendruckaufkleber den Druck für die serienmäßig montierten Reifen an. Drücke können je nach aufmontierten Reifen unterschiedlich sein. Falls man größere Reisen mit höheren Geschwindigkeiten vorhat, kann man den Reifendruck etwas erhöhen. Bei aufgezogenen Winterreifen gelten ebenfalls unterschiedliche Reifendrücke.

18.1.6 Kühlmittelstand kontrollieren

Das kalte Kühlmittel muss zwischen den „Mini"- und „Maxi"-Markierungen am Ausgleichsbehälter stehen. Falls erforderlich abwarten, bis das Kühlmittel abgekühlt ist und zusätzliches Frostschutzmittel einfüllen. Die Temperatur des Motors darf nicht mehr als 50°C betragen und der Motor muss abgestellt sein. Ist der Motor heiß, den Verschlussdeckel des Ausgleichsbehälters bis zur ersten Raste lösen und abwarten, bis der Druck abgefallen ist. Danach den Deckel vollkommen abschrauben.
Vor Anbruch des Winters sollte man die Gelegenheit wahrnehmen und die Stärke des Frostschutzmittels kontrollieren. Bis mindestens –30°C muss der Gefrierschutz reichen. Einzelheiten darüber in Abschnitt „Kühlanlage".
Zum Ergänzen kleiner Kühlmittelverluste normales Wasser verwenden. Mit völlig kalkfreiem Wasser, Regenwasser, destilliertem oder entsalztem Wasser tun Sie der Kühlanlage keinen Gefallen, weil diese Wasserarten korrosiver wirken.
Falls Sie unterwegs erhebliche Wassermengen aus dem Kühlsystem verloren haben, soll bei heißer Maschine kein kaltes Wasser nachgegossen werden, denn der Zylinderkopf kann sich verziehen oder gar Spannungsrisse bekommen. Kleinere Wassermengen dürfen aber auch bei warmem Motor nachgegossen werden.

18.1.7 Ölstand im automatischen Getriebe kontrollieren

Da ein automatisches Getriebe bei fehlender Flüssigkeit nicht einwandfrei durchschalten kann, sollte der Stand der Flüssigkeit häufig kontrolliert werden lassen. Siehe Beschreibung im betreffenden Kapitel – muss man in der Werkstatt durchführen lassen.

18.1.8 Ölstand im Schaltgetriebe prüfen

Der Motor muss abgestellt sein, wenn der Ölstand in einem Schaltgetriebe kontrolliert wird. Ein Öleinfüllstopfen ist in die Seite des Getriebes eingesetzt. Im Kapitel „Schaltgetriebe" sind genauere Einzelheiten darüber angegeben. Nur das empfohlene Öl einfüllen.

18.1.9 Kontrolle der Antriebsriemen

Je nach eingebauten Aggregaten ist die Anordnung der einzelnen Keilriemen nicht bei allen Ausführungen gleich. Im „Kühlanlage" wird in Einzelheiten auf den Antriebsriemen eingegangen. Wenn der Riemen kontrolliert wird, muss man den oder die Riemen auf Risse, ausgefranste Seiten oder Lösen der Gummischichten kontrollieren. Falls der Riemen bis zum Boden der Riemenscheiben aufliegt, muss er erneuert werden. Die Spannung der Riemen wird in der Mitte zwischen den Riemenscheiben kontrolliert.

Die Spannung eines Keilriemens nur bei kaltem Motor überprüfen. Ist der Motor heiß, muss man ihn mindestens 30 Minuten lang stehen lassen, ehe man die Riemenspannung kontrolliert.

18.1.10 Handbremse einstellen

Durch die Abnutzung der Bremsbeläge wird der zum Anziehen der Handbremse benutzte Weg des Handbremshebels nach einer gewissen Zeit länger. Falls die Hinterräder nicht feststehen, nachdem man den Handbremshebel bis zu 12 Zähne angezogen hat (die Hinterräder müssen angehoben sein), ist eine Nachstellung durchzuführen. Die Einstellung erfolgt an der Unterseite des Fahrzeuges und ist im Kapitel „Bremsen" beschrieben. Nach der Einstellung die Handbremse lösen und kontrollieren, dass die Räder frei drehbar sind.

18.1.11 Luftfiltereinsatz erneuern

Der Papierfiltereinsatz sollte alle 30 000 km erneuert werden, öfters, wenn das Fahrzeug unter staubigen Verhältnissen gefahren wird. Ja nach Ausführung wird der Deckel des Luftfiltergehäuses mit Schrauben oder Federklammern an der Seite gehalten. Nach Ausbau des Deckels den Filtereinsatz herausnehmen. Innenseite des Filtergehäuses einwandfrei reinigen und den neuen Einsatz in umgekehrter Reihenfolge wieder einbauen. Den Deckel wieder montieren,
Um den Filter zu reinigen, kann man ihn gegen eine harte Unterlage aufschlagen und den feinen Staub mit Pressluft ausblasen. Dabei den Luftstrahl seitlich an den Lamellen vorbei streichen lassen. Niemals die Luft direkt auf die Lamellen richten, da sonst der Staub nach innen gezwungen wird. Flüssigkeit darf nicht zum Reinigen benutzt werden. Das Filtergehäuse säubern, indem man es mit einem Lappen auswischt.

18.1.12 Flüssigkeitsstand der Servolenkung

Der Behälter für die Flüssigkeit der Servolenkungsanlage befindet sich im Motorraum an der Vorderseite des Motors, von vorn gesehen auf der rechten Seite. Die Kontrolle des Flüssigkeitsstands geschieht durch Sichtprüfung des Behälters. Die Lenkungsflüssigkeit muss dabei betriebswarm sein, der Motor muss ab-

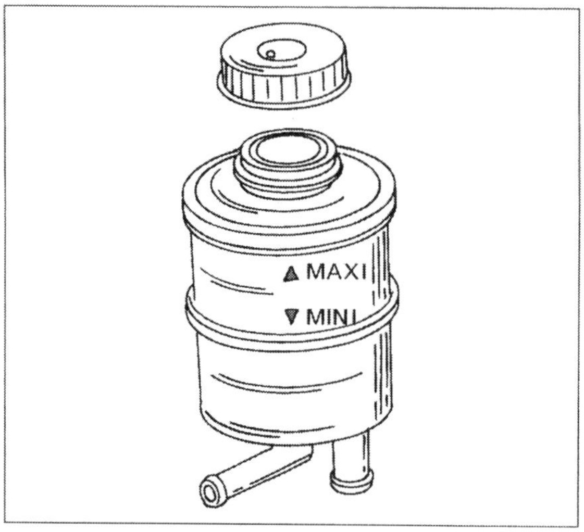

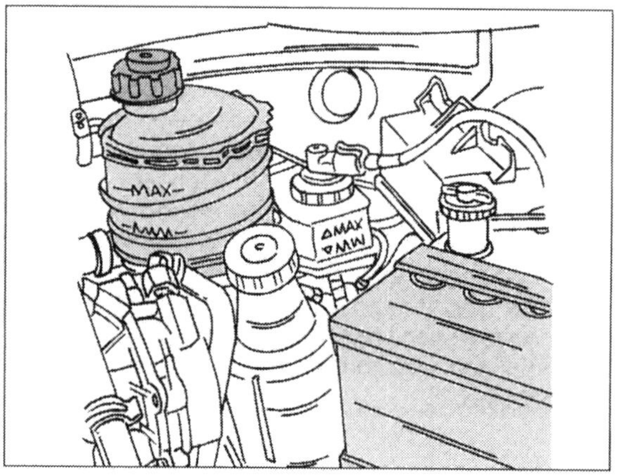

Bild 395
Ansicht des Vorratsbehälters für die Lenkungsflüssigkeit bei eingebautem Benzinmotor (oben) und beim Dieselmotor ohne Klimaanlage. Ist bei eingebautem Dieselmotor eine Klimaanlage eingebaut, muss man sich an Bild 292 halten.

gestellt sein. Falls bei einer Kontrolle mehr Flüssigkeit als bei früheren Kontrollen fehlt, muss man die Anlage auf Leckstellen kontrollieren.
Der Behälter für die Flüssigkeit der Servolenkung hat nicht bei allen eingebauten Motoren das gleiche Aussehen, d. h. bei Benzin- und Dieselmotoren ist die Kontrolle anhand von Bild 395 durchzuführen. In der oberen Ansicht ist der Behälter bei eingebautem Benzinmotor zu sehen, beim Dieselmotor gilt die untere Ansicht. Zu beachten ist die unterschiedliche Lage des Behälters bei einem Dieselmotor mit Klimaanlage. In diesem Fall gilt die in Bild 292 gezeigte Verschraubung. In allen Fällen gilt, dass die Flüssigkeit am Strich mit der „Maxi"-Kennzeichnung stehen muss oder der Behälter in Bild 292 muss bis zur Oberkante gefüllt sein. Zum Einfüllen nur die von Renault empfohlene Flüssigkeit „ELF RENAULTMATIC D2" oder „MOBIL ATF 220" benutzen. Dies ist die gleiche Flüssigkeit, wie sie in einem automatischen Getriebe eingefüllt ist.
Nach Nachfüllen der Flüssigkeit den Motor anlassen und das Lenkrad langsam aus einem Anschlag in den anderen drehen. Den Flüssigkeitsstand erneut kontrollieren und falls erforderlich nochmals nachfüllen.

18.1.13 Nicht benannte Wartungsarbeiten

Viele der als Wartungsarbeiten zu betrachtenden Arbeiten, wie z. B. Kontrolle des Säurestands der Batterie, Wechsel des Ölfilters oder Austausch des Kraftstofffilters, Kontrolle des Verschleißes der Bremsklotz- und Bremsbackenbeläge, usw. sind in den dafür zuständigen Kapiteln beschrieben.

Eingebaute Benzinmotoren	1.4-Liter-Motor, 16V, K4J 1.6-Liter-Motor, 16V, K4M 2.0-Liter-Motor, 16V, F4R

1.4-Liter-Motor (K4J), 1.6-Liter-Motor (K4M) und 2.0-Liter-Motor (F4R)

Allgemeine Angaben

Bauart	Vierzylinder-Viertaktmotor, mit vier in V-Anordnung eingebauten Ventilen, zwei Nockenwellen im Zylinderkopf. Nockenwellen durch Zahnriemen angetrieben.
Anzahl der Zylinder	4
Zylinderbohrung:	
– 1390 cm^3-Motor (Typ K4J)	79,5 mm
– 1598 cm^3-Motor (Typ K4M)	79,5 mm
– 1998 cm^3-Motor (Typ F4R)	82,7 mm
Kolbenhub:	
– 1390 cm^3-Motor	70,0 mm
– 1598 cm^3-Motor	80,5 mm
– 1998 cm^3-Motor	93,0 mm
Zündfolge	1-3-4-2
Verdichtungsverhältnis:	
– 1390 cm^3-Motor	10,0 : 1
– 1598 cm^3-Motor	10,0 : 1
– 1998 cm^3-Motor	9,8 : 1
Motorleistung (Baujahr 2001 angegeben, Abweichungen möglich):	
– 1390 cm^3-Motor	72 kW (98 PS) bei 6000/min
– 1598 cm^3-Motor	79 kW (107 PS) bei 5750/min
– 1998 cm^3-Motor	123 kW (169 PS) bei 6250/min
Max. Drehmoment:	
– 1390 cm^3-Motor	127 Nm bei 3750/min
– 1598 cm^3-Motor	148 Nm bei 3750/min
– 1998 cm^3-Motor	200 Nm bei 5400/min

Hinweis: Die obigen Angaben sind allgemeine Angaben, die in einigen Zulassungsländern leicht abweichen können. Genaue Werte können immer dem Fahrzeugzulassungsschein oder der Verkaufslektüre entnommen werden. Dies trifft besonders auf Fahrzeuge vor Baujahr 2001 zu.

Zylinderkopf	
Werkstoff	Spezialaluminiumlegierung mit halbrunden Verbrennungskammern, mit auswechselbaren Ventilsitzringen und Ventilführungen. Nockenwellen werden durch ein getrenntes Gehäuse (Zylinderkopfhaube) auf dem Zylinderkopf montiert.
Kopfhöhe, Fläche zu Fläche (nur 1.4/1.6-Liter-Motor)	137 mm
Nachschleifhöhe	Nachschleifen nicht zulässig
Max. Verzug der Zylinderkopffläche	0,05 mm
Zylinderkopfdichtung	Synthetischer Werkstoff, trocken montiert
Montagerichtung	„TOP" von oben lesbar
Stärke der Dichtung	0,96 mm (Nennmaß)
Ventilführungen	
Außendurchmesser:	
– Alle Motoren – Nenngröße	11,00 mm
– Reparaturgrößen	Nicht angeführt

Innendurchmesser – Alle Motoren	5,5 mm (eingebaut)
– Einbauwinkel der Führungen	Schrägstellung 63° 30' (Einlass), 66° (Auslass)
– Einbauhöhe	11 mm Vorstehmaß
– Toleranz der Einbauhöhe	Plus oder minus 0,15 mm

Ventilsitze

Ventilsitzwinkel	90°, alle Ventile
Breite des Ventilsitzes	1,3 mm (Einlass), 1,4 mm (Auslass)
Außendurchmesser der Ventilsitze:	
– Einlassventile	33,542 mm (1.4/1.6-Liter)
– Auslassventile	28,792 mm (1.4/1.6-Liter)

Ventile

Ventilschaftdurchmesser, alle Ventile und Motoren	5,484 mm (Einlass), 5,473 mm (Auslass)
Ventiltellerwinkel	90°
Ventiltellerdurchmesser:	
– Einlassventile	32,7 mm (1.4/1.6-Liter)
– Auslassventile – alle Motoren	27,96 mm (1.4/1.6-Liter)
Ventillänge	109,32 mm (Einlass), 107,64 mm (Auslass)

Ventilfedern

Hinweis: Federn sollten Sie in einer Werkstatt fachmännisch kontrollieren lassen.

Wicklungsaußendurchmesser – Alle Motoren	27,0 mm – Alle Federn
Ungespannte Länge – Alle „K"-Motoren	41,30 mm
Ungespannte Länge – 2.0-Liter-Motor	43,57 mm

Ventilsteuerung — Kann nicht geprüft werden

Kolben und Pleuelstangen

Kolbenausführung	Aluminiumlegierung und drei Kolbenringen
Kolbenbolzenpassung	Presspassung in Pleuelauge und schwimmend in Kolben gelagert
Einbaurichtung der Kolben	„V"-Zeichen im Kolbenboden, I zur Schwungradseite gerichtet
Kolbengrößen	Drei Größenklassen
Kolbendurchmesser – 1.4- und 1.6-Liter-Motor:	
– Kolbenkennzeichnung „A"	79,470 – 79,480 mm
– Kolbenkennzeichnung „B"	79,480 – 79,490 mm
– Kolbenkennzeichnung „C"	79,490 – 79,500 mm
Kolbendurchmesser – 2.0-Liter-Motor:	
– Kolbenkennzeichnung „2" oder „B"	82,680 – 82,690 mm
– Kolbenkennzeichnung „3" oder „C"	82,690 – 82,700 mm

Kolbenbolzen

Länge	61,70 mm
Außendurchmesser:	
– Außer 2.0-Liter-Motor	19,985 – 19,991 mm
– 2.0-Liter-Motor	20,985 – 20,991 mm
Innendurchmesser	11,6 mm (2.0-Liter unbekannt)

Kolbenringe

Anzahl der Ringe	2 Verdichtungsringe, 1 dreiteiliger Ölabstreifring
Montagerichtung	„TOP" von oben lesbar
Stärke der Kolbenringe:	
– Oberer Ring	1,20 mm
– Mittlerer Ring	1,50 mm
– Ölabstreifring	2,5 mm
Kolbenringstoßspiele	Voreingestellt, darf nicht verändert werden

Pleuelstangen und Pleuellager

Werkstoff	Geschmiedeter Stahl, „I"-Querschnitt
Bauart	Lagerschalen
Material	Aluminium-Zinn

Axialspiel der Pleuellager:	
– 1.4/1.6-Liter	0,310 – 0,604 mm
– 2.0-Liter	0,22 – 0,402 mm
Pleuellagerzapfendurchmesser:	
– 1.4/1.6-Liter	48,50 mm
– 2.0-Liter	48,00 mm
Pleuelaugendurchmesser, mit Lagerbüchse:	
– 1.4/1.6-Liter	19,945 – 19,958 mm
– 2.0-Liter	21,000 mm ± 0,02 mm
Pleuellagerlaufspiel	0,02 – 0,071 mm

Kurbelwelle

Bauart	Anzahl der Lager 5
Bauart der Lagerung	Lagerschalen
Material des Lagermetalls	Aluminium/Zinn
Hauptlagerzapfendurchmesser:	
– Nenndurchmesser – 1.4/1.6-Liter	47,990 – 47,997 mm
– Nenndurchmesser – 2.0-Liter	54,795 ± 0,01 mm
– Reparaturdurchmesser	Werkstattsache
Axialspiel der Kurbelwelle:	
– 1.4/1.6-Liter (neu)	0,045 – 0,252 mm
– 1.4/1.6-Liter (bereits gelaufen)	0,045 – 0,085 mm
– 2.0-Liter	0,07 – 0,23 mm
Lagerlaufspiel	0,04 – 0,075 mm

Motorschmierung – Benzinmotoren

Ölfüllmenge	
– 1.4/1.6-Liter – ohne/mit Ölfilter	3,9/4,1 Liter
– 2.0-Liter-Motor – ohne/mit Ölfilter	4,4/4,6 Liter
Unterschied zwischen „Min“ und „Max“	ca. 1,0 Liter
Zulässiger Ölverbrauch	ca. 1,0 Liter pro 1000 km (alle Motoren)
Ölsorte	Nach Norm API SF, SG oder CCMC G4, G5
– Min. Öldruck	1,0 bar im Leerlauf
– Öldruck bei 80°C	Siehe Haupttext
Ölfilter	Mit auswechselbarem Filtereinsatz, an der Vorderseite des Motors montiert. Ölkühler beim 2.0-Liter-Motor.
– Empfohlener Filtereinsatz	Nur von Renault empfohlene Filter
– Wechselzeiten	Zusammen mit dem Motoröl (alle 15 000 km oder mindestens einmal im Jahr).
Bauart	Antrieb durch getrennte Kette von der Kurbelwelle.

Dieselmotoren

Fahrzeugausführung XB0J	1870 cm^3, F8Q-632-Motor
Fahrzeugausführung XB0U	1870 cm^3, F9Q-780-Motor

Allgemeine Angaben

Bauart	Vierzylinder-Dieselmotor mit indirekter Einspritzung (F8Q) oder Direkteinspritzung (F9Q), quer zur Fahrtrichtung eingebaut. Mit hängenden Ventilen (2 pro Zylinder) und einer Nockenwelle im Zylinderkopf aus Aluminiumlegierung. Nockenwelle durch Zahnriemen angetrieben.
Anzahl der Zylinder	4
Zylinderbohrung	80,00 mm
Kolbenhub	93,0 mm
Verdichtungsverhältnis	21,5 : 1 (F8Q), 18,3 : 1 (F9Q)

Motorleistung:	
– F8Q-Motor	47 kW (64 PS) bei 4500/min
– F9Q-Motor	55 kW (75 PS) oder 59 kW (80 PS) bei 4000/min.
Max. Drehmoment:	
– F8Q-Motor	120 Nm bei 2250/min
– F9Q-Motor	160 Nm bei 2000/min
Zylinderkopf	
Kopfhöhe, Fläche zu Fläche	159,5 ± 0,02 mm
Nachschleifhöhe	Nachschleifen nicht zulässig
Max. Verzug der Zylinderkopffläche	0,05 mm
Ventilführungen	
Außendurchmesser – Nenngröße	13,0 mm
– Reparaturgrößen (2 Rillen)	13,30 mm
Durchmesser der Aufnahmebohrungen im Block	12,90 mm – Nenngröße
– Reparaturgröße	13,20 mm
Einbauhöhe, Führung/untere Fläche des Kopfes	43,0 mm ± 0,2 mm
Ventilsitze	
Ventilsitzwinkel:	
– Einlassventile	120°
– Auslassventile	90°
Breite des Ventilsitzes	1,8 mm, alle Ventile
Außendurchmesser der Ventilsitze:	
– Einlassventile	37,30 mm
– Auslassventile	32,80 mm
Ventile	
Ventilschaftdurchmesser, alle Ventile	8,0 mm
Ventiltellerwinkel	120° (Einlass), 90° (Auslass)
Ventiltellerdurchmesser:	
– Einlassventile	36,10 mm (36,35 mm aus Spezialstahl)
– Auslassventile	31,5 mm
Ventilfedern	
Drahtdurchmesser	4,25 mm
Wicklungsinnendurchmesser	21,5 mm – Alle Federn
Ungespannte Länge (ca.)	44,95 mm
Länge unter Belastung von 29,8 kg	37,90 mm
Länge unter Belastung von 70 kg	28,40 mm
Mit geschlossenen Wicklungen	25,60 mm
Ventilstößel	
Durchmesser	35,0 mm
Stärke der Ventileinstellscheiben	2,90 – 3,70 mm in Stufen von je 0,05 mm (Einstellung wird in der Werkstatt empfohlen)
Ventilspiele	
Motor kalt – Einlassventile	0,20 mm
Motor kalt – Auslassventile	0,40 mm
Motor warm	Nicht gestattet
Kolben und Pleuelstangen	
Kolbenausführung	Aluminiumlegierung mit drei Kolbenringen
Kolbenbolzenpassung	Schwimmend in Kolben und Pleuelstangenauge. Mit Sicherungsringen auf beiden Seiten gehalten.
Einbaurichtung der Kolben	Pfeil zur Schwungradseite gerichtet
Kolbengrößen	Zwei Größenklassen
Messstellen des Kolbendurchmessers	Siehe Haupttext
Kolbenlaufspiel	0,03 – 0,055 mm

Kolbendurchmesser (Kennzeichnung im Kolbenboden):	
– Kolbenkennzeichnung „1“	79,960 – 79,970 mm
– Kolbenkennzeichnung „2“	79,970 – 79,980 mm
Kolbenringe	
Anzahl der Ringe	2 Verdichtungsringe, 1 Ölabstreifring
Montagerichtung	„TOP“ von oben lesbar
Breite der Kolbenringe:	
– Oberer Ring	2,00 mm
– Mittlerer Ring	2,00 mm
– Ölabstreifring	3,00 mm
Kolbenringstoßspiele	Voreingestellt, darf nicht verändert werden
Pleuelstangen und Pleuellager	
Werkstoff	Geschmiedeter Stahl, „I“-Querschnitt
Bauart	Lagerschalen
Material	Aluminium-Zinn
Axialspiel der Pleuellager	0,22 – 0,40 mm
Kurbelwelle	
Bauart	Anzahl der Lager 5
Bauart der Lagerung	Lagerschalen
Material des Lagermetalls	Aluminium/Zinn
Kurbelzapfendurchmesser	
– Nenndurchmesser	48,00 mm
– Reparaturdurchmesser	47,75 mm
– Nachschleiftoleranzen	bis +0,020 mm
Hauptlagerzapfendurchmesser:	
– Nenndurchmesser	54,795 mm
– Reparaturdurchmesser	54,545 mm
– Nachschleiftoleranzen	± 0,01 mm
Axialspiel der Kurbelwelle	0,05 – 0,23 mm (neu)
Stärke der Halbscheiben	2,30 bis 2,50 mm, in Stufen von 0,05 mm, mit Schmiernute zur Kurbelwellenwange zu einlegen.
Anordnung der Kurbelwellenlagerschalen	Lagerschalen mit Schmierlöchern auf Blockseite, Lagerschalen ohne Schmiernuten in Hauptlagerdeckel
Nockenwelle und Steuerung	
Anzahl der Wellenlager	5, in Zylinderkopf eingearbeitet
Nockenwellenantrieb	Durch Zahnriemen. Treibt ebenfalls Wasserpumpe an. Spannungseinstellung durch Exzenterspannrolle. Handeinstellung. *Bestimmte Motoren muss man in der Werkstatt einstellen lassen (siehe Haupttext). Bezieht sich ebenfalls auf die Erneuerung des Zahnriemens.*
Zahnriemen:	
– Drehrichtung	Durch Pfeil eingezeichnet (Uhrzeigersinn, auf Stirnseite gesehen).
– Spannungseinstellung	Sollte mit Messinstrument eingestellt werden (siehe auch obiger Hinweis)
– Regelmäßige Erneuerung (empfohlen)	Alle 120 000 km oder 5 Jahre
Nockenwellenaxialspiel	0,048 – 0,133 mm
Nockenwellenradialspiel	0,04 – 0,082 mm
Zylinderblock	
Bauweise	Zylinderbohrungen direkt in Zylinderblock eingearbeitet. 2 Größen-Klassen werden verwendet, auf der Seite des Auspuffkrümmers in Zylinderblock eingezeichnet.
Zylinderbohrungsdurchmesser:	
– Klasse 1	80,000 – 80,015 mm
– Klasse 2	80,015 – 80,030 mm

Motorschmierung – Dieselmotoren

Bauart	Druckumlaufschmierung mit Zahnradölpumpe, angetrieben durch getrennte Kette von der Kurbelwelle.
Ölpumpendaten:	
– Laufspiel zwischen Zahnräderflanken	0,020 – 0,24 mm
– Radialspiel zwischen Zahnräderspitzen und Gehäuse	0,10 – 0,24 mm
– Min. Öldruck bei 80°C Öltemperatur	1,2 bar im Leerlauf 3,5 bar bei 3500/min
Öldruckschalter	Links neben dem Ölfilter in den Zylinderblock eingeschraubt. Erhellt die Warnleuchte im Kombiinstrument bei unzureichendem Öldruck.
Öffnungsdruck des Öldruckschalters	0,6 bar
Geber für Ölstand und Öltemperatur	Sitzt unter dem Ölfilter.
Ölfilter	Auswechselbarer Filtereinsatz, an der Vorderseite des Zylinderblocks montiert oder sitzt auf dem Ölkühler.
Wechselzeiten	Zusammen mit dem Motoröl (alle 15 000 km oder einmal im Jahr)
Ölfüllmenge:	
– Ohne Ölfilter	4,7 Liter (F9Q-Motor 5,0 Liter)
– Mit Ölfilter	5,2 Liter (F9Q-Motor 5,5 Liter)
Unterschied zwischen „Min" und „Max"	ca. 1,0 Liter
Zulässiger Ölverbrauch	ca. 1,0 Liter pro 1000 km (alle Motoren)
Ölsorte	Nach Renault-Vorschriften

Kühlanlage

Bauart	Verschlossene Anlage mit Pumpenumlaufunterstützung. Anlage bestehend aus: Kühler, Ausgleichsbehälter (Dehngefäß), Wasserpumpe, Kühlmittelregler (Thermostat) und elektrischer Ventilator, geschaltet durch Thermoschalter in der Unterseite des Kühlers.
Wasserpumpe	
Bauart und Antrieb	Durch Steuerzahnriemen von der Kurbelwelle aus angetrieben.
Kühler	Aluminium-Kühler mit Wasserkasten. Vor dem Motor am vorderen Querträger montiert.
Ausgleichsbehälter	Kunststoffbehälter, am linken Kotflügelseitenteil montiert.
Öffnungsdruckwert der Verschlusskappe	1,2 bar (Kennfarbe braun) oder 1,6 bar (Kennfarbe blau)
Kühlungsventilator	Elektrischer Ventilator, hinter dem Kühler montiert und durch Thermoschalter betätigt. Innenwiderstand 0,5 Ohm. Thermoschalter unten links in Kühler eingesetzt.
Thermostat	Wachselement, in eigenem Gehäuse auf der linken Seite des Zylinderkopfes untergebracht.
– Öffnungstemperatur	89°C
– Vollkommen geöffnet bei	101°C
– Weg des Thermostatstiftes bei dieser Temperatur	7,5 mm
Füllmenge der Anlage:	
– Alle Benzinmotoren	7,9 Liter
– Alle Dieselmotoren	7,3 Liter
Frostschutzmittel (empfohlen)	Glaceol RX

Dieseleinspritzanlage – Dieselmotoren

Bauart (allgemeine Angaben)	Elektronisch regulierte Einspritzanlage mit Steuergerät. Erhält Daten über die Temperatur des Kühlmittels, der Ansaugluft, die Motordrehzahl, die Fahrgeschwindigkeit, die Belastung des Motors, usw. über Sensoren und Geber und gleicht die Einspritzzeiten entsprechend ab. Indirekte Einspritzung oder Direkteinspritzung (F9Q-Motor) mit oder ohne Turbolader.
Elektronisches Steuergerät	Hersteller Lucas, 25 Steckklemmen (F8Q) oder Bosch MSA 15.5 mit eingebautem Druckgeber, 68 Steckklemmen (F9Q-Motor).
– F8Q 632-Motor	Einspritzsteuergerät (EPIC) mit 90 Steckklemmen.

Einspritzpumpe:	
– F8Q-632-Motor	Lucas EPIC-Einspritzpumpe R8640 A111A, elektronische Drehverteilerpumpe.
– F9Q-Motor	Bosch VE 4/11 E2000 R803 Verteilereinspritzpumpe, mit Computer reguliert.
Einspritzdüsenträger – F8Q 632-Motor	Lucas LCR 67354
Einspritzdüsenträger – F9Q 780-Motor	Bosch Y431 K02431 (Zyl. 1 bis 3), Y431 K02474 (Zyl. 4)
Einspritzdüsen:	
– F8Q 632-Motor	Lucas RDN OSDC 67511
– F9Q 780-Motor	Bosch DSLA 145 PSOS
Vorglühkerzen	Beru, Anzugsdrehmoment 20 Nm (F8Q) oder 15 Nm (F9Q)
Leerlaufdrehzahl:	
– F8Q-Motoren	825 ± 50/min
– F9Q-Motor	850 ± 25/min
Höchstdrehzahl unter Belastung (außer unten)	4750 ± 250/min (F9Q)
– F8Q 632-Motor	4600 ± 100/min
Höchstdrehzahl ohne Belastung (außer unten)	4800 ± 250/min (F9Q)
– F8Q 632-Motor	5175 ± 50/min

Kraftstoffeinspritzanlage – 1.4-/1.6-Liter-Motor

Bauart	Mehrpunkt-Einspritzanlage (indirekt und semi-sequentiell) mit gemeinsamem Steuergerät für die Zündanlage. Ausführung Siemens „Sirius". Die Einspritzventile werden in Paaren gesteuert. Daten wie Druck im Ansaugsammelrohr, Drehzahl und Stellung der Drosselklappe, Temperatur des Kühlmittels, usw. bestimmen die Einspritzung. Anreicherung des Kraftstoffeinspritzgemischs wird durch die Lambda-Sonde reguliert. Statische Zündanlage mit Zündkennfeld. Statische Zündung mit vier Zündspulen, direkt vom elektronischen Steuergerät gesteuert.
Elektronisches Steuergerät	Gemeinsam für Einspritz- und Zündanlage, mit 90 Steckklemmen, erhält die Daten von den verschiedenen Gebern und Sensoren. Automatische Fehleraufzeichnung und Drehzahlbegrenzung (6500/min) im Steuergerät integriert.
Zündspulen	Vier Zündspulen, eine pro Zylinder. Widerstand des Primärstromkreises 0,5 Ohm, Widerstand des Sekundärstromkreises 10 Kilo-Ohm.
Zündverteiler	Wird durch die Zündspulen und die statische Zündung ersetzt.
Anzahl der Einspritzventile	4
Wiederverbrennung der Kraftstoffdämpfe	Durch Aktivkohlebehälter. Schaltventil von Sagem im Behälter.
Kraftstoffbehälter (Tank)	Aus Kunststoff hergestellt, Kraftstoff mit 95 oder 98 Oktan einfüllen.
Kraftstofftankgeber	In die Oberseite des Tanks eingesetzt. Arbeitet als Schwimmer durch elektrischen Widerstand. Zugang von der Innenseite des Fahrzeuges möglich. Sitzt in der Nähe des hinteren, rechten Fahrgastsitzes.
Kraftstoffpumpe	Elektrische Pumpe, in den Tank eingesetzt. Durch elektronisches Steuergerät über ein Relais betätigt. Zugang wie zum Tankgeber (siehe oben). Druck 3,5 bar. Min. Fördermenge 130 Liter/Stunde.
Kraftstofffilter:	
– Einbaulage	Unter dem Wagenboden, gegen und vor dem Kraftstofftank montiert.
– Einbaurichtung	Pfeil im Filtergehäuse in Strömungsrichtung des Kraftstoffs oder Bezeichnung OUT in der Seite des Filters muss auf rechter Seite des Fahrzeuges liegen.
– Regelmäßige Erneuerung (empfohlen)	Alle 60 000 km
Einspritzventile:	
– Bauart	Vier elektro-magnetische Einspritzventile im Kraftstoffverteilerrohr
– Hersteller	Weber
– Widerstand	14,5 Ohm

Aktivkohlebehälter und Schaltventil:	
– Bauart	Mit Aktivkohle gefüllter Behälter, vorn rechts im Motorraum.
– Spannungszufuhr	12 Volt
– Hersteller und Typ	Sagem
– Innenwiderstand des Schaltventils	26 ± 4 Ohm bis 23°C
Ansauglufttemperaturgeber	Von Jaeger hergestellt
Luftfilter:	
– Bauart	Trockenpapierfiltereinsatz in der Innenseite des Gehäuses auf der linken Seite des Motorraums montiert.
– Regelmäßige Erneuerung	Alle 30 000 km
Drosselklappengehäuse:	
Bauart und Einbaulage	Leichtmetalllegierungsgehäuse auf dem Ansaugsammelrohr mit einer Drosselklappe
Leerlaufregler	Stufenmotor von Magneti Marelli am Drosselklappengehäuse
Geber für Motordrehzahl und Stellung der Kurbelwelle	Sitzt an der Oberseite des Kupplungsgehäuses.
Kühlmitteltemperaturgeber	Sitzt im Thermostatgehäuse (weißer Stecker). Arbeitet im direkten Verhältnis zwischen Temperatur und Widerstand.
Lambda-Sonde	Mit elektrischer Beheizung. Im vorderen Auspuffrohr. Je nach Motor zweite Sonde nach dem Katalysator. Hersteller Bosch. Führt dem Steuergerät eine Spannung zur Abregelung der Gemischanreicherung zu.
Notabstellschalter	Sitzt in Radkastennähe. Schaltet die elektrische Stromzufuhr zum Kraftstoffpumpenrelais aus, wenn das Fahrzeug einen Unfall erlitten hat. Wird durch plötzlichen Schockaufprall ausgelöst, durch Druck auf einen Knopf wieder in Betrieb gebracht.
Druckschalter der Servolenkung	Sitzt am Ausgang des Hochdrucks an der Lenkhilfspumpe. Gleicht den Leerlaufverlust durch Betrieb der Servolenkung ab.
Zündkerzen	Bosch RFC 50LZ2E. Anzugsdrehmoment 25 bis 30 Nm.
Leerlaufdrehzahl	750 ± 50/min bei Betriebstemperatur (80°C). Motordrehzahl 30 Sekunden lang mit 2500/min stabilisieren, ehe sie in den Leerlauf zurückgebracht wird.
CO-Anteil	Höchstwert 0,5 %

Kraftstoffeinspritzanlage – 2.0-Liter-Motor

Bauart	Mehrpunkt-Einspritzanlage (indirekt und semi-sequentiell) und Phasenversteller der Einlassnockenwelle. Mit gemeinsamem Steuergerät für die Zündanlage. Ausführung Siemens „Sirius". Die Einspritzventile werden in Paaren gesteuert. Daten wie Druck im Ansaugsammelrohr, Drehzahl und Stellung der Drosselklappe, Temperatur des Kühlmittels, usw. bestimmen die Einspritzung. Anreicherung des Kraftstoffeinspritzgemischs wird durch die Lambda-Sonde reguliert. Statische Zündanlage mit Zündkennfeld. Statische Zündung mit einer Zündspule und vier Ausgängen, direkt vom elektronischen Steuergerät gesteuert. Zylinder 2 und 3 sowie Zylinder 1 und 4 gleichzeitig angesteuert. Von Sagem hergestellt.
Elektronisches Steuergerät	Gemeinsam für Einspritz- und Zündanlage, erhält die Daten von den verschiedenen Gebern und Sensoren. Automatische Fehleraufzeichnung und Drehzahlbegrenzung (6700/min bis 7200/min, je nach eingeschaltetem Gang) im Steuergerät integriert.
Zündspulen	Eine Zündspule (vier Ausgänge), Zylinder 2 und 3 sowie Zylinder 1 und 4 gleichzeitig angesteuert. Widerstand des Primärstromkreises 0,5 Ohm, Widerstand des Sekundärstromkreises 11 Kilo-Ohm.
Zündverteiler	Wird durch die Zündspulen und die statische Zündung ersetzt.
Anzahl der Einspritzventile	4
Wiederverbrennung der Kraftstoffdämpfe	Durch Aktivkohlebehälter. Schaltventil von Sagem im Behälter.
Kraftstoffbehälter (Tank)	Aus Kunststoff hergestellt, Kraftstoff mit 95 oder 98 Oktan einfüllen.
Kraftstofftankgeber	In die Oberseite des Tanks eingesetzt. Arbeitet als Schwimmer durch elektrischen Widerstand. Zugang von der Innenseite des Fahrzeuges möglich. Sitzt in der Nähe des hinteren, rechten Fahrgastsitzes.

Kraftstoffpumpe	Elektrische Pumpe, in den Tank eingesetzt. Durch elektronisches Steuergerät über ein Relais betätigt. Zugang wie zum Tankgeber (siehe oben). Druck 3,0 bar. Min. Fördermenge 80 Liter/Stunde.
Kraftstofffilter:	
– Einbaulage	Unter dem Wagenboden, gegen und vor dem Kraftstofftank montiert.
– Einbaurichtung	Pfeil im Filtergehäuse in Strömungsrichtung des Kraftstoffs oder Bezeichnung OUT in der Seite des Filters muss auf rechter Seite des Fahrzeuges liegen.
– Regelmäßige Erneuerung (empfohlen)	Alle 60 000 km
Einspritzventile:	
– Bauart	Vier elektro-magnetische Einspritzventile im Kraftstoffverteilerrohr (Magneti Pico)
– Hersteller	Weber
– Widerstand	14,5 Ohm
Aktivkohlebehälter und Schaltventil:	
– Bauart	Mit Aktivkohle gefüllter Behälter, vorn rechts im Motorraum. Ventil von Sagem hergestellt.
– Spannungszufuhr	12 Volt
– Innenwiderstand des Schaltventils	26 ± 4 Ohm bis 23°C
Ansauglufttemperaturgeber	Von Jaeger hergestellt
Luftfilter:	
– Bauart	Trockenpapierfiltereinsatz in der Innenseite des Gehäuses auf der linken Seite des Motorraums montiert.
– Regelmäßige Erneuerung	Alle 30 000 km
Drosselklappengehäuse:	
– Bauart und Einbaulage	Leichtmetalllegierungsgehäuse auf dem Ansaugsammelrohr mit einer Drosselklappe.
Leerlaufregler	Stufenmotor am Drosselklappengehäuse. Widerstand 50 Ohm bei 25°C.
Geber für Motordrehzahl und Stellung der Kurbelwelle	Sitzt an der Oberseite des Kupplungsgehäuses (Siemens).
Kühlmitteltemperaturgeber	Sitzt im Thermostatgehäuse (weißer Stecker). Arbeitet im direkten Verhältnis zwischen Temperatur und Widerstand.
Lambda-Sonde	Mit elektrischer Beheizung. Im vorderen Auspuffrohr. Hersteller Bosch. Führt dem Steuergerät eine Spannung zur Abregelung der Gemischanreicherung zu.
Notabstellschalter	Sitzt in Radkastennähe. Schaltet die elektrische Stromzufuhr zum Krafsttoffpumpenrelais aus, wenn das Fahrzeug einen Unfall erlitten hat. Wird durch plötzlichen Schockaufprall ausgelöst, durch Druck auf einen Knopf wieder in Betrieb gebracht.
Druckschalter der Servolenkung	Sitzt am Ausgang des Hochdrucks an der Lenkhilfspumpe. Gleicht den Leerlaufverlust durch Betrieb der Servolenkung ab.
Zündkerzen	NGK PFR 6 E. Anzugsdrehmoment 25 bis 30 Nm.
Leerlaufdrehzahl	800 ± 50/min bei Betriebstemperatur (80°C). Motordrehzahl 30 Sekunden lang mit 2500/min stabilisieren, ehe sie in den Leerlauf zurückgebracht wird.
CO-Anteil	Höchstwert 0,5 %

Kupplung

Bauart	Einscheibentrockenkupplung mit Tellerfeder
Betätigung	Durch Kupplungsseil
Pedaleinstellung	Automatische Nachstellung
Kupplungsdrucklager	Verkapseltes Kugellager, in ständiger Verbindung mit dem Kupplungskörper
Kupplungsausführung:	
– 1.4-Liter-Motor	Valeo 200 CP 4000
– 1.6-Liter-Motor	Valeo 200 CPO 3500
– 2.0-Liter-Motor	Valeo 215 CPON 4600
– Dieselmotor – F8Q	Valeo 200 CPOV 3250
– Dieselmotor – F9Q	Valeo 215 CPOV 4000

Kupplungsdurchmesser:	
– 1.4-Liter-/1.6/F8Q-Motor	200 mm
– 2.0-Liter/Dieselmotor F9Q	215,0 mm
Farbe der Torsionsfedern in der Mitnehmerscheibe	Siehe Abschnitt „Kupplung“
Stärke der Mitnehmerscheibe	Siehe Abschnitt „Kupplung“
Wichtige Anzugsdrehmomente	
Getriebegehäuse an Motor	50 Nm
Kupplung an Schwungrad:	
– 200 mm Durchmesser	20 Nm
– 215 mm Durchmesser	23 Nm

Mechanisches Getriebe und Differential

Eingebaute Getriebe:	
– 1.4-Liter-Motor	JB1
– 1.6-Liter-Motor	JB3
– 2.0-Liter-Motor	JC5
– Dieselmotor – F8Q-Motor	JB1
– Dieselmotor – F9Q-Motor	JB3
Getriebeübersetzungen	
Alle JB1-Getriebe:	
– 1. Gang	3.727 : 1
– 2. Gang	1.593 : 1
– 3. Gang	1.393 : 1
– 4. Gang	1.029 : 1
– 5. Gang	0.790 : 1 / 0.821 : 1 / 0.892 : 1, je nach Motor
– Rückwärtsgang	3.550 : 1 (Diesel 3.640 : 1)
JB3-Getriebe (F8Q/F9Q-Diesel-Motor):	
– 1. Gang	3.364 : 1
– 2. Gang	1.864 : 1
– 3. Gang	1.321 : 1
– 4. Gang	0.967 : 1
– 5. Gang	0.756 : 1
– Rückwärtsgang	3.550 : 1
JB3-Getriebe (1.4/1.6-Liter):	
– 1. Gang	3.364 : 1
– 2. Gang	1.864 : 1
– 3. Gang	1.321 : 1
– 4. Gang	1.029 : 1
– 5. Gang	0.821 : 1 (1.4-Liter = 0.7985 : 1)
– Rückwärtsgang	3.550 : 1
JC5-Getriebe (2.0-Liter):	
– 1. Gang	3.091 : 1
– 2. Gang	1.864 : 1
– 3. Gang	1.321 : 1
– 4. Gang	1.029 : 1
– 5. Gang	0.795 : 1
– Rückwärtsgang	3.550 : 1
Getriebeöl	
Füllmenge	3,4 Liter (JB1 & JB3), 3,1 Liter (JC5)
Ölstandskontrolle	Alle 60 000 km
Ölwechsel	Nicht vorgesehen
Ölsorte	SAE 75W/80W nach API GL5
Empfohlenes Öl	Tranself TRX

Automatisches Getriebe

Eingebautes Getriebe	Computergesteuertes Vierganggetriebe des Typs DP0 002
Getriebeübersetzungen:	
– 1. Gang	2.72 : 1
– 2. Gang	1.60 : 1
– 3. Gang	1.00 : 1
– 4. Gang	0.71 : 1
– Rückwärtsgang	2.11 : 1
– Achsantriebsübersetzung	3.96 : 1
Getriebeflüssigkeit:	
– Gesamtfüllmenge	6,0 Liter
– Bei Ölwechsel	3,5 Liter
– Ölsorte	Elf Renaultmatic D3 SYN, Dexron III
Ölwechsel	Auf Lebenszeit gefüllt

Antriebswellen

Eingebaute Gelenke:	
– Rechte Antriebswelle – Radseite	Dreisterngelenk GE 86
– Rechte Antriebswelle – Getriebeseite	Dreisterngelenk RC 462
– Linke Antriebswelle – Radseite	Dreisterngelenk GE 86
– Linke Antriebswelle – Getriebeseite	Dreisterngelenk GI 69
Fettfüllmenge:	
– GE 86-Gelenk	180 g, im Reparatursatz enthalten
– RC 462-Gelenk	110 g, im Reparatursatz enthalten

Lenkung

Bauart	Servolenkung, Zahnstangenlenkung. Mit Airbag auf Fahrer- und Beifahrerseite (Sonderwunsch).
Wendekreis:	
– Zwischen Bordsteinen	10,70 m
– Zwischen Wänden	11,40 m
Lenkhilfspumpe:	
– Antrieb	Durch Keilrippenriemen
– Druck – Räder in Geradeausstellung	5 bis 7 bar
– Räder im Einschlag	79 bis 86 bar
Lenkungsflüssigkeit:	
– Füllmenge	1,1 Liter
– Flüssigkeitssorte	Elf Renault Matic D2 oder Mobil ATF 220
– Flüssigkeitsstandkontrolle	Alle 10 000 km

Vorderradaufhängung

Bauart	Einzelradabfederung mit Federbeinen, unteren Dreiecksquerlenkern, Schraubenfedern und Kurvenstabilisator. Federbeine und Stoßdämpfer formen die Aufhängungselemente.
Schraubenfedern	Konzentrisch um die Stoßdämpfer herum montiert. Einbaurichtung ist wichtig.
Kurvenstabilisator – Montageweise	Mit Montageschellen und Gummilagern am Querträger und an den Querlenkern verschraubt.

Vorderradgeometrie

Hinweis: Die angeführten Messhöhen „H1" bis „H5" sind im betreffenden Kapitel erklärt.

Mit 1.4-Liter-Motor (K4J-712-Motor)

Winkel	*Einstellwerte*	*Fahrzeughöhe*	*Verstellung*
Nachlauf	2° 45'	H5-H2 = 80,0 mm	Nicht verstellbar
	2° 18'	H5-H2 = 100,0 mm	Nicht verstellbar
	1° 48'	H5-H2 = 120,0 mm	Nicht verstellbar
	2° 00'	H5-H2 = 130,0 mm	Nicht verstellbar
Toleranz		Plus oder minus 30'	
Max. Unterschied links/rechts	1°		
Sturzwinkel	- 0° 27'	H1-H2 = 94 mm	Nicht verstellbar
	- 0° 22'	H1-H2 = 105 mm	Nicht verstellbar
	- 0° 34'	H1-H2 = 115 mm	Nicht verstellbar
	- 0° 28'	H1-H2 = 145 mm	Nicht verstellbar
Toleranz		Plus oder minus 30'	
Max. Unterschied links/rechts		1°	
Spreizung	10° 50'	H1-H2 = 94 mm	Nicht verstellbar
	11° 00'	H1-H2 = 105 mm	Nicht verstellbar
	11° 20'	H1-H2 = 115 mm	Nicht verstellbar
	12° 50'	H1-H2 = 145 mm	Nicht verstellbar
Toleranz		Plus oder minus 30'	
Max. Unterschied links/rechts		1°	

Spureinstellung, Fahrzeug leer: + 1,0 mm ± 1,0 mm über beide Räder

Einstellung: 1 Umdrehung des Spurstangenrohres verstellt die Vorspur um 3 mm (30')

Mit 1.6-Liter-Motor (K4M-748-Motor)

Winkel	*Einstellwerte*	*Fahrzeughöhe*	*Verstellung*
Nachlauf	4° 45'	H5-H2 = 32,0 mm	Nicht verstellbar
	3° 30'	H5-H2 = 51,0 mm	Nicht verstellbar
	3°	H5-H2 = 70,0 mm	Nicht verstellbar
	2° 30'	H5-H2 = 80,0 mm	Nicht verstellbar
Toleranz		Plus oder minus 30'	
Max. Unterschied links/rechts		1°	
Sturzwinkel	- 0° 54'	H1-H2 = 17 mm	Nicht verstellbar
	- 0° 25'	H1-H2 = 89 mm	Nicht verstellbar
	- 0° 34'	H1-H2 = 115 mm	Nicht verstellbar
	- 0° 05'	H1-H2 = 179 mm	Nicht verstellbar
Toleranz		Plus oder minus 30'	
Max. Unterschied links/rechts		1°	
Spreizung	8° 30'	H1-H2 = 17 mm	Nicht verstellbar
	10° 50'	H1-H2 = 89 mm	Nicht verstellbar
	11° 20'	H1-H2 = 115 mm	Nicht verstellbar
	12° 00'	H1-H2 = 179 mm	Nicht verstellbar
Toleranz		Plus oder minus 30'	
Max. Unterschied links/rechts		1°	

Spureinstellung, Fahrzeug leer: + 1,6 mm ± 2,0 mm über beide Räder

Einstellung: 1 Umdrehung des Spurstangenrohres verstellt die Vorspur um 3 mm (30')

Mit 2.0-Liter-Motor (F4R-730-Motor)

Winkel	*Einstellwerte*	*Fahrzeughöhe*	*Verstellung*
Nachlauf	1° 44'	H5-H2 = 134,0 mm	Nicht verstellbar
	2° 31'	H5-H2 = 104,0 mm	Nicht verstellbar
	3° 18'	H5-H2 = 74,0 mm	Nicht verstellbar
Toleranz		Plus oder minus 30'	
Max. Unterschied links/rechts		1°	

Sturzwinkel	- 1° 02'	H1-H2 = 118 mm	Nicht verstellbar
	- 1° 01'	H1-H2 = 126 mm	Nicht verstellbar
	- 0° 59'	H1-H2 = 134 mm	Nicht verstellbar
Toleranz		Plus oder minus 30'	
Max. Unterschied links/rechts		1°	
Spreizung	11° 48'	H1-H2 = 118 mm	Nicht verstellbar
	11° 59'	H1-H2 = 126 mm	Nicht verstellbar
	12° 04'	H1-H2 = 134 mm	Nicht verstellbar
Toleranz		Plus oder minus 30'	
Max. Unterschied links/rechts		1°	

Spureinstellung, Fahrzeug leer: - 1,0 mm Nachspur, ± 0,5 mm über beide Räder
Einstellung: 1 Umdrehung des Spurstangenrohres verstellt die Vorspur um 3 mm (30')

Mit Dieselmotor

Winkel	*Einstellwerte*	*Fahrzeughöhe*	*Verstellung*
Nachlauf	2° 36'	H5-H2 = 89,0 mm	Nicht verstellbar
	2° 06'	H5-H2 = 109,0 mm	Nicht verstellbar
	1° 36'	H5-H2 = 129,0 mm	Nicht verstellbar
Toleranz		Plus oder minus 30'	
Max. Unterschied links/rechts		1°	
Sturzwinkel	- 1° 10'	H1-H2 = 96,0 mm	Nicht verstellbar
	- 1° 15'	H1-H2 = 104,0 mm	Nicht verstellbar
	- 1° 18'	H1-H2 = 121,0 mm	Nicht verstellbar
Toleranz		Plus oder minus 30'	
Max. Unterschied links/rechts		1°	
Spreizung	10° 50'	H1-H2 = 96,0 mm	Nicht verstellbar
	11° 00'	H1-H2 = 104,0 mm	Nicht verstellbar
	11° 22'	H1-H2 = 121,0 mm	Nicht verstellbar
Toleranz		Plus oder minus 30'	
Max. Unterschied links/rechts		1°	

Spureinstellung, Fahrzeug leer: 1,8 mm Nachspur, ± 2,0 mm über beide Räder
Einstellung: 1 Umdrehung des Spurstangenrohres verstellt die Vorspur um 3 mm (30')

Vorderradlager

Bauart: Radnabe auf einem Doppelreihenkugellager montiert und in Achsschenkel eingepresst.

Radlageraxialspiel: 0 bis 0,05 mm

Hinterradaufhängung

Bauart: Torsionskurbelachse, Schraubenfedern und Teleskopf-Stoßdämpfer. Mit Kurvenstabilisator.

Radeinstelldaten (nicht verstellbar):
- Sturzwinkel: -0° 57'± 20'
- Spureinstellung der Räder: -4 mm ± 3 mm (Nachspur)

Bremsanlage

Bauart: Zweikreisbremsanlage, System diagonal geteilt, mit lastenabhängigem Bremsdruckregler bei Ausführungen ohne ABS. Alle Fahrzeuge mit Bremskraftverstärker. Handbremse wirkt auf Hinterräder.
Auf Sonderwunsch oder serienmäßig mit Bosch-ABS-Anlage.

Vorderradbremsen

Bauart: Scheibenbremsen mit Gleitbremssätteln, von Lucas (Girling) hergestellt.
Bremsscheibenausführung: Belüftet
Bremssattelzylinderdurchmesser – Alle Ausführungen: 54,0 mm

Bremsscheibendurchmesser:	
– Modelle BB0L/CB0L (1.4-Liter) ohne ABS	238,0 mm
– Modelle BB0L/CB0L (1.4-Liter) mit ABS	238,0 mm
– Modelle CB0H, CB0T (1.6-Liter)	238,0 mm
– Modell CB0M (2.0-Liter)	280,0 mm
– Modelle BB0J/CB0J (F8Q-Diesel)	238,0 mm
– Modelle BB0U/CB0U (F9Q-Diesel)	259,0 mm
Bremsscheibenstärke:	
– Modelle BB0L/CB0L (1.4-Liter) ohne ABS	20,0 mm
– Modelle BB0L/CB0L (1.4-Liter) mit ABS	20,6 mm
– Modelle CB0H, CB0T (1.6-Liter)	20,6 mm
– Modell CB0M (2.0-Liter)	24,0 mm
– Modelle BB0J/CB0J (F8Q-Diesel) ohne ABS	12,0 mm
– Modelle BB0J/CB0J (F8Q-Diesel) mit ABS	20,6 mm
– Modelle BB0U/CB0U (F9Q-Diesel)	Wie mit F8Q-Motor
Mindestzulässige Bremsscheibenstärke:	
– 12-mm-Scheiben	10,5 mm
– 20-mm-Scheiben	17,7 mm
– 20,6-mm-Scheiben	17,6 mm
– 24-mm-Scheiben	21,8 mm
Bremsklotzstärke (neu) – alle Bremsen mit ABS	18,2 mm
Bremsklotzstärke (neu) – alle Bremsen ohne ABS	17,8 mm
Min. Bremsklotzstärke (einschl. Metallplatte) – Alle:	6,0 mm
Max. Seitenschlag der Bremsscheibe	0,07 mm
Hinterrad-Trommelbremsen	
Hersteller	Bendix mit automatischer Nachstellung
Radbremszylinderdurchmesser:	
– Ohne ABS	19,0 mm
– Alle anderen	17,5 mm
Bremstrommeldurchmesser:	
– Modelle BB0L/CB0L (1.4-Liter) ohne ABS	203,2 mm
– Modelle BB0L/CB0L (1.4-Liter) mit ABS	203,2 mm
– Modell CB0H, CB0T (1.6-Liter)	203,2 mm
– Modelle BB0J/CB0J (F8Q-Diesel)	180,2 mm oder 203,2 mm
– Modelle BB0U/CB0U (F9Q-Diesel)	180,2 mm oder 203,2 mm
Max. zulässiger Bremstrommeldurchmesser:	
– Alle Trommeln mit 180,2 mm Solldurchmesser	181,2 mm
– Alle Trommeln mit 203,3 mm Solldurchmesser	204,45 mm
Breite der Bremsbacken	36,70 mm oder 40,00 mm, alle Bremsen
Stärke der Bremsbeläge, Nennmaß	4,5 mm, ohne ABS; 3,1 mm mit ABS 1.4-Liter Alle anderen 4,6 mm Anlaufbacken und 3,3 mm Ablaufbacken
Min. Stärke der Bremsbeläge	2,0 mm
Hinterrad-Scheibenbremsen	
Hersteller	Bendix
Durchmesser des Bremssattelkolben	30,0 mm
Bremsscheibendurchmesser:	
– 1.4/1.6/2.0-Liter-Motor	228,0 mm
Max. Schlag der Bremsscheibe	0,07 mm
Bremsscheibenstärke, neu	8 oder 11 mm
Mindestzulässige Bremsscheibenstärke	7 oder 9,5 mm
Stärke der Bremsklötze, neu	11,0 mm
Mindestzulässige Starke der Bremsklötze mit Metallplatte	4,6 mm
Bremsflüssigkeit	Nach Norm SAE J 1703 DOT 4
Füllmenge	1 Liter
Regelmäßige Erneuerung	Alle 60 000 km

Hauptbremszylinder	
Kolbendurchmesser – Alle Modelle	20,60 mm

Elektrische Anlage

Batterie	
Spannung	12 Volt
Kapazität	40 Ah oder 70 Ah, Letztere im Diesel
Einbaulage der Batterie	Motorraum
Drehstromlichtmaschine	
Eingebaute Lichtmaschine	Von Bosch oder Valeo hergestellt
– 1.4- und 1.6-Liter	Bosch 100 A
– 2.0 Liter	Valeo 110 A
– Dieselmotor	Valeo 75 A oder 110 A mit Klimaanlage

Lichtmaschinendaten	**75 A**	**100 A**	**110 A**
Maximale Stromleistung	75 A	100 A	110 A
Min. Leistung bei voller Belastung	45 A	63 A	80 A
Leistung bei 13,5 V, Lichtmaschine warm:			
– Bei 2000/min	68 A	63 A	94 A
– Bei 3000/min	71 A	86 A	105 A
– Bei 4000/min	72 A	95 A	108 A

Lichtmaschinenantriebsriemen	Siehe betreffender Abschnitt
Anlasser	
Eingebaute Anlasser:	
– 1,4/1.6-Liter-Motor	Valeo D7 E6
– Dieselmotor	Bosch 0001108180
Glühbirnentabelle	
Hauptscheinwerfer	H4 55/60 Watt
Nebelscheinwerfer	H1
Brems/Schlussleuchte	21/5 Watt
Nebelschlussleuchte	21 Watt
Rückfahrleuchte	21 Watt
Blinkleuchten	21 Watt
Zusätzliche Rückleuchte	5 Watt
Kennzeichenleuchten	5 Watt
Standleuchten, vorn	5 Watt
Dritte Bremsleuchte	5 Watt
Füllmengen	
Motor	Siehe unter „Motorschmierung“ in diesem Abschnitt
Schaltgetriebe	3,4 Liter oder 3,1 Liter (JC5-Getriebe)
Automatisches Getriebe (bei Flüssigkeitswechsel)	3,5 Liter
Bremsanlage:	
– Ohne ABS	0,7 Liter
– Mit ABS	1,0 Liter
Kraftstofftank	50 Liter
Servolenkung	1,1 Liter
Kühlanlage	Siehe unter „Kühlanlage“ in diesem Abschnitt

Abmessungen (anhand von Baujahr 2001)

Länge über alles	3775 mm
Breite über alles (einschließlich Rückblickspiegel)	1910 mm
Breite über alles (Karosserie)	1640 mm
Höhe über alles	1420 mm
Radstand	2472 mm
Radstand, vorn	1406 mm
– Mit 1.6-Liter-Motor	1390 mm
– Mit 2.0-Liter-Motor	1430 mm
Radstand, hinten	1385 mm
– Mit 1.6-Liter-Motor	1370 mm
– Mit 2.0-Liter-Motor	1400 mm
Wendekreis	10,7 m, zwischen Bordsteinen
– Mit 1.6-Liter/2.0-Liter-Motor	11,1 m, zwischen Bordsteinen

Gewichte (typische Angaben, Baujahr 2001 als Beispiel)

Hinweis: Die Gewichte des in Frage kommenden Fahrzeuges sind im Typenschild angegeben. Angaben sind nach bestem Wissen und Gewissen angegeben und können innerhalb der Zulassungsländer abweichen.

Leergewicht:	
– Mit 1.4-Liter-Motor	ab 980 kg
– Mit 1.6-Liter-Motor	995 kg
– Mit 2.0-Liter-Motor	1035 kg
– Mit Dieselmotor F8Q	975 kg
– Mit Dieselmotor F9Q	1000 kg

Zulässiges Gesamtgewicht:	
– Mit 1.4-Liter-Motor	1525 kg
– Mit 1.6-Liter-Motor	1515 kg
– Mit 2.0-Liter-Motor	1490 kg
– Mit Dieselmotor F8Q	1550 kg
– Mit Dieselmotor F9Q	1490 kg

Benzinmotor

An der Oberseite des Motors

Luftfilterschraube	9 Nm
Schrauben, Ansaugluftverteiler	9 Nm (Anzugsreihenfolge beachten)
Unterer Einlassverteiler	20 Nm
Schrauben, Drosselklappenstutzen	13 Nm
Zylinderkopfhaube (Nockenwellengehäuse)	Siehe Text
Kühlmittelauslassrohr	10 Nm
Mutter der Nockenwellensteuerräder	3 Nm plus 84° Winkelanzug
Zylinderkopfschrauben	Siehe Text
Schraube und Mutter der „hängenden" Motoraufhängung	41 Nm
Zündkerzen	21 Nm
Lenkhilfspumpe	21 Nm
Drehstromlichtmaschine	21 Nm
Kompressor (Klimaanlage)	21 Nm
Auspuffkrümmermuttern	18 Nm

An der Unterseite des Motors

Ölwannenschrauben	8 Nm, dann 14 Nm
Kurbelwellenriemenscheibe	20 Nm, dann Winkelanzug 135° ± 15°
Schwungradschraube	50 – 55 Nm
Kupplungsschrauben	20 Nm (23 Nm bei 215-mm-Kupplung)
Ölpumpenschrauben	22 – 27 Nm
Pleuelstangenmuttern	43 Nm
Hauptlagerdeckel, Kurbelwelle	25, dann Winkelanzug 47°
Wasserpumpe:	
– M6-Schrauben	11 Nm
– M8-Schrauben	22 Nm
Schraube, Steuerräder	45 Nm
Mutter, Zahnriemenspannrolle	27 Nm

Benzinmotor – Aus- und Einbau –
(siehe auch Bild betreffende Bilder)

Vordere Nebenrahmenschrauben	62 Nm
Hintere Nebenrahmenschrauben	105 Nm
Vordere, rechte Motoraufhängung:	
– Aufhängungsabdeckung an Motor	62 Nm
– Mutter	45 Nm
Mutter für Gummilager am vorderen linken Seitenträger	62 Nm
Untere Schrauben im Federbein	180 Nm
Bremssattelschrauben	40 Nm
Klemmschraube der Lenkwelle	30 Nm
Spannstreben, Nebenrahmen zu Seitenträger	30 Nm
Muttern, Dreipunktaufhängung	20 Nm
Radbolzen	90 Nm
Schraube, Drehmomentstütze	62 Nm

Dieselmotor

Dieselmotor – Aus- und Einbau

Motoraufhängungen	Siehe Bilder in Kapitel 2
Nicht gezeigte Aufhängung:	
– Schrauben	62 Nm
– Mutter in der Mitte	45 Nm
Alle anderen Anzugsdrehmomente	Wie Benzinmotor
Zylinderkopfschrauben	Siehe genaue Anweisung in Kapitel 2.3 für den Dieselmotor
– 1. Stufe	30 Nm
– 2. Stufe	Mit Gradscheibe 80° ± 4° (F8Q-Motor) oder 100° (F9Q-Motor) anziehen
– 3. Stufe	3 Min. warten
– 4. Stufe	Schrauben vollkommen lösen (siehe Beschreibung)
– 5. Stufe	Schrauben auf 25 Nm anziehen
– 6. Stufe	Mit Gradscheibe 213° ± 7° anziehen
Hauptlagerdeckel	60 - 65 Nm
Pleuellagerdeckel	45 - 50 Nm
Schwungradschrauben	50 - 55 Nm
Kurbelwellenriemenscheibe:	
– 1. Stufe	20 Nm
– 2. Stufe	Winkelanzug 115° ± 15°
Mutter des Zahnriemenspanners	50 Nm
Schraube des Nockenwellenrades	50 Nm
Auspuff- und Ansaugkrümmer	25 Nm
Ölwannenschrauben	10 Nm
Ölablassstopfen	25 Nm
Schrauben und Muttern der Nockenwellenlagerdeckel:	
– 8-mm-Gewinde	20 Nm
– 6-mm-Gewinde	10 Nm
Glühkerzen	15 - 30 Nm
Wasserpumpe	10 Nm
Einspritzdüsen (F8Q)	70 Nm (25 Nm F9Q)
Zylinderkopfhaube	10 Nm

Antriebswellen

Spurstangenkugelgelenk	37 Nm
Bremssattelschrauben an Achsschenkel	100 Nm
Führungsbolzen der Bremssättel	40 Nm
Antriebswelle an Getriebe (links)	25 Nm
Antriebswellenmutter	280 Nm
Radbolzen	90 Nm
Stoßdämpfer, unten	180 Nm

Vorderradaufhängung

Querlenker an Nebenrahmen	90 Nm
Zapfen des Querlenkers an Achsschenkel	55 Nm (Klemmschraube)
Mutter des Spurstangengelenks	37 Nm
Achsschenkel an Federbein	180 Nm
Kugelgelenkplatte an Querlenker	75 Nm
Linke Achswelle an Getriebe	25 Nm
Lagerung des Kurvenstabilisators	15 Nm
Kurvenstabilisator an Querlenker	30 Nm
Oberes Federbeinlager an Karosserie	60 Nm
Radbolzen	90 Nm
Achswellenmutter	280 Nm
Bremssattelschrauben (Montagerahmen)	100 Nm
Führungsschrauben (Bremssättel)	40 Nm
Kontermutter des Spurstangengelenks	18 Nm
Bremsscheibe an Radnabe	7 Nm
ABS-Drehzahlfühler (falls eingebaut)	10 Nm

Hinterradaufhängung

Achswellenmutter hinten	175 Nm
Radbolzen	90 Nm
Muttern der Achsenbefestigung	55 Nm

Stoßdämpferbefestigung, oben	20 Nm
Stoßdämpferbefestigung, unten	105 Nm
Achsstumpf an Hinterachsrohr:	
- M10-Schrauben	37 Nm
- M8-Schrauben	30 Nm
ABS-Fühler an Hinterachse	8 Nm

Lenkung

Schrauben der Lenkungsbefestigung	50 Nm
Muttern der Spurstangengelenke	35 - 37 Nm
Kontermuttern der Gelenke an der Innenseite der Spurstangen	50 Nm
Kontermutter am Spurstangenrohr	18 Nm
Befestigungsschrauben der Lenkung	50 - 55 Nm
Radbolzen	90 Nm
Klemmschraube des Lenkungsgelenks	25 Nm
Lenkradmutter	40 Nm
Hochdruckleitung an Lenkung und Pumpe	25 Nm
Niederdruckleitung an Lenkung:	
– Aluminiumleitung	22 Nm
– Stahlleitung	28 Nm

Bremsanlage

Entlüftungsschrauben	8 Nm
Bremsschlauchanschlüsse	17 Nm
Überwurfmuttern der Bremsleitungen	14 Nm
Schrauben der vorderen Bremsscheiben	7 Nm
Schrauben des Bremssattelträgers, vorn	100 Nm
Führungsschrauben der Bremssättel, vorn	40 Nm
Schraube des Bremssattelträgers, hinten	100 Nm
Entlüftungsschraube, hintere Bremssättel	6 Nm
Bremsleitungsanschlüsse, hinten	20 Nm
Mutter der Hinterradnaben	175 Nm
Mutter der Vorderradnaben (Achswellen)	280 Nm
Radbolzen	90 Nm
Leitungen der Radbremszylinder (hinten)	17 Nm
Leitungen des Hauptbremszylinders	13 Nm
Muttern des Hauptbremszylinders	13 Nm
Muttern des Bremskraftverstärkers	13 Nm

Schaltplanverzeichnis

Kabelfarbenerklärung

BA = Weiß
BE = Blau
BJ = Beige
CY = Durchsichtig
GR = Grau
JA = Gelb
MA = Braun
NO = Schwarz
OR = Orangefarben
RG = Rot
SA = Rosa
VE = Grün
VI = Lila

Legende zu den Schaltplänen

Die folgenden Zahlenangaben beziehen sich auf die in den verschiedenen Schaltplänen gezeigten Nummern. Nicht alle Stromabnehmer sind in alle Modelle eingebaut. Viele der Zahlen beziehen sich im Allgemeinen auf die Bezeichnung von Stromabnehmern, welche Renault in allen Fahrzeugen verwendet.

1 Nur für Fahrschulfahrzeuge
2 Batterieabsperrschalter
3 Tachograph
4 Türschließschalter, rechts
5 Türschließschalter, links
6 Elektronisches Modul, Klimaanlage
7 Widerstand für (6)
8 Leitungsdruckfühler (Automatik)
9 Magnetschaltventil
10 Schalter, 1. Gang, Automatik
11 Differentialsperrschalter
12 Masserelais, Abblendlicht
13 Rückstellschalter
14 Türschließschalter, hinten
15 Warnleuchte, Türverschließung, hinten
16 Verstellmagnetschalterrelais für Einspritzpumpe
17 Temperaturschalter für Einspritzverstellung der Einspritzpumpe
18 Temperaturfühler, Gebläseluft
19 Elektronischer Thermostat
20 Aschenbecherbeleuchtung, vorn
21 Alarmanzeigen-Diode
22 Gasstütze der Heckklappe
23 Relais für Tür- und Heckklappenverschließung
24 Sensor für ABS
25 Türöffnungsmotor, rechts
26 Türöffnungsmotor, links
27 Abschaltrelais für Kühlungsventilator
28 Türschließrelais, rechts
29 Türschließrelais, links
30 Warndiode, Türverschließung
31 Diode, Nebelschlussleuchte
32 Diode, Aktivkohlebehälter
33 Zeitrelais für elektronischen Tankgeber
34 Deckenleuchten
35 Sensor, Niveauregulierung der Radaufhängung
36 Kompressor für Niveauregulierung
37 Zentrales Steuergerät für Zubehör
38 Steuergerät für Scheinwerfereinziehung
39 Regelmotor für Scheinwerfereinziehung, rechts
40 Regelmotor für Scheinwerfereinziehung, links
41 Computer für Niveauregulierung
42 Regel-Computer für EGR-Steuerventil
43 Warnleuchte, Startvorrichtung
44 Warnleuchte, Sitzheizung
45 Schaltgerät für Startvorrichtung
46 Kaltstart-Schaltventil (nur Diesel)
47 Anzeigegerät für Motorölstand
48 Rechtes Fernlicht
49 Linkes Fernlicht
50 Rechtes Abblendlicht
51 Linkes Abblendlicht
52 Schlüssel für Alarm
53 Diode für Lüftereinheit
54 Filter für Scheibenwischermotor (Radioentstörung)
55 Relais für Scheinwerfereinzug
56 Widerstandsschalter, Beleuchtung
57 Ventilatorrelais
58 Limitschalter
59 Luftverteilermotor
60 Entfrostermotor
61 Anschlussplatte für Einspritzeinheit
62 Mikroschalter 1, EGR-Vorheizung
63 Mikroschalter 2, EGR-Vorheizung
64 Temperaturschalter, 110-115°C, Abstellung der Einspritzanlage
65 Schaltventil, Luftumwälzung
66 Relais, Schiebedach
67 Relais, Innenraumventilation
68 Stufenrelais, Innenraumventilation
69 Geber, Außentemperatur
70 Nur mit Dieselmotor
71 Elektrisches Schloss, Tür
72 Elektrisches Schloss, Schiebetür
73 Diebstahlsperre, Motor
74 Relais, Innenleuchte
75 CD-Eingabe
76 Nur Diesel
77 Nur Diesel
78 Nur Diesel
101 Zigarrenanzünder
102 Zündverteiler
103 Drehstromlichtmaschine
104 Lenkschloss/Zündschloss
105 Signalhupe
106 Signalhupe (elektropneumatisch)
107 Batterie
108 Zündspule
109 Bord-Computer
110 Bremsdruckregelgerät
111 Zündungssteuerteil
112 Zeitschalter, hinterer Scheibenwischer
113 Zeitschalter, Windschutzscheibenwischer
114 Abblend/Aufblendrelais
115 Steuerteil für elektrische Pumpe
116 Zeitsteuerung für Scheinwerferwaschanlage
117 Warnsummer, Licht eingeschaltet
118 ABS-Computer
119 Computer, Getriebeautomatik
120 Einspritz-Computer
121 Schalter, Nebelschlussleuchte
122 Schalter, Nebelleuchten
123 Türschließschalter
124 Heizungsschalter
125 Schalter, Rundumblinkanlage
126 Schalter, Kaltluftgebläse
127 Schalter, Scheibenwischer, hinten
128 Schalter, beheizte Heckscheibe
129 Regelschalter, Schaltstufen, Getriebeautomatik
130 Fensterschalter, hinten rechts
131 Fensterschalter, hinten links
132 Fensterschalter, vorn links
133 Fensterschalter, vorn rechts
134 Schalter, Rückblickspiegel
135 Sperrschalter, Fensterbetätigung, hinten
136 Betätigung, Startvorrichtung
137 Blinkrelais
138 Sperrschalter, rechte Hintertür
139 Sperrschalter, linke Hintertür
140 Sperrschalter, linke Vordertür
141 Sperrschalter, rechte Vordertür
142 Sperrschalter, Heckklappe
143 Sensor, Behälter der Scheibenwaschanlage
144 Sensor, Kühlmittelanzeige
145 Wischer-Kombischalter
146 Klopfsensor (Motor)
147 Atmosphärendrucksensor
148 Öldruckgeber
149 o.T.-Geber
150 Sensor, ABS, hinten rechts
151 Sensor, ABS, hinten links
152 Sensor, ABS, vorn rechts
153 Sensor, ABS, vorn links
154 Schalter, Heckklappe
155 Schalter, Rückfahrleuchte
156 Schalter an Handbremse
157 Bremspedalschalter
158 Volllast-Drosselklappenschalter
159 Leerlauf-Schalter
160 Bremslichtschalter
161 Schalter, Handschuhkastenleuchte
162 Luftströmungsmesser
163 Anlasser
164 Kaltluftgebläse
165 Kofferraumleuchte
166 Kennzeichenleuchte, rechts
167 Kennzeichenleuchte, links
168 Handschuhkastenleuchte
169 Magnetschaltventil, Abgasrückführung
170 Magnetschaltventil, Lenkung
171 Schalter, Klimaanlage
172 Schlussleuchte, rechts
173 Schlussleuchte, links
174 Nebelschlussleuchte, rechts
176 Nebelschlussleuchte, links
176 Nebelleuchte, rechts
177 Nebelleuchte, links
178 Türschalter, hinten rechts
179 Türschalter, hinten links
180 Türschalter, vom links
181 Türschalter, vom rechts
182 Rückfahrleuchte, rechts
183 Rückfahrleuchte, links
184 Seitenleuchte, rechts
185 Seitenleuchte, links
186 Elektrische Lenkhilfspumpe
187 Heizungsgebläse
188 Kühlungsventilatormotor
189 Lautsprecher, hinten rechts
190 Lautsprecher, hinten links
191 Lautsprecher, vorn rechts
192 Lautsprecher, vom links
193 Einspritzventil Nr. 1
194 Einspritzventil Nr. 2
195 Einspritzventil Nr. 3
196 Einspritzventil Nr. 4
197 Einspritzventil Nr. 5
198 Einspritzventil Nr. 6
199 Kraftstoffuhr
200 Beheizte Heckscheibe
201 Fensterschalter, hinten rechts
202 Fensterschalter, hinten links
203 Fensterschalter, vorn links
204 Fensterschalter, vorn rechts
205 Druckschalter
206 Druckschalter, Klimaanlage
207 Bremsflüssigkeitsschalter
208 Elektronisches Steuergerät (Zündung)
209 Hupen- und Lichtschalter
210 Zeituhr
211 Scheibenwischermotor, hinten
212 Scheibenwischermotor, vorn
213 Vordere Innenleuchte
214 Hintere, rechte Innenleuchte
215 Hintere, linke Innenleuchte
216 Verschleißanzeige, Bremsklötze, vorn rechts
217 Verschleißanzeige, Bremsklötze, vorn links
218 Kraftstoffpumpe
219 Pumpe, Scheinwerferreinigung
220 Pumpe, Heckscheibenwaschanlage
221 Pumpe, Windschutzscheibenwaschanlage
222 Drosselklappen-Potentiometer
223 Leerlauf-Potentiometer
224 Druckschalter, Servolenkung
225 Diagnosesteckdose
226 Scheinwerfer, rechts
227 Scheinwerfer, links
228 Leerlaufregelmotor
229 Hupenrelais
230 Relais, Nebelschlussleuchte
231 Relais, Nebelleuchten
232 Relais, Anlasser
233 Relais, Kaltluftgebläse
234 Relais, elektrischer Ventilator
235 Relais, beheizte Heckscheibe
236 Relais, Kraftstoffpumpe
237 Relais, Doppelscheinwerfer
238 Sperrrelais, Einspritzung
239 Elektrischer Spiegel, links
240 Elektrischer Spiegel, rechts
241 Widerstandsschalter, Instrumentbeleuchtung
242 Lambda-Sonde
243 Ölstandsgeber
244 Sensor, Kühlmittel
245 Sensor, Außentemperatur
246 Elektrische Abstellung
247 Armaturenbrett
248 Temperaturschalter, Ventilator
249 Infrarot-Transmitter
250 Drehzahl-Sensor
251 Temperaturschalter
252 Radiotelefonfilter
253 Lautsprecher, vom rechts
254 Lautsprecher, vom links
255 Rechte Blinkkontrollleuchte
256 Linke Blinkkontrollleuchte

257 Vorglühsteuergerät
258 Vorglühkerzen
259 Temperaturschalter
260 Sicherungskasten
261 Autoradio
262 Ventilator, Klimaanlage
263 Schalter, Scheibenwischer, hinten
264 Türschlosszeitschalter
265 Kartenleselampe
266 Drosselklappen/ Leerlaufschalter
267 Wiederholblinkleuchte, rechts
268 Wiederholblinkleuchte, links
269 Leerlaufabsperrung
270 8°-Temperaturschalter
271 Thermistor
272 Sensor, Lufttemperatur
273 Sensor, Motordrehzahl
274 Schaltventil, Klimaanlage
276 Schalter, Fensterbetätigung
277 Warneinrichtung, Birnenausfall
278 Klopfsensor, Nr. 2
280 Elektronische Zündanlagenunterbrechung
281 Relais, Abblendlicht
282 Tankdeckelverschluss
283 Zusatzkraftstoffpumpe
284 Wischermotor, Scheinwerfer, rechts
285 Wischermotor, Scheinwerfer, links
286 Schalter, Heckscheibenwascher
287 Relais, Zündspulenwiderstand
288 Relais, Beleuchtung
289 Relais, Standleuchten
290 Relais, Abblendlicht
291 Magnetventil, Vergaser
292 Relais, Instrumentbeleuchtung
293 Stromzufuhr
294 Zeitschalter, Heckscheibe
295 Warnleuchtengerät
296 Relais, Nebelleuchten
297 Vordere Nebelleuchten
298 Heizung
299 Anschlussleiste
300 Hintere Innenleuchte
301 Relais, Pumpe, ABS
302 Relais, Lenkhilfspumpe
303 Beleuchtung, Gangwählhebel
304 Schiebedach
305 Schaltventil, Verstellkorrektur
306 Temperaturschalter
307 Masse, Zubehör
309 Mehrfunktion-Summer
310 Strom-Modul, Einspritzung
311 Zeitschalter, Innenleuchte
313 Relais, Tachometer
Relais, Scheinwerferreinigung
315 Relais, Scheibenwischer, Schnellstufe
316 4°-Zündanlagenrelais
317 Schalter, Schiebedach
328 Innenleuchte, vorn links
329 Innenleuchte, vorn rechts
330 Zigarrenanzünder, hinten
331 Temporegulierung
332 Schalter, Fensterbetätigung
333 Schalter, Sitzgurt
334 Thermal-Stromkreisunterbrecher
335 Relais, Kühlungsventilator
336 Relais, Kühlungsventilator
337 Relais, Kühlungsventilator
338 Turbo-Druckregler
339 Kaltstart-Einspritzer
340 Temperaturschalter
341 Leerlaufregelventil
343 Öltemperaturgeber
347 Radioanschluss
349 Zündschalter
350 Verschleißanzeige, Bremsklötze, hinten links
351 Verschleißanzeige, Bremsklötze, hinten rechts
361 Hydrauliksteuerung, ABS
362 Batterie-Plusanschluss
370 Widerstand, Scheinwerfer
379 Schnellleerlauf-Relais
383 Temperaturschalter, Ansaugkrümmer
384 Ansaugkrümmervorheizung
389 Mittlerer Lautsprecher
390 Anschluss, Nebelschlussleuchten
391 Zeitschalter, Heckscheiben-Scheibenwischer
394 Elektrische Antenne
396 Drosselklappenschalter
402 Öldruckschalter
406 Temperaturschalter, Glühkerzen (Diesel)
409 Relais, Lenkhilfspumpe
410 Leerlaufabsperrrelais
412 Magnetschalter, Schnellleerlauf
415 Schaltventil, Scheinwerferreinigung
421 Kupplungspedalschalter
425 ABS-Anschlussleiste
428 Bosch-ABS-Relais
429 Bosch-ABS-Zusatzrelais
430 Bosch-ABS-Diode
432 ABS-Hauptrelais
435 ABS-Schieberventileinheit
438 Motorhaubenschalter
439 ABS-Computer-Relais
441 Automatisches Getriebe
444 Kartenleselampe
458 Nebel- und Nebelschlussleuchte
459 Zeitschalter, Heckscheibenwischer
462 Kennzeichenleuchte
464 Innenleuchtenschalter
467 Relais, Außenbeleuchtung
485 Mehrfunktionsschalter
486 Sitzgurtschalter, rechts
504 Leseleuchte, hinten rechts
505 Leseleuchte, hinten links
506 Steckdose
507 Mehrfunktionsschalter
508 Kofferraumleuchte, rechts
509 Kofferraumleuchte
512 Schalter, Kartenleseleuchte
519 Türleuchte, vorn links
520 Dito, vorn rechts
521 Dito, hinten rechts
522 Dito, hinten links
523 Leuchte, Vordertür links
524 Dito, Vordertür rechts
525 Dito, Hintertür, rechts
526 Dito, Hintertür, links
537 Korrekturmotor, linker Scheinwerfer
538 Korrekturmotor, rechter Scheinwerfer
539 Schalter, Motorraumleuchte
541 Schminkspiegel
560 Betätigung der Heckklappe
562 Einstellschalter, Scheinwerfer
584 Sensor für Schwungrad-Stellung
586 Schalter, Rundumblinkanlage
590 Alarmschalter
591 Temperaturschalter, Katalysator
594 Warnleuchte, Katalysator
597 Sicherungsdose, Motor
600 Heizungsgebläsemotor
602 Relais, Rückfahrleuchten
610 ABS-Diagnoseschalter
611 Windschutzscheibenheizung, links
612 Relais, Entfrostung, Windschutzscheibe, links
630 Windschutzscheibenheizung, rechts
646 Relais, beheizte Heckscheibe
647 Beheizte Heckscheibe
655 Sensor, Motordrehzahl
663 Doppelzündspule Nr. 1
664 Doppelzündspule Nr. 2
665 Doppelzündspule Nr. 3
688 Sensor, Ölstand und Temperatur
703 Relais, Fensterbetätigung
704 Summer, Motorhaube
705 Gebläserelais
706 Schalter, Motorhaube
707 Schalter
709 Diode, Servolenkung
710 Sicherung
711 Dieselpumpe
712 Kühlungseinheit
713 Anschluss, Wohnwagen
714 Diode, Klimaanlage, Diesel
716 Rechter, vorderer Stoßdämpfer
717 Linker, vorderer Stoßdämpfer
718 Rechter, hinterer Stoßdämpfer
719 Linker, hinterer Stoßdämpfer
720 Abstellrelais, Klimaanlage
721 Computer, ABS-Hydrogerät
722 Doppelschalter, beheizte Windschutz- und Heckscheibe
723 Diode, automatische Kupplung
724 Pumpe, automatische Kupplung
725 Schaltventil, automatische Kupplung
726 Geber, Gang eingeschaltet
727 Geber, Kupplungsstellung
728 Geber, Schalthebelstellung
729 Geber, Gaspedalstellung
730 Computer, automatische Kupplung
731 Zeitschalter, Heckscheibenbeheizung
734 Schnellschalter, Fensterbetätigung
735 Warnsummer, Sicherheitsgurte
736 Magnetometer
738 Geber, Hubsensor für Einspritzdüse Nr. 3 (Diesel)
739 Geber, Flüssigkeitsstand im Behälter der Scheibenwaschanlage
741 Höhenmesserkapsel
742 Verstellschalter, Dieseleinspritzung
743 Relais, Höhenmessung
744 AGR-Relais (Diesel)
745 Relais, Kraftstoffvorwärmung (Diesel)
746 Geber, Nockenwellenstellung
747 Schalter, linker Rücksitz
748 Schalter, rechter Rücksitz
749 Schalter, linke, vordere Kopfstütze
750 Relais
751 Relais Nr. 1, nach Zündschalter
752 Relais Nr. 2, nach Zündschalter
753 Relais, Scheinwerferreinigungsanlage
756 Computer, Airbag
757 Sicherheitsgurtstraffer, Fahrerseite
758 Sicherheitsgurtstraffer, Beifahrerseite
759 Schalter, Heckklappe
760 Schalter, beheizte Windschutz- und Heckscheibe
762 Relais, Pumpe der automatischen Kupplung
763 Warnsummer, automatische Kupplung
771 Warngerät, Tür, Kofferraumdeckel, Sitzgurt geöffnet
772 Heizungsrelais
773 Heizung
774 Gurtstraffereinheit
800 Regelrelais, Gebläse
801 Diode, Ladestromkreis
805 Relais, beheizte Windschutzscheibe
808 Stromrelais, Zündung
809 Airbag, Beifahrerseite
813 Zündleistungsstufe Nr. 1
814 Zündleistungsstufe Nr. 2
815 Zündpille, Airbag, Beifahrerseite
826 Kassettenspieler
831 Bedienungstafel, Klimaanlage, Fahrerseite
832 Bedienungstafel, Klimaanlage, Beifahrerseite
833 Geber, Kraftstoffpumpe
855 Kraftststoffabsperrschalter mit Wegfahrsperre
858 Verdunkelschalter, Armaturenbrettbeleuchtung
860 Drehkontakt, unter Lenkrad
861 Airbag, Beifahrerseite
866 Einspritzcomputer, Diesel
869 Türkontaktschalter, vorn links
870 Türkontaktschalter, vorn rechts
871 Türkontaktschalter, Hintertür
882 Entsperrschalter, Motorhaube
897 Widerstand, Nebelleuchten
899 Airbag, Fahrerseite
907 Unterdruckpumpe

Erklärung der Schaltpläne

Eine Anzahl Schaltpläne folgen auf den nächsten Seiten, welche einen Querschnitt der Stromlinienführung des Fahrzeuges geben, jedoch möchten wir darauf hinweisen, dass es aufgrund der vielen Varianten unmöglich ist, auf alle Fahrzeuge und Stromabschnitte einzugehen.

Renault-Schältpläne sind schwer zu verstehen, es sei denn man hat die erforderliche Fachschulung. Einige Zahlen weisen nur auf eine Kabel-Nr. oder Anschlussnummer hin. So braucht man z. B. in einem Rechteck eingesetzte Zahl nicht weiter zu beachten. Eine Zahl mit einem davorstehenden „R" ist eine Kabelverbindung. Diese können nicht alle einzeln angeführt werden. Eine Masseverbindung wird durch den Buchstaben „M" angegeben, welchem normalerweise eine Zahl oder ein Buchstabe folgt. Elektronische Masseverbindungen werden durch den Buchstaben „N" angegeben. Elektrische Stromabnehmer werden normalerweise durch leicht verständliche Symbole angegeben.

Kabel werden durch eine Zahl und zwei Buchstaben angegeben. Die Zahl weist auf die Kabelnummer und ist nicht so wichtig. Die Buchstaben sind jedoch die Kabelfarben, die untenstehend angegeben sind.

Folgend sind einige Hinweise, welche Ihnen helfen werden, bestimmte Kabelstränge zu finden. Alle Kabel vor der Zündung haben eine rote Farbe (RG), alle Kabel nach der Zündung haben eine graue Farbe (GR), alle zu den Stand- und Schlussleuchten sowie dem Armaturenbrett gehörenden Kabel haben eine grüne Farbe (VE). Alle Massekabel sind schwarz (NO). Ebenfalls sind die folgenden Abkürzungen eine Hilfe:

AEI	Elektronische Zündung
Alim	Stromzufuhr
Cig.	Zigarrenanzünder
+ APC	Nach dem Zündschloss
ARD	Hinten rechts
ARG	Hinten links
AV	Vorn
+ AVC	Vor dem Zündschloss
Bat.	Batterie
CDE	Schalter
CPE	Türschlösser, elektr.
CTR	Schalter
DDIDG	Rechts/Linkslenker
Dim.	Abblendlicht
Eis	Scheibenwischer, hinten
EPJ	Scheinwerferreinigung
EPP	Kennzeichenleuchten
F.A.M.	Handbremse
F.R.	Rückfahrleuchten
Hay	Heckklappe
LVE	Elektrische Fenster
Mot.	Motor
Pav.	Schiebedach
Plaf	Innenleuchte
PDS	Armaturenbrett
Racc.	Kabelverzweigung
Rel	Relais
+ S	Zubehör „+"
T.T.	Alle Modelle
TUP	Bremsklotzverschleiß
TO	Temperatur
LARC	Beh. Heckscheibe

Kabelfarbenerklärung

BA = Weiß
BE = Blau
BJ = Beige
CY = Durchsichtig
GR = Grau
JA = Gelb
MA = Braun
NO = Schwarz
OR = Orangefarben
RG = Rot
SA = Rosa
VE = Grün
VI = Lila

Legende zu Schaltplan Nr. 1

120 Einspritzsteuergerät (Computer)
146 Klopfsensor
147 Lufttemperaturgeber
148 Geber, OT-Anzeige
193 Einspritzventil
194 Einspritzventil
195 Einspritzventil
196 Einspritzventil
199 Kraftstoffuhr
222 Potentiometer der Drosselklappe
223 Druckschalter, Servolenkung
224 Diagnosesteckdose
234 Relais, Hochleistungslüfter
235 Relais für Kraftstoffpumpe
242 Lambda-Sonde
243 Geber, Kühlmitteltemperatur
247 Instrumententafel
272 Geber, Lufttemperatur
335 Relais für Kühlungslüfter, niedrige Drehzahl
371 Magnetschaltventil, Aktivkohlebehälter
419 Steuergerät der Klimaanlage
597 Motorsicherungs- und Relaiskasten
645 Steuergerät-Transponder, Innenraum
649 Stufenmotor, Leerlaufregelung
721 ABS-Steuergerät
778 Zündspule
927 Notabstellschalter
1016 Sicherungsdose, Innenraum

Legende zu Schaltplan Nr. 2

109 Computer
120 Steuergerät, Einspritz- und Zündanlage
146 Klopfsensor
147 Lufttemperaturgeber
193 Einspritzventil
194 Einspritzventil
195 Einspritzventil
196 Einspritzventil
218 Kraftstoffpumpe
222 Potentiometer der Drosselklappe
224 Druckschalter, Servolenkung
225 Diagnosesteckdose
228 Leerlaufregler
236 Steuerrelais
238 Steuerrelais
242 Lambda-Sonde
244 Geber, Kühlmitteltemperatur
272 Geber, Lufttemperatur
273 Geber, Motordrehzahl
319 Steuergerät, Klimaanlage
371 Magnetschaltventil, Aktivkohlebehälter
503 Elektronischer Decoder
679 Entstörungskondensator
791 Zündspule
792 Zündspule
793 Zündspule
794 Zündspule
721 ABS-Steuergerät
927 Notabstellschalter

Legende zu Schaltplan Nr. 3

107 Batterie
118 ABS-Steuergerät
119 Steuergerät, Einspritz- und Zündanlage
146 Klopfsensor
147 Geber, Lufttemperatur
193 Einspritzventil
194 Einspritzventil
195 Einspritzventil
196 Einspritzventil
199 Kraftstoffuhr
222 Potentiometer der Drosselklappe
224 Druckschalter, Servolenkung
225 Diagnosesteckdose
234 Relais, Lüfter, Schnellstufe
236 Relais, Kraftstoffpumpe
242 Lambda-Sonde
244 Geber, Kühlmitteltemperatur
247 Instrumententafel
250 Geber, Fahrgeschwindigkeit
272 Geber, Lufttemperatur
273 Geber, Motordrehzahl
371 Magnetschalterventil, Aktivkohlebehälter
419 Steuergerät, Klimaanlage
565 Leerlaufregler
645 Steuergerät im Innenraum
700 Relais, Kühlungslüfter, Langsamdrehzahl
777 Sicherungskasten
791 Zündspule
792 Zündspule
793 Zündspule
794 Zündspule
927 Notabstellschalter

Legende zu Schaltplan Nr. 4

104 Motorwegfahrsperre
107 Batterie
120 Steuergerät der Einspritzanlage
160 Bremslichtschalter
225 Diagnosesteckdose
234 Relais, Kühlungslüfter, Schnellstufe
244 Geber, Kühlmitteltemperatur
247 Instrumententafel
250 Geber, Fahrgeschwindigkeit
257 Vorglühvorrichtung
273 Geber, Motordrehzahl
398 Ventil, Abgasrückführung
419 Steuergerät, Klimaanlage
597 Sicherungskasten, Motorraum
645 Verbindungskasten, Innenraum
680 Glühkerze
681 Glühkerze
682 Glühkerze
683 Glühkerze
711 Dieseleinspritzpumpe
738 Geber, Nadelhup
777 Sicherungskasten
799 Luftströmungsmesser, Einspritzanlage
898 Kraftstoffbeheizung
921 Potentiometer
927 Notabstellschalter
952 Elektronik für Kraftstoffabsperrung und Einspritzverstellung
1049 Relais, Kraftstoffbeheizung

Legende zu Schaltplan Nr. 5

104 Motorwegfahrsperre
107 Batterie
120 Steuergerät der Einspritzanlage
160 Bremslichtschalter
225 Diagnosesteckdose
234 Relais, Kühlungslüfter, Schnellstufe
238 Relais, Einspritzpumpe
247 Instrumententafel
250 Geber, Fahrgeschwindigkeit
257 Vorglühvorrichtung
272 Geber, Ansauglufttemperatur
273 Geber, Motordrehzahl
398 Ventil, Abgasrückführung
419 Steuergerät, Klimaanlage
597 Sicherungskasten, Motorraum
645 Verbindungskasten, Innenraum
680 Glühkerze
681 Glühkerze
682 Glühkerze
683 Glühkerze
711 Dieseleinspritzpumpe
777 Sicherungskasten
921 Potentiometer
927 Notabstellschalter

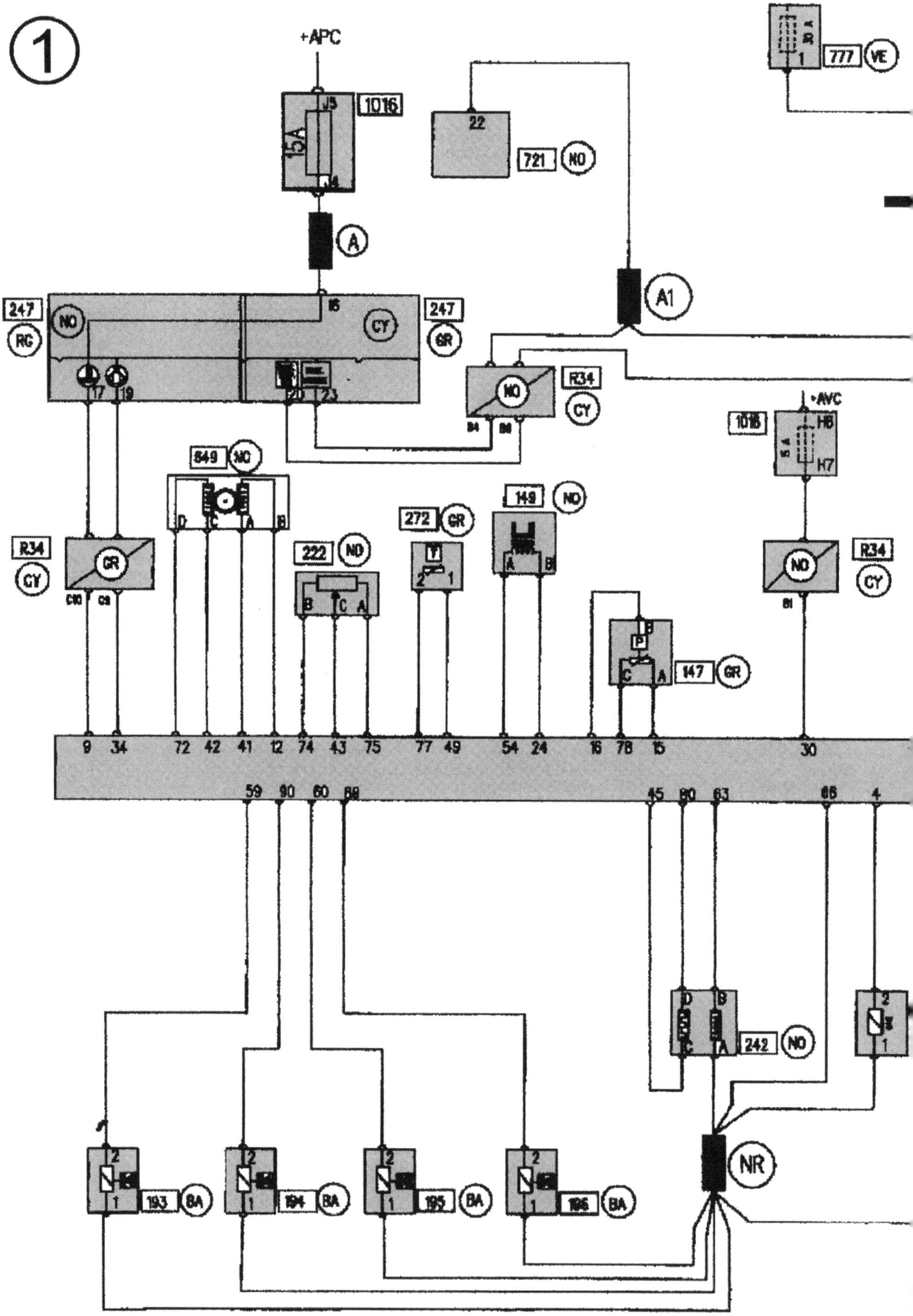

1
+APC
1016
15 A
721
22
NO
A
A1
247
RG
NO
CY
247
GR
16
17
19
20
23
R34
NO
CY
+AVC
1018
H8
H7
849
NO
D
C
A
B
R34
GR
CY
222
NO
B
C
A
272
GR
2
1
149
NO
A
B
147
GR
R34
NO
CY
777
VE
9
34
72
42
41
12
74
43
75
77
49
54
24
16
78
15
30
59
90
60
45
63
4
242
NO
NR
193
BA
194
BA
195
BA
196
BA

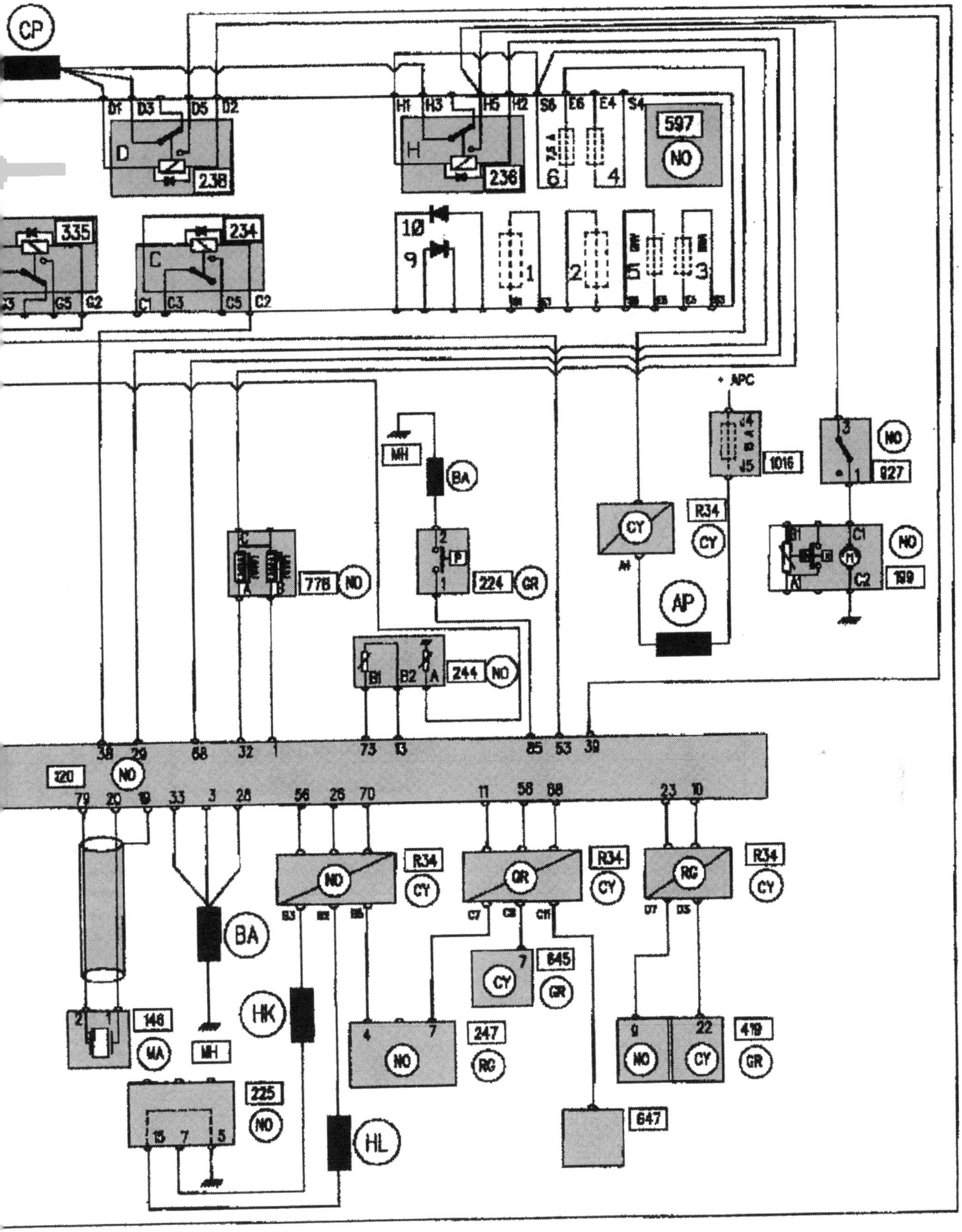
CP
D1 D3 D5 D2
D
238
H1 H3 H5 H2 S6 E6 E4 S4
H
238
6
4
597
NO
335
234
C
G5 G2 C1 C3 C5 C2
10
9
1
2
5
3
+ APC
J4
J5
1016
3
1
NO
927
MH
BA
CY
R34
CY
2
1
224
GR
778
NO
AP
C1
C2
NO
199
B1 B2 A
244
NO
38 29 68 32 1 73 13 85 53 39
120
NO
79 20 19 33 3 28 56 26 70 11 58 68 23 10
NO
R34
CY
GR
R34
CY
RG
R34
CY
C7 C8 C11
7
645
CY
GR
D7 D5
2 1
146
MA
BA
MH
HK
4 7
247
NO
RG
9 22
419
NO
CY
GR
225
NO
15 7 5
HL
647

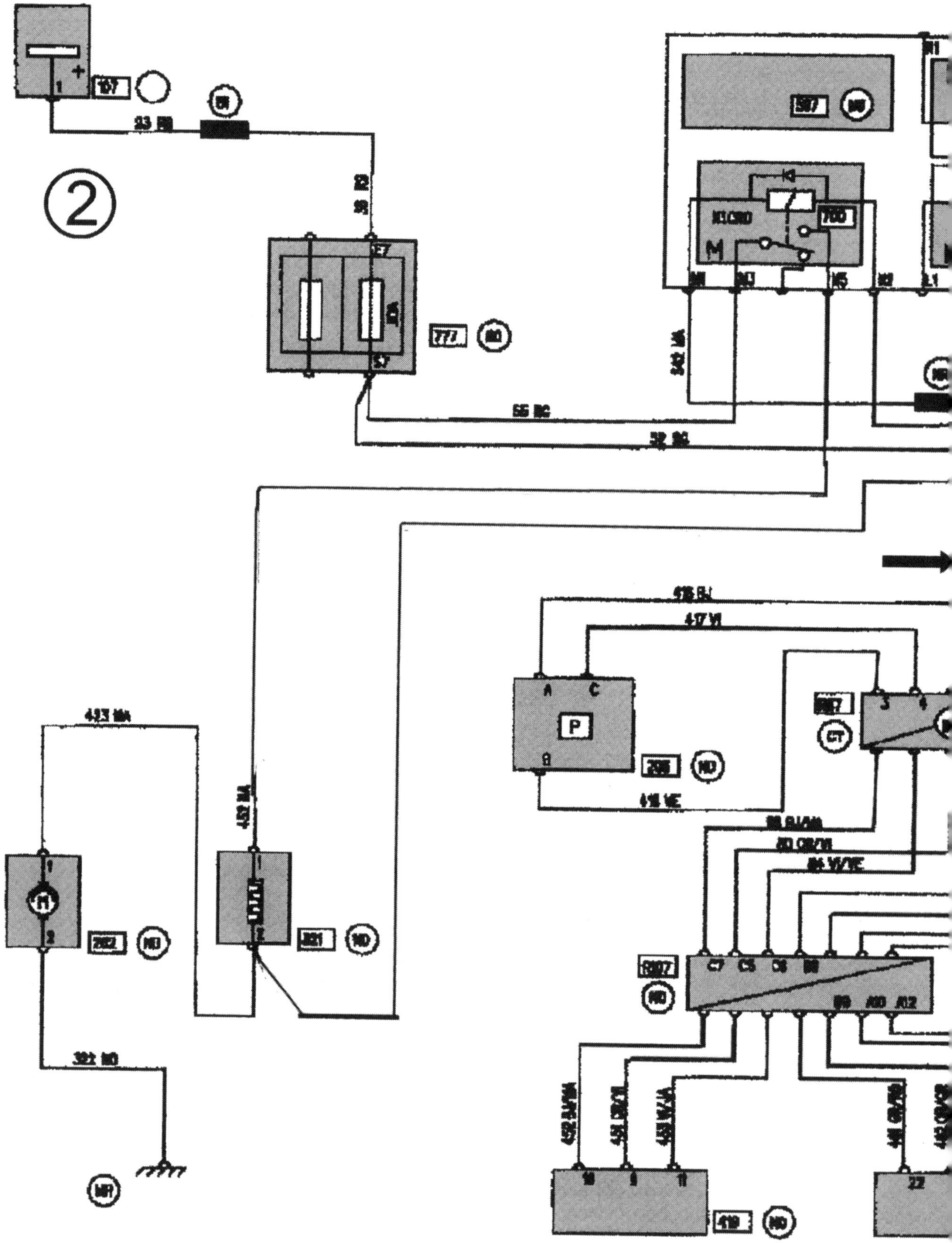
②
107
777
597
700
A
C
P
205
CT
202
201
419

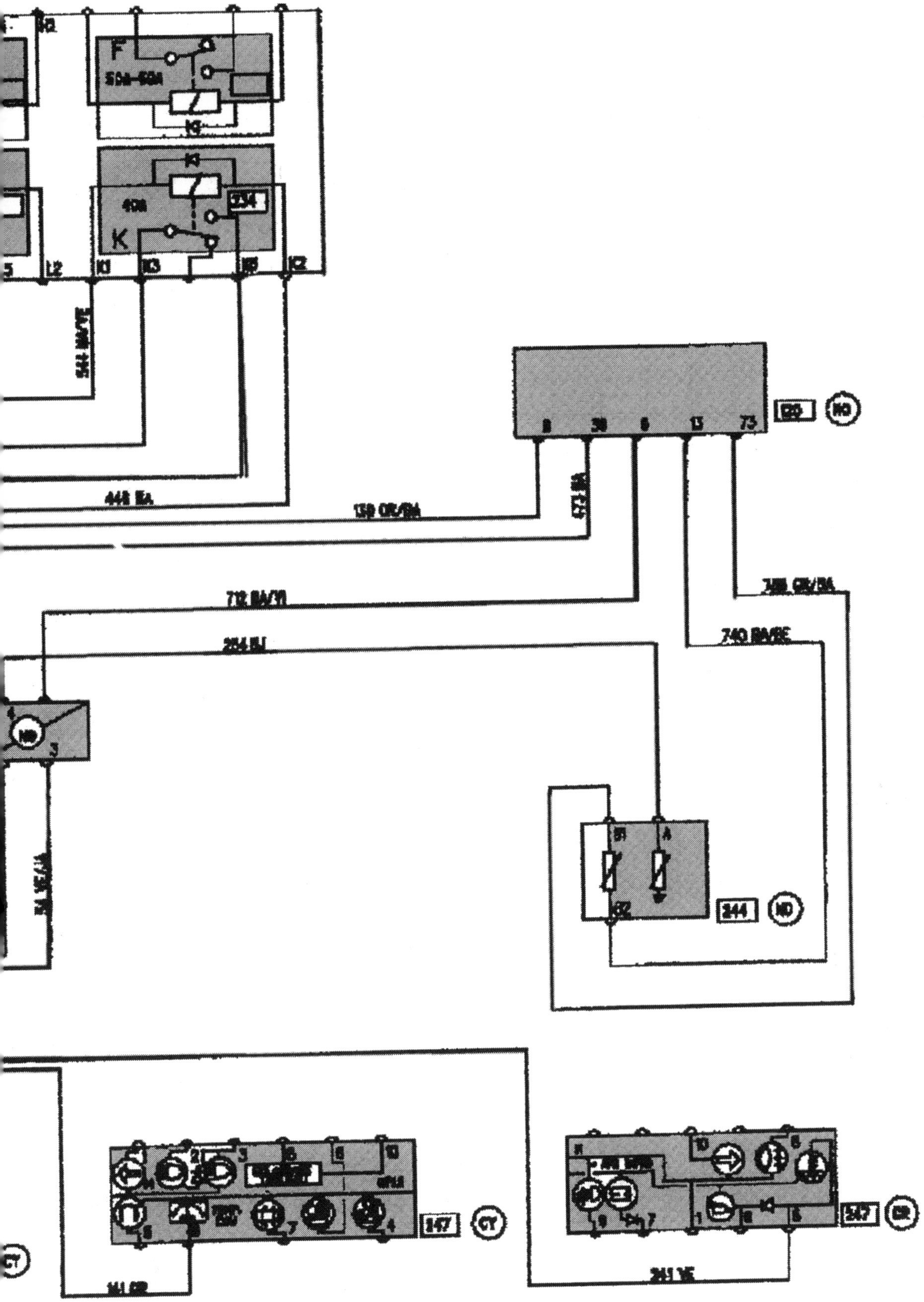

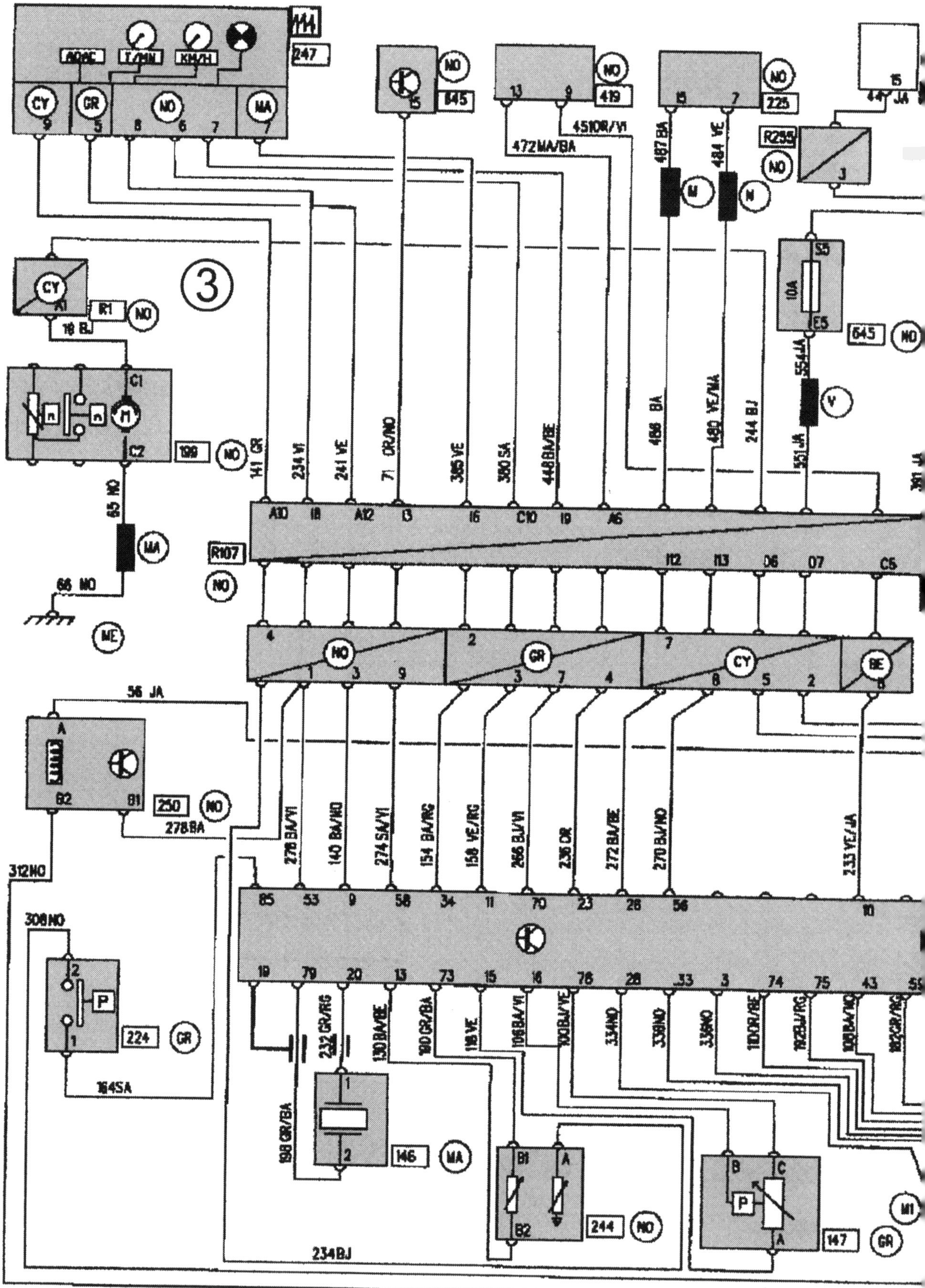

3
247
AGGE
T/MN
KM/H
CY
GR
NO
MA
845
419
225
R255
645
10A
R1
199
R107
ME
250
224
146
147
244
234BJ
18 BJ
65 NO
66 NO
56 JA
278BA
312NO
308NO
164SA
141 GR
234 VI
241 VE
71 OR/NO
385 VE
380 SA
448BA/BE
472MA/BA
451OR/VI
487 BA
484 VE
488 BA
480 VE/MA
244 BJ
554JA
551 JA
278 BA/VI
140 BA/NO
274 SA/VI
154 BA/RG
158 VE/RG
266 BJ/VI
236 OR
272 BA/BE
270 BJ/NO
233 VE/JA
232 GR/RG
130 BA/BE
100 GR/BA
118 VE
106BA/VI
100BJ/VE
334NO
338NO
336NO
110OR/BE
102BJ/RG
108BA/NO
198 GR/BA

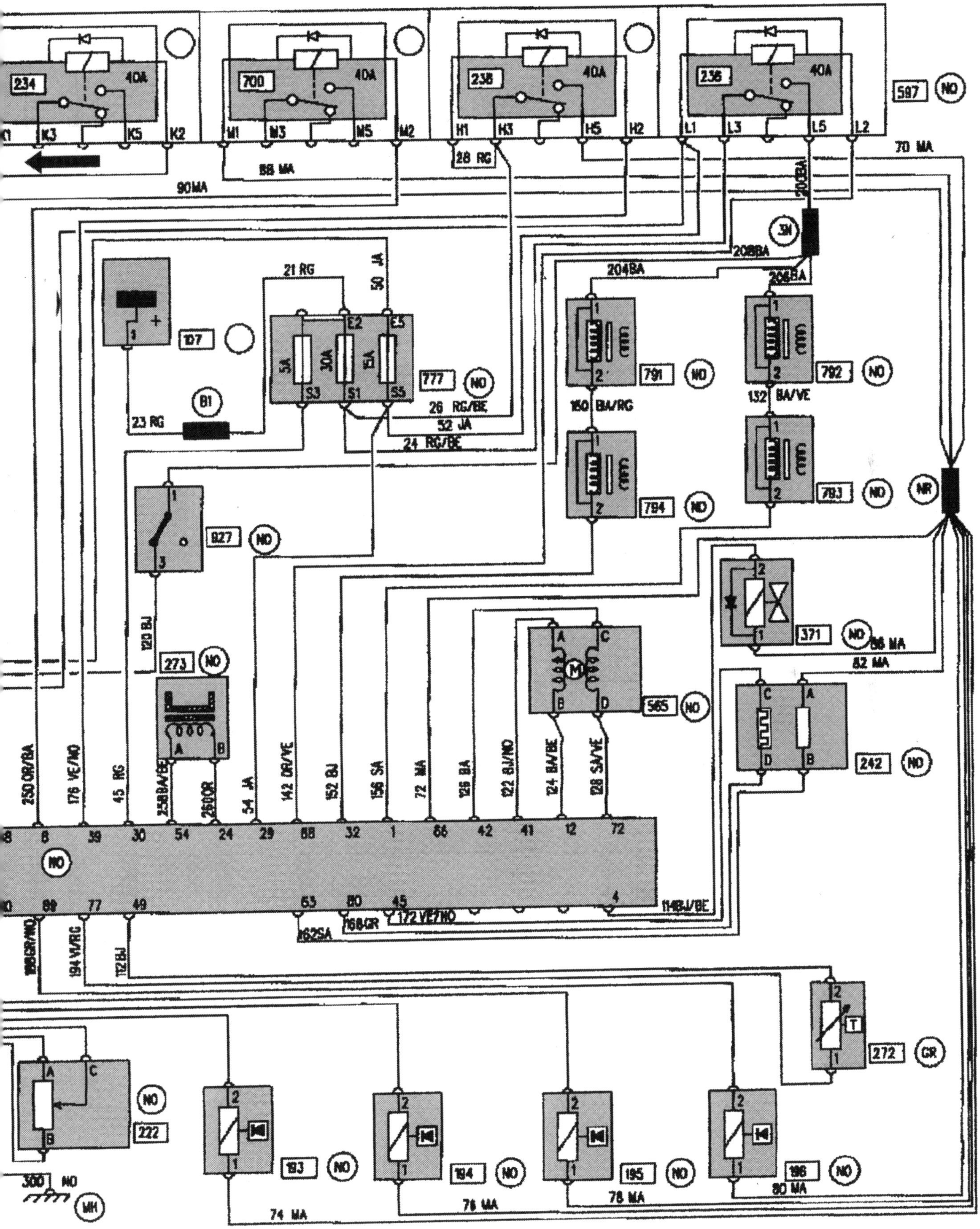
234
40A
K1 K3 K5 K2
700
M1 M3 M5 M2
238
H1 H3 H5 H2
236
L1 L3 L5 L2
597
NO
70 MA
88 MA
90MA
28 RG
206BA
3N
208BA
204BA
21 RG
50 JA
107
777
5A
30A
15A
E2
E5
S3
S1
S5
B1
23 RG
26 RG/BE
52 JA
24 RG/BE
791
792
160 BA/RG
132 BA/VE
794
793
NR
927
120 BJ
273
371
86 MA
82 MA
565
242
250 OR/BA
176 VE/NO
45 RG
258BA/BE
260OR
54 JA
142 OR/VE
152 BJ
156 SA
72 MA
126 BA
122 BJ/NO
124 BA/BE
128 SA/VE
8 39 30 54 24 29 68 32 1 66 42 41 12 72
89 77 49 63 80 45 4
114BJ/BE
172 VE/NO
168GR
162SA
186GR/NO
194 VI/RG
112 BJ
272
GR
222
300 NO
MH
193
194
195
196
74 MA
76 MA
78 MA
80 MA

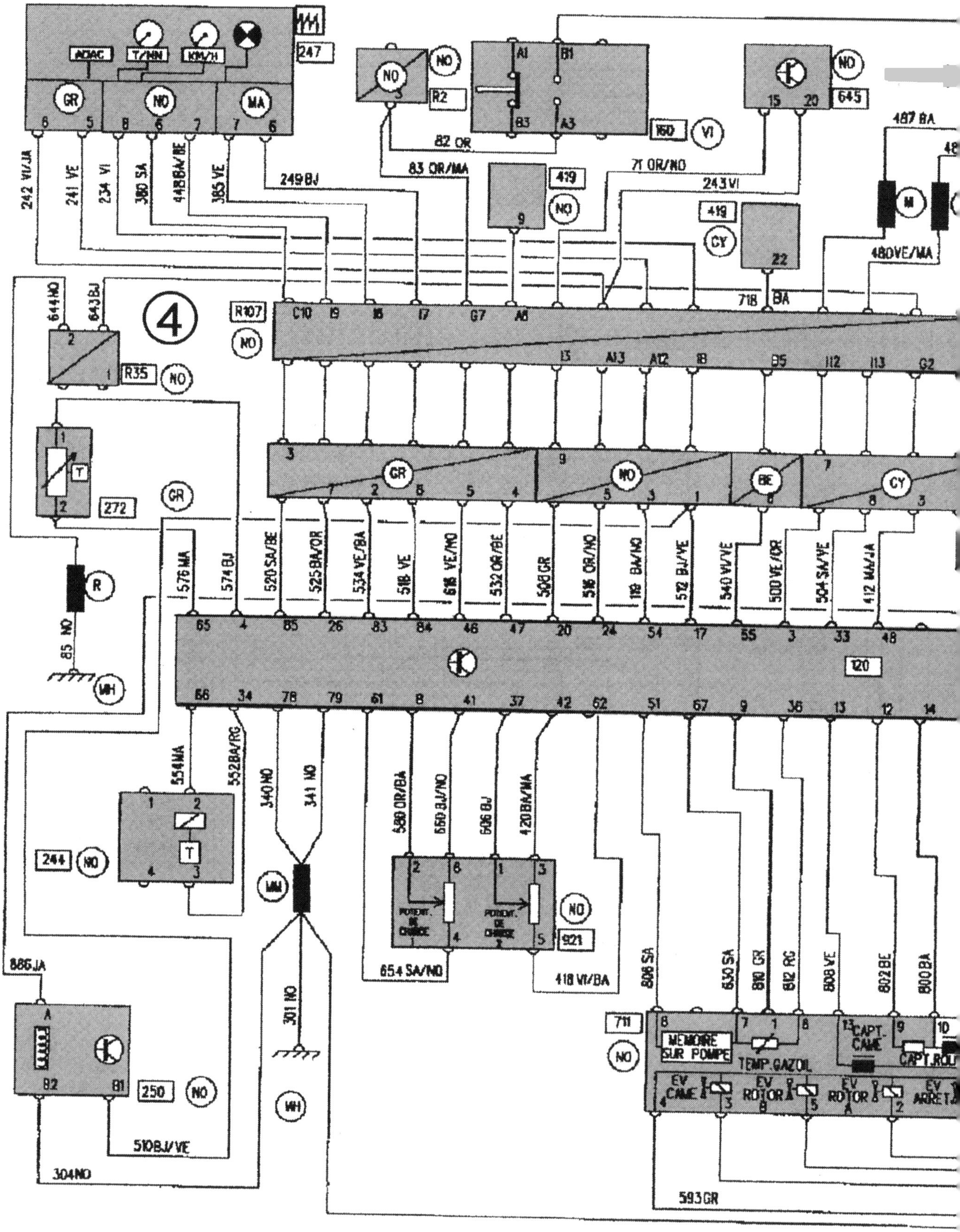

ADAC
T/MN
KM/H
247
GR
NO
MA
R2
160
VI
645
419
CY
R107
R35
272
244
250
120
921
711
MH
MM
4
242 VI/JA
241 VE
234 VI
380 SA
448 BA/BE
385 VE
249 BJ
82 OR
83 OR/MA
71 OR/NO
243 VI
487 BA
480 VE/MA
718 BA
644 NO
643 BJ
85 NO
576 MA
574 BJ
520 SA/BE
525 BA/OR
534 VE/BA
518 VE
616 VE/NO
532 OR/BE
508 GR
516 OR/NO
119 BA/NO
512 BJ/VE
540 VI/VE
500 VE/OR
504 SA/BE
412 MA/JA
554 MA
552 BA/RG
340 NO
341 NO
580 OR/BA
650 BJ/NO
606 BJ
420 BA/MA
654 SA/NO
418 VI/BA
806 SA
630 SA
810 GR
812 RG
808 VE
802 BE
800 BA
301 NO
886 JA
510 BJ/VE
304 NO
593 GR
POTENT. DE CHARGE 1
POTENT. DE CHARGE 2
MEMOIRE SUR POMPE
TEMP. GAZOIL
CAPT. CAME
CAPT. ROU
EV CAME
EV ROTOR B
EV ROTOR A
EV ARRET

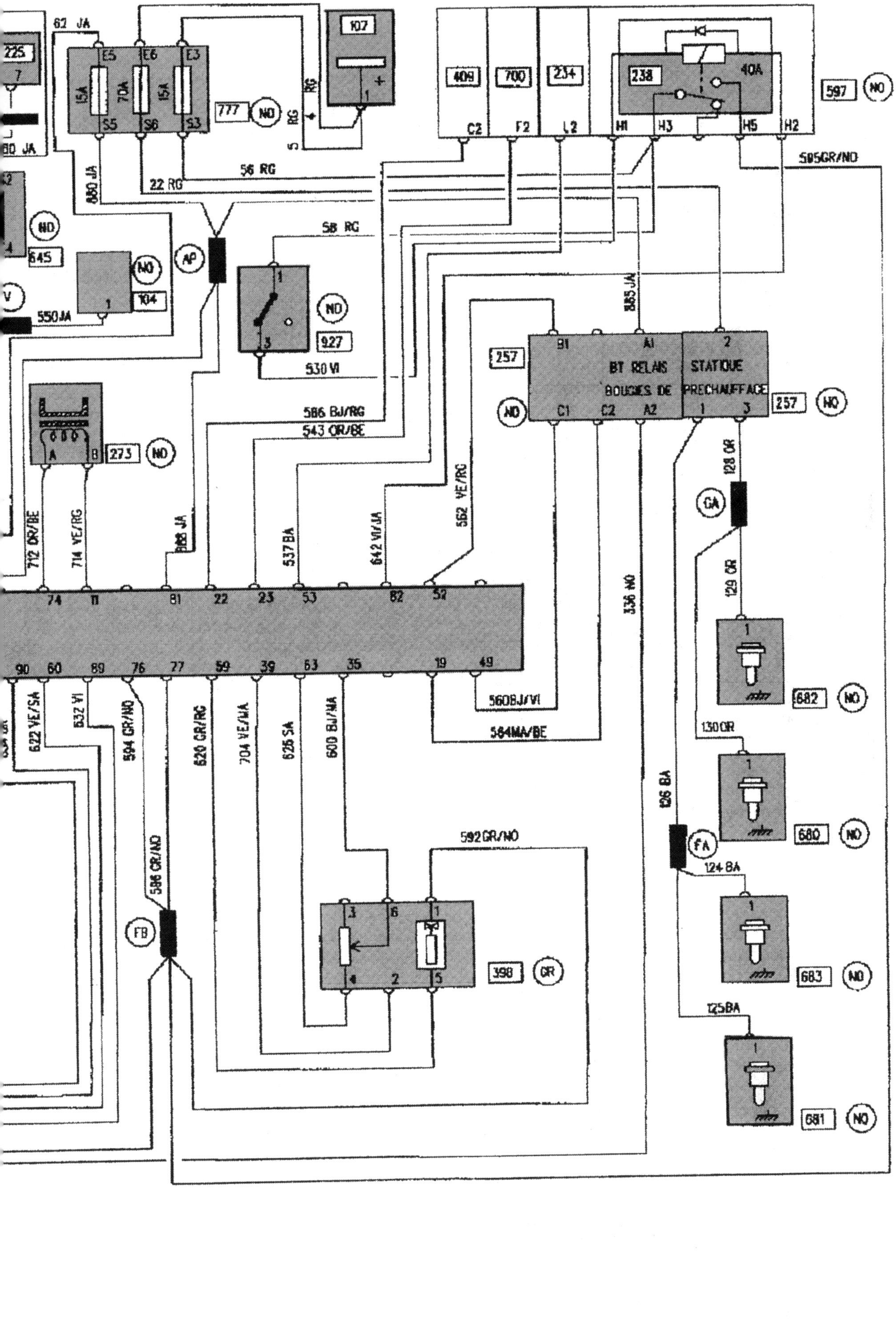

BT RELAIS
BOUGIES DE
STATIQUE
PRECHAUFFAGE
586 BJ/RG
543 OR/BE
56 RG
22 RG
58 RG
530 VI
560BJ/VI
584MA/BE
592GR/NO
595GR/NO
128 OR
129 OR
130 OR
124 BA
125BA
126 BA
336 NO
885 JA

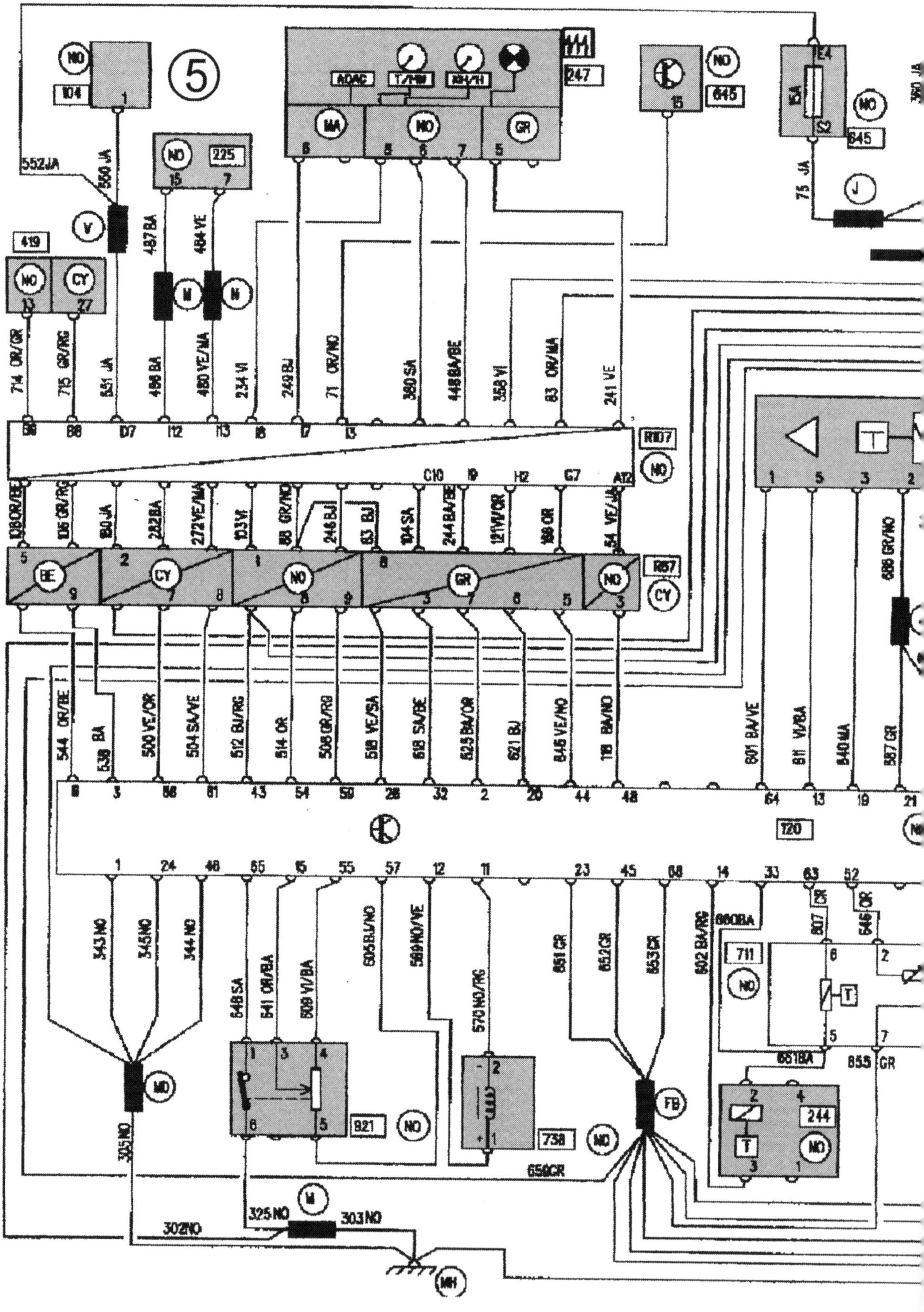
5
104
225
247
ADAC
T/MW
KH/H
MA
NO
GR
645
E4
S2
15A
J
419
CY
V
M
N
552JA
550 JA
487 BA
484 VE
75 JA
714 OR/GR
715 GR/RG
551 JA
486 BA
480 VE/MA
234 VI
249 BJ
71 OR/NO
380 SA
448 BA/BE
358 VI
63 OR/MA
241 VE
R107
R67
BE
C10
I9
H2
G7
A12
106 GR/RG
150 JA
282 BA
272 VE/MA
103 VI
246 BJ
63 BJ
104 SA
244 BA/BE
166 OR
544 OR/BE
538 BA
500 VE/OR
504 SA/VE
512 BJ/RG
514 OR
508 GR/RG
518 VE/SA
618 SA/BE
525 BA/OR
621 BJ
846 VE/NO
118 BA/NO
601 BA/VE
611 VI/BA
840 MA
587 GR
686 GR/NO
120
343 NO
345 NO
344 NO
548 SA
541 OR/BA
509 VI/BA
605 BJ/NO
569 NO/VE
570 NO/RG
651 GR
652 GR
653 GR
602 BA/RG
660 BA
807
646 OR
711
661 BA
855 GR
244
T
MO
921
738
FB
650 GR
305 NO
325 NO
303 NO
302 NO
MH

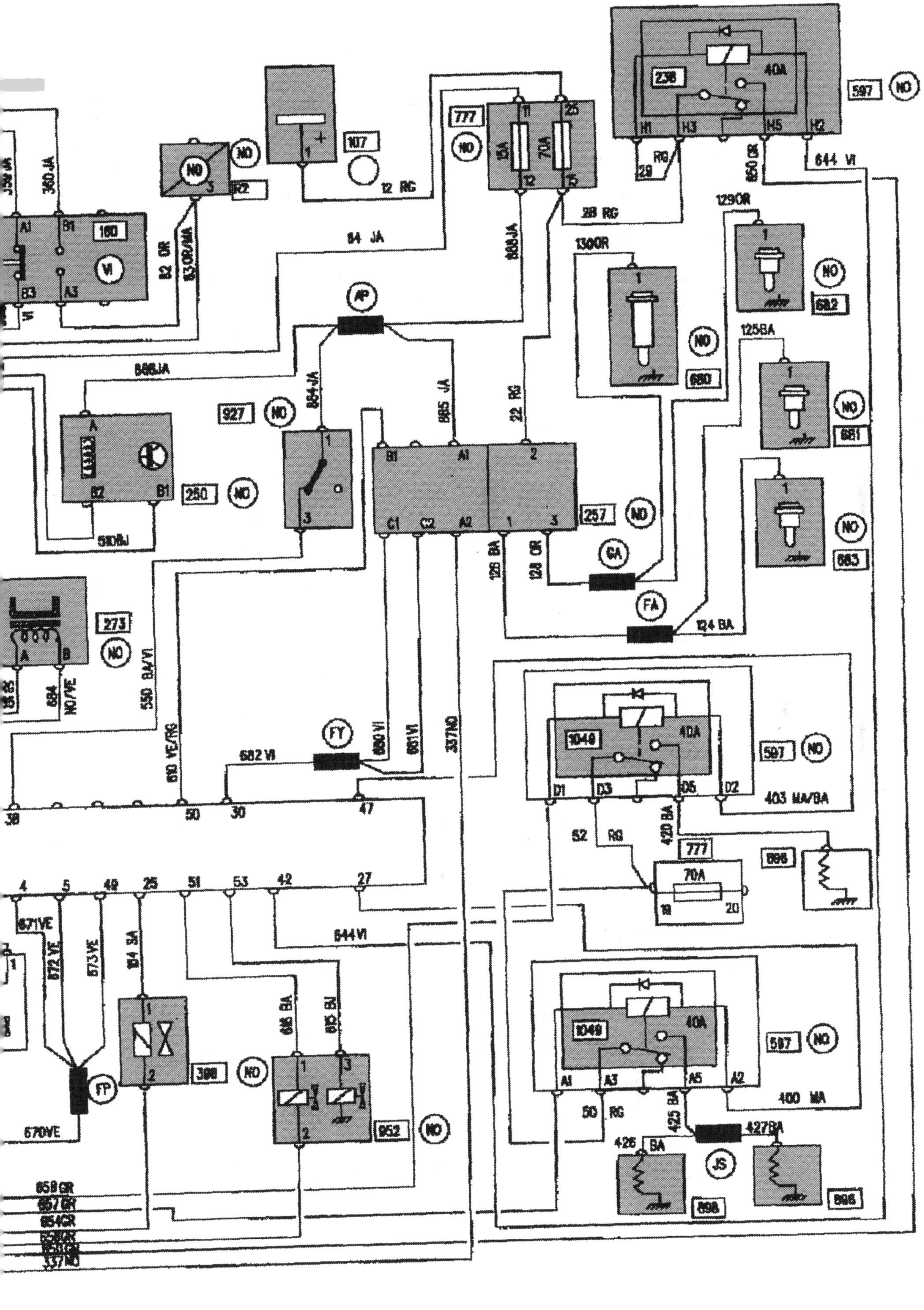
238
40A
597
NO
H1
H3
H5
H2
29
RG
650 GR
644 VI
777
11
25
15A
70A
12
15
107
1
+
12 RG
NO
3
82
360 JA
A1
B1
180
B3
A3
VI
82 OR
84 JA
888 JA
28 RG
1300R
680
1290R
682
125BA
681
683
AP
885 JA
886JA
884 JA
22 RG
927
250
A
B2
B1
510BJ
257
2
C1
C2
A2
128 BA
128 OR
GA
FA
124 BA
273
B
684
NO/VE
550 BA/VI
610 VE/RG
682 VI
FY
680 VI
681 VI
337NO
1049
D1
D3
D5
D2
403 MA/BA
52 RG
420 BA
19
20
896
50
30
47
38
4
5
49
25
51
53
42
27
644 VI
671VE
672 VE
673 VE
184 BA
398
686 BA
685 BJ
952
FP
670VE
A1
A3
A5
A2
400 MA
50 RG
425 BA
427BA
426 BA
JS
898
658GR
657GR
654GR
337NO

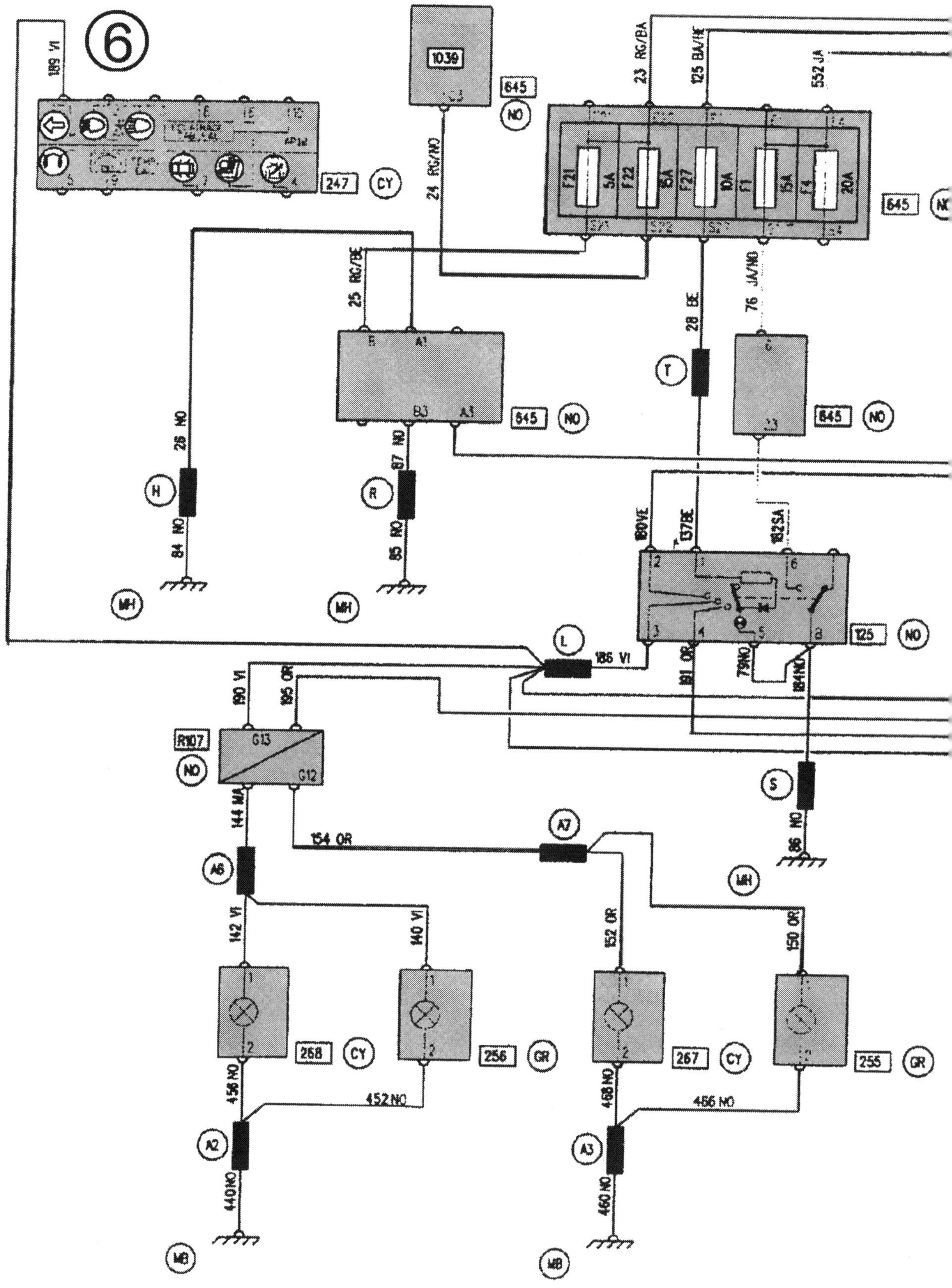
6
189 VI
247
CY
1039
645
NO
23 RG/BA
125 BA/VE
552 JA
F21
5A
F22
5A
F27
10A
F1
15A
F4
20A
24 RG/NO
25 RG/BE
28 BE
76 JA/NO
A1
B3
A3
26 NO
84 NO
87 NO
85 NO
H
R
T
MH
180VE
137BE
182SA
125
L
186 VI
191 OR
79NO
184NO
190 VI
195 OR
R107
G13
G12
144 MA
154 OR
A6
A7
S
86
142 VI
140 VI
152 OR
150 OR
268
256
GR
267
255
456 NO
452 NO
468 NO
466 NO
A2
A3
440 NO
460 NO
MB

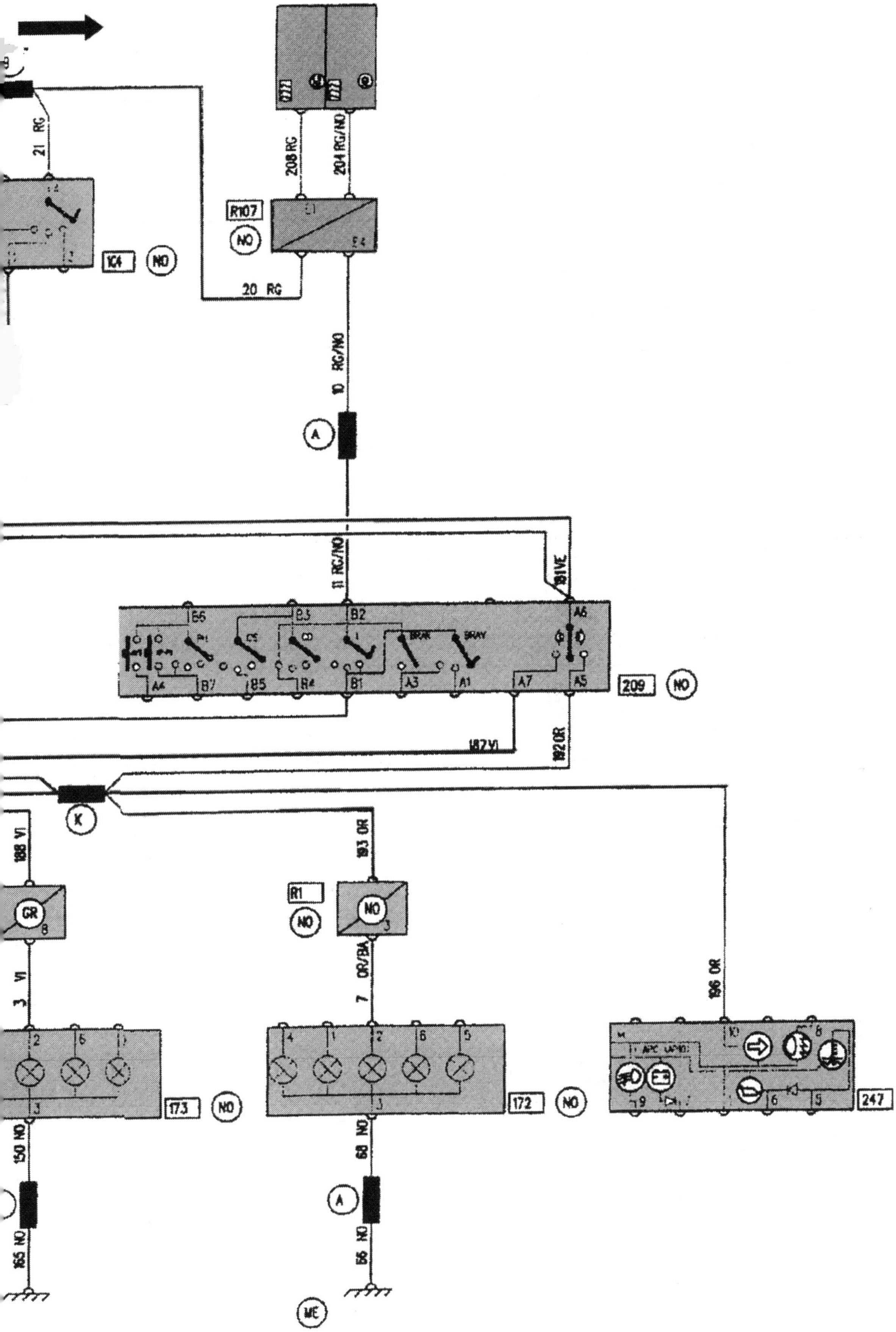
21 RG
104
NO
208 RG
204 RG/NO
R107
NO
20 RG
10 RG/NO
A
11 RG/NO
181 VE
B6
B3
B2
A6
A4
B7
B5
B4
B1
A3
A1
A7
A5
209
NO
187 VI
192 OR
K
188 VI
GR
193 OR
R1
NO
NO
3 VI
7 OR/BA
196 OR
173
NO
172
NO
247
150 NO
165 NO
68 NO
A
56 NO
ME

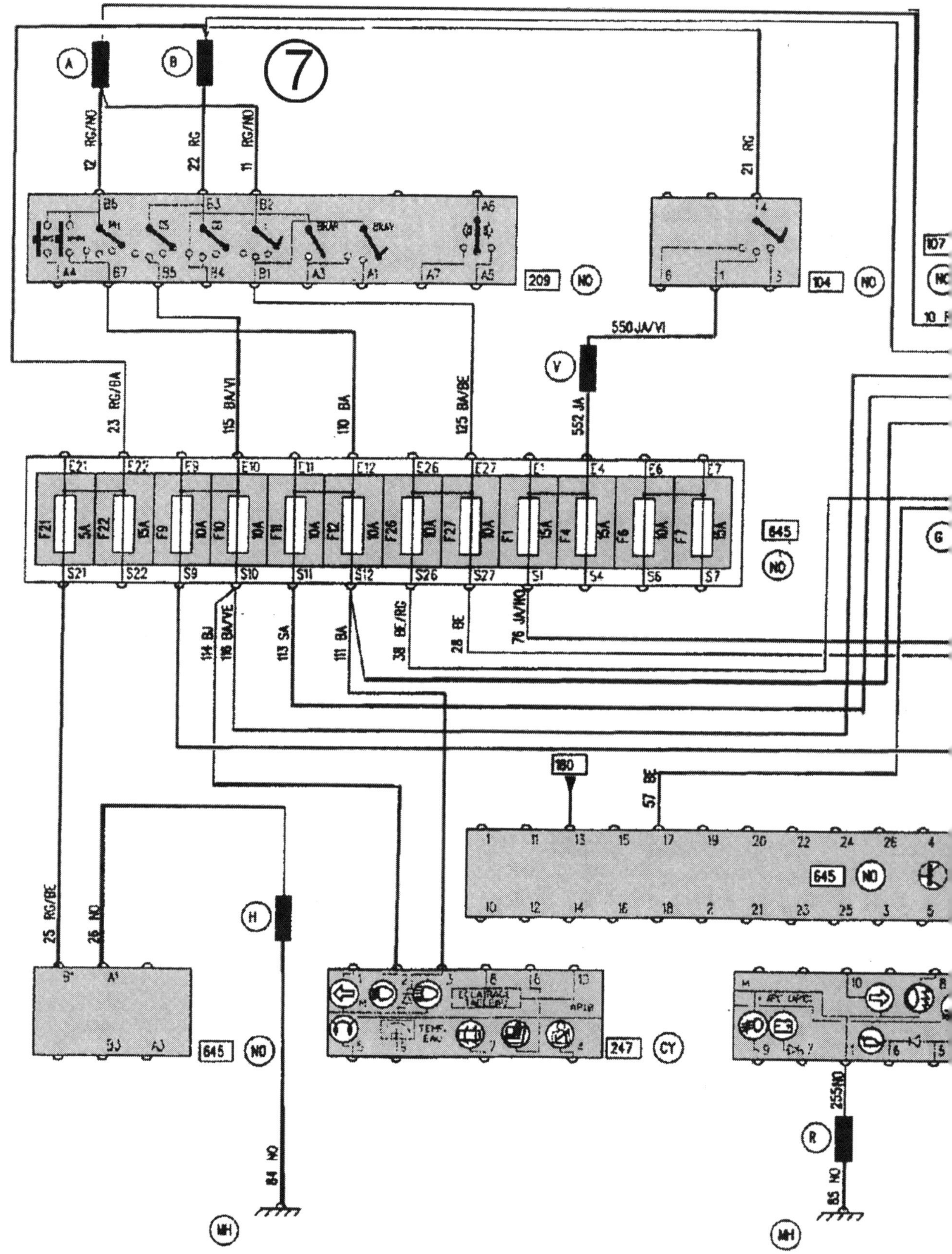
7
A
B
12 RG/NO
22 RG
11 RG/NO
21 RG
209
NO
104
NO
107
550 JA/VI
V
552 JA
23 RG/BA
115 BA/VI
110 BA
125 BA/BE
F21 5A
F22 15A
F9 10A
F10 10A
F11 10A
F12 10A
F26 10A
F27 10A
F1 15A
F4 15A
F6 10A
F7 15A
645
NO
G
114 BJ
116 BA/VE
113 SA
111 BA
38 BE/RG
28 BE
76 JA/NO
180
57 BE
25 RG/BE
26 NO
H
247
CY
TEMP. EAU
255 NO
R
84 NO
85 NO
MH

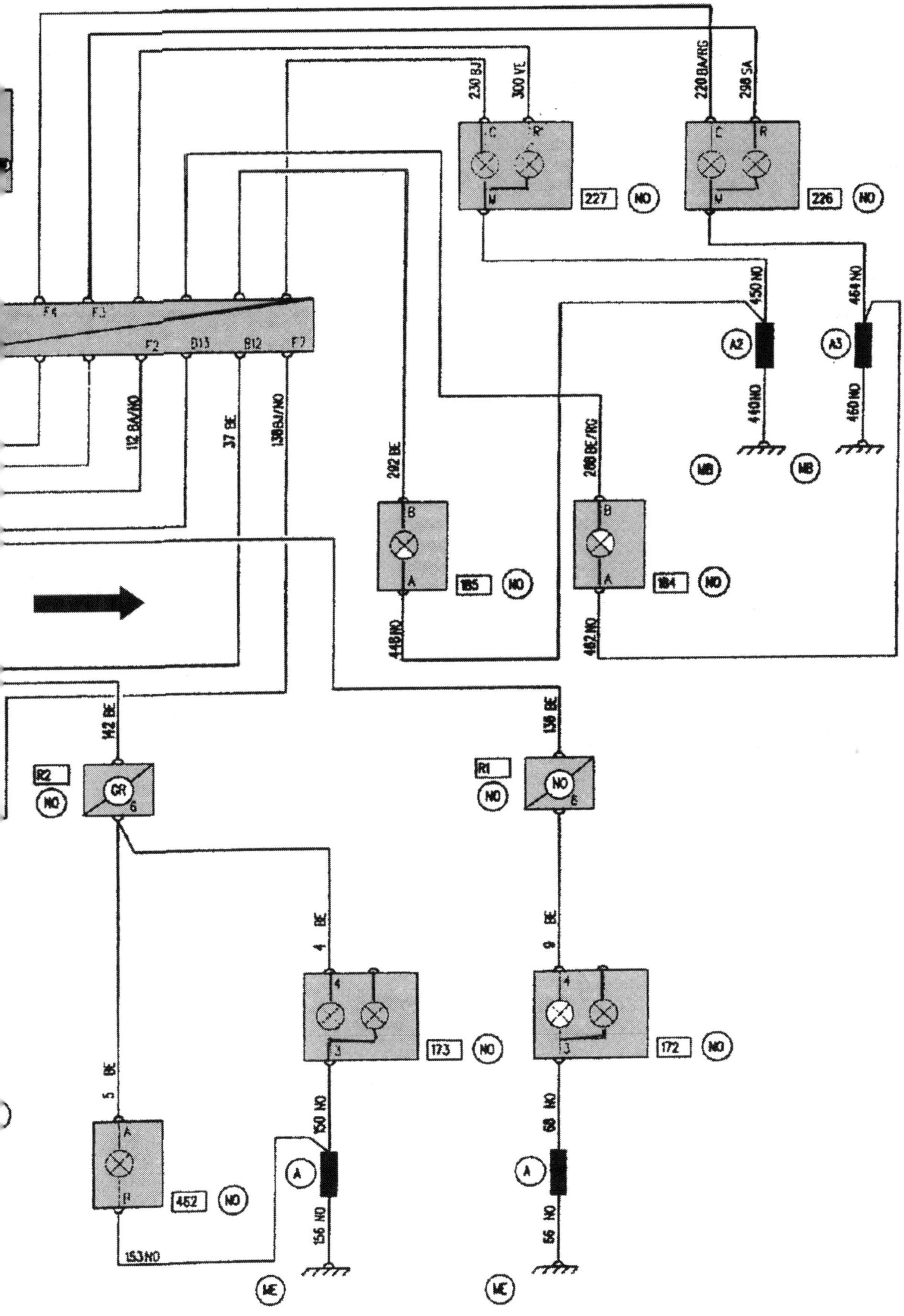

230 BJ
300 VE
220 BA/RG
298 SA
227
NO
226
NO
450 NO
464 NO
A2
A3
440 NO
460 NO
MB
MB
F4
F3
F2
B13
B12
F7
112 BA/NO
37 BE
138 BJ/NO
202 BE
208 BE/RG
185
NO
184
NO
448 NO
462 NO
142 BE
158 BE
R2
NO
GR
R1
NO
4 BE
9 BE
173
NO
172
NO
5 BE
150 NO
68 NO
A
A
452
NO
156 NO
66 NO
153 NO
ME
ME

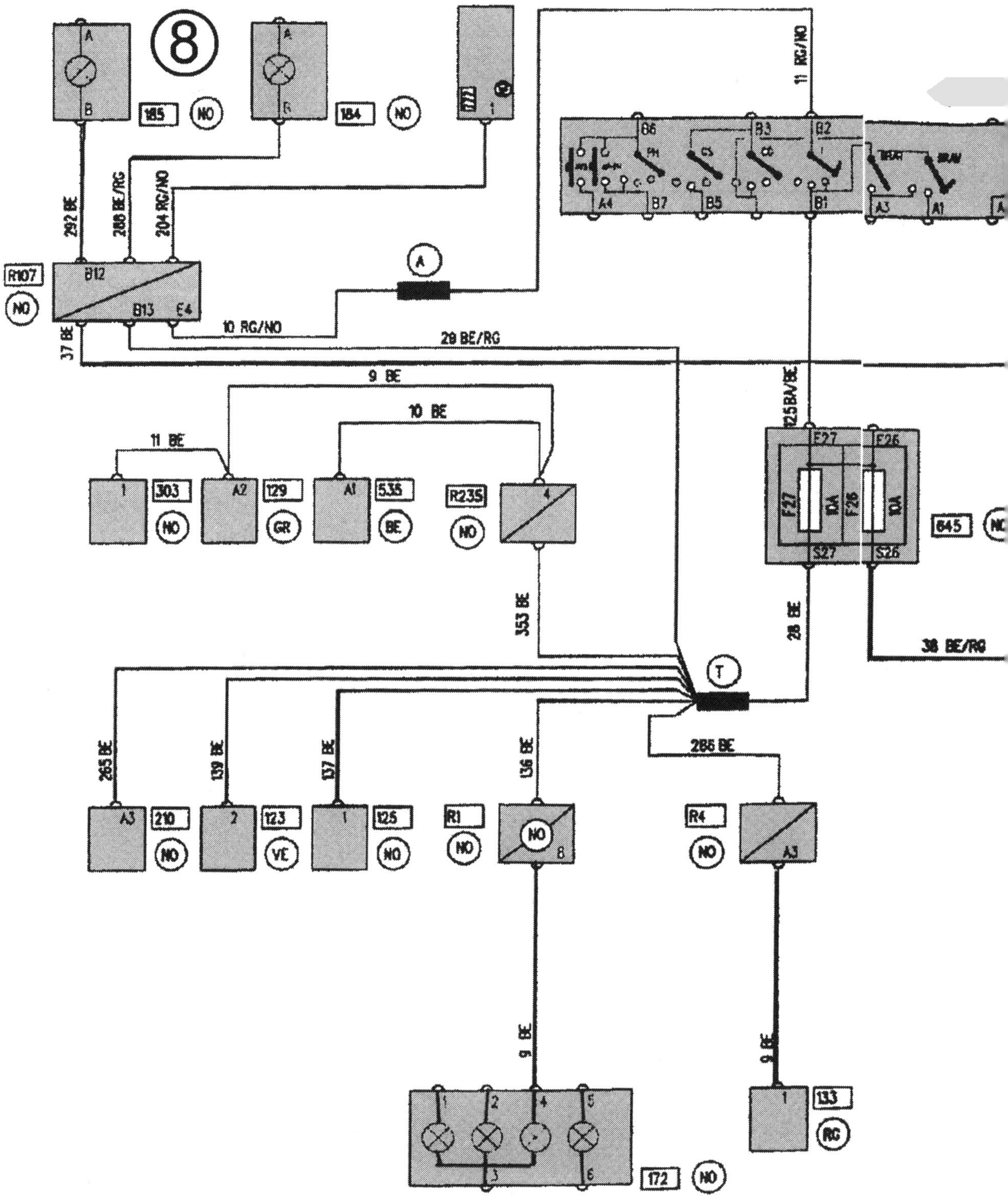
8
185
NO
184
NO
11 RG/NO
B6
B3
B2
A4
B7
B5
B1
A3
A1
292 BE
288 BE/RG
204 RG/NO
R107
NO
B12
B13
E4
A
10 RG/NO
29 BE/RG
37 BE
9 BE
10 BE
11 BE
1
303
NO
A2
129
GR
A1
535
BE
R235
NO
4
125BA/BE
E27
E26
F27
10A
F26
10A
S27
S26
845
353 BE
28 BE
38 BE/RG
T
265 BE
139 BE
137 BE
136 BE
286 BE
A3
210
NO
2
123
VE
1
125
NO
R1
NO
NO
8
R4
NO
A3
9 BE
9 BE
1
2
4
5
3
6
172
NO
1
133
RG

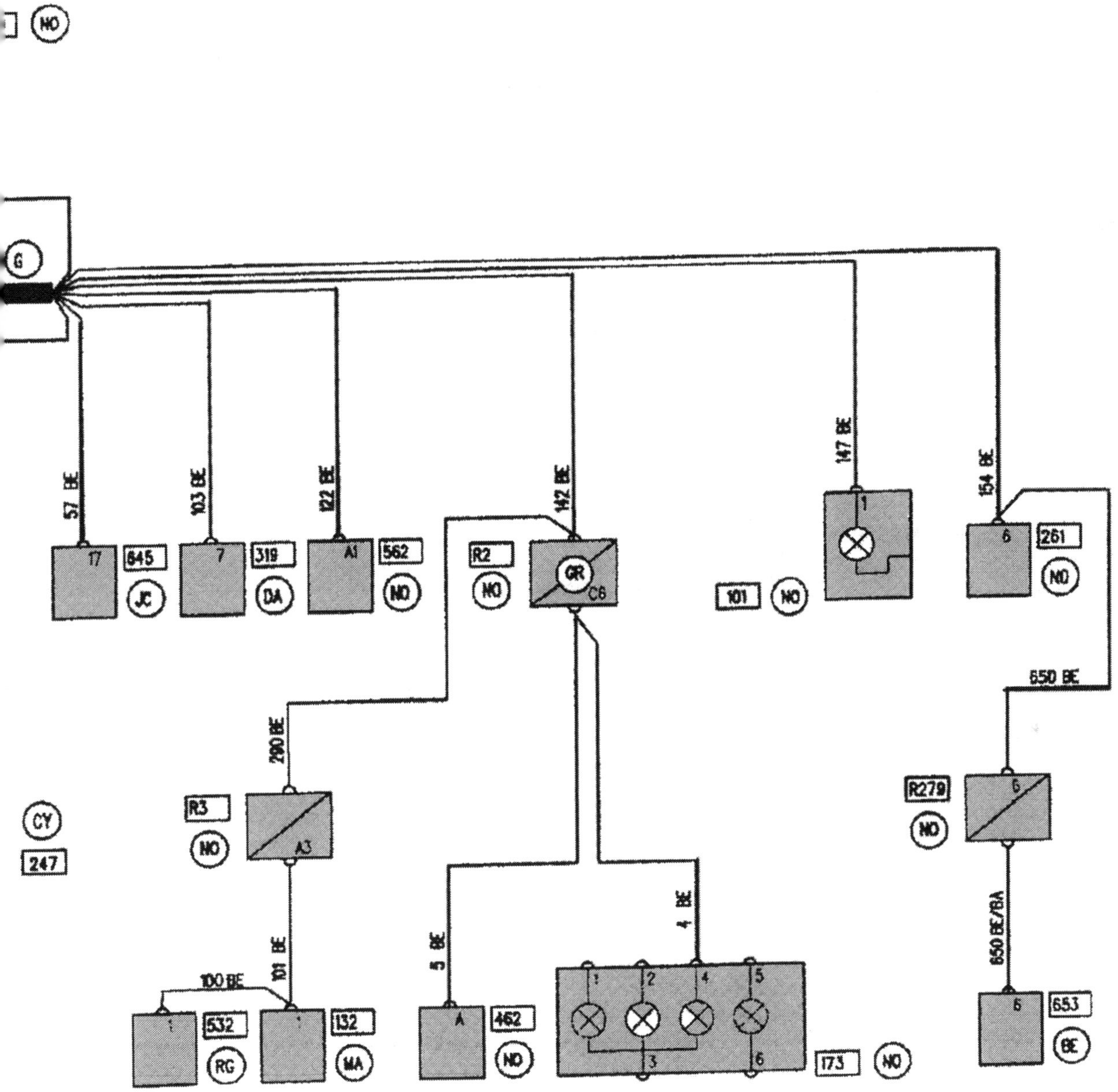
NO
G
57 BE
103 BE
122 BE
142 BE
147 BE
154 BE
17
845
JC
7
319
DA
A1
562
NO
R2
NO
GR
C6
101
NO
1
6
261
NO
650 BE
280 BE
R3
NO
A3
R279
NO
6
CY
247
101 BE
100 BE
5 BE
4 BE
650 BE/BA
1
532
RG
1
132
MA
A
462
NO
1
2
4
5
3
6
173
NO
6
653
BE

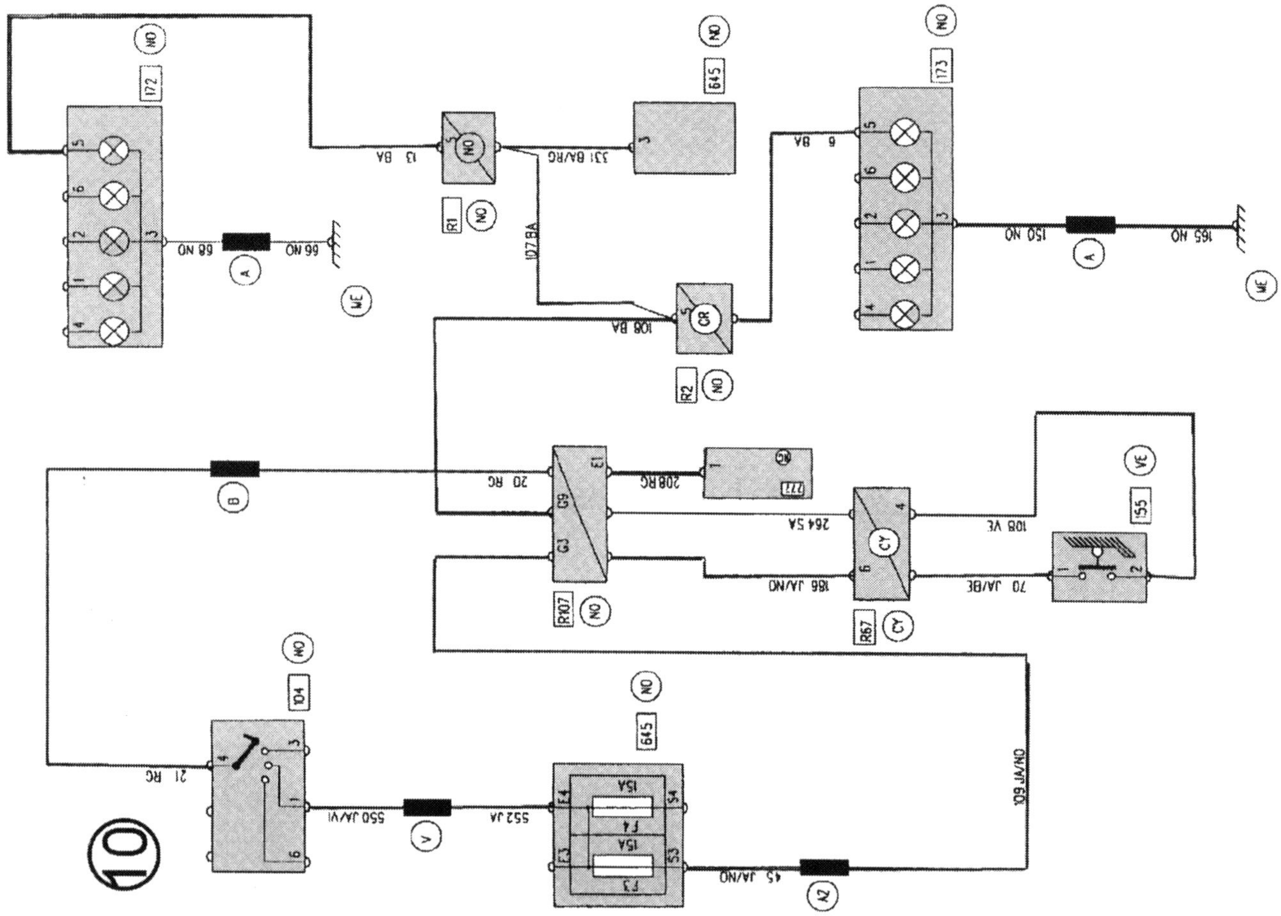
10
172
173
645
104
155
R1
R2
R107
R67

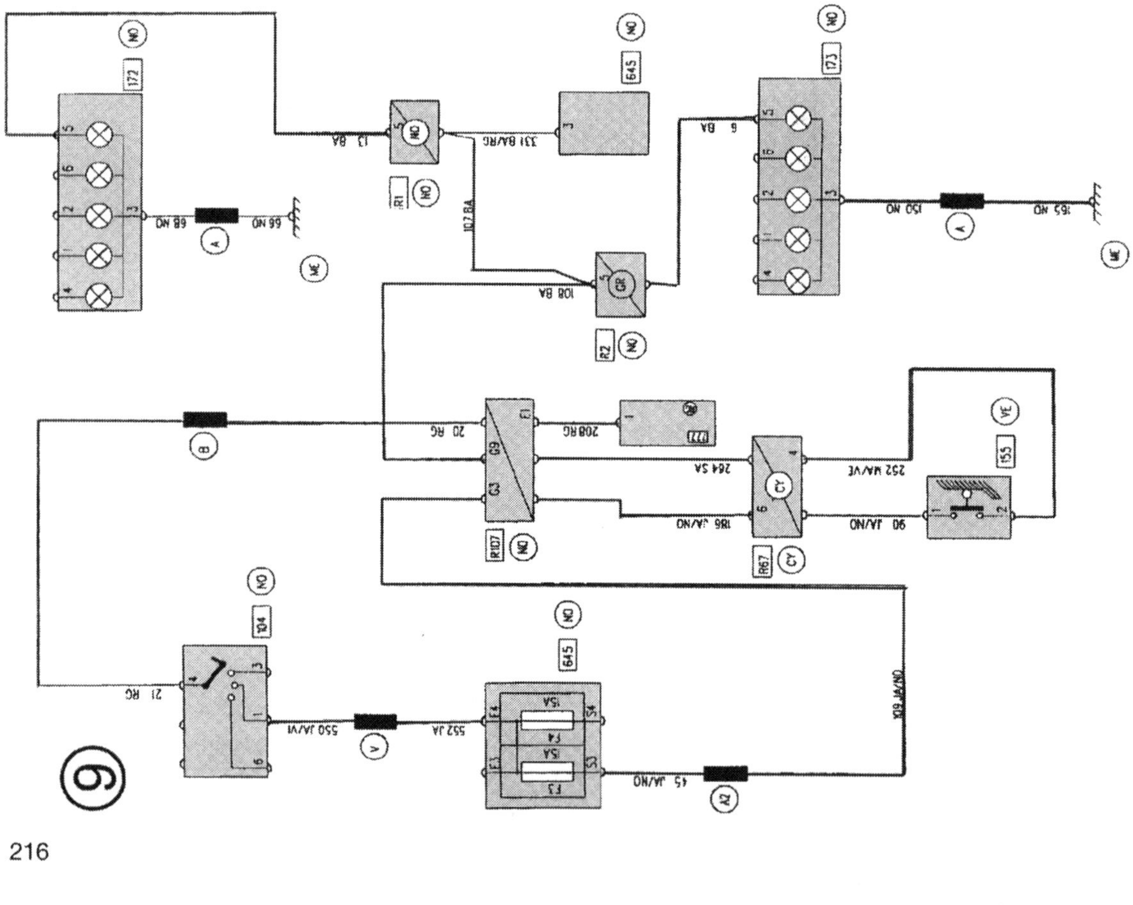
9
172
173
645
104
155
R1
R2
R107
R67

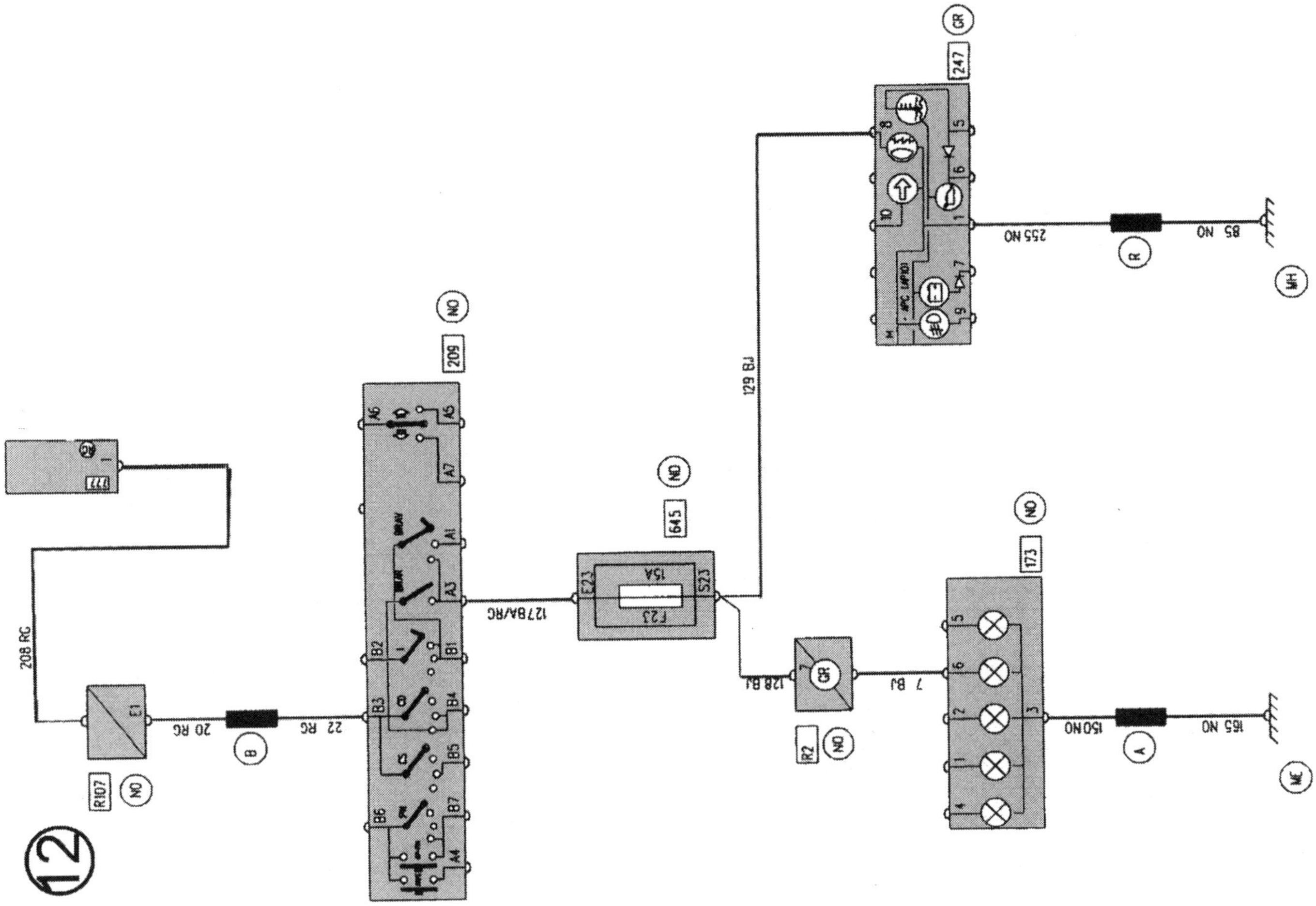
12
R107
E1
20 RG
208 RG
22 RG
209
645
F23
15A
E23
S23
127BA/RG
129 BJ
128 BJ
247
255 NO
85 NO
R2
7 BJ
173
150 NO
165 NO

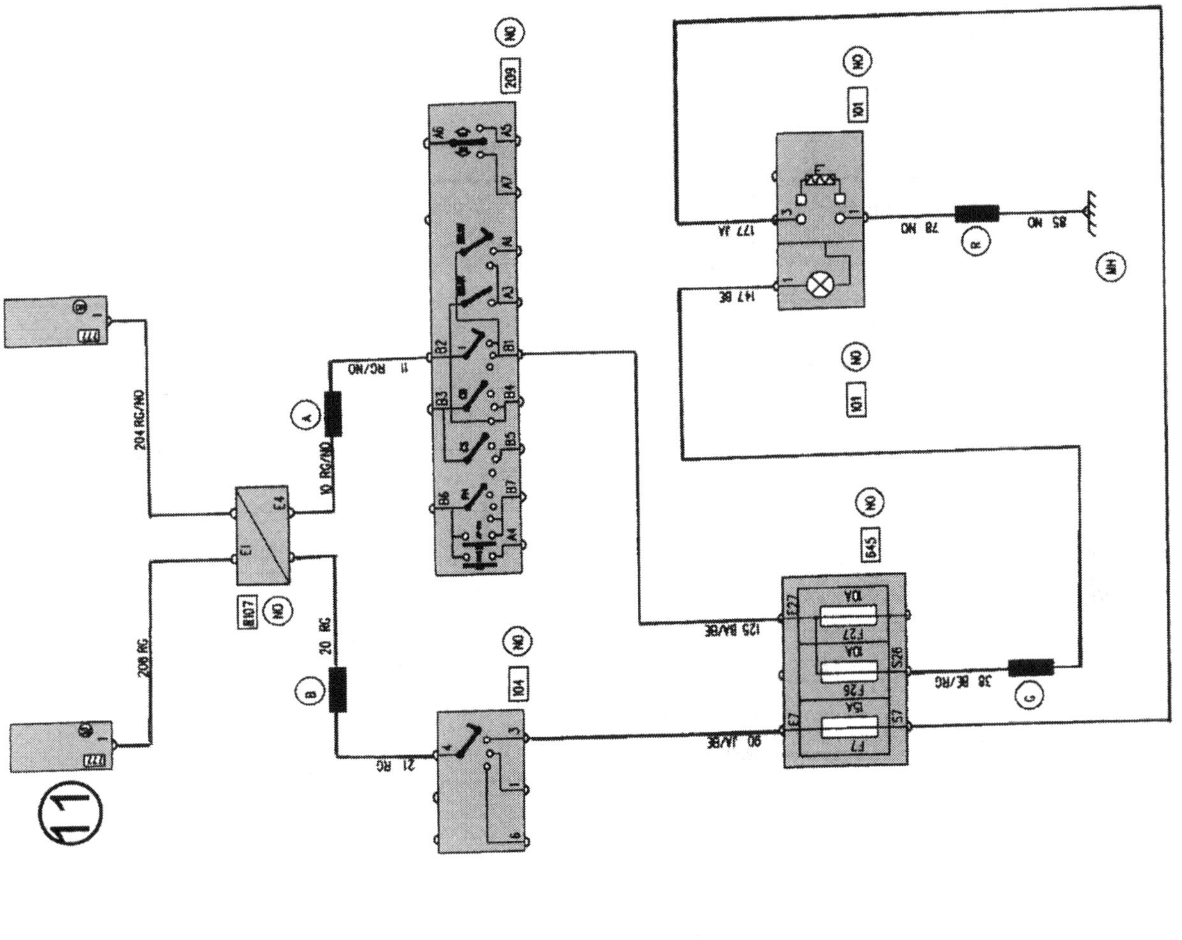
11
R107
E1
E4
208 RG
204 RG/NO
10 RG/NO
11 RG/NO
20 RG
21 RG
209
104
90 JA/BE
645
F7
F26
F27
15A
10A
E7
S7
S26
E27
125 BA/BE
38 BE/RG
101
147 BE
177 JA
78 NO
85 NO

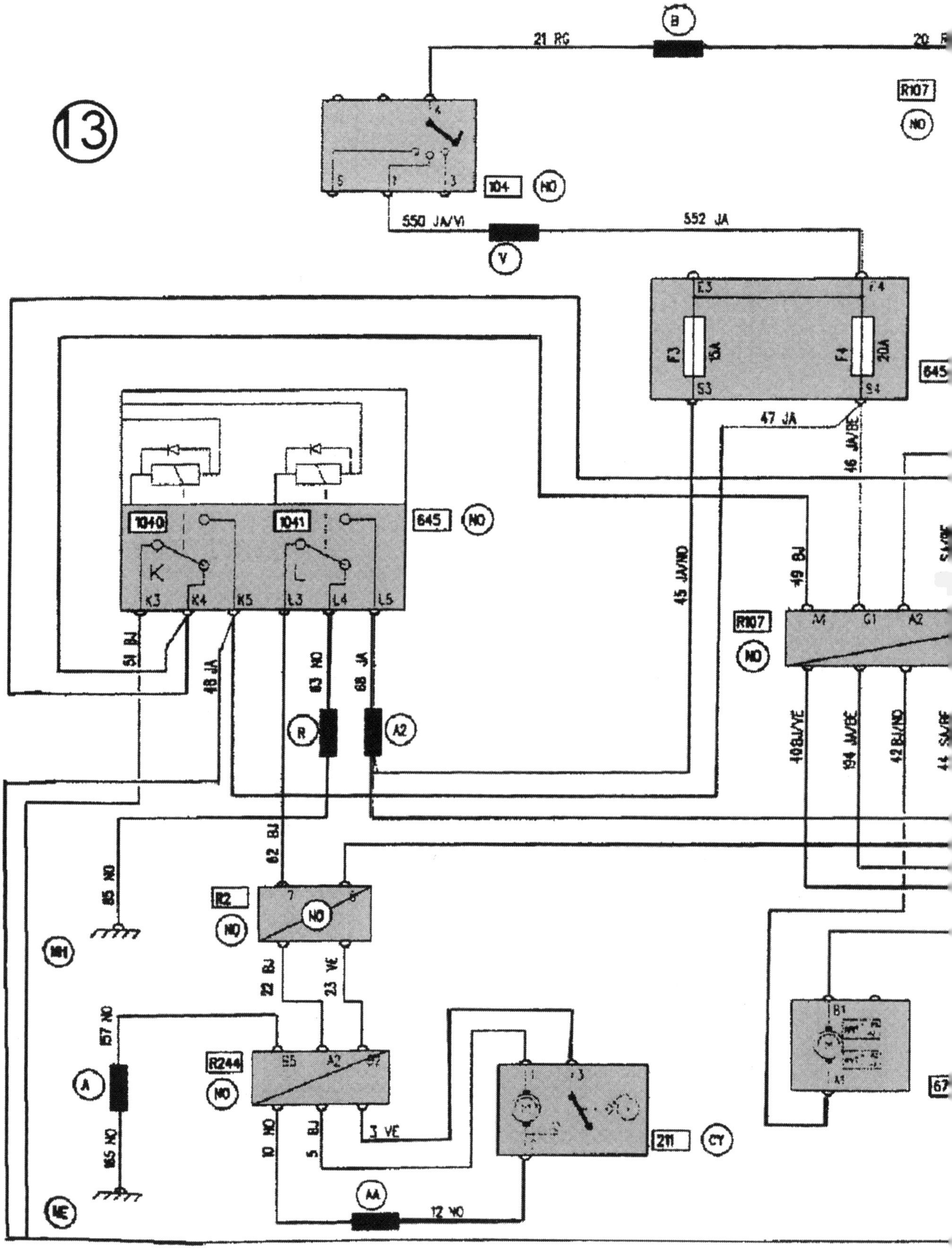

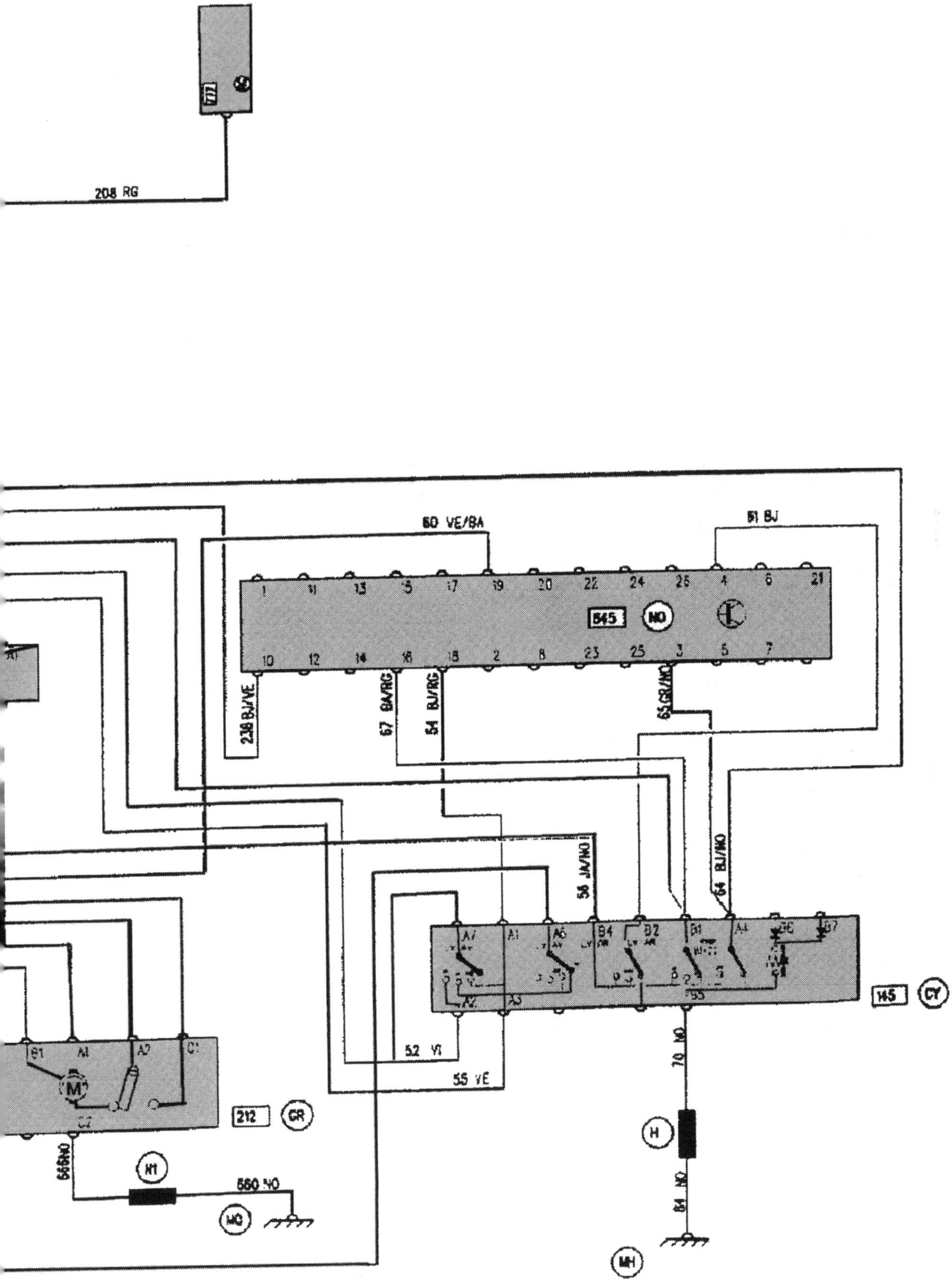
208 RG
60 VE/BA
61 BJ
545
NO
238 BJ/VE
67 BA/RG
54 BJ/RG
63 GR/NO
58 JA/NO
64 BJ/NO
145
CY
52 VI
55 VE
70 NO
H
84 NO
MH
212
GR
560 NO
N1
MC

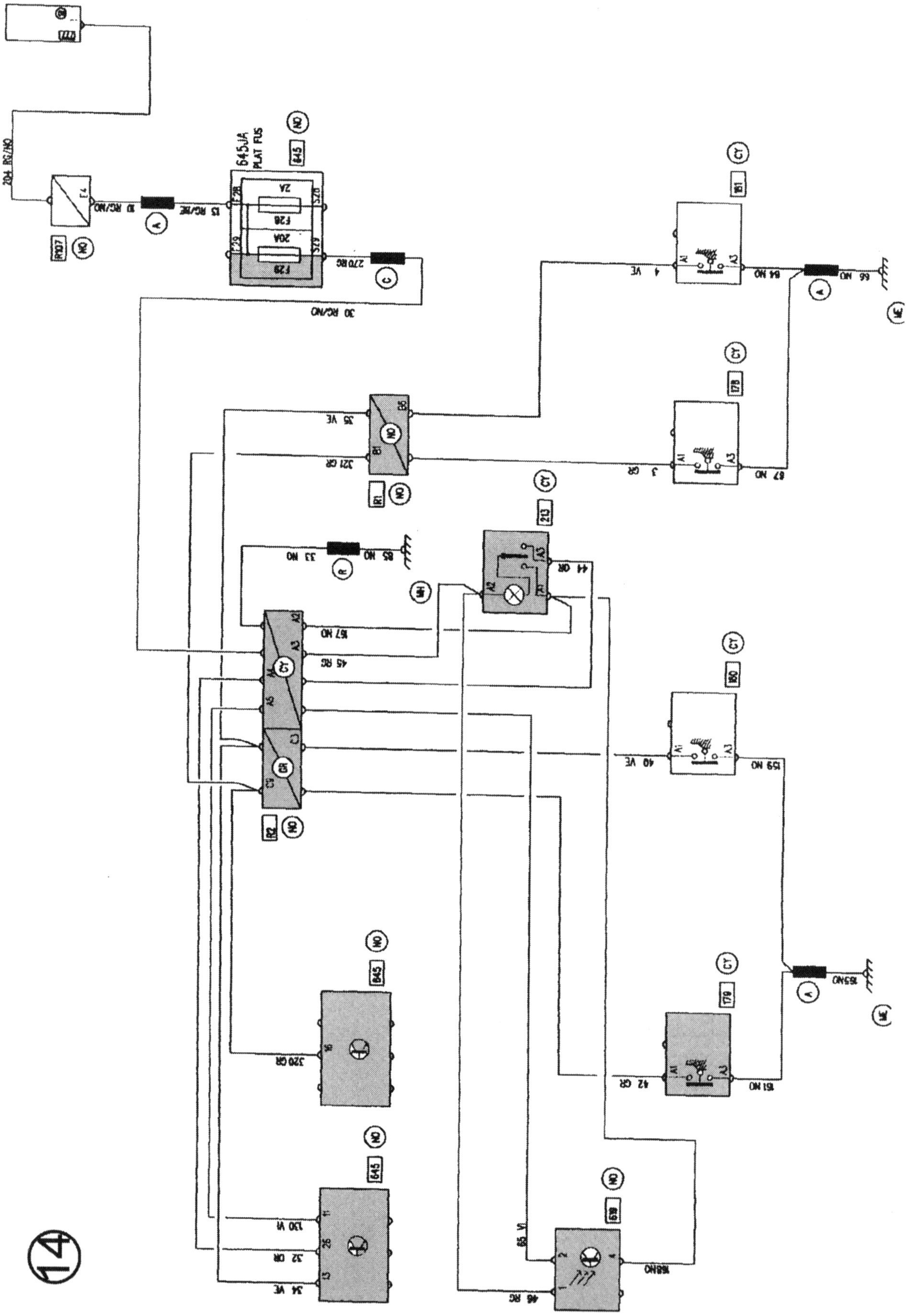
645JA
PLAT FUS

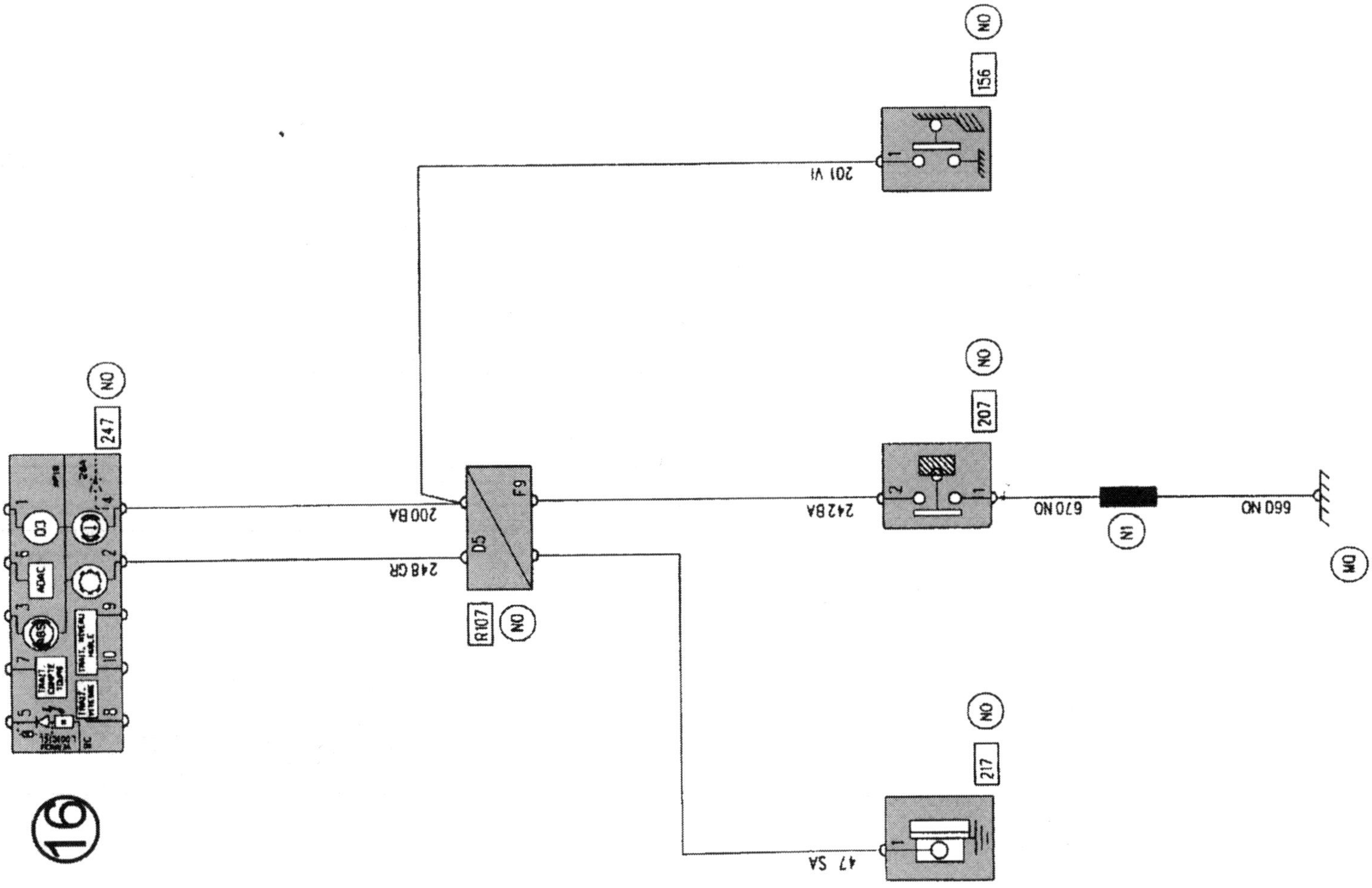
16
247
NO
R107
D5
F9
200 BA
248 GR
201 VI
156
242 BA
207
670 NO
N1
660 NO
MO
47 SA
217

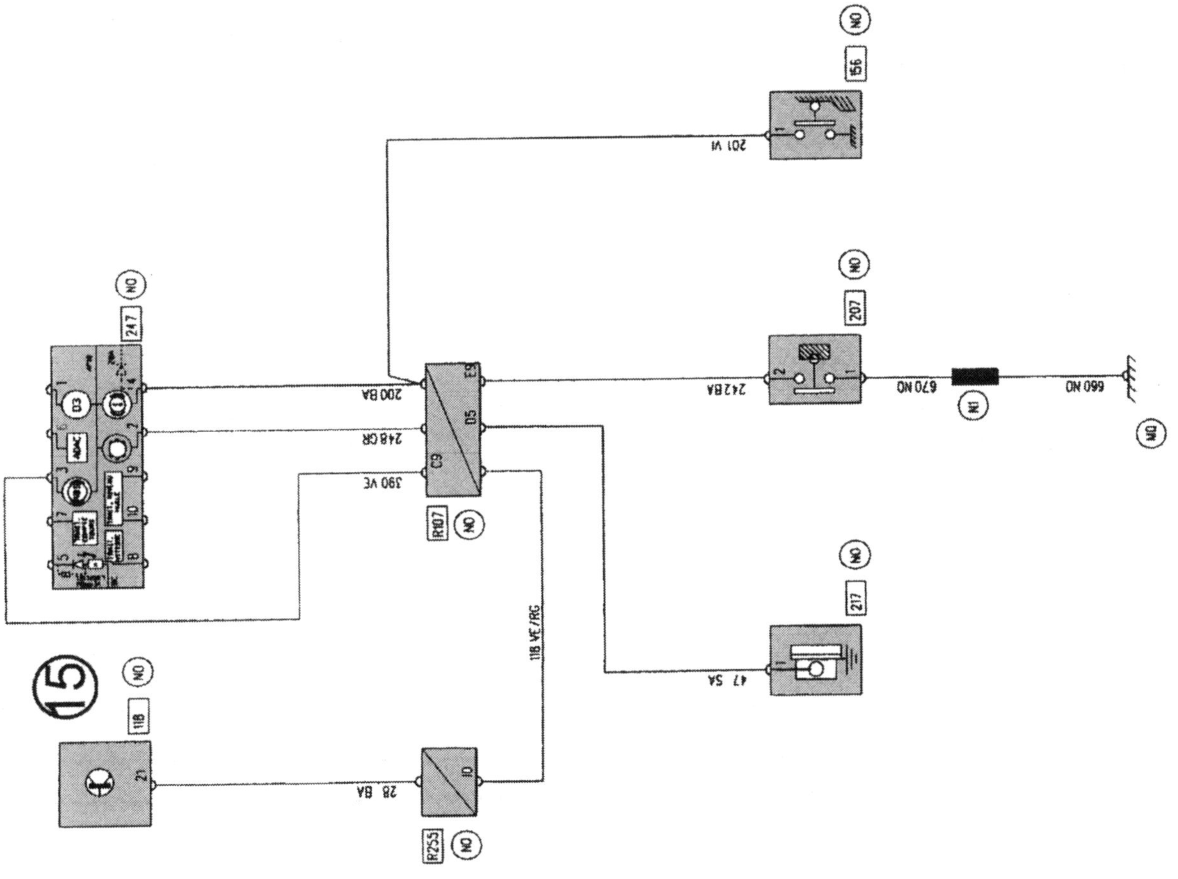
15
247
NO
R107
C9
D5
E9
200 BA
248 GR
390 VE
201 VI
156
242 BA
207
670 NO
N1
660 NO
MO
47 SA
217
118 VE/RG
118
28 BA
R255
I0

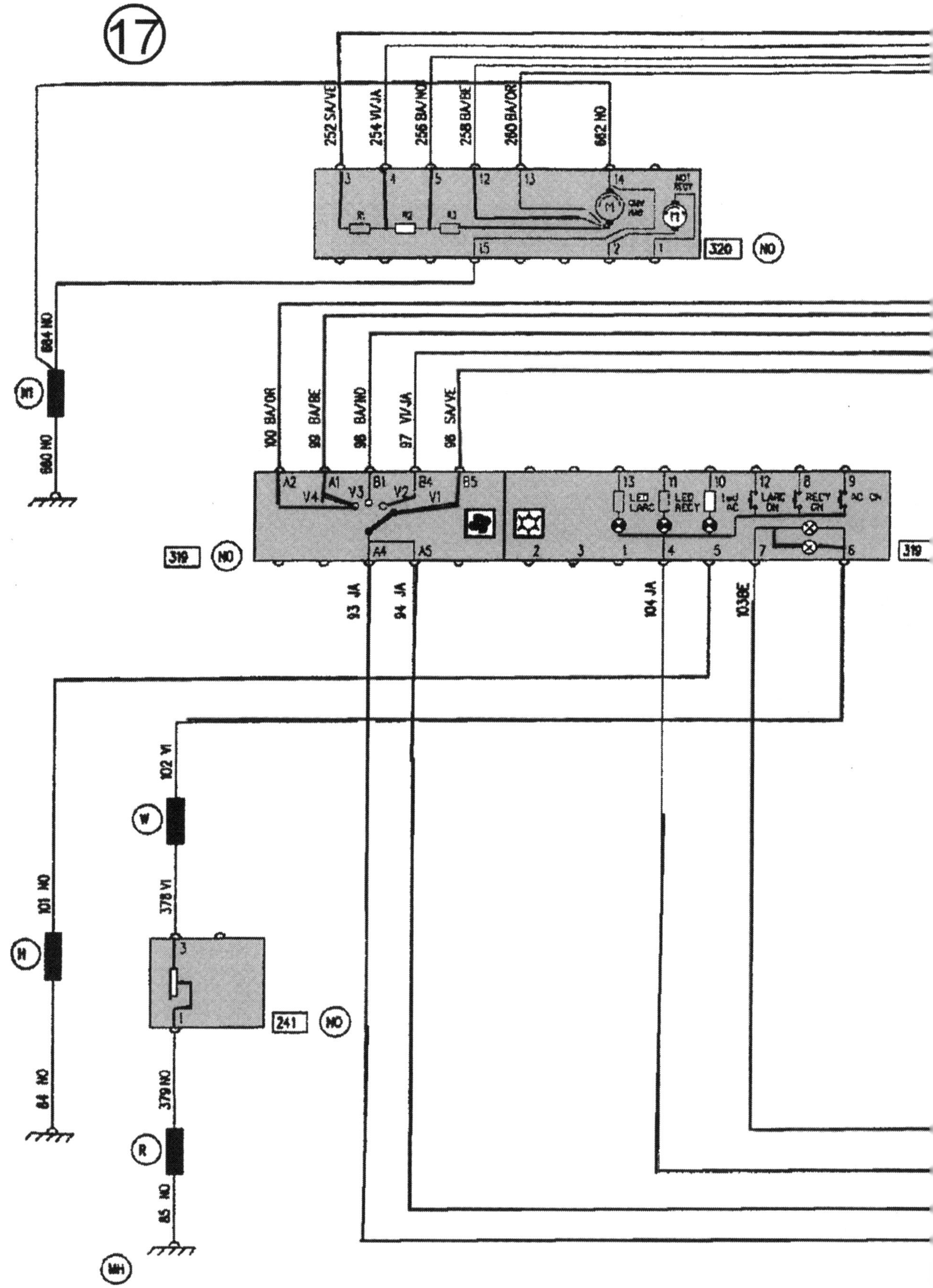
17
252 SA/VE
254 VI/JA
256 BA/NO
258 BA/BE
260 BA/OR
662 NO
320
NO
884 NO
M1
880 NO
100 BA/OR
99 BA/BE
98 BA/NO
97 VI/JA
96 SA/VE
A2 A1 V4 V3 B1 V2 B4 V1 B5
A4 A5
319
NO
93 JA
94 JA
104 JA
103 BE
102 VI
W
378 VI
241
NO
101 NO
M
84 NO
379 NO
R
85 NO
MH

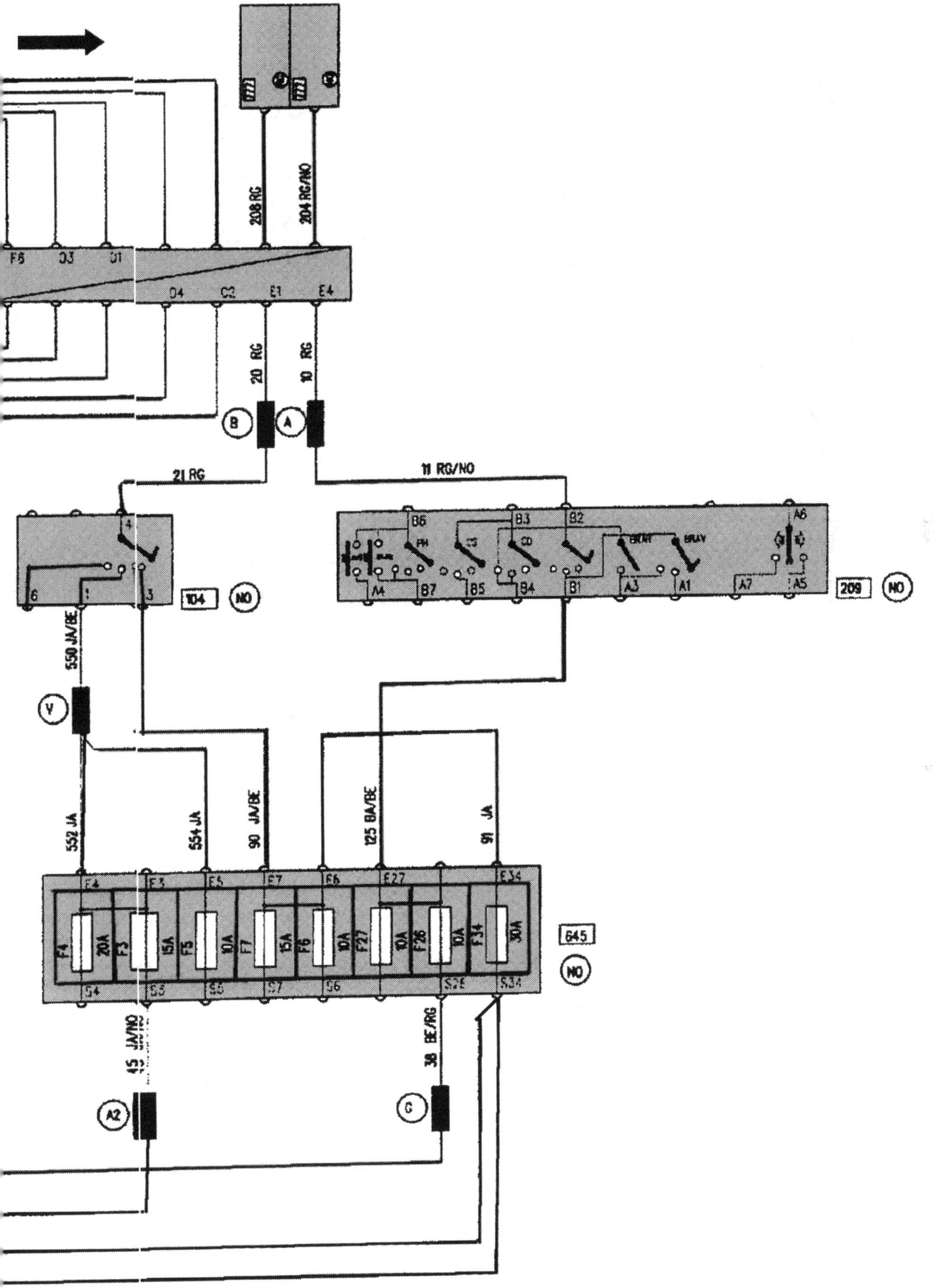
208 RG
204 RG/NO
F6
D3
D1
D4
C2
E1
E4
20 RG
10 RG
B
A
21 RG
11 RG/NO
104
NO
B6
B3
B2
A6
A4
B7
B5
B4
B1
A3
A1
A7
A5
209
550 JA/BE
V
552 JA
554 JA
90 JA/BE
125 BA/BE
91 JA
F4
F3
F5
F7
F6
F27
F26
F34
20A
15A
10A
15A
10A
10A
10A
30A
645
S4
S3
S5
S7
S6
S26
S34
45 JA/NO
38 BE/RG
A2
G

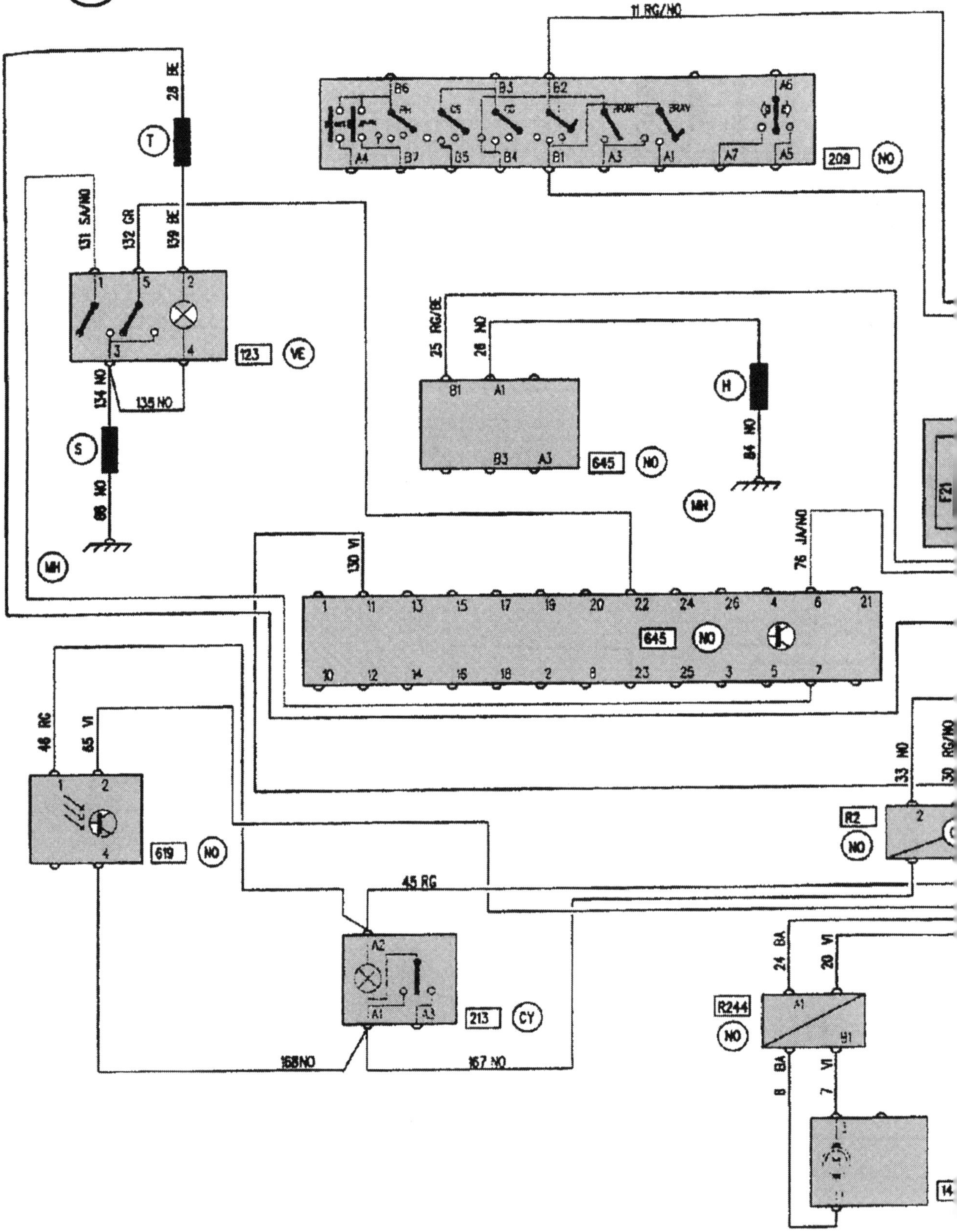
11 RG/NO
28 BE
T
131 SA/NO
132 GR
139 BE
123
VE
134 NO
135 NO
S
86 NO
MH
209
NO
25 RG/BE
26 NO
645
NO
H
84 NO
MH
130 VI
76 JA/NO
645
NO
48 RG
65 VI
619
NO
45 RG
213
CY
168 NO
167 NO
33 NO
30 RG/NO
R2
NO
24 BA
20 VI
R244
NO
8 BA
7 VI

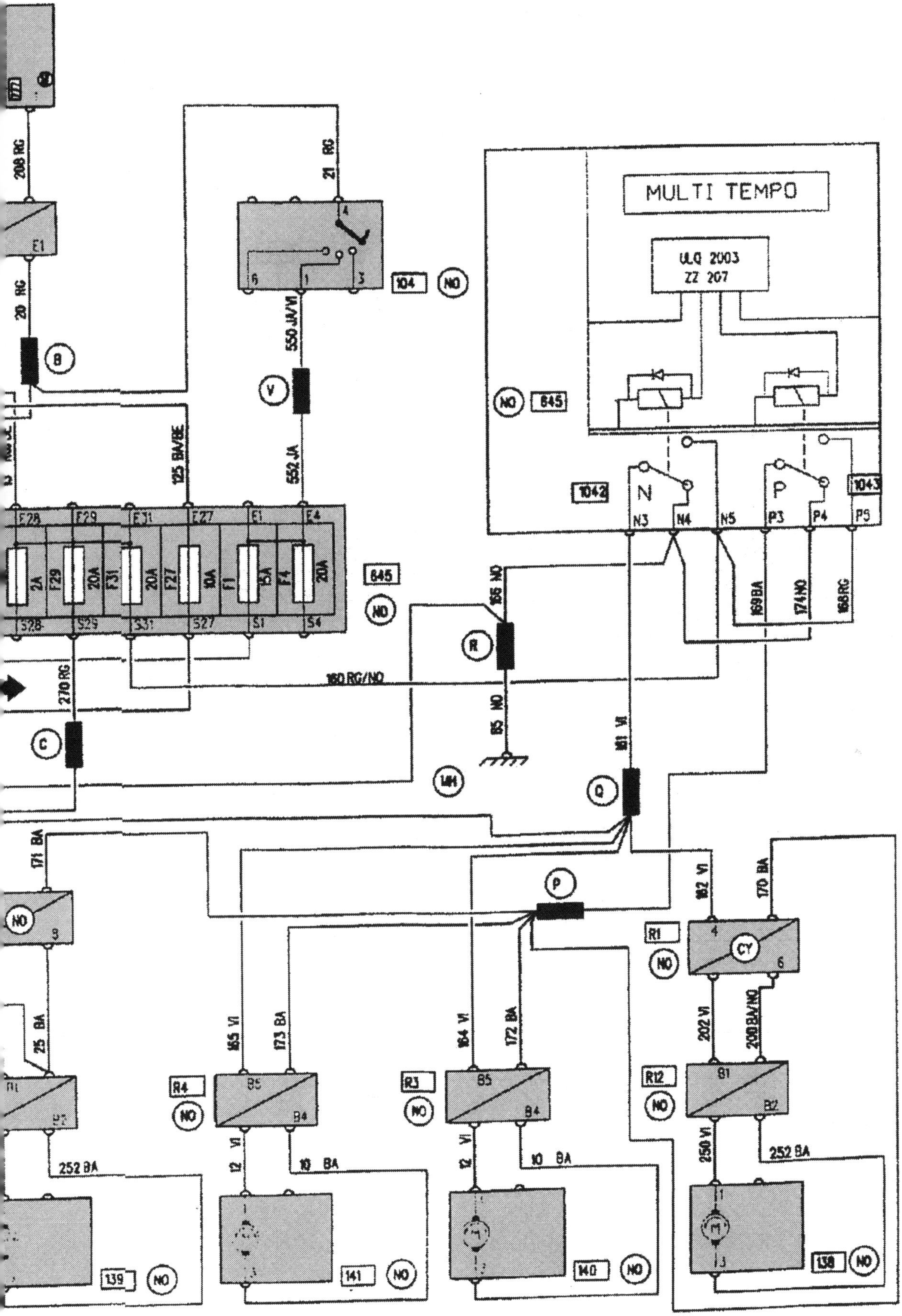
MULTI TEMPO
ULQ 2003
ZZ 207
845
1042
1043
104
NO
E1
B
V
R
C
Q
P
MH
208 RG
20 RG
21 RG
550 JA/VI
552 JA
125 BA/BE
270 RG
160 RG/NO
166 NO
85 NO
169 BA
174 NO
168 RG
161 VI
162 VI
170 BA
171 BA
165 VI
173 BA
164 VI
172 BA
202 VI
200 BA/NO
250 VI
252 BA
25 BA
12 VI
10 BA
R1
R3
R4
R12
CY
139
141
140
138

19

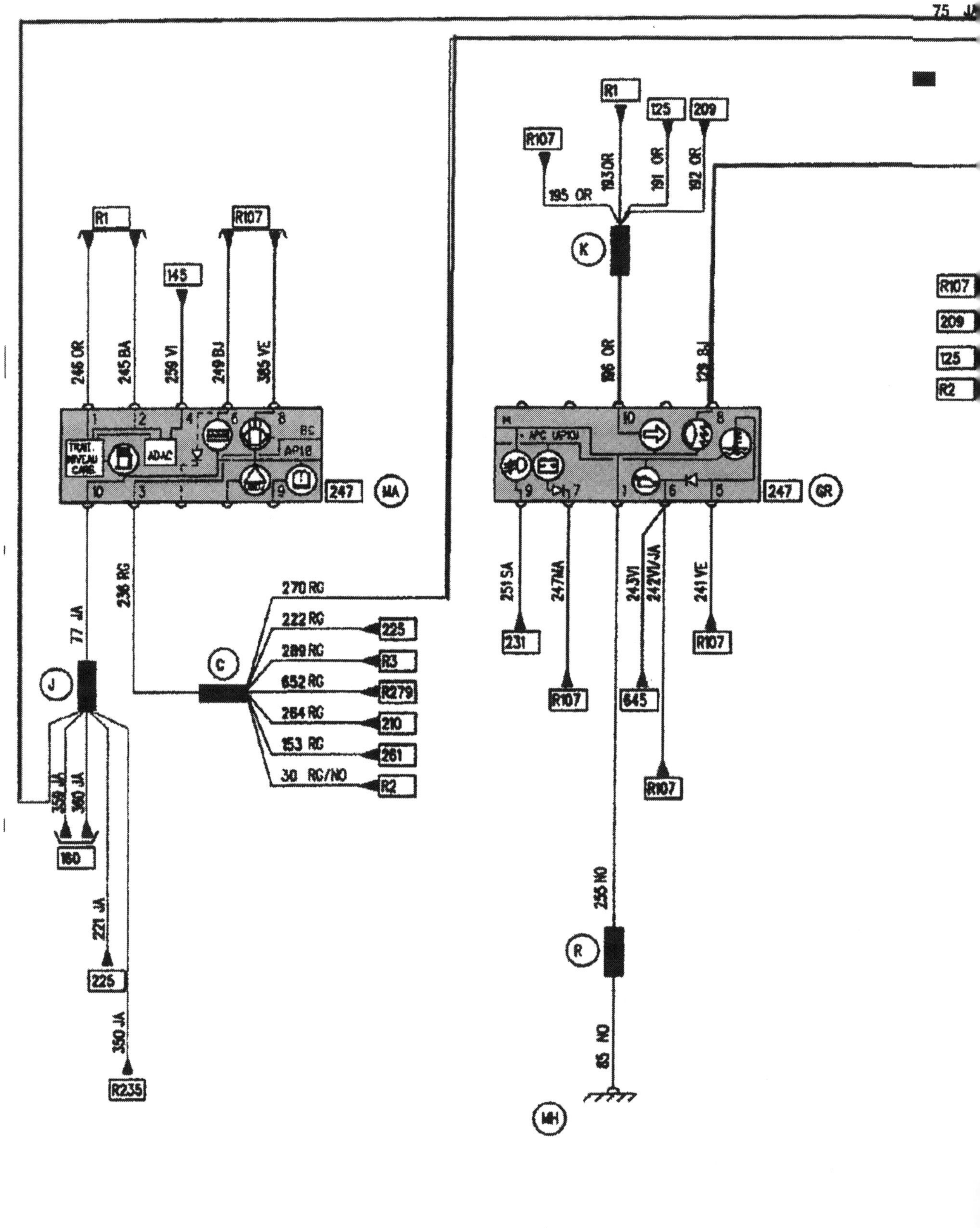

75 JA
R1
R107
145
246 OR
245 BA
259 VI
249 BJ
385 VE
TRAIT. NIVEAU CARB.
ADAC
BC
AP18
247
MA
77 JA
236 RG
J
358 JA
360 JA
160
221 JA
225
350 JA
R235
C
270 RG
222 RG
289 RG
652 RG
284 RG
153 RG
30 RG/NO
225
R3
R279
210
261
R2
R1
125
209
R107
195 OR
183 OR
191 OR
192 OR
K
186 OR
128 BJ
GR
251 SA
247 MA
243 VI
242 VI/JA
241 VE
231
R107
645
R107
R107
255 NO
R
85 NO
MH
R107
209
125
R2

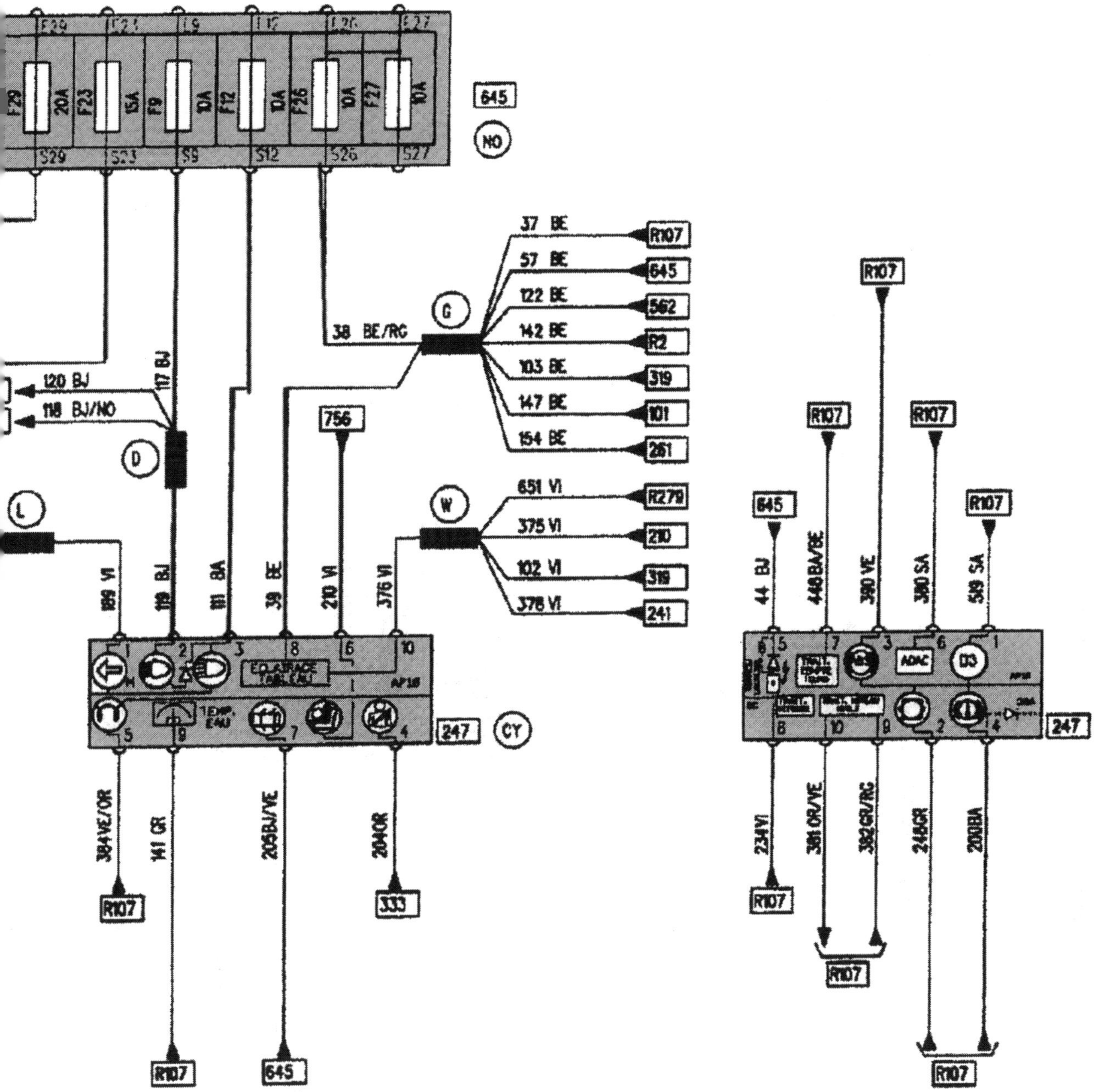
F29 20A
F23 15A
F9 10A
F12 10A
F26 10A
F27 10A
S29
S23
S9
S12
S26
S27
645
NO
37 BE
R107
57 BE
645
122 BE
562
142 BE
R2
103 BE
319
147 BE
101
154 BE
261
38 BE/RG
G
120 BJ
118 BJ/NO
117 BJ
D
756
L
W
651 VI
R279
375 VI
210
102 VI
319
378 VI
241
189 VI
119 BJ
111 BA
39 BE
210 VI
376 VI
AP18
247
CY
384 VE/OR
141 GR
205 BJ/VE
204 OR
R107
333
R107
645
R107
645
R107
R107
R107
44 BJ
448 BA/BE
380 VE
380 SA
519 SA
ADAC
247
234 VI
381 OR/VE
382 GR/RG
248 GR
200 BA
R107
R107
R107

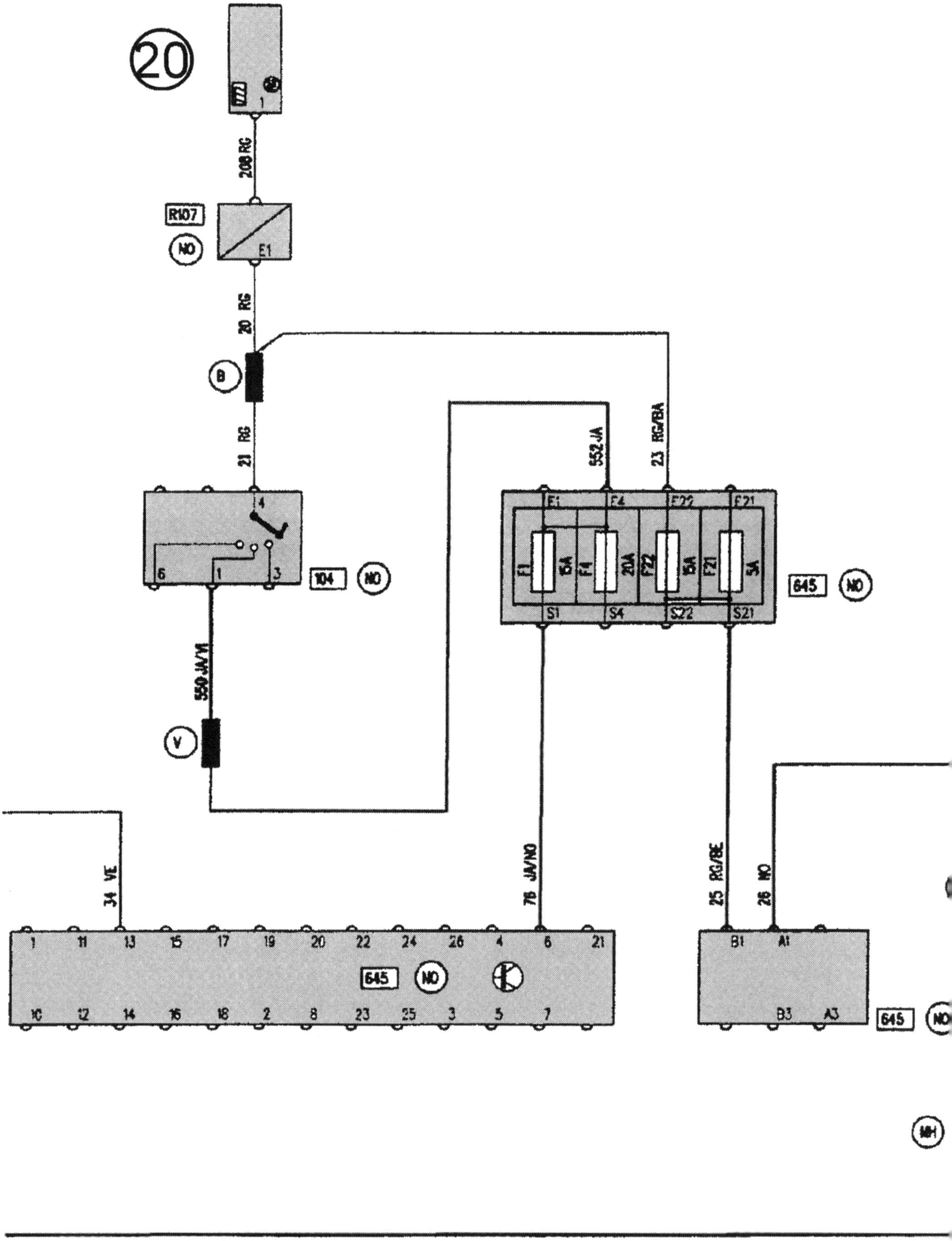
20
208 RG
R107
NO
E1
20 RG
B
21 RG
4
6
1
3
104
NO
552 JA
23 RG/BA
F1
F4
F22
F21
15A
20A
15A
5A
S1
S4
S22
S21
645
NO
550 JA/VI
V
34 VE
76 JA/NO
25 RG/BE
26 NO
1
11
13
15
17
19
20
22
24
26
4
6
21
645
NO
10
12
14
16
18
2
8
23
25
3
5
7
B1
A1
B3
A3
645
MH

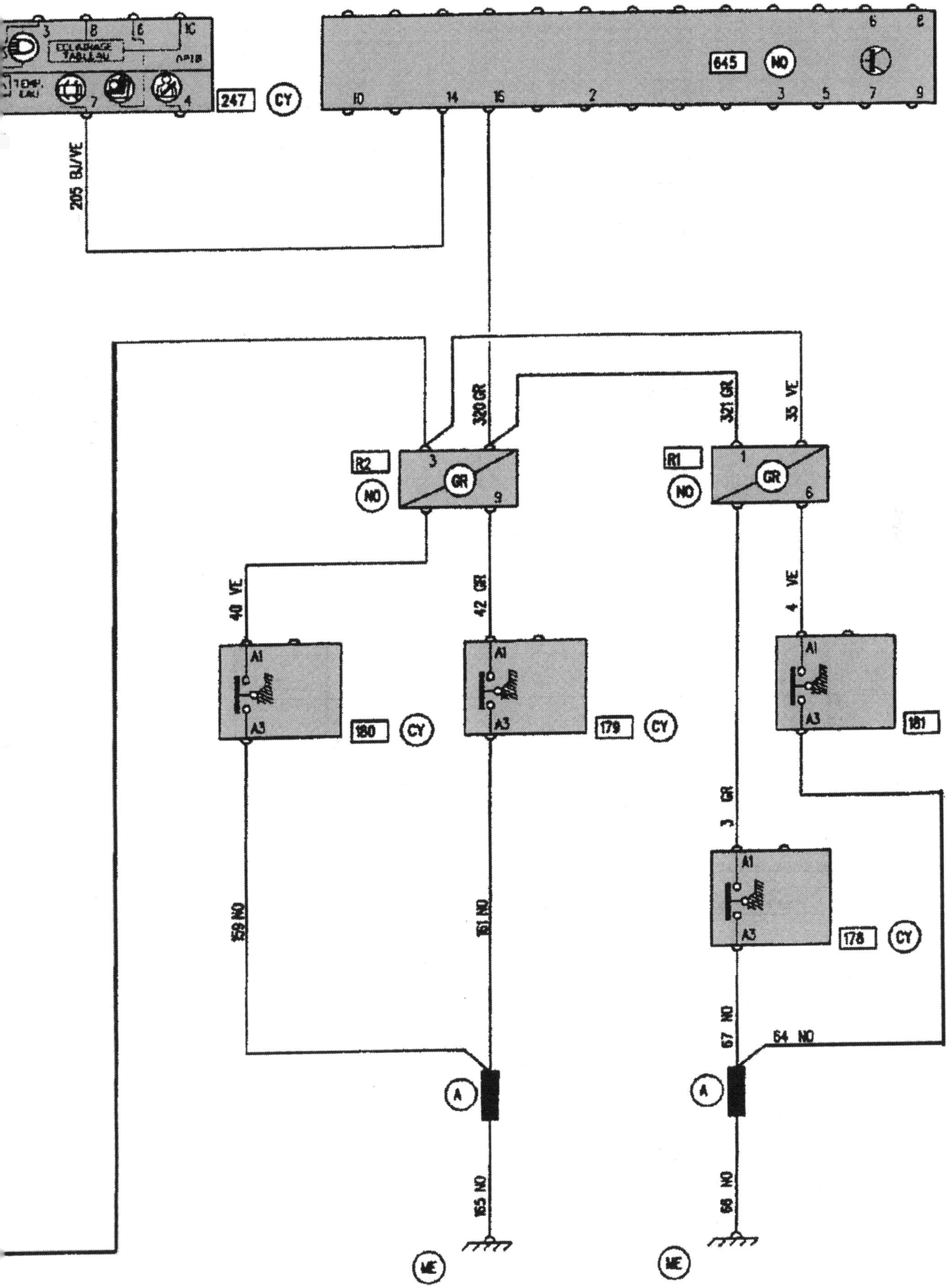
ECLAIRAGE TABLEAU
TEMP. EAU
247
CY
645
NO
205 BJ/VE
320 GR
321 GR
35 VE
R2
NO
GR
R1
NO
GR
40 VE
42 GR
4 VE
A1
A3
180
CY
179
CY
181
3 GR
178
CY
159 NO
161 NO
67 NO
64 NO
A
A
165 NO
66 NO
ME
ME

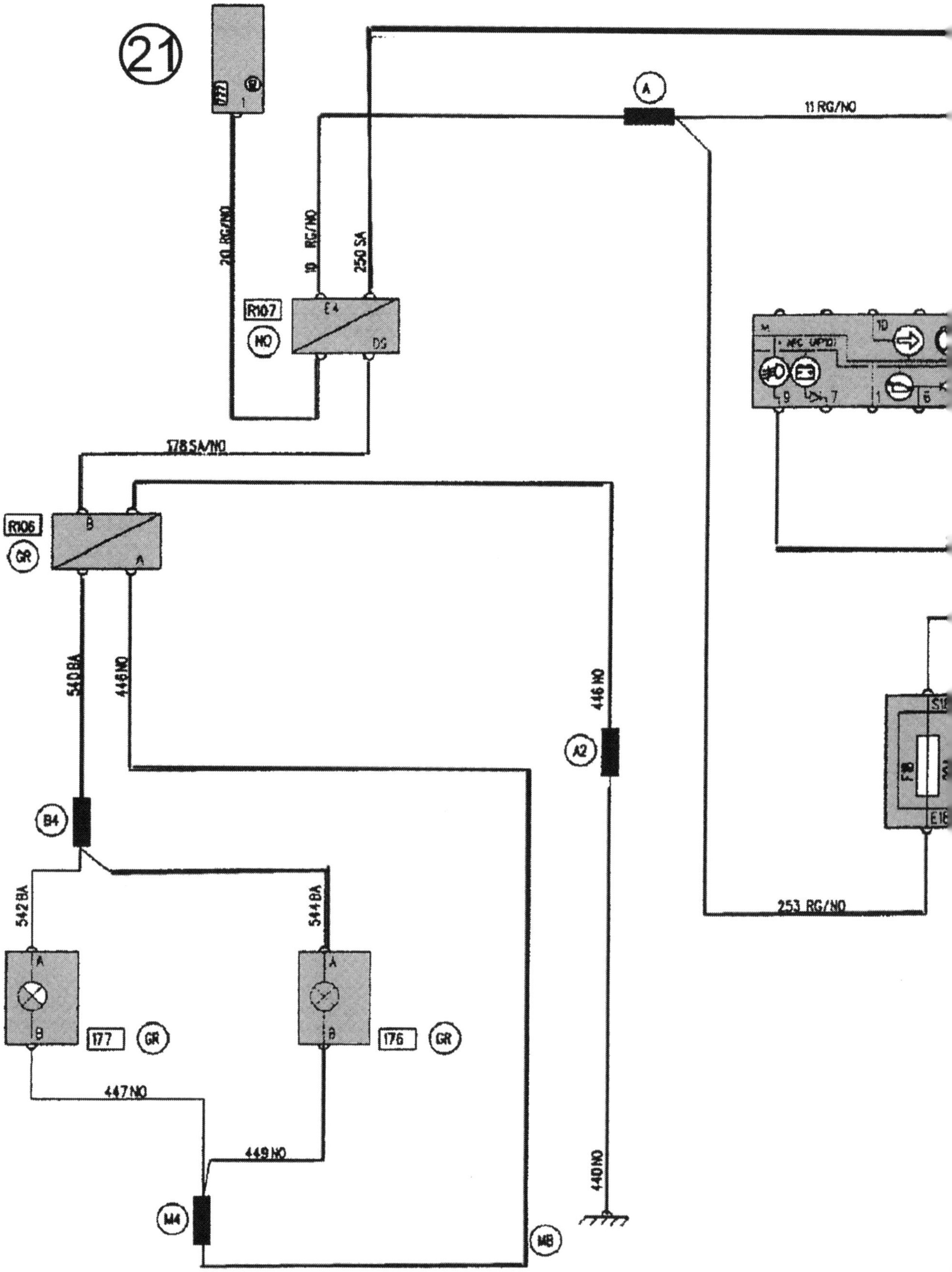

21
20 RG/NO
10 RG/NO
250 SA
11 RG/NO
A
R107
NO
E4
DS
178 SA/NO
R106
GR
B
A
540 BA
446 NO
446 NO
A2
B4
542 BA
544 BA
177
GR
176
GR
447 NO
449 NO
M4
MB
440 NO
253 RG/NO

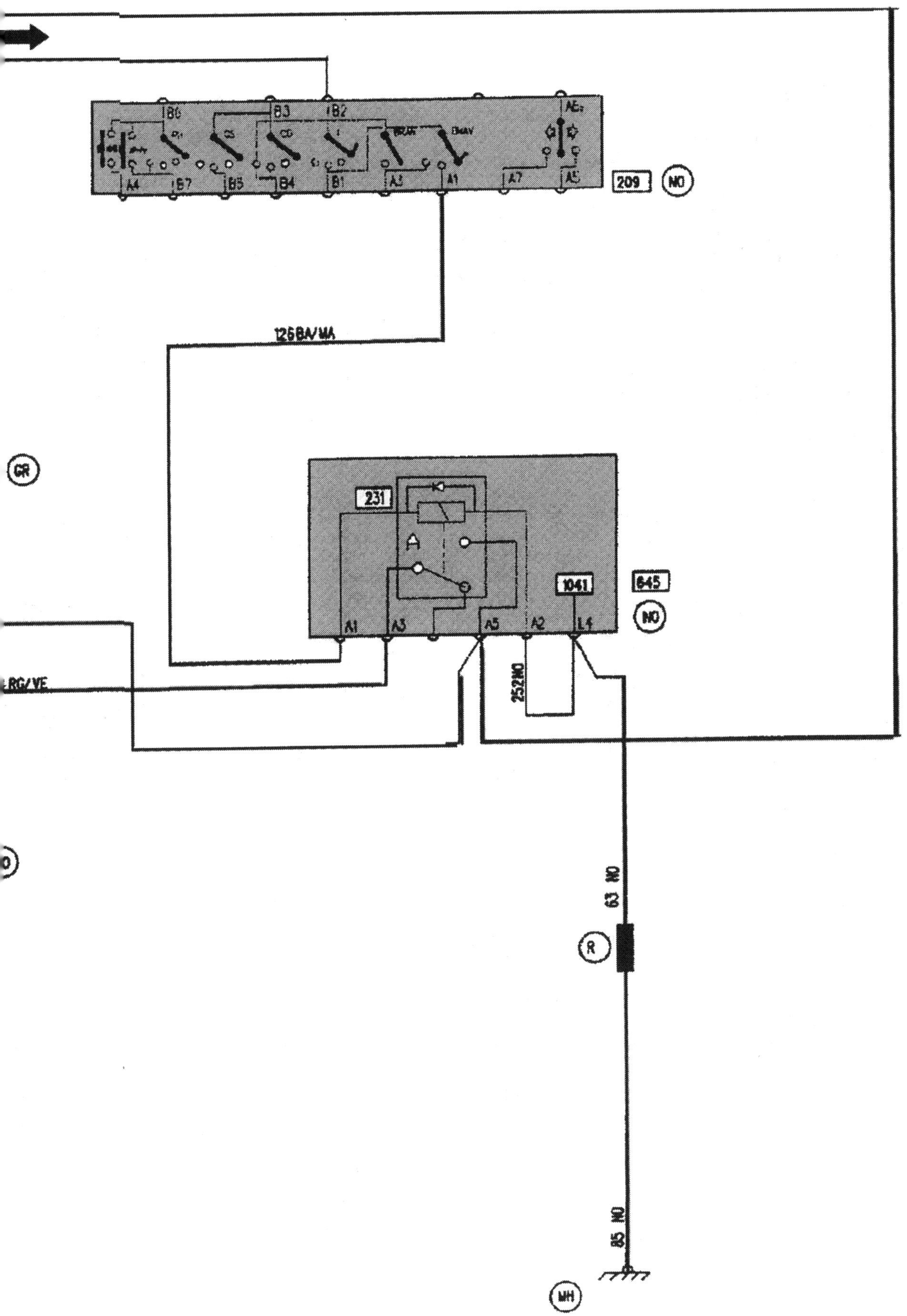

B6
B3
B2
AE2
A4
B7
B5
B4
B1
A3
A1
A7
A5
209
NO
126BA/MA
GR
231
1041
845
NO
A1
A3
A5
A2
L4
RG/VE
252NO
63 NO
R
85 NO
MH

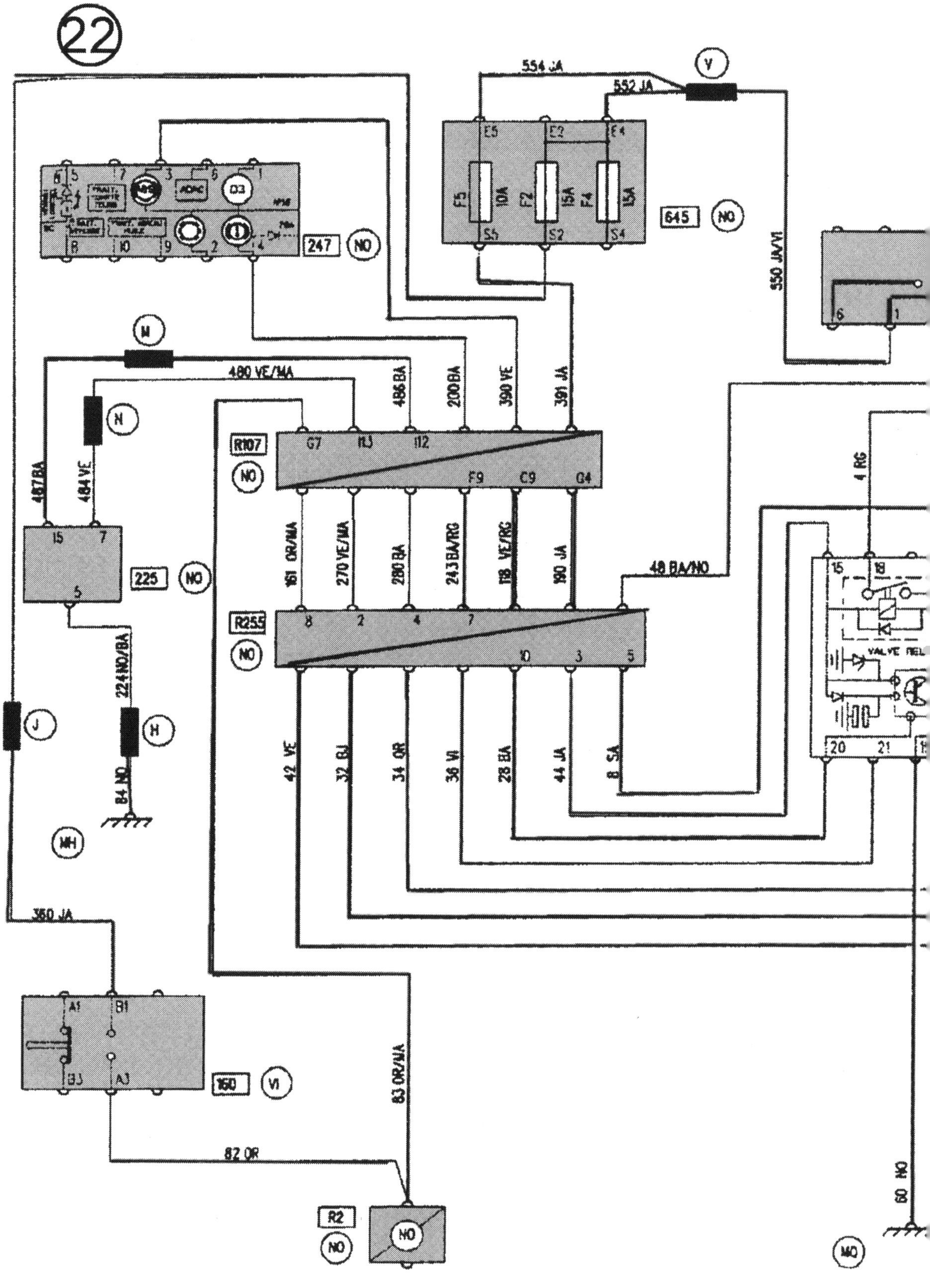
22
554 JA
552 JA
V
E5
E2
E4
F5
10A
F2
15A
F4
15A
S5
S2
S4
645
NO
247
NO
350 JA/VI
M
480 VE/MA
486 BA
200 BA
390 VE
391 JA
N
R107
NO
G7
H3
H2
F9
C9
G4
487 BA
484 VE
15
7
225
NO
5
161 OR/MA
270 VE/MA
280 BA
243 BA/RG
118 VE/RG
190 JA
48 BA/NO
4 RG
R255
NO
8
2
4
7
10
3
5
224 NO/BA
J
H
84 NO
MH
42 VE
32 BJ
34 OR
36 VI
28 BA
44 JA
8 SA
15
18
VALVE REL
20
21
360 JA
A1
B1
B3
A3
160
VI
83 OR/MA
82 OR
R2
NO
NO
60 NO
MO

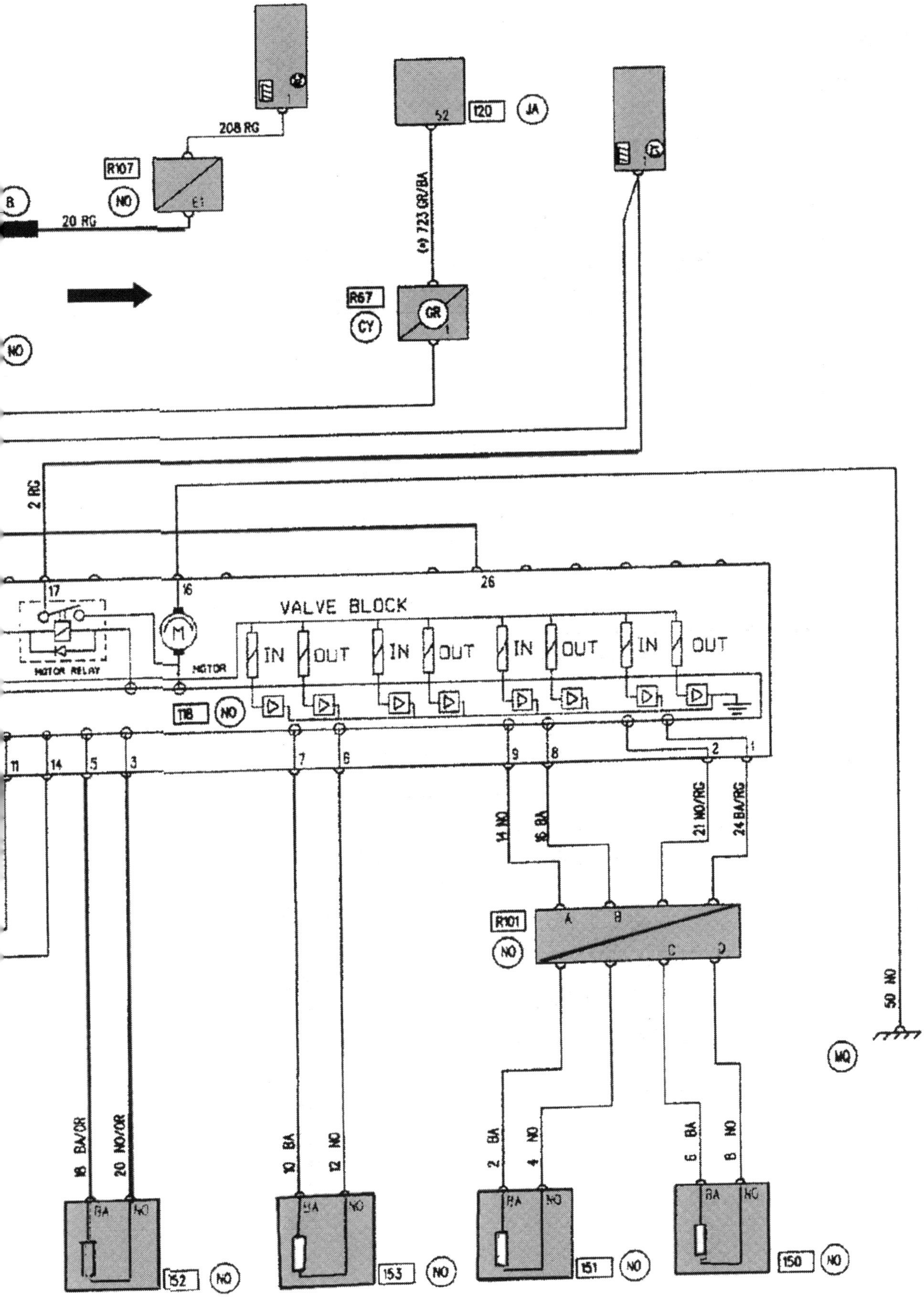
208 RG
R107
NO
B
20 RG
NO
120
JA
52
(+) 723 GR/BA
R67
CY
GR
2 RG
17
16
26
VALVE BLOCK
IN
OUT
IN
OUT
IN
OUT
IN
OUT
MOTOR RELAY
MOTOR
T18
NO
11
14
5
3
7
6
9
8
2
1
14 NO
16 BA
21 NO/RG
24 BA/RG
R101
NO
A
B
C
D
50 NO
MQ
18 BA/OR
20 NO/OR
10 BA
12 NO
2 BA
4 NO
6 BA
8 NO
BA
NO
152
153
151
150

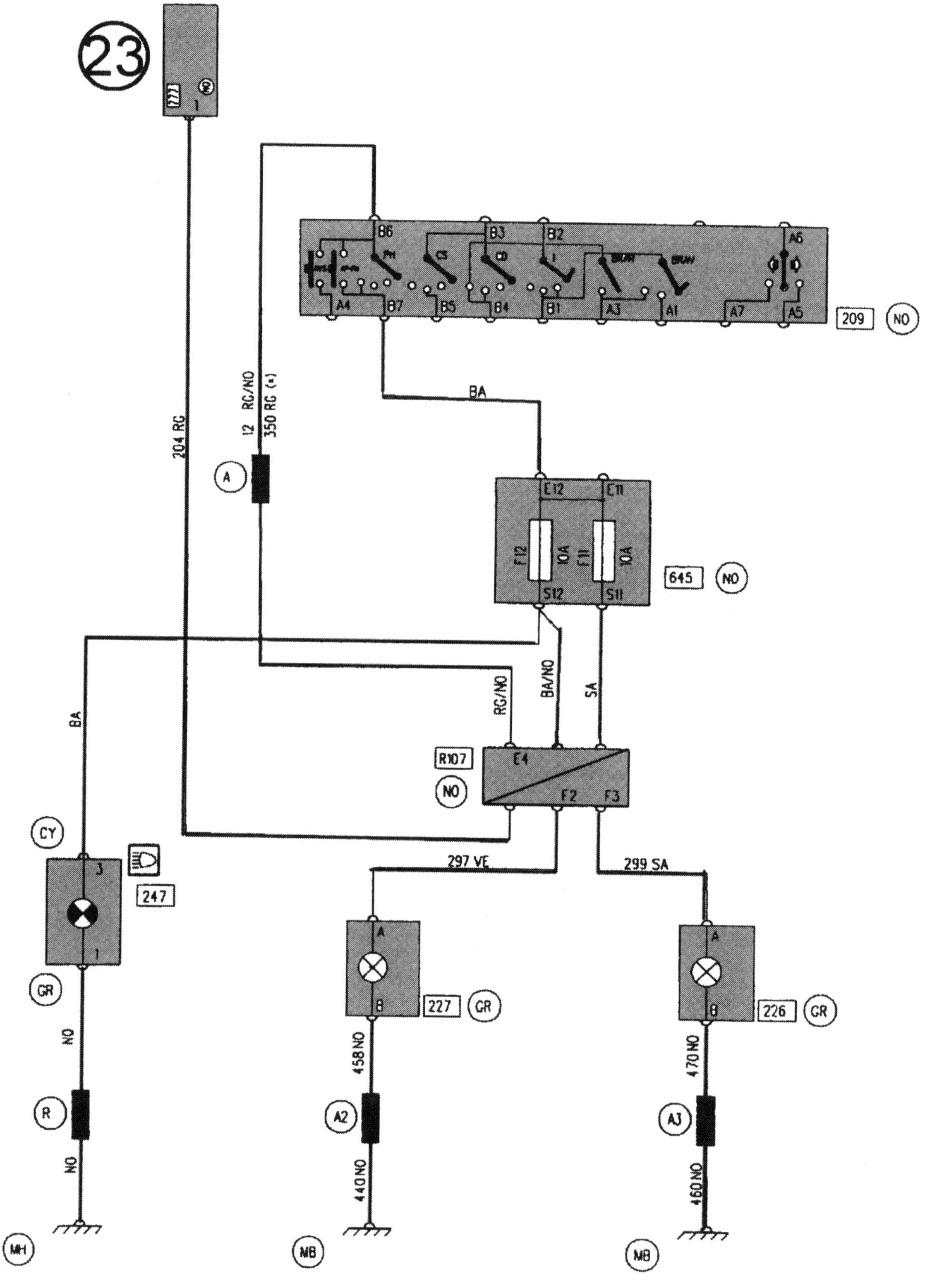
23
1
B6
B3
B2
A6
A4
B7
B5
B4
B1
A3
A1
A7
A5
209
NO
BA
204 RG
12 RG/NO
350 RG (*)
A
E12
E11
F12
10A
F11
10A
S12
S11
645
NO
BA
RG/NO
BA/NO
SA
R107
NO
E4
F2
F3
CY
3
247
1
GR
297 VE
299 SA
A
B
227
GR
A
B
226
GR
NO
R
NO
458 NO
A2
440 NO
470 NO
A3
460 NO
MH
MB
MB

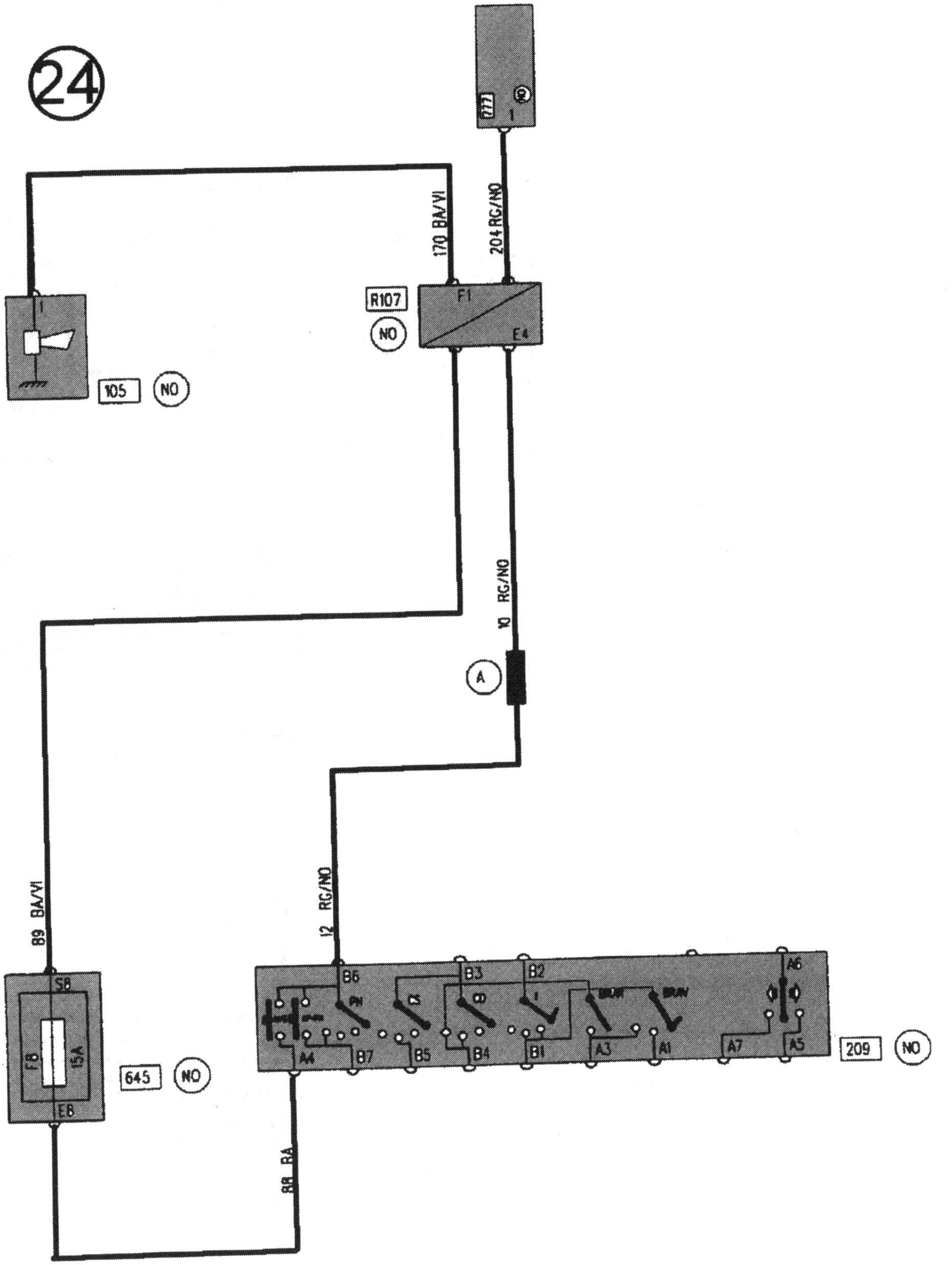
24
105
NO
R107
NO
F1
E4
170 BA/VI
204 RG/NO
10 RG/NO
A
12 RG/NO
89 BA/VI
S8
F8
15A
E8
645
NO
88 BA
B6
B3
B2
A6
A4
B7
B5
B4
B1
A3
A1
A7
A5
209
NO

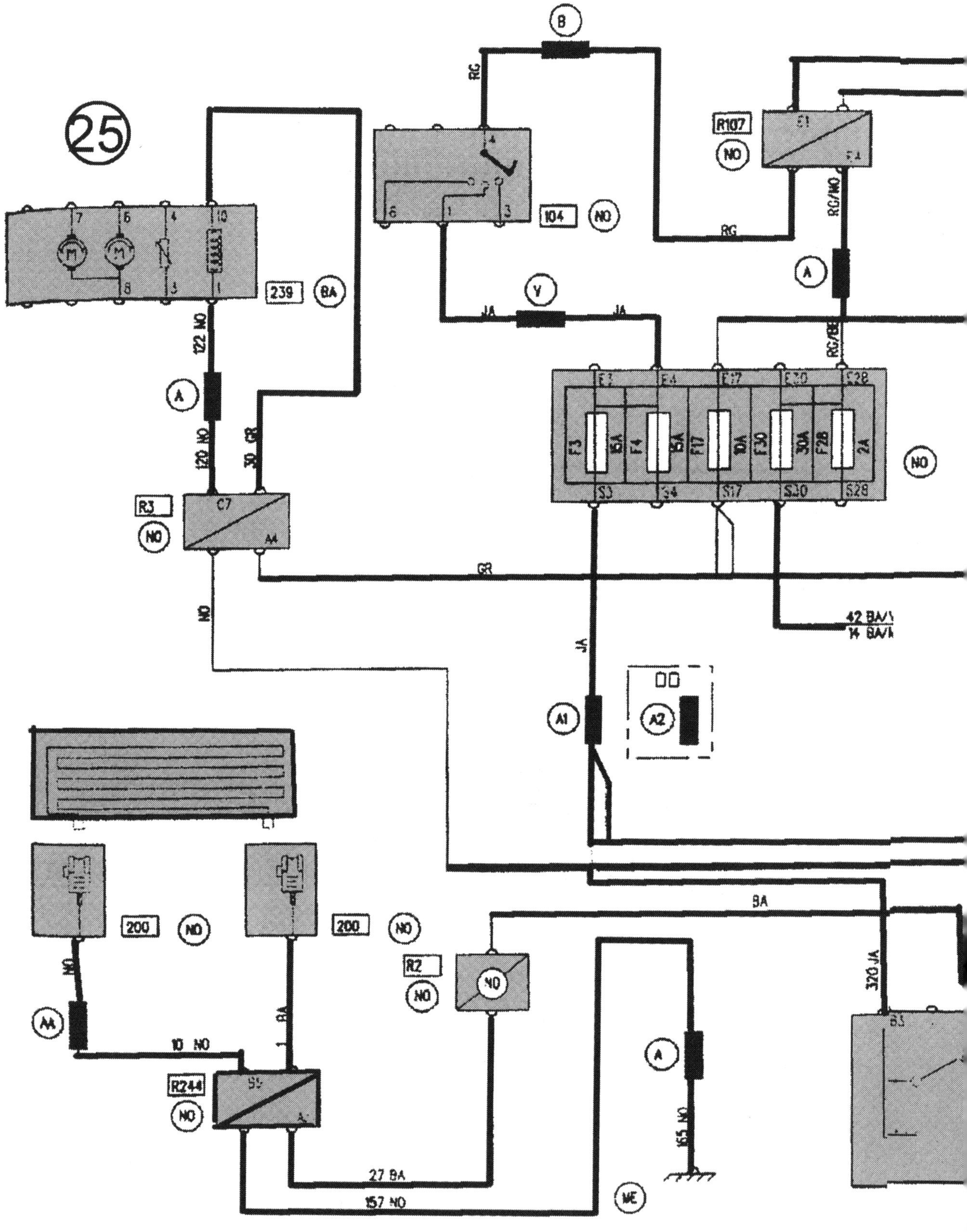
25
B
RG
104
NO
R107
NO
RG/NO
A
239
BA
122 NO
A
120 NO
30 GR
Y
JA
JA
RG/BE
F3
15A
F4
8A
F17
10A
F30
30A
F28
2A
NO
R3
NO
GR
NO
42 BA/
14 BA/
JA
A1
A2
200
NO
200
NO
BA
R2
NO
NO
320 JA
AA
10 NO
BA
R244
NO
A
165 NO
27 BA
157 NO
ME

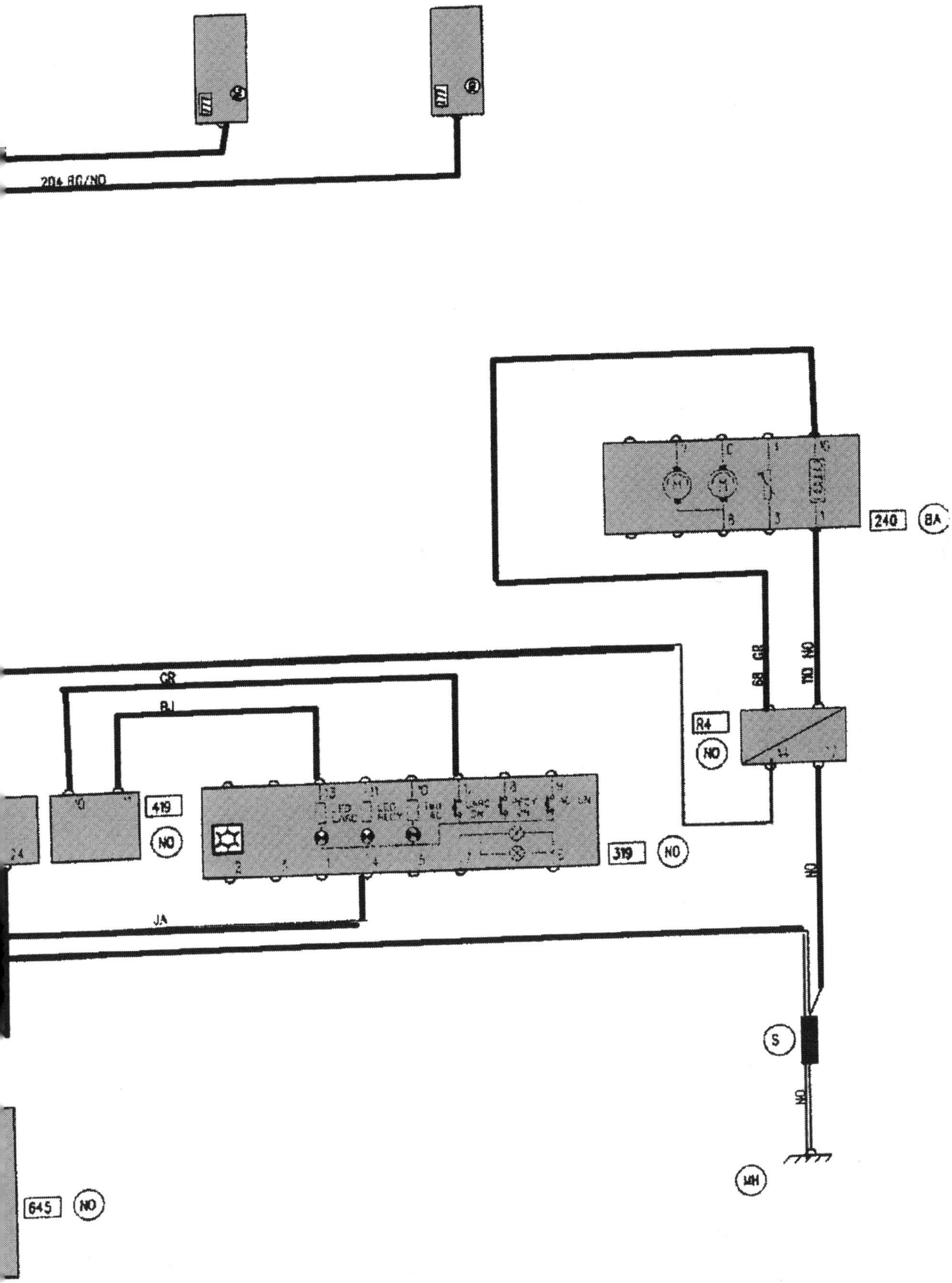

204 BG/NO
240
BA
GR
BJ
419
NO
319
NO
R4
NO
JA
S
MH
645
NO

VERZEICHNIS DER WICHTIGSTEN LIEFERBAREN REPARATURANLEITUNGEN

ALFA ROMEO

Alfa Romeo 75
ab 87
2.0-l Twin Spark, 3.0-l V6
Band 1107
Bestell-Nr. 20517
ISBN 3-7168-1830-5

Alfa Romeo 164
ab '87-'95
2.0-l Twin Spark, 3.0-l V6/QV
Band 1137
Bestell-Nr. 20527
ISBN 3-7168-1845-3

AUDI

Audi A3
96-98
1.6-/1.8-l Benziner,
101/125/150 PS
Band 1218
Bestell-Nr. 20582
ISBN 3-7168-1953-0

Audi A3 Dieselmodelle
95-00/01
1.9-l
Band 1247
Bestell-Nr. 20612
ISBN 3-7168-2010-5

Audi A4/A4 Quattro/
Avant ab '96
94-96
1.6/1.6SE/1.8/1.8SE/1.8 Quattro/
1.8T/1.8T Sport, Turbo/
1.8T Quattro Turbo, 101/
125/150 PS, 4-Zyl.
Band 1197
Bestell-Nr. 20561
ISBN 3-7168-1913-1

Audi 80
89-91
8 + 16 Ventile, 4 Zyl.
Band 1110
Bestell-Nr. 20518
ISBN 3-7168-1831-3

Audi 80/90 Quattro
89-91
1.8-/2.0-l, 4 Zyl.+ 2.0-/
2.3-l, 5 Zyl.
Band 1146
Bestell-Nr. 20530
ISBN 3-7168-1852-6

Audi 80
91-93
1.6-/2.0-l, 70/90/101/115/137/
140 PS, 8 + 16 Ventile, 4 Zyl.
Band 1179
Bestell-Nr. 20541
ISBN 3-7168-1873-9

Audi 100/100 Quattro
91-93
2.0-l, 4 Zyl./2.3-l, 5 Zyl.
Band 1113
Bestell-Nr. 20519
ISBN 3-7168-1832-1

AUSTIN/ROVER

Mini Limousine, Clubman, Kombi, Cooper S, Cooper I
76-96
850/1000/1100/1275 ccm,
34/40/41/42/44/53/61/63 PS
Band 1196
Bestell-Nr. 20560
ISBN 3-7168-1912-3

BMW

BMW 316/318
91-97
Compact-Modelle
Band 1200
Bestell-Nr. 20564
ISBN 3-7168-1919-0

BMW 316i/318i
ab 11/91-'97
4 Zyl.
Band 1086
Bestell-Nr. 20510
ISBN 3-7168-1817-8

BMW 320/323i
77-82
2.0-/2.3-l, 122/143 PS, 6 Zyl.
Band 1015
Bestell-Nr. 20490
ISBN 3-7168-1795-3

BMW 320i/323i/325e
ab 11/82-'90
2.0-/2.3-/2.7-l, 122/
125/139/150 PS, 6 Zyl.
Band 1009
Bestell-Nr. 20481
ISBN 3-7168-1780-5

BMW 320i/325i
ab 11/90-'97
2.0-/2.5-l, 6 Zyl.
Band 1116
Bestell-Nr. 20520
ISBN 3-7168-1833-X

BMW 520i/525i/525e/528i/M 535i
ab 09/81-'87
2.0-/2.5-/2.8-/3.5-l, 129/
170/184/220 PS, 6 Zyl.
Band 1003
Bestell-Nr.20482
ISBN 3-7168-1781-3

BMW 520i/525i/530i/535i
ab 01/88-'95
2.0-/2.5-/3.0-/3.5-l, 129/
170/183/211 PS, 6 Zyl.
Band 967
Bestell-Nr. 20467
ISBN 3-7168-1763-5

BMW 730i/735i/750i
ab 09/86-'94
3.0-/3.5-/5.0-l, 197/220/300 PS
Band 931
Bestell-Nr. 20456
ISBN 3-7168-1752-X

CHRYSLER

Chrysler Jeep Wrangler, Serie YJ/Cherokee, Serie XJ/ ohne Grand Cherokee
(Sahara, Laredo, Islander, Limited, Euro, Jamboree, Country, u.a.)ab Einbaudatum der genannten Motoren
2.1-l Renault-Turbodiesel,
2.5-/4.0-l Benziner,
2.5-l Turbodiesel
Band 1203
Bestell-Nr. 20567
ISBN 3-7168-1922-0

CITROËN

Citroën AX 10, AX Cascade, AX Debut, AX Tilt, AX Spot, AX Image 1.1
91-96
AX 14 TRS, AX ZTX, AX TGS,
AX Furio, AX Image 1.4
AX GT, AX GTI
Band 1216
Bestell-Nr. 20580
ISBN 3-7168-1950-6

Citroën Berlingo/ Peugeot Partner
98-01
1.1-/1.4-/1.8-l Benziner
1.8-/1.9-l Diesel
Band 1250
Bestell-Nr. 20615
ISBN 3-7168-2013-X

Citroën BX
84-'93 (ausser 16V-Motor)
16 RS/16 TRS/15 RE, 1.6-l
BX 19TRI/19 GT/19 GTI/
19 GTI 16V/19 TRS/19 TRI, 1.9-l
Band 988
Bestell-Nr. 20473
ISBN 3-7168-1772-4

Citroën C25/ Fiat Ducato Diesel/ Peugeot J5
82-94 (ausser Boxer)
1.9-/2.5-l, Benziner,
Diesel, Turbodiesel
Band 1187
Bestell-Nr. 20550
ISBN 3-7168-1893-3

Citroën Evasion + Jumpy
ab Baubeginn
Band 1251
Bestell-Nr. 20616
ISBN 3-7168-2014-8

Citroën Jumper/ Peugeot Boxer
94-00
1.9-/2.5-l Diesel/Turbodiesel
Band 1239
Bestell-Nr. 20603
ISBN 3-7168-1989-1

Citroën Xantia
ab 93-96
1.6i, 1.8X, 1.8SX, 2.0 SX,
2.0 VSX, 16 V VSX, VSX Elite,
Diesel, TD SX, TD VSX
Band 1191
Bestell-Nr. 20555
ISBN 3-7168-1907-7

Citroën XM
90-91
2.0i, 4 Zyl./3.0-l V6
Band 1134
Bestell-Nr. 20526
ISBN 3-7168-1844-5

Citroën 2 CV/6, Méhari, Dyane 6, Ami 8
ab 76-Produktionsende
26/33 PS, 29/32 PS, 32/
35 PS, 35 PS, 602 ccm
Band 1202
Bestell-Nr. 20566
ISBN 3-7168-1921-2

**** Citroën ZX Diesel/ Turbodiesel:**
siehe Peugeot 306
Band 1188

FIAT

Fiat Bravo/Brava
08/95-00
1.4-/1.6-/1.8-/2.0-l
Band 1240
Bestell-Nr. 20604
ISBN 3-7168-1990-5

Fiat Ducato Diesel/ Peugeot J5/Citroën C25
82-94
1796/1991 ccm, Benziner,
1.9-/2.5-l Diesel, 2.5-l Turbodiesel
Band 1187
Bestell-Nr. 20550
ISBN 3-7168-1893-3

Fiat Panda 30/45
80-85
652/903 ccm, 30/45 PS
Band 633
Bestell-Nr. 20298
ISBN 3-7168-1562-4

Fiat Panda 750/ 1000 Fire, 4x4
ab 86
Band 1173
Bestell-Nr. 20539
ISBN 3-7168-1865-8

Fiat Punto S, SX, SX Selecta, SX HSD, EL, ELX, GT, Cabrio, Cabrio ELX
93-95
1.0-/1.2-/1.4-/1.6-l
Band 1192
Bestell-Nr. 20556
ISBN 3-7168-1908-5

Fiat Regata 70/75
ab 09/83
1.3-/1.5-l, 65/68/82 PS
Band 945
Bestell-Nr. 20460
ISBN 3-7168-1756-2

Fiat Tempra 1.6i/1.8i/2.0i
ab Frühj. 90
86/110/115 PS
Band 1128
Bestell-Nr. 20524
ISBN 3-7168-1842-9

Fiat Tipo
ab 88
1.1/1.4i/1.6i Benziner/
1.7-l Diesel
Band 1027
Bestell-Nr. 20493
ISBN 3-7168-1798-8

Fiat Ulysse + Scudo
ab Baubeginn
Band 1251
Betsell-Nr. 20616
ISBN 3-7168-2014-8

Fiat Uno Diesel/ Uno Turbo i.e.
ab 83, ab 85 (Turbo)
1.3-l (45 PS), 1.7-l (60 PS)
Turbo i.e. 1.3-l (100/105 PS)
Band 1012
Bestell-Nr. 20474
ISBN 3-7168-1773-2

FORD

Ford Escort
ab 03/80-84
1.1-/1.3-/1.6-l, 55/
69/79/96/105 PS
Band 743
Bestell-Nr. 20366
ISBN 3-7168-1645-0

Ford Escort
90-91
1.1-l/1.49/1.6i, Benziner
Band 1074
Bestell-Nr. 20506
ISBN 3-7168-1813-5

Ford Escort/Orion
92-95
1.3-/1.4-/1.6-/1.8-l, Benziner
Band 1215
Bestell-Nr. 20579
ISBN 3-7168-1950-6

Ford Escort
96-00
44 kW, 55 kW, 66 kW,
77 kW, 85 kW, 110 kW
Band 1232
Bestell-Nr. 20596
ISBN 3-7168-1976-X

Ford Fiesta L/S/Ghia
76-80
1.0-/1.1-l, 40-53 PS
Band 278
Bestell-Nr. 20157
ISBN 3-7168-1344-3

Ford Fiesta L/S/ Ghia, 1.0-/1.1-l
83-89
1.0-/1.1-l, 45/50 PS
Band 890
Bestell-Nr. 20423
ISBN 3-7168-1731-7

Ford Fiesta
96-99
37 kW, 44 kW, 55 kW, 66 kW
Band 1228
Bestell-Nr. 20592
ISBN 3-7168-1972-7

Ford Galaxy
95-97
2.8-l VR-6-Motor/
1.9-l TDI Turbodiesel, 174/90 PS
Band 1199
Bestell-Nr. 20563
ISBN 3-7168-1915-8

Ford Galaxy
95-01
2.0-/2.3-l Benziner
1.9-l Diesel TDI
Band 1246
Bestell-Nr. 20610
ISBN 3-7168-2000-8

Ford Granada L/GL/S/Ghia
Sommer 80-Produktionsende
1.6-/1.7-/2.0-/2.3-/2.8-l,
74/75/90/101/112/135/160 PS
Bestell-Nr. 20313
ISBN 3-7168-1587-X

Ford KA
ab Baubeginn bis 98
1.3-l Benziner, 60 PS
Band 1220
Bestell-Nr. 20584
ISBN 3-7168-1955-7

Ford Mondeo
93-94
1.6-/1.8-/2.0-/1.8-l Turbodiesel,
90/115/136/88 PS
Band 1181
Bestell-Nr. 20544
ISBN 3-7168-1880-1

Ford Mondeo
08/96-00
16V-Motoren
1.6-l, 90/95 PS; 1.8-l, 116 PS;
2.0-l, 131/136 PS;
2.5-l, V6/24V, 195/200 PS
Band 1233
Bestell-Nr. 20597
ISBN 3-7168-1980-0

Ford Scorpio
85-88
1.8-/2.0-l/2.0i (OHC) 4 Zyl.
Band 927
Bestell-Nr. 20443
ISBN 3-7168-1745-7

Ford Scorpio
2.8-l, 4x4 bis 86
V6 2.4-/2.9-l, 4 x 4 ab 9/87
Band 996
Bestell-Nr. 20475
ISBN 3-7168-1774-0

Ford Sierra L/GL/Ghia/XR 4i
Herbst 82-84
1.3-/1.6-/2.0-/2.3-/2.8 l
60-160 PS
Band 695
Bestell-Nr. 20358
ISBN 3-7168-1614-0

Ford Sierra
89-92
1.6-/1.8-/2.0-l, 75-120 PS, 4 Zyl.
Band 1161
Bestell-Nr. 20535
ISBN 3-7168-1861-5

Ford Taunus L/LS/GL/GLS/Ghia
ab 08/79-82
1.3-/1.6-/2.0-l, 59-112 PS
Band 497
Bestell-Nr. 20282
ISBN 3-7168-1540-3

Ford Transit
ab 86-90
1.6-/2.0-l Benziner, 2.5-l Diesel
Band 1071
Bestell-Nr. 20505
ISBN 3-7168-1812-7

Ford Transit 86 + 92
Transit 86: 90-91
2.5 Diesel 70 PS,
1,6-l Benziner 63 PS,
2.0-l 78/75/88/78 98 PS
Transit 92: 92-94
Diesel, Turbodiesel 80/100/85 PS,
V6-Motor, 145/150 PS
Band 1212
Bestell-Nr. 20576
ISBN 3-7168-1938-7

Ford Transit
08/95-99
Benzin- und Dieselmodelle
Band 1237
Bestell-Nr. 20601
ISBN 3-7168-1938-7

HONDA

Honda Accord, 16 V
89-93
2.0 l/2.0i/2.2 l
Band 1177
Bestell-Nr. 20542
ISBN 3-7168-1871-2

Honda Civic
87-90
1.5i/1.6i VTEC-Motor,
94/107/150 PS
Band 1131
Bestell-Nr. 20525
ISBN 3-7168-1843-7

KIA

**** Kia Pride: siehe Mazda 121**
Band 1195

**** Kia Sephia: technisch verwandt mit Mazda 323**
Band 1032

LANCIA

Lancia Z
ab Baubeginn
Band 1251
Bestell-Nr. 20616
ISBN 3-7168-2014-8

MAZDA

Mazda 121, 121 L, 121 LX, 121 Cabriolet
90-94
Band 1195
Bestell-Nr. 20559
ISBN 3-7168-1911-5

**** Mazda 121**
96-00
technisch verwandt mit
Ford Fiesta ab 1996
Band 1228

Mazda 323
06/85-09/89
1.1-/1.3-/1.5-/1.6 l
Band 939
Bestell-Nr. 20461
ISBN 3-7168-1757-0

Mazda 626
82-87
1.6-/2.0-l, 81/102 PS
Band 1021
Bestell-Nr. 20491
ISBN 3-7168-1796-1

Mazda 626
85-88
1.6-/1.8-/2.0-l, 80/93/95/
101 PS + 2.0-l Diesel, 64 PS
Band 958
Bestell-Nr. 20469
ISBN 3-7168-1766-X

Mazda 626
89-94
2.0-/2.2-l, MX-6, 1.6-/1.8-/2.0-l,
4 Zyl./1.9-/2.0-/2.2-/2.5-l
Band 1186
Bestell-Nr. 20549
ISBN 3-7168-1892-5

MERCEDES

Mercedes C 180/ C 200/C 220/C 280
93-96
1.8-/2.0-/2.2-/2.8-l, 122/
136/150/193 PS
Band 1189
Bestell-Nr. 20552
ISBN 3-7168-1895-X

Mercedes C-Klasse, Dieselmodelle
93-99
2.2-l, 95 PS
2.5-l, 150 PS, Turbo
2.2-l, 16V, 125 PS
2.5-l, 20V, 150 PS
Band 1234
Bestell-Nr. 20598
ISBN 3-7168-1981-6

Mercedes E-Klasse
bis Modelljahr 1997
1993-1995 als Serie W124
1995-1997 als Serie W210
E 200, 4 Zyl., 100 kW
E 220, 4 Zyl., 110 kW
E 230, 4 Zyl., 110 kW
E 280, 6 Zyl., 24V, 150 kW
E 320, 6 Zyl., 24V, 165 kW
Band 1224
Bestell-Nr. 20588
ISBN 3-7168-1964-6

Mercedes G/Puch G
240 GD, 300 GD bis 89
300 GD ab 90
230 G, 230 GE bis 84
230 GE ab 85
280 GE, 250 GD ab 88
3.0-l Diesel 88/109 PS,
2.4-l Diesel 72 PS, 2.5-l Diesel 84/
94 PS, 2.3-l Vergaser 90 PS,
2.3-l Benzineinspritzer 102/122
125 PS, 2.8-l Einspritzer 156 PS
Band 1201
Bestell-Nr. 20565
ISBN 3-7168-1920-4

Mercedes MB 100 D Transporter
Band 1204
Bestell-Nr. 20568
ISBN 3-7168-1923-9

Mercedes 190 Diesel
85-Produktionsende
2.0-l, 4 Zyl. + 2.5-l, 5 Zyl.
Band 1089
Bestell-Nr. 20511
ISBN 3-7168-1819-4

Mercedes 200 Diesel/ 220 D, Serie 115
68-75
Band 1048
Bestell-Nr. 20483
ISBN 3-7168-1782-1

Mercedes 200 Diesel/ 240 D/240 TD/300 D/300 TD/ 300 Turbodiesel, Serie 123
79-84
2.0-/2.4-/3.0-l, 60/72/88/125 PS
Band 1018
Bestell-Nr. 20489
ISBN 3-7168-1794-5

Mercedes 200/230 E/CE/TE, Serie W123
06/80-12/84
1.0-/2.3-l
Band 788
Bestell-Nr. 20350
ISBN 3-7168-1670-1

Mercedes 200/200 T/ 230 E/230 TE, Serie W124
ab'85-'92
2.0-/2.3 l, 105/109/132/ 136 PS
Band 906
Bestell-Nr. 20436
ISBN 3-7168-1737-6

Mercedes 200/ 300 E, Serie W 124
85-Produktionsende
2.0-/3.0-l
Band 1211
Bestell-Nr. 20575
ISBN 3-7168-1937-9

Mercedes 208 D/ 308 D/408 D/210 D/310 D/ 410 D/207 D/307 D
ab Produktionsbeginn-94
2.3-/2.9-/2.4-l, 4 + 5 Zyl.
(Kleintransporter Diesel)
Band 1182
Bestell-Nr. 20545
ISBN 3-7168-1881-X

Mercedes 260 E/ 300 E, Serie W124, 4 Matic
85-90
Band 1045
Bestell-Nr. 20478
ISBN 3-7168-1777-5

Mercedes 280 S/ 280 SE/380 SE/500 SE
79-84
2.8-/3.8-/5.0-l, 156/
185/218/240 PS
Band 662
Bestell-Nr. 20312
ISBN 3-7168-1585-3

Mercedes Sprinter, Dieselmodelle
208, 2.3-l, 58 kW
212, 2.9-l, 90 kW
308, 2.3-l, 58 kW
312, 2.9-l, 90 kW
408, 2.3-l, 58 kW
412, 2.9-l, 90 kW
Band 1223
Bestell-Nr. 20587
ISBN 3-7168-1963-8

Mercedes Vito
108, 2.3-l Diesel, 58 kW
110, 2.3-l Diesel, 72 kW
113, 2.0-l Benziner, 95 kW
Band 1229
Bestell-Nr. 20593
ISBN 3-7168-1973-5

FSC
www.fsc.org
MIX
Papier | Fördert gute Waldnutzung
FSC® C083411

Kolibri 360 GmbH
Ferdinand-Jühlke-Straße 7
99095 Erfurt, Deutschland
produktsicherheit@kolibri360.de

Druck:
CPI Druckdienstleistungen GmbH
im Auftrag der
Kolibri 360 GmbH
Ferdinand-Jühlke-Str. 7
99095 Erfurt